DIE GRUNDLEHREN DER

MATHEMATISCHEN WISSENSCHAFTEN

IN EINZELDARSTELLUNGEN MIT BESONDERER BERÜCKSICHTIGUNG DER ANWENDUNGSGEBIETE

GEMEINSAM MIT

W. BLASCHKE
HAMBURG

M. BORN
GÖTTINGEN

C. RUNGE
GÖTTINGEN

HERAUSGEGEBEN VON

R. COURANT
GÖTTINGEN

BAND XIII

VORLESUNGEN ÜBER DIFFERENZENRECHNUNG

VON

NIELS ERIK NÖRLUND

BERLIN
VERLAG VON JULIUS SPRINGER
1924

VORLESUNGEN ÜBER DIFFERENZENRECHNUNG

VON

NIELS ERIK NÖRLUND
ORD. PROFESSOR DER MATHEMATIK AN DER
UNIVERSITÄT KOPENHAGEN

MIT 54 TEXTFIGUREN

BERLIN
VERLAG VON JULIUS SPRINGER
1924

ISBN 978-3-642-50514-0 ISBN 978-3-642-50824-0 (eBook)
DOI 10.1007/978-3-642-50824-0

SOFTCOVER REPRINT OF THE HARDCOVER 1ST EDITION 1924

Vorwort.

Das vorliegende Buch enthält eine zusammenfassende Darstellung der wichtigsten und am besten untersuchten Gebiete der Differenzenrechnung, wobei die in neuerer Zeit gewonnenen, bisher in Einzelabhandlungen verstreuten Ergebnisse im Vordergrunde stehen. Im Hinblick auf den Umfang habe ich freilich nicht alle in die Differenzenrechnung gehörigen Probleme vollständig und erschöpfend behandeln können; so sind die nichtlinearen Differenzengleichungen ganz übergangen. Das Buch soll vielmehr nur eine einführende Übersicht bilden und zum Studium der Originalabhandlungen hinleiten. Aus diesem Charakter des Werkes erklärt sich auch die Form der Darstellung, bei der auf ausgeführte Beweise in den meisten Fällen verzichtet, dafür aber versucht worden ist, die leitenden Gesichtspunkte möglichst gut herauszuarbeiten. Hat man sich mit diesen vertraut gemacht, so lassen sich die fehlenden Einzelheiten leicht aus der Literatur entnehmen.

Die geschichtliche Seite der behandelten Fragen wird nur flüchtig berührt. Den Leser, der sich für die historische Entwicklung der Differenzenrechnung interessiert, verweise ich auf meinen Artikel „Neuere Untersuchungen über Differenzengleichungen" in der Enzyklopädie der mathematischen Wissenschaften, Band II C 7.

Zur Erleichterung des Eindringens in die Literatur ist dem Buche ein ausführliches Literaturverzeichnis aller mir bekannten Arbeiten über die allgemeine Theorie der Differenzengleichungen beigegeben. Am Schlusse dieses Verzeichnisses befindet sich eine Zusammenstellung der Arbeiten, welche die technischen Anwendungen der Differenzengleichungen, und zwar bisher meist die Theorie des elastischen Trägers und der elastischen Platte, betreffen. Hingegen sind aus der umfangreichen Spezialliteratur über Bernoullische Polynome und die Gammafunktion nur einzelne prinzipiell wichtige Arbeiten erwähnt. Auf das Literaturverzeichnis wird durch eine dem Verfassernamen beigefügte Zahl in eckigen Klammern hingewiesen; wenn der Verfassername fehlt, bezieht sich die Zahl auf eine meiner eigenen Arbeiten.

Die wichtigsten früheren Gesamtdarstellungen der Differenzenrechnung rühren von Lacroix [2, 3, 4], Boole [1, 2], Markoff [1, 2], Pascal [1], Pincherle [37], Wallenberg [7] und Guldberg [22] her.

Während sich diese Forscher zum großen Teil auf einen algebraischen Standpunkt stellen, oft unter Benutzung symbolischer Methoden, ist die Behandlungsweise im folgenden vorwiegend funktionentheoretisch.

Bei der Ausarbeitung des Manuskripts bin ich in ausgezeichneter Weise von Herrn Dr. A. Walther-Göttingen unterstützt worden, und ich möchte ihm meinen herzlichsten Dank für seine wertvolle und unermüdliche Hilfe aussprechen. Herr Dr. Walther hat auch die dem Buche beigegebenen Tafeln zusammengestellt, in denen man die Bernoullischen und Eulerschen Zahlen sowie gewisse mit ihnen verwandte Zahlen findet.

Bei der Korrektur haben mir die Herren A. Walther, E. Bessel-Hagen, H. Knebel, H. Lewy, O. Neugebauer, R. Vieweg und R. Vogel in dankenswerter Weise geholfen.

Die Verlagsbuchhandlung Julius Springer, deren großzügigem Unternehmungsgeiste die mathematische Wissenschaft in den letzten Jahren so viel verdankt, hat auch diesen Band wieder in vorbildlicher Weise ausgestattet. Es ist mir eine angenehme Pflicht, ihr für das bereitwillige Eingehen auf alle meine Wünsche hinsichtlich der Drucklegung des Werkes meinen Dank auszusprechen.

Schließlich gilt mein Dank dem dänischen Rask-Örsted-Fond für seine tatkräftige Förderung des Werkes.

Kopenhagen, im Oktober 1923.

N. E. Nörlund.

Inhaltsverzeichnis.

Sechstes Kapitel.

Die höheren Bernoullischen und Eulerschen Polynome.

Siebentes Kapitel.

Mehrfache Summen.

Achtes Kapitel.

Interpolationsreihen.

Neuntes Kapitel.

Fakultätenreihen.

Zehntes Kapitel.

Allgemeines über homogene lineare Differenzengleichungen.

Elftes Kapitel.

Homogene lineare Differenzengleichungen mit rationalen Koeffizienten.

Zwölftes Kapitel.

Homogene lineare Differenzengleichungen, deren Koeffizienten sich mit Hilfe von Fakultätenreihen ausdrücken lassen.

Dreizehntes Kapitel.

Die Untersuchungen von Birkhoff.

Vierzehntes Kapitel.

Vollständige lineare Differenzengleichungen.

Fünfzehntes Kapitel.

Reziproke Differenzen und Kettenbrüche.

Einleitung.

Den endlichen Differenzen von Funktionen und den Operationen, die zur Differenzenbildung invers sind, hat man bisher in der Analysis nur geringe Beachtung geschenkt. In der Regel pflegt man vielmehr möglichst bald den Grenzübergang vorzunehmen, der zum Differentialquotienten und zum Integral führt und mancherlei Vereinfachungen mit sich bringt. Freilich raubt dieser Grenzübergang oft auch die Möglichkeit zu einem tieferen Eindringen in die Probleme. Stellen doch Ergebnisse, zu denen man durch Infinitesimalbetrachtungen gelangt ist, zuweilen nur eine erste Annäherung dar, welche zwar in vielen Fällen vollkommen genügt, dann und wann jedoch für sich allein kein genügend klares Bild zu liefern vermag. Beispielsweise lassen sich in der Theorie der mehrdeutigen Funktionen viele innere Zusammenhänge deutlicher übersehen, wenn man die Differenzenrechnung in höherem Maße als bisher heranzieht.

So bietet die Lehre von den endlichen Differenzen einmal die Möglichkeit, alte Ergebnisse von höherer Warte aus zu durchmustern und durch Einfügung in umfassendere Betrachtungen wesentlich zu vertiefen. Daneben stellt sie aber auch eine Fülle ganz neuartiger Probleme. Um nur ein Beispiel herauszugreifen, entspringen als Lösungen von Differenzengleichungen wichtige Klassen von neuen Transzendenten, die am besten aus diesen Gleichungen heraus unter Hinzunahme gewisser Grenzbedingungen charakterisiert werden können.

Auch mit der angewandten Mathematik ist die Differenzenrechnung durch mannigfache Beziehungen verknüpft. Viele der in der Praxis der Interpolation, mechanischen Quadratur usw. benützten Verfahren erfordern zu ihrer strengen Begründung und übersichtlichen Ausgestaltung eingehende theoretische Untersuchungen, welche sich nur bei Einordnung in größere Zusammenhänge in befriedigender Weise durchführen lassen. In allerneuester Zeit hat man zudem mit Erfolg begonnen, die Methoden der Differenzenrechnung bei Problemen der technischen Mechanik in Anwendung zu bringen.

Entstanden ist die Differenzenrechnung im 17. und 18. Jahrhundert aus Untersuchungen über Interpolation und ähnliche Dinge; ihre Schöpfer waren Newton, Taylor, Stirling, Laplace und Gauß. Dann kam eine Zeit, in der das Gebiet fast ganz brach lag und keine nennenswerten Fortschritte erzielt wurden. Heute jedoch zeigt sich wieder frisches Leben; unter neuen Gesichtspunkten und mit besseren Hilfsmitteln als früher hat man das Studium der zum Teil bis in die Anfänge der Differenzenrechnung zurückreichenden Probleme wieder aufgenommen, und in den letzten Jahren ist eine ziemlich umfangreiche Literatur emporgewachsen, aus der als besonders wertvoll einige von Pincherle, Birkhoff, Carmichael, Galbrun und Perron herrührende Arbeiten zu nennen sind.

Erstes Kapitel.

Grundbegriffe.

§ 1. Differenzen und Mittelwerte.

1. Als *Differenz erster Ordnung* oder *Differenz* schlechthin und als *Mittelwert* der Funktion $f(x)$ bezeichnen wir die Ausdrücke

$$\underset{\omega}{\triangle} f(x) = \frac{f(x+\omega) - f(x)}{\omega}, \tag{1}$$

$$\underset{\omega}{\nabla} f(x) = \frac{f(x+\omega) + f(x)}{2}. \tag{2}$$

Hierbei bedeutet $f(x)$ eine beliebige reelle oder komplexe Funktion der Veränderlichen x und ω eine beliebige komplexe Zahl, die wir die *Spanne* nennen wollen. Sind $\omega_1, \omega_2, \omega_3, \ldots$ beliebige komplexe Zahlen, die „Spannen", so finden wir durch wiederholte Anwendung der durch $\triangle$ und ∇ angegebenen Operationen die Differenz zweiter Ordnung

$$\overset{2}{\underset{\omega_1\,\omega_2}{\triangle}} f(x) = \underset{\omega_2}{\triangle}\big(\underset{\omega_1}{\triangle} f(x)\big) = \frac{f(x+\omega_1+\omega_2) - f(x+\omega_1) - f(x+\omega_2) + f(x)}{\omega_1\,\omega_2}$$

und den Mittelwert zweiter Ordnung

$$\overset{2}{\underset{\omega_1\,\omega_2}{\nabla}} f(x) = \underset{\omega_2}{\nabla}\big(\underset{\omega_1}{\nabla} f(x)\big) = \frac{f(x+\omega_1+\omega_2) + f(x+\omega_1) + f(x+\omega_2) + f(x)}{4},$$

allgemein die Differenz n-ter Ordnung

$$\overset{n}{\underset{\omega_1\,\omega_2\ldots\omega_n}{\triangle}} f(x) = \underset{\omega_n}{\triangle}\left(\overset{n-1}{\underset{\omega_1\,\omega_2\ldots\omega_{n-1}}{\triangle}} f(x)\right) \tag{3}$$

und den Mittelwert n-ter Ordnung

$$\overset{n}{\underset{\omega_1\,\omega_2\ldots\omega_n}{\nabla}} f(x) = \underset{\omega_n}{\nabla}\left(\overset{n-1}{\underset{\omega_1\,\omega_2\ldots\omega_{n-1}}{\nabla}} f(x)\right). \tag{4}$$

Setzen wir zur Abkürzung bei ganzzahligem $s_1, s_2, \ldots, s_n$

$$s_1\omega_1 + s_2\omega_2 + \cdots + s_n\omega_n = \Omega,$$

so läßt sich die n-te Differenz, wie man durch vollständige Induktion bestätigt, als n-fache Summe folgendermaßen schreiben:

$$\mathop{\overset{n}{\triangle}}_{\omega_1\omega_2\cdots\omega_n} f(x) = (-1)^n(\omega_1\omega_2\cdots\omega_n)^{-1}\sum(-1)^{s_1+s_2+\cdots+s_n} f(x+\Omega).$$

Für den n-ten Mittelwert erhält man ebenso

$$\mathop{\overset{n}{\nabla}}_{\omega_1\omega_2\cdots\omega_n} f(x) = 2^{-n}\sum f(x+\Omega).$$

Die Summationen sind hierbei für jeden der Summationsbuchstaben $s_1, s_2, \ldots, s_n$ über die Werte 0 und 1 zu erstrecken.

Offenbar sind alle Differenzen und Mittelwerte *symmetrische* Funktionen in den Spannen $\omega_1, \omega_2, \ldots$. Wenn alle Spannen denselben Wert ω haben, gewinnt man die einfacheren Ausdrücke

$$\mathop{\overset{n}{\triangle}}_{\omega} f(x) = \omega^{-n}\sum_{s=0}^{n}(-1)^{n-s}\binom{n}{s} f(x+\omega s), \tag{5}$$

$$\mathop{\overset{n}{\nabla}}_{\omega} f(x) = 2^{-n}\sum_{s=0}^{n}\binom{n}{s} f(x+\omega s); \tag{6}$$

für $\omega = 1$ schreiben wir kürzer $\overset{n}{\triangle} f(x)$ und $\overset{n}{\nabla} f(x)$. Umgekehrt können die Werte $f(x+\omega)$, $f(x+2\omega), \ldots$ durch $f(x)$ und die aufeinanderfolgenden Differenzen oder Mittelwerte ausgedrückt werden, und zwar bekommt man

$$f(x+n\omega) = \sum_{s=0}^{n}\binom{n}{s}\omega^s \mathop{\overset{s}{\triangle}}_{\omega} f(x) \tag{7}$$

$$f(x+n\omega) = \sum_{s=0}^{n}(-1)^{n-s}\binom{n}{s} 2^s \mathop{\overset{s}{\nabla}}_{\omega} f(x); \tag{8}$$

der ersten dieser Formeln werden wir in § 3 (Formel (35)) von einem allgemeineren Standpunkte aus wieder begegnen.

Für die Differenzen- und Mittelwertbildung bestehen einige einfache Rechenregeln. Es ist

$$\underset{\omega}{\triangle}(f_1(x)+f_2(x)) = \underset{\omega}{\triangle} f_1(x) + \underset{\omega}{\triangle} f_2(x),$$
$$\underset{\omega}{\nabla}(f_1(x)+f_2(x)) = \underset{\omega}{\nabla} f_1(x) + \underset{\omega}{\nabla} f_2(x),$$

$$\left.\begin{aligned}\underset{\omega}{\triangle}(cf(x)) &= c\underset{\omega}{\triangle} f(x),\\ \underset{\omega}{\nabla}(cf(x)) &= c\underset{\omega}{\nabla} f(x),\end{aligned}\right\} \quad (c \text{ eine Konstante})$$

$$\overset{m}{\underset{\omega_1\cdots\omega_m}{\triangle}}\left(\overset{n}{\underset{\omega_{m+1}\cdots\omega_{m+n}}{\triangle}} f(x)\right) = \overset{m+n}{\underset{\omega_1\cdots\omega_{m+n}}{\triangle}} f(x),$$
$$\overset{m}{\underset{\omega_1\cdots\omega_m}{\nabla}}\left(\overset{n}{\underset{\omega_{m+1}\cdots\omega_{m+n}}{\nabla}} f(x)\right) = \overset{m+n}{\underset{\omega_1\cdots\omega_{m+n}}{\nabla}} f(x).$$

Betrachten wir einige Beispiele. Die Differenz einer Konstanten hat offenbar den Wert Null. Die Differenz einer Potenz x^n mit positivem ganzzahligen Exponenten wird

$$\underset{\omega}{\triangle} x^n = \sum_{s=1}^{n}\binom{n}{s}\omega^{s-1}x^{n-s},$$

also ein Polynom $(n-1)$-ten Grades. Allgemein ist daher die erste Differenz eines Polynoms $P(x)=\sum_{s=0}^{m} a_s x^s$ vom Grade m ein Polynom $(m-1)$-ten Grades, die m-te Differenz die Konstante $m!a_m$ und jede höhere Differenz Null. In Analogie zur Differentiationsformel für Potenzen mit positiven oder negativen ganzzahligen Exponenten

$$D_x x^n = n x^{n-1}$$

stehen folgende Relationen für die oft als *Faktorielle* bezeichneten Produkte $(x-1)(x-2)\cdots(x-n)$ und $\dfrac{1}{x(x+1)\cdots(x+n-1)}$:

(9)
$$\begin{aligned}\triangle(x-1)(x-2)\cdots(x-n) &= n(x-1)(x-2)\cdots(x-(n-1)),\\ \overset{2}{\triangle}(x-1)(x-2)\cdots(x-n) &= n(n-1)(x-1)(x-2)\cdots(x-(n-2)),\\ &\cdots\cdots\\ \overset{n}{\triangle}(x-1)(x-2)\ldots(x-n) &= n!;\end{aligned}$$

(10)
$$\begin{aligned}\triangle\frac{1}{x(x+1)\cdots(x+n-1)} &= \frac{-n}{x(x+1)\cdots(x+n)},\\ \overset{2}{\triangle}\frac{1}{x(x+1)\cdots(x+n-1)} &= \frac{n(n+1)}{x(x+1)\cdots(x+n+1)},\\ &\cdots\cdots\end{aligned}$$

Die Formeln (9) und (10) sind nur Sonderfälle einer allgemeineren Formel. Bekanntlich genügt die Gammafunktion der Funktionalgleichung

$$\Gamma(x+1) = x\,\Gamma(x);$$

daher wird, wenn α eine beliebige Konstante bedeutet,

$$\triangle \frac{\Gamma(x)}{\Gamma(x+\alpha)} = -\alpha \frac{\Gamma(x)}{\Gamma(x+\alpha+1)}, \tag{11}$$

woraus für $\alpha = -n$ die Beziehung (9), für $\alpha = n$ die Beziehung (10) hervorgeht.

Die Exponentialfunktion besitzt die Differenzen

$$\mathop{\triangle}_{\omega} a^x = a^x \frac{a^\omega - 1}{\omega},$$

$$\mathop{\overset{n}{\triangle}}_{\omega_1 \cdots \omega_n} a^x = a^x \frac{a^{\omega_1} - 1}{\omega_1} \cdots \frac{a^{\omega_n} - 1}{\omega_n}$$

und die Mittelwerte

$$\mathop{\nabla}_{\omega} a^x = a^x \frac{a^\omega + 1}{2},$$

$$\mathop{\overset{n}{\nabla}}_{\omega_1 \cdots \omega_n} a^x = a^x \frac{a^{\omega_1} + 1}{2} \cdots \frac{a^{\omega_n} + 1}{2},$$

von denen aus wir leicht zu den entsprechenden Ausdrücken für die trigonometrischen Funktionen gelangen können.

2. Führt man Differenzen- und Mittelwertbildung nacheinander aus, so gewinnt man die belangreichen Formeln

$$\mathop{\triangle}_{\omega} \mathop{\nabla}_{\omega} f(x) = \mathop{\nabla}_{\omega} \mathop{\triangle}_{\omega} f(x) = \mathop{\triangle}_{2\omega} f(x), \tag{12}$$

$$\mathop{\overset{n}{\triangle}}_{\omega_1 \cdots \omega_n} \mathop{\overset{n}{\nabla}}_{\omega_1 \cdots \omega_n} f(x) = \mathop{\overset{n}{\nabla}}_{\omega_1 \cdots \omega_n} \mathop{\overset{n}{\triangle}}_{\omega_1 \cdots \omega_n} f(x) = \mathop{\overset{n}{\triangle}}_{2\omega_1 \cdots 2\omega_n} f(x). \tag{13}$$

Diese Gleichungen lassen sich verallgemeinern. Setzen wir nämlich wieder zur Abkürzung

$$s_1\omega_1 + s_2\omega_2 + \cdots + s_n\omega_n = \Omega,$$

dann gilt, wie man leicht nachrechnet,

$$\sum_{s_1=0}^{p_1-1} \sum_{s_2=0}^{p_2-1} \cdots \sum_{s_n=0}^{p_n-1} \mathop{\overset{n}{\triangle}}_{\omega_1 \cdots \omega_n} f(x+\Omega) = p_1 p_2 \cdots p_n \mathop{\overset{n}{\triangle}}_{p_1\omega_1 \cdots p_n\omega_n} f(x), \tag{14}$$

wobei $p_1, p_2, \ldots, p_n$ beliebige positive ganze Zahlen sind, und

$$\sum_{s_1=0}^{p_1-1} \sum_{s_2=0}^{p_2-1} \cdots \sum_{s_n=0}^{p_n-1} (-1)^{s_1+s_2+\cdots+s_n} \mathop{\overset{n}{\nabla}}_{\omega_1 \cdots \omega_n} f(x+\Omega) = \mathop{\overset{n}{\nabla}}_{p_1\omega_1 \cdots p_n\omega_n} f(x), \tag{15}$$

wobei $p_1, p_2, \ldots, p_n$ ungerade positive ganze Zahlen bedeuten. Sind $p_1, p_2, \ldots, p_n$ gerade positive ganze Zahlen, so wird die linke Seite der Formel (15) gleich

$$\left(-\tfrac{1}{2}\right)^n p_1 p_2 \cdots p_n \omega_1 \omega_2 \cdots \omega_n \overset{n}{\underset{p_1\omega_1 \cdots p_n\omega_n}{\triangle}} f(x).$$

Für $p_1 = p_2 = \cdots = p_n = 2$ reduzieren sich die eben angeführten Beziehungen auf die Formel (13). Liegen die Zahlen $x + \Omega$ alle innerhalb eines gewissen Winkelraumes, in dem $f(x)$ bei Annäherung an den unendlich fernen Punkt gegen Null strebt, so darf man die Zahlen $p_1, p_2, \ldots, p_n$ über jede Grenze wachsen lassen und findet dann

$$(16)\qquad (-1)^n \omega_1 \omega_2 \cdots \omega_n \sum_{s_1, s_2, \ldots, s_n = 0}^{\infty} \overset{n}{\underset{\omega_1 \cdots \omega_n}{\triangle}} f(x+\Omega) = f(x),$$

$$(17)\qquad 2^n \sum_{s_1, s_2, \ldots, s_n = 0}^{\infty} (-1)^{s_1+s_2+\cdots+s_n} \overset{n}{\underset{\omega_1 \cdots \omega_n}{\nabla}} f(x+\Omega) = f(x).$$

Insbesondere gelten diese Gleichungen, wenn alle Spannen positiv sind und $f(x)$ auf der positiven reellen Achse nach Null konvergiert.

3. Unter einer *Differenzengleichung* für die Funktion $f(x)$ versteht man eine Beziehung zwischen der Funktion $f(x)$ und einer Anzahl von Differenzen verschiedener Ordnung von $f(x)$, wobei auch die unabhängige Veränderliche x explizit vorkommen kann. Beschränken wir uns der Einfachheit halber auf den Fall, daß alle Spannen gleich sind, so hat eine Differenzengleichung demnach die Form

$$\Phi\left(x, f(x), \underset{\omega}{\triangle} f(x), \overset{2}{\underset{\omega}{\triangle}} f(x), \ldots, \overset{n}{\underset{\omega}{\triangle}} f(x)\right) = 0.$$

Mit Hilfe der Formel (5) kann man sie auch in die Gestalt

$$\Psi\left(x, f(x), f(x+\omega), f(x+2\omega), \ldots, f(x+n\omega)\right) = 0$$

bringen. Wenn hierin $f(x)$ und $f(x+n\omega)$ wirklich vorkommen, so sprechen wir von einer Differenzengleichung n-ter Ordnung. Linear heißt eine Differenzengleichung, wenn sie linear in $f(x)$ und den Differenzen von $f(x)$ ist.

Das berühmteste Beispiel einer Differenzengleichung ist die schon genannte Gleichung

$$f(x+1) - x f(x) = 0,$$

der die Gammafunktion Genüge leistet und von der aus sich der beste Einblick in die Natur dieser interessanten Funktion gewinnen läßt.

§ 2. Steigungen.

4. Neben den Differenzen gibt es noch andere, ähnlich gebildete Ausdrücke, die wir als *Steigungen*[1]) bezeichnen und durch die Gleichungen

$$(18)\quad\begin{cases} [x_0] = f(x_0), & [x_1] = f(x_1), \ldots \\ [x_0\,x_1] = \dfrac{[x_0]-[x_1]}{x_0-x_1}, & [x_1\,x_2] = \dfrac{[x_1]-[x_2]}{x_1-x_2}, \ldots \\ [x_0\,x_1\,x_2] = \dfrac{[x_0\,x_1]-[x_1\,x_2]}{x_0-x_2}, & [x_1\,x_2\,x_3] = \dfrac{[x_1\,x_2]-[x_2\,x_3]}{x_1-x_3}, \ldots \\ \ldots\ldots\ldots\ldots\ldots\ldots & \\ [x_0 x_1 \ldots x_n] = \dfrac{[x_0\,x_1\ldots x_{n-1}]-[x_1\,x_2\ldots x_n]}{x_0-x_n}, \ldots & \end{cases}$$

erklären wollen, wobei $x_0, x_1, \ldots, x_n$ voneinander verschiedene Zahlen bedeuten. Man erhält also die Steigung n-ter Ordnung $[x_0\,x_1\ldots x_n]$ als Differenzenquotienten zweier Steigungen $(n-1)$-ter Ordnung. Zur übersichtlichen Zusammenfassung der Steigungen einer Funktion pflegt man sie in folgendem Schema anzuordnen:

$$\begin{array}{llllll} x_0 & f(x_0) & & & & \\ & & [x_0\,x_1] & & & \\ x_1 & f(x_1) & & [x_0\,x_1\,x_2] & & \\ & & [x_1\,x_2] & & [x_0\,x_1\,x_2\,x_3] & \\ x_2 & f(x_2) & & [x_1\,x_2\,x_3] & & [x_0\,x_1\,x_2\,x_3\,x_4]. \\ & & [x_2\,x_3] & & [x_1\,x_2\,x_3\,x_4] & \\ x_3 & f(x_3) & & [x_2\,x_3\,x_4] & & \\ & & [x_3\,x_4] & & & \\ x_4 & f(x_4) & & & & \end{array}$$

Die Steigungen lassen sich in zwei verschiedenen Formen darstellen, aus denen wir sofort ablesen können, daß sie *symmetrische* Funktionen von $x_0, x_1, \ldots, x_n$ sind. Es wird nämlich

$$(19)\quad\begin{cases} [x_0\,x_1] = \dfrac{f(x_0)}{x_0-x_1} + \dfrac{f(x_1)}{x_1-x_0}, \\ [x_0\,x_1\,x_2] = \dfrac{f(x_0)}{(x_0-x_1)(x_0-x_2)} + \dfrac{f(x_1)}{(x_1-x_0)(x_1-x_2)} + \dfrac{f(x_2)}{(x_2-x_0)(x_2-x_1)}, \\ \ldots\ldots\ldots\ldots\ldots\ldots \\ [x_0 x_1 \ldots x_n] = \dfrac{f(x_0)}{(x_0-x_1)(x_0-x_2)\cdots(x_0-x_n)} + \dfrac{f(x_1)}{(x_1-x_0)(x_1-x_2)\cdots(x_1-x_n)} + \cdots \\ \qquad + \dfrac{f(x_n)}{(x_n-x_0)(x_n-x_1)\cdots(x_n-x_{n-1})}; \end{cases}$$

---

[1]) Diese Ausdrücke wurden zuerst von Ampère [I] untersucht, der ihnen den Namen „fonctions interpolaires" gab. Ziemlich verbreitet ist auch die Bezeichnung „dividierte Differenzen" und die hieran anschließende Schreibweise $\delta^n(x_0\,x_1\ldots x_n)$ oder $\delta^n f(x)$.

Die Gültigkeit der allgemeinen Formel läßt sich ohne Mühe durch den Schluß von n auf $(n+1)$ bestätigen. Mit Hilfe bekannter Sätze über Potenzdeterminanten kann man der Relation (19) auch die Gestalt

$$(20) \qquad [x_0 x_1 \ldots x_n] = \begin{vmatrix} 1 & x_0 & x_0^2 & \ldots & x_0^{n-1} & f(x_0) \\ 1 & x_1 & x_1^2 & \ldots & x_1^{n-1} & f(x_1) \\ \cdot & \cdot & \cdot & \cdot & \cdot & \cdot \\ 1 & x_n & x_n^2 & \ldots & x_n^{n-1} & f(x_n) \end{vmatrix} : \begin{vmatrix} 1 & x_0 & x_0^2 & \ldots & x_0^{n} \\ 1 & x_1 & x_1^2 & \ldots & x_1^{n} \\ \cdot & \cdot & \cdot & \cdot & \cdot \\ 1 & x_n & x_n^2 & \ldots & x_n^{n} \end{vmatrix}$$

geben, die n-te Steigung $[x_0 x_1 \cdots x_n]$ also durch das Verhältnis zweier Determinanten ausdrücken. Sowohl (19) als auch (20) lassen die Symmetrie der Steigungen in Erscheinung treten.

Aus (20) entnehmen wir z. B. sofort, daß für $f(x) = \frac{1}{x}$

$$[x_0 x_1 \ldots x_n] = \frac{(-1)^n}{x_0 x_1 \cdots x_n}$$

ist. Ferner findet man für $f(x) = x^n$

$$[x_0 x_1 \ldots x_n] = 1,$$

für $f(x) = x^{n+1}$

$$[x_0 x_1 \ldots x_n] = x_0 + x_1 + \cdots + x_n,$$

für $f(x) = x^p$ bei positivem ganzen $p < n$

$$[x_0 x_1 \ldots x_n] = 0,$$

sodaß also für ein Polynom n-ten Grades die n-te Steigung eine Konstante ist, während die $(n+1)$-te und alle höheren Steigungen verschwinden.

Die Steigungen sind zunächst nur definiert, falls die Zahlen $x_0, x_1, x_2, \ldots$ voneinander verschieden sind. Wenn zwei beliebige unter diesen Zahlen zusammenrücken, wenn z. B. $x_0 \to x_1$, dann geht aus (19) hervor, daß $(x_0 - x_1)[x_0 x_1 \ldots x_n]$ gegen Null konvergiert, falls $f(x)$ im Punkte x_1 stetig ist. Ferner lehrt die Gleichung

$$[x_0 x_1 \ldots x_n] = \frac{[x_0 x_2 \ldots x_n] - [x_1 x_2 \ldots x_n]}{x_0 - x_1},$$

daß $[x_0 x_1 \ldots x_n]$ für $x_0 \to x_1$ dann und nur dann einem Grenzwerte zustrebt, wenn $f(x)$ im Punkte x_1 eine Ableitung besitzt, und daß dieser Grenzwert

$$\lim_{x_0 \to x_1} [x_0 x_1 x_2 \ldots x_n] = [x_1 x_1 x_2 \ldots x_n] = \frac{d}{d x_1} [x_1 x_2 \ldots x_n]$$

ist. Man nennt ihn eine *Steigung mit wiederholtem Argument* und kann ihn mit Hilfe der Formel (20), wenn man in den Determinanten die zweite Zeile von der ersten subtrahiert, Zähler und Nenner durch $x_0 - x_1$ dividiert und nachher x_0 nach x_1 rücken läßt, auch in der Gestalt

$$[x_1 x_1 x_2 \dots x_n] = \begin{vmatrix} 0 & 1 & 2x_1 & 3x_1^2 \dots (n-1)x_1^{n-2} & f'(x_1) \\ 1 & x_1 & x_1^2 & x_1^3 \dots\dots\dots x_1^{n-1} & f(x_1) \\ \cdot & \cdot & \cdot & \cdot\;\cdot\;\cdot\;\cdot\;\cdot\;\cdot & \cdot \\ 1 & x_n & x_n^2 & x_n^3 \dots\dots\dots x_n^{n-1} & f(x_n) \end{vmatrix}$$

$$: \begin{vmatrix} 0 & 1 & 2x_1 \dots n x_1^{n-1} \\ 1 & x_1 & x_1^2 \dots x_1^n \\ \cdot & \cdot & \cdot\;\cdot\;\cdot\;\cdot \\ 1 & x_n & x_2^n \dots x_n^n \end{vmatrix}$$

schreiben, wobei die Determinante im Nenner immer von Null verschieden ist, falls die Zahlen $x_1, x_2, \dots, x_n$ voneinander verschieden sind.

Wenn die Punkte $x_0, x_1, x_2, \dots$ *äquidistant* liegen, wenn also etwa

$$x_0 = a, \quad x_1 = a + \omega, \quad x_2 = a + 2\omega, \dots$$

ist, lassen sich die Steigungen mit den Differenzen in Zusammenhang bringen, wie aus den alsdann gültigen Relationen

$$(21) \quad \begin{cases} [x_0] = f(a), & [x_1] = f(a+\omega), \dots \\ [x_0 x_1] = \frac{1}{1!} \mathop{\triangle}\limits_{\omega} f(a), & [x_1 x_2] = \frac{1}{1!} \mathop{\triangle}\limits_{\omega} f(a+\omega), \dots \\ [x_0 x_1 x_2] = \frac{1}{2!} \mathop{\triangle}\limits_{\omega}^{2} f(a), & [x_1 x_2 x_3] = \frac{1}{2!} \mathop{\triangle}\limits_{\omega}^{2} f(a+\omega), \dots \\ \cdots\cdots\cdots & \cdots\cdots\cdots \\ [x_0 x_1 \dots x_n] = \frac{1}{n!} \mathop{\triangle}\limits_{\omega}^{n} f(a), \dots \end{cases}$$

erhellt.

§ 3. Die Newtonsche und die Lagrangesche Interpolationsformel.

5. In der aus der Definition der Steigungen sofort ersichtlichen Formel

$$[x x_0 \dots x_n] = -\frac{[x_0 x_1 \dots x_n]}{x - x_n} + \frac{[x x_0 \dots x_{n-1}]}{x - x_n}$$

können wir die zuletzt stehende Steigung in ähnlicher Weise weiter zerlegen. Dann ergibt sich

$$[x x_0 \dots x_n] = -\frac{[x_0 x_1 \dots x_n]}{x - x_n} - \frac{[x_0 x_1 \dots x_{n-1}]}{(x - x_n)(x - x_{n-1})} + \frac{[x x_0 \dots x_{n-2}]}{(x - x_n)(x - x_{n-1})}.$$

Setzen wir dieses Verfahren fort, so bekommen wir schließlich

$$[x x_0 \dots x_n] = -\frac{[x_0 x_1 \dots x_n]}{x - x_n} - \frac{[x_0 x_1 \dots x_{n-1}]}{(x-x_n)(x-x_{n-1})} - \dots - \frac{[x_0 x_1]}{(x-x_n)(x-x_{n-1})\cdots(x-x_1)}$$

$$- \frac{[x_0]}{(x-x_n)(x-x_{n-1})\cdots(x-x_0)} + \frac{f(x)}{(x-x_n)(x-x_{n-1})\cdots(x-x_0)},$$

also

$$(22) \qquad f(x) = \sum_{s=0}^{n} [x_0 x_1 \dots x_s](x-x_0)(x-x_1)\cdots(x-x_{s-1})$$

$$+ [x x_0 \dots x_n](x-x_0)(x-x_1)\cdots(x-x_n).$$

Dies ist die allgemeine *Newtonsche Interpolationsformel*[1]) (Newton [1, 2, 3]). Ihrer ganzen Herleitung entsprechend ist sie zunächst eine reine Identität, durch welche das Problem, den Wert der Funktion $f(x)$ an einer beliebigen Stelle x zu bestimmen, wenn ihr Wert an $(n+1)$ Interpolationsstellen $x_0, x_1, \dots, x_n$ bekannt ist, auf die Ermittlung der Steigung $[x x_0 \dots x_n]$ zurückgeführt wird. Nun zeigt sich aber in vielen Fällen, daß das an den Interpolationsstellen verschwindende Restglied

$$(23) \qquad R_{n+1} = [x x_0 \dots x_n](x-x_0)(x-x_1)\cdots(x-x_n)$$

für alle x eines gewissen Intervalles bei passend gewähltem n nur einen kleinen Wert hat. Dann können wir das im ersten Gliede rechts in (22) auftretende Polynom n-ten Grades

$$(24) \qquad f^*(x) = \sum_{s=0}^{n} [x_0 x_1 \dots x_s](x-x_0)(x-x_1)\cdots(x-x_{s-1}),$$

welches an den Interpolationsstellen mit $f(x)$ übereinstimmt, als eine Näherungsfunktion für $f(x)$ ansehen und mit seiner Hilfe den Funktionswert im Punkte x angenähert berechnen. Hierin liegt die Bedeutung der Newtonschen Formel für die Interpolationsrechnung (vgl. auch Kap. 8, § 2).

Vermöge des Ausdruckes (20) läßt sich das Restglied (23) als Verhältnis zweier Determinanten in der Gestalt

$$(25) \qquad R_{n+1} = \begin{vmatrix} 1 & x_0 & x_0^2 \dots x_0^n & f(x_0) \\ 1 & x_1 & x_1^2 \dots x_1^n & f(x_1) \\ \cdot & \cdot & \cdot\ \cdot\ \cdot & \cdot \\ 1 & x_n & x_n^2 \dots x_n^n & f(x_n) \\ 1 & x & x^2 \dots x^n & f(x) \end{vmatrix} : \begin{vmatrix} 1 & x_0 & x_0^2 \dots x_0^n \\ 1 & x_1 & x_1^2 \dots x_1^n \\ \cdot & \cdot & \cdot\ \cdot\ \cdot \\ 1 & x_n & x_n^2 \dots x_n^n \end{vmatrix}$$

---

[1]) Das erste Glied der Summe rechts bedeutet $[x_0] = f(x_0)$.

schreiben. Für das Näherungspolynom $f^*(x)$ gewinnen wir dann

$$f^*(x) = -\begin{vmatrix} 1 & x_0 & x_0^2 \dots x_0^n & f(x_0) \\ 1 & x_1 & x_1^2 \dots x_1^n & f(x_1) \\ \cdot & \cdot & \cdot \quad \cdot & \cdot \\ 1 & x_n & x_n^2 \dots x_n^n & f(x_n) \\ 1 & x & x^2 \dots x^n & 0 \end{vmatrix} : \begin{vmatrix} 1 & x_0 & x_0^2 \dots x_0^n \\ 1 & x_1 & x_1^2 \dots x_1^n \\ \cdot & \cdot & \cdot \quad \cdot \\ 1 & x_n & x_n^2 \dots x_n^n \end{vmatrix},$$

und mit Hilfe bekannter Determinantensätze ist leicht zu bestätigen, daß dieses Polynom n-ten Grades für $x = x_0, x_1, \dots, x_n$ mit $f(x)$ übereinstimmt. Der letzte Ausdruck ergibt sich übrigens unmittelbar, wenn wir für $f^*(x)$ ein Polynom n-ten Grades

$$f^*(x) = A_0 + A_1 x + \dots + A_n x^n$$

ansetzen und zur Bestimmung der Koeffizienten $A_0, A_1, \dots, A_n$ die $(n+1)$ linearen Gleichungen

$$A_0 + A_1 x_s + \dots + A_n x_s^n = f(x_s) \qquad (s = 0, 1, \dots, n)$$

benützen. Auf diese Weise erkennt man insbesondere, daß die Funktion $f(x)$, wenn sie selbst ein Polynom n-ten Grades ist, mit dem Näherungspolynom $f^*(x)$ nicht nur an den Interpolationsstellen, sondern durchweg übereinstimmen muß, eine Tatsache, die von neuem zeigt, daß für ein Polynom n-ten Grades alle $(n+1)$-ten und höheren Steigungen verschwinden.

Wenn umgekehrt die $(n+1)$-te Steigung einer Funktion Null ist, so verschwinden auch alle Steigungen höherer Ordnung, und die Funktion reduziert sich auf ein Polynom höchstens n-ten Grades. Man hat somit in der Bildung der Steigungen ein Mittel, zu entscheiden, ob eine vorgelegte Funktion ein Polynom ist oder nicht, ohne auf die Ableitungen zurückgreifen zu müssen. Die notwendige und hinreichende Bedingung dafür, daß eine Funktion ein Polynom ist, besteht darin, daß es eine positive ganze Zahl n derart gibt, daß die Steigung n-ter Ordnung gleich Null ist.

Lediglich eine andere Schreibweise der Newtonschen Formel ist die *Lagrangesche Interpolationsformel* (Lagrange [7, 8]). Setzen wir

$$(x - x_0)(x - x_1) \cdots (x - x_n) = \psi(x),$$

so nimmt die Beziehung

$$[x\, x_0 x_1 \dots x_n] = \frac{f(x)}{(x-x_0)(x-x_1)\cdots(x-x_n)} + \frac{f(x_0)}{(x_0-x)(x_0-x_1)\cdots(x_0-x_n)} + \cdots$$
$$+ \frac{f(x_n)}{(x_n-x)(x_n-x_0)\cdots(x_n-x_{n-1})}$$

die Form

$$[x\,x_0\,x_1 \ldots x_n] = \frac{f(x)}{\psi(x)} + \frac{f(x_0)}{(x_0 - x)\,\psi'(x_0)} + \frac{f(x_1)}{(x_1 - x)\,\psi'(x_1)} + \cdots + \frac{f(x_n)}{(x_n - x)\,\psi'(x_n)}$$

an, die unmittelbar die Lagrangesche Interpolationsformel

$$f(x) = \sum_{s=0}^{n} \frac{f(x_s)}{\psi'(x_s)} \frac{\psi(x)}{x - x_s} + [x\,x_0\,x_1 \ldots x_n]\,\psi(x) \tag{26}$$

mit dem schon in der Newtonschen Formel auftretenden Restglied liefert. Man bekommt die Lagrangesche Formel übrigens auch, wenn man in (25) die Determinante im Zähler rechts nach den Elementen der letzten Spalte entwickelt.

6. Unter der Voraussetzung, daß die Punkte $x_0, x_1, \ldots, x_n$ sämtlich auf der reellen Achse liegen und daß $f(x)$ eine reelle Funktion der reellen Veränderlichen x ist, die, unter b die größte, unter $\bar{b}$ die kleinste der Zahlen $x_0, x_1, \ldots, x_n$ verstanden, im Intervall $\bar{b} \leqq x \leqq b$ eine endliche Ableitung n-ter Ordnung besitzt, können wir einen bequemen Ausdruck für die n-te Steigung $[x_0 x_1 \ldots x_n]$ herleiten. Da die Funktion $f(x) - f^*(x)$ für $\bar{b} \leqq x \leqq b$ wenigstens $(n+1)$ Nullstellen hat, muß nach dem Satz von Rolle das Intervall $\bar{b} < x < b$ wenigstens eine Nullstelle ξ der n-ten Ableitung $f^{(n)}(x) - f^{*(n)}(x)$ enthalten. Die n-te Ableitung von $f^*(x)$ hat den Wert $n!\,[x_0 x_1 \ldots x_n]$, daher gilt

$$[x_0\,x_1 \ldots x_n] = \frac{f^{(n)}(\xi)}{n!}, \quad \bar{b} < \xi < b. \tag{27}$$

Es ist also die n-te Steigung gleich dem durch $n!$ dividierten Werte der n-ten Ableitung an einer Zwischenstelle. Insbesondere wird, wenn die Punkte $x_1, x_2, \ldots, x_n$ nach x_0 rücken und die n-te Ableitung im Punkte x_0 stetig[1]) ist,

$$[x_0\,x_1 \ldots x_n] \to \frac{f^{(n)}(x_0)}{n!}. \tag{28}$$

Man ersieht hieraus, daß man eine direkte Definition der n-ten Ableitung aufstellen kann, nämlich als Produkt des Grenzwertes der n-ten Steigung mit $n!$.

Für äquidistante Punkte $x_0, x_1, \ldots, x_n$ entspringt aus (27) die Formel

$$\mathop{\triangle}_{\omega}^{n} f(x) = f^{(n)}(\xi), \qquad \begin{array}{l} x < \xi < x + n\omega \text{ für } \omega > 0, \\ x + n\omega < \xi < x \text{ für } \omega < 0. \end{array} \tag{29}$$

---

[1]) Eine entsprechende Gleichung läßt sich auch beweisen, ohne die Stetigkeit der Ableitung vorauszusetzen, vgl. Stieltjes [2] und Fréchet [1].

Sie ermöglicht, die n-te Differenz durch den Wert der n-ten Ableitung an einer Zwischenstelle auszudrücken; die umgekehrte Aufgabe, Differentialquotienten durch Differenzen darzustellen, werden wir in Kapitel 8, § 7 lösen.

Für eine Differenz mit beliebigen reellen Spannen $\omega_1, \omega_2, \ldots, \omega_n$ läßt sich eine zu (27) analoge Formel angeben. Mit Hilfe der aus der Definition der Differenz unmittelbar entfließenden Gleichung

$$\underset{\omega_1 \cdots \omega_n}{\overset{n}{\triangle}} f(x) = \int_0^1 dt_1 \cdots \int_0^1 f^{(n)}(x + \omega_1 t_1 + \cdots + \omega_n t_n)\, dt_n \tag{30}$$

erhalten wir

$$\underset{\omega_1 \cdots \omega_n}{\overset{n}{\triangle}} f(x) = f^{(n)}(x + \vartheta_1 \omega_1 + \cdots + \vartheta_n \omega_n), \qquad 0 < \vartheta_i < 1, \tag{31}$$

wobei vorausgesetzt ist, daß $f(x)$ für die in Betracht kommenden Werte von x eine stetige Ableitung n-ter Ordnung besitzt.

Aus (27) können wir schließen, daß die im Restgliede der Newtonschen Formel auftretende Steigung den Wert

$$[x x_0 x_1 \ldots x_n] = \frac{f^{(n+1)}(\Xi)}{(n+1)!}, \qquad \bar{B} < \Xi < B,$$

hat, wobei B die größte, $\bar{B}$ die kleinste unter den Zahlen $x_0, x_1, \ldots, x_n$ und x bedeutet und $f(x)$ als $(n+1)$-mal differenzierbar im Intervall $\bar{B} \leqq x \leqq B$ vorausgesetzt ist, und daß also das Restglied selbst

$$R_{n+1} = \frac{(x - x_0)(x - x_1) \cdots (x - x_n)}{(n+1)!} f^{(n+1)}(\Xi), \qquad \bar{B} < \Xi < B, \tag{32}$$

wird. Solange sich x im Interpolationsintervall $\bar{b} \leqq x \leqq b$ bewegt, gilt sogar

$$R_{n+1} = \frac{(x - x_0)(x - x_1) \cdots (x - x_n)}{(n+1)!} f^{(n+1)}(\xi), \qquad \bar{b} < x < b. \tag{33}$$

Dann kann also eine von x freie, für alle x in $\bar{b} < x < b$ gültige obere Schranke für den Betrag des Restes gefunden werden. Die Gleichung (33) ist zuerst von Cauchy [10] und später von Genocchi [6, 7, 8], Stieltjes [1] und Schwarz [1] bewiesen worden. Rücken $x_1, x_2, \ldots, x_n$ nach x_0, so entsteht aus der Newtonschen Formel nach (28) und (32) die Taylorsche Formel mit dem Lagrangeschen Restglied

$$f(x) = \sum_{s=0}^{n} \frac{f^{(s)}(x_0)}{s!}(x - x_0)^s + (x - x_0)^{n+1} \cdot \frac{f^{(n+1)}(\Xi)}{(n+1)!} \tag{34}$$
$$(x_0 < \Xi < x \quad \text{oder} \quad x < \Xi < x_0).$$

Besonders wichtig ist für die allgemeine Newtonsche Formel der Fall äquidistanter Interpolationsstellen. Sei etwa

$$x_0 = a, \quad x_1 = a + \omega, \quad x_2 = a + 2\,\omega, \ldots,$$

so bekommt man in

$$(35)\quad f(x) = \sum_{s=0}^{n} \frac{1}{s!} \overset{s}{\underset{\omega}{\triangle}} f(a) \cdot (x-a) \cdot (x-a-\omega) \cdots (x-a-(s-1)\,\omega) + R_{n+1}$$

mit

$$(36)\quad R_{n+1} = \frac{(x-a)(x-a-\omega)\cdots(x-a-n\,\omega)}{(n+1)!} f^{(n+1)}(\Xi), \quad \overline{B} < \Xi < B,$$

die früher angekündigte Verallgemeinerung der Formel (7), die sich für $\omega = 1$ in der einfachen Gestalt

$$(37)\quad f(x) = \sum_{s=0}^{n} \overset{s}{\triangle} f(a) \binom{x-a}{s} + \binom{x-a}{n+1} f^{(n+1)}(\Xi), \qquad \overline{B} < \Xi < B,$$

schreiben läßt und die wir die Newtonsche Formel schlechthin nennen wollen. Mit ihrer Hilfe können wir z. B. in sehr übersichtlicher Weise die Differenz eines Polynoms m-ten Grades

$$P(x) = \sum_{s=0}^{m} a_s x^s$$

bilden. Bringen wir nämlich $P(x)$ in die Gestalt

$$(38)\qquad P(x) = \sum_{s=0}^{m} \overset{s}{\triangle} P(a) \binom{x-a}{s},$$

so erhalten wir unter Beachtung der Beziehung (9)

$$(39)\qquad \triangle P(x) = \sum_{s=1}^{m} \overset{s}{\triangle} P(a) \binom{x-a}{s-1}.$$

Wenn in der allgemeinen Newtonschen Formel (22) die Zahlen $x_0, x_1, x_2, \ldots$ in gewisser Weise gewählt werden, ergeben sich Interpolationsformeln, die den Namen Gauß', Stirlings und Bessels tragen. Da wir jedoch in Kapitel 8 ausführlich auf sie zurückkommen werden, wollen wir sie hier nicht angeben.

7. Für komplexe Veränderliche ist der in **6.** gegebene Beweis der Gleichung (27) nicht anwendbar, weil dann der Rollesche Satz nicht mehr gültig ist. Durch eine andere Schlußweise kann man aber leicht zu einem ähnlichen Ergebnis gelangen. Es seien $x_0, x_1, \ldots, x_n$ beliebige komplexe Zahlen und $f(x)$ eine analytische Funktion, die im

Inneren und auf der Berandung des kleinsten konvexen, durch die Punkte $x_0, x_1, \ldots, x_n$ aufgespannten Polygons regulär ist. Dann erhalten wir zunächst

$$[x_0 x_1] = \int_0^1 f'\big((1-t_1)x_0 + t_1 x_1\big)\, d t_1,$$

$$[x_0 x_1 x_2] = \int_0^1 d t_1 \int_0^{t_1} f''\big((1-t_1)x_0 + (t_1 - t_2)x_1 + t_2 x_2\big)\, d t_2,$$

und durch den Schluß von n auf $(n+1)$ leitet man nachher allgemein

$$(40)\quad [x_0 x_1 \ldots x_n] = \int_0^1 d t_1 \int_0^{t_1} d t_2 \cdots \int_0^{t_{n-1}} f^{(n)}\big((1-t_1)x_0 + (t_1 - t_2)x_1 + \cdots + (t_{n-1} - t_n)x_{n-1} + t_n x_n\big)\, d t_n$$

her. Diese Formel, welche von Hermite [1] herrührt, kann, wie Genocchi [7] bemerkt hat[1]), auch folgendermaßen geschrieben werden:

$$[x_0 x_1 \ldots x_n] = \int\int \cdots \int f^{(n)}(t_0 x_0 + t_1 x_1 + \cdots + t_n x_n)\, d t_1\, d t_2 \cdots d t_n,$$

wobei die Integration über alle der Bedingung $t_0 + t_1 + \cdots + t_n = 1$ unterworfenen $t_i \geqq 0$ läuft. Aus (40) schließt man nach dem Vorgange von Jensen [4] unter Verwendung des Darbouxschen Mittelwertsatzes, daß

$$(41)\quad \begin{aligned}[x_0 x_1 \ldots x_n] &= \lambda f^{(n)}(\vartheta_0 x_0 + \vartheta_1 x_1 + \cdots + \vartheta_n x_n) \int_0^1 d t_1 \int_0^{t_1} d t_2 \cdots \int_0^{t_{n-1}} d t_n \\ &= \frac{\lambda}{n!} f^{(n)}(\vartheta_0 x_0 + \vartheta_1 x_1 + \cdots + \vartheta_n x_n)\end{aligned}$$

ist, wobei λ eine komplexe Zahl vom absoluten Betrage $\leqq 1$ bedeutet und $\vartheta_0, \vartheta_1, \ldots, \vartheta_n$ positive, der Relation $\vartheta_0 + \vartheta_1 + \cdots + \vartheta_n = 1$ genügende Zahlen sind. Es ist also $\vartheta_0 x_0 + \vartheta_1 x_2 + \cdots + \vartheta_n x_n$ ein Punkt, welcher im Innern des obengenannten konvexen Regularitätspolygons von $f(x)$ liegt.

Unter Benutzung dieser Formeln ergibt sich für das Restglied der Newtonschen Formel, solange x im Inneren oder auf dem Rande des Regularitätspolygons liegt, der Ausdruck

$$(42)\quad R_{n+1} = \frac{(x-x_0)(x-x_1)\cdots(x-x_n)}{(n+1)!} \lambda f^{(n+1)}(\vartheta_0 x_0 + \cdots + \vartheta_n x_n + \vartheta_{n+1} x),$$

wobei

$$\vartheta_0 + \vartheta_1 + \cdots + \vartheta_n + \vartheta_{n+1} = 1$$

ist.

---

[1]) Genocchi [4, 6] hat auch noch eine andere, ähnliche Integraldarstellung für $[x_0 x_1 \ldots x_n]$ angegeben.

Zweites Kapitel.

Die Bernoullischen und Eulerschen Polynome.

§ 1. Die Bernoullischen Zahlen und Polynome.

8. Das wichtigste und zugleich schwierigste Problem der Differenzenrechnung ist die Frage nach der „Summe“ einer gegebenen Funktion $\varphi(x)$, d. h. die Auflösung der Differenzengleichung

$$f(x+1) - f(x) = \varphi(x). \tag{1}$$

Offenbar stellt die Ermittlung der Funktion $f(x)$ die Umkehrung der Differenzenbildung dar und entspricht, wenn man die Differenzenbildung zur Differentiation in Parallele setzt, der Integration. Sie ist mit eigentümlichen, später noch genauer zu besprechenden Schwierigkeiten verknüpft. Wir wollen mit einem sehr einfachen Falle beginnen, der sich ganz elementar erledigen läßt. Es soll nämlich $\varphi(x)$ ein Polynom m-ten Grades

$$\varphi(x) = \sum_{s=0}^{m} a_s x^s \tag{2}$$

sein. Dann gibt es eine Lösung $f(x)$ der Gleichung (1), die ebenfalls ein Polynom ist. Dies läßt sich sofort aus den Formeln (38) und (39) des letzten Kapitels entnehmen. Bringen wir nämlich $\varphi(x)$ mit Hilfe der Newtonschen Interpolationsformel in die Gestalt

$$\varphi(x) = \sum_{s=0}^{m} \binom{x-a}{s} \overset{s}{\triangle} \varphi(a),$$

so bekommen wir wegen

$$\triangle \binom{x}{s} = \binom{x+1}{s} - \binom{x}{s} = \binom{x}{s-1}$$

durch die Gleichung

$$f(x) = \sum_{s=0}^{m} \binom{x-a}{s+1} \overset{s}{\triangle} \varphi(a)$$

eine Lösung $f(x)$, welche ein Polynom $(m+1)$-ten Grades ist. Nach Belieben darf man ihm noch eine willkürliche Konstante hinzufügen.

Man kann aber auch einen anderen Weg einschlagen, indem man zunächst die Lösungen der Gleichung

$$f(x+1) - f(x) = \nu x^{\nu-1}, \qquad \nu = 1, 2, \ldots, \tag{3}$$

studiert [31] und dann aus ihnen die Lösung der allgemeinen Gleichung (1), in der $\varphi(x)$ ein Polynom (2) ist, durch lineare Kombination aufbaut. Um die Polynomlösungen der Gleichung (3) eindeutig festzulegen, wollen wir ihre Anfangswerte an der Stelle $x = 0$ vorschreiben. Dazu erklären wir Zahlen $B_0, B_1, B_2, \ldots, B_\nu, \ldots$, die *Bernoullischen Zahlen*, durch die Gleichungen

$$B_0 = 1, \qquad \sum_{s=0}^{\nu} \binom{\nu}{s} B_s = B_\nu, \qquad \nu = 2, 3, \ldots. \tag{4}$$

Offenbar sind alle B_ν rational; die ersten unter ihnen lauten

$$\begin{aligned} B_0 &= 1, \quad & B_1 &= -\tfrac{1}{2}, \quad & B_2 &= \tfrac{1}{6}, \quad & B_3 &= 0, \\ & & B_4 &= -\tfrac{1}{30}, \quad & B_5 &= 0, \quad & B_6 &= \tfrac{1}{42}. \end{aligned}$$

Diejenige Polynomlösung von (3), welche für $x = 0$ gleich B_ν ist, bezeichnen wir als *Bernoullisches Polynom* ν-ten Grades $B_\nu(x)$. Es ist also

$$\triangle B_\nu(x) = \nu x^{\nu-1}, \qquad B_\nu(0) = B_\nu. \tag{5}$$

Wie bekannt, spielen die Bernoullischen Zahlen und Polynome, welche für viele unserer späteren Betrachtungen von grundlegender Bedeutung sind, bei zahlreichen Fragen der Analysis eine wichtige Rolle. Sie sind deshalb auch im Laufe der Zeit, wie ein Blick in die reiche hierher gehörige Literatur lehrt, in sehr verschiedenartiger Weise definiert und näher untersucht worden. Auf dem natürlichsten und einfachsten Wege aber ergeben sich ihre Eigenschaften, wenn man sich auf den Standpunkt der Differenzenrechnung stellt, also, wie wir es eben getan haben, die Bernoullischen Polynome als Polynomlösungen der Differenzengleichung (5) und die Bernoullischen Zahlen als ihre Anfangswerte erklärt. Zudem sind viele dieser Eigenschaften, wie wir später sehen werden, nur Sonderfälle allgemeiner Tatsachen, welche sich bei tieferen Problemen der Differenzenrechnung vorfinden.

Mit Hilfe der Methode der unbestimmten Koeffizienten gewinnt man aus der Differenzengleichung (5) für das Bernoullische Polynom $B_\nu(x)$ leicht die Entwicklung

$$B_\nu(x) = \sum_{s=0}^{\nu} \binom{\nu}{s} B_s x^{\nu-s}, \tag{6}$$

aus der zunächst die *Differentiationsformeln*

$$(7)\quad \begin{cases} \dfrac{d B_\nu(x)}{dx} = \nu B_{\nu-1}(x), & \nu = 1, 2, \ldots, \\ \dfrac{d^p B_\nu(x)}{dx^p} = \nu(\nu-1)\cdots(\nu-p+1) B_{\nu-p}(x), & \nu = p, p+1, \ldots \end{cases}$$

und nachher durch Anwendung des Taylorschen Satzes die allgemeine Beziehung

$$(8)\qquad B_\nu(x+h) = \sum_{s=0}^{\nu} \binom{\nu}{s} h^s B_{\nu-s}(x)$$

hervorgehen. Setzt man in (8) insbesondere $h = 1$, so erhält man unter Berücksichtigung von (5) die *Rekursionsformel*

$$(9)\qquad \sum_{s=0}^{\nu-1} \binom{\nu}{s} B_s(x) = \nu x^{\nu-1},$$

mit deren Hilfe man z. B. nacheinander

$$B_0(x) = 1, \qquad B_1(x) = x - \tfrac{1}{2}, \qquad B_2(x) = x^2 - x + \tfrac{1}{6},$$
$$B_3(x) = x(x-1)(x-\tfrac{1}{2}), \qquad B_4(x) = x^4 - 2x^3 + x^2 - \tfrac{1}{30},$$
$$B_5(x) = x(x-1)(x-\tfrac{1}{2})(x^2 - x - \tfrac{1}{3})$$

findet.

Aus den Differentiationsformeln (7) können wir für beliebiges x und y die Relation

$$(10)\qquad \int_x^y B_\nu(z)\,dz = \frac{B_{\nu+1}(y) - B_{\nu+1}(x)}{\nu+1},$$

also insbesondere für $y = x + 1$

$$(11)\qquad \int_x^{x+1} B_\nu(z)\,dz = \frac{B_{\nu+1}(x+1) - B_{\nu+1}(x)}{\nu+1} = x^\nu$$

ablesen. Gibt man für $\nu > 0$ der Veränderlichen x nacheinander die Werte $0, 1, 2, \ldots, n-1$ und addiert man die entsprechenden Gleichungen, so folgt

$$1^\nu + 2^\nu + \cdots + (n-1)^\nu = \int_0^n B_\nu(z)\,dz = \frac{B_{\nu+1}(n) - B_{\nu+1}}{\nu+1}, \quad \nu > 0.$$

Es lassen sich also die Summen der Potenzen der natürlichen Zahlen mit positiven ganzzahligen Exponenten explizit mit Hilfe der Bernoullischen Polynome ausdrücken. Diese Eigenschaft hat zuerst die Aufmerksamkeit von Jakob Bernoulli [1, 2] auf die Polynome $B_\nu(x)$ gelenkt.

9. Viele der bisherigen Beziehungen nehmen eine besonders einfache und übersichtliche Gestalt an, wenn man sie in symbolischer Form schreibt. Z. B. geben wir der Gleichung (4) die Gestalt

$$(B+1)^\nu - B^\nu = 0, \qquad \nu = 2, 3, \ldots, \tag{4*}$$

indem wir verabreden, daß man nach Potenzen von B entwickeln und nachher B^s durch B_s ersetzen soll. Für $\nu = 1$ ist die Relation (4*) nicht mehr gültig. Dann wird vielmehr

$$(B+1) - B = 1. \tag{4**}$$

Bedeutet $\varphi(x)$ ein beliebiges Polynom in x, so bestehen also die symbolischen Beziehungen

$$\begin{aligned} \varphi(B+1) \quad &- \varphi(B) \quad = \varphi'(0), \\ \varphi(x+B+1) &- \varphi(x+B) = \varphi'(x). \end{aligned} \tag{12}$$

Die Differenzengleichung

$$\triangle f(x) = \varphi'(x), \tag{13}$$

in der $\varphi(x)$ ein gegebenes Polynom m-ten Grades ist, besitzt also die Lösung

$$f(x) = \varphi(x+B) = \sum_{s=0}^{m} \frac{B_s}{s!} \varphi^{(s)}(x); \tag{14}$$

insbesondere wird für $\varphi(x) = x^\nu$ in Übereinstimmung mit (6) und (8)

$$B_\nu(x) = (x+B)^\nu, \tag{6*}$$

$$B_\nu(x+h) = (x+B+h)^\nu. \tag{8*}$$

Hieraus können wir für die Lösung (14) der Gleichung (13) die Entwicklung

$$\begin{aligned} f(x+h) &= \varphi(x+B+h) = \varphi(x+(B+h)) \\ &= \varphi(x+B(h)) \quad = \sum_{s=0}^{m} \frac{B_s(h)}{s!} \varphi^{(s)}(x) \end{aligned} \tag{15}$$

herleiten, auf der letzten Endes alle Anwendungen der Bernoullischen Polynome in der Theorie der Differenzengleichungen beruhen. Durch Differenzenbildung entnimmt man aus (15) die berühmte *Euler-Maclaurinsche Summenformel* (Euler [2, 5, 10, 28], Maclaurin [1, 2])

$$\varphi'(x+h) = \sum_{s=0}^{m-1} \frac{B_s(h)}{s!} \triangle \varphi^{(s)}(x), \tag{15*}$$

freilich zunächst nur für Polynome. Die Gleichung (12) kann jetzt auch in die Gestalt

$$\varphi(B(x)+1) - \varphi(B(x)) = \varphi'(x) \tag{12*}$$

gebracht werden, welche eine Menge von Rekursionsformeln für die Bernoullischen Polynome und Zahlen liefert; z. B. entsteht für $\varphi(x) = x^\nu$ die Rekursionsformel (9) in der symbolischen Form

$$(9^*) \qquad (B(x) + 1)^\nu - (B(x))^\nu = \nu x^{\nu-1}$$

und hieraus für $x = 0$, $\nu > 1$ die Rekursionsformel (4*).

10. Die Gleichung

$$f(x+1) - f(x) = (\nu + 1) x^\nu$$

hat neben $B_{\nu+1}(x)$ noch die andere Lösung $(-1)^{\nu+1} B_{\nu+1}(1-x)$, die sich von der ersten nur um eine additive Konstante unterscheiden kann. Durch Differentiation gelangt man hiernach wegen (7) zu einem Satze, welchen wir den *Ergänzungssatz der Bernoullischen Polynome* nennen wollen und welcher durch die Gleichung

$$(16) \qquad B_\nu(1-x) = (-1)^\nu B_\nu(x).$$

ausgedrückt wird; er gibt eine Beziehung zwischen den Werten des Bernoullischen Polynoms $B_\nu(x)$ an zwei Stellen x und $1-x$, die sich zu 1 ergänzen, also symmetrisch zum Punkte $x = \frac{1}{2}$ gelegen sind. Wenn man in den Gleichungen (5) und (16) $x = 0$ einträgt, so lehren die entstehenden Relationen

$$\begin{aligned} B_\nu(1) &= B_\nu, & \nu &> 1, \\ B_\nu(1) &= (-1)^\nu B_\nu, & \nu &\geqq 0, \end{aligned}$$

daß alle Bernoullischen Zahlen mit ungeradem Index größer als 1 verschwinden und daß

$$(17) \qquad \begin{cases} B_{2\mu+1}(1) = B_{2\mu+1}(0) = 0 & (\mu = 1, 2, \ldots), \\ B_{2\mu}(1) \quad\; = B_{2\mu}(0) \quad = B_{2\mu} & (\mu = 0, 1, 2, \ldots) \end{cases}$$

gilt.

Die Gleichung

$$f\left(x + \frac{1}{m}\right) - f(x) = \nu x^{\nu-1}$$

hat für positives ganzes m die beiden Lösungen $\sum_{s=0}^{m-1} B_\nu\left(x + \frac{s}{m}\right)$ und $m^{1-\nu} B_\nu(mx)$. Durch Integration erschließt man hieraus unter Heranziehung von (11) das *Multiplikationstheorem der Bernoullischen Polynome*

$$(18) \qquad B_\nu(mx) = m^{\nu-1} \sum_{s=0}^{m-1} B_\nu\left(x + \frac{s}{m}\right),$$

das natürlich für $m \to \infty$ umgekehrt wieder zu (11) führt. Das Multiplikationstheorem zeigt, daß sich der Wert des Bernoullischen Polynoms $B_\nu(x)$ an der durch Multiplikation mit m entstehenden Stelle mx

linear aufbauen läßt aus den Werten in den m äquidistanten Punkten $x, x+\frac{1}{m}, \ldots, x+\frac{m-1}{m}$, auf welche man bei Teilung der zur reellen Achse parallelen Strecke von x nach $x+1$ in m gleiche Teile stößt.

Für $x=0$ folgt aus dem Multiplikationstheorem

$$\sum_{s=1}^{m-1} B_\nu\left(\frac{s}{m}\right) = -\left(1-\frac{1}{m^{\nu-1}}\right) B_\nu .$$

Aus dieser Beziehung ergeben sich unter Benutzung des Ergänzungssatzes (16) für $m=2, 3, 4, 6$ nacheinander die Zahlenwerte

$$\text{(19)} \qquad B_\nu\left(\frac{1}{2}\right) = -\left(1-\frac{1}{2^{\nu-1}}\right) B_\nu \qquad \nu = 1, 2, \ldots,$$

$$B_\nu\left(\frac{1}{3}\right) = B_\nu\left(\frac{2}{3}\right) = -\left(1-\frac{1}{3^{\nu-1}}\right)\frac{B_\nu}{2}, \qquad \nu \text{ gerade},$$

$$B_\nu\left(\frac{1}{4}\right) = B_\nu\left(\frac{3}{4}\right) = -\left(1-\frac{1}{2^{\nu-1}}\right)\frac{B_\nu}{2^\nu}, \qquad \nu \text{ gerade},$$

$$B_\nu\left(\frac{1}{6}\right) = B_\nu\left(\frac{5}{6}\right) = \left(1-\frac{1}{2^{\nu-1}}\right)\left(1-\frac{1}{3^{\nu-1}}\right)\frac{B_\nu}{2}, \qquad \nu \text{ gerade}.$$

In (19) verschwindet bei ungeradem ν die rechte Seite. Hiernach und nach (17) besitzt also das Bernoullische Polynom $B_\nu(x)$ bei ungeradem $\nu \geqq 3$ die drei Nullstellen $x=0$, $x=\frac{1}{2}$ und $x=1$. Diese sind die einzigen Nullstellen im Intervall $0 \leqq x \leqq 1$. Durch vollständige Induktion kann man nämlich zeigen, daß

$$\text{(20)} \qquad (-1)^\nu B_{2\nu-1}(x) > 0 \quad \text{für} \quad 0 < x < \tfrac{1}{2},$$

also nach dem Ergänzungssatze

$$(-1)^\nu B_{2\nu-1}(x) < 0 \quad \text{für} \quad \tfrac{1}{2} < x < 1$$

gilt. Für $B_1(x) = x - \frac{1}{2}$ trifft die Gleichung (20) offenbar zu, und wenn sie für einen gewissen Wert von ν richtig ist, kann jedenfalls das Polynom $(-1)^{\nu+1} B_{2\nu+1}(x)$, das für $x=0$ und $x=\frac{1}{2}$ verschwindet, im Intervall $0 < x < \frac{1}{2}$ sein Zeichen nicht wechseln. Denn sonst müßte in $0 < x < \frac{1}{2}$ seine erste Ableitung mindestens zwei, seine zweite Ableitung und demnach $(-1)^\nu B_{2\nu-1}(x)$ mindestens eine Nullstelle haben im Widerspruch zu (20). Nun erhält man aus (20) durch Integration

$$\text{(21)} \qquad (-1)^\nu (B_{2\nu}(x) - B_{2\nu}) > 0 \quad \text{für} \quad 0 < x < \tfrac{1}{2},$$

ferner hieraus nach dem Ergänzungssatze

$$(-1)^\nu (B_{2\nu}(x) - B_{2\nu}) > 0 \quad \text{für} \quad \tfrac{1}{2} < x < 1.$$

Zwischen $x = 0$ und $x = \frac{1}{2}$ liegt sicher eine Nullstelle der Ableitung von $B_{2\nu+1}(x)$, also von $B_{2\nu}(x)$, was nach (21) zu

$$(-1)^{\nu+1} B_{2\nu} > 0 \qquad (\nu > 0) \tag{22}$$

führt. Für positive, genügend kleine x hat $(-1)^{\nu+1} B_{2\nu+1}(x)$ das Zeichen seiner Ableitung, also von $(-1)^{\nu+1} B_{2\nu}(x)$ oder auch von $(-1)^{\nu+1} B_{2\nu}$. Wegen (22) ist demnach

$$(-1)^{\nu+1} B_{2\nu+1}(x) > 0 \quad \text{für} \quad 0 < x < \tfrac{1}{2},$$

womit der angekündigte Satz bewiesen ist. Die wichtige Gleichung (22) lehrt, daß die Bernoullischen Zahlen mit geradem positiven Index von

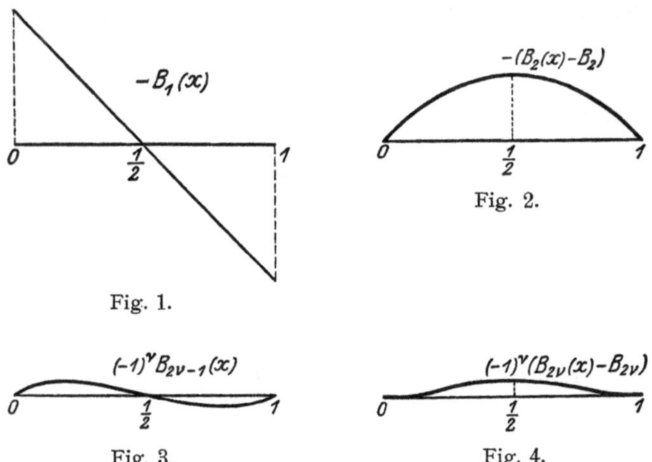

Fig. 1. Fig. 2. Fig. 3. Fig. 4.

Null verschieden sind und abwechselnde Vorzeichen haben. Am anschaulichsten lassen sich die soeben durchgeführten Überlegungen an Hand der vorstehenden Figuren 1, 2, 3 und 4 übersehen.

§ 2. Die Eulerschen Zahlen und Polynome.

11. Mit den Bernoullischen Polynomen stehen gewisse andere Polynome in engem Zusammenhang, die man deshalb zweckmäßig gleichzeitig mit jenen betrachtet. Sie werden als Lösungen der Gleichung

$$\frac{f(x+1)+f(x)}{2} = x^\nu \tag{23}$$

definiert [31], wobei ν eine positive ganze Zahl bedeutet. Offenbar gibt es ein und nur ein Polynom ν-ten Grades $E_\nu(x)$, das dieser Gleichung genügt und das wir als *Eulersches Polynom* bezeichnen wollen. Es ist also

$$\nabla E_\nu(x) = x^\nu. \tag{24}$$

Zwar lassen sich, wie man aus der leicht zu bestätigenden Relation

$$\begin{aligned} E_{\nu-1}(x) &= \frac{2}{\nu}\left\{B_\nu(x) - 2^\nu B_\nu\left(\frac{x}{2}\right)\right\} \\ &= \frac{2^\nu}{\nu}\left\{B_\nu\left(\frac{x+1}{2}\right) - B_\nu\left(\frac{x}{2}\right)\right\} \end{aligned} \tag{25}$$

ersieht, die Eulerschen Polynome auf die Bernoullischen zurückführen; es ist jedoch, wie sich bald zeigen wird, angebracht, ihnen eine selbständige Stellung einzuräumen. Aus der Gleichung (24) findet man wegen der eindeutigen Bestimmtheit der Polynomlösung durch Differentiation

$$\frac{d E_\nu(x)}{dx} = \nu E_{\nu-1}(x),$$

also nebenbei

$$\int_x^y E_\nu(z)\,dz = \frac{E_{\nu+1}(y) - E_{\nu+1}(x)}{\nu+1}.$$

Die Anwendung des Taylorschen Satzes führt nachher zu

$$E_\nu(x+h) = \sum_{s=0}^{\nu} \binom{\nu}{s} h^s E_{\nu-s}(x). \tag{26}$$

Die hieraus für $h = 1$ entspringende *Rekursionsformel*

$$\sum_{s=0}^{\nu} \binom{\nu}{s} E_s(x) + E_\nu(x) = 2x^\nu \tag{27}$$

liefert z. B. nacheinander

$$\begin{aligned} &E_0(x) = 1, \qquad E_1(x) = x - \tfrac{1}{2}, \qquad E_2(x) = x(x-1), \\ &E_3(x) = (x - \tfrac{1}{2})(x^2 - x - \tfrac{1}{2}), \qquad E_4(x) = x(x-1)(x^2 - x - 1), \\ &E_5(x) = (x - \tfrac{1}{2})(x^4 - 2x^3 - x^2 + 2x + 1), \\ &E_6(x) = x(x-1)(x^4 - 2x^3 - 2x^2 + 3x + 3). \end{aligned}$$

Auch die Eulerschen Polynome haben einen *Ergänzungssatz*, ferner *zwei Multiplikationstheoreme*. Es wird nämlich

$$E_\nu(1-x) = (-1)^\nu E_\nu(x) \tag{28}$$

und

$$E_\nu(mx) = m^\nu \sum_{s=0}^{m-1} (-1)^s E_\nu\left(x + \frac{s}{m}\right), \qquad m \text{ ungerade}, \tag{29}$$

$$E_\nu(mx) = -\frac{2m^\nu}{\nu+1} \sum_{s=0}^{m-1} (-1)^s B_{\nu+1}\left(x + \frac{s}{m}\right), \qquad m \text{ gerade}. \tag{30}$$

12. Um einen expliziten Ausdruck für die Eulerschen Polynome angeben zu können, erklären wir die *Eulerschen Zahlen* E_ν durch die Gleichungen

$$(31)\qquad \sum_{s=0}^{\nu}\binom{\nu}{s}E_{\nu-s}+\sum_{s=0}^{\nu}(-1)^s\binom{\nu}{s}E_{\nu-s}=0,\qquad \nu=1,2,3,\ldots$$

$$E_0=1$$

oder symbolisch

$$(31^*)\qquad (E+1)^\nu+(E-1)^\nu=\begin{cases}0, & \nu>0,\\ 2, & \nu=0.\end{cases}$$

Wie man unmittelbar erkennt, verschwinden alle Eulerschen Zahlen mit ungeradem Index, während die mit geradem Index ungerade ganze Zahlen sind. Die ersten unter ihnen haben die Werte

$$E_0=1,\quad E_2=-1,\quad E_4=5,\quad E_6=-61,\quad E_8=1385,$$
$$E_{10}=-50521.$$

Bei Einführung dieser Eulerschen Zahlen ergibt sich mit Hilfe der Methode der unbestimmten Koeffizienten die Entwicklung

$$(32)\qquad E_\nu(x)=\sum_{s=0}^{\nu}\binom{\nu}{s}\frac{E_s}{2^s}\left(x-\frac{1}{2}\right)^{\nu-s},$$

insbesondere für $x=\frac{1}{2}$

$$(33)\qquad E_\nu\left(\frac{1}{2}\right)=\frac{E_\nu}{2^\nu},$$

sodaß bei ungeradem ν das Eulersche Polynom $E_\nu(x)$ für $x=\frac{1}{2}$ verschwindet, in Übereinstimmung mit (28). Daß man in (32) gerade um die Stelle $x=\frac{1}{2}$ herum entwickelt, erklärt sich aus historischen Gründen.

Bedeutet $\varphi(x)$ ein beliebiges Polynom, so gewinnt man vermöge der symbolischen Relation (31*) die Beziehungen

$$(34)\qquad \begin{aligned}\varphi(E+1)\quad&+\varphi(E-1)&&=2\varphi(0),\\ \varphi\left(x+\frac{E+1}{2}\right)&+\varphi\left(x+\frac{E-1}{2}\right)&&=2\varphi(x),\end{aligned}$$

sodaß also die Gleichung

$$(35)\qquad \nabla f(x)=\varphi(x),$$

in der $\varphi(x)$ ein Polynom m-ten Grades ist, die Lösung

$$(36)\qquad f(x)=\varphi\left(x+\frac{E-1}{2}\right)=\sum_{s=0}^{m}\frac{E_s}{2^s\cdot s!}\varphi^{(s)}\left(x-\frac{1}{2}\right)$$

besitzt. Beispielsweise wird für $\varphi(x) = x^\nu$

$$(32^*) \qquad E_\nu(x) = \left(x + \frac{E-1}{2}\right)^\nu .$$

Ersetzt man x durch $x + h$, so gilt allgemeiner

$$(26^*) \qquad E_\nu(x+h) = \left(x + \frac{E-1}{2} + h\right)^\nu ,$$

$$(37) \quad f(x+h) = \varphi\left(x + \frac{E-1}{2} + h\right) = \varphi\left(x + \left(\frac{E-1}{2} + h\right)\right)$$

$$= \varphi(x + E(h)) \qquad = \sum_{s=0}^{\nu} \frac{E_s(h)}{s!} \varphi^{(s)}(x) .$$

Durch Mittelwertbildung bekommen wir hieraus in

$$(37^*) \qquad \varphi(x+h) = \sum_{s=0}^{\nu} \frac{E_s(h)}{s!} \nabla \varphi^{(s)}(x)$$

die von Boole [1, 2] für $h = 1$ angegebene und nach ihm benannte, aber schon früher bei Euler [6, 10] auftretende Summenformel[1]).

Die aus (34) unmittelbar herleitbare Beziehung

$$(34^*) \qquad \varphi(E(x)+1) + \varphi(E(x)) = 2\,\varphi(x)$$

ist die Quelle zahlreicher Rekursionsformeln für die Eulerschen Polynome und Zahlen. So wird für $\varphi(x) = x^\nu$

$$(27^*) \qquad (E(x)+1)^\nu + (E(x))^\nu = 2\,x^\nu$$

und speziell für $x = \frac{1}{2}$

$$(E+2)^\nu + E^\nu = 2 .$$

Auch für die Eulerschen Polynome kann man das Vorzeichen im Intervall $0 \leqq x \leqq 1$ bestimmen. Es ist

$$(-1)^\nu E_{2\nu-1}(x) > 0 \quad \text{für} \quad 0 \leqq x < \tfrac{1}{2},$$

$$E_{2\nu-1}(\tfrac{1}{2}) = 0 ,$$

$$(-1)^\nu E_{2\nu-1}(x) < 0 \quad \text{für} \quad \tfrac{1}{2} < x \leqq 1 ,$$

$$(-1)^\nu E_{2\nu}(x) > 0 \qquad \text{für} \quad 0 < x < 1 ,$$

$$E_{2\nu}(0) = E_{2\nu}(1) = 0$$

$$(-1)^\nu E_{2\nu}\left(\frac{1}{2}\right) = (-1)^\nu \frac{E_{2\nu}}{2^{2\nu}} > 0 ,$$

was durch die Fig. 5, 6, 7, 8 verdeutlicht wird.

[1]) Man findet sie auch bei Lacroix [2, 3] und Oettinger [9].

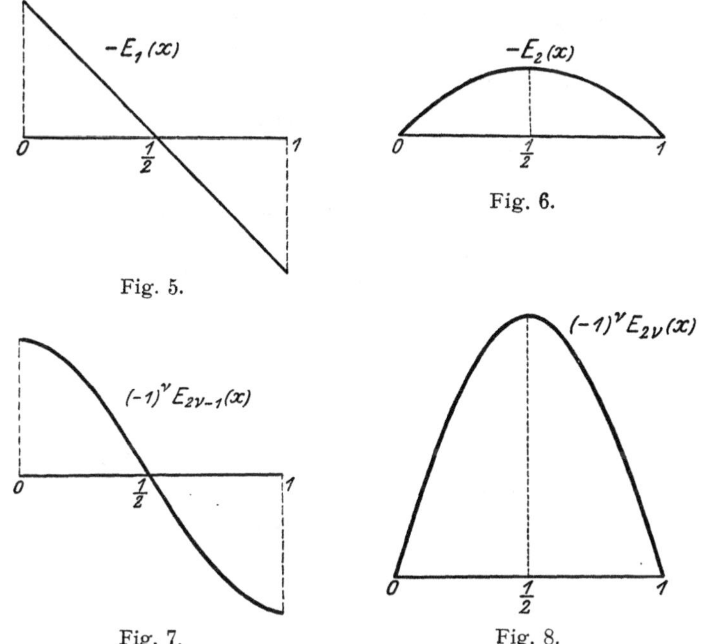

Fig. 5. Fig. 6. Fig. 7. Fig. 8.

13. Es empfiehlt sich, außer den Bernoullischen Zahlen B_ν und den Eulerschen Zahlen E_ν noch zwei andere, ihnen nahestehende Folgen von Zahlen C_ν und D_ν einzuführen. Wir erklären diese durch die Gleichungen

$$C_0 = 1, \quad (C+2)^\nu + C^\nu = \begin{cases} 0, & \nu > 0, \\ 2, & \nu = 0, \end{cases} \tag{38}$$

d. h.
$$\sum_{s=0}^{\nu} \binom{\nu}{s} 2^s C_{\nu-s} + C_\nu = 0 \text{ für } \nu > 0;$$

$$D_0 = 1, \quad (D+1)^\nu - (D-1)^\nu = \begin{cases} 0, & \nu > 1, \\ 2, & \nu = 1, \end{cases} \tag{39}$$

d. h.
$$\sum_{s=0}^{\nu} \binom{\nu}{s} D_{\nu-s} - \sum_{s=0}^{\nu} (-1)^s \binom{\nu}{s} D_{\nu-s} = 0 \text{ für } \nu > 1.$$

Die C_ν sind ganze Zahlen, von denen die mit positivem geraden Index verschwinden, während die D_ν rationale, nur für gerade Indizes von Null verschiedene Zahlen sind. Beispielsweise erhält man

$$C_0 = 1, \quad C_1 = -1, \quad C_3 = 2, \quad C_5 = -16, \quad C_7 = 272;$$
$$D_0 = 1, \quad D_2 = -\frac{1}{3}, \quad D_4 = \frac{7}{15}, \quad D_6 = -\frac{31}{21}, \quad D_8 = \frac{127}{15},$$
$$D_{10} = -\frac{2555}{33}.$$

Ausführliche numerische Angaben über die Zahlen C_ν und D_ν, ebenso wie über die Bernoullischen und Eulerschen Zahlen, finden sich in den am Schlusse des Buches zusammengestellten Tafeln 1 bis 4.

Mit Hilfe der Zahlen C_ν und D_ν können andere Formen für die Lösungen der Gleichungen (13) und (35) angegeben werden. Aus

$$\varphi\left(x+1+\frac{C}{2}\right)+\varphi\left(x+\frac{C}{2}\right)=2\,\varphi(x), \tag{40}$$

$$\varphi\left(x+\frac{D+1}{2}\right)-\varphi\left(x+\frac{D-1}{2}\right)=\varphi'(x) \tag{41}$$

erschließt man für $\nabla f(x)=\varphi(x)$

$$f(x)=\varphi\left(x+\frac{C}{2}\right)=\sum_{s=0}^{\nu}\frac{C_s}{2^s\cdot s\,!}\,\varphi^{(s)}(x),$$

insbesondere für $\varphi(x)=x^\nu$ als Entwicklung des Eulerschen Polynoms um den Nullpunkt herum

$$E_\nu(x)=\left(x+\frac{C}{2}\right)^\nu=\sum_{s=0}^{\nu}\binom{\nu}{s}\frac{C_s}{2^s}\,x^{\nu-s},$$

also

$$E_\nu(0)=(-1)^\nu E_\nu(1)=\frac{C_\nu}{2^\nu}.$$

Hingegen wird für $\triangle f(x)=\varphi'(x)$

$$f(x)=\varphi\left(x+\frac{D-1}{2}\right),\qquad f\left(x+\frac{1}{2}\right)=\varphi\left(x+\frac{D}{2}\right)=\sum_{s=0}^{\nu}\frac{D_s}{2^s s!}\,\varphi^{(s)}(x),$$

speziell für $\varphi(x)=x^\nu$

$$B_\nu(x)=\left(x+\frac{D-1}{2}\right)^\nu=\sum_{s=0}^{\nu}\binom{\nu}{s}\frac{D_s}{2^s}\left(x-\frac{1}{2}\right)^{\nu-s}.$$

$$B_\nu\left(\frac{1}{2}\right)=\frac{D_\nu}{2^\nu}. \tag{42}$$

Zwischen den Zahlen B_ν, C_ν, D_ν und E_ν bestehen mannigfaltige Beziehungen. So lassen sich vermöge der Gleichungen

$$B_\nu=\frac{(D-1)^\nu}{2^\nu}=(-1)^\nu\frac{(D+1)^\nu}{2^\nu},\qquad D_\nu=(2\,B+1)^\nu$$

$$C_\nu=(E-1)^\nu=(-1)^\nu(E+1)^\nu,\quad E_\nu=(C+1)^\nu,$$

die Bernoullischen Zahlen durch die D_ν, die Eulerschen Zahlen durch die C_ν ausdrücken und umgekehrt. Noch einfacher sind die Formeln

$$D_\nu=2\,(1-2^{\nu-1})\,B_\nu,$$

$$C_{\nu-1}=2^\nu(1-2^\nu)\frac{B_\nu}{\nu},$$

welche z. B. über die Vorzeichen der C_ν und D_ν Aufschluß geben.

Auch ermöglichen die Zahlen C_ν und D_ν mehrere interessante Angaben über gewisse Werte der Bernoullischen und Eulerschen Polynome, sowie über einige bestimmte Integrale. So liefert die Gleichung (25) für $x = \frac{1}{2}$

$$B_\nu\left(\frac{1}{4}\right) = \frac{D_\nu - \nu E_{\nu-1}}{4^\nu}, \tag{43}$$

insonderheit

$$B_\nu\left(\frac{1}{4}\right) = -\nu \frac{E_{\nu-1}}{4^\nu}, \qquad \nu \text{ ungerade}, \tag{43*}$$

$$B_\nu\left(\frac{1}{4}\right) = \frac{D_\nu}{4^\nu} = -\left(1 - \frac{1}{2^{\nu-1}}\right)\frac{B_\nu}{2^\nu}, \qquad \nu \text{ gerade}. \tag{44}$$

Ferner bekommt man z. B.

$$E_\nu\left(\frac{1}{3}\right) = -E_\nu\left(\frac{2}{3}\right) = \left(1 - \frac{1}{3^\nu}\right)\frac{C_\nu}{2^{\nu+1}}, \qquad \nu \text{ ungerade}, \tag{45}$$

$$E_\nu\left(\frac{1}{6}\right) = E_\nu\left(\frac{5}{6}\right) = \left(1 + \frac{1}{3^\nu}\right)\frac{E_\nu}{2^{\nu+1}}, \qquad \nu \text{ gerade}; \tag{46}$$

$$\int_0^{\frac{1}{2}} B_\nu(z)\, dz = \frac{C_\nu}{2^{2\nu+1}}, \tag{47}$$

$$\int_0^1 E_\nu(z)\, dz = -\frac{C_{\nu+1}}{(\nu+1)\, 2^\nu}. \tag{47*}$$

§ 3. Die Euler-Maclaurinsche und die Boolesche Summenformel.

14. Wenn $\varphi(x)$ ein Polynom m-ten Grades bedeutet, so haben wir bereits in Gleichung (15*) die Euler-Maclaurinsche Summenformel angeführt, die man gewöhnlich in der Gestalt

$$\varphi(x+h) = \int_x^{x+1} \varphi(z)\, dz + \sum_{\nu=1}^{m} \frac{B_\nu(h)}{\nu!} \bigtriangleup \varphi^{(\nu-1)}(x)$$

schreibt. Was wird aus dieser Formel, wenn $\varphi(x)$ nicht mehr ein Polynom, sondern eine beliebige Funktion ist?

Es sei $\overline{B}_\nu(x)$ die periodische Funktion mit der Periode 1, die im Intervall $0 \leqq x < 1$ mit dem Bernoullischen Polynom $B_\nu(x)$ übereinstimmt:

$$\overline{B}_\nu(x) = B_\nu(x) \quad \text{für } 0 \leqq x < 1.$$

Wegen

$$B_\nu(1) = B_\nu(0) \qquad \text{für } \nu \neq 1$$

ist die Funktion $\overline{B}_\nu(x)$ für $\nu \neq 1$ im Punkte $x = 1$ und folglich für alle Werte von x stetig. Aus der Differentiationsformel (7) der Bernoullischen Polynome ergibt sich, daß

$$\frac{d\overline{B}_\nu(x)}{dx} = \nu\,\overline{B}_{\nu-1}(x) \quad \text{für } \nu > 1$$

ist, daß also $\overline{B}_\nu(x)$ stetige Ableitungen der Ordnungen $1, 2, \ldots, \nu - 2$ hat. Die $(\nu - 1)$-te Ableitung hingegen ist in den Punkten $x = 0, \pm 1, \pm 2, \ldots$ unstetig, weil $\overline{B}_1(x)$ beim Durchgang von x durch eine ganze Zahl einen Sprung vom Betrag 1 macht (Fig. 9).

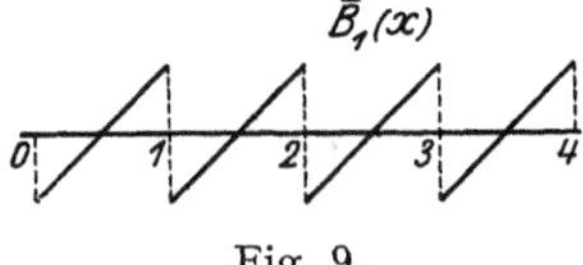

Fig. 9.

Nunmehr sei $0 \leqq h \leqq 1$, und die Funktion $\varphi(z)$ möge im Intervall $x \leqq z \leqq x + \omega$ eine stetige Ableitung m-ter Ordnung besitzen. Dann finden wir durch fortgesetzte Teilintegration aus dem Integral

$$(48) \qquad R_m = -\,\omega^m \int_0^1 \frac{\overline{B}_m(h-z)}{m!}\,\varphi^{(m)}(x + \omega z)\,dz$$

unter Beachtung der Tatsache, daß $\overline{B}_1(h - z)$ im Punkte $z = h$ eine Sprungstelle aufweist, die *Euler-Maclaurinsche Summenformel*

$$(49) \qquad \varphi(x + h\omega) = \frac{1}{\omega}\int_x^{x+\omega} \varphi(z)\,dz + \sum_{\nu=1}^{m} \frac{\omega^\nu}{\nu!} B_\nu(h) \mathop{\triangle}_{\omega} \varphi^{(\nu-1)}(x) + R_m.$$

Angewandt wird sie zumeist in der Weise, daß man für x nacheinander die Werte $x, x + \omega, \ldots, x + (n-1)\omega$ einträgt und die entstehenden Gleichungen addiert, wodurch sich eine Beziehung zwischen der endlichen Summe $\sum\limits_{s=0}^{n-1} \varphi(x + h\omega + s\omega)$ und dem Integral $\frac{1}{\omega}\int\limits_x^{x+n\omega} \varphi(z)\,dz$ ergibt. Doch wollen wir hierauf nicht näher eingehen, da wir in Kap. 3, § 4 ähnliche Betrachtungen durchzuführen haben. Das Restglied ist besonders von Poisson [6], Jacobi [3], Malmsten [2], Darboux [1], Schendel [1], Sonin [1] und Lindelöf [1, 2, 3] untersucht worden.

Einige einfache Anwendungen beleuchten am besten die Tragweite der Beziehung (49). Setzen wir zunächst

$$\varphi(x) = B_{m+n}(x), \qquad \omega = 1$$

und einmal $h = 0$, dann $h = \frac{1}{2}$, so entsteht

$$B_{m+n}(x) = \sum_{\nu=0}^{m} \binom{m+n}{\nu} B_\nu x^{m+n-\nu} - (-1)^m \frac{(m+n)!}{m!\,n!} \int_0^1 B_m(z) B_n(x+z)\,dz,$$

$$B_{m+n}\left(x+\frac{1}{2}\right) = \sum_{\nu=0}^{m} \binom{m+n}{\nu} \frac{D_\nu}{2^\nu} x^{m+n-\nu} - (-1)^m \frac{(m+n)!}{m!\,n!} \int_0^1 \overline{B}_m\left(z-\frac{1}{2}\right) B_n(x+z)\,dz,$$

insbesondere für $x \to 0$

$$\int_0^1 B_m(z) B_n(z)\,dz = (-1)^{m+1} \frac{m!\,n!}{(m+n)!} B_{m+n}, \qquad m > 0, \quad n > 0,$$

$$\int_0^{\frac{1}{2}} B_m\left(z+\frac{1}{2}\right) B_n(z)\,dz = (-1)^{m+1} \frac{m!\,n!}{(m+n)!} \frac{D_{m+n}}{2^{m+n+1}}, \qquad m > 0, \quad n > 0, \quad m+n \text{ gerade}.$$

Die weitere Annahme $\varphi(x) = e^x$ ergibt

$$(50) \qquad \frac{\omega e^{h\omega}}{e^\omega - 1} = \sum_{\nu=0}^{m} \frac{\omega^\nu}{\nu!} B_\nu(h) - \frac{\omega^{m+1}}{e^\omega - 1} \int_0^1 \frac{\overline{B}_m(h-z)}{m!} e^{\omega z}\,dz;$$

die Bernoullischen Polynome können also auch als Entwicklungskoeffizienten der Funktion $\frac{\omega e^{h\omega}}{e^\omega - 1}$, die man deshalb die *erzeugende Funktion der Bernoullischen Polynome* nennt, gewonnen werden.

Wählt man $\varphi(x) = \cos x$, $x = -\frac{\omega}{2}$ und $h = 1$, so bekommt man

$$(51) \qquad \frac{\omega}{2} \cot \frac{\omega}{2} = \sum_{\nu=0}^{m} (-1)^\nu \frac{\omega^{2\nu}}{(2\nu)!} B_{2\nu} + R_m,$$

wobei das Restglied

$$(51^*) \qquad R_m = \frac{(-1)^{m+1} \omega^{2m+1}}{2 \sin \frac{\omega}{2}} \int_0^1 \frac{B_{2m}(z)}{(2m)!} \cos\left(z-\frac{1}{2}\right)\omega\,dz$$

$$= \frac{(-1)^{m+1} \omega^{2m+2}}{2 \sin \frac{\omega}{2}} \int_0^1 \frac{B_{2m+1}(z)}{(2m+1)!} \sin\left(z-\frac{1}{2}\right)\omega\,dz,$$

wird. Hingegen entspringt für $\varphi(x) = \cos x$, $x = -\frac{\omega}{2}$, $h = \frac{1}{2}$ die Beziehung

$$\omega \operatorname{cosec} \omega = \sum_{\nu=0}^{m} (-1)^\nu \frac{\omega^{2\nu}}{(2\nu)!} D_{2\nu} + R_m \tag{52}$$

mit dem Restglied

$$\begin{aligned} R_m &= \frac{(-1)^{m+1}(2\omega)^{2m+1}}{\sin\omega} \int_0^{\frac{1}{2}} \frac{B_{2m}(z)}{(2m)!} \cos 2z\omega\, dz \\ &= \frac{(-1)^{m+1}(2\omega)^{2m+2}}{\sin\omega} \int_0^{\frac{1}{2}} \frac{B_{2m+1}(z)}{(2m+1)!} \sin 2z\omega\, dz. \end{aligned} \tag{52*}$$

15. Lassen wir in (50), (51) und (52) m unbegrenzt wachsen, so konvergieren die Restglieder für $|\omega| < 2\pi$ gegen Null. Insbesondere entfließt aus (50) für $h = 0$ die Formel

$$\frac{\omega}{e^\omega - 1} = \sum_{\nu=0}^{\infty} \frac{\omega^\nu}{\nu!} B_\nu, \qquad |\omega| < 2\pi \tag{53}$$

für die *erzeugende Funktion der Bernoullischen Zahlen.* Sie erlaubt, einen interessanten zahlentheoretischen Satz von v. Staudt [1, 2]-Clausen [4] über die Nenner der Bernoullischen Zahlen $B_{2\nu}$, $\nu > 0$, auf einfachem Wege zu beweisen. Durch das Symbol $\mathfrak{D}_0$ möge der Differentialquotient nach ω an der Stelle $\omega = 0$ bezeichnet werden. Dann gilt für hinreichend kleine $|\omega|$

$$\begin{aligned} B_{2\nu} = \mathfrak{D}_0^{2\nu}\left(\frac{\omega}{e^\omega - 1}\right) &= -\mathfrak{D}_0^{2\nu} \frac{\log(1-(1-e^\omega))}{1-e^\omega} \\ &= \mathfrak{D}_0^{2\nu} \sum_{\lambda=1}^{\infty} \frac{(1-e^\omega)^{\lambda-1}}{\lambda}. \end{aligned}$$

Die letzte Summe braucht offenbar nicht bis ins Unendliche, sondern nur bis zu dem Werte $\lambda = 2\nu + 1$ erstreckt zu werden, weil die höheren Glieder fortfallen, wenn man nach der Differentiation $\omega = 0$ setzt. Es ist also

$$B_{2\nu} = \sum_{\lambda=1}^{2\nu+1} \frac{1}{\lambda} \mathfrak{D}_0^{2\nu} (1 - e^\omega)^{\lambda-1}.$$

Wenn *erstens* λ eine zusammengesetzte Zahl $\geqq 6$, etwa $\lambda = ab$ mit $a \geqq 2$, $b \geqq 2$ ist, liefert das entsprechende Glied eine ganze Zahl als Beitrag zur rechtsstehenden Summe. Denn aus

$$a + b \leqq ab - 1 = \lambda - 1,$$

also

$$\lambda - 1 = a + b + c, \quad c \geqq 0,$$

$$(1 - e^{\omega})^{\lambda-1} = (1 - e^{\omega})^{a} (1 - e^{\omega})^{b} (1 - e^{\omega})^{c}$$

folgt

$$\mathfrak{D}_0^{2\nu} (1 - e^{\omega})^{\lambda-1} \equiv 0 \pmod{\lambda}.$$

Ist *zweitens* $\lambda = 4$, so erhält man

$$\mathfrak{D}_0^{2\nu} (1 - e^{\omega})^{\lambda-1} = \mathfrak{D}_0^{2\nu} (1 - e^{\omega})^{3}$$

$$= -3 \cdot 1^{2\nu} + 3 \cdot 2^{2\nu} - 3^{2\nu} \equiv 1 - 1 \equiv 0 \pmod{4};$$

auch das Glied mit $\lambda = 4$ gibt also einen ganzzahligen Beitrag.

Drittens möge λ eine Primzahl p sein. Dann kann 2ν in der Form

$$2\nu = q(p - 1) + r, \qquad 0 \leqq r < p - 1$$

dargestellt werden. Durch Ausführung der Differentiation unter Heranziehung des binomischen Satzes gewinnt man nun

$$\mathfrak{D}_0^{2\nu} (1 - e^{\omega})^{p-1} = -\binom{p-1}{1} 1^{2\nu} + \binom{p-1}{2} 2^{2\nu} - \cdots + (-1)^{p-1} \binom{p-1}{p-1} (p-1)^{2\nu},$$

$$\mathfrak{D}_0^{r} (1 - e^{\omega})^{p-1} = \begin{cases} -\binom{p-1}{1} 1^{r} + \binom{p-1}{2} 2^{r} - \cdots + (-1)^{p-1} \binom{p-1}{p-1} (p-1)^{r} \\ \qquad \text{für } r \neq 0, \\ 1 - \binom{p-1}{1} 1^{r} + \binom{p-1}{2} 2^{r} - \cdots + (-1)^{p-1} \binom{p-1}{p-1} (p-1)^{r} \\ \qquad \text{für } r = 0. \end{cases}$$

Da nach dem kleinen Fermatschen Satze für $1 \leqq m < p$

$$m^{p-1} \equiv 1 \pmod{p},$$

also

$$m^{2\nu} \equiv m^{r} \pmod{p}$$

ist, wird demnach

$$\mathfrak{D}_0^{2\nu} \equiv \begin{cases} 0 \\ -1 \end{cases} \pmod{p} \quad \text{für} \quad \begin{matrix} r \neq 0, \\ r = 0. \end{matrix}$$

Wenn also 2ν nicht durch $p - 1$ teilbar ist, ist der Beitrag des entsprechenden Gliedes eine ganze Zahl; wenn hingegen $p - 1$ in 2ν aufgeht, eine ganze Zahl, vermindert um $\frac{1}{p}$. Damit ist der v. Staudtsche Satz bewiesen, nach dem

$$B_{2\nu} = G_{2\nu} - \sum_{k} \frac{1}{p_k} \tag{54}$$

gilt, wobei $G_{2\nu}$ eine ganze Zahl bedeutet und die Summation über alle die Primzahlen, und nur diese, läuft, für die $p_k - 1$ ein Teiler von 2ν ist. Die folgende Zusammenstellung gibt einige Beispiele.

2ν	p_k	$B_{2\nu}$
2	2, 3	$1-\frac{1}{2}-\frac{1}{3}$
4	2, 3, 5	$1-\frac{1}{2}-\frac{1}{3}-\frac{1}{5}$
6	2, 3, 7	$1-\frac{1}{2}-\frac{1}{3}-\frac{1}{7}$
8	2, 3, 5	$1-\frac{1}{2}-\frac{1}{3}-\frac{1}{5}$
10	2, 3, 11	$1-\frac{1}{2}-\frac{1}{3}-\frac{1}{11}$
12	2, 3, 5, 7, 13	$1-\frac{1}{2}-\frac{1}{3}-\frac{1}{5}-\frac{1}{7}-\frac{1}{13}$
14	2, 3	$2-\frac{1}{2}-\frac{1}{3}$.

16. Auch die für Polynome in der Gestalt (37*)

$$\varphi(x+h) = \sum_{\nu=0}^{m} \frac{E_\nu(h)}{\nu!} \nabla \varphi^{(\nu)}(x)$$

aufgestellte Boolesche Summenformel läßt sich auf allgemeinere Funktionen erweitern. Es sei $\overline{E}_\nu(x)$ die Funktion, welche der Gleichung

$$\overline{E}_\nu(x+1) = -\overline{E}_\nu(x)$$

genügt und außerdem für $0 \leqq x < 1$ gleich dem Eulerschen Polynom $E_\nu(x)$ ist. Aus den Formeln

$$\frac{d}{dx}\overline{E}_\nu(x) = \nu \overline{E}_{\nu-1}(x)$$

$$E_\nu(1) = -E_\nu(0) \qquad \text{für } \nu > 0$$

ersieht man, daß $\overline{E}_\nu(x)$ für $\nu > 0$ eine stetige Funktion von x ist, die stetige Ableitungen bis zur $(\nu-1)$-ten Ordnung aufweist. Für die ν-te Ableitung hingegen sind die Punkte $x = 0, \pm 1, \pm 2, \ldots$ Sprungstellen, weil $\overline{E}_0(x)$ für $2n < x < 2n+1$ gleich $+1$ und für $2n-1 < x < 2n$ (n eine ganze Zahl) gleich -1 ist. Wenn wiederum $0 \leqq h \leqq 1$ und die Funktion $\varphi(z)$ im Intervall $x \leqq z \leqq x+\omega$ mit stetigen Ableitungen bis zur m-ten Ordnung ausgestattet ist, erhalten wir aus

$$R_m = \frac{1}{2}\omega^m \int_0^1 \frac{\overline{E}_{m-1}(h-z)}{(m-1)!} \varphi^{(m)}(x+\omega z)\, dz \tag{55}$$

durch Teilintegration die allgemeine *Boolesche Summenformel*

$$\varphi(x+h\omega) = \sum_{\nu=0}^{m-1} \frac{\omega^\nu}{\nu!} E_\nu(h) \mathop{\nabla}_{\omega} \varphi^{(\nu)}(x) + R_m. \tag{56}$$

Untersuchungen über das Restglied finden sich bei Darboux [1], Schendel [1], Hermite [5], Stieltjes [5] und Lindelöf [1, 2, 3]. Ersetzt man h durch $\frac{h}{\omega}$ und läßt dann ω nach Null konvergieren, so ergibt sich die Taylorsche Formel mit dem Restglied in der Lagrangeschen Gestalt.

Mit Hilfe der Booleschen Summenformel kann z. B. für $\varphi(x) = e^x$ die *erzeugende Funktion der Eulerschen Polynome* gewonnen werden:

$$(57)\qquad \frac{2\,e^{h\omega}}{e^{\omega}+1} = \sum_{\nu=0}^{m} \frac{\omega^{\nu}}{\nu!} E_{\nu}(h) + \frac{\omega^{m+1}}{e^{\omega}+1} \int_0^1 \frac{\overline{E}_m(h-z)}{m!} e^{\omega z}\, dz.$$

Die Annahmen $\varphi(x) = \sin x$ und $\varphi(x) = \cos x$ liefern folgende Reihenentwicklungen für $\tan\omega$ und $\sec\omega$, in denen die deshalb zuweilen auch als Tangenten- bzw. Sekantenkoeffizienten bezeichneten Zahlen C_{ν} und E_{ν} als Entwicklungskoeffizienten auftreten:

$$(58)\qquad \tan\omega = \sum_{\nu=0}^{m-1} (-1)^{\nu+1} \frac{\omega^{2\nu+1}}{(2\nu+1)!} C_{2\nu+1} + R_m,$$

$$(58^*)\qquad R_m = \frac{(-4)^m\,\omega^{2m+1}}{\cos\omega} \int_0^1 \frac{E_{2m}(z)}{(2m)!} \cos(2z-1)\,\omega\, dz$$

$$= \frac{(-4)^{m-1}\,2\,\omega^{2m}}{\cos\omega} \int_0^1 \frac{E_{2m-1}(z)}{(2m-1)!} \sin(2z-1)\,\omega\, dz;$$

$$(59)\qquad \sec\omega = \sum_{\nu=0}^{m} (-1)^{\nu} \frac{\omega^{2\nu}}{(2\nu)!} E_{2\nu} + R_m,$$

$$(59^*)\qquad R_m = \frac{(-4)^m\,2\,\omega^{2m+1}}{\cos\omega} \int_0^{\frac{1}{2}} \frac{E_{2m}(z)}{(2m)!} \sin 2\omega z\, dz$$

$$= \frac{(-4)^{m+1}\,\omega^{2m+2}}{\cos\omega} \int_0^{\frac{1}{2}} \frac{E_{2m+1}(z)}{(2m+1)!} \cos 2\omega z\, dz.$$

Interessant sind auch die für $\varphi(x) = E_{m+n}(x)$, $\omega = 1$ und $h = 0$ bzw. $h = \frac{1}{2}$ entstehenden Darstellungen der Eulerschen Polynome

$$E_{m+n}(x) = \sum_{\nu=0}^{m-1} \binom{m+n}{\nu} \frac{C_{\nu}}{2^{\nu}} x^{m+n-\nu} + \frac{(-1)^m}{2} \frac{(m+n)!}{(m-1)!\,n!} \int_0^1 E_{m-1}(z)\, E_n(x+z)\, dz,$$

$$E_{m+n}\left(x+\frac{1}{2}\right) = \sum_{\nu=0}^{m-1} \binom{m+n}{\nu} \frac{E_{\nu}}{2^{\nu}} x^{m+n-\nu} + \frac{(-1)^m}{2} \frac{(m+n)!}{(m-1)!\,n!} \int_0^1 \overline{E}_{m-1}\left(z-\frac{1}{2}\right) E_n(x+z)\, dz,$$

die für $x \to 0$ die bestimmten Integrale

$$\int_0^1 E_m(z)\, E_n(z)\, dz = (-1)^{m+1} \frac{m!\, n!}{(m+n+1)!} \frac{C_{m+n+1}}{2^{m+n}}, \quad m \geqq 0,\ n \geqq 0,$$

$$\int_0^{\frac{1}{2}} E_m\left(z + \frac{1}{2}\right) E_n(z)\, dz = (-1)^m \frac{m!\, n!}{(m+n+1)!} \frac{E_{m+n+1}}{2^{m+n+1}}, \quad m+n \text{ ungerade},$$

auszuwerten gestatten.

Sowohl die Euler-Maclaurinsche wie auch die Boolesche Summenformel können mit großem Nutzen für Untersuchungen über Konvergenz von Reihen angewandt werden [32, 33, 37, 42]. Doch wollen wir hierauf nicht näher eingehen.

Drittes Kapitel.

Die Summe einer gegebenen Funktion.

17. Im vorigen Kapitel haben wir für die Differenzengleichung

$$F(x+1)-F(x)=\varphi(x), \tag{1}$$

falls die rechtsstehende gegebene Funktion $\varphi(x)$ ein Polynom ist, eine Lösung ermittelt, die ebenfalls ein Polynom und bis auf eine willkürliche Konstante eindeutig bestimmt ist. Die allgemeinste Lösung bekommen wir dann offenbar, indem wir zu dieser speziellen Lösung eine willkürliche periodische Funktion $\pi(x)$ mit der Periode 1, d. h. eine Lösung der Differenzengleichung

$$\pi(x+1)-\pi(x)=0,$$

hinzufügen. Jede von der in Kapitel 2 gefundenen Polynomlösung verschiedene Lösung ist also eine transzendente Funktion. *Unter allen Lösungen nimmt demnach die Polynomlösung eine besondere, durch einfache funktionentheoretische Eigenschaften charakterisierte Stellung ein.*

Nun ist auch bei beliebigem $\varphi(x)$ die Existenz von Lösungen der Gleichung (1) sofort ersichtlich. Man braucht ja nur die Funktion $F(x)$ in einem Streifen von der Breite 1 parallel zur imaginären Achse mit Einschluß des linken und Ausschluß des rechten Randes ganz willkürlich anzunehmen, dann liefert die Gleichung (1) unmittelbar $F(x)$ für alle anderen Werte von x. Freilich wird diese Lösung im allgemeinen nicht analytisch sein, und wir dürfen von ihrer Betrachtung in funktionentheoretischer Hinsicht kaum viel Ausbeute erhoffen. Überhaupt bietet die allgemeine Lösung der Gleichung (1) wegen der allzu großen Willkür der in sie eingehenden periodischen Funktion nur wenig funktionentheoretisches Interesse dar. Für ein wirklich fruchtbringendes Studium der Gleichung (1) muß man vielmehr eine andere Fragestellung zugrunde legen. Unter der Annahme, daß $\varphi(x)$ ein Polynom ist, haben wir für eine gewisse Lösung, nämlich die Polynomlösung, bereits recht belangreiche Ergebnisse erzielt, und ebenso lehrt die aus einer Gleichung von der Gestalt (1) entspringende Gammafunktion (vgl. Kap. 5, § 2), daß es sehr wohl spezielle Lösungen von bemerkenswerter funktionentheoretischer Natur geben kann. Auch in allgemeineren Fällen wird es daher unter gewissen Voraussetzungen über die gegebene

Funktion $\varphi(x)$ lohnend sein, zu versuchen, ob man unter all den unendlich vielen, durch willkürliche periodische Funktionen unterschiedenen Lösungen der Gleichung (1) eine funktionentheoretisch ausgezeichnete Lösung, die *Hauptlösung*, herauszufinden vermag [37]. Hierin liegt das wesentlichste Problem der Theorie der Gleichung (1). Anders ausgedrückt handelt es sich darum, die Umkehroperation zur Differenzenbildung zu definieren, d. h. zu einer vorgelegten Funktion $\varphi(x)$ eine Funktion $F(x)$ als *Summe* von $\varphi(x)$ derart anzugeben, daß $\varphi(x)$ die Differenz von $F(x)$ ist.

§ 1. Geschichtliche Bemerkungen.

18. Der erste Ansatz zur Behandlung des soeben umrissenen Problems der *Summation einer gegebenen Funktion* $\varphi(x)$ findet sich in den zahlreichen älteren Arbeiten über die Euler-Maclaurinsche Summenformel (vgl. Kap. 2, § 3). Plana [1], Abel [1, 2] und Cauchy [3] wandten sie auf die Gleichung (1) an, drangen aber nur in ganz speziellen Fällen bis zu einer Lösung vor. Von späteren Untersuchungen über diese Summenformel heben wir besonders diejenigen von Malmsten [2] und Lindelöf[1]) [1, 2, 3] hervor.

Die erste eingehende Behandlung der Gleichung (1) rührt von Guichard [1] her, der ihr im Jahre 1887 eine große Abhandlung widmete. Er denkt sich $\varphi(x)$ als analytische Funktion der komplexen Veränderlichen $x = \sigma + i\tau$, die in einem gewissen Gebiet regulär ist, und weist nach, daß dann das Integral

$$F(x) = \int_A^B \frac{\varphi(z)\, e^{2\pi i z}}{e^{2\pi i z} - e^{2\pi i x}}\, dz,$$

genommen zwischen zwei Punkten A und B der imaginären Achse, eine in einem gewissen Rechteck reguläre Lösung der Gleichung (1) liefert. Diese Lösung ist jedoch unendlich vieldeutig und hat unendlich viele logarithmische Verzweigungspunkte, ein Übelstand, den man beseitigen kann, wenn $\varphi(x)$ eine ganze Funktion ist, indem man A und B auf der imaginären Achse ins Unendliche rücken läßt und gleichzeitig, um die Konvergenz des Integrals zu sichern, unter dem Integralzeichen eine passende ganze Funktion $E(z)$ einführt. Dann findet man eine ganze transzendente Lösung von (1), die sich im Streifen $0 < \sigma < 1$ durch das Integral

$$F(x) = \int_{-i\infty}^{i\infty} \frac{\varphi(z)\, E(x)}{E(z)(1 - e^{2\pi i (x-z)})}\, dz$$

1) Bei Lindelöf [3] findet man auch zahlreiche geschichtliche und bibliografische Bemerkungen.

darstellen läßt. Hierbei ist indes die ganze Funktion $E(x)$ noch auf unendlich viele Weisen wählbar, und Guichards Verfahren gibt kein Mittel an die Hand, um $E(x)$ so festzulegen, daß man eine funktionentheoretisch ausgezeichnete Lösung erhält. Wenn z. B. $\varphi(x)$ ein Polynom ist, so ist die Guichardsche Lösung kein Polynom, sondern eine transzendente Funktion [1]).

Auf andere Weise gehen Appell [5] und später A. Hurwitz [1] vor. Die Tatsache, daß für ganzes rationales $\varphi(x)$,

$$\varphi(x) = \sum_{s=0}^{m} a_s x^s,$$

das Polynom

$$F(x) = \sum_{s=1}^{m+1} \frac{a_{s-1}}{s} B_s(x)$$

eine Lösung der Gleichung (1) ist, legt nahe, wenn $\varphi(x)$ eine ganze transzendente Funktion

$$\varphi(x) = \sum_{s=0}^{\infty} a_s x^s$$

ist, die Reihe

$$\sum_{s=1}^{\infty} \frac{a_{s-1}}{s} B_s(x)$$

ins Auge zu fassen. Im allgemeinen wird diese Reihe nicht konvergieren. Appell entwickelt deshalb das Polynom $B_s(x)$ im Intervall $0 < x < 1$ in eine Fouriersche Reihe und subtrahiert dann von dieser die s ersten Glieder. Wird die so entstehende ganze Funktion mit $\psi_s(x)$ bezeichnet, so genügt die Reihe

$$F(x) = \sum_{s=1}^{\infty} \frac{a_{s-1}}{s} \psi_s(x)$$

formal der Differenzengleichung (1), weil sich $\psi_s(x)$ vom Bernoullischen Polynom $B_s(x)$ nur um eine periodische Funktion unterscheidet. Da sie, wie Appell und Hurwitz zeigen, zudem in jedem endlichen Gebiet gleichmäßig konvergiert, stellt sie eine ganze Lösung von (1) dar. Aber auch dieser Weg führt im allgemeinen nicht zur Hauptlösung. Wenn z. B. $\varphi(x) = e^{kx}$ bei konstantem k ist, so wird die Hauptlösung $F(x) = \frac{e^{kx}}{e^k - 1}$; die Appell-Hurwitzsche Lösung hingegen weicht von ihr um eine ziemlich verwickelte periodische Funktion ab. Hurwitz hat außerdem noch bewiesen, daß sich zu meromorfem $\varphi(x)$ immer eine meromorfe Lösung von (1) angeben läßt.

1) Unabhängig von Guichard hat H. Weber [1] die Gleichung (1) studiert und einen Teil der Guichardschen Ergebnisse wiedergefunden.

Carmichael [4] hat die Ergebnisse Guichards von neuem in der Weise hergeleitet, daß er für die Lösung von (1) eine Potenzreihe ansetzt; trägt man diese in die Differenzengleichung ein, so entsteht ein unendliches System linearer Gleichungen mit unendlich vielen Unbekannten, welches derart gelöst wird, daß die Potenzreihe konvergiert.

§ 2. Definition der Hauptlösungen.

19. Es erweist sich als zweckmäßig, in die Gleichung (1) einen Parameter einzuführen und sie in der Gestalt

$$\underset{\omega}{\triangle} F(x) = \varphi(x) \tag{2}$$

zu schreiben, wobei $\underset{\omega}{\triangle}$ wie üblich die erste Differenz mit der Spanne ω bedeutet. Wir werden nämlich sehen, daß das Problem der Auflösung der Gleichung (2) wesentlich ein Problem in *zwei* Veränderlichen x und ω ist, wobei naturgemäß der Grenzübergang $\omega \to 0$, d. h. der Übergang von der Differenzengleichung (2) zu einer Differentialgleichung, ein besonderes Interesse darbietet.

Viele der beim Studium der Gleichung (2) auftretenden Tatsachen lassen sich am klarsten übersehen, wenn man, was wir tun wollen, gleichzeitig mit ihr die Gleichung

$$\underset{\omega}{\nabla} G(x) = \varphi(x) \tag{3}$$

für den ersten Mittelwert untersucht. Bezeichnen wir mit $\pi(x)$ und $\mathfrak{p}(x)$ Funktionen von x, die den Gleichungen

$$\underset{\omega}{\triangle} \pi(x) = 0,$$

$$\underset{\omega}{\nabla} \mathfrak{p}(x) = 0$$

Genüge leisten, so erhält man die allgemeinsten Lösungen von (2) und (3), wenn man zu einer speziellen Lösung eine derartige periodische Funktion $\pi(x)$ bzw. $\mathfrak{p}(x)$ hinzufügt. Aus der Menge all dieser unendlich vielen Lösungen wollen wir jetzt die *Hauptlösung* herausheben. Dazu schreiben wir die Gleichungen (2) und (3) für $x, x+\omega, x+2\omega, \ldots, x+(n-1)\omega$ auf und addieren dann je die n aus (2) bzw. (3) entspringenden Gleichungen, bei (3) unter Einführung abwechselnder Vorzeichen. So ergibt sich

$$F(x) - F(x+n\omega) = -\omega \sum_{s=0}^{n-1} \varphi(x+s\omega),$$

$$G(x) - (-1)^n G(x+n\omega) = 2 \sum_{s=0}^{n-1} (-1)^s \varphi(x+s\omega).$$

Es liegt nun nahe, hierin den Grenzübergang $n \to \infty$ zu versuchen. Wenn die beiden dann entstehenden Reihen

(4) $$-\omega \sum_{s=0}^{\infty} \varphi(x+s\omega),$$

(5) $$2 \sum_{s=0}^{\infty} (-1)^s \varphi(x+s\omega)$$

konvergieren, was von der besonderen Natur der Funktion $\varphi(x)$ abhängt, so geben sie uns offenbar je eine Lösung der Gleichungen (2) und (3), und diese wollen wir dann die *Hauptlösung* nennen. Dieser Fall tritt z. B. bei der Reihe (5) nach dem Leibnizschen Satze über alternierende Reihen ein, wenn x eine reelle Veränderliche, ω positiv und $\varphi(x)$ eine positive Funktion von x ist, welche für wachsendes x niemals zunimmt und der Grenze Null zustrebt. In den meisten vorkommenden Fällen divergieren freilich die Reihen (4) und (5). Aber auch dann lassen sie sich mit großem Vorteil zur Gewinnung von Lösungen der Gleichungen (2) und (3) benutzen, und zwar durch Verwendung eines geeigneten Summationsverfahrens. Hierzu wollen wir nacheinander verschiedene Annahmen über x, ω und $\varphi(x)$ machen. In diesem Kapitel setzen wir voraus, *daß x reell und ω positiv ist;* ferner soll $\varphi(x)$ eine reelle oder komplexe Funktion von x sein, die für $x \geqq b$ stetig und von solcher Beschaffenheit ist, daß bei geeigneter Wahl einer Funktion

(6) $$\lambda(x) = x^p \log^q x, \qquad p \geqq 1,\ q \geqq 0,$$

bei festem p und q für jeden festen positiven Wert von η die Relation

$$\lim_{x \to \infty} \varphi(x)\, e^{-\eta \lambda(x)} = 0$$

statthat. Zunächst beschäftigen wir uns mit der Gleichung (3) und der Reihe (5). Unter unseren Voraussetzungen konvergiert die Reihe

(7) $$G(x \mid \omega; \eta) = 2 \sum_{s=0}^{\infty} (-1)^s \varphi(x+s\omega)\, e^{-\eta \lambda(x+s\omega)}$$

für jeden positiven Wert von η gleichmäßig in x. Sie stellt also eine für $x \geqq b$ stetige Funktion von x dar. Nun sei B eine beliebige Zahl größer als b. Wenn die Funktion $G(x \mid \omega; \eta)$ für zu Null absinkendes η nach einem Grenzwert strebt, und zwar gleichmäßig im Intervall $b \leqq x \leqq B$ — wir werden zeigen, daß dies unter gewissen Annahmen über die Funktion $\varphi(x)$ tatsächlich der Fall ist —, dann wollen wir diesen Grenzwert die *Wechselsumme der Funktion* $\varphi(x)$ nennen und mit dem Symbol

(8) $$\underset{\omega}{\mathfrak{S}}\,\varphi(x)\,\nabla x = G(x\,|\,\omega) = \lim_{\eta\to 0} G(x\,|\,\omega;\,\eta)$$

$$= \lim_{\eta\to 0} 2\sum_{s=0}^{\infty}(-1)^s\,\varphi(x+s\omega)\,e^{-\eta\lambda(x+s\omega)}$$

bezeichnen, die Funktion $\varphi(x)$ selbst aber *wechselsummierbar* nennen. Wenn die Reihe (5) konvergiert, stimmt der Grenzwert (8) mit ihrer Summe überein.

Durch den soeben auseinandergesetzten Algorithmus wird eine Lösung $G(x\,|\,\omega)$ der Gleichung (3) definiert, die für $x \geqq b$ und alle positiven ω stetig ist; denn aus der offenkundig richtigen Gleichung

$$\underset{\omega}{\nabla}\, G(x\,|\,\omega;\,\eta) = \varphi(x)\,e^{-\eta\lambda(x)}$$

folgt ja durch den Grenzübergang $\eta \to 0$ sofort

$$\underset{\omega}{\nabla}\, G(x\,|\,\omega) = \varphi(x).$$

Diese Lösung $G(x\,|\,\omega)$ gerade ist es nun, die wir die *Hauptlösung* der Gleichung (3) nennen und eingehend studieren wollen.

20. Um die Hauptlösung der Gleichung (2) zu definieren, gehen wir in ähnlicher Weise vor. Auch die Reihe

$$-\,\omega\sum_{s=0}^{\infty}\varphi(x+s\omega)\,e^{-\eta\lambda(x+s\omega)}$$

konvergiert unter unseren Annahmen über $\varphi(x)$ für alle positiven η; sie nähert sich aber, wenn η nach Null abnimmt, im allgemeinen keinem Grenzwerte. Um dennoch eine Lösung zu erhalten, müssen wir zu ihr eine Größe hinzufügen, die sich für sehr kleine positive η nahezu in derselben Weise wie die Reihe selbst verhält und außerdem von x und ω unabhängig ist. Dies trifft bei dem Integral

$$\int_a^{\infty}\varphi(z)\,e^{-\eta\lambda(z)}\,dz$$

zu. Wir betrachten daher den Ausdruck

(9) $$F(x\,|\,\omega;\,\eta) = \int_a^{\infty}\varphi(z)\,e^{-\eta\lambda(z)}\,dz - \omega\sum_{s=0}^{\infty}\varphi(x+s\omega)\,e^{-\eta\lambda(x+s\omega)},$$

wobei a eine beliebige Zahl größer als b ist. Wie ohne weiteres ersichtlich, genügt $F(x\,|\,\omega;\,\eta)$ der Differenzengleichung

(10) $$\underset{\omega}{\Delta}\, F(x\,|\,\omega;\,\eta) = \varphi(x)\,e^{-\eta\lambda(x)}.$$

Wenn nun η nach Null strebt, so nähern sich im allgemeinen zwar weder das Integral noch die Reihe einzeln einem Grenzwerte wohl aber gelingt unter passenden Annahmen über die Natur von $\varphi(x)$ der Nachweis, daß der aus beiden zusammengesetzte Ausdruck $F(x \mid \omega; \eta)$ für $b \leqq x \leqq B$ gleichmäßig gegen einen Grenzwert, die *Summe*

$$(11)\quad \mathop{S}_{a}^{x} \varphi(z) \mathop{\triangle}_{\omega} z = F(x \mid \omega) = \lim_{\eta \to 0} F(x \mid \omega; \eta)$$

$$= \lim_{\eta \to 0} \left\{ \int_a^\infty \varphi(z)\, e^{-\eta \lambda(z)}\, dz - \omega \sum_{s=0}^{\infty} \varphi(x + s\omega)\, e^{-\eta \lambda(x + s\omega)} \right\}$$

der Funktion $\varphi(x)$, konvergiert. Wesentlich ist hierbei, daß man auf das Integral $\int_a^\infty \varphi(z)\, dz$ und die Reihe $\sum_{s=0}^{\infty} \varphi(x + s\omega)$ dasselbe Summationsverfahren anwendet. Falls der Grenzwert (11) existiert, nennen wir die Funktion $\varphi(x)$ *summierbar*. Die Ausdrücke Summe und summierbar benutzen wir auch, wenn wir sowohl $F(x \mid \omega)$ als auch $G(x \mid \omega)$ im Auge haben. Wie der Grenzübergang $\eta \to 0$ in der Gleichung (10) erkennen läßt, ist $F(x \mid \omega)$ eine Lösung der Gleichung

$$\mathop{\triangle}_{\omega} F(x \mid \omega) = \varphi(x),$$

und zwar per definitionem die *Hauptlösung*. Sie enthält, weil a beliebig ist, noch eine willkürliche additive Konstante und wird erst ganz festgelegt, wenn man ihren Wert an einer beliebigen Stelle vorschreibt.

Zur Gewinnung der Hauptlösungen ist es nicht notwendig, gerade die angegebene Summationsmethode zu benutzen. In manchen Fällen wird sie nicht einmal ausreichen. Vielmehr lassen sich die Reihen (4) und (5) auf unendlich viele verschiedene Weisen summieren. Man kann jedoch beweisen [21, 30], daß man für eine sehr ausgedehnte Klasse von Summationsmethoden immer zur selben Lösung kommt. Die Hauptlösung ist also durch unseren oben angegebenen Algorithmus bei der Gleichung (3) eindeutig, bei der Gleichung (2) bis auf eine additive Konstante festgelegt, und es richtet sich nur nach den asymptotischen Eigenschaften der Funktion $\varphi(x)$, welcher Summationsmethode man sich im einzelnen am zweckmäßigsten bedient.

Zuletzt möge noch hervorgehoben werden, daß die Hauptlösungen, wie sich im Laufe der folgenden Betrachtungen herausstellen wird, auf verschiedene Weise auch durch Grenzbedingungen definiert werden können. Die Definition durch einen Algorithmus, wie wir sie vorgenommen haben, bietet jedoch den Vorteil, daß man von vornherein imstande ist, zu einer gegebenen Funktion $\varphi(x)$ die Hauptlösungen wirklich zu bilden. Wir kommen durch unser Auflösungsverfahren auf dem natürlichsten Wege zu den Lösungen, welche durch die einfachsten funktionentheoretischen Eigenschaften ausgezeichnet sind. Um dies näher zu beleuchten, wollen wir im folgenden Paragrafen, noch ehe wir allgemein einen Beweis für die Existenz der Hauptlösungen erbracht haben, einige wichtige Beziehungen herleiten, denen sie genügen.

§ 3. Einige bemerkenswerte Eigenschaften der Hauptlösungen.

21. Es sei m eine beliebige positive ganze Zahl. Setzen wir in Formel (9) für x nacheinander die Werte $x,\ x+\frac{\omega}{m},\ x+2\frac{\omega}{m}, \ldots, x+(m-1)\frac{\omega}{m}$ ein und addieren die entstehenden m Gleichungen, so bekommen wir zunächst

$$\sum_{s=0}^{m-1} F\left(x+\frac{s\,\omega}{m}\,\middle|\,\omega;\eta\right) = mF\left(x\,\middle|\,\frac{\omega}{m};\eta\right)$$

und hieraus durch den Grenzübergang $\eta \to 0$

$$\sum_{s=0}^{m-1} F\left(x+\frac{s\,\omega}{m}\,\middle|\,\omega\right) = mF\left(x\,\middle|\,\frac{\omega}{m}\right). \tag{12}$$

Ganz entsprechend lassen sich die Relationen

$$\sum_{s=0}^{m-1} (-1)^s F\left(x+\frac{s\,\omega}{m}\,\middle|\,\omega\right) = -\frac{\omega}{2}G\left(x\,\middle|\,\frac{\omega}{m}\right) \tag{13}$$

$$\sum_{s=0}^{m-1} (-1)^s G\left(x+\frac{s\,\omega}{m}\,\middle|\,\omega\right) = G\left(x\,\middle|\,\frac{\omega}{m}\right) \tag{14}$$

beweisen. Während in (12) m eine beliebige positive ganze Zahl sein kann, müssen wir in (13) m als gerade und in (14) m als ungerade voraussetzen. Die drei letzten Gleichungen, durch welche die Haupt-(ösungen von der Spanne ω mit der Hauptlösung von der Spanne $\frac{\omega}{m}$ lverknüpft werden, wollen wir als *Multiplikationstheoreme der Hauptlösungen* bezeichnen. Für $m=2$ werden sie besonders einfach; dann findet man nämlich

$$F(x\,|\,\omega) = \mathop{\nabla}_{\omega} F(x\,|\,2\omega), \tag{15}$$

$$G(x\,|\,\omega) = \mathop{\triangle}_{\omega} F(x\,|\,2\omega); \tag{16}$$

es lassen sich also die Hauptlösungen $F(x\,|\,\omega)$ und $G(x\,|\,\omega)$ mit der

Spanne ω aus der Summe $F(x \mid 2\omega)$ mit der doppelten Spanne 2ω durch einfache Mittelwert- bzw. Differenzenbildung herleiten. Multipliziert man die Gleichung (15) mit $\frac{2}{\omega}$ und subtrahiert sie nachher von der Gleichung (16), so entsteht die Formel

$$G(x \mid \omega) = \frac{2}{\omega}[F(x \mid \omega) - F(x \mid 2\omega)], \tag{17}$$

durch welche sich die Wechselsumme G auf die Summe F zurückführen läßt. Auf Grund dieser Möglichkeit könnte man im ersten Augenblick versucht sein, vom Studium der Wechselsumme G ganz abzusehen und sich auf die Untersuchung der Summe F zu beschränken. Dies ist aber nicht angebracht; neben der großen Einfachheit der Gleichung (3) ist es vor allem die Tatsache, daß sich später G als eine eindeutige, F jedoch als eine mehrdeutige Funktion von ω herausstellen wird, welche eine besondere Behandlung von G rechtfertigt.

Durch die Form der linken Seite in der Gleichung (12) wird die Frage nach dem Grenzübergang $m \to \infty$, also nach dem Werte des Integrals

$$\frac{1}{\omega}\int_x^{x+\omega} F(z \mid \omega)\, dz$$

nahegelegt, welches wir das *Spannenintegral* nennen wollen. Unter Heranziehung der Funktion $F(x \mid \omega; \eta)$ kann man ihn leicht zu

$$\frac{1}{\omega}\int_x^{x+\omega} F(z \mid \omega)\, dz = \int_a^x \varphi(z)\, dz \tag{18}$$

ermitteln, sodaß also das Spannenintegral der Summe einer Funktion $\varphi(x)$ durch das Integral dieser Funktion selbst ausdrückbar ist. In Verbindung mit diesem Ergebnis liefert das Multiplikationstheorem (12) die Beziehung

$$\lim_{m \to \infty} F\left(x \,\middle|\, \frac{\omega}{m}\right) = \int_a^x \varphi(z)\, dz. \tag{19}$$

Für $G(x \mid \omega)$ erhält man dann vermöge (17) und (14) die analogen Formeln

$$\begin{aligned} \frac{1}{2}\int_x^{x+\omega} G(z \mid \omega)\, dz &= \int_a^x \varphi(z)\, dz - \frac{1}{\omega}\int_x^{x+\omega} F(z \mid 2\omega)\, dz \\ &= \int_a^x \varphi(z)\, dz - \mathop{\mathsf{S}}\left(\int_a^x \varphi(z)\, dz\right) \mathop{\nabla}_{\omega} x, \end{aligned} \tag{20}$$

$$\lim_{m \to \infty} G\left(x \,\middle|\, \frac{\omega}{m}\right) = \varphi(x). \tag{21}$$

Die Limesrelationen (19) und (21) regen zur Behandlung des Problems an, ob vielleicht überhaupt für zu Null abnehmendes, positives ω

$$\lim_{\omega \to 0} F(x \mid \omega) = \int_a^x \varphi(z)\, dz,$$

$$\lim_{\omega \to 0} G(x \mid \omega) = \varphi(x)$$

ist, ob sich also die Hauptlösungen in diesem Falle allgemein auf die Lösungen der alsdann aus (2) und (3) hervorgehenden Gleichungen

$$\frac{dF(x)}{dx} = \varphi(x),$$

$$G(x) = \varphi(x),$$

reduzieren, d. h. insbesondere die Summe von $\varphi(x)$ auf das Integral von $\varphi(x)$. Hieran schließt sich nachher naturgemäß die weitere Frage, wie es steht, wenn ω sich in beliebiger Weise der Null nähert. Bei der Untersuchung der Hauptlösungen als Funktionen von ω werden wir in § 6 und in Kap. 4, § 4 ausführlich auf diese Probleme zurückkommen.

22. Die durch (8) und (11) definierten Operationen sind, wie wir es gewünscht haben, invers zur Differenzen- und Mittelwertbildung. Denn einmal haben wir schon bewiesen

$$\mathop{\triangle}_{\omega} \mathop{\mathbf{S}}_a^x \varphi(z) \mathop{\triangle}_{\omega} z = \varphi(x),$$

$$\mathop{\nabla}_{\omega} \mathbf{S}\, \varphi(x) \mathop{\nabla}_{\omega} x = \varphi(x),$$

und andererseits rechnet man leicht aus

$$\mathop{\mathbf{S}}_a^x \left(\mathop{\triangle}_{\omega} \varphi(z)\right) \mathop{\triangle}_{\omega} z = \varphi(x) - \frac{1}{\omega}\int_a^{a+\omega} \varphi(z)\, dz, \tag{22}$$

$$\mathbf{S} \left(\mathop{\nabla}_{\omega} \varphi(x)\right) \mathop{\nabla}_{\omega} x = \varphi(x); \tag{23}$$

im Fall der Summe haben wir also bei Vertauschung der Operationszeichen $\triangle$ und $\mathbf{S}$ zur rechten Seite eine Konstante hinzuzufügen.

Die Gleichungen (15) und (16) können wir in der Gestalt

$$\mathop{\nabla}_{\omega} \mathop{\mathbf{S}}_a^x \varphi(z) \mathop{\triangle}_{2\omega} z = \mathop{\mathbf{S}}_a^x \varphi(z) \mathop{\triangle}_{\omega} z, \tag{24}$$

$$(25)\qquad \mathop{\triangle}_{\omega} \mathop{\mathsf{S}}_{a}^{x} \varphi(z) \mathop{\triangle}_{2\omega} z = \mathsf{S}\, \varphi(x) \mathop{\nabla}_{\omega} x$$

schreiben. Wenn wir hier auf den linken Seiten die Operationszeichen vertauschen, bekommen wir die Relationen

$$(26)\qquad \mathop{\mathsf{S}}_{a}^{x} \Big(\mathop{\nabla}_{\omega} \varphi(z)\Big) \mathop{\triangle}_{2\omega} z = \mathop{\mathsf{S}}_{a}^{x} \varphi(z) \mathop{\triangle}_{\omega} z - \frac{1}{2}\int_{a}^{a+\omega} \varphi(z)\, dz,$$

$$(27)\qquad \mathop{\mathsf{S}}_{a}^{x} \Big(\mathop{\triangle}_{\omega} \varphi(z)\Big) \mathop{\triangle}_{2\omega} z = \mathsf{S}\, \varphi(x) \mathop{\nabla}_{\omega} x - \frac{1}{\omega}\int_{a}^{a+\omega} \varphi(z)\, dz.$$

Ersetzt man in ihnen $\varphi(x)$ durch $G(x\,|\,\omega)$ bzw. $F(x\,|\,\omega)$, so nehmen sie die Gestalt

$$(28)\qquad \mathop{\mathsf{S}}_{a}^{x} G(z\,|\,\omega) \mathop{\triangle}_{\omega} z = F(x\,|\,2\omega) - \frac{1}{\omega}\int_{a}^{a+\omega} F(z\,|\,2\omega)\, dz,$$

$$(29)\qquad \mathsf{S}\, F(x\,|\,\omega) \mathop{\nabla}_{\omega} x = F(x\,|\,2\omega)$$

an. In den Beziehungen (28) und (29), welche die Umkehrungen der Gleichungen (15) und (16) darstellen, haben wir *Formeln für die Summe einer Wechselsumme und die Wechselsumme einer Summe* vor uns. Ausführlicher lassen sie sich auch so schreiben:

$$(28^*)\qquad \mathop{\mathsf{S}}_{a}^{x} \Big(\mathsf{S}\, \varphi(z) \mathop{\nabla}_{\omega} z\Big) \mathop{\triangle}_{\omega} z = \mathop{\mathsf{S}}_{a}^{x} \varphi(z) \mathop{\triangle}_{2\omega} z - \frac{1}{\omega}\int_{a}^{a+\omega} F(z\,|\,2\omega)\, dz,$$

$$(29^*)\qquad \mathsf{S}\Big(\mathop{\mathsf{S}}_{a}^{x} \varphi(z) \mathop{\triangle}_{\omega} z\Big) \mathop{\nabla}_{\omega} x = \mathop{\mathsf{S}}_{a}^{x} \varphi(z) \mathop{\triangle}_{2\omega} z.$$

§ 4. Existenzbeweis für die Summe und Wechselsumme.

23. Nunmehr wollen wir unter gewissen Voraussetzungen über die Funktion $\varphi(x)$ den Beweis für die Existenz der Summe $F(x\,|\,\omega)$ und der Wechselsumme $G(x\,|\,\omega)$ führen. Als wesentliches Hilfsmittel benutzen wir dabei die Boolesche und die Euler-Maclaurinsche Summenformel

$$(30)\qquad \varphi(x+h\omega) = \sum_{\nu=0}^{m-1} \frac{\omega^{\nu}}{\nu!} E_{\nu}(h) \mathop{\nabla}_{\omega} \varphi^{(\nu)}(x) + \frac{\omega^{m}}{2}\int_{0}^{1} \frac{\bar{E}_{m-1}(h-z)}{(m-1)!}\, \varphi^{(m)}(x+\omega z)\, dz,$$

$$(31)\qquad \varphi(x+h\omega)=\frac{1}{\omega}\int\limits_{x}^{x+\omega}\varphi(z)\,dz+\sum_{\nu=1}^{m}\frac{\omega^{\nu}}{\nu!}B_{\nu}(h)\mathop{\triangle}_{\omega}\varphi^{(\nu-1)}(x)$$

$$-\,\omega^{m}\int\limits_{0}^{1}\frac{\bar{B}_{m}(h-z)}{m!}\varphi^{(m)}(x+\omega z)\,dz,$$

wobei h eine beliebige Zahl des Intervalls $0\leqq h\leqq 1$ ist.

Um alle Schlußfolgerungen möglichst durchsichtig zu gestalten, machen wir für den Existenzbeweis folgende Annahmen über die Funktion $\varphi(x)$:

1) $\varphi(x)$ soll für $x\geqq b$ eine stetige Ableitung einer gewissen, etwa der m-ten, Ordnung haben, die für unendlich zunehmendes x gegen Null strebt. Dazu,

2a) wenn es sich um die Wechselsumme $G(x\,|\,\omega)$ handelt, das Integral

$$(32)\qquad \int\limits_{0}^{\infty}\bar{E}_{m-1}(-z)\,\varphi^{(m)}(x+\omega z)\,dz$$

soll im Intervall $b\leqq x\leqq b+\omega$ gleichmäßig konvergieren, oder,

2b) wenn wir die Summe $F(x\,|\,\omega)$ im Auge haben, das Integral

$$(33)\qquad \int\limits_{0}^{\infty}\bar{B}_{m}(-z)\,\varphi^{(m)}(x+\omega z)\,dz$$

soll im Intervall $b\leqq x\leqq b+\omega$ gleichmäßig konvergieren.

Die erste Voraussetzung

$$\lim_{x\to\infty}\varphi^{(m)}(x)=0$$

zieht

$$(34)\qquad \lim_{x\to\infty}\frac{\varphi^{(m-\nu)}(x)}{x^{\nu}}=0\qquad (\nu=1,2,\ldots,m),$$

also insbesondere

$$(35)\qquad \lim_{x\to\infty}\frac{\varphi(x)}{x^{m}}=0$$

nach sich. In der durch (6) definierten Funktion $\lambda(x)$ können wir demnach $p=1$, $q=0$, mithin

$$\lambda(x)=x$$

wählen.

Die Voraussetzungen 2a) bzw. 2b) sind z. B. erfüllt, wenn die Reihen

$$(36)\qquad \sum_{s=0}^{\infty}(-1)^{s}\varphi^{(m)}(x+s\omega)$$

bzw.

$$(37) \qquad \sum_{s=0}^{\infty} \varphi^{(m)}(x + s\omega)$$

im Intervall $b \leqq x \leqq b + \omega$, also auch in jedem Intervall $b \leqq x \leqq B$ bei beliebig großem festen B, gleichmäßig konvergieren. Dann erhält man ja beispielsweise

$$\int_n^{n+p+1} \bar{E}_{m-1}(-z)\, \varphi^{(m)}(x + \omega z)\, dz = \sum_{s=n}^{n+p} \int_s^{s+1} \bar{E}_{m-1}(-z)\, \varphi^{(m)}(x + \omega z)\, dz$$

$$= \sum_{s=n}^{n+p} (-1)^s \int_0^1 \bar{E}_{m-1}(-z)\, \varphi^{(m)}(x + \omega z + s\omega)\, dz$$

$$= \int_0^1 \bar{E}_{m-1}(-z) \sum_{s=n}^{n+p} (-1)^s \varphi^{(m)}(x + \omega z + s\omega)\, dz,$$

woraus wegen der gleichmäßigen Konvergenz der Reihe (36) für $b \leqq x \leqq B$ die gleichmäßige Konvergenz des Integrals (32) im selben Intervalle folgt.

Alle Voraussetzungen treffen ferner zu, wenn für ein gewisses positives festes ε die Relation

$$(38) \qquad \lim_{x \to \infty} x^{1+\varepsilon} \varphi^{(m)}(x) = 0$$

besteht.

Trägt man nun in den Summenformeln (30) und (31) für x nacheinander $x, x + \omega, x + 2\omega, \ldots, x + (n-1)\omega$ ein, wobei n eine beliebige positive ganze Zahl bedeutet, und ersetzt man $\varphi(x)$ durch $\varphi(x) e^{-\eta x}$, so findet man durch Vereinigung der entstehenden Gleichungen

$$2 \sum_{s=0}^{n-1} (-1)^s \varphi(x + h\omega + s\omega)\, e^{-\eta(x + h\omega + s\omega)}$$

$$= \sum_{\nu=0}^{m-1} \frac{\omega^\nu}{\nu!} E_\nu(h)\, D_x^\nu [\varphi(x)\, e^{-\eta x}]$$

$$- (-1)^n \sum_{\nu=0}^{m-1} \frac{\omega^\nu}{\nu!} E_\nu(h)\, D_x^\nu [\varphi(x + n\omega)\, e^{-\eta(x + n\omega)}]$$

$$+ \frac{\omega^m}{(m-1)!} \int_0^n \bar{E}_{m-1}(h - z)\, D_x^m [\varphi(x + \omega z)\, e^{-\eta(x + \omega z)}]\, dz,$$

$$\int_a^{x+n\omega} \varphi(z)\, e^{-\eta z}\, dz - \omega \sum_{s=0}^{n-1} \varphi(x+h\omega+s\omega)\, e^{-\eta(x+h\omega+s\omega)}$$

$$= \int_a^x \varphi(z)\, e^{-\eta z}\, dz + \sum_{\nu=1}^{m} \frac{\omega^\nu}{\nu!} B_\nu(h)\, D_x^{\nu-1}[\varphi(x)\, e^{-\eta x}]$$

$$- \sum_{\nu=1}^{m} \frac{\omega^\nu}{\nu!} B_\nu(h)\, D_x^{\nu-1}[\varphi(x+n\omega)\, e^{-\eta(x+n\omega)}]$$

$$+ \frac{\omega^{m+1}}{m!} \int_0^n \bar{B}_m(h-z)\, D_x^m[\varphi(x+\omega z)\, e^{-\eta(x+\omega z)}]\, dz.$$

Dabei soll $a \geqq b$ und $x \geqq b$ sein. Nunmehr lassen wir bei festem positiven η die Zahl n unbegrenzt zunehmen. Dann erscheinen auf den linken Seiten der letzten beiden Gleichungen die nach unseren Voraussetzungen über $\varphi(x)$ gewiß existierenden Funktionen $G(x+h\omega \mid \omega; \eta)$ und $F(x+h\omega \mid \omega; \eta)$, während das zweite bzw. dritte Glied auf der rechten Seite gemäß (34) verschwindet:

$$G(x+h\omega \mid \omega; \eta) = \sum_{\nu=0}^{m-1} \frac{\omega^\nu}{\nu!} E_\nu(h)\, D_x^\nu[\varphi(x)\, e^{-\eta x}] \tag{39}$$

$$+ \frac{\omega^m}{(m-1)!} \int_0^\infty \bar{E}_{m-1}(h-z)\, D_x^m[\varphi(x+\omega z)\, e^{-\eta(x+\omega z)}]\, dz,$$

$$F(x+h\omega \mid \omega; \eta) = \int_a^x \varphi(z)\, e^{-\eta z}\, dz + \sum_{\nu=1}^{m} \frac{\omega^\nu}{\nu!} B_\nu(h)\, D_x^{\nu-1}[\varphi(x) e^{-\eta x}] \tag{40}$$

$$+ \frac{\omega^{m+1}}{m!} \int_0^\infty \bar{B}_m(h-z)\, D_x^m[\varphi(x+\omega z)\, e^{-\eta(x+\omega z)}]\, dz.$$

Für den Grenzübergang $\eta \to 0$, auf den wir jetzt zusteuern, bedarf es einer eingehenderen Untersuchung offenbar nur beim Restglied auf der rechten Seite. Wir wollen sie lediglich für das Integral

$$\int_0^\infty \bar{E}_{m-1}(h-z)\, D_x^m[\varphi(x+\omega z)\, e^{-\eta(x+\omega z)}]\, dz \tag{41}$$

durchführen, da sie bei dem Integral

$$\int_0^\infty \bar{B}_m(h-z)\, D_x^m[\varphi(x+\omega z)\, e^{-\eta(x+\omega z)}]\, dz$$

in ganz ähnlicher Weise verläuft. Der Ausdruck (41) zerfällt in $(m+1)$ Integrale vom Typus

$$I_\nu = \eta^\nu \int_0^\infty \bar{E}_{m-1}(h-z)\,\varphi^{(m-\nu)}(x+\omega z)\,e^{-\eta(x+\omega z)}\,dz, \quad \nu = 0, 1, 2, \ldots, m.$$

Wir behaupten, daß I_ν für $\nu > 0$ zugleich mit η gegen Null strebt. Da das Integral

$$\psi(z) = \int_z^\infty \bar{E}_{m-1}(h-t)\,e^{-\eta\omega t}\,dt \tag{42}$$

für jedes positive η konvergiert, findet man durch Teilintegration

$$I_\nu = \eta^\nu e^{-\eta x}\,\psi(0)\,\varphi^{(m-\nu)}(x) - \omega\eta^\nu e^{-\eta x}\int_0^\infty \varphi^{(m-\nu+1)}(x+\omega z)\,\psi(z)\,dz. \tag{43}$$

Wir müssen also das Verhalten von $\psi(z)$ für $\eta \to 0$ untersuchen. Das in (42) auftretende Integral divergiert für $\eta = 0$. Für $\eta \to 0$ jedoch strebt es, wie wir zeigen wollen, einem endlichen Grenzwert zu. Bei $\eta > 0$ ist nämlich

$$\begin{aligned}\psi(z) &= e^{-\eta\omega z}\sum_{s=0}^\infty \int_s^{s+1} \bar{E}_{m-1}(h-z-t)\,e^{-\eta\omega t}\,dt\\ &= e^{-\eta\omega z}\sum_{s=0}^\infty (-1)^s e^{-\eta\omega s}\int_0^1 \bar{E}_{m-1}(h-z-t)\,e^{-\eta\omega t}\,dt\\ &= \frac{e^{-\eta\omega z}}{1+e^{-\eta\omega}}\int_0^1 \bar{E}_{m-1}(h-z-t)\,e^{-\eta\omega t}\,dt.\end{aligned}$$

Das letzte Integral ist für alle η eine periodische Funktion von z mit der Periode 2 und strebt für $\eta \to 0$ einem endlichen Grenzwert zu. Man bekommt daher

$$\lim_{\eta\to 0}\psi(z) = \frac{1}{2}\int_0^1 \bar{E}_{m-1}(h-z-t)\,dt = \frac{\bar{E}_m(h-z)}{m}$$

und kann eine positive Zahl C derart ausfindig machen, daß für alle positiven Werte von η und beliebige z

$$|\psi(z)| < C\,e^{-\eta\omega z}$$

ist. Nun bereitet die Untersuchung des Integrals I_ν, $\nu > 0$, keine Schwierigkeiten mehr. Das erste Glied rechts in (43) strebt für $\eta \to 0$ selbst gegen Null, weil dann $\psi(0)$ nach einem endlichen Grenzwert konvergiert. Ferner sieht man unter Heranziehung der Relationen (34) und (35), daß das zweite Glied in (43) dem absoluten Betrage nach für alle x des Intervalls $b \leqq x \leqq B$ bei beliebig großem festen B gleichmäßig beliebig klein wird. Damit ist die Behauptung über I_ν, $\nu > 0$, bewiesen, und es bleibt für eine vollständige Untersuchung des Integrals (41) nur noch das Integral

$$I_0 = \int_0^\infty \bar{E}_{m-1}(h - z)\,\varphi^{(m)}(x + \omega z)\,e^{-\eta(x+\omega z)}\,dz$$

zu erledigen übrig. Wiederum wenden wir Teilintegration an. Setzen wir

$$\chi(z) = \int_z^\infty \bar{E}_{m-1}(h - t)\,\varphi^{(m)}(x + \omega t)\,dt,$$

wobei das Integral zufolge unserer Voraussetzung 2a) für $b \leqq x \leqq B$ und $z \geqq 0$ gleichmäßig konvergiert, so bekommen wir

$$I_0 = e^{-\eta x}\chi(0) - \eta\,\omega \int_0^\infty \chi(z)\,e^{-\eta(x+\omega z)}\,dz.$$

Hierin wird das zweite Glied dem absoluten Betrage nach für $b \leqq x \leqq B$ wegen der gleichmäßigen Konvergenz von (32) für $\eta \to 0$ beliebig klein. Es ist demnach

$$\lim_{\eta \to 0} I_0 = \chi(0) = \int_0^\infty \bar{E}_{m-1}(h - z)\,\varphi^{(m)}(x + \omega z)\,dz.$$

Damit ist der Existenzbeweis für die Hauptlösung $G(x \mid \omega)$ vollendet; *es ist gezeigt, daß das Integral* (41) *und deshalb auch* $G(x + h\omega \mid \omega; \eta)$ *für* $\eta \to 0$ *gleichmäßig in* $b \leqq x \leqq B$ *einem Grenzwerte zustrebt.* Gleichzeitig ist für $G(x + h\omega \mid \omega)$ der Ausdruck

$$(44)\qquad G(x + h\omega \mid \omega) = \sum_{\nu=0}^{m-1} \frac{\omega^\nu}{\nu!} E_\nu(h)\,\varphi^{(\nu)}(x)$$

$$+ \frac{\omega^m}{(m-1)!}\int_0^\infty \bar{E}_{m-1}(h - z)\,\varphi^{(m)}(x + \omega z)\,dz, \qquad 0 \leqq h \leqq 1,$$

gefunden, und weiter können wir noch schließen, daß $G(x \mid \omega)$ eine für $x \geqq b$ *stetige* Funktion ist.

Von dem analogen Existenzbeweis für $F(x \mid \omega)$ merken wir die Gleichung

$$(45)\qquad F(x + h\omega \mid \omega) = \int_a^x \varphi(z)\,dz + \sum_{\nu=1}^{m} \frac{\omega^\nu}{\nu!} B_\nu(h)\,\varphi^{(\nu-1)}(x)$$

$$+ \frac{\omega^{m+1}}{m!}\int_0^\infty \bar{B}_m(h - z)\,\varphi^{(m)}(x + \omega z)\,dz, \qquad 0 \leqq h \leqq 1,$$

und das Ergebnis an, daß $F(x \mid \omega)$ ebenfalls für $x \geqq b$ stetig ist.

24. Betrachten wir einige Beispiele. Als Hauptlösungen der Gleichungen

$$\nabla G(x) = x^\nu,$$
$$\triangle F(x) = \nu x^{\nu-1}$$

erhält man, wenn in (44) $m = \nu + 1$, $h = 0$, $\omega = 1$ und in (45) $m = \nu$, $h = 0$, $\omega = 1$ gesetzt wird,

$$\mathop{\mathrm{S}} x^\nu \nabla x = E_\nu(x),$$

$$\mathop{\mathrm{S}}_0^x \nu z^{\nu-1} \triangle z = B_\nu(x).$$

Das Eulersche Polynom $E_\nu(x)$ ist demnach der Wert der divergenten Reihe

$$2\sum_{s=0}^{\infty} (-1)^s (x+s)^\nu$$

und läßt sich in der Form

$$E_\nu(x) = \lim_{\eta \to 0} 2\sum_{s=0}^{\infty} (-1)^s (x+s)^\nu e^{-\eta(x+s)}$$

darstellen. Ähnlich gilt für das Bernoullische Polynom

$$B_\nu(x) = \nu \lim_{\eta \to 0} \left\{ \int_0^\infty z^{\nu-1} e^{-\eta z} \, dz - \sum_{s=0}^{\infty} (x+s)^{\nu-1} e^{-\eta(x+s)} \right\}.$$

Diese Ergebnisse können durch Heranziehung der erzeugenden Funktionen der $E_\nu(x)$ und $B_\nu(x)$ auch unmittelbar bestätigt werden.

Die Tatsache, daß die Eulerschen und Bernoullischen Polynome Hauptlösungen sind, gibt uns nunmehr auch einen tieferen Einblick in das Wesen der funktionentheoretischen Eigenschaften jener Polynome. Sie sind Sonderfälle von Eigenschaften, welche ganz allgemein den Hauptlösungen einer Differenzengleicnung zukommen und letzten Endes auf der Differenzengleichung selbst beruhen.

Wenn $\varphi(x)$ ein Polynom ist, werden die Hauptlösungen Polynome. Besonders einfach gestaltet sich die Summe für die Faktorielle

$$(x-1)(x-2)\cdots(x-n+1).$$

Nach Formel (9) in Kapitel 1, § 1 und Formel (22) im gegenwärtigen Kapitel, § 3 wird nämlich

$$\mathop{\mathrm{S}}_a^x (z-1)\cdots(z-n+1) \triangle z = \frac{1}{n}(x-1)\cdots(x-n) - \int_a^{a+1} \frac{(z-1)\cdots(z-n)}{n} \, dz.$$

Die rechts an zweiter Stelle stehende Konstante ist durch Bernoullische Polynome ausdrückbar. In Kapitel 6, § 5 werden wir sehen, daß sie den Wert $\frac{B_n^{(n)}(a)}{n}$ hat.

Es ist also

$$\mathop{\mathbf{S}}_a^x (z-1)\cdots(z-n+1)\,\triangle z = \frac{1}{n}(x-1)\cdots(x-n) - \frac{B_n^{(n)}(a)}{n}.$$

Ähnlich findet man für die Faktorielle

$$\frac{1}{x(x+1)\cdots(x+n)}$$

bei $n \geqq 1$ zunächst

$$\mathop{\mathbf{S}}_a^x \frac{\triangle z}{z(z+1)\cdots(z+n)} = -\frac{1}{n\,x(x+1)\cdots(x+n-1)} + \int_a^{a+1} \frac{dz}{n\,z(z+1)\cdots(z+n-1)}.$$

Die Konstante läßt sich einfacher schreiben. Es ist nämlich

$$\frac{1}{x(x+1)\cdots(x+n)} = \frac{1}{n!}\sum_{s=0}^{n}(-1)^s\binom{n}{s}\frac{1}{x+s},$$

also

$$\int_a^{a+1}\frac{dz}{z(z+1)\cdots(z+n-1)} = \frac{1}{(n-1)!}\sum_{s=0}^{n-1}(-1)^s\binom{n-1}{s}\log\frac{a+s+1}{a+s}$$

$$= \frac{1}{(n-1)!}\sum_{s=0}^{n}(-1)^{s-1}\binom{n}{s}\log(a+s) = \frac{(-1)^{n-1}}{(n-1)!}\overset{n}{\triangle}\log a.$$

Die gewünschte Formel lautet daher

$$\mathop{\mathbf{S}}_a^x \frac{\triangle z}{z(z+1)\cdots(z+n)} = -\frac{1}{n\,x(x+1)\cdots(x+n-1)} - \frac{(-1)^n}{n!}\overset{n}{\triangle}\log a.$$

Damit sind wir im Besitze der Umkehrungen zu den Formeln (9) und (10) aus Kapitel 1.

§ 5. Die Ableitungen der Hauptlösungen.

25. Wenn $\varphi(x)$ für $x \geqq b$ eine stetige Ableitung m-ter Ordnung hat und wenn die Reihe

$$\sum_{s=0}^{\infty}\varphi^{(m)}(x+s\omega)$$

bzw.

$$\sum_{s=0}^{\infty} (-1)^s \varphi^{(m)}(x + s\omega)$$

im Intervall $b \leqq x \leqq b + \omega$ gleichmäßig konvergiert, dann haben wir im vorigen Paragrafen die Existenz der Hauptlösungen $F(x \mid \omega)$ bzw. $G(x \mid \omega)$ und die Gleichungen

$$(45^*)\quad F(x + h\omega \mid \omega) = \int_a^x \varphi(z)\,dz + \sum_{\nu=1}^{m} \frac{\omega^\nu}{\nu!} B_\nu(h)\,\varphi^{(\nu-1)}(x)$$

$$+ \frac{\omega^{m+1}}{m!} \int_0^1 \overline{B}_m(h - z) \sum_{s=0}^{\infty} \varphi^{(m)}(x + \omega z + s\omega)\,dz,$$

$$(44^*)\quad G(x + h\omega \mid \omega) = \sum_{\nu=0}^{m-1} \frac{\omega^\nu}{\nu!} E_\nu(h)\,\varphi^{(\nu)}(x)$$

$$+ \frac{\omega^m}{(m-1)!} \int_0^1 \overline{E}_{m-1}(h - z) \sum_{s=0}^{\infty} (-1)^s \varphi^{(m)}(x + \omega z + s\omega)\,dz$$

bewiesen. Für $m > 1$ findet man aus ihnen durch Differentiation nach h

$$D_x F(x + h\omega \mid \omega) = \sum_{\nu=0}^{m-1} \frac{\omega^\nu}{\nu!} B_\nu(h)\,\varphi^{(\nu)}(x)$$

$$+ \frac{\omega^m}{(m-1)!} \int_0^1 \overline{B}_{m-1}(h - z) \sum_{s=0}^{\infty} \varphi^{(m)}(x + \omega z + s\omega)\,dz,$$

$$D_x G(x + h\omega \mid \omega) = \sum_{\nu=0}^{m-2} \frac{\omega^\nu}{\nu!} E_\nu(h)\,\varphi^{(\nu+1)}(x)$$

$$+ \frac{\omega^{m-1}}{(m-2)!} \int_0^1 \overline{E}_{m-2}(h - z) \sum_{s=0}^{\infty} (-1)^s \varphi^{(m)}(x + \omega z + s\omega)\,dz,$$

mithin für $h \to 0$

$$(46)\qquad \frac{d}{dx} \mathop{S}_a^x \varphi(z) \mathop{\triangle}_{\omega} z = \mathop{S}_a^x \varphi'(z) \mathop{\triangle}_{\omega} z + \varphi(a),$$

$$(47)\qquad \frac{d}{dx} S\, \varphi(x) \mathop{\nabla}_{\omega} x = S\, \varphi'(x) \mathop{\nabla}_{\omega} x;$$

es ist also die Ableitung von Summe und Wechselsumme, bei der Summe bis auf eine additive Konstante, gleich der Summe bzw. Wechselsumme der Ableitung.

Ähnlich ergibt sich durch m-malige Differentiation, wobei bei den letzten Schritten der Sprungstellen von $\overline{B}_1(x)$ und $\overline{E}_0(x)$ halber Vorsicht geboten ist,

$$(46^*)\qquad \frac{d^m}{dx^m}F(x\,|\,\omega) = \lim_{x\to\infty}\varphi^{(m-1)}(x) - \omega\sum_{s=0}^{\infty}\varphi^{(m)}(x+s\omega),$$

$$(47^*)\qquad \frac{d^m}{dx^m}G(x\,|\,\omega) = 2\sum_{s=0}^{\infty}(-1)^s\varphi^{(m)}(x+s\omega).$$

Hierin konvergieren bei zunehmendem x die Werte der auftretenden Reihen nach unseren Annahmen gegen Null, während $\lim\limits_{x\to\infty}\varphi^{(m-1)}(x)$ endlich ist; *für $x\geqq b$ besitzen also die Hauptlösungen $F(x|\omega)$ und $G(x|\omega)$ stetige Ableitungen m-ter Ordnung, die bei wachsendem x endlichen Grenzwerten zustreben.*

Diese Eigenschaft ist charakteristisch für die Hauptlösungen. Denn jede andere Lösung der Gleichungen (2) und (3) unterscheidet sich von den Hauptlösungen um eine periodische Funktion $\pi(x)$ bzw. $\mathfrak{p}(x)$. Wenn sich aber eine derartige Funktion $\pi(x)$ bzw. $\mathfrak{p}(x)$ für $x\to\infty$ einem Grenzwert nähert, muß sie sich auf eine Konstante bzw. auf Null reduzieren. Hieraus schließt man, *daß nur die Hauptlösungen die eben angeführte Eigenschaft aufweisen.*

§ 6. Asymptotische Entwicklungen.

26. Läßt man in den Gleichungen (44*) und (45*) m unbegrenzt zunehmen, so sind die entstehenden unendlichen Potenzreihen in ω im allgemeinen divergent, weil, wie sich später herausstellen wird, der Punkt $\omega=0$ eine wesentlich singuläre Stelle der Lösungen $F(x|\omega)$ und $G(x|\omega)$ ist. Gleichwohl gewähren sie bei gehöriger Berücksichtigung des Restgliedes ein besonders vorteilhaftes Mittel zum Studium der Hauptlösungen, und zwar vor allem in zweifacher Hinsicht. *Man kann nämlich aus ihnen das Verhalten der Hauptlösungen einmal für sehr große Werte von x bei festem ω, zum anderen für sehr kleine positive Werte von ω bei festem x entnehmen.*

Setzen wir der Einfachheit halber $h=0$ und zur Abkürzung

$$(48)\qquad P(x) = \sum_{\nu=0}^{m-1}\frac{\omega^\nu}{2^\nu\,\nu!}C_\nu\,\varphi^{(\nu)}(x),$$

$$(49)\qquad Q(x) = \int_a^x\varphi(z)\,dz + \sum_{\nu=1}^{m}\frac{\omega^\nu}{\nu!}B_\nu\,\varphi^{(\nu-1)}(x),$$

so bekommen wir aus (44) und (45)

$$G(x\,|\,\omega) = P(x) + \frac{\omega^m}{(m-1)!}\int\limits_0^\infty \overline{E}_{m-1}(-z)\,\varphi^{(m)}(x+\omega z)\,dz,$$

$$F(x\,|\,\omega) = Q(x) + \frac{\omega^{m+1}}{m!}\int\limits_0^\infty \overline{B}_m(-z)\,\varphi^{(m)}(x+\omega z)\,dz.$$

Unseren Voraussetzungen zufolge konvergieren die Integrale auf der rechten Seite für wachsendes x gegen Null. Es wird also

$$\lim_{x\to\infty}[G(x\,|\,\omega) - P(x)] = 0, \tag{50}$$

$$\lim_{x\to\infty}[F(x\,|\,\omega) - Q(x)] = 0, \tag{51}$$

sodaß für zunehmendes x die Hauptlösungen durch die Ausdrücke $P(x)$ und $Q(x)$, d. h. die m bzw. $m+1$ ersten Glieder der Entwicklungen (44) *und* (45), *asymptotisch dargestellt werden.*

Aus (50) und (51) können wir aber auch Darstellungen von $F(x\,|\,\omega)$ und $G(x\,|\,\omega)$ für beliebiges $x \geqq b$ herleiten. Aus den beiden Gleichungen (2) und (3) folgt nämlich, wie schon in § 2 angegeben, unmittelbar

$$F(x\,|\,\omega) = F(x+n\omega) - \omega\sum_{s=0}^{n-1}\varphi(x+s\omega),$$

$$G(x\,|\,\omega) = (-1)^n G(x+n\omega) + 2\sum_{s=0}^{n-1}(-1)^s\varphi(x+s\omega),$$

wobei n eine beliebige positive ganze Zahl bedeutet. Lassen wir nun in

$$F(x\,|\,\omega) = Q(x+n\omega) - \omega\sum_{s=0}^{n-1}\varphi(x+s\omega) + [F(x+n\omega) - Q(x+n\omega)]$$

n über jede Grenze wachsen, so ergibt sich

$$F(x\,|\,\omega) = \lim_{n\to\infty}\left[Q(x+n\omega) - \omega\sum_{s=0}^{n-1}\varphi(x+s\omega)\right] \tag{52}$$

und ganz entsprechend

$$G(x\,|\,\omega) = \lim_{n\to\infty}\left[(-1)^n P(x+n\omega) + 2\sum_{s=0}^{n-1}(-1)^s\varphi(x+s\omega)\right], \tag{53}$$

gleichmäßig in $x \geqq b$. Diese Limesrelationen können auch durch andere, in der Schreibweise verschiedene, im übrigen aber völlig gleichwertige Beziehungen ersetzt werden. Es ist z. B.

$$Q(x+n\omega)-\omega\sum_{s=0}^{n-1}\varphi(x+s\omega)$$
$$=Q(x)-\omega\sum_{s=0}^{n-1}\left[\varphi(x+s\omega)-\mathop{\triangle}_{\omega} Q(x+s\omega)\right]$$

und deshalb

$$F(x\,|\,\omega)=Q(x)-\omega\sum_{s=0}^{\infty}\left[\varphi(x+s\omega)-\mathop{\triangle}_{\omega} Q(x+s\omega)\right], \tag{54}$$

entsprechend

$$G(x\,|\,\omega)=P(x)+2\sum_{s=0}^{\infty}(-1)^s\left[\varphi(x+s\omega)-\mathop{\nabla}_{\omega} P(x+s\omega)\right]. \tag{55}$$

Diese Reihenentwicklungen für die Hauptlösungen konvergieren gleichmäßig für $x \geqq b$.

Wenn man in den Gleichungen (44) und (45) $h=\frac{1}{2}$ und

$$P^*(x)=\sum_{\nu=0}^{m-1}\frac{\omega^\nu}{2^\nu\,\nu!}E_\nu\,\varphi^{(\nu)}\left(x-\frac{\omega}{2}\right), \tag{56}$$

$$Q^*(x)=\int_a^{x-\frac{\omega}{2}}\varphi(z)\,dz+\sum_{\nu=1}^{m}\frac{\omega^\nu}{2^\nu\,\nu!}D_\nu\,\varphi^{(\nu-1)}\left(x-\frac{\omega}{2}\right) \tag{57}$$

setzt, so findet man gleichmäßig für $x \geqq b+\frac{\omega}{2}$

$$F(x\,|\,\omega)=Q^*(x)-\omega\sum_{s=0}^{\infty}\left[\varphi(x+s\omega)-\mathop{\triangle}_{\omega} Q^*(x+s\omega)\right], \tag{58}$$

$$G(x\,|\,\omega)=P^*(x)+2\sum_{s=0}^{\infty}(-1)^s\left[\varphi(x+s\omega)-\mathop{\nabla}_{\omega} P^*(x+s\omega)\right]. \tag{59}$$

27. Nunmehr gehen wir dazu über, das Verhalten der Hauptlösungen für sehr kleine positive Werte von ω zu untersuchen. Über die bisher der Funktion $\varphi(x)$ auferlegten Bedingungen hinausgehend wollen wir dabei fordern, daß das Integral

$$\int_b^\infty |\varphi^{(m)}(x)|\,dx$$

einen Sinn hat. Man sieht unmittelbar, daß dann $F(x\,|\,\omega)$ und $G(x\,|\,\omega)$

existieren und für $\omega > 0$ stetige Funktionen von ω sind. Schreiben wir zur Abkürzung

$$R_{m+1} = \frac{\omega^{m+1}}{m!}\int_0^\infty \overline{B}_m(h-z)\,\varphi^{(m)}(x+\omega z)\,dz,$$

so vermögen wir eine Konstante C mit

$$|R_{m+1}| < C\,\omega^{m+1}\int_0^\infty |\varphi^{(m)}(x+\omega z)|\,dz < C\,\omega^m\int_b^\infty |\varphi^{(m)}(z)|\,dz$$

zu ermitteln, sodaß also die Funktion $|\omega^{-m} R_{m+1}|$ für $\omega \to 0$ beschränkt bleibt und wegen

$$R_m = \frac{\omega^m}{m!} B_m(h)\,\varphi^{(m-1)}(x) + R_{m+1}$$

die Gleichung

$$\lim_{\omega\to 0} \frac{R_m}{\omega^{m-1}} = 0$$

gilt. Insbesondere wird daher für $m = 1$

(60) $$\lim_{\omega\to 0} F(x\,|\,\omega) = \int_a^x \varphi(z)\,dz,$$

wenn ω durch positive Werte nach Null strebt, in Übereinstimmung mit dem früheren Ergebnis (19). Analog ergibt sich

(61) $$\lim_{\omega\to 0} G(x\,|\,\omega) = \varphi(x).$$

Die Hauptlösungen besitzen also die bemerkenswerte Eigenschaft, daß sie sich immer einem Grenzwert nähern, wenn ω durch positive Werte nach Null absinkt, und zwar geht speziell die Summe von $\varphi(x)$ über in das Integral von $\varphi(x)$, also in die Lösung der aus der Differenzengleichng durch den Grenzübergang hervorgehenden Differentialgleichung. Für die von Guichard, Appell und Hurwitz betrachteten Lösungen trifft dies im allgemeinen nicht zu.

Wenn die Funktion $\varphi(x)$ für $x \geqq b$ unbeschränkt differenzierbar ist und das Integral

$$\int_b^\infty |\varphi^{(\nu)}(x)|\,dx$$

für alle hinreichend großen ν konvergiert, *dann stellen offenbar die Potenzreihen*

(62) $$F(x+h\omega\,|\,\omega) \sim \int_a^x \varphi(z)\,dz + \sum_{\nu=1}^\infty \frac{\omega^\nu}{\nu!} B_\nu(h)\,\varphi^{(\nu-1)}(x),$$

(63) $$G(x+h\omega\,|\,\omega) \sim \sum_{\nu=0}^\infty \frac{\omega^\nu}{\nu!} E_\nu(h)\,\varphi^{(\nu)}(x)$$

die Funktionen auf der linken Seite für positive, sehr kleine Werte von ω im Sinne von Poincaré asymptotisch dar; sie lassen also mit beliebiger Annäherung erkennen, wie sich $F(x\,|\,\omega)$ und $G(x\,|\,\omega)$ für sehr kleine positive ω verhalten.

28. Für die Restglieder der Reihenentwicklungen (62) und (63) kann man sehr scharfe Ungleichungen herleiten; wir beschränken uns darauf, im Falle $h = 0$ für die erste Reihe einige der Hauptergebnisse anzuführen. Es sei $\varphi^{(2m)}(x)$ für $x \geqq b$ stetig, die Reihe

$$\sum_{s=0}^{\infty} \varphi^{(2m)}(x + s\omega)$$

für $b \leqq x \leqq b + \omega$ gleichmäßig konvergent und

$$\lim_{x \to \infty} \varphi^{(2m-1)}(x) = 0 .$$

Dann wird nach (45)

$$(64) \quad F(x\,|\,\omega) = \int_a^x \varphi(z)\,dz - \frac{\omega}{2}\varphi(x) + \sum_{\nu=1}^{m} \frac{\omega^{2\nu}}{(2\nu)!} B_{2\nu}\varphi^{(2\nu-1)}(x) + R_{2m+1},$$

$$R_{2m+1} = \frac{\omega^{2m+1}}{(2m)!}\int_0^\infty \overline{B}_{2m}(z)\,\varphi^{(2m)}(x + \omega z)\,dz .$$

Für

$$(65) \qquad R_{2m} = R_{2m+1} + \frac{\omega^{2m}}{(2m)!} B_{2m}\,\varphi^{(2m-1)}(x)$$

erhalten wir mit Hilfe des Darbouxschen Mittelwertsatzes, weil $B_{2m}(x) - B_{2m}$ im Intervall $0 < x < 1$ das Zeichen nicht wechselt, und unter Benutzung der Relation (46*) die Gleichung

$$(66) \qquad R_{2m} = \lambda \frac{\omega^{2m} B_{2m}}{(2m)!} F^{(2m)}(x + \vartheta\omega\,|\,\omega) .$$

Dabei bezeichnet ϑ eine Zahl des Intervalls $0 < \vartheta < 1$ und λ eine komplexe Größe, deren absoluter Betrag höchstens gleich 1 ist. Wenn $\varphi(x)$ eine reelle Funktion der reellen Veränderlichen x ist, darf man den Faktor λ fortlassen.

Bei weitergehenden Annahmen über $\varphi(x)$ kann die Abschätzung verfeinert werden. Ist z. B. $\varphi^{(2m)}(x)$ für $x \geqq b$ nicht nur stetig, sondern auch positiv, so gilt

$$(67) \qquad R_{2m+1} = \vartheta \frac{\omega^{2m} B_{2m}}{(2m)!} \varphi^{(2m-1)}(x), \qquad -1 < \vartheta < 1 .$$

Der Rest ist also, absolut genommen, kleiner als das letzte berücksichtigte Glied der Reihe, die somit den Charakter der *Pseudokonvergenz* hat. Tragen wir das Ergebnis in (65) ein, so erhalten wir

$$R_{2m} = \vartheta \frac{\omega^{2m} B_{2m}}{(2m)!} \varphi^{(2m-1)}(x), \qquad 0 < \vartheta < 2. \tag{68}$$

Hiernach hat der Rest dasselbe Zeichen wie das folgende Glied der Reihe.

Falls für $x > b$ die Ableitungen $\varphi^{(2m-1)}(x)$ und $\varphi^{(2m+1)}(x)$ stetig und negativ sind und für $x \to \infty$ monoton nach Null anwachsen, dann haben nach (68) R_{2m} und $R_{2m+2} = R_{2m+1}$ entgegengesetztes Zeichen, weil es bei B_{2m} und B_{2m+2} so ist. Es muß also in (67) die Zahl ϑ sogar im Intervall $-1 < \vartheta < 0$ gelegen sein, was nachher für (68) wiederum zu $0 < \vartheta < 1$ führt. Der Rest ist also kleiner als das erste unterdrückte Reihenglied und vom selben Zeichen wie dieses Glied, während er entgegengesetztes Zeichen wie das letzte berücksichtigte Glied aufweist.

Mit Hilfe einer Ungleichung von Tchebychef[1]) läßt sich schließlich, wenn alle unsere Voraussetzungen über $\varphi(x)$ erfüllt sind, noch ein wesentlich schärferes Ergebnis erzielen. Diese Tchebychefsche Ungleichung lautet:

$$(b-a)\int_a^b f(x)\,g(x)\,dx < \int_a^b f(x)\,dx \int_a^b g(x)\,dx;$$

$f(x)$ und $g(x)$ sind hierbei zwei Funktionen, von denen die eine im Intervall $a < x < b$ wächst und die andere abnimmt. Man erhält

$$(-1)^m \frac{\omega^{2m} B_{2m}}{(2m)!} \varphi^{(2m-1)}\left(x + \frac{\omega}{2}\right) < (-1)^m R_{2m} < (-1)^m \frac{\omega^{2m} B_{2m}}{(2m)!} \varphi^{(2m-1)}(x)$$

oder

$$R_{2m} = \frac{\omega^{2m} B_{2m}}{(2m)!} \varphi^{(2m-1)}(x + \vartheta\omega), \qquad 0 < \vartheta < \frac{1}{2}, \tag{69}$$

wodurch der Rest in noch engere Grenzen als in den früheren Ungleichungen eingeschlossen wird.

§ 7. Trigonometrische Reihen.

29. Im vorletzten Paragrafen haben wir bewiesen, daß die Hauptlösungen $F(x \mid \omega)$ und $G(x \mid \omega)$ für $x \geqq b$ stetig sind und eine stetige Ableitung besitzen. Bedeutet $x_0 \geqq b$ eine beliebige feste Zahl, so ist es daher möglich, *die Hauptlösungen im Intervall* $x_0 < x < x_0 + \omega$ *in trigonometrische Reihen zu entwickeln.* Deren Koeffizienten lassen sich in einfacher Weise mit Hilfe der Funktion $\varphi(x)$ ausdrücken. Wir nehmen zunächst an, daß $\varphi(x)$ für $x \geqq b$ eine stetige Ableitung m-ter Ordnung ($m \geqq 1$) aufweist und daß das Integral

$$\int_b^\infty |\varphi^{(m)}(x)|\,dx$$

---

[1]) Einen von Picard herrührenden Beweis dieser Ungleichung findet man in Hermites autografiertem Cours d'Analyse, *2e éd., Paris 1881/82.*

konvergiert. Hierdurch ist die Existenz der Hauptlösungen und ihrer ersten Ableitungen gesichert. Nun setzen wir die Fouriersche Reihe für $F(x \mid \omega)$ im Intervall $x_0 < x < x_0 + \omega$ in der Gestalt

$$F(x \mid \omega) = a_0 + 2 \sum_{n=1}^{\infty} \left(a_n \cos \frac{2\pi n x}{\omega} + b_n \sin \frac{2\pi n x}{\omega} \right) \tag{70}$$

an und betrachten das Integral

$$\frac{1}{\omega} \int_{x_0}^{x_0+\omega} F(x \mid \omega) e^{\frac{2\pi i n}{\omega} x} dx = a_n + i b_n .$$

Da die früher eingeführte Funktion $F(x \mid \omega; \eta)$ für $\eta \to 0$ gleichmäßig gegen $F(x \mid \omega)$ konvergiert, wird

$$\frac{1}{\omega} \int_{x_0}^{x_0+\omega} F(x \mid \omega) e^{\frac{2\pi i n}{\omega} x} dx = \lim_{\eta \to 0} \frac{1}{\omega} \int_{x_0}^{x_0+\omega} F(x \mid \omega; \eta) e^{\frac{2\pi i n}{\omega} x} dx .$$

Trägt man für die Funktion $F(x \mid \omega; \eta)$ ihre gleichmäßig konvergente Reihenentwicklung (9) ein und integriert gliedweise, so entsteht für $n \geqq 1$

$$\frac{1}{\omega} \int_{x_0}^{x_0+\omega} F(x \mid \omega) e^{\frac{2\pi i n}{\omega} x} dx = - \lim_{\eta \to 0} \int_{x_0}^{\infty} \varphi(x)\, e^{-\eta x + \frac{2\pi i n}{\omega} x} dx ,$$

wobei das letzte Integral zufolge unseren Voraussetzungen über $\varphi(x)$ gewiß existiert. Damit sind für die Fourierschen Koeffizienten von $F(x \mid \omega)$ die Ausdrücke

$$a_0 = \int_{x_0}^{x_0+\omega} F(x \mid \omega)\, dx = \int_a^{x_0} \varphi(x)\, dx \qquad \text{(nach (18))}, \tag{71}$$

$$a_n = - \lim_{\eta \to 0} \int_{x_0}^{\infty} \varphi(x)\, e^{-\eta x} \cos \frac{2\pi n x}{\omega} dx , \tag{71*}$$

$$b_n = - \lim_{\eta \to 0} \int_{x_0}^{\infty} \varphi(x)\, e^{-\eta x} \sin \frac{2\pi n x}{\omega} dx \tag{71**}$$

gewonnen.

Eine trigonometrische Reihe für $G(x|\omega)$ im Intervall $x_0 < x < x_0 + \omega$ bekommen wir jetzt am raschsten mit Hilfe der Beziehung

$$G(x \mid \omega) = \mathop{\triangle}_{\omega} F(x \mid 2\omega),$$

und zwar ergibt sich für $x_0 < x < x_0 + \omega$

$$(72)\qquad G(x\,|\,\omega) = \sum_{n=0}^{\infty}{}'\left(\alpha_{2n+1}\cos\frac{(2n+1)\pi x}{\omega} + \beta_{2n+1}\sin\frac{(2n+1)\pi x}{\omega}\right),$$

wobei

$$(73)\qquad \alpha_{2n+1} = \frac{4}{\omega}\lim_{\eta\to 0}\int_{x_0}^{\infty}\varphi(x)\,e^{-\eta x}\cos\frac{(2n+1)\pi x}{\omega}\,dx,$$

$$(73^*)\qquad \beta_{2n+1} = \frac{4}{\omega}\lim_{\eta\to 0}\int_{x_0}^{\infty}\varphi(x)\,e^{-\eta x}\sin\frac{(2n+1)\pi x}{\omega}\,dx$$

ist. Die Reihe (72) stellt jedoch nur in der einen Hälfte $x_0 < x < x_0 + \omega$ ihres Periodizitätsintervalls $x_0 - \omega < x < x_0 + \omega$ die Funktion $G(x\,|\,\omega)$ dar, während sie in der anderen Hälfte $x_0 - \omega < x < x_0$ gleich $-G(x + \omega\,|\,\omega)$ ist.

30. Die Integrale (71*) und (71**) sind für $\eta = 0$ im allgemeinen nicht konvergent. Es lassen sich jedoch aus ihnen andere, konvergente Integrale für die Fourierschen Koeffizienten herleiten. Setzen wir, um in den Integralen bequem Teilintegration anwenden zu können,

$$\psi_1(x) = -\int_x^{\infty} e^{-\eta t}\cos\frac{2\pi n t}{\omega}\,dt, \qquad \psi_\nu(x) = -\int_x^{\infty}\psi_{\nu-1}(t)\,dt, \quad \nu = 2, 3, \ldots,$$

$$\chi_1(x) = -\int_x^{\infty} e^{-\eta t}\sin\frac{2\pi n t}{\omega}\,dt, \qquad \chi_\nu(x) = -\int_x^{\infty}\chi_{\nu-1}(t)\,dt, \quad \nu = 2, 3, \ldots,$$

so folgt zunächst

$$\psi_1(x) = \frac{e^{-\eta x}}{e^{\frac{-\eta\omega}{n}} - 1}\int_0^{\frac{\omega}{n}} e^{-\eta t}\cos\frac{2\pi n}{\omega}(x + t)\,dt,$$

$$\psi_\nu(x) = \frac{1}{e^{-\frac{\eta\omega}{n}} - 1}\int_0^{\frac{\omega}{n}}\psi_{\nu-1}(x + t)\,dt$$

$$= e^{-\eta x}\int_0^{\frac{\omega}{n}}\frac{1 - e^{-\eta t_\nu}}{1 - e^{\frac{-\eta\omega}{n}}}\,dt_\nu \ldots \int_0^{\frac{\omega}{n}}\frac{1 - e^{-\eta t_1}}{1 - e^{\frac{-\eta\omega}{n}}}\cos\frac{2\pi n}{\omega}(x + t_1 + \cdots + t_\nu)\,dt_1,$$

woraus durch Anwendung des zweiten Mittelwertsatzes

$$(74)\qquad |\psi_\nu(x)| < C e^{-\eta x}$$

für konstantes C und alle positiven η gewonnen werden kann.

Der Grenzübergang $\eta \to 0$ liefert nunmehr

$$\lim_{\eta\to 0} \psi_\nu(x) = \left(\frac{n}{\omega}\right)^\nu \int_0^{\frac{\omega}{n}} t_\nu\, d t_\nu \ldots \int_0^{\frac{\omega}{n}} t_1 \cos\frac{2\pi n}{\omega}(x + t_1 + \cdots + t_\nu)\, d t_1,$$

woraus schließlich die Limesbeziehungen

$$\lim_{\eta\to 0} \psi_{2\nu}(x) = (-1)^\nu \left(\frac{\omega}{2\pi n}\right)^{2\nu} \cos\frac{2\pi n x}{\omega},$$

$$\lim_{\eta\to 0} \psi_{2\nu+1}(x) = (-1)^\nu \left(\frac{\omega}{2\pi n}\right)^{2\nu+1} \sin\frac{2\pi n x}{\omega}$$

entspringen. Ganz entsprechend gelten für die Funktionen $\chi_\nu(x)$ eine Ungleichung der Form (74) und die Relationen

$$\lim_{\eta\to 0} \chi_{2\nu}(x) = (-1)^\nu \left(\frac{\omega}{2\pi n}\right)^{2\nu} \sin\frac{2\pi n x}{\omega},$$

$$\lim_{\eta\to 0} \chi_{2\nu+1}(x) = (-1)^{\nu+1} \left(\frac{\omega}{2\pi n}\right)^{2\nu+1} \cos\frac{2\pi n x}{\omega}.$$

Wenden wir jetzt, wie beabsichtigt, auf die Integrale in (71*) und (71**) m-mal nacheinander Teilintegration an, so ergibt sich

$$-\int_{x_0}^{\infty} \varphi(x)\, e^{-\eta x} \cos\frac{2\pi n x}{\omega}\, dx$$

$$= \sum_{\nu=0}^{m-1} (-1)^\nu \varphi^{(\nu)}(x_0)\, \psi_{\nu+1}(x_0) + (-1)^{m+1} \int_{x_0}^{\infty} \varphi^{(m)}(x)\, \psi_m(x)\, dx,$$

$$-\int_{x_0}^{\infty} \varphi(x)\, e^{-\eta x} \sin\frac{2\pi n x}{\omega}\, dx$$

$$= \sum_{\nu=0}^{m-1} (-1)^\nu \varphi^{(\nu)}(x_0)\, \chi_{\nu+1}(x_0) + (-1)^{m+1} \int_{x_0}^{\infty} \varphi^{(m)}(x)\, \chi_m(x)\, dx.$$

Hierin bereitet der Grenzübergang $\eta \to 0$ keine Schwierigkeiten mehr. Er führt zu den Formeln

$$(75) \quad a_n = \frac{\omega}{2\pi n} \varphi(x_0) \sin\frac{2\pi n x_0}{\omega} + \left(\frac{\omega}{2\pi n}\right)^2 \varphi'(x_0) \cos\frac{2\pi n x_0}{\omega} - \cdots$$

$$- (-1)^{\frac{m}{2}} \left(\frac{\omega}{2\pi n}\right)^m \varphi^{(m-1)}(x_0) \cos\frac{2\pi n x_0}{\omega}$$

$$- (-1)^{\frac{m}{2}} \left(\frac{\omega}{2\pi n}\right)^m \int_{x_0}^{\infty} \varphi^{(m)}(x) \cos\frac{2\pi n x}{\omega}\, dx \qquad \text{für gerades } m,$$

$$+(-1)^{\frac{m-1}{2}}\left(\frac{\omega}{2\pi n}\right)^m \varphi^{(m-1)}(x_0)\sin\frac{2\pi n x_0}{\omega}$$

$$+(-1)^{\frac{m-1}{2}}\left(\frac{\omega}{2\pi n}\right)^m \int_{x_0}^{\infty}\varphi^{(m)}(x)\sin\frac{2\pi n x}{\omega}\,dx \quad \text{für ungerades } m,$$

$$(76)\qquad b_n = -\frac{\omega}{2\pi n}\varphi(x_0)\cos\frac{2\pi n x_0}{\omega} + \left(\frac{\omega}{2\pi n}\right)^2 \varphi'(x_0)\sin\frac{2\pi n x_0}{\omega} + \cdots$$

$$-(-1)^{\frac{m}{2}}\left(\frac{\omega}{2\pi n}\right)^m \varphi^{(m-1)}(x_0)\sin\frac{2\pi n x_0}{\omega}$$

$$-(-1)^{\frac{m}{2}}\left(\frac{\omega}{2\pi n}\right)^m \int_{x_0}^{\infty}\varphi^{(m)}(x)\sin\frac{2\pi n x}{\omega}\,dx \quad \text{für gerades } m,$$

$$+(-1)^{\frac{m+1}{2}}\left(\frac{\omega}{2\pi n}\right)^m \varphi^{(m-1)}(x_0)\cos\frac{2\pi n x_0}{\omega}$$

$$+(-1)^{\frac{m+1}{2}}\left(\frac{\omega}{2\pi n}\right)^m \int_{x_0}^{\infty}\varphi^{(m)}(x)\cos\frac{2\pi n x}{\omega}\,dx \quad \text{für ungerades } m.$$

Um die Gültigkeit dieser Gleichungen zu sichern, braucht man nicht die Existenz des Integrals $\int_b^{\infty}|\varphi^{(m)}(x)|\,dx$ zu fordern. Es genügt vielmehr, zu verlangen, daß die auftretenden Integrale einen Sinn haben.

Insbesondere liefern die Ausdrücke (75) und (76) Aussagen über das Verhalten der Fourierschen Koeffizienten a_n und b_n für sehr große n. Das erste Glied der rechten Seiten ist von der Größenordnung $\frac{1}{n}$, die anderen Glieder hingegen haben niedrigere Größenordnung. Die Konvergenz der Fourierschen Reihe (70) beruht daher im allgemeinen auf dem Zeichenwechsel ihrer Glieder. Für absolute Konvergenz ist notwendig und hinreichend, daß das erste Glied rechts verschwindet, also $\varphi(x_0) = 0$ ist.

Für die Koeffizienten α_{2n+1} und β_{2n+1} der trigonometrischen Reihe für $G(x\,|\,\omega)$ gelten ganz entsprechende Entwicklungen.

Beispielsweise ergeben sich für die aus den Bernoullischen und Eulerschen Polynomen entspringenden, mit ihnen im Intervall $0 \leqq x < 1$ übereinstimmenden periodischen Funktionen $\overline{B}_\nu(x)$ und $\overline{E}_\nu(x)$ die trigonometrischen Reihen

$$(77)\qquad \overline{B}_{2\nu}(x) = (-1)^{\nu+1}\frac{2\,(2\nu)!}{(2\pi)^{2\nu}}\sum_{n=1}^{\infty}\frac{\cos 2\pi n x}{n^{2\nu}},$$

$$(77^*)\qquad \overline{B}_{2\nu+1}(x) = (-1)^{\nu+1}\frac{2\,(2\nu+1)!}{(2\pi)^{2\nu+1}}\sum_{n=1}^{\infty}\frac{\sin 2\pi n x}{n^{2\nu+1}},$$

(78) $$\overline{E}_{2\nu}(x) = (-1)^\nu \frac{4(2\nu)!}{\pi^{2\nu+1}} \sum_{n=0}^{\infty} \frac{\sin(2n+1)\pi x}{(2n+1)^{2\nu+1}}.$$

(78*) $$\overline{E}_{2\nu-1}(x) = (-1)^\nu \frac{4(2\nu-1)!}{\pi^{2\nu}} \sum_{n=0}^{\infty} \frac{\cos(2n+1)\pi x}{(2n+1)^{2\nu}}.$$

Für $\nu > 0$ konvergieren diese Reihen absolut und gleichmäßig, hingegen sind für $\nu = 0$ die zweite und dritte Reihe in der Nähe der Punkte $x = 0, \pm 1, \pm 2, \ldots$ nicht mehr gleichmäßig konvergent und stellen in diesen Punkten auch die Funktionen $\overline{B}_1(x)$ bzw. $\overline{E}_0(x)$ nicht mehr dar. Aus den obigen Relationen können wir z. B. die Gleichungen

(79) $$\int_0^1 [B_{2\nu}(z) - B_{2\nu}(x)] \cot \pi(z-x)\, dz = (-1)^\nu \frac{2(2\nu)!}{(2\pi)^{2\nu}} \sum_{n=1}^{\infty} \frac{\sin 2\pi n x}{n^{2\nu}},$$

(79*) $$\int_0^1 [B_{2\nu+1}(z) - B_{2\nu+1}(x)] \cot \pi(z-x)\, dz = (-1)^{\nu+1} \frac{2(2\nu+1)!}{(2\pi)^{2\nu+1}} \sum_{n=1}^{\infty} \frac{\cos 2\pi n x}{n^{2\nu+1}}$$

hergeleitet werden, von denen die zweite für $\nu = 0$ zu

(80) $$-\log(2\sin\pi x) = \sum_{n=1}^{\infty} \frac{\cos 2\pi n x}{n}, \quad 0 < x < 1$$

führt. Ferner lassen sich mit Hilfe der angegebenen Reihendarstellungen die Summen der reziproken Potenzen der natürlichen Zahlen durch die Bernoullischen Zahlen und Polynome in folgender Weise ausdrücken:

(81) $$\sum_{n=1}^{\infty} \frac{1}{n^{2\nu}} = (-1)^{\nu+1} \frac{(2\pi)^{2\nu}}{2(2\nu)!} B_{2\nu},$$

(81*) $$\sum_{n=1}^{\infty} \frac{1}{n^{2\nu+1}} = (-1)^{\nu+1} \frac{(2\pi)^{2\nu+1}}{2(2\nu+1)!} \int_0^1 B_{2\nu+1}(z) \cot \pi z\, dz.$$

31. Tragen wir in die Fouriersche Reihe (70) die Werte (71) der Koeffizienten ein, so gewinnen wir die Gleichungen

(82) $$F(x \mid \omega) = \int_a^{x_0} \varphi(z)\, dz - 2 \sum_{n=1}^{\infty} \lim_{\eta \to 0} \int_{x_0}^{\infty} \varphi(z) e^{-\eta z} \cos \frac{2\pi n}{\omega}(z-x)\, dz$$

und

$$(83)\quad G(x\,|\,\omega)=\frac{4}{\omega}\sum_{n=0}^{\infty}\lim_{\eta\to 0}\int_{x_0}^{\infty}\varphi(z)\,e^{-\eta z}\cos\frac{(2n+1)\pi}{\omega}(z-x)\,dz\,,$$

welche für $x_0 < x < x_0 + \omega$ richtig sind; setzen wir einmal $x = x_0 + \frac{\omega}{2}$, dann $x = x_0$, so erhalten wir unter Berücksichtigung der Tatsache, daß eine Fouriersche Reihe an einer Sprungstelle nach dem arithmetischen Mittel der Grenzwerte von rechts und links konvergiert, folgende Reihen, die für alle $x \geqq b$ angewandt werden können:

$$(84)\quad F\left(x+\frac{\omega}{2}\,\middle|\,\omega\right)=\int_a^x\varphi(z)\,dz-2\sum_{n=1}^{\infty}(-1)^n\lim_{\eta\to 0}\int_0^{\infty}\varphi(x+z)\,e^{-\eta z}\cos\frac{2\pi n z}{\omega}\,dz,$$

$$(85)\quad G\left(x+\frac{\omega}{2}\,\middle|\,\omega\right)=\frac{4}{\omega}\sum_{n=0}^{\infty}(-1)^n\lim_{\eta\to 0}\int_0^{\infty}\varphi(x+z)\,e^{-\eta z}\sin\frac{(2n+1)\pi z}{\omega}\,dz\,,$$

$$(86)\quad F(x\,|\,\omega)=\int_a^x\varphi(z)\,dz-\frac{\omega}{2}\varphi(x)-2\sum_{n=1}^{\infty}\lim_{\eta\to 0}\int_0^{\infty}\varphi(x+z)\,e^{-\eta z}\cos\frac{2\pi n z}{\omega}\,dz\,,$$

$$(87)\quad G(x\,|\,\omega)=\varphi(x)+\frac{4}{\omega}\sum_{n=0}^{\infty}\lim_{\eta\to 0}\int_0^{\infty}\varphi(x+z)\,e^{-\eta z}\cos\frac{(2n+1)\pi z}{\omega}\,dz\,.$$

Viertes Kapitel.

Die Hauptlösungen im komplexen Gebiet.

32. Im vorigen Kapitel haben wir die Hauptlösungen der Gleichungen

(1) $$\mathop{\triangle}_{\omega} F(x) = \varphi(x),$$

(2) $$\mathop{\nabla}_{\omega} G(x) = \varphi(x)$$

unter Beschränkung auf reelle Veränderliche x und positive Werte von ω studiert. Die Funktion $\varphi(x)$ hatte dabei gewisse, jedesmal ausdrücklich angegebene Bedingungen zu erfüllen. Von jetzt an wollen wir x und ω als *komplexe Veränderliche*,

$$x = \sigma + i\tau = r e^{iv}, \qquad \omega = \varrho e^{i\psi},$$

die Funktion $\varphi(x)$ als *analytische Funktion* von x voraussetzen. Besonders die Untersuchung der Abhängigkeit der Hauptlösungen von ω wird uns zu sehr bemerkenswerten Ergebnissen führen.

Es sei ϑ ein vom Nullpunkt ausstrahlender, die positive reelle Achse umschließender Winkelraum (Fig. 10) von beliebig kleiner Öffnung, begrenzt von zwei unter spitzen Winkeln gegen die positive reelle Achse geneigten Halbgeraden. Wenn $\varphi(x)$ im Inneren und auf dem Rande von ϑ, also insbesondere in einer kleinen Umgebung des Nullpunkts, regulär ist und dort für genügend großes m gleichmäßig

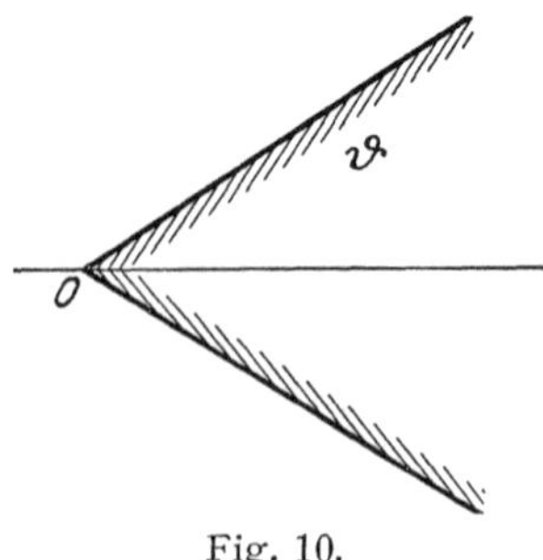

Fig. 10.

$$\lim_{|x| \to \infty} x^2 \varphi^{(m)}(x) = 0$$

gilt, dann lassen sich alle unsere früheren, auf die Eulersche und Boolesche Summenformel gestützten Überlegungen einfach übertragen. Man erkennt, daß die Summe $F(x \mid \omega)$ und die Wechselsumme $G(x \mid \omega)$ von $\varphi(x)$ für alle Werte von x und ω in ϑ existieren und daselbst reguläre Funktionen von x und ω sind.

§ 1. Anwendung des Cauchyschen Integralsatzes.

33. Im gegenwärtigen Falle komplexer Veränderlicher und Funktionen ist es angemessen, andere Hilfsmittel als früher heranzuziehen und vor allem das mächtige Werkzeug der komplexen Integration zu benutzen. Hierbei machen wir zunächst nacheinander wesentlich drei verschiedene Annahmen über die Funktion $\varphi(x)$.

Erstens soll $\varphi(x)$ im Inneren und auf dem Rande des oben erwähnten *Winkelraums* ϑ regulär sein und dort bei beliebig kleinem festen $\varepsilon > 0$ gleichmäßig die Relation

$$\lim_{|x| \to \infty} \varphi(x)\, e^{-\varepsilon |x|} = 0 \tag{3}$$

bestehen. Dann konvergieren, falls x und ω dem Winkel ϑ angehören, die Reihen

$$\sum_{s=0}^{\infty} \varphi(x + s\omega)\, e^{-\eta(x+s\omega)}, \tag{4}$$

$$\sum_{s=0}^{\infty} (-1)^s \varphi(x + s\omega)\, e^{-\eta(x+s\omega)} \tag{5}$$

gleichmäßig für jedes positive η. Wie verhalten sie sich bei $\eta \to 0$? Zur Untersuchung dieser Frage nehmen wir an, daß x und ω im Inneren von ϑ gelegen sind. Vermöge der Tatsache, daß für ganzzahlige Werte s von x die Funktion $\pi \cot \pi x$ das Residuum 1, die Funktion $\frac{\pi}{\sin \pi x}$ das Residuum $(-1)^s$ aufweist, können wir dann die Abschnitte der Reihen (4) und (5) durch komplexe Integrale ausdrücken:

$$\sum_{s=0}^{p} \varphi(x + s\omega)\, e^{-\eta(x+s\omega)} = \frac{1}{2\pi i} \int_C \varphi(x + \omega z)\, e^{-\eta(x+\omega z)}\, \pi \cot \pi z\, dz,$$

$$\sum_{s=0}^{p} (-1)^s \varphi(x + s\omega)\, e^{-\eta(x+s\omega)} = \frac{1}{2 i} \int_C \varphi(x + \omega z)\, e^{-\eta(x+\omega z)} \frac{dz}{\sin \pi z}.$$

C ist dabei eine bis auf ein kleines Stück links vom Nullpunkt im Inneren von ϑ verlaufende, die Punkte $0, 1, 2, \ldots, p$ umschließende Integrationskurve (Fig. 11) von solcher Beschaffenheit, daß $x + \omega z$ in ϑ liegt, wenn z die Kurve C durchläuft. Lassen wir p bei festem $\eta > 0$ unendlich zunehmen, so ergeben sich die Gleichungen

$$\sum_{s=0}^{\infty} \varphi(x + s\omega)\, e^{-\eta(x+s\omega)} = \frac{1}{2\pi i} \int_{C_1} \varphi(x + \omega z)\, e^{-\eta(x+\omega z)}\, \pi \cot \pi z\, dz, \tag{6}$$

$$\sum_{s=0}^{\infty} (-1)^s \varphi(x + s\omega)\, e^{-\eta(x+s\omega)} = \frac{1}{2 i} \int_{C_1} \varphi(x + \omega z)\, e^{-\eta(x+\omega z)} \frac{dz}{\sin \pi z}. \tag{7}$$

C_1 ist ein Schleifenweg (Fig. 12), der den Nullpunkt umschlingt und sich geradlinig parallel zur positiven reellen Achse oberhalb und unterhalb von dieser ins Unendliche erstreckt. Die geradlinigen Stücke wollen wir jetzt von der reellen Achse wegklappen und den Schleifenweg in einen anderen Integrationsweg C_2 (Fig. 13) abändern, der aus zwei von einem Punkte α ein wenig links vom Nullpunkt ausgehenden

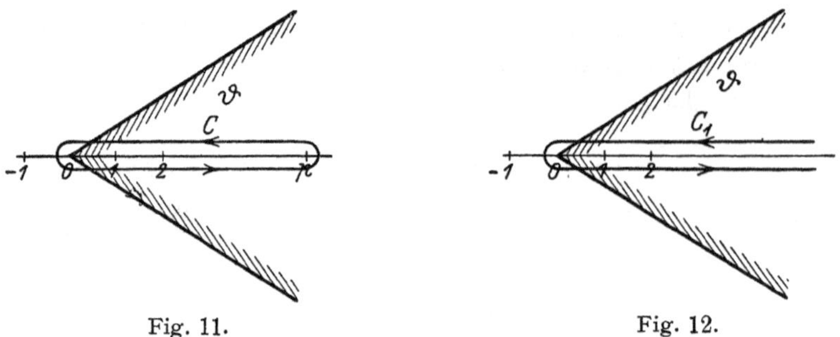

Fig. 11. Fig. 12.

Halbgeraden $\alpha\beta'\infty$ und $\alpha\beta''\infty$ besteht, die gegen die positive reelle Achse so wenig geneigt sind, daß $x+\omega z$ in ϑ bleibt, wenn z auf C_2 wandert. Zuvor schreiben wir im Integral (6) auf dem oberen Teile des Schleifenwegs C_1

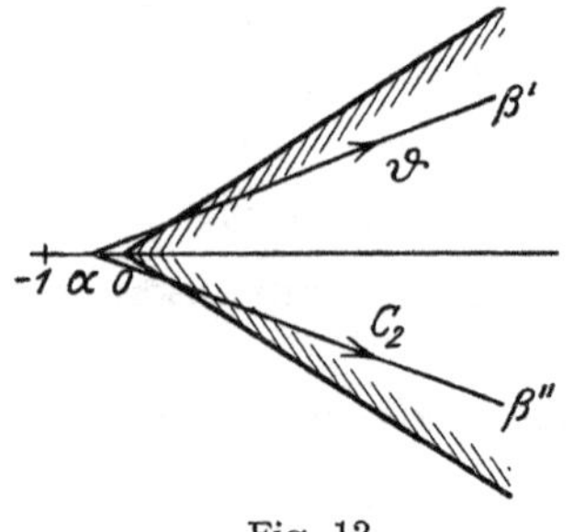

Fig. 13.

$$\frac{1}{2i}\cot\pi z = -\frac{1}{2} - \frac{1}{e^{-2\pi i z}-1}$$

und auf dem unteren

$$\frac{1}{2i}\cot\pi z = \frac{1}{2} + \frac{1}{e^{2\pi i z}-1},$$

wobei die ersten Bestandteile rechts zu einem Integral über die positive reelle Achse Veranlassung geben. Der für die entstehenden Integrale über C_2 statthafte Grenzübergang $\eta \to 0$ führt zu den Gleichungen

$$(8)\qquad G(x\,|\,\omega) = \underset{\omega}{\mathsf{S}}\,\varphi(x)\mathop{\nabla}_{\omega} x = i\int_{C_2}\varphi(x+\omega z)\frac{dz}{\sin\pi z},$$

$$(9)\qquad F(x\,|\,\omega) = \mathop{\mathsf{S}}_{a}^{x}\varphi(z)\mathop{\triangle}_{\omega} z = \int_{a}^{x+a\omega}\varphi(z)\,dz + \omega\int_{\alpha\beta'\infty}\frac{\varphi(x+\omega z)}{1-e^{-2\pi i z}}\,dz$$

$$+\,\omega\int_{\alpha\beta''\infty}\frac{\varphi(x+\omega z)}{1-e^{2\pi i z}}\,dz,$$

von denen sich die zweite für

$$f(x) = \int_a^x \varphi(z)\,dz$$

vermöge Teilintegration auch in der übersichtlicheren Gestalt

$$(10) \qquad F(x \mid \omega) = \mathop{S}_a^x \varphi(z) \mathop{\triangle}_{\omega} z = \frac{1}{2\pi i} \int_{C_2} f(x + \omega z) \left(\frac{\pi}{\sin \pi z}\right)^2 dz$$

schreiben läßt. *Hiermit ist, da die angegebenen Ausdrücke für Summe und Wechselsumme gleichmäßig für alle x und ω in ϑ konvergieren, die Existenz der Hauptlösungen bewiesen und gleichzeitig gezeigt, daß $F(x \mid \omega)$ und $G(x \mid \omega)$ analytische, im Inneren des Winkels ϑ reguläre Funktionen von x und ω sind.* Dies braucht nicht mehr der Fall zu sein, wenn die Bedingung (3) nicht erfüllt ist. Nehmen wir an, um hiervon eine Vorstellung zu bekommen, daß $\varphi(x)$ im Inneren eines Winkels Θ, der ϑ umschließt, regulär und in Θ für ein gewisses positives konstantes k gleichmäßig

$$(11) \qquad \lim_{|x| \to \infty} \varphi(x)\, e^{-k|x|} = 0$$

sei, so bestehen die Gleichungen (8) und (10) wohl für alle x im Inneren von Θ und alle ω im Inneren von ϑ; läßt man aber ω aus dem Winkel ϑ in den umschließenden Winkel Θ herauswandern, so bleiben die Integrale (8) und (10) nur dann gewiß konvergent, wenn der absolute Betrag von ω genügend klein ist. Die Hauptlösungen sind also für Werte von x in Θ nur in einer gewissen, ganz im Inneren von Θ gelegenen Umgebung des Punktes $\omega = 0$ sicher regulär, während sie im allgemeinen für gewisse weiter vom Nullpunkt abgelegene, dem Winkel Θ angehörige Werte von ω singuläre Stellen aufweisen.

34. *Zweitens* sei die Funktion $\varphi(x)$ in einer *Halbebene* $\sigma \geqq b$ regulär, außerdem sei bei konstantem positiven C und k und beliebig kleinem $\varepsilon > 0$

$$|\varphi(x)| < C e^{(k+\varepsilon)|x|}$$

für alle x in der Halbebene,

$$|\varphi(x)| < C e^{\varepsilon |x|}$$

für alle x in einem der Halbebene eingebetteten, die reelle Achse umschließenden und von zwei Parallelen zu ihr begrenzten Halbstreifen. Ferner soll ω positiv sein. Dann konvergieren für alle x im Inneren der Halbebene die Reihen (4) und (5), und auch die Gleichungen (6) und (7) bestehen fort. Um die geradlinigen Stücke des Schleifenwegs C_1 aufklappen zu können, bemerken wir, daß man nach einem bekannten

Phragmén-Lindelöfschen Satze eine Konstante M derart zu finden vermag, daß für $r \sin|v| \geqq \delta$ $(\delta > 0)$, $|v| < \frac{\pi}{2}$

$$\left|\frac{\varphi(x+\omega z)}{\sin \pi z}\right| < M e^{(\varepsilon + (k\omega - \pi)\sin|v|)r}$$

gilt. Wenn daher im Integral (7) $\omega < \frac{\pi}{k}$ und im Integral (6) $\omega < \frac{2\pi}{k}$ ist, läßt sich C_1 durch eine Parallele $\sigma = \alpha$ zur imaginären Achse ersetzen, wobei, wie im folgenden immer, α eine reelle Zahl aus dem Intervall $-1 < \alpha < 0$ bedeutet. Man darf auch die imaginäre Achse selbst nehmen, wofern der Punkt $z = 0$ durch einen kleinen Kreisbogen vermieden wird, dessen Radius man nachher gegen Null streben lassen kann. So kommen wir für $\sigma \geqq b - \alpha\omega$ bzw. $\sigma \geqq b$ und $a > b$ zu den Gleichungen

$$G(x|\omega) = i\int_{\alpha - i\infty}^{\alpha + i\infty} \varphi(x+\omega z)\frac{dz}{\sin \pi z} \qquad \left(\omega < \frac{\pi}{k}\right), \tag{12}$$

$$F(x|\omega) = \int_a^{x+\alpha\omega} \varphi(z)\,dz + \omega\int_\alpha^{\alpha+i\infty} \frac{\varphi(x+\omega z)}{1-e^{-2\pi i z}}\,dz + \omega\int_\alpha^{\alpha - i\infty} \frac{\varphi(x+\omega z)}{1-e^{2\pi i z}}\,dz, \tag{13}$$

$$\left(\omega < \frac{2\pi}{k}\right)$$

$$F(x|\omega) = \frac{1}{2\pi i}\int_{\alpha - i\infty}^{\alpha + i\infty} f(x+\omega z)\left(\frac{\pi}{\sin \pi z}\right)^2 dz \tag{14}$$

und

$$G(x|\omega) = \varphi(x) + 2i\int_0^\infty \frac{\varphi(x+i\omega t) - \varphi(x-i\omega t)}{e^{\pi t} - e^{-\pi t}}\,dt, \tag{12*}$$

$$F(x|\omega) = \int_a^x \varphi(z)\,dz - \frac{\omega}{2}\varphi(x) + i\omega\int_0^\infty \frac{\varphi(x+i\omega t) - \varphi(x-i\omega t)}{1-e^{2\pi t}}\,dt, \tag{13*}$$

$$F(x|\omega) = f(x) - \frac{\omega}{2}f'(x) - 2\pi\int_0^\infty \frac{f(x+i\omega t) + f(x-i\omega t) - 2f(x)}{(e^{\pi t} - e^{-\pi t})^2}\,dt. \tag{14*}$$

Nimmt man in den ersten drei Formeln insbesondere $\alpha = -\frac{1}{2}$ und ersetzt gleichzeitig x durch $x + \frac{\omega}{2}$, so entsteht für $\sigma \geqq b$

$$G\left(x + \frac{\omega}{2}\middle|\omega\right) = -i\int_{-i\infty}^{i\infty} \varphi(x+\omega z)\frac{dz}{\cos \pi z} \tag{12**}$$

$$= 2\int_0^\infty \frac{\varphi(x+i\omega t) + \varphi(x-i\omega t)}{e^{\pi t} + e^{-\pi t}}\,dt,$$

$$(13^{**})\quad F\left(x+\frac{\omega}{2}\,\middle|\,\omega\right)=\int_a^x \varphi(z)\,dz+i\omega\int_0^\infty \frac{\varphi(x+i\omega t)-\varphi(x-i\omega t)}{1+e^{2\pi t}}\,dt,$$

$$(14^{**})\quad F\left(x+\frac{\omega}{2}\,\middle|\,\omega\right)=\frac{1}{2\pi i}\int_{-i\infty}^{i\infty} f(x+\omega z)\left(\frac{\pi}{\cos\pi z}\right)^2 dz$$

$$=2\pi\int_0^\infty \frac{f(x+i\omega t)+f(x-i\omega t)}{(e^{\pi t}+e^{-\pi t})^2}\,dt.$$

Diese Integraldarstellungen lassen erkennen, daß $G(x\,|\,\omega)$ und $F(x\,|\,\omega)$ für $0<\omega<\frac{\pi}{k}$ bzw. $0<\omega<\frac{2\pi}{k}$ in der Halbebene $\sigma\geqq b$ reguläre analytische Funktionen sind. Daß dies für andere ω nicht mehr notwendigerweise zutrifft, lehrt schon das einfache Beispiel

$$\varphi(x)=e^{ix},\qquad k=1.$$

Durch Anwendung der Summenformel für die geometrische Reihe finden wir nämlich unmittelbar

$$\mathop{S}_{\omega} e^{ix}\nabla x=\frac{2e^{ix}}{1+e^{i\omega}},$$

$$\mathop{S}_{0}^{x} e^{ix}\mathop{\triangle}_{\omega} x=i-\frac{\omega e^{ix}}{1-e^{i\omega}},$$

sodaß die Hauptlösungen für $\omega=\pm(2s-1)\pi$ bzw. $\omega=\pm 2s\pi$ (s eine positive ganze Zahl) Pole erster Ordnung aufweisen. Übrigens kann aus den letzten beiden Formeln durch Trennung von Reellem und Imaginärem leicht die Wechselsumme und die Summe der trigonometrischen Funktionen hergeleitet werden, und zwar bekommt man

$$\mathop{S}_{\omega} \cos x\,\nabla x=\frac{\cos\left(x-\frac{\omega}{2}\right)}{\cos\frac{\omega}{2}},$$

$$\mathop{S}_{\omega} \sin x\,\nabla x=\frac{\sin\left(x-\frac{\omega}{2}\right)}{\cos\frac{\omega}{2}},$$

$$\mathop{S}_{0}^{x} \cos z\mathop{\triangle}_{\omega} z=\frac{\omega}{2}\,\frac{\sin\left(x-\frac{\omega}{2}\right)}{\sin\frac{\omega}{2}},$$

$$\mathop{S}_{\frac{\pi}{2}}^{x} \sin z\mathop{\triangle}_{\omega} z=-\frac{\omega}{2}\,\frac{\cos\left(x-\frac{\omega}{2}\right)}{\sin\frac{\omega}{2}}.$$

35. *Drittens* soll $\varphi(x)$ eine *ganze Funktion* mit

$$|\varphi(x)| < C e^{\varepsilon |x|}$$

für alle x bei beliebig kleinem positiven ε und konstantem C sein. Dann behalten die jetzt offenbar für alle x gültigen Gleichungen

$$G(x \mid \omega) = i \int_{a-i\infty}^{a+i\infty} \varphi(x + \omega z) \frac{dz}{\sin \pi z}, \tag{12}$$

$$F(x \mid \omega) = \frac{1}{2\pi i} \int_{a-i\infty}^{a+i\infty} f(x + \omega z) \left(\frac{\pi}{\sin \pi z}\right)^2 dz \tag{14}$$

ihren Sinn, wenn wir nicht mehr, wie es bei der Herleitung geschah, ω als positiv voraussetzen, sondern ganz beliebig komplex annehmen. Im gegenwärtigen Falle existieren also die Hauptlösungen in der ganzen ω-Ebene und sind ganze Funktionen in beiden Veränderlichen x und ω. Diese Tatsache ermöglicht die Herleitung eines Satzes, welcher eine Verallgemeinerung des früher bei den Bernoullischen und Eulerschen Polynomen aufgetretenen und auch bei der Gammafunktion wohlbekannten Ergänzungssatzes darstellt, dessen Analogon uns bisher noch fehlte. Ersetzt man in den Integralen (12) und (14) ω durch $-\omega$ und gleichzeitig z durch $-1-z$, so erhält man zunächst

$$G(x \mid -\omega) = i \int_{a-i\infty}^{a+i\infty} \varphi(x + \omega + \omega z) \frac{dz}{\sin \pi z},$$

$$F(x \mid -\omega) = \frac{1}{2\pi i} \int_{a-i\infty}^{a+i\infty} f(x + \omega + \omega z) \left(\frac{\pi}{\sin \pi z}\right)^2 dz$$

und durch Vergleich mit (12) und (14) dann weiter

$$G(x - \omega \mid -\omega) = G(x \mid \omega), \tag{15}$$

$$F(x - \omega \mid -\omega) = F(x \mid \omega). \tag{16}$$

Diese beiden Formeln drücken unter unseren gegenwärtigen Voraussetzungen bereits den gewünschten *Ergänzungssatz der Hauptlösungen* aus. Für den Sonderfall der Bernoullischen und Eulerschen Polynome ist es nicht schwer, von den Gleichungen (15) und (16) aus zu der früheren Form des Ergänzungssatzes in Kap. 2, § 1 und 2 zu gelangen (vgl. auch Kap. 5, § 1); allgemein halten wir fest, *daß der Ergänzungssatz die Hauptlösungen mit den Spannen ω und $-\omega$ miteinander verknüpft.*

Sprechen wir die Beziehungen (15) und (16) in der Fassung aus, daß $G\left(x + \frac{\omega}{2} \middle| \omega\right)$ und $F\left(x + \frac{\omega}{2} \middle| \omega\right)$ *gerade* Funktionen von ω sind, so bietet sich noch ein anderer Weg zur Bestätigung dar, indem man zunächst Integraldarstellungen für die Bernoullischen und Eulerschen Polynome und Zahlen aufstellt. Diese Polynome sind ja Hauptlösungen, und wir können aus den Formeln (12) und (14) für $\varphi(x) = x^\nu$ und $\omega = 1$ entnehmen:

$$E_\nu(x) = i \int\limits_{a-i\infty}^{a+i\infty} (x+z)^\nu \frac{dz}{\sin \pi z},$$

$$B_\nu(x) = \frac{1}{2\pi i} \int\limits_{a-i\infty}^{a+i\infty} (x+z)^\nu \left(\frac{\pi}{\sin \pi z}\right)^2 dz,$$

insonderheit für $x = 0$ und $x = \frac{1}{2}$

$$C_\nu = 2^\nu i \int\limits_{a-i\infty}^{a+i\infty} \frac{z^\nu\, dz}{\sin \pi z},$$

$$B_\nu = \frac{1}{2\pi i} \int\limits_{a-i\infty}^{a+i\infty} z^\nu \left(\frac{\pi}{\sin \pi z}\right)^2 dz,$$

$$E_\nu = \frac{1}{2i} \int\limits_{a-i\infty}^{a+i\infty} \frac{z^\nu\, dz}{\cos \frac{\pi z}{2}},$$

$$D_\nu = \frac{1}{4\pi i} \int\limits_{a-i\infty}^{a+i\infty} z^\nu \left(\frac{\pi}{\cos \frac{\pi z}{2}}\right)^2 dz.$$

Weitere Integralformeln ergeben sich aus (12*), (14*), (12**), (14**):

$$C_{2\nu+1} = (-1)^{\nu+1} \int\limits_0^\infty \frac{x^{2\nu+1}\, dx}{\operatorname{sh} \frac{\pi x}{2}},$$

$$B_{2\nu} = (-1)^{\nu+1} \pi \int\limits_0^\infty \frac{x^{2\nu}\, dx}{\operatorname{sh}^2 \pi x},$$

$$E_{2\nu} = (-1)^\nu \int\limits_0^\infty \frac{x^{2\nu}\, dx}{\operatorname{ch} \frac{\pi x}{2}},$$

$$D_{2\nu} = (-1)^\nu \frac{\pi}{2} \int\limits_0^\infty \frac{x^{2\nu}\, dx}{\operatorname{ch}^2 \frac{\pi x}{2}},$$

wobei $\operatorname{sh} x$ und $\operatorname{ch} x$ den hyperbolischen Sinus und Kosinus von x bedeuten.

Entwickelt man nun die Funktionen $\varphi(x+\omega z)$ und $f(x+\omega z)$ nach dem Taylorschen Satz und integriert gliedweise, so läßt sich aus den entstehenden, mittels einfacher Abschätzungen als beständig konvergent zu erweisenden Potenzreihen in ω

$$F(x\,|\,\omega) = \int_a^x \varphi(z)\,dz - \frac{\omega}{2}\varphi(x) + \sum_{\nu=1}^{\infty} \omega^{2\nu} \frac{B_{2\nu}}{(2\nu)!}\varphi^{(2\nu-1)}(x), \tag{17}$$

$$F\left(x+\frac{\omega}{2}\,\middle|\,\omega\right) = \int_a^x \varphi(z)\,dz + \sum_{\nu=1}^{\infty} \omega^{2\nu} \frac{D_{2\nu}}{2^{2\nu}(2\nu)!}\varphi^{(2\nu-1)}(x), \tag{17*}$$

$$G(x\,|\,\omega) = \varphi(x) + \sum_{\nu=1}^{\infty} \omega^{2\nu-1} \frac{C_{2\nu-1}}{2^{2\nu-1}(2\nu-1)!}\varphi^{(2\nu-1)}(x), \tag{18}$$

$$G\left(x+\frac{\omega}{2}\,\middle|\,\omega\right) = \sum_{\nu=0}^{\infty} \omega^{2\nu} \frac{E_{2\nu}}{2^{2\nu}(2\nu)!}\varphi^{(2\nu)}(x) \tag{18*}$$

in der Tat das behauptete gerade Verhalten von $F\left(x+\frac{\omega}{2}\,\middle|\,\omega\right)$ und $G\left(x+\frac{\omega}{2}\,\middle|\,\omega\right)$ als Funktionen von ω und damit der Ergänzungssatz ablesen.

Was wird aus diesen Reihenentwicklungen und dem Ergänzungssatz, wenn die Funktion $\varphi(x)$ keine ganze Funktion mit der Wachstumsbeschränkung $|\varphi(x)| < C e^{\varepsilon|x|}$ mehr ist? Oder allgemeiner: Was geschieht mit den Hauptlösungen, wenn wir ω frei in der komplexen Ebene variieren lassen? Das ist die wichtige Frage, deren Beantwortung wir uns nach einigen jetzt folgenden Vorbetrachtungen im übernächsten Paragrafen zuwenden wollen.

§ 2. Verallgemeinerungen. Wachstum und Summierbarkeit der Hauptlösungen.

36. Um der Funktion $\varphi(x)$ weniger einschränkende Bedingungen als bisher auferlegen zu können, ziehen wir die schon in Kapitel 3, § 1 eingeführte Funktion

$$\lambda(x) = x^p \log^q x, \qquad p \geqq 1,\ q \geqq 0$$

heran, mit deren Hilfe wir in vielen Fällen die Konvergenz der Ausdrücke

$$F(x\,|\,\omega;\eta) = \int_a^{\infty} \varphi(z)\,e^{-\eta\lambda(z)}\,dz - \omega\sum_{s=0}^{\infty} \varphi(x+s\omega)\,e^{-\eta\lambda(x+s\omega)} \tag{19}$$

$$G(x\,|\,\omega;\eta) = 2\sum_{s=0}^{\infty} (-1)^s \varphi(x+s\omega)\,e^{-\eta\lambda(x+s\omega)} \tag{20}$$

erzwingen und dann durch den Grenzübergang $\eta \to 0$ zu den Hauptlösungen gelangen können. Zunächst läßt sich nachweisen, daß man in den bisherigen Fällen bei Verwendung der Funktion $\lambda(x)$ zu denselben Lösungen kommt wie früher. Aber die neue Methode trägt weiter.

Beispielsweise möge wie bei der Annahme in **34.** die Funktion $\varphi(x)$ in einer Halbebene $\sigma \geqq b$ regulär und daselbst

$$|\varphi(x)| < C e^{(k+\varepsilon)|x|},$$

aber nicht mehr wie früher notwendigerweise in einem Halbstreifen um die reelle Achse $|\varphi(x)| < C e^{\varepsilon |x|}$ sein. Dann konvergieren möglicherweise die Reihen (4) und (5) für keinen positiven Wert von ω. Hingegen sind die Ausdrücke (19) und (20) bei $p > 1$ oder bei $p = 1$, $q > 0$ für jedes positive η konvergent. Setzen wir $\omega = \varrho e^{i\psi}$ und nehmen $|\psi| < \frac{\pi}{2p}$, $\sigma \geqq b$ an, so können wir sie entsprechend den früheren Schlüssen zunächst durch Schleifenintegrale über den Weg C_1, nachher durch Integrale über den Weg C_2 darstellen, vorausgesetzt, daß die geradlinigen Stücke von C_2 mit der positiven reellen Achse Winkel von kleinerem Absolutbetrage als $\frac{\pi}{2p} - |\psi|$ bilden. In diesen Integralen ist für genügend kleines ϱ der Grenzübergang $\eta \to 0$ statthaft und führt zu einem von $\lambda(x)$ unabhängigen Grenzwert. So gewinnt man wieder die Integrale (8) und (10). In ihnen können schließlich die geradlinigen Stücke von C_2 so weit gedreht werden, bis sie mit der positiven reellen Achse die Winkel $\pm\left(\frac{\pi}{2} - |\psi|\right)$ bilden. Dabei sind die Integrale konvergent, wenn ω den Bedingungen

$$\varrho < \frac{2\pi}{k}\cos\psi \qquad \text{für (10)}$$

bzw.

$$\varrho < \frac{\pi}{k}\cos\psi \qquad \text{für (8)}$$

genügt.

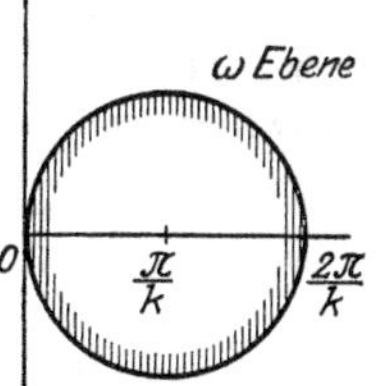

Fig. 14.

Damit ist die Existenz der Grenzwerte von (19) und (20) gezeigt. Diese sind zudem unabhängig von der besonderen Wahl von $\lambda(x)$; nur müssen p und q genügend groß gewählt werden, um die Konvergenz von (19) und (20) zu sichern. Die hierdurch definierten Hauptlösungen $F(x \mid \omega)$ und $G(x \mid \omega)$ sind analytische Funktionen von x und ω, welche in der Halbebene $\sigma \geqq b$ und für Werte von ω im Innern eines Kreises vom Radius $\frac{\pi}{k}$ um den Punkt $\frac{\pi}{k}$ (Fig. 14) bzw. vom Radius $\frac{\pi}{2k}$ um den Punkt $\frac{\pi}{2k}$ regulär sind. Wenn ω aus diesen Kreisen herauswandert, brauchen die Integrale nicht mehr konvergent zu sein, sodaß wir dann über $F(x \mid \omega)$ und $G(x \mid \omega)$ vorläufig nichts aussagen können.

37. Insbesondere stößt man für positives ω wieder auf die Gleichungen

$$G(x\,|\,\omega) = i\int\limits_{a-i\infty}^{a+i\infty}\varphi(x+\omega z)\frac{dz}{\sin\pi z}, \qquad 0<\omega<\frac{\pi}{k},$$

$$F(x\,|\,\omega) = \frac{1}{2\pi i}\int\limits_{a-i\infty}^{a+i\infty}f(x+\omega z)\left(\frac{\pi}{\sin\pi z}\right)^2 dz, \qquad 0<\omega<\frac{2\pi}{k}.$$

Aus ihnen schließen wir unter Benutzung des Majorantenwertes für $\varphi(x)$, daß für festes ω in der Halbene $\sigma \geqq b$ bei konstantem C_1 und C_2 die Abschätzungen

$$(21) \qquad |G(x\,|\,\omega)| < C_1 e^{(k+\varepsilon)|x|}, \qquad 0<\omega<\frac{\pi}{k},$$

$$(22) \qquad |F(x\,|\,\omega)| < C_2 e^{(k+\varepsilon)|x|}, \qquad 0<\omega<\frac{2\pi}{k},$$

bestehen, *daß also die Hauptlösungen denselben Wachstumsbeschränkungen unterliegen wie die Funktion $\varphi(x)$ selbst. Diese Eigenschaft ist charakteristisch für die Hauptlösungen.* Denn eine periodische Funktion $\pi(x)$ mit der Periode ω, die in einer Halbebene und demnach für alle x regulär ist und einer Ungleichung

$$|\pi(x)| < C_2 e^{(k+\varepsilon)|x|}, \qquad 0<\omega<\frac{2\pi}{k},$$

genügt, muß sich auf eine Konstante reduzieren. Ähnlich ist eine Funktion $\mathfrak{p}(x)$ mit $\mathfrak{p}(x+\omega) = -\mathfrak{p}(x)$, die in einer Halbebene und somit für alle x regulär ist und für die

$$|\mathfrak{p}(x)| < C_1 e^{(k+\varepsilon)|x|}, \qquad 0<\omega<\frac{\pi}{k},$$

gilt, wegen $\mathfrak{p}(x+2\omega) = \mathfrak{p}(x)$ eine Konstante, und zwar wegen $\mathfrak{p}(x+\omega) = -\mathfrak{p}(x)$ Null.

Wir können also die Hauptlösungen $F(x\,|\,\omega)$ und $G(x\,|\,\omega)$ der Gleichungen (1) und (2) so kennzeichnen: $F(x\,|\,\omega)$ und $G(x\,|\,\omega)$ sind regulär im Streifen $b \leqq \sigma \leqq b+\omega$ und dort für jeden festen Wert von ω aus dem Intervalle $0<\omega<\frac{2\pi}{k}$ bzw. $0<\omega<\frac{\pi}{k}$ und für beliebig kleines ε den Bedingungen (22) bzw. (21) unterworfen. Jede andere Lösung mit denselben Eigenschaften wie $F(x\,|\,\omega)$ unterscheidet sich von $F(x\,|\,\omega)$ um eine Konstante, während $G(x\,|\,\omega)$ eindeutig bestimmt ist. *Unter allen regulären Lösungen sind also die Hauptlösungen die von kleinstem Wachstum in bezug auf x.*

38. Die Ungleichungen (21) und (22) lehren, daß die Hauptlösungen summierbar sind, daß also die Grenzwerte

$$\mathop{\mathsf{S}} G(x \mid \omega) \mathop{\nabla}_{\omega} x$$

und

$$\mathop{\mathsf{S}}_a^x F(x \mid \omega) \mathop{\Delta}_{\omega} x$$

existieren. Daher kann man auf die Funktionen $G(x \mid \omega)$ und $F(x \mid \omega)$ unsere Summationsoperationen beliebig oft nacheinander anwenden und so zu immer neuen Transzendenten aufsteigen (vgl. Kap. 7). Auch diese Eigenschaft kommt nur den Hauptlösungen zu. Denn wenn $\mathfrak{p}(x+\omega) = -\mathfrak{p}(x)$ ist, erhalten wir

$$2 \sum_{s=0}^{\infty} (-1)^s \mathfrak{p}(x+s\omega) e^{-\eta(x+s\omega)} = 2\, \mathfrak{p}(x) e^{-\eta x} \sum_{s=0}^{\infty} e^{-\eta s \omega}.$$

Der letzte Ausdruck nimmt für $\eta \to 0$ außer bei $\mathfrak{p}(x) = 0$ unbegrenzt zu; die Funktion $\mathfrak{p}(x)$ ist also nicht wechselsummierbar. Ähnlich ist eine periodische Funktion $\pi(x)$ nur dann summierbar, wenn $\pi(x)$ eine Konstante ist. *Lediglich die beiden Hauptlösungen sind demnach summierbare Funktionen (jede in ihrer Art), während jede andere Lösung nicht summierbar ist.* Dieser Satz ist besonders wichtig. Will man nämlich eine nichtlineare Differenzengleichung auflösen, so muß man im allgemeinen eine Methode der sukzessiven Approximationen benutzen, bei der man jede neue Annäherungsfunktion aus der vorhergehenden durch Auflösung einer Gleichung von der Form (1) erhält. Dabei konvergiert das Approximationsverfahren dann und nur dann, wenn man als Annäherungsfunktion stets die Hauptlösung nimmt.

39. Jetzt wollen wir für $F(x \mid \omega)$ eine Fouriersche Reihe aufstellen. Hierzu tragen wir in den über den Schleifenweg C_1 genommenen Integralausdruck für $F(x \mid \omega; \eta)$, der bis auf die neu auftretende Funktion $\lambda(x)$ mit (6) übereinstimmt, die Entwicklungen

$$\frac{1}{1-e^{-2\pi i z}} = -\sum_{n=1}^{m} e^{2\pi i n z} + \frac{e^{2\pi i m z}}{1-e^{-2\pi i z}}$$

auf dem oberen und

$$\frac{1}{1-e^{2\pi i z}} = -\sum_{n=1}^{m} e^{-2\pi i n z} + \frac{e^{-2\pi i m z}}{1-e^{2\pi i z}}$$

auf dem unteren Teile von C_1 ein. Nachher ändern wir wie früher für $0 < \omega < \frac{2\pi}{k}$ und $\sigma \geqq b - \alpha\omega$ den Integrationsweg ab, führen η nach Null und deformieren den Integrationsweg nochmals. Dann finden wir

$$(23)\quad F(x\,|\,\omega) = \int\limits_a^{x+\alpha\omega} \varphi(z)\,dz - 2\sum_{n=1}^{m}{}' \lim_{\eta\to 0} \int\limits_{x+\alpha\omega}^{\infty} \varphi(z)\, e^{-\eta\lambda(z)} \cos\frac{2\pi n}{\omega}(z-x)\,dz + R_m$$

mit

$$R_m = \omega \int\limits_a^{a+\infty} \frac{\varphi(x+\omega z)\, e^{2\pi i m z}}{1-e^{-2\pi i z}}\,dz + \omega \int\limits_a^{a-i\infty} \frac{\varphi(x+\omega z)\, e^{-2\pi i m z}}{1-e^{2\pi i z}}\,dz.$$

Wenn m unbegrenzt zunimmt, strebt R_m nach Null. Setzen wir $x_0 = x + \alpha\omega$ und sei etwa $\lambda(z) = z^2$, so ist damit die *Fouriersche Reihe für* $F(x\,|\,\omega)$

$$(24)\qquad F(x\,|\,\omega) = a_0 + 2\sum_{n=1}^{\infty}{}' \left(a_n \cos\frac{2\pi n x}{\omega} + b_n \sin\frac{2\pi n x}{\omega}\right)$$

mit den Koeffizienten

$$(25)\qquad a_0 = \int\limits_a^{x_0} \varphi(z)\,dz,$$

$$(25^*)\qquad a_n = -\lim_{\eta\to 0} \int\limits_{x_0}^{\infty} \varphi(z)\, e^{-\eta z^2} \cos\frac{2\pi n z}{\omega}\,dz,$$

$$(25^{**})\qquad b_n = -\lim_{\eta\to 0} \int\limits_{x_0}^{\infty} \varphi(z)\, e^{-\eta z^2} \sin\frac{2\pi n z}{\omega}\,dz$$

gewonnen. Sie gilt bei beliebigem x_0 in der Halbebene $\Re(x_0) \geqq b$ für $0 < \frac{x-x_0}{\omega} < 1$.

Für die Anwendungen ist es oft bequemer, andere Darstellungen für die Koeffizienten zu benutzen. Wenn man (24) in der Form

$$F(x\,|\,\omega) = \int\limits_a^{x_0} \varphi(z)\,dz + \sum_{n=1}^{\infty}{}' \left(a_n' \cos\frac{2\pi n}{\omega}(x-x_0) + b_n' \sin\frac{2\pi n}{\omega}(x-x_0)\right)$$

schreibt, ergeben sich für die Koeffizienten durch zweimalige Abänderung der Integrationswege die Ausdrücke

$$a_n' = \frac{1}{i}\int\limits_0^{\infty} [\varphi(x_0+iz) - \varphi(x_0-iz)]\, e^{-\frac{2\pi n z}{\omega}}\,dz,$$

$$b_n' = -\int\limits_0^{\infty} [\varphi(x_0+iz) + \varphi(x_0-iz)]\, e^{-\frac{2\pi n z}{\omega}}\,dz.$$

Für $\alpha = -\frac{1}{2}$ bzw. $\alpha \to 0$ und $\lambda(z) = z^2$ gewinnt man aus (23) Ausdrücke für $F\left(x + \frac{\omega}{2}\,\middle|\,\omega\right)$ und $F(x\,|\,\omega)$, durch gliedweise Subtraktion dieser beiden dann für $G(x\,|\,\omega)$. Sie stimmen für $m \to \infty$ mit den Entwicklungen (84), (86) und (87) aus Kapitel 3, § 7 überein und sind in der Halbebene $\sigma \geqq b$ konvergent.

§ 3. Analytische Fortsetzung der Hauptlösungen.

40. Die bereits am Schlusse von § 1 angekündigte analytische Fortsetzung der Hauptlösungen über den ursprünglichen Definitionsbereich hinsichtlich x und ω hinaus wollen wir unter zwei einfachen, aber doch bereits zu bemerkenswerten Ergebnissen führenden Voraussetzungen über $\varphi(x)$ studieren.

Erstens nehmen wir an, daß $\varphi(x)$ eine *ganze Funktion* von x ist, bei der für beliebig kleines positives ε und konstantes C die Ungleichung

$$|\varphi(x)| < C e^{(k+\varepsilon)|x|}$$

erfüllt ist, während dies für kein negatives ε mehr zutrifft. Die Hauptlösungen $G(x|\omega)$ und $F(x|\omega)$ sind dann, wie aus den Integralen (12) und (14) hervorgeht, regulär für alle endlichen x und für die Werte von ω im Innern der Kreise $|\omega| = \frac{\pi}{k}$ bzw. $|\omega| = \frac{2\pi}{k}$. Für diese Werte von ω besitzen sie, was sich ganz wie früher ergibt, einen Ergänzungssatz

$$G(x-\omega|-\omega) = G(x|\omega), \qquad |\omega| < \frac{\pi}{k},$$

$$F(x-\omega|-\omega) = F(x|\omega), \qquad |\omega| < \frac{2\pi}{k},$$

und Potenzreihenentwicklungen in ω von der Form (17), (17*), (18) und (18*). Von diesen haben infolge unserer Voraussetzung über $\varphi(x)$ nach dem Cauchy-Hadamardschen Kriterium die erste und zweite den Konvergenzradius $\frac{2\pi}{k}$, die dritte und vierte den Konvergenzradius $\frac{\pi}{k}$. Auf den Kreisen $|\omega| = \frac{\pi}{k}$ und $|\omega| = \frac{2\pi}{k}$ muß also je ein singulärer Punkt der Funktionen $G(x|\omega)$ bzw. $F(x|\omega)$ gelegen sein; es kann sogar vorkommen, daß die Kreise singuläre Linien in der ω-Ebene bilden.

Als Beispiel betrachten wir für beliebiges komplexes β die Funktion $\varphi(x) = e^{\beta x}$. Aus den Integralen (12) und (14) bekommt man durch Verschiebung des Integrationswegs um 1 nach rechts unter Beachtung des Cauchyschen Integralsatzes

$$\underset{\omega}{\mathfrak{S}}\, e^{\beta x} \nabla x = \frac{2 e^{\beta x}}{e^{\omega\beta} + 1}, \qquad |\omega| < \frac{\pi}{|\beta|},$$

$$\underset{0}{\overset{x}{\mathfrak{S}}}\, e^{\beta x} \underset{\omega}{\Delta} x = \frac{\omega e^{\beta x}}{e^{\omega\beta} - 1} - \frac{1}{\beta}, \qquad |\omega| < \frac{2\pi}{|\beta|}.$$

Demnach sind $G(x|\omega)$ und $F(x|\omega)$ meromorfe Funktionen von ω mit einfachen Polen in den Punkten $\omega = \pm \frac{(2s-1)\pi i}{\beta}$ bzw. $\omega = \pm \frac{2 s\pi i}{\beta}$ (s eine positive ganze Zahl), also insbesondere mit je einem Pol auf dem Konvergenzkreise der oben erwähnten Potenzreihenentwicklungen in ω. Für $\beta = \pm 1$ gewinnt man leicht Summe und Wechselsumme der hyperbolischen Funktionen.

41. *Zweitens* wollen wir *singuläre Stellen* von $\varphi(x)$ im Endlichen zulassen. Dann werden die Verhältnisse ganz anders. Es möge etwa $\varphi(x)$ eindeutig sein, im Endlichen eine endliche Anzahl singulärer Stellen β_ν $(\nu = 1, 2, \ldots, n)$ aufweisen und für hinreichend große Werte von $|x|$, d. h. außerhalb eines Kreises von genügend großem Radius, der Wachstumsbeschränkung

$$|\varphi(x)| < e^{(k+\varepsilon)|x|}$$

unterworfen sein. Weil es nur endlich viele singuläre Stellen von $\varphi(x)$ gibt, lassen sich zwei reelle Zahlen b und $\bar{b}$ derart ausfindig machen, daß $\varphi(x)$ für $\sigma > b$ und für $\sigma < \bar{b}$ regulär ist. Dann gelten in der Halbebene $\sigma > b$ die Integraldarstellungen

$$(26) \qquad G(x|\omega) = i\int_{a-i\infty}^{a+i\infty} \varphi(x+\omega z)\frac{dz}{\sin\pi z}, \qquad 0 < \omega < \frac{\pi}{k},$$

$$(27) \qquad F(x|\omega) = \frac{1}{2\pi i}\int_{a-i\infty}^{a+i\infty} f(x+\omega z)\left(\frac{\pi}{\sin\pi z}\right)^2 dz, \qquad 0 < \omega < \frac{2\pi}{k}.$$

Nun seien $c_1, \bar{c}_1, c_2, \bar{c}_2$ die durch folgende Ungleichungen charakterisierten Halbkreise in der ω-Ebene (Fig. 15):

$$c_1\colon \Re(\omega) \geqq 0,\ 0 < |\omega| < \frac{\pi}{k}, \qquad \bar{c}_1\colon \Re(\omega) \leqq 0,\ 0 < |\omega| < \frac{\pi}{k},$$

$$c_2\colon \Re(\omega) \geqq 0,\ 0 < |\omega| < \frac{2\pi}{k}, \qquad \bar{c}_2\colon \Re(\omega) \leqq 0,\ 0 < |\omega| < \frac{2\pi}{k}.$$

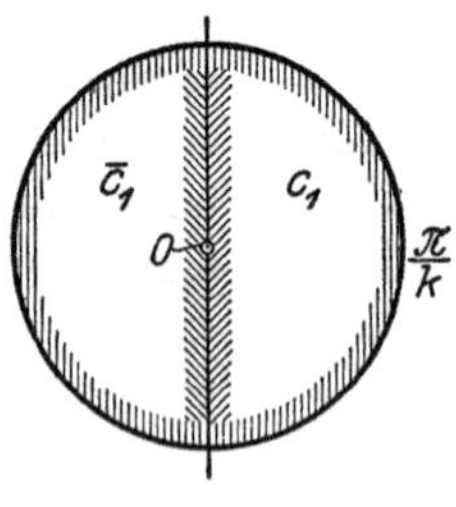

Fig. 15.

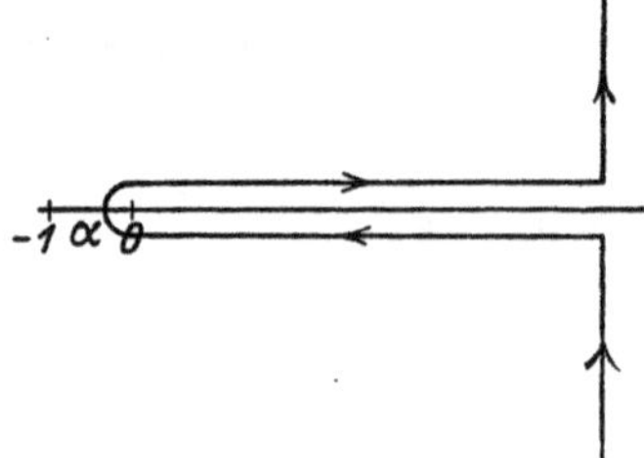

Fig. 16.

Dann kann man erreichen, daß die Integralausdrücke, solange x in $\sigma > b$ liegt, für alle ω in c_1 bzw. c_2 in Kraft bleiben. Man braucht nur den Integrationsweg so abzuändern, wie es die Fig. 16 andeutet, und die geradlinigen Stücke parallel der reellen Achse genügend nahe an dieser und hinreichend lang zu nehmen. Hieraus geht hervor, daß $G(x|\omega)$ und $F(x|\omega)$ für die angegebenen Werte von x und ω reguläre Funktionen sind. Solange ω im Inneren von c_1 bzw. c_2 liegt, können wir auch die analytische Fortsetzung von $G(x|\omega)$ und $F(x|\omega)$ über die Halbebene $\sigma > b$ hinaus in einfacher Weise bewerkstelligen. Dazu wählen wir in den bereits in Kapitel 3, § 2 und § 6 benutzten Beziehungen

$$G(x|\omega) = (-1)^m G(x + m\omega|\omega) + 2\sum_{s=0}^{m-1} (-1)^s \varphi(x + s\omega),$$

$$F(x|\omega) = \qquad F(x + m\omega|\omega) - \omega\sum_{s=0}^{m-1} \varphi(x + s\omega)$$

die Zahl m so groß, daß $x + m\omega$ in die Halbebene $\sigma > b$ rückt und daher das erste Glied rechts je eine reguläre, durch Integrale der Gestalt (26) und (27) darstellbare Funktion wird. Es sind also $G(x|\omega)$ und $F(x|\omega)$ für Werte von ω im Inneren von c_1 bzw. c_2 eindeutige Funktionen von x und ω. In der x-Ebene haben sie bei festem ω die singulären Stellen

$$x = \beta_\nu - s\omega \qquad \begin{pmatrix} s = 0, 1, 2, \ldots \\ \nu = 1, 2, \ldots, n \end{pmatrix},$$

welche auf Halbgeraden von den Punkten β_ν aus nach links im Abstande $|\omega|$ voneinander liegen, und im übrigen sind sie regulär. Hält man hingegen ein von den β_ν verschiedenes x fest, so bekommt man die singulären Punkte in der ω-Ebene durch

$$\omega = \frac{\beta_\nu - x}{s} \qquad \begin{pmatrix} s = 1, 2, \ldots \\ \nu = 1, 2, \ldots, n \end{pmatrix}.$$

Sie befinden sich demnach auf Radienvektoren aus dem Nullpunkte, welche wir die *singulären Vektoren* nennen, und häufen sich auf diesen nach dem Nullpunkte zu. Der Punkt $\omega = 0$ ist also eine wesentlich singuläre Stelle der Hauptlösungen. In der Umgebung der singulären Stelle $x = \beta_\nu - s\omega$ in der x-Ebene sind $G(x|\omega)$ und $F(x|\omega)$ von der Form

$$G(x|\omega) = 2(-1)^s \varphi(x + s\omega) + \psi(x|\omega),$$

$$F(x|\omega) = \qquad -\omega\varphi(x + s\omega) + \chi(x|\omega),$$

wobei sich $\psi(x|\omega)$ und $\chi(x|\omega)$ im Punkte $x = \beta_\nu - s\omega$ regulär verhalten. Insbesondere ist daher der prinzipale Teil von $F(x|\omega)$ in allen Punkten $x = \beta_\nu - s\omega$ derselbe. Wenn zwei oder mehrere singuläre Stellen zusammenrücken, lassen sich die letzten Überlegungen leicht entsprechend abändern.

42. Bisher ist ω noch auf den Halbkreis c_1 bzw. c_2 beschränkt. Um uns hiervon freizumachen, ziehen wir eine andere Fortsetzungsmethode heran, die uns auch sonst viele wertvolle Aufschlüsse liefern wird. Wir führen die Untersuchung zunächst für die Funktion $G(x|\omega)$ durch, die, wie sich herausstellt, von einfacherer Natur als $F(x|\omega)$ ist. Die Integraldarstellung (26) kann in der Gestalt

$$(28)\qquad G(x|\omega)=\frac{i}{\omega}\int\limits_{x+a\omega-i\omega\infty}^{x+a\omega+i\omega\infty}\varphi(z)\frac{dz}{\sin\frac{\pi}{\omega}(z-x)},\qquad 0<\omega<\frac{\pi}{k},$$

geschrieben werden. Lassen wir x auf einer Parallelen zur reellen Achse, die keinen der singulären Punkte β_ν trifft, nach links wandern, so verschiebt sich auch die Integrationslinie nach links. Wenn wir mit ihr an einen der Punkte β_ν kommen, so buchten wir sie zunächst nach rechts hin aus. Wollen wir diese Ausbuchtung nach rechts durch eine nach links hin ersetzen, wodurch wir die Integrationslinie über den Punkt β_ν hinweggebracht hätten, so müssen wir offenbar das Integral über einen kleinen Vollkreis um β_ν, d. h. das $2\pi i$-fache Residuum des Integranden im Punkt β_ν, hinzuaddieren. Ist x in der Halbebene $\sigma<\bar{b}$ angelangt, so hat also $G(x|\omega)$ die Form

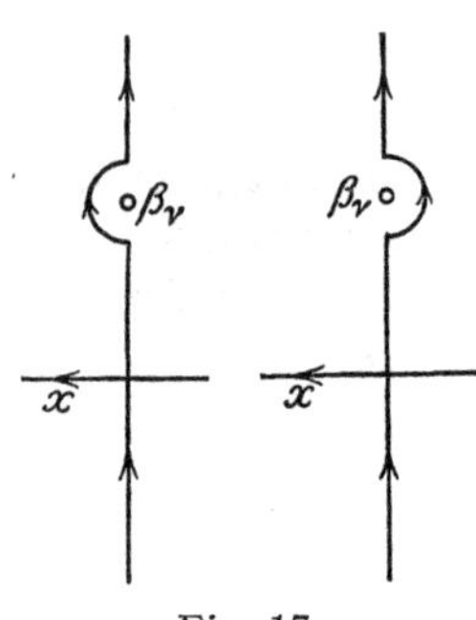

Fig. 17.

$$(29)\qquad G(x|\omega)=-\frac{2\pi}{\omega}\mathcal{E}\frac{(\varphi(z))}{\sin\frac{\pi}{\omega}(z-x)}+\frac{i}{\omega}\int\limits_{x+a\omega-i\omega\infty}^{x+a\omega+i\omega\infty}\varphi(z)\frac{dz}{\sin\frac{\pi}{\omega}(z-x)}$$

angenommen. Dabei haben wir die Cauchysche Schreibweise $\mathcal{E}[\varphi(z)]\psi(z)$ für die Residuensumme von $\varphi(z)\psi(z)$ in bezug auf die singulären Stellen von $\varphi(z)$ angewandt. Setzen wir

$$(30)\qquad \mathfrak{P}(x|\omega)=\frac{2\pi}{\omega}\mathcal{E}\frac{(\varphi(z))}{\sin\frac{\pi}{\omega}(x-z)},$$

so können wir kürzer

$$(31)\quad G(x|\omega)=\mathfrak{P}(x|\omega)+i\int\limits_{a-i\infty}^{a+i\infty}\varphi(x+\omega z)\frac{dz}{\sin\pi z},\quad 0<\omega<\frac{\pi}{k},\quad \sigma<\bar{b},$$

schreiben. Das Integral rechts stellt eine für $\sigma<\bar{b}$ und Werte von ω in c_1 reguläre Funktion dar. Für diese x und ω weist daher $G(x|\omega)$ dieselben singulären Punkte wie $\mathfrak{P}(x|\omega)$ auf. $\mathfrak{P}(x|\omega)$ ist aber nach (30) offenbar eine eindeutige periodische Funktion von x mit der Periode 2ω. Sie ist festgelegt, sobald wir die prinzipalen Teile von $\varphi(x)$ in den Punkten β_ν kennen, genügt den Relationen

$$\mathfrak{P}(x+\omega|\omega)=-\mathfrak{P}(x|\omega),\qquad \mathfrak{P}(x|\omega)=\mathfrak{P}(x|-\omega)$$

und besitzt die singulären Stellen

$$x = \beta_\nu \pm s\omega \qquad (s = 0, 1, 2, \ldots)$$

von leicht übersehbarer Natur. Sind z. B. die β_ν einfache Pole von $\varphi(z)$ mit den Residuen B_ν, so wird

$$\mathfrak{P}(x \mid \omega) = \frac{2\pi}{\omega} \sum_{\nu=1}^{n} \frac{B_\nu}{\sin \frac{\pi}{\omega}(x - \beta_\nu)}. \tag{32}$$

43. Damit ist für Werte von ω in c_1 das Verhalten von $G(x \mid \omega)$ in der ganzen x-Ebene aufgeklärt, und wir können uns dem Halbkreise $\bar{c}_1$ in der ω-Ebene zuwenden. Wir halten im Integral (28) x in der Halbebene $\sigma > b$ fest und lassen ω von einem positiven Werte kleiner als $\frac{\pi}{k}$ aus einen positiven Umlauf auf einem Kreise um den Punkt $\omega = 0$ herum ausführen. Dabei wälzt sich die Integrationsgerade auf einem Kreise um den Punkt x herum (Fig. 18). Bei Passierung eines der Punkte β_ν haben wir jeweils genau wie früher zur rechten Seite von (28) das $\frac{i}{\omega} \cdot 2\pi i$-fache des Residuums des Integranden im Punkte β_ν hinzuzufügen. Wenn ω auf der negativen reellen Achse angekommen ist, ist die Integrationsgerade über alle singulären Punkte hinweggegangen, und die Gleichung (28) hat die Gestalt (29) oder (31) angenommen. Setzt ω seinen Umlauf bis zur positiven reellen Achse, d. h. bis zu seiner Ausgangslage, fort, so passiert die Integrationsgerade

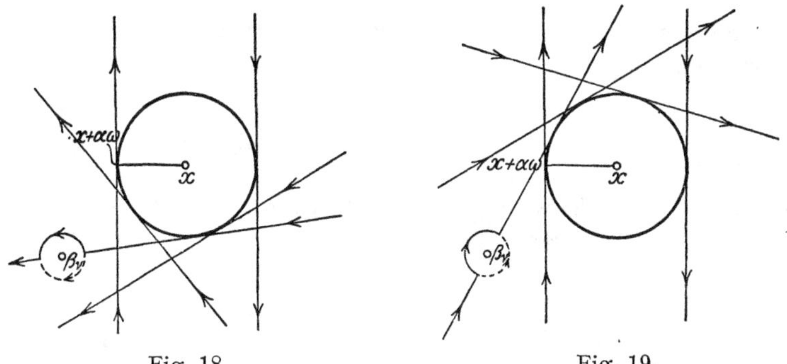

Fig. 18. Fig. 19.

von neuem alle singulären Punkte β_ν (Fig. 19). Aber diesmal werden die bei der Überschreitung anzubringenden kleinen Kreisbögen im entgegengesetzten Sinne wie früher durchlaufen. Es werden also nacheinander alle früher hinzugefügten Residuen wieder abgezogen, und wenn ω die positive reelle Achse wieder erreicht hat, ist $G(x \mid \omega)$ zu seinem Ausgangswert (28) zurückgekehrt. Hieraus folgt, *daß $G(x \mid \omega)$ in der Umgebung des Punktes $\omega = 0$ eine eindeutige Funktion von ω ist.*

In der soeben für negative Werte von ω und für Werte von x in der Halbebene $\sigma > b$ als gültig erkannten Darstellung (31) können wir nun ω bei einem negativen Werte festhalten und x in der früheren Weise nach links wandern lassen. Dadurch verschiebt sich die Integrationsgerade nach links, und beim Überschreiten der Punkte β_ν fallen die Bestandteile des ersten Gliedes rechts nacheinander fort. Hat x die Halbebene $\sigma < \bar{b}$ erreicht, so ist aus der Gleichung (31) wieder die Gleichung (28) oder (26) geworden. Durch die früher angegebene, aus Fig. 16 ersichtliche Abänderung des Integrationswegs überzeugt man sich, daß die Integrale in (31) und (26) nicht nur für negative reelle ω, sondern allgemeiner für alle ω aus $\bar{c}_1$ und $\sigma > b$ bzw. $\sigma < \bar{b}$ reguläre Funktionen darstellen. Wir beherrschen also jetzt auch für Werte von ω in $\bar{c}_1$ das Verhalten von $G(x \mid \omega)$ in der ganzen x-Ebene.

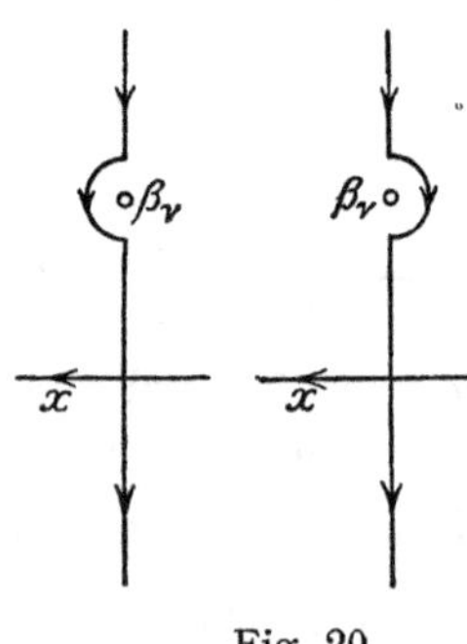

Fig. 20.

Zusammenfassend können wir sagen: *Die Funktion $G(x \mid \omega)$ existiert in der ganzen x-Ebene und im Kreise $|\omega| < \frac{\pi}{k}$ als eindeutige Funktion von x und ω. Für jeden von Null verschiedenen Wert von ω in $|\omega| < \frac{\pi}{k}$ hat sie in der x-Ebene die singulären Punkte*

$$x = \beta_\nu - s\omega \qquad \begin{pmatrix} s = 0, 1, 2, \ldots \\ \nu = 1, 2, \ldots, n \end{pmatrix}$$

auf Halbgeraden, und für jeden von den β_ν verschiedenen Wert von x in der ω-Ebene die singulären Punkte

$$\omega = 0, \qquad \omega = \frac{\beta_\nu - x}{s} \qquad \begin{pmatrix} s = 1, 2, \ldots \\ \nu = 1, 2, \ldots, n \end{pmatrix}$$

auf singulären Vektoren. In den Halbebenen $\sigma > b$ und $\sigma < \bar{b}$ gestattet $G(x \mid \omega)$ die Darstellungen[1]

$$G(x \mid \omega) = i \cdot \int\limits_{a - i\infty}^{a + i\infty} \varphi(x + \omega z) \frac{dz}{\sin \pi z}, \qquad \begin{matrix} \sigma > b, \ \omega \text{ in } c_1; \\ \sigma < \bar{b}, \ \omega \text{ in } \bar{c}_1, \end{matrix}$$

$$G(x \mid \omega) = \mathfrak{P}(x \mid \omega) + i \int\limits_{a - i\infty}^{a + i\infty} \varphi(x + \omega z) \frac{dz}{\sin \pi z} \qquad \begin{matrix} \sigma < \bar{b}, \ \omega \text{ in } c_1; \\ \sigma > b, \ \omega \text{ in } \bar{c}_1. \end{matrix}$$

44. Ersetzen wir für $\sigma > b$ in der letzten Gleichung ω durch $-\omega$ und gleichzeitig z durch $-1 - z$, so erhalten wir

---

[1]) Die Integrationswege sind nötigenfalls gemäß Fig. 16 abzuändern.

$$G(x \mid -\omega) = \mathfrak{P}(x \mid \omega) + i \int_{a-i\infty}^{a+i\infty} \varphi(x + \omega + \omega z) \frac{dz}{\sin \pi z}, \quad \sigma > b, \ \omega \text{ in } c_1.$$

Das letzte Integral stellt aber für die angegebenen Werte der Veränderlichen gerade die Funktion $G(x + \omega \mid \omega)$ dar, und wir können die Gleichung

$$(33) \qquad G(x - \omega \mid -\omega) = G(x \mid \omega) - \mathfrak{P}(x \mid \omega)$$

ablesen. Diese gibt uns die endgültige Formel für den *Ergänzungssatz der Wechselsumme*, von dem wir bereits in der Beziehung (15) einen, freilich sehr speziellen Fall kennengelernt haben. Natürlich gilt die Gleichung (33) nicht nur unter den Voraussetzungen ihres Beweises, sondern allgemein für jede reguläre Stelle der x- und der ω-Ebene; sie zeigt, daß die Wechselsummen $G(x \mid \omega)$ und $G(x - \omega \mid \omega)$ mit den entgegengesetzt gleichen Spannen ω und $-\omega$ miteinander durch Vermittlung einer periodischen Funktion $\mathfrak{P}(x \mid \omega)$ in Verbindung stehen, die nur von den Singularitäten der gegebenen Funktion $\varphi(x)$ abhängt. Ist $\varphi(x)$ speziell eine ganze transzendente Funktion, welche unserer Wachstumsbeschränkung unterworfen ist, so reduziert sich $\mathfrak{P}(x \mid \omega)$ auf Null, und wir gewinnen die Gleichung (15).

Insbesondere lehrt der Ergänzungssatz, daß auch die Funktion $G(x - \omega \mid -\omega)$ eine Lösung der Gleichung (2), also

$$\mathop{\nabla}_{\omega} G(x - \omega \mid -\omega) = \varphi(x)$$

ist. Für diese Funktion $G(x - \omega \mid -\omega)$ gibt es einen bemerkenswerten Ausdruck, der durch *Summation nach links* zustande kommt. Setzen wir nämlich

$$\bar{G}(x \mid \omega) = \mathfrak{S}\, \varphi(-x) \mathop{\nabla}_{\omega} x,$$

also etwa für $\lambda(x) = x^2$

$$\bar{G}(-x \mid \omega) = 2 \lim_{\eta \to 0} \sum_{s=0}^{\infty} (-1)^s \varphi(x - s\omega) e^{-\eta (x - s\omega)^2},$$

so finden wir über ein Integral der Form (26) hinweg

$$\bar{G}(-x \mid \omega) = G(x \mid -\omega).$$

Für positives $\omega < \frac{\pi}{k}$ und $\sigma < \bar{b} + \omega$ gilt also die gewünschte Formel

$$(34) \quad G(x - \omega \mid -\omega) = 2 \lim_{\eta \to 0} \sum_{s=1}^{\infty} (-1)^{s+1} \varphi(x - s\omega) e^{-\eta (x - s\omega)^2},$$

insbesondere

$$G(x-\omega\,|-\omega)=2\sum_{s=1}^{\infty}(-1)^{s+1}\varphi(x-s\omega),$$

wenn die rechtsstehende Reihe konvergiert.

In Verbindung mit dem Ergänzungssatz gibt die Formel (34) für die periodische Funktion $\mathfrak{P}(x\,|\,\omega)$ die belangreiche Darstellung

$$\mathfrak{P}(x\,|\,\omega)=2\lim_{\eta\to 0}\sum_{s=-\infty}^{\infty}(-1)^{s}\varphi(x+s\omega)\,e^{-\eta\,(x+s\omega)^2}$$

oder auch

$$\mathfrak{P}(x\,|\,\omega)=2\lim_{\eta\to 0}\sum_{s=-\infty}^{\infty}(-1)^{s}\varphi(x+s\omega)\,e^{-\eta\,|s|},$$

wenn dieser Grenzwert existiert, und

$$\mathfrak{P}(x\,|\,\omega)=2\sum_{s=-\infty}^{\infty}(-1)^{s}\varphi(x+s\omega),$$

wenn die Reihe rechts konvergiert. Die Funktion $\mathfrak{P}(x\,|\,\omega)$ läßt sich also dadurch bilden, daß man $\varphi(x)$ sowohl nach rechts als auch nach links summiert.

45. Bei der Funktion $F(x\,|\,\omega)$, zu deren Behandlung wir jetzt übergehen, liegen die Verhältnisse dadurch wesentlich verwickelter, daß die unter dem Integralzeichen in (27) stehende Funktion

$$f(x)=\int_a^x\varphi(z)\,dz \qquad (a>b) \tag{35}$$

als Integral einer eindeutigen Funktion im allgemeinen mehrdeutig ist und in den Punkten $x=\beta_\nu$ logarithmische Verzweigungspunkte hat. Um eine eindeutige Bestimmung für $f(x)$ zu erzielen, schlitzen wir die x-Ebene von den Punkten $x=\beta_\nu$ aus längs Halbgeraden parallel zur negativen imaginären Achse auf. In der so zerschnittenen Ebene ist $f(x)$ eindeutig. An die Stelle des früheren kleinen Kreises um den Punkt β_ν tritt hier ein Schleifenweg Γ_ν (Fig. 21), der auf dem rechten Ufer des zu β_ν gehörigen Verzweigungsschnitts aus dem Unendlichen herkommt, den Punkt β_ν umschlingt und auf dem linken Ufer wieder ins Unendliche verläuft.

Fig. 21.

Für $\sigma>b$, $0<\omega<\frac{2\pi}{k}$ können wir $F(x\,|\,\omega)$ in der aus (27) entspringenden Form

$$F(x\,|\,\omega)=\frac{1}{2\pi i\omega}\int_{x+a\omega-i\omega\infty}^{x+a\omega+i\omega\infty}f(z)\left(\frac{\pi}{\sin\frac{\pi}{\omega}(z-x)}\right)^2dz \tag{36}$$

schreiben. Lassen wir wie früher x bei festem ω nach links bis in die Halbebene $\sigma < \bar{b}$ rücken, wobei wir, wenn die Integrationsgerade über den Punkt β_ν hinweggeht, ein Schleifenintegral über Γ_ν hinzuzufügen haben, so finden wir

$$(37)\qquad F(x\,|\,\omega) = \Pi(x\,|\,\omega) + \frac{1}{2\pi i}\int\limits_{a-i\infty}^{a+i\infty} f(x+\omega z)\left(\frac{\pi}{\sin \pi z}\right)^2 dz, \qquad \sigma < \bar{b},$$

mit

$$(38)\qquad \Pi(x\,|\,\omega) = \frac{1}{2\pi i\,\omega}\sum_{\nu=1}^{n}\int\limits_{\Gamma_\nu} f(z)\left(\frac{\pi}{\sin\frac{\pi}{\omega}(z-x)}\right)^2 dz.$$

Für die Funktion $\Pi(x\,|\,\omega)$ kann vermöge Teilintegration auch die Darstellung

$$(39)\qquad \Pi(x\,|\,\omega) = -\pi i\sum_{\nu=1}^{n} B_\nu - \mathcal{E}\,[\varphi(z)]\,\pi\cot\frac{\pi}{\omega}(x-z)$$

aufgestellt werden, wobei B_ν das Residuum von $\varphi(z)$ im Punkte β_ν bedeutet. Z. B. wird, wenn alle β_ν einfache Pole für $\varphi(x)$ sind,

$$(40)\qquad \Pi(x\,|\,\omega) = -\pi i\sum_{\nu=1}^{n} B_\nu - \sum_{\nu=1}^{n} B_\nu\,\pi\cot\frac{\pi}{\omega}(x-\beta_\nu).$$

Die Funktion $\Pi(x\,|\,\omega)$ ist eine periodische Funktion von x mit der Periode ω, die den Relationen

$$\Pi(x+\omega\,|\,\omega) = \Pi(x\,|\,\omega), \quad \Pi(x\,|-\omega) = -\Pi(x\,|\,\omega) - 2\pi i\sum_{\nu=1}^{n} B_\nu$$

genügt, die singulären Stellen

$$x = \beta_\nu \pm s\,\omega, \qquad s = 0, 1, 2, \ldots$$

hat und mit der Funktion $\mathfrak{P}(x\,|\,\omega)$ durch die Beziehung

$$\mathop{\triangle}_{\omega}\Pi(x\,|\,2\omega) = \mathfrak{P}(x\,|\,\omega)$$

zusammenhängt. Da die Integrale in (27) und (37) bei geeigneter Abänderung des Integrationswegs nicht nur für $0 < \omega < \frac{2\pi}{k}$, sondern für alle ω aus c_2 konvergieren, ist damit für ω in c_2 die Funktion $F(x\,|\,\omega)$ in die ganze x-Ebene fortgesetzt. In der Halbebene $\sigma < \bar{b}$ besitzt sie nach (37) dieselben singulären Stellen wie $\Pi(x\,|\,\omega)$.

46. Zur Fortsetzung in den Halbkreis $\bar{c}_2$ der ω-Ebene halten wir in (36) x in der Halbebene $\sigma > b$ fest und lassen ω von einem positiven Werte kleiner als $\frac{2\pi}{k}$ aus einen Umlauf in negativem Sinne um den Punkt $\omega = 0$ herum ausführen (Fig. 22). Wenn ω auf der negativen reellen Achse anlangt, ist die Gleichung (36) in die Gleichung (37) mit $\Pi(x \mid \omega)$ aus (39) übergegangen. Für die von ω auf seiner Wanderung angenommenen Werte in der unteren ω-Halbebene ist nämlich die Umformung von (38) in (39) zulässig. Es wird also der Wert von $F(x \mid \omega)$, wenn ω in negativer Umlaufsrichtung von der positiven zur

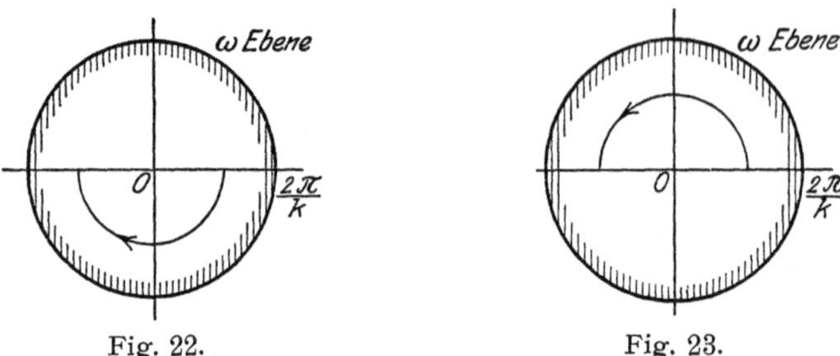

Fig. 22. Fig. 23.

negativen reellen Achse geht, durch (37) und (39) gegeben. Wenn hingegen der Umlaufssinn positiv ist (Fig. 23), muß man in (38) das Integral für negatives ω auswerten und findet dann

$$(41) \quad F(x \mid \omega) = 2\pi i \sum_{\nu=1}^{n} B_\nu + \Pi(x \mid \omega) + \frac{1}{2\pi i} \int_{a-i\infty}^{a+i\infty} f(x + \omega z) \left(\frac{\pi}{\sin \pi z}\right)^2 dz,$$

wobei $\Pi(x \mid \omega)$ aus (39) zu entnehmen ist. Die Werte von $F(x \mid \omega)$ für negatives ω sind demnach verschieden, je nachdem ω von positiven Werten aus durch die untere oder obere ω-Halbebene zu negativen Werten übergeht. *Folglich ist $F(x \mid \omega)$ keine eindeutige Funktion von ω* (wofern natürlich $\varphi(x)$ wirklich Singularitäten aufweist und nicht durchweg regulär ist). Der Unterschied unserer zwei Bestimmungen von $F(x \mid \omega)$ in der Umgebung des Punktes $\omega = 0$ beträgt

$$2\pi i \sum_{\nu=1}^{n} B_\nu = -2\pi i B,$$

wenn wir mit B das Residuum von $\varphi(x)$ im Unendlichen bezeichnen. Die Funktion $F(x \mid \omega)$ ist demnach von der Gestalt

$$(42) \qquad F(x \mid \omega) = -B \log \omega + F_1(x \mid \omega),$$

wobei $F_1(x \mid \omega)$ in der Umgebung von $\omega = 0$ eindeutig in ω ist. Schlitzt man die ω-Ebene längs der negativen imaginären Achse auf, so wird $F(x \mid \omega)$ eindeutig und für negatives ω durch die Gleichungen (41) und (39) festgelegt. Halten wir in ihnen ω bei einem negativen Werte fest und lassen x aus der Halbebene $\sigma > b$ in die Halbebene $\sigma < \bar{b}$ wandern, so stoßen wir wieder auf (27) und können schließlich durch eine einfache Wegänderung in (27) und (41) $F(x \mid \omega)$ als regulär in $\bar{c}_2$ und $\sigma > b$ bzw. $\sigma < \bar{b}$ nachweisen.

Die Funktion $F(x \mid \omega)$ läßt also eine analytische Fortsetzung in die ganze x-Ebene zu und existiert in der ω-Ebene im Kreise $|\omega| < \frac{2\pi}{k}$. In x ist $F(x \mid \omega)$ eindeutig, in ω hingegen in der Umgebung der Stelle $\omega = 0$ unendlich vieldeutig. Die singulären Stellen in der x-Ebene liegen auf Halbgeraden in

$$x = \beta_\nu - s\,\omega \qquad \begin{pmatrix} s = 0, 1, 2, \ldots \\ \nu = 1, 2, \ldots, n \end{pmatrix},$$

die in der ω-Ebene im Nullpunkt und auf singulären Vektoren in

$$\omega = \frac{\beta_\nu - x}{s} \qquad \begin{pmatrix} s = 1, 2, \ldots \\ \nu = 1, 2, \ldots, n \end{pmatrix}.$$

Aus (27) und (41) erhält man den *Ergänzungssatz der Summe*

$$F(x - \omega \mid -\omega) = F(x \mid \omega) - \Pi(x \mid \omega), \tag{43}$$

der, zunächst nur für positive ω bewiesen, für alle regulären Werte von x und ω in der aufgeschlitzten Ebene besteht und eine der wichtigsten Eigenschaften der Summe zum Ausdruck bringt. Ist $\varphi(x)$ im Endlichen singularitätenfrei, so wird $\Pi(x \mid \omega) = 0$, und die Gleichung (43) geht in die frühere Gleichung (16) über.

47. Mittels der Funktion

$$\bar{F}(x \mid \omega) = \mathop{\mathbf{S}}_{-a}^{x} \varphi(-z) \mathop{\triangle}_{\omega} z,$$

die mit $F(x \mid \omega)$ durch die Relation

$$-\bar{F}(-x \mid \omega) = F(x \mid -\omega)$$

verknüpft ist, ergibt sich bei $\lambda(x) = x^2$ und $\omega > 0$ durch Summation nach links

$$F(x \mid -\omega) = \lim_{\eta \to 0} \left\{ \omega \sum_{s=0}^{\infty} \varphi(x - s\omega)\, e^{-\eta (x - s\omega)^2} - \int_{-\infty}^{a} \varphi(z)\, e^{-\eta z^2} dz \right\} \tag{44}$$

und durch Summation nach links und rechts

$$\Pi(x \mid \omega) = \lim_{\eta \to 0} \left\{ \int_{-\infty}^{\infty} \varphi(z)\, e^{-\eta z^2} dz - \omega \sum_{s=-\infty}^{\infty} \varphi(x + s\omega)\, e^{-\eta (x + s\omega)^2} \right\}, \tag{45}$$

wobei die Integrale längs eines Weges zu erstrecken sind, welcher die von den Punkten β_ν ausgehenden Verzweigungsschnitte nicht trifft. Die letzte Gleichung ist gültig, wenn $0 < \omega < \frac{2\pi}{k}$ ist und x nicht auf einer Parallelen zur reellen Achse durch einen der Punkte β_ν liegt. Sie vereinfacht sich zu

$$\Pi(x \mid \omega) = \int_{-\infty}^{\infty} \varphi(z)\, dz - \omega \sum_{s=-\infty}^{\infty} \varphi(x + s\omega), \tag{46}$$

wenn die Ausdrücke rechts konvergent sind.

Die periodische Funktion $\Pi(x \mid \omega)$, die in eigentümlicher Weise mit der Funktion $\varphi(x)$ zusammenhängt und gebildet werden kann, sobald man die Singularitäten von $\varphi(x)$ kennt, läßt sich in eine *Fouriersche Reihe* entwickeln, deren Koeffizienten in einfacher Weise durch $\varphi(x)$ darstellbar sind. Ordnen wir die Punkte β_ν nach abnehmendem Imaginärteil

$$\mathfrak{J}(\beta_1) \geqq \mathfrak{J}(\beta_2) \geqq \cdots \geqq \mathfrak{J}(\beta_n)$$

und gehören x und x_0 dem Parallelstreifen zur reellen Achse

$$\mathfrak{J}(\beta_\nu) > \mathfrak{J}(x) > \mathfrak{J}(\beta_{\nu+1})$$

an, so haben die Fourierschen Koeffizienten von $\Pi(x \mid \omega)$ in der Entwicklung

$$\Pi(x \mid \omega) = a_0 + 2 \sum_{n=1}^{\infty} \left(a_n \cos \frac{2\pi n x}{\omega} + b_n \sin \frac{2\pi n x}{\omega} \right) \tag{47}$$

die Werte

$$a_0 = \lim_{\eta \to 0} \left\{ \int_{-\infty}^{\infty} \varphi(x)\, e^{-\eta x^2}\, dx - \int_{x_0-\infty}^{x_0+\infty} \varphi(x)\, e^{-\eta x^2}\, dx \right\},$$

$$a_n = -\lim_{\eta \to 0} \int_{x_0-\infty}^{x_0+\infty} \varphi(x)\, e^{-\eta x^2} \cos \frac{2\pi n x}{\omega}\, dx,$$

$$b_n = -\lim_{\eta \to 0} \int_{x_0-\infty}^{x_0+\infty} \varphi(x)\, e^{-\eta x^2} \sin \frac{2\pi n x}{\omega}\, dx,$$

wie man durch Heranziehung des in x gleichmäßig konvergenten Ausdrucks (45) findet. Integriert wird hierbei über eine Parallele zur reellen Achse durch x_0 bzw. im ersten Integral von a_0 über eine keinen Verzweigungsschnitt treffende Kurve, die sich nach links und rechts ins Unendliche erstreckt.

Bedeutet wie früher B_s das Residuum der Funktion $\varphi(x)$ im Punkte β_s, so gilt offenbar

$$a_0 = -2\pi i \sum_{s=1}^{\nu} B_s.$$

Auch für a_n und b_n, $n > 0$, können wir ähnliche Residuenausdrücke gewinnen. Zerlegt man z. B. im Integral für a_n die Größe $\cos\frac{2\pi n x}{\omega}$ in $\frac{1}{2} e^{\frac{2\pi i n}{\omega}x} + \frac{1}{2} e^{-\frac{2\pi i n}{\omega}x}$ und verschiebt man die Integrationslinie für den ersten Bestandteil nach oben, für den zweiten nach unten bis ins Unendliche, so folgt

$$a_n = -\pi i \mathcal{E}\left\{\varphi(x) e^{\frac{2\pi i n x}{\omega}}\right\} + \pi i \mathcal{E}'\left\{\varphi(x) e^{-\frac{2\pi i n x}{\omega}}\right\}.$$

Dabei bezeichnet $\mathcal{E}$ die Residuensumme für die Punkte $\beta_1, \ldots, \beta_\nu$ und $\mathcal{E}'$ die Residuensumme für die Punkte $\beta_{\nu+1}, \ldots, \beta_n$. Ähnlich wird

$$b_n = -\pi \;\mathcal{E}\left\{\varphi(x) e^{\frac{2\pi i n x}{\omega}}\right\} - \pi \;\mathcal{E}'\left\{\varphi(x) e^{-\frac{2\pi i n x}{\omega}}\right\}.$$

Bei dieser Bestimmung der Koeffizienten konvergiert die Reihe (47) absolut und gleichmäßig im Streifen $\Im(\beta_\nu) > \Im(x) > \Im(\beta_{\nu+1})$ und stellt dort die Funktion $\Pi(x\,|\,\omega)$ dar. Offenbar wird $a_0 = 0$ in der Halbebene $\Im(x) > \Im(\beta_1)$ und $a_0 = 2\pi i B$ in der Halbebene $\Im(x) < \Im(\beta_n)$.

48. Für die Funktion $\mathfrak{P}(x\,|\,\omega)$ bekommen wir vermöge der Formel

$$\mathfrak{P}(x\,|\,\omega) = \underset{\omega}{\triangle}\, \Pi(x\,|\,2\omega)$$

die ähnliche Entwicklung

$$(48) \qquad \mathfrak{P}(x\,|\,\omega) = \sum_{n=0}^{\infty}\left(\alpha_{2n+1}\cos\frac{(2n+1)\pi x}{\omega} + \beta_{2n+1}\sin\frac{(2n+1)\pi x}{\omega}\right),$$

worin

$$\alpha_{2n+1} = \frac{4}{\omega}\lim_{\eta\to 0}\int_{x_0-\infty}^{x_0+\infty}\varphi(x)\, e^{-\eta x^2}\cos\frac{(2n+1)\pi x}{\omega}\,dx,$$

$$\beta_{2n+1} = \frac{4}{\omega}\lim_{\eta\to 0}\int_{x_0-\infty}^{x_0+\infty}\varphi(x)\, e^{-\eta x^2}\sin\frac{(2n+1)\pi x}{\omega}\,dx$$

und x_0 ein beliebiger Punkt im Streifen $\Im(\beta_\nu) > \Im(x) > \Im(\beta_{\nu+1})$ ist.

Neben den soeben angeführten Entwicklungen, deren Analogie mit den Entwicklungen der Hauptlösungen in trigonometrische Reihen auf der Hand liegt, gibt es für die periodischen Funktionen $\Pi(x\,|\,\omega)$ und $\mathfrak{P}(x\,|\,\omega)$ noch einige andere bemerkenswerte Darstellungen. Wenn z. B. der unendlich ferne Punkt ein Pol für $\varphi(x)$ ist, gilt

$$(49)\quad \mathfrak{P}(x\,|\,\omega) = (-1)^m \omega^m \int_{-\infty}^{\infty} \frac{\overline{E}_{m-1}(z)}{(m-1)!} \varphi^{(m)}(x+\omega z)\,dz\,,$$

$$(50)\quad \Pi(x\,|\,\omega) = (-1)^m \omega^{m+1} \int_{-\infty}^{\infty} \frac{\overline{B}_m(z)}{m!} \varphi^{(m)}(x+\omega z)\,dz - 2\pi i \sum_{s=1}^{\nu} B_s.$$

Dabei muß man nur m genügend groß wählen, um die Konvergenz zu sichern, und sich die Ebene längs n Parallelen zur reellen Achse durch die n Punkte β_ν aufgeschlitzt denken. Die erste Gleichung besteht in der ganzen zerschnittenen Ebene, die zweite im Streifen $\mathfrak{I}(\beta_\nu) > \mathfrak{I}(x) > \mathfrak{I}(\beta_{\nu+1})$. Die Funktion $\mathfrak{P}(x\,|\,\omega)$ läßt ferner für alle $\omega \neq 0$ und alle $x \neq \beta_\nu, \beta_\nu \pm \omega, \beta_\nu \pm 2\omega, \ldots$ die Entwicklung

$$(51)\quad \mathfrak{P}(x\,|\,\omega) = 2\sum_{s=-\infty}^{\infty} (-1)^s \left[\varphi(x+s\omega) - \mathop{\nabla}_{\omega} P(x+s\omega)\right]$$

zu, wobei $P(x)$ dieselbe Bedeutung wie in Kapitel 3, § 6 hat. Auch für die Funktion $\Pi(x\,|\,\omega)$ ist eine ähnliche konvergente Reihenentwicklung herleitbar.

§ 4. Asymptotische Reihen. Nähere Untersuchung der Stelle $\omega = 0$.

49. Aus unseren Feststellungen über die Lage der singulären Stellen der Hauptlösungen $F(x\,|\,\omega)$ und $G(x\,|\,\omega)$ geht hervor, *daß der Punkt $\omega = 0$ ein Häufungspunkt singulärer Stellen, also ein wesentlich singulärer Punkt ist.* Mit Hilfe der bereits in Kapitel 3, § 6 aufgestellten, damals als asymptotisch auf der positiven reellen ω-Achse erkannten Potenzreihen in ω wollen wir jetzt das Verhalten der Hauptlösungen untersuchen, wenn ω längs eines beliebigen Radiusvektors nach Null strebt, also die Differenz in die Ableitung übergeht. Dazu müssen wir zunächst einen neuen Ausdruck für das Restglied jener Reihen herleiten. Wir wenden in den Integralen (12), (14), (12**) und (14**) für $\varphi(x+\omega z)$ bzw. $f(x+\omega z)$ die Taylorsche Formel mit dem Darbouxschen Restglied an; dann finden wir unter Berücksichtigung der Integralausdrücke für die Bernoullischen und Eulerschen Zahlen z. B.

$$(52)\quad i\int_{a-i\infty}^{a+i\infty} (\varphi+\omega z)\frac{dz}{\sin\pi z} = \sum_{\nu=0}^{m-1} \frac{\omega^\nu C_\nu}{2^\nu \cdot \nu!}\varphi^{(\nu)}(x) + R_m,$$

$$R_m = i\lambda \frac{\omega^m}{m!} \int_{a-i\infty}^{a+i\infty} \varphi^{(m)}(x+\vartheta\omega z)\frac{z^m}{\sin\pi z}\,dz \qquad (|\lambda| \leqq 1,\ 0<\vartheta<1).$$

Die hieraus für unendlich zunehmendes m entstehende Potenzreihe in ω ist ebenso wie die anderen drei derart gewonnenen Reihen notwendig divergent; sonst müßte ja der Punkt $\omega = 0$ eine reguläre Stelle der Hauptlösungen sein. Wie verhält sie sich für $\omega \to 0$? Dazu sei x zunächst in der Halbebene $\sigma > b$ fest gewählt. Dann konvergiert das Integral R_m für $0 < \omega < \frac{\pi}{k}$ und, wenn man den Integrationsweg passend deformiert, sogar noch für alle ω im Halbkreis c_1. Wählt man als Integrationslinie den aus zwei Halbgeraden bestehenden Weg C_2 aus § 1, Fig. 13 und nimmt man die Winkel der Geraden gegen die positive reelle Achse hinreichend klein, so ergibt sich für R_m die Beziehung

$$\lim_{\omega \to 0} \frac{R_m}{\omega^{m-1}} = 0,$$

die gleichmäßig erfüllt ist, wenn ω im Halbkreise c_1 gegen Null strebt. Mit Hilfe einer anderen Abänderung des Integrationsweges sehen wir, daß diese Relation in Kraft bleibt, wenn ω im Halbkreise $\bar{c}_1$ nach Null konvergiert, und schließlich bestätigt man, daß beide Ergebnisse auch für $\sigma < \bar{b}$ richtig sind.

Demnach stellt die Reihe

$$\sum_{\nu=0}^{\infty} \frac{\omega^\nu C_\nu}{2^\nu \cdot \nu!} \varphi^{(\nu)}(x) \tag{53}$$

für $-\frac{\pi}{2} \leqq \operatorname{arc} \omega \leqq \frac{\pi}{2}$, $\sigma > b$ *und für* $\frac{\pi}{2} \leqq \operatorname{arc} \omega \leqq \frac{3\pi}{2}$, $\sigma < \bar{b}$

die Funktion $G(x \mid \omega)$,

für $-\frac{\pi}{2} \leqq \operatorname{arc} \omega \leqq \frac{\pi}{2}$, $\sigma < \bar{b}$ *und für* $\frac{\pi}{2} \leqq \operatorname{arc} \omega \leqq \frac{3\pi}{2}$, $\sigma > b$

die Funktion $G(x \mid \omega) - \mathfrak{P}(x \mid \omega) = G(x - \omega \mid -\omega)$

asymptotisch dar.

Wenn

$$\Re(\beta_1) \geqq \Re(\beta_2) \geqq \cdots \geqq \Re(\beta_n)$$

und

$$\Re(\beta_s) > \Re(x) > \Re(\beta_{s+1})$$

ist, so findet man, daß

für $-\frac{\pi}{2} \leqq \operatorname{arc} \omega \leqq \frac{\pi}{2}$ die Funktion $G(x \mid \omega) - \sum_{\nu=1}^{s} \mathfrak{P}_\nu(x \mid \omega)$,

für $\frac{\pi}{2} < \operatorname{arc} \omega < \frac{3\pi}{2}$ die Funktion $G(x \mid \omega) - \sum_{\nu=s+1}^{n} \mathfrak{P}_\nu(x \mid \omega)$

durch die Reihe asymptotisch dargestellt wird. Hierbei bedeutet $\mathfrak{P}_\nu(x \mid \omega)$ die zum singulären Punkt β_ν gehörige periodische Funktion, so daß also

$$\mathfrak{P}(x \mid \omega) = \sum_{\nu=1}^{n} \mathfrak{P}_\nu(x \mid \omega)$$

ist.

Ähnlich stellt die divergente Reihe

$$(54) \qquad \int_a^x \varphi(z)\,dz + \sum_{\nu=1}^{\infty} \frac{\omega^\nu B_\nu}{\nu!} \varphi^{(\nu-1)}(x)$$

$$\text{für } -\frac{\pi}{2} \leqq \operatorname{arc}\omega \leqq \frac{\pi}{2},\ \sigma > b \text{ und für } \frac{\pi}{2} \leqq \operatorname{arc}\omega \leqq \frac{3\pi}{2},\ \sigma < \bar{b}$$

die Funktion $F(x \mid \omega)$,

$$\text{für } -\frac{\pi}{2} \leqq \operatorname{arc}\omega \leqq \frac{\pi}{2},\ \sigma < \bar{b}$$

die Funktion $F(x \mid \omega) - \Pi(x \mid \omega) = F(x - \omega \mid -\omega)$

und

$$\text{für } \frac{\pi}{2} \leqq \operatorname{arc}\omega \leqq \frac{3\pi}{2},\ \sigma > b$$

die Funktion $F(x \mid \omega) + \Pi(x \mid -\omega)$

asymptotisch dar.

50. Nun können wir aber in vielen Fällen das asymptotische Verhalten der Funktionen $\mathfrak{P}(x \mid \omega)$ und $\Pi(x \mid \omega)$ genau ermitteln, wenn ω längs eines von den singulären Vektoren verschiedenen Vektors nach Null strebt. Sind z. B. alle β_ν einfache Pole, so lesen wir aus den Ausdrücken (32) und (40) ab, daß bei beliebigem positiven m

$$(55) \qquad \lim_{\omega \to 0} \omega^{-m} \mathfrak{P}(x \mid \omega) = 0,$$

$$(56) \qquad \lim_{\omega \to 0} \frac{\Pi(x \mid \omega) - c}{\omega^m} = 0$$

gilt, wobei c eine Konstante ist, die in den verschiedenen, von den singulären Vektoren begrenzten Winkelräumen verschiedene Werte hat.

Hiernach stellt die Reihe (53) *auf allen von den singulären Vektoren verschiedenen Vektoren asymptotisch die Funktion* $G(x \mid \omega)$ *dar. Insbesondere ist*

$$(57) \qquad \lim_{\omega \to 0} G(x \mid \omega) = \varphi(x)$$

auf jedem nichtsingulären Vektor.

Bei der divergenten Reihe (54) liegen die Verhältnisse nicht so einfach. Nehmen wir der Einfachheit halber an, daß $\sigma > b$ ist, und denken wir uns die singulären Punkte β_ν in solcher Weise geordnet, daß

$$\operatorname{arc}(\beta_{\nu+1} - x) \geqq \operatorname{arc}(\beta_\nu - x) \qquad (\nu = 1, 2, \ldots, n-1)$$

ist, dann stellt die Reihe (54) im Winkelraum

$$-\frac{\pi}{2} < \operatorname{arc}\omega < \operatorname{arc}(\beta_1 - x)$$

die Funktion $F(x \mid \omega)$ und im Winkelraum

$$\operatorname{arc}(\beta_s - x) < \operatorname{arc}\omega < \operatorname{arc}(\beta_{s+1} - x)$$

die Funktion

$$F(x \mid \omega) - 2\pi i \sum_{\nu=1}^{s} B_\nu,$$

also in den von den singulären Vektoren begrenzten Winkelräumen n verschiedene Funktionen, asymptotisch dar. Beim Überschreiten eines der singulären Vektoren macht der asymptotische Wert der Funktion $F(x \mid \omega)$ jedesmal einen Sprung, der gleich einer der Perioden des Integrals $\int_a^x \varphi(z)\,dz$ ist. *Insonderheit wird*

$$\lim_{\omega \to 0} F(x \mid \omega) = \int_a^x \varphi(z)\,dz \tag{58}$$

auf jedem nichtsingulären Vektor. Hierbei ist die Bestimmung des Integrals je nach dem Arkus von ω verschieden zu wählen.

Die Beziehungen (57) und (58) gelten gleichmäßig in jedem von den singulären Vektoren freien und nicht an sie heranreichenden Winkelraume und geben die vollständige Beantwortung des schon in Kapitel 3, § 3 angeschnittenen und in Kapitel 3, § 6 für positive Werte von ω erledigten Problems nach den Grenzwerten der Hauptlösungen, wenn ω nach Null strebt. Insbesondere geht die Summe von $\varphi(x)$ in jedem derartigen Winkelraum für $\omega \to 0$ in das Integral von $\varphi(x)$ über.

Fünftes Kapitel.

Die Gammafunktion und verwandte Funktionen.

51. Bei verschiedenen Untersuchungen stößt man auf die Zahlenfolge der Fakultäten

$$1, 2, 6, 24, 120, \ldots, n!, \ldots .$$

Schon im 18. Jahrhundert entstand der Wunsch, diese Folge zu interpolieren, d. h. eine Funktion von x zu bilden, die den Wert $n!$ annimmt, wenn x gleich der positiven ganzen Zahl n wird. Eine derartige Funktion ist bekanntlich $\Gamma(x+1)$. Auf Veranlassung von Daniel Bernoulli und Goldbach beschäftigte sich Euler mit dem eben angeführten Interpolationsproblem und kam dabei zu der später von Gauß wiedergefundenen Produktdarstellung der Gammafunktion[1]). Ihre Vorteile scheint er jedoch nicht erkannt zu haben, vielmehr wendet er sich in seinen zahlreichen hierher gehörigen Arbeiten meist sogleich zur Untersuchung der beiden sogenannten Eulerschen Integrale

$$\int_0^\infty t^{x-1} e^{-t}\, dt = \Gamma(x), \qquad \mathfrak{R}(x) > 0,$$

$$\int_0^1 t^{x-1} (1-t)^{y-1}\, dt = \frac{\Gamma(x)\,\Gamma(y)}{\Gamma(x+y)}, \quad \mathfrak{R}(x) > 0, \quad \mathfrak{R}(y) > 0.$$

Den besten Eingang zum Studium der Gammafunktion, die durch Arbeiten von Legendre [1, 2, 5], Gauß [1] und Weierstraß [1, 2, 3] in der Analysis eine fest eingebürgerte Stellung als eine der einfachsten und wichtigsten Transzendenten erhalten hat, liefert die Differenzengleichung, welcher diese Funktion genügt. Wir wollen deshalb die in den vorangehenden beiden Kapiteln entwickelten Theorien zur besseren Veranschaulichung auf die Gammafunktion und einige mit ihr verwandte Funktionen anwenden. Die wichtigsten Eigenschaften dieser Funktionen können in einfacher Weise als Sonderfälle unserer allgemeinen Ergebnisse gewonnen werden [37].

---

[1]) Vgl. Godefroy [1], wo man auch sonst vieles über die Geschichte der Gammafunktion findet.

§ 1. Die Funktionen $\Psi(x)$ und $g(x)$.

52. Wir erklären zwei Funktionen $\Psi(x)$ und $g(x)$ durch die Gleichungen

$$\Psi(x) = \underset{1}{\overset{x}{\mathop{\mathbf{S}}}} \frac{\triangle z}{z}, \tag{1}$$

$$g(x) = \mathop{\mathbf{S}} \frac{\nabla x}{x}. \tag{2}$$

$\Psi(x)$ und $g(x)$ sind also die Summe und die Wechselsumme von $\frac{1}{x}$ oder die Hauptlösungen der Gleichungen

$$\triangle \Psi(x) = \frac{1}{x},$$

$$\nabla g(x) = \frac{1}{x}.$$

Ziehen wir eine Definition durch Grenzbedingungen vor, so können wir z. B. sagen: $\Psi(x)$ und $g(x)$ sind diejenigen Lösungen der letzten beiden Gleichungen, welche dem absoluten Betrage nach im Streifen $1 \leqq \sigma \leqq 2$ kleiner als $Ke^{\varepsilon|x|}$ bleiben (vgl. Kap. 4, § 2). Oder auch: $g(x)$ ist diejenige Lösung der letzten Gleichung, die gegen Null konvergiert, wenn x auf der positiven reellen Achse ins Unendliche geht, und $\Psi(x)$ diejenige Lösung der vorletzten Gleichung, für welche im selben Falle die erste Ableitung dem Grenzwert Null zustrebt (vgl. Kap. 3, § 5). Für $\Psi(x)$ muß zu derartigen Grenzbedingungen freilich noch die Angabe eines Anfangswertes treten, z. B. des Wertes $\Psi(1)$, der dann entsprechend unserer ersten Definition, welche ihn eindeutig mitbestimmt, zu wählen ist.

Die Funktion $g(x)$ findet sich zuerst bei Stirling [2], während die Funktion $\Psi(x)$, welche wir in § 2 als logarithmische Ableitung der Gammafunktion erkennen werden, von Legendre [1], Poisson [4] und besonders von Gauß [1] untersucht worden ist. Allgemeiner setzen wir

$$\Psi(x \mid \omega) = \underset{1}{\overset{x}{\mathop{\mathbf{S}}}} \frac{\overset{\triangle}{\omega} z}{z}, \tag{1*}$$

$$g(x \mid \omega) = \mathop{\mathbf{S}} \frac{\overset{\nabla}{\omega} x}{x}. \tag{2*}$$

Die Existenz der beiden Funktionen ist nach unseren allgemeinen Überlegungen ohne weiteres ersichtlich. Ferner folgt aus den früheren Betrachtungen (vgl. Kap. 4, § 3), da $\frac{1}{x}$ eine eindeutige Funktion mit dem einzigen einfachen Pol $x = 0$ ist, daß $\Psi(x)$ und $g(x)$ meromorfe

Funktionen von x sind, die einfache Pole in den Punkten $x = 0, \ -1, \ -2, \ldots$ aufweisen und sich sonst überall regulär verhalten. Diese Pole werden bei $g(x)$ in Evidenz gesetzt durch die unmittelbar aus der Definition der Wechselsumme entfließende Reihendarstellung

$$g(x) = 2 \sum_{s=0}^{\infty} \frac{(-1)^s}{x+s}, \tag{3}$$

welche in jedem endlichen Gebiet, aus dem die Pole ausgeschlossen sind, gleichmäßig konvergiert. Das Residuum im Punkte $x = -n$ $(n = 0, 1, 2, \ldots)$ wird daher

$$\lim_{x \to -n} (x+n)\, g(x) = 2(-1)^n.$$

Zunächst beschäftigen wir uns nun mit den Ergänzungssätzen. Die mit $\frac{1}{x}$ verknüpfte periodische Funktion $\mathfrak{P}(x)$ heißt (Kap. 4, § 3, (32))

$$\mathfrak{P}(x) = \frac{2\pi}{\sin \pi x}.$$

Andererseits ist

$$g(x-1\,|\,-1) = 2 \sum_{s=1}^{\infty} \frac{(-1)^{s+1}}{x-s} = 2 \sum_{s=1}^{\infty} \frac{(-1)^s}{-x+s}$$

$$= g(-x) + \frac{2}{x} = -g(1-x).$$

Der *Ergänzungssatz für die Funktion* $g(x)$ nimmt also die einfache Form

$$g(x) + g(1-x) = \frac{2\pi}{\sin \pi x} \tag{4}$$

an; er liefert insbesondere für $x = \frac{1}{2}$ den Wert $g(\frac{1}{2})$:

$$g(\tfrac{1}{2}) = \pi,$$

während wir $g(1)$ am einfachsten aus (3) entnehmen:

$$g(1) = 2 \log 2.$$

Für die Funktion $\Psi(x)$ wird die periodische Funktion $\Pi(x)$ (Kap. 4, § 3, (40))

$$\Pi(x) = -\pi i - \pi \cot \pi x,$$

während man aus der Definition (Kap. 4, § 3, (44))

$$\Psi(x\,|\,-1) = \lim_{\eta \to 0} \left\{ \sum_{s=0}^{\infty} \frac{1}{x-s} e^{-\eta (x-s)^2} - \int_{-\infty}^{1} \frac{e^{-\eta z^2}}{z} dz \right\}$$

die Formel

$$\Psi(x\,|\,-1) = \Psi(-x) + \pi i$$

herleiten kann. Daher lautet der *Ergänzungssatz der Funktion* $\Psi(x)$

(5) $$\Psi(1-x)-\Psi(x)=\pi\cot\pi x.$$

Für unsere speziellen Funktionen erscheint also der Ergänzungssatz in ganz ähnlicher Gestalt, als Beziehung zwischen den Funktionswerten in den Punkten x und $1-x$, wie wir sie bei den Bernoullischen und Eulerschen Polygonen kennengelernt haben. Neu ist gegenüber jenen allereinfachsten Fällen das aus der allgemeinen Theorie folgende Auftreten der periodischen Funktionen auf der rechten Seite.

53. Um auch für $\Psi(x)$ eine Entwicklung zu erhalten, welche die Pole erkennen läßt, gehen wir aus von den asymptotischen Darstellungen (Kap. 3, § 4, (44) und (45))

(6) $$\Psi(x+h)=\log x-\sum_{\nu=1}^{m}(-1)^{\nu}\frac{B_{\nu}(h)}{\nu x^{\nu}}+\int_{0}^{\infty}\overline{B}_{m}(z-h)\frac{dz}{(x+z)^{m+1}},$$

(7) $$g(x+h)=\sum_{\nu=0}^{m-1}(-1)^{\nu}\frac{E_{\nu}(h)}{x^{\nu+1}}+m\int_{0}^{\infty}\overline{E}_{m-1}(z-h)\frac{dz}{(x+z)^{m+1}},$$

die nicht nur für positive x, sondern sogar im Winkelraum $-\pi+\varepsilon<\operatorname{arc}x<\pi-\varepsilon$ $(\varepsilon>0)$ gültig sind. Unter $\log x$ ist dabei der auf der reellen Achse reelle Logarithmus zu verstehen. Die Gleichungen (6) und (7) geben zunächst über das *asymptotische Verhalten von* $\Psi(x)$ *und* $g(x)$ Aufschluß. Setzt man nämlich (Kap. 3, § 6, (48) und (49))

$$P(x)=\sum_{\nu=0}^{m-1}(-1)^{\nu}\frac{C_{\nu}}{2^{\nu}x^{\nu+1}},$$

$$Q(x)=\log x-\sum_{\nu=1}^{m}(-1)^{\nu}\frac{B_{\nu}}{\nu x^{\nu}},$$

so wird

$$\left.\begin{aligned}\lim_{|x|\to\infty}[\Psi(x)-Q(x)]\,x^{m}&=0,\\ \lim_{|x|\to\infty}[g(x)-P(x)]\,x^{m}&=0,\end{aligned}\right\}\qquad(-\pi+\varepsilon<\operatorname{arc}x<\pi-\varepsilon)$$

insbesondere für $m=0$

(8) $$\lim_{|x|\to\infty}[\Psi(x)-\log x]=0,$$

(9) $$\lim_{|x|\to\infty}g(x)=0.$$

Ferner bekommt man aus der Formel (52) in Kap. 3, § 6

$$F(x \mid \omega) = \lim_{n\to\infty} \left[Q(x + n\omega) - \omega \sum_{s=0}^{n-1} \varphi(x + s\omega)\right]$$

die Relation

$$\Psi(x) = \lim_{n\to\infty} \left\{\log(x + n) - \sum_{s=0}^{n-1} \frac{1}{x+s}\right\}, \tag{10}$$

während man für $g(x)$ wieder auf (3) stößt. Für $x = 1$ liefert die Gleichung (10) den Wert

$$\Psi(1) = \lim_{n\to\infty} \left\{\log(n + 1) - \sum_{s=0}^{n-1} \frac{1}{s+1}\right\}.$$

Rechts steht etwas sehr Bekanntes, nämlich das Negative der Eulerschen Konstanten

$$C = \lim_{n\to\infty} \left\{1 + \frac{1}{2} + \frac{1}{3} + \cdots + \frac{1}{n} - \log n\right\} = 0{,}57721\ 56649\ldots;$$

es ist also

$$\Psi(1) = -C. \tag{11}$$

Mit Hilfe der Differenzen von $Q(x)$ können vermöge der Beziehung (54) in Kap. 3, § 6

$$F(x \mid \omega) = Q(x) - \omega \sum_{s=0}^{\infty} \left[\varphi(x + s\omega) - \mathop{\triangle}_{\omega} Q(x + s\omega)\right]$$

z. B. die konvergenten Reihen

$$\Psi(x) = \log x - \sum_{s=0}^{\infty} \left\{\frac{1}{x+s} - \log\left(1 + \frac{1}{x+s}\right)\right\} \tag{12}$$

$$\Psi(x) = \log x - \frac{1}{2x} - \sum_{s=0}^{\infty} \left\{\frac{2(x+s)+1}{2(x+s)(x+s+1)} - \log\left(1 + \frac{1}{x+s}\right)\right\}$$

aufgestellt werden. Trägt man nun in (12) $x = 1$ ein und addiert man die entstehende Gleichung

$$C = \sum_{s=0}^{\infty} \left\{\frac{1}{s+1} - \log\left(1 + \frac{1}{s+1}\right)\right\}$$

zu (12), so ergibt sich

$$\Psi(x) = -C - \sum_{s=0}^{\infty} \left\{\frac{1}{x+s} - \frac{1}{s+1}\right\}. \tag{13}$$

Dies ist die gewünschte *Partialbruchreihe für* $\Psi(x)$, welche die Pole $x = 0, -1, -2, \ldots$ und ihre Residuen -1 in Evidenz setzt. Bei $g(x)$ bekommen wir durch Heranziehung der Differenzen von $P(x)$ zunächst die Beziehung (3) und dann weiter z. B. die Reihen

$$g(x) = \frac{1}{x} + \sum_{s=0}^{\infty} \frac{(-1)^s}{(x+s)(x+s+1)},$$

$$g(x) = \frac{1}{x} + \frac{1}{2x^2} - \sum_{s=0}^{\infty} \frac{(-1)^s}{2(x+s)^2(x+s+1)^2},$$

$$g(x) = \frac{1}{x} + \frac{1}{2x^2} - \frac{1}{4x^4} + \sum_{s=0}^{\infty} (-1)^s \frac{\left(x+s+\frac{1}{2}\right)^2}{(x+s)^4(x+s+1)^4},$$

wobei die Konvergenz immer besser, dafür aber auch der Bau des allgemeinen Gliedes immer verwickelter wird.

54. In den Multiplikationstheoremen (Kap. 3, § 3, (12), (13) und (14)), zu denen wir jetzt übergehen, treten die Funktionen $\Psi\left(x \,\middle|\, \frac{1}{m}\right)$ und $g\left(x \,\middle|\, \frac{1}{m}\right)$ auf. Sie lassen sich auf $\Psi(x)$ und $g(x)$ zurückführen. Schreiben wir nämlich die (6) und (7) entsprechenden Gleichungen für $\Psi(x \mid \omega)$ und $g(x \mid \omega)$ auf, so gewinnen wir

$$\Psi(x \mid \omega) = \Psi\left(\frac{x}{\omega}\right) + \log \omega,$$

$$g(x \mid \omega) = \frac{1}{\omega} g\left(\frac{x}{\omega}\right),$$

mithin

$$\Psi\left(x \,\middle|\, \frac{1}{m}\right) = \Psi(mx) - \log m,$$

$$g\left(x \,\middle|\, \frac{1}{m}\right) = m\, g(mx).$$

Die *Multiplikationstheoreme der Funktionen* $\Psi(x)$ *und* $g(x)$ lauten demnach:

$$\frac{1}{m} \sum_{s=0}^{m-1} \Psi\left(x + \frac{s}{m}\right) = \Psi(mx) - \log m, \tag{14}$$

$$\frac{1}{m} \sum_{s=0}^{m-1} (-1)^s \Psi\left(x + \frac{s}{m}\right) = -\frac{1}{2} g(mx) \quad (m \text{ gerade}), \tag{15}$$

$$\frac{1}{m} \sum_{s=0}^{m-1} (-1)^s g\left(x + \frac{s}{m}\right) = g(mx) \quad (m \text{ ungerade}). \tag{16}$$

Während im allgemeinen Falle die Multiplikationstheoreme eine Verknüpfung der Hauptlösungen mit den Spannen ω und $\frac{\omega}{m}$ geben, können sie also hier, ganz ähnlich wie bei den Bernoullischen und Eulerschen Polynomen, als Beziehungen zwischen den Werten $\Psi(mx)$ bzw. $g(mx)$ einerseits, $\Psi(x)$, $\Psi\left(x+\frac{1}{m}\right)$, ..., $\Psi\left(x+\frac{m-1}{m}\right)$ bzw. $g(x)$, $g\left(x+\frac{1}{m}\right)$, ..., $g\left(x+\frac{m-1}{m}\right)$ andererseits geschrieben werden. Insonderheit erhält man für $m=2$

$$\Psi(2x)=\tfrac{1}{2}[\Psi(x)+\Psi(x+\tfrac{1}{2})]+\log 2\,, \tag{14*}$$

$$g(2x)=\Psi(x+\tfrac{1}{2})-\Psi(x)\,. \tag{15*}$$

Die erste von diesen Gleichungen liefert im Punkte $x=\frac{1}{2}$

$$\Psi(\tfrac{1}{2})=-C-2\log 2\,,$$

während durch die zweite die Funktion $g(x)$ auf die Funktion $\Psi(x)$ zurückgeführt wird.

Die *Spannenintegrale* (Kap. 3, § 3, (18) und (20)) haben bei $-\pi+\varepsilon<\operatorname{arc}x<\pi-\varepsilon$ die Werte

$$\int_x^{x+1}\Psi(z)\,dz=\log x \tag{17}$$

$$\int_x^{x+1}g(z)\,dz=2\log x-2\mathop{\mathrm{S}}\log x\,\nabla x=4\log\frac{\sqrt{x}}{\gamma(x)}, \tag{18}$$

wie wir unter Vorwegnahme der späteren Bezeichnung aus § 3

$$\log\gamma(x)=\tfrac{1}{2}\mathop{\mathrm{S}}\log x\,\nabla x$$

schreiben.

55. Für die *Ableitungen der Funktionen* $\Psi(x)$ *und* $g(x)$ bestehen die Reihenentwicklungen (Kap. 3, § 5, (46*) und (47*))

$$\frac{d^m}{dx^m}\Psi(x)=(-1)^{m+1}m!\sum_{s=0}^{\infty}\frac{1}{(x+s)^{m+1}}, \tag{19}$$

$$(m=1,2,\ldots).$$

$$\frac{d^m}{dx^m}g(x)=2(-1)^m m!\sum_{s=0}^{\infty}\frac{(-1)^s}{(x+s)^{m+1}}. \tag{20}$$

Im Winkelraume $-\pi+\varepsilon<\operatorname{arc}x<\pi-\varepsilon$ streben demnach $\Psi^{(m)}(x)$ und $g^{(m)}(x)$ für $|x|\to\infty$ gegen Null.

Analog wie bei $\Psi(x)$ und $g(x)$ kann man auch besser konvergente Reihen, z. B.

$$\Psi'(x) = \frac{1}{x} + \sum_{s=0}^{\infty} \frac{1}{(x+s)^2(x+s+1)},$$

$$\Psi'(x) = \frac{1}{x} + \frac{1}{2x^2} + \sum_{s=0}^{\infty} \frac{1}{2(x+s)^2(x+s+1)^2},$$

$$\Psi'(x) = \frac{1}{x} + \frac{1}{2x^2} + \frac{1}{6x^3} - \sum_{s=0}^{\infty} \frac{1}{6(x+s)^3(x+s+1)^3}$$

herleiten.

Wie aus der Gleichung (Kap. 3, § 5, (46))

$$\Psi^{(m)}(x) = \mathop{\mathsf{S}}_1^x \frac{(-1)^m m!}{z^{m+1}} \triangle z + (-1)^{m-1}(m-1)!$$

hervorgeht, ist die Funktion

$$\frac{(-1)^m}{m!} \Psi^{(m)}(x) + \frac{1}{m} = \mathop{\mathsf{S}}_1^x \frac{\triangle z}{z^{m+1}} \tag{21}$$

die Hauptlösung der Gleichung

$$\triangle F(x) = \frac{1}{x^{m+1}}.$$

Nehmen wir also zu den Bernoullischen und Eulerschen Polynomen die Funktionen $\Psi(x)$ und $g(x)$ samt ihren Ableitungen hinzu, so sind wir in der Lage, die Summe oder Wechselsumme jeder rationalen Funktion anzugeben. Denken wir uns diese durch Partialbruchzerlegung in die Gestalt

$$Q(x) = \sum_{\nu=0}^{m} c_\nu x^\nu + \sum_{s=1}^{p} \sum_{\nu=0}^{m_s} \frac{c_{s\nu}}{(x+a_s)^{\nu+1}}$$

gebracht, so wird

$$\mathop{\mathsf{S}}_0^x Q(z) \triangle z = \sum_{\nu=0}^{m} \frac{c_\nu}{\nu+1} B_{\nu+1}(x) + \sum_{s=1}^{p} \sum_{\nu=0}^{m_s} (-1)^\nu \frac{c_{s\nu}}{\nu!} \Psi^{(\nu)}(x+a_s)$$

$$- \sum_{s=1}^{p} c_{s0} \log a_s + \sum_{s=1}^{p} \sum_{\nu=1}^{m_s} \frac{c_{s\nu}}{\nu a_s^\nu}$$

und

$$\mathop{\mathsf{S}} Q(x) \nabla x = \sum_{\nu=0}^{m} c_\nu E_\nu(x) + \sum_{s=1}^{p} \sum_{\nu=0}^{m_s} (-1)^\nu \frac{c_{s\nu}}{\nu!} g^{(\nu)}(x+a_s).$$

56. Besonders interessant ist die aus den asymptotischen Reihen

$$\Psi(x+h\omega\,|\,\omega) \sim \log x - \sum_{\nu=1}^{\infty}(-1)^{\nu}\frac{B_{\nu}(h)}{\nu x^{\nu}}\omega^{\nu},$$

$$g(x+h\omega\,|\,\omega) \sim \sum_{\nu=0}^{\infty}(-1)^{\nu}\frac{E_{\nu}(h)}{x^{\nu+1}}\omega^{\nu}$$

abzulesende Tatsache, daß

$$\lim_{\omega\to 0}\Psi(x\,|\,\omega) = \log x$$

ist. Dies gilt, wenn wir der Einfachheit halber ω auf positive Werte beschränken, im Winkel $-\pi+\varepsilon < \operatorname{arc} x < \pi-\varepsilon$. Es konvergiert also die in x eindeutige Funktion $\Psi(x\,|\,\omega)$ für $\omega \to 0$ gegen die unendlich vieldeutige Funktion $\log x$, die Lösung der Differentialgleichung

$$\frac{d\log x}{dx} = \frac{1}{x}.$$

Wie dies zustande kommt, kann man mit Hilfe der Gleichung

$$\Psi(x\,|\,\omega) = \Psi\left(\frac{x}{\omega}\right) + \log\omega$$

gut verfolgen. Hiernach hat nämlich die Funktion $\Psi(x\,|\,\omega)$ Pole in den Punkten $0, -\omega, -2\omega, \ldots$. Wenn ω nach Null geht, erfüllen diese die negative reelle Achse immer dichter und geben so zur Entstehung des Verzweigungspunktes $x=0$ Anlaß, wobei jedoch gleichzeitig das unendliche Anwachsen der Größe $\log\omega$ verhütet, daß die Grenzfunktion in einer überall dichtliegenden Punktmenge auf der negativen reellen Achse unendlich wird.

Für numerische Rechnungen sind besonders nützlich die aus (6) für $h=0$ und $h=\frac{1}{2}$ entspringenden Gleichungen

$$\Psi(x) = \log x - \frac{1}{2x} - \sum_{\nu=1}^{m}\frac{B_{2\nu}}{2\nu x^{2\nu}} + R_{2m+1},$$

$$R_{2m+1} = \int_0^{\infty}\frac{\overline{B}_{2m}(z)}{(x+z)^{2m+1}}\,dz,$$

$$\Psi\left(x+\frac{1}{2}\right) = \log x - \sum_{\nu=1}^{m}\frac{D_{2\nu}}{2\nu\, 2^{2\nu}x^{2\nu}} + \overline{R}_{2m+1},$$

$$\overline{R}_{2m+1} = \int_0^{\infty}\frac{\overline{B}_{2m}\left(z-\frac{1}{2}\right)}{(x+z)^{2m+1}}\,dz.$$

Bei positivem x hat nämlich in ihnen (vgl. Kap. 3, § 6) der Rest kleineren absoluten Betrag als das letzte berücksichtigte oder auch als das erste unterdrückte Glied und dasselbe Zeichen wie dieses. Genauer gilt sogar

$$R_{2m+1} = -\frac{B_{2m+2}}{(2m+2)(x+\vartheta)^{2m+2}}, \qquad 0 < \vartheta < \frac{1}{2}.$$

57. Von den vielen aus den Integraldarstellungen der Hauptlösungen (vgl. Kap. 4, § 1) zu entnehmenden Integralen für $\Psi(x)$ und $g(x)$ wollen wir nur die folgenden erwähnen:

$$g\left(x+\frac{1}{2}\right) = 2x\int_0^\infty \frac{dt}{(x^2+t^2)\operatorname{ch}\pi t},$$

$$\Psi(x) = \log x - \frac{1}{2x} + 2\int_0^\infty \frac{t\,dt}{(x^2+t^2)(1-e^{2\pi t})},$$

$$\Psi\left(x+\frac{1}{2}\right) = \log x + 2\int_0^\infty \frac{t\,dt}{(x^2+t^2)(1+e^{2\pi t})}.$$

Sie sind in der Halbebene $\sigma > 0$ gültig; die beiden ersten wurden von Legendre [2] bzw. Poisson [4] gefunden.

Sehr einfach gestaltet sich die Aufstellung *trigonometrischer Reihen für $\Psi(x)$ und $g(x)$*, da sich die Integrale (71) und (73) in Kap. 3, § 7 für die Koeffizienten bei $\eta = 0$ als konvergent erweisen. Führt man den Integralsinus und den Integralkosinus

$$\operatorname{si} x = -\int_x^\infty \frac{\sin z}{z}\,dz,$$

$$\operatorname{ci} x = -\int_x^\infty \frac{\cos z}{z}\,dz$$

ein, so wird

$$\text{(22)} \qquad \Psi(x) = \log x_0 + 2\sum_{n=1}^\infty [\operatorname{ci} 2\pi n x_0 \cdot \cos 2\pi n x + \operatorname{si} 2\pi n x_0 \cdot \sin 2\pi n x],$$

$$\text{(23)} \qquad g(x) = -4\sum_{n=0}^\infty [\operatorname{ci}(2n+1)\pi x_0 \cdot \cos(2n+1)\pi x + \operatorname{si}(2n+1)\pi x_0 \cdot \sin(2n+1)\pi x].$$

Hierbei ist $\Re(x_0) > 0$ und $0 < x - x_0 < 1$ vorausgesetzt. In der ganzen Halbebene $\sigma > 0$ sind die aus (86) und (87) in Kapitel 3, § 7 entspringenden Reihen

$$\Psi(x) = \log x - \frac{1}{2x} + 2\sum_{n=1}^{\infty}[\operatorname{ci} 2\pi n x \cdot \cos 2\pi n x + \operatorname{si} 2\pi n x \cdot \sin 2\pi n x], \tag{24}$$

$$g(x) = \frac{1}{x} - 4\sum_{n=0}^{\infty}[\operatorname{ci}(2n+1)\pi x \cdot \cos(2n+1)\pi x + \operatorname{si}(2n+1)\pi x \cdot \sin(2n+1)\pi x] \tag{25}$$

konvergent.

Für die Funktion $\Psi(x)$ ist von Gauß [I] die Integraldarstellung

$$\Psi(x) = \int_0^{\infty}\left\{\frac{e^{-t}}{t} - \frac{e^{-tx}}{1-e^{-t}}\right\}dt \qquad (\sigma > 0) \tag{26}$$

gegeben worden, die man aus der Definitionsgleichung (1) von $\Psi(x)$ sehr leicht herleiten kann. Für $\sigma > 0$ und $t > 0$ gilt nämlich

$$\sum_{s=0}^{\infty} e^{-t(x+s)} = \frac{e^{-tx}}{1-e^{-t}},$$

woraus durch gliedweise Integration zwischen $\eta > 0$ und ∞

$$\sum_{s=0}^{\infty}\frac{e^{-\eta(x+s)}}{x+s} = \int_{\eta}^{\infty}\frac{e^{-tx}}{1-e^{-t}}\,dt$$

entsteht. Andererseits ist für $\eta > 0$

$$\int_1^{\infty}\frac{e^{-\eta z}}{z}\,dz = \int_{\eta}^{\infty}\frac{e^{-t}}{t}\,dt.$$

Damit haben wir die beiden zur Bildung der früher im allgemeinen Falle $F(x\,|\,\omega;\eta)$ genannten Funktion nötigen Ausdrücke beisammen und finden

$$\Psi(x) = \lim_{\eta\to 0}\int_{\eta}^{\infty}\left\{\frac{e^{-t}}{t} - \frac{e^{-tx}}{1-e^{-t}}\right\}dt,$$

d. h. das Gaußsche Integral. Berücksichtigen wir die bekannte Relation

$$\log x = \int_0^{\infty}\frac{e^{-t}-e^{-tx}}{t}\,dt \qquad (\sigma > 0),$$

so kommen wir zum Integral von Binet [1]

(27) $$\Psi(x) = \log x + \int_0^\infty e^{-tx}\left\{\frac{1}{1-e^t} + \frac{1}{t} - 1\right\} dt \qquad (\sigma > 0).$$

Entsprechend beweist man die Formel (Legendre [2])

(28) $$g(x) = \int_0^\infty \frac{2\, e^{-tx}}{1+e^{-t}}\, dt \qquad (\sigma > 0).$$

§ 2. Die Gammafunktion.

58. Die Gammafunktion genügt der linearen Differenzengleichung erster Ordnung

(29) $$\Gamma(x+1) = x\,\Gamma(x);$$

für ihren Logarithmus besteht daher die Gleichung

(30) $$\triangle \log \Gamma(x) = \log x,$$

wobei wir uns, um eine eindeutige Bestimmung des Logarithmus zu erzielen, die Ebene längs der negativen reellen Achse aufgeschlitzt denken und $\log 1 = 0$ setzen. wollen. Genauer gesprochen soll dann $\log \Gamma(x)$ diejenige Hauptlösung von (30) sein, welche im Punkte $x = 1$ verschwindet. Es wird also

$$\log \Gamma(x) = \underset{0}{\overset{x}{S}} \log z \triangle z + c.$$

Unser erstes Ziel ist die Bestimmung der Konstanten c. Dazu bemerken wir, daß nach (52) in Kapitel 3, § 6

$$\log \Gamma(x) = c + \lim_{n\to\infty}\left[(x+n-\tfrac{1}{2})\log n - n - \sum_{s=0}^{n-1}\log(x+s)\right]$$

gilt. Zur Ermittlung von c schreiben wir die letzte Relation für $x = 1$ und $x = \frac{1}{2}$ auf:

$$\log \Gamma(1) = c + \lim_{n\to\infty}\left[(n+\tfrac{1}{2})\log n - n - \log(n!)\right],$$

$$\log \Gamma\left(\frac{1}{2}\right) = c + \lim_{n\to\infty}\left[n \log n - n - \log\frac{1\cdot 3\cdot 5\cdots(2n-1)}{2^n}\right]$$

und nehmen dazu noch die aus der ersten Gleichung folgende Beziehung

$$\log \Gamma(1) = c + \lim_{n\to\infty}\left[(2n+\tfrac{1}{2})\log 2n - 2n - \log(2n!)\right].$$

Addieren wir die beiden ersten Gleichungen und subtrahieren dann die letzte, so kommt

$$c = \log\left(\sqrt{2}\,\Gamma(\tfrac{1}{2})\right).$$

Wir müssen also noch den Wert $\Gamma(\frac{1}{2})$ zu gewinnen versuchen. Hierzu subtrahieren wir die Gleichungen für $\log\Gamma(x)$ und $\log\Gamma(1)$. Dann folgt zunächst

$$\log\Gamma(x) = \lim_{n\to\infty}\left[x\log n - \log x - \sum_{s=1}^{n-1}(\log(x+s) - \log s)\right]$$

und hieraus das wichtige *Gaußsche Produkt für die Gammafunktion* (Gauß [1])

$$\Gamma(x) = \lim_{n\to\infty}\frac{(n-1)!\,n^x}{x(x+1)\cdots(x+n-1)}, \tag{31}$$

welches für alle x mit Ausnahme der Werte $x = 0, -1, -2, \ldots$ konvergiert und eine besonders zweckmäßige Darstellung der Gammafunktion gibt. Multiplizieren wir die beiden für x und $1-x$ entstehenden Ausdrücke, so bekommen wir

$$\begin{aligned}\Gamma(x)\Gamma(1-x) &= \lim_{n\to\infty}\frac{n!\,n^x}{x(1+x)\cdots(n+x)}\cdot\frac{n!\,n^{-x}}{(1-x)(2-x)\cdots(n-x)}\\ &= \lim_{n\to\infty}\left\{x\left(1-\frac{x^2}{1^2}\right)\left(1-\frac{x^2}{2^2}\right)\cdots\left(1-\frac{x^2}{n^2}\right)\right\}^{-1},\end{aligned}$$

also

$$\Gamma(x)\Gamma(1-x) = \frac{\pi}{\sin\pi x}. \tag{32}$$

In dieser Gleichung haben wir den schon bei Euler auftretenden *Ergänzungssatz der Gammafunktion* vor uns. Aus ihm entnimmt man für $x = \frac{1}{2}$

$$\Gamma(\tfrac{1}{2}) = \sqrt{\pi}.$$

Daher hat die Konstante c den Wert

$$c = \log\sqrt{2\pi},$$

und es wird

$$\log\Gamma(x) = \mathop{\mathrm{S}}_0^x \log z \,\triangle z + \log\sqrt{2\pi}, \tag{33}$$

womit wir unser Ziel erreicht haben.

Nunmehr können wir nach (45) im Kapitel 3, § 4 die für $-\pi+\varepsilon < \operatorname{arc} x < \pi - \varepsilon$ gültige *Stirlingsche Reihe* (Stirling [2])

(34) $$\log \Gamma(x+h) = \log\sqrt{2\pi} + (x + B_1(h))\log x - x - \sum_{\nu=1}^{m-1} (-1)^\nu \frac{B_{\nu+1}(h)}{\nu(\nu+1)x^\nu} - \frac{1}{m}\int_0^\infty \frac{\overline{B}_m(z-h)}{(x+z)^m}\,dz$$

und die *Stirlingsche Formel*

(35) $$\lim_{|x|\to\infty} \frac{\Gamma(x)}{\sqrt{2\pi}\,e^{-x}x^{x-\frac{1}{2}}} = 1$$

aufschreiben. Bei den für $h = 0$ und $h = \frac{1}{2}$ entstehenden Formeln, z. B. bei

$$\log \Gamma\left(x+\frac{1}{2}\right) = \log\sqrt{2\pi} + x\log x - x + \sum_{\nu=1}^{m} \frac{D_{2\nu}}{2^{2\nu}\,2\nu\,(2\nu-1)\,x^{2\nu-1}} + \overline{R}_{2m+1},$$

$$\overline{R}_{2m+1} = -\frac{1}{2m}\int_0^\infty \frac{\overline{B}_{2m}\left(z-\frac{1}{2}\right)}{(x+z)^{2m}}\,dz$$

ist für positive x der Rest dem absoluten Betrage nach kleiner als das letzte berücksichtigte oder auch das nächstfolgende Glied, vom selben Zeichen wie dieses und außerdem (vgl. Sonin [I, 2])

$$\overline{R}_{2m+1} = -\frac{D_{2m+2}}{2^{2m+2}(2m+2)(2m+1)(x+\vartheta)^{2m+1}}, \quad 0 < \vartheta < \frac{1}{2}.$$

Aus der Stirlingschen Reihe lassen sich ferner z. B. die konvergente Reihe

$$\log\Gamma(x) = \log\sqrt{2\pi} + \left(x-\frac{1}{2}\right)\log x - x - \sum_{s=0}^{\infty}\left\{1 - \left(x+s+\frac{1}{2}\right)\log\left(1+\frac{1}{x+s}\right)\right\}$$

und die wichtige *Limesrelation*

(34*) $$\lim_{|x|\to\infty} \frac{\Gamma(x+h)}{\Gamma(x)\,x^h} = 1$$

herleiten.

59. Um die funktionentheoretische Natur der Gammafunktion zu erkennen, benützen wir ihren Zusammenhang mit der Funktion $\Psi(x)$. Differenziert man die Gleichung

$$\log\Gamma(x) = \mathop{S}_1^x \log z \,\triangle z + c_1,$$

so entsteht

(36) $$\frac{\Gamma'}{\Gamma}(x) = \mathop{S}_1^x \frac{\triangle z}{z} = \Psi(x).$$

Die Funktion $\Psi(x)$ ist demnach die logarithmische Ableitung der Gammafunktion, und umgekehrt ist

$$\log \Gamma(x) = \int_1^x \Psi(z)\, dz,$$

weil unserer Definition zufolge $\log \Gamma(1) = 0$ gilt. Hiernach finden wir z. B. durch Integration unter dem Integralzeichen in der Gaußschen Integraldarstellung (26) die Formel von Plana [1]

$$(37) \qquad \log \Gamma(x+1) = \int_0^\infty \frac{e^{-t}}{t}\left\{x - \frac{1-e^{-tx}}{1-e^{-t}}\right\} dt \qquad (\sigma > -1).$$

Noch wichtiger ist jedoch die Gleichung, die durch gliedweise Integration der Reihenentwicklung (13) entsteht:

$$\log \Gamma(x+1) = -Cx + \sum_{s=1}^\infty \left\{\frac{x}{s} - \log\left(1 + \frac{x}{s}\right)\right\};$$

geht man nämlich zur Exponentialfunktion über, so folgt

$$(38) \qquad \Gamma(x+1) = e^{-Cx} \prod_{s=1}^\infty \frac{e^{\frac{x}{s}}}{1 + \frac{x}{s}}.$$

Dies ist das *Schlömilchsche Produkt* für die Gammafunktion (Schlömilch [4]; die aus ihm entspringende Formel

$$(39) \qquad \frac{1}{\Gamma(x)} = x\, e^{Cx} \prod_{s=1}^\infty \left(1 + \frac{x}{s}\right) e^{-\frac{x}{s}},$$

welche für Weierstraß den Ausgangspunkt bei seinen Untersuchungen über die analytischen Fakultäten (Weierstraß [1, 2]) und später über die Produktdarstellung der ganzen transzendenten Funktionen (Weierstraß [3]) bildete, lehrt, *daß $\frac{1}{\Gamma(x)}$ eine ganze Transzendente mit einfachen Nullstellen in den Punkten $x = 0, -1, -2, \ldots$ und die Gammafunktion selbst somit eine meromorfe Funktion ist, mit einfachen Polen in denselben Punkten.* Die Residuen in diesen ergeben sich unter Benutzung der aus der Differenzengleichung und der Anfangsbedingung folgenden Beziehung

$$\Gamma(p) = (p-1)! \qquad (p \text{ positiv ganzzahlig})$$

nach dem Ergänzungssatze zu

$$\lim_{x \to -n} (x+n)\,\Gamma(x) = \frac{(-1)^n}{n!}.$$

60. Berühmt ist die *Kummersche Reihe* für den Logarithmus der Gammafunktion (Kummer [4]). Sie ist ein Sonderfall der allgemeinen, für $0 < x - x_0 < 1$ und $\Re(x_0) > 0$ gültigen Fourierschen Reihe .

$$\log \Gamma(x) = \log \sqrt{2\pi} + (x - \tfrac{1}{2}) \log x_0 - x_0 - \sum_{n=1}^{\infty} \frac{\operatorname{si} 2\pi n x_0 \cdot \cos 2\pi n x - \operatorname{ci} 2\pi n x_0 \cdot \sin 2\pi n x}{\pi n}, \tag{40}$$

die sich ergibt, wenn man in den Formeln (75) und (76) in Kapitel 3, § 7 für die Fourierschen Koeffizienten der Hauptlösung $F(x|\omega)$ $\varphi(x) = \log x$, $\omega = 1$ und $m = 1$ setzt. Nehmen wir den Grenzübergang $x_0 \to 0$ vor, so erhalten wir wegen

$$\operatorname{si} x = -\frac{\pi}{2} + \sum_{s=0}^{\infty} \frac{(-1)^s x^{2s+1}}{(2s+1)(2s+1)!},$$

$$\operatorname{ci} x = C + \log x + \sum_{s=1}^{\infty} \frac{(-1)^s x^{2s}}{2s(2s)!}$$

die Beziehungen

$$\int_0^1 \log \Gamma(x) \cos 2\pi n x \, dx = \frac{1}{4n},$$

$$\int_0^1 \log \Gamma(x) \sin 2\pi n x \, dx = \frac{C + \log 2\pi n}{2\pi n};$$

daher wird

$$\log \Gamma(x) = \log \sqrt{2\pi} + \sum_{n=1}^{\infty} \left\{ \frac{\cos 2\pi n x}{2n} + (C + \log 2\pi n) \frac{\sin 2\pi n x}{\pi n} \right\}.$$

Beachtet man die Relationen

$$\sum_{n=1}^{\infty} \frac{\cos 2\pi n x}{n} = -\log 2 \sin \pi x, \qquad (0 < x < 1)$$

$$\sum_{n=1}^{\infty} \frac{\sin 2\pi n x}{n} = \pi \left(\frac{1}{2} - x \right),$$

so ergibt sich schließlich für $0 < x < 1$

$$\log \Gamma(x) = (\tfrac{1}{2} - x)(C + \log 2) + (1 - x) \log \pi - \tfrac{1}{2} \log \sin \pi x + \sum_{n=1}^{\infty} \frac{\log n}{\pi n} \sin 2\pi n x. \tag{41}$$

Das ist gerade die Kummersche Reihe, welche geschichtlich wohl das erste Beispiel für die Fouriersche Reihe einer Hauptlösung darstellt.

Für $x \to x_0$ und $x \to x_0 + \frac{1}{2}$ entfließen aus (40) die für $\sigma > 0$ gültigen Entwicklungen

$$\log \Gamma(x) = \log \sqrt{2\pi} + (x - \tfrac{1}{2}) \log x - x + \sum_{n=1}^{\infty} \frac{\operatorname{ci} 2\pi n x \cdot \sin 2\pi n x - \operatorname{si} 2\pi n x \cdot \cos 2\pi n x}{\pi n},$$

$$\log \Gamma(x + \tfrac{1}{2}) = \log \sqrt{2\pi} + x \log x - x + \sum_{n=1}^{\infty} (-1)^n \frac{\operatorname{ci} 2\pi n x \cdot \sin 2\pi n x - \operatorname{si} 2\pi n x \cdot \cos 2\pi n x}{\pi n}.$$

61. Nunmehr haben wir uns im wesentlichen nur noch mit dem Multiplikationstheorem zu beschäftigen. Hierzu merken wir an, daß gemäß der Formel

$$\mathop{S}_{0}^{x} \log z \mathop{\triangle}_{\omega} z = \left(x - \frac{\omega}{2}\right) \log x - x - \sum_{\nu=1}^{m-1} (-1)^\nu \frac{B_{\nu+1} \omega^{\nu+1}}{\nu(\nu+1) x^\nu} - \frac{\omega^{m+1}}{m} \int_0^\infty \frac{\overline{B}_m(z)}{(x + \omega z)^m} dz$$

die Beziehung

$$\mathop{S}_{0}^{x} \log z \mathop{\triangle}_{\omega} z = \omega \log \Gamma\left(\frac{x}{\omega}\right) + \left(x - \frac{\omega}{2}\right) \log \omega - \omega \log \sqrt{2\pi}$$

besteht. Schreiben wir nun das Multiplikationstheorem für die Funktion $\mathop{S}_{0}^{x} \log z \triangle z$ auf, so ergibt sich

$$\sum_{s=0}^{m-1} \log \Gamma\left(x + \frac{s}{m}\right) - m \log \sqrt{2\pi} = m \left\{\frac{1}{m} \log \Gamma(mx) - \left(x - \frac{1}{2}\right) \log m - \frac{1}{m} \log \sqrt{2\pi}\right\}.$$

Hieraus folgt als *Gaußsches Multiplikationstheorem der Gammafunktion* (Gauß [1])

$$\Gamma(mx) = \frac{m^{mx - \frac{1}{2}}}{(2\pi)^{\frac{m-1}{2}}} \prod_{s=0}^{m-1} \Gamma\left(x + \frac{s}{m}\right); \tag{42}$$

für $m = 2$ bekommt man die *Legendresche Relation* (Legendre [1])

$$\Gamma(2x) = \frac{2^{2x-1}}{\sqrt{\pi}} \Gamma(x) \Gamma\left(x + \frac{1}{2}\right), \tag{42*}$$

die sich bei den Anwendungen der Gammafunktion oft als sehr nützlich erweist.

Das *Spannenintegral* hat den Wert

$$(43)\qquad \int_x^{x+1} \log \Gamma(z)\, dz = x(\log x - 1) + \log \sqrt{2\pi}\,.$$

Diese Beziehung pflegt man die *Formel von Raabe* (Raabe [1, 2]) zu nennen; sie ist dadurch bemerkenswert, daß in ihr das erste im Laufe der geschichtlichen Entwicklung betrachtete Spannenintegral auftritt. Die Annahme $x = 0$ führt zu der einfacheren Relation

$$(43^*)\qquad \int_0^1 \log \Gamma(z)\, dz = \log \sqrt{2\pi}\,.$$

§ 3. Die Funktion $\gamma(x)$.

62. Schließlich wollen wir noch die Wechselsumme des Logarithmus einer kurzen Betrachtung unterwerfen. Sie läßt sich zwar mit Hilfe der Gammafunktion ausdrücken; es ist aber doch angebracht, ein besonderes Funktionszeichen für sie einzuführen, aus ähnlichen Gründen, wie man z. B. für die verschiedenen Weierstraßschen σ-Funktionen besondere Zeichen benutzt.

Wir setzen

$$(44)\qquad \log \gamma(x) = \tfrac{1}{2} \mathop{\mathfrak{S}} \log x \,\nabla x\,,$$

$$(44^*)\qquad \log \gamma(x\,|\,\omega) = \tfrac{1}{2} \mathop{\mathfrak{S}} \log x \mathop{\nabla}_{\omega} x\,.$$

Die Funktion $\gamma(x)$ genügt dann der nichtlinearen Differenzengleichung

$$(45)\qquad \gamma(x+1)\,\gamma(x) = x\,.$$

Wie aus der Gleichung

$$(46)\qquad 2\log \gamma(x + h\,\omega\,|\,\omega) = \log x + \sum_{\nu=1}^{m-1} (-1)^{\nu-1} \frac{E_\nu(h)}{\nu x^\nu}\, \omega^\nu - \omega^m \int_0^\infty \frac{\overline{E}_{m-1}(z-h)}{(x+\omega z)^m}\, dz$$

hervorgeht, wird

$$(46^*)\qquad \log \gamma(x\,|\,\omega) = \log \gamma\left(\frac{x}{\omega}\right) + \frac{1}{2}\log \omega\,.$$

Diese Beziehung setzt uns in den Stand, die auf den rechten Seiten der Multiplikationstheoreme auftretende Funktion $\gamma\left(x\,\middle|\,\frac{1}{m}\right)$ durch $\gamma(x)$ auszudrücken. Man findet

$$(47)\qquad \frac{\Gamma\left(x+\frac{1}{m}\right)\Gamma\left(x+\frac{3}{m}\right)\cdots\Gamma\left(x+\frac{m-1}{m}\right)}{\Gamma(x)\,\Gamma\left(x+\frac{2}{m}\right)\cdots\Gamma\left(x+\frac{m-2}{m}\right)}=\frac{\gamma(m\,x)}{\sqrt{m}}\qquad (m \text{ gerade}),$$

$$(48)\qquad \frac{\gamma(x)\,\gamma\left(x+\frac{2}{m}\right)\cdots\gamma\left(x+\frac{m-1}{m}\right)}{\gamma\left(x+\frac{1}{m}\right)\gamma\left(x+\frac{3}{m}\right)\cdots\gamma\left(x+\frac{m-2}{m}\right)}=\frac{\gamma(m\,x)}{\sqrt{m}}\qquad (m \text{ ungerade}).$$

Insbesondere wird

$$\frac{\Gamma\left(x+\frac{1}{2}\right)}{\Gamma(x)}=\frac{\gamma(2\,x)}{\sqrt{2}},$$

also

$$(48^*)\qquad \gamma(x)=\sqrt{2}\,\frac{\Gamma\left(\frac{x+1}{2}\right)}{\Gamma\left(\frac{x}{2}\right)},$$

womit $\gamma(x)$, wie angekündigt, mit Hilfe der Gammafunktion ausgedrückt ist. Aus der Relation (48*) erhalten wir den Anfangswert

$$\gamma(1)=\sqrt{\frac{2}{\pi}}$$

und unter Heranziehung des Ergänzungssatzes der Gammafunktion *den Ergänzungssatz der Funktion* $\gamma(x)$

$$(49)\qquad \gamma(1-x)=\gamma(x)\cot\frac{\pi\,x}{2}.$$

Die Entwicklung (46) gibt für das asymptotische Verhalten die Gleichung

$$\lim_{|x|\to\infty}\left[\log\gamma(x)-\tfrac{1}{2}\log x\right]=0,$$

also

$$(50)\qquad \lim_{|x|\to\infty}\frac{\gamma(x)}{\sqrt{x}}=1\qquad (-\pi+\varepsilon<\operatorname{arc}x<\pi-\varepsilon).$$

Ferner gewinnt man aus ihr die Grenzwertdarstellung

$$\log\gamma(x)=\lim_{n\to\infty}\left\{\sum_{s=0}^{n-1}(-1)^s\log(x+s)+\frac{(-1)^n}{2}\log(x+n)\right\}$$

und die konvergente Reihe

$$\log\gamma(x)=\frac{1}{2}\log x-\frac{1}{2}\sum_{s=0}^{\infty}(-1)^s\log\left(1+\frac{1}{x+s}\right);$$

für $\gamma(x)$ selbst bestehen daher die Beziehungen

$$\gamma(x) = \lim_{n\to\infty} \frac{x(x+2)\cdots(x+2n-2)\sqrt{x+2n}}{(x+1)(x+3)\cdots(x+2n-1)} \tag{51}$$

und

$$\gamma^2(x) = x\frac{x}{x+1}\cdot\frac{x+2}{x+1}\cdot\frac{x+2}{x+3}\cdot\frac{x+4}{x+3}\cdot\frac{x+4}{x+5}\cdot\frac{x+6}{x+5}\cdots$$

$$= x\left(1-\frac{1}{(x+1)^2}\right)\left(1-\frac{1}{(x+3)^2}\right)\left(1-\frac{1}{(x+5)^2}\right)\cdots.$$

Die aus dem Schlömilchschen Produkt zu entnehmende Gleichung

$$\gamma(x) = e^{\frac{C}{2}}\frac{x}{\sqrt{2}}\prod_{s=1}^{\infty}\frac{x+2s}{x+2s-1}e^{-\frac{1}{2s}} = \sqrt{2}\,e^{-\frac{C}{2}}\prod_{s=1}^{\infty}\frac{x+2s-2}{x+2s-1}e^{\frac{1}{2s}} \tag{52}$$

zeigt, daß $\gamma(x)$ eine meromorfe Funktion von x mit einfachen Nullstellen in $x = 0,\ -2,\ -4,\ \ldots$ und einfachen Polen in $x = -1,\ -3,\ -5,\ \ldots$ ist. Die Residuen in diesen erhält man aus dem Ergänzungssatze zu

$$\lim_{x\to-(2n+1)} (x+2n+1)\gamma(x) = -\frac{(2n+1)!}{2^{2n}(n!)^2}\sqrt{\frac{2}{\pi}}.$$

Mit der Funktion $g(x)$ hängt die Funktion $\gamma(x)$ durch die Gleichungen

$$\frac{\gamma'}{\gamma}(x) = \frac{1}{2}g(x), \tag{53}$$

$$\log\gamma(x) = \log\sqrt{\frac{2}{\pi}} + \frac{1}{2}\int_1^x g(z)\,dz$$

zusammen. Durch Integration unter dem Integralzeichen in der Legendreschen Formel (28) können wir daher die Beziehung

$$\log\gamma(x+1) = \log\sqrt{\frac{2}{\pi}} + \int_0^\infty \frac{1-e^{-tx}}{t(e^t+1)}\,dt \qquad (\sigma > -1) \tag{54}$$

herleiten; aus der Formel (37) von Plana findet man vermöge (48*) die weitere Integraldarstellung

$$\log\gamma(x+1) = \int_0^\infty \frac{e^{-t}}{t}\left\{\frac{1}{2} - \frac{e^{-tx}}{1+e^{-t}}\right\}dt \qquad (\sigma > -1). \tag{55}$$

Eine trigonometrische Reihe für $\log\gamma(x)$ läßt sich leicht aus der

Kummerschen Reihe (41) für $\log \Gamma(x)$ gewinnen. Im Intervall $0 < x < 1$ finden wir

$$\log \gamma(x) = -\frac{C + \log \pi}{2} - \frac{1}{2} \log \cot \frac{\pi x}{2} \tag{56}$$

$$- 2 \sum_{n=0}^{\infty} \frac{\log(2n+1)}{(2n+1)\pi} \sin(2n+1)\pi x .$$

Will man das Spannenintegral der Funktion $\log \gamma(x)$ auswerten, so stößt man auf die Wechselsumme der Funktion $x \log x$, wie die Gleichung

$$\int_x^{x+1} \log \gamma(z)\, dz = \int_1^x \log z\, dz - \mathop{\mathbf{S}}\left(\int_1^x \log z\, dz\right) \nabla x \tag{57}$$

$$= x \log x - \tfrac{1}{2} - \mathop{\mathbf{S}} x \log x \nabla x$$

lehrt.

Sechstes Kapitel.

Die höheren Bernoullischen und Eulerschen Polynome.

63. Bei der Untersuchung der beiden Differenzengleichungen

$$\mathop{\triangle}_{\omega} F(x) = \varphi(x),$$

$$\mathop{\nabla}_{\omega} G(x) = \varphi(x),$$

in denen $\varphi(x)$ eine gegebene Funktion bedeutet, spielen, wie wir gesehen haben, die Bernoullischen und Eulerschen Polynome $B_\nu(x)$ und $E_\nu(x)$ eine grundlegende Rolle. Diese Polynome genügen den speziellen Gleichungen

$$\triangle B_\nu(x) = \nu x^{\nu-1},$$

$$\nabla E_\nu(x) = x^\nu,$$

auf welche wir in Kapitel 2 ihre ganze Theorie aufgebaut haben.

Will man an das Studium der Differenzengleichungen

$$\mathop{\overset{n}{\triangle}}_{\omega_1 \ldots \omega_n} F_n(x) = \varphi(x),$$

$$\mathop{\overset{n}{\nabla}}_{\omega_1 \ldots \omega_n} G_n(x) = \varphi(x)$$

herantreten, die eine naturgemäße Verallgemeinerung der beiden zuerst erwähnten Gleichungen darstellen, ein Studium, dem das nächste Kapitel gewidmet sein soll, so wird es sich ganz entsprechend empfehlen, zunächst gewisse Polynome zu betrachten, welche in Parallele zu den Bernoullischen und Eulerschen Polynomen stehen. Wir wollen sie deshalb als *Bernoullische und Eulersche Polynome höherer Ordnung* bezeichnen [31] und uns mit ihnen im folgenden eingehend beschäftigen. Hierbei halten wir beständig die Gesichtspunkte der Differenzenrechnung fest und können dadurch ein vielfach, aber niemals mit rechtem Erfolg in Angriff genommenes Problem, das der Verallgemeinerung der Bernoullischen und Eulerschen Polynome und Zahlen, in sehr einfacher und natürlicher Weise lösen. Früher ergab sich, daß man zu einer vollständigen Festlegung der Bernoullischen Polynome ihre Anfangswerte vorschreiben muß, während die Eulerschen Polynome eindeutig bestimmt sind. Hier ist es genau so; wir wollen daher der Einfachheit halber mit dem Studium der höheren Eulerschen Polynome beginnen.

§ 1. Die Eulerschen Polynome höherer Ordnung.

64. Der Gleichung

$$\mathop{\nabla}_{\omega_1 \dots \omega_n}^{n} f(x) = x^\nu,$$

in der ν eine nichtnegative ganze Zahl, $\omega_1, \dots, \omega_n$ beliebige komplexe Zahlen bedeuten, genügt ein und nur ein Polynom. Es ist vom Grade ν und soll das *Eulersche Polynom* $E_\nu^{(n)}(x)$ *vom Grade* ν *und von der Ordnung* n heißen. Mit ausdrücklicher Hervorhebung der als Parameter eingehenden Spannen $\omega_1, \dots, \omega_n$ schreiben wir auch $E_\nu^{(n)}(x \mid \omega_1 \cdots \omega_n)$. Offenbar ist $E_\nu^{(n)}(x \mid \omega_1 \cdots \omega_n)$ symmetrisch in den Spannen $\omega_1, \dots, \omega_n$, und insbesondere gilt

$$E_\nu^{(1)}(x \mid \omega) = \omega^\nu E_\nu\left(\frac{x}{\omega}\right). \tag{1}$$

Aus der Definitionsgleichung

$$\mathop{\nabla}_{\omega_1 \dots \omega_n}^{n} E_\nu^{(n)}(x \mid \omega_1 \cdots \omega_n) = x^\nu \tag{2}$$

liest man sofort die für $p = 1, 2, \dots, n-1$ gültige Beziehung

$$\mathop{\nabla}_{\omega_1 \dots \omega_p}^{p} E_\nu^{(n)}(x \mid \omega_1 \cdots \omega_n) = E_\nu^{(n-p)}(x \mid \omega_{p+1} \cdots \omega_n) \tag{3}$$

ab, die auch für $p = n$ richtig bleibt, wenn man

$$E_\nu^{(0)}(x) = x^\nu \tag{4}$$

setzt. In dem rechtsstehenden Polynom treten die für die Differenzenbildung benutzten Spannen $\omega_1, \dots, \omega_p$ nicht mehr auf. Man kann daher die eine Gleichung (2) auch durch ein ihr gleichwertiges System von Gleichungen, nämlich durch

$$\begin{aligned}
&\mathop{\nabla}_{\omega_n} E_\nu^{(n)}(x \mid \omega_1 \cdots \omega_n) = E_\nu^{(n-1)}(x \mid \omega_1 \cdots \omega_{n-1}), \\
&\mathop{\nabla}_{\omega_{n-1}} E_\nu^{(n-1)}(x \mid \omega_1 \cdots \omega_{n-1}) = E_\nu^{(n-2)}(x \mid \omega_1 \cdots \omega_{n-2}), \\
&\dots\dots\dots\dots\dots\dots\dots\dots \\
&\mathop{\nabla}_{\omega_1} E_\nu^{(1)}(x \mid \omega_1) = x^\nu
\end{aligned} \tag{2*}$$

ersetzen.

Mit Hilfe der aus (2) entspringenden Differentiationsformel

$$\frac{d}{dx} E_\nu^{(n)}(x) = \nu\, E_{\nu-1}^{(n)}(x) \tag{5}$$

bekommt man nach dem Taylorschen Satze zunächst die Entwicklung

$$E_\nu^{(n)}(x+h) = \sum_{s=0}^{\nu} \binom{\nu}{s} h^s E_{\nu-s}^{(n)}(x) \tag{6}$$

und hieraus für $h = \omega_n$ die Rekursionsformel

$$2\, E_\nu^{(n-1)}(x) = 2\, E_\nu^{(n)}(x) + \sum_{s=1}^{\nu} \binom{\nu}{s} \omega_n^s E_{\nu-s}^{(n)}(x) \qquad (\nu = 1, 2, \ldots). \tag{7}$$

Diese liefert nacheinander alle Eulerschen Polynome der Ordnung n, wenn man die der Ordnung $n-1$ kennt. Man kann aber auch die Polynome n-ter Ordnung explizit durch die Polynome niedrigerer Ordnung ausdrücken. Dazu gehen wir folgendermaßen vor. Die Gleichung

$$\mathop{\nabla}_{\omega_1 \ldots \omega_p}^{p} f(x) = \varphi(x),$$

in der $\varphi(x)$ ein Polynom m-ten Grades

$$\varphi(x) = \sum_{s=0}^{m} a_s x^s$$

ist, besitzt die Polynomlösung

$$f(x) = \sum_{s=0}^{m} a_s E_s^{(p)}(x),$$

für die wir unter Heranziehung von (6) die Entwicklung

$$f(x+y) = \sum_{s=0}^{m} \frac{\varphi^{(s)}(x)}{s!} E_s^{(p)}(y)$$

gewinnen können. Setzt man nun insbesondere

$$\varphi(x) = E_\nu^{(n-p)}(x \mid \omega_{p+1} \cdots \omega_n),$$

so ergibt sich nach (3) die Gleichung

$$\begin{aligned} &E_\nu^{(n)}(x+y \mid \omega_1 \cdots \omega_n) \\ &= \sum_{s=0}^{\nu} \binom{\nu}{s} E_s^{(p)}(y \mid \omega_1 \cdots \omega_p)\, E_{\nu-s}^{(n-p)}(x \mid \omega_{p+1} \cdots \omega_n), \qquad p = 0, 1, \ldots, n. \end{aligned} \tag{8}$$

Diese ist die gewünschte Darstellung des Eulerschen Polynoms n-ter Ordnung durch die Polynome niedrigerer Ordnung. Für $p = 0$ geht sie in (6) über und läßt sich auch in den symbolischen Formen

$$E_\nu^{(n)}(x+y) = (E_\nu^{(n-p)}(x) + E^{(p)}(y)), \tag{8*}$$

$$E_\nu^{(n)}(x+y) = (E^{(n-p)}(x) + E^{(p)}(y))^\nu \tag{8**}$$

schreiben, von denen die letzte zu der allgemeineren Relation

$$E_\nu^{(n)}(x_1 + x_2 + \cdots + x_s) = (E^{(p_1)}(x_1) + E^{(p_2)}(x_2) + \cdots + E^{(p_s)}(x_s))^\nu, \tag{9}$$

führt, wobei $p_1 + p_2 + \cdots + p_s = n$ ist und $x_1, x_2, \ldots, x_s$ beliebige Zahlen bezeichnen.

Die Formel (8) gibt zu mancherlei interessanten Beziehungen Anlaß. Für $p = 1$ z. B. entfließt die Formel

$$E_\nu^{(n)}(x+y) = \sum_{s=0}^{\nu} \binom{\nu}{s} E_s^{(1)}(y \mid \omega_n) E_{\nu-s}^{(n-1)}(x \mid \omega_1 \cdots \omega_{n-1}) \tag{10}$$

und hieraus für $y = 0$ die zu (7) reziproke Gleichung

$$E_\nu^{(n)}(x) = \sum_{s=0}^{\nu} \binom{\nu}{s} \left(\frac{\omega_n}{2}\right)^s C_s E_{\nu-s}^{(n-1)}(x \mid \omega_1 \cdots \omega_{n-1}), \tag{11}$$

durch welche ein Eulersches Polynom n-ter Ordnung vermöge Eulerscher Polynome $(n-1)$-ter Ordnung ausgedrückt wird.

Insbesondere aber zeigt die Relation (8) in Verbindung mit der Gleichung (1), *daß* $E_\nu^{(n)}(x \mid \omega_1 \cdots \omega_n)$ *eine homogene Funktion von* $x, \omega_1, \ldots, \omega_n$ *vom Grade* ν, *also*

$$E_\nu^{(n)}(\lambda x \mid \lambda \omega_1 \cdots \lambda \omega_n) = \lambda^\nu E_\nu^{(n)}(x \mid \omega_1 \cdots \omega_n) \tag{12}$$

ist, wobei λ *eine beliebige Zahl bedeutet.*

Mit Hilfe dieser Homogenitätsrelation läßt sich in Erweiterung einer den einfachen Eulerschen Polynomen zukommenden Eigenschaft ein *Ergänzungssatz der höheren Eulerschen Polynome* herleiten, der, wie nach unseren Ausführungen in Kap. 4, § 1 und 3 zu erwarten ist, Aufschluß über den Zusammenhang zweier Eulerscher Polynome gibt, in denen eine oder mehrere Spannen entgegengesetzt gleich sind. Man findet

$$\begin{aligned} E_\nu^{(n)}(x \mid \omega_1 \cdots \omega_n) &= (-1)^\nu E_\nu^{(n)}(\omega_1 - x \mid \omega_1, -\omega_2, \ldots, -\omega_n) \\ &= E_\nu^{(n)}(x - \omega_1 \mid -\omega_1, \omega_2, \ldots, \omega_n), \end{aligned} \tag{13}$$

weil sowohl das erste als auch das zweite Polynom der Gleichung

$$\frac{f(x+\omega_1) + f(x)}{2} = E_\nu^{(n-1)}(x \mid \omega_2 \cdots \omega_n)$$

genügen und also beide identisch sein müssen. Natürlich kann die Formel (13) auch als Spezialfall der Formel (15) in Kap. 4 gewonnen werden. Oft empfiehlt sich die Schreibweise

$$E_\nu^{(n)}(x + \omega_1 | \omega_1 \cdots \omega_n) = E_\nu^{(n)}(x | -\omega_1, \omega_2, \ldots, \omega_n), \tag{14}$$

nach der sich z. B. durch die Formel

$$\begin{gathered} E_\nu^{(n)}(x + \omega_1 + \cdots + \omega_p | \omega_1 \cdots \omega_n) \\ = E_\nu^{(n)}(x | -\omega_1, -\omega_2, \ldots, -\omega_p, \omega_{p+1}, \ldots, \omega_n), \qquad p = 1, 2, \ldots, n, \end{gathered} \tag{15}$$

besonders übersichtlich der Fall mehrerer entgegengesetzt gleicher Spannen erledigen läßt. Die für $p = n$ folgende Beziehung

$$E_\nu^{(n)}(\omega_1 + \cdots + \omega_n - x | \omega_1 \cdots \omega_n) = (-1)^\nu E_\nu^{(n)}(x | \omega_1 \cdots \omega_n) \tag{16}$$

lehrt für $x = \frac{\omega_1 + \cdots + \omega_n}{2}$, daß bei ungeradem ν

$$E_\nu^{(n)}\left(\frac{\omega_1 + \cdots + \omega_n}{2} \middle| \omega_1 \cdots \omega_n\right) = 0 \tag{17}$$

ist, also $E_\nu^{(n)}(x)$ bei ungeradem ν für alle n eine Nullstelle im Punkte $x = \frac{\omega_1 + \cdots + \omega_n}{2}$ hat.

Ohne Mühe sieht man ferner, daß auch die höheren Eulerschen Polynome für ungerades positives m ein *Multiplikationstheorem* besitzen, welches in der Gleichung

$$\sum_{s=0}^{m-1} (-1)^s E_\nu^{(n)}\left(x + \frac{s\,\omega_1}{m} \middle| \omega_1 \cdots \omega_n\right) = E_\nu^{(n)}\left(x \middle| \frac{\omega_1}{m}, \omega_2, \ldots, \omega_n\right), \tag{18}$$

allgemeiner

$$\begin{gathered} \sum_{s_p=0}^{m_p-1} \cdots \sum_{s_1=0}^{m_1-1} (-1)^{s_1 + \cdots + s_p} E_\nu^{(n)}\left(x + \frac{s_1\,\omega_1}{m_1} + \cdots + \frac{s_p\,\omega_p}{m_p} \middle| \omega_1 \cdots \omega_n\right) \\ = E_\nu^{(n)}\left(x \middle| \frac{\omega_1}{m_1}, \ldots, \frac{\omega_p}{m_p}, \omega_{p+1}, \ldots, \omega_n\right) \end{gathered} \tag{19}$$

($m_1, m_2, \ldots, m_p$ positive ungerade Zahlen, $p = 1, 2, \ldots, n$)

zum Ausdruck kommt. Die Funktionen auf der rechten und linken Seite genügen nämlich derselben Differenzengleichung. Wenn $p = n$ und $m_1 = m_2 = \cdots = m_n = m$ ist, liefert die Gleichung (19) die Beziehung

$$\begin{gathered} \sum_{s_n=1}^{m-1} \cdots \sum_{s_1=0}^{m-1} (-1)^{s_1 + \cdots + s_n} E_\nu^{(n)}\left(x + \frac{s_1\,\omega_1 + \cdots + s_n\,\omega_n}{m} \middle| \omega_1 \cdots \omega_n\right) \\ = m^{-\nu} E_\nu^{(n)}(mx | \omega_1 \cdots \omega_n). \end{gathered} \tag{20}$$

65. Um die Koeffizienten der höheren Eulerschen Polynome explizit ausdrücken zu können, führen wir in Verallgemeinerung der Zahlen E_ν und C_ν gewisse *Formen* $E_\nu^{(n)}[\omega_1 \cdots \omega_n]$ und $C_\nu^{(n)}[\omega_1 \cdots \omega_n]$ in $\omega_1, \ldots, \omega_n$, kürzer $E_\nu^{(n)}$ und $C_\nu^{(n)}$, ein, und zwar durch die symbolischen Rekursionsformeln

$$(21) \qquad (E^{(n)} + \omega_n)^\nu + (E^{(n)} - \omega_n)^\nu = 2\, E_\nu^{(n-1)},$$

$$(22) \qquad (C^{(n)} + 2\,\omega_n)^\nu + (C^{(n)})^\nu = 2\, C_\nu^{(n-1)},$$

in denen man nach Ausführung der linksstehenden Potenzen bei $E^{(n)}$ und $C^{(n)}$ die Exponenten durch untere Indizes zu ersetzen hat. Ausführlich geschrieben lauten die Rekursionsformeln (21) und (22)

$$(21^*) \qquad \sum_{s=0}^{\nu} \binom{\nu}{s} \omega_n^s E_{\nu-s}^{(n)} + \sum_{s=0}^{\nu} (-1)^s \binom{\nu}{s} \omega_n^s E_{\nu-s}^{(n)} = 2\, E_\nu^{(n-1)},$$

$$(22^*) \qquad \sum_{s=0}^{\nu} \binom{\nu}{s} (2\,\omega_n)^s C_{\nu-s}^{(n)} + C_\nu^{(n)} = 2\, C_\nu^{(n-1)}.$$

Zur Vervollständigung der Definition setzen wir noch

$$E_\nu^{(1)}[\omega_1] = \omega_1^\nu E_\nu, \quad C_\nu^{(1)}[\omega_1] = \omega_1^\nu C_\nu$$

und können dann nacheinander $E_\nu^{(2)}[\omega_1\,\omega_2]$, $E_\nu^{(3)}[\omega_1\,\omega_2\,\omega_3], \ldots,$ $C_\nu^{(2)}[\omega_1\,\omega_2]$, $C_\nu^{(3)}[\omega_1\,\omega_2\,\omega_3], \ldots$ ermittteln.

Offenbar sind $E_\nu^{(n)}[\omega_1 \cdots \omega_n]$ und $C_\nu^{(n)}[\omega_1 \cdots \omega_n]$ Formen ν-ten Grades von $\omega_1, \ldots, \omega_n$ mit ganzen rationalen Koeffizienten. Aus (21*) ergibt sich wegen $E_{2\mu+1} = 0$, daß allgemein auch $E_{2\mu+1}^{(n)} = 0$ ist. Bedeutet $\varphi(z)$ ein beliebiges Polynom, so lehren die Beziehungen (21) und (22), daß

$$\varphi(E^{(n)} + \omega_n) + \varphi(E^{(n)} - \omega_n) = 2\,\varphi(E^{(n-1)}),$$

$$\varphi(C^{(n)} + 2\,\omega_n) + \varphi(C^{(n)}) = 2\,\varphi(C^{(n-1)})$$

ist. Allgemein gelten, wenn man $\varphi(z)$ durch $\varphi\left(x + \frac{z}{2}\right)$ ersetzt, die symbolischen Relationen

$$(23) \qquad \varphi\left(x + \frac{E^{(n)} + \omega_n}{2}\right) + \varphi\left(x + \frac{E^{(n)} - \omega_n}{2}\right) = 2\,\varphi\left(x + \frac{E^{(n-1)}}{2}\right),$$

$$(24) \qquad \varphi\left(x + \omega_n + \frac{C^{(n)}}{2}\right) + \varphi\left(x + \frac{C^{(n)}}{2}\right) = 2\,\varphi\left(x + \frac{C^{(n-1)}}{2}\right).$$

Diese Gleichungen sind die Quelle für eine Fülle von Relationen zwischen den $E_\nu^{(n)}$ und den $C_\nu^{(n)}$. Setzt man z. B. $\varphi(z) = z^\nu$, so entsteht

$$(x + E^{(n)} + \omega_n)^\nu + (x + E^{(n)} - \omega_n)^\nu = 2\,(x + E^{(n-1)})^\nu,$$
$$(x + C^{(n)} + 2\,\omega_n)^\nu + (x + C^{(n)})^\nu = 2\,(x + C^{(n-1)})^\nu$$

mit belangreichen Sonderfällen für $x = \omega_n$ und $x = -\omega_n$.

Weiter geht aus (23) und (24) hervor, daß die Gleichungen

$$\mathop{\nabla}_{\omega_n} f(x) = \varphi\left(x + \frac{E^{(n-1)}}{2}\right),$$
$$\mathop{\nabla}_{\omega_n} f(x) = \varphi\left(x + \frac{C^{(n-1)}}{2}\right)$$

die Lösungen

$$f(x) = \varphi\left(x - \frac{\omega_n}{2} + \frac{E^{(n)}}{2}\right)$$
$$f(x) = \varphi\left(x + \frac{C^{(n)}}{2}\right)$$

besitzen. Unter Heranziehung der früheren Ergebnisse aus Kapitel 2, § 2

$$E_\nu^{(1)}(x \mid \omega_1) = \left(x - \frac{\omega_1}{2} + \frac{E^{(1)}}{2}\right)^\nu,$$
$$E_\nu^{(1)}(x \mid \omega_1) = \left(x + \frac{C^{(1)}}{2}\right)^\nu$$

kann man daher aus dem Gleichungssystem (2*) jetzt erschließen

$$(25)\qquad E_\nu^{(n)}(x \mid \omega_1 \cdots \omega_n) = \left(x - \frac{\omega_1 + \cdots + \omega_n}{2} + \frac{E^{(n)}}{2}\right)^\nu = \sum_{s=0}^{\nu} \binom{\nu}{s} \frac{E_s^{(n)}}{2^s} \left(x - \frac{\omega_1 + \cdots + \omega_n}{2}\right)^{\nu - s}$$

oder

$$(25^*)\qquad 2^\nu E_\nu^{(n)}\left(\frac{x + \omega_1 + \cdots + \omega_n}{2}\right) = (x + E^{(n)})^\nu = \sum_{s=0}^{\nu} \binom{\nu}{s} x^s E_{\nu-s}^{(n)}$$

und

$$(26)\qquad E_\nu^{(n)}(x \mid \omega_1 \cdots \omega_n) = \left(x + \frac{C^{(n)}}{2}\right)^\nu = \sum_{s=0}^{\nu} \binom{\nu}{s} x^{\nu-s} \frac{C_s^{(n)}}{2^s}.$$

Damit haben wir explizite Darstellungen der Eulerschen Polynome $E_\nu^{(n)}(x)$ vor uns, in deren Koeffizienten die Formen $E_\nu^{(n)}$ und $C_\nu^{(n)}$ auftreten.

Setzt man in (25*) und (26) speziell $x = 0$, so findet man

$$E_\nu^{(n)}\left(\frac{\omega_1 + \cdots + \omega_n}{2}\right) = \frac{E_\nu^{(n)}}{2^\nu}, \tag{27}$$

$$E_\nu^{(n)}(0) = \frac{C_\nu^{(n)}}{2^\nu}. \tag{28}$$

Die $E_\nu^{(n)}$ und $C_\nu^{(n)}$ stehen also in einfachem Zusammenhang mit den Werten des Eulerschen Polynoms an den Stellen $x = \frac{\omega_1 + \cdots + \omega_n}{2}$ und $x = 0$. Da $E_\nu^{(n)}$ für ungerade ν verschwindet, ist in (27) das Ergebnis (17) enthalten, daß $E_\nu^{(n)}(x)$ bei ungeradem ν eine Nullstelle im Punkte $x = \frac{\omega_1 + \cdots + \omega_n}{2}$ hat, während (28) in Verbindung mit dem Ergänzungssatz den Wert

$$E_\nu^{(n)}(\omega_1 + \cdots + \omega_n) = (-1)^\nu \frac{C_\nu^{(n)}}{2^\nu}$$

von $E_\nu^{(n)}(x)$ für $x = \omega_1 + \cdots + \omega_n$ liefert.

Trägt man in (26) $x = \frac{\omega_1 + \cdots + \omega_n}{2}$ und in (25) $x = 0$ bzw. $x = \omega_1 + \cdots + \omega_n$ ein, so bekommt man Formeln, welche die $E_\nu^{(n)}$ durch die $C_\nu^{(n)}$ ausdrücken und umgekehrt:

$$E_\nu^{(n)} = (C^{(n)} + \omega_1 + \cdots + \omega_n)^\nu = \sum_{s=0}^{\nu} \binom{\nu}{s} (\omega_1 + \cdots + \omega_n)^{\nu-s} C_s^{(n)},$$

$$C_\nu^{(n)} = (E^{(n)} - \omega_1 - \cdots - \omega_n)^\nu = \sum_{s=0}^{\nu} (-1)^{\nu-s} \binom{\nu}{s} (\omega_1 + \cdots + \omega_n)^{\nu-s} E_s^{(n)},$$

$$(-1)^\nu C_\nu^{(n)} = (E^{(n)} + \omega_1 + \cdots + \omega_n)^\nu = \sum_{s=0}^{\nu} \binom{\nu}{s} (\omega_1 + \cdots + \omega_n)^{\nu-s} E_s^{(n)}.$$

66. Mit Hilfe der Relation (26) können wir der Relation (24) die neue Gestalt

$$\varphi(E^{(n)}(x) + \omega_n) + \varphi(E^{(n)}(x)) = 2\,\varphi(E^{(n-1)}(x)) \tag{29}$$

geben. Sie stellt den allgemeinen Typus für Rekursionsformeln zwischen Eulerschen Polynomen *zweier aufeinanderfolgender Ordnungen* dar; z. B. stoßen wir für $\varphi(z) = z^\nu$ wieder auf die Rekursionsformel (7). Ersetzt man das Polynom $\varphi(z)$, das etwa vom Grade m sein möge, durch $\varphi(z + y)$ und entwickelt nach Potenzen von z, so ergibt sich

$$\sum_{s=0}^{m} \frac{E_s^{(n)}(x)}{s!} \mathop{\nabla}_{\omega_n} \varphi^{(s)}(y) = \sum_{s=0}^{m} \frac{E_s^{(n-1)}(x)}{s!} \varphi^{(s)}(y) \tag{30}$$

und hieraus, wenn beiderseits $(n-1)$-mal nacheinander der Mittelwert in bezug auf y, und zwar mit den Spannen $\omega_1, \ldots, \omega_{n-1}$, gebildet wird,

$$(31) \qquad \sum_{s=0}^{m} \frac{E_s^{(n)}(x)}{s!} \mathop{\nabla}_{\omega_1 \cdots \omega_n}^{n} \varphi^{(s)}(y) = \varphi(x+y).$$

Diese Formel ist der allgemeine Typus für Rekursionsformeln zwischen Eulerschen Polynomen *derselben Ordnung*. Außerdem gibt sie eine Verallgemeinerung der Booleschen Summenformel für Polynome und legt deshalb nahe, auch die allgemeine Boolesche Summenformel aus Kapitel 2, § 3 auf den Fall des Auftretens höherer Eulerscher Polynome zu übertragen. Dies wird in § 6 geschehen. Für $x = 0$ und $x = \frac{\omega_1 + \cdots + \omega_n}{2}$ folgen aus (31) die speziellen Gleichungen

$$\varphi(y) = \sum_{s=0}^{m} \frac{C_s^{(n)}[\omega_1 \cdots \omega_n]}{2^s\, s!} \mathop{\nabla}_{\omega_1 \cdots \omega_n}^{n} \varphi^{(s)}(y),$$

$$\varphi\left(y + \frac{\omega_1 + \cdots + \omega_n}{2}\right) = \sum_{s=0}^{m} \frac{E_s^{(n)}[\omega_1 \cdots \omega_n]}{2^s\, s!} \mathop{\nabla}_{\omega_1 \cdots \omega_n}^{n} \varphi^{(s)}(y).$$

67. Mittels der Zahlen E_ν und C_ν lassen sich explizite Ausdrücke für die Formen $E_\nu^{(n)}$ und $C_\nu^{(n)}$ angeben. Für $x = \frac{\omega_1 + \cdots + \omega_{n-1}}{2}$, $y = \frac{\omega_n}{2}$, $p = 1$ und $x = y = 0$, $p = 1$ gewinnen wir nämlich aus (8) zunächst die zu (21*) und (22*) reziproken Gleichungen

$$(32) \qquad E_\nu^{(n)}[\omega_1 \cdots \omega_n] = \sum_{s=0}^{\nu} \binom{\nu}{s} \omega_n^s E_s\, E_{\nu-s}^{(n-1)}[\omega_1 \cdots \omega_{n-1}],$$

$$(33) \qquad C_\nu^{(n)}[\omega_1 \cdots \omega_n] = \sum_{s=0}^{\nu} \binom{\nu}{s} \omega_n^s C_s\, C_{\nu-s}^{(n-1)}[\omega_1 \cdots \omega_{n-1}].$$

Aus ihnen leitet man dann durch vollständige Induktion die angekündigten Darstellungen

$$(32^*) \qquad E_\nu^{(n)}[\omega_1 \cdots \omega_n] = \sum \frac{\nu!}{s_1! \cdots s_n!} E_{s_1} \cdots E_{s_n} \omega_1^{s_1} \cdots \omega_n^{s_n},$$

$$(33^*) \qquad C_\nu^{(n)}[\omega_1 \cdots \omega_n] = \sum \frac{\nu!}{s_1! \cdots s_n!} C_{s_1} \cdots C_{s_n} \omega_1^{s_1} \cdots \omega_n^{s_n}$$

her, in welchen sich die Summation über alle nichtnegativen ganzen

$s_1, \ldots, s_n$ mit $s_1 + \cdots + s_n = \nu$ erstreckt. In symbolischer Gestalt lauten (32*) und (33*)

$$E_\nu^{(n)}[\omega_1 \cdots \omega_n] = ({}_1E\,\omega_1 + \cdots + {}_nE\,\omega_n)^\nu,$$

$$C_\nu^{(n)}[\omega_1 \cdots \omega_n] = ({}_1C\,\omega_1 + \cdots + {}_nC\,\omega_n)^\nu;$$

dabei sind nach der Ausführung der Potenz gemäß dem polynomischen Satze $({}_rE)^s$ und $({}_rC)^s$ durch E_s und C_s zu ersetzen. Die vorderen Indizes haben wir nur zur Auseinanderhaltung der mit $\omega_1, \ldots, \omega_n$ verbundenen E und C angefügt. Benützen wir diese symbolischen Formeln für die $E_\nu^{(n)}$ und $C_\nu^{(n)}$, so können wir den Gleichungen (25*) und (26), durch welche das Eulersche Polynom $E_\nu^{(n)}(x)$ mittels der $E_\nu^{(n)}$ und $C_\nu^{(n)}$ explizit dargestellt wird, die symbolische Gestalt

$$2^\nu E_\nu^{(n)}\left(\frac{x + \omega_1 + \cdots + \omega_n}{2}\right) = (x + {}_1E\,\omega_1 + {}_2E\,\omega_2 + \cdots + {}_nE\,\omega_n)^\nu,$$

$$2^\nu E_\nu^{(n)}\left(\frac{x}{2}\,\middle|\,\omega_1 \cdots \omega_n\right) = (x + {}_1C\,\omega_1 + {}_2C\,\omega_2 + \cdots + {}_nC\,\omega_n)^\nu$$

geben.

Die Ausdrücke (32) und (33) für die $E_\nu^{(n)}$ und $C_\nu^{(n)}$ sind nur Spezialfälle allgemeinerer Beziehungen. Diese erhält man aus (8) für $y = \frac{\omega_1 + \cdots + \omega_p}{2}$, $x = \frac{\omega_{p+1} + \cdots + \omega_n}{2}$ und $y = x = 0$ in der Gestalt:

$$E_\nu^{(n)}[\omega_1 \cdots \omega_n] = \sum_{s=0}^{\nu} \binom{\nu}{s} E_s^{(p)}[\omega_1 \cdots \omega_p]\, E_{\nu-s}^{(n-p)}[\omega_{p+1} \cdots \omega_n]$$
$$= (E^{(p)} + E^{(n-p)})^\nu,$$

$$C_\nu^{(n)}[\omega_1 \cdots \omega_n] = \sum_{s=0}^{\nu} \binom{\nu}{s} C_s^{(p)}[\omega_1 \cdots \omega_p]\, C_{\nu-s}^{(n-p)}[\omega_{p+1} \cdots \omega_n]$$
$$= (C^{(p)} + C^{(n-p)})^\nu,$$

wobei $p = 1, 2, \ldots, n-1$ sein kann; den Fall $p = 1$ haben wir schon in (32) und (33) kennengelernt. Aus den eben aufgeschriebenen Gleichungen gewinnen wir die noch allgemeineren Relationen

$$E_\nu^{(n)} = (E^{(p_1)} + E^{(p_2)} + \cdots + E^{(p_s)})^\nu,$$

$$C_\nu^{(n)} = (C^{(p_1)} + C^{(p_2)} + \cdots + C^{(p_s)})^\nu;$$

unter $p_1, p_2, \ldots, p_s$ sind dabei positive ganze Zahlen mit $p_1 + p_2 + \cdots + p_s = n$ verstanden.

§ 2. Die Bernoullischen Polynome höherer Ordnung.

68. Um die höheren Bernoullischen Polynome, zu deren Betrachtung wir jetzt übergehen, eindeutig festlegen zu können, definieren wir zunächst die den Bernoullischen Zahlen B_ν und den Zahlen D_ν entsprechenden *Formen* $B_\nu^{(n)}[\omega_1 \cdots \omega_n] = B_\nu^{(n)}$ und $D_\nu^{(n)}[\omega_1 \cdots \omega_n] = D_\nu^{(n)}$, und zwar durch die Rekursionsformeln

$$(34)\quad (B^{(n)} + \omega_n)^\nu - (B^{(n)})^\nu \equiv \sum_{s=1}^{\nu} \binom{\nu}{s} \omega_n^s B_{\nu-s}^{(n)} = \omega_n \nu B_{\nu-1}^{(n-1)},$$

$$(35)\quad (D^{(n)} + \omega_n)^\nu - (D^{(n)} - \omega_n)^\nu \equiv \sum_{s=0}^{\nu} \binom{\nu}{s} \omega_n^s D_{\nu-s}^{(n)} - \sum_{s=0}^{\nu} (-1)^s \binom{\nu}{s} \omega_n^s D_{\nu-s}^{(n)} = 2\,\omega_n \nu D_{\nu-1}^{(n-1)}.$$

und die Bedingungen

$$B_\nu^{(1)}[\omega_1] = \omega_1^\nu B_\nu, \qquad D_\nu^{(1)}[\omega_1] = \omega_1^\nu D_\nu .$$

Aus dem Verschwinden von $D_{2\mu+1}$ kann man sofort auch $D_{2\mu+1}^{(n)} = 0$ für beliebige n schließen. Die Rekursionsformeln (34) und (35) lassen sich, unter $\varphi(z)$ ein Polynom verstanden, auch in die Gleichungen

$$(36)\quad \varphi(x + B^{(n)} + \omega_n) - \varphi(x + B^{(n)}) = \omega_n \varphi'(x + B^{(n-1)}),$$

$$(37)\quad \varphi\left(x + \frac{D^{(n)} + \omega_n}{2}\right) - \varphi\left(x + \frac{D^{(n)} - \omega_n}{2}\right) = \omega_n \varphi'\left(x + \frac{D^{(n-1)}}{2}\right)$$

zusammenfassen. Diese lehren, daß die Differenzengleichungen

$$(38)\quad \mathop{\triangle}_{\omega_n} f(x) = \varphi'(x + B^{(n-1)}),$$

$$(39)\quad \mathop{\triangle}_{\omega_n} f(x) = \varphi'\left(x + \frac{D^{(n-1)}}{2}\right)$$

die Lösungen

$$(38^*)\quad f(x) = \varphi(x + B^{(n)}),$$

$$(39^*)\quad f(x) = \varphi\left(x + \frac{D^{(n)} - \omega_n}{2}\right)$$

besitzen.

Das *Bernoullische Polynom n-ter Ordnung und ν-ten Grades* $B_\nu^{(n)}(x \mid \omega_1 \cdots \omega_n) = B_\nu^{(n)}(x)$ erklären wir nunmehr folgendermaßen. $B_\nu^{(1)}(x \mid \omega_1)$ ist das Polynom, welches der Differenzengleichung

$$\mathop{\triangle}_{\omega_1} B_\nu^{(1)}(x \mid \omega_1) = \nu x^{\nu-1}$$

und der Anfangsbedingung

$$B_\nu^{(1)}(0 \mid \omega_1) = B_\nu^{(1)}[\omega_1]$$

genügt. $B_\nu^{(2)}(x \mid \omega_1, \omega_2)$ ist das Polynom, welches die Differenzengleichung

$$\underset{\omega_2}{\triangle} B_\nu^{(2)}(x \mid \omega_1, \omega_2) = \nu B_{\nu-1}^{(1)}(x \mid \omega_1)$$

und die Anfangsbedingung

$$B_\nu^{(2)}(0 \mid \omega_1, \omega_2) = B_\nu^{(2)}[\omega_1, \omega_2]$$

befriedigt. Schließlich ist allgemein $B_\nu^{(n)}(x \mid \omega_1 \cdots \omega_n)$ das Polynom, welches die Differenzengleichung

(40) $$\underset{\omega_n}{\triangle} B_\nu^{(n)}(x \mid \omega_1 \cdots \omega_n) = \nu B_{\nu-1}^{(n-1)}(x \mid \omega_1 \cdots \omega_{n-1})$$

und die Anfangsbedingung

(40*) $$B_\nu^{(n)}(0 \mid \omega_1 \cdots \omega_n) = B_\nu^{(n)}[\omega_1 \cdots \omega_n]$$

erfüllt. Offenbar ist $B_\nu^{(n)}(x)$ ein Polynom vom Grade ν in x. Speziell wird

$$B_\nu^{(1)}(x \mid \omega_1) = \omega_1^\nu B_\nu\left(\frac{x}{\omega_1}\right),$$

und zweckmäßig setzt man noch

$$B_\nu^{(0)}(x) = x^\nu.$$

Unter Heranziehung der Relationen (38*) und (39*) finden wir für das eben definierte Bernoullische Polynom $B_\nu^{(n)}(x)$ die Entwicklungen

(41) $$B_\nu^{(n)}(x \mid \omega_1 \cdots \omega_n) = (x + B^{(n)})^\nu = \sum_{s=0}^{\nu} \binom{\nu}{s} x^s B_{\nu-s}^{(n)}[\omega_1 \cdots \omega_n],$$

(42) $$B_\nu^{(n)}(x \mid \omega_1 \cdots \omega_n) = \left(x - \frac{\omega_1 + \cdots + \omega_n}{2} + \frac{D^{(n)}}{2}\right)^\nu = \sum_{s=0}^{\nu} \binom{\nu}{s} \frac{D_s^{(n)}}{2^s} \left(x - \frac{\omega_1 + \cdots + \omega_n}{2}\right)^{\nu-s}.$$

Aus der Gleichung (42) können wir die Beziehung

(42*) $$2^\nu B_\nu^{(n)}\left(\frac{x + \omega_1 + \cdots + \omega_n}{2} \,\middle|\, \omega_1 \cdots \omega_n\right) = \sum_{s=0}^{\nu} \binom{\nu}{s} x^s D_{\nu-s}^{(n)}$$

entnehmen, nach der insbesondere

(43) $$B_\nu^{(n)}\left(\frac{\omega_1 + \cdots + \omega_n}{2}\right) = \frac{D_\nu^{(n)}}{2^\nu}$$

ist, sodaß $B_\nu^{(n)}(x \mid \omega_1 \cdots \omega_n)$ für ungerade ν und beliebiges n eine Nullstelle im Punkte $x = \frac{\omega_1 + \cdots + \omega_n}{2}$ hat.

69. Aus der Gleichung (41) leitet man durch Differentiation die Formeln

$$\frac{d}{dx} B_\nu^{(n)}(x) = \nu\, B_{\nu-1}^{(n)}(x), \tag{44}$$

$$\frac{d^p}{dx^p} B_\nu^{(n)}(x) = \nu(\nu-1)\cdots(\nu-p+1)\, B_{\nu-p}^{(n)}(x) \tag{44*}$$

her. Umgekehrt wird hiernach

$$\frac{1}{\omega_1}\int\limits_0^{\omega_1} B_\nu^{(n)}(x+t\,|\,\omega_1\cdots\omega_n)\,dt = B_\nu^{(n-1)}(x\,|\,\omega_2\cdots\omega_n), \tag{45}$$

sodaß sich das linksstehende *Spannenintegral* als unabhängig von ω_1 erweist. Ferner schließt man aus der Definitionsgleichung (40) unmittelbar, daß sich die aufeinanderfolgenden Differenzen der Bernoullischen Polynome wieder durch Bernoullische Polynome ausdrücken lassen:

$$\mathop{\triangle}_{\omega_1\cdots\omega_p}^{p} B_\nu^{(n)}(x\,|\,\omega_1\cdots\omega_n) = \nu(\nu-1)\cdots(\nu-p+1)\, B_{\nu-p}^{(n-p)}(x\,|\,\omega_{p+1}\cdots\omega_n), \tag{46}$$

also für $p = 1, 2, \cdots, n$

$$\mathop{\triangle}_{\omega_1\cdots\omega_p}^{p} B_\nu^{(n)}(x\,|\,\omega_1\cdots\omega_n) = \frac{d^p}{dx^p} B_\nu^{(n-p)}(x\,|\,\omega_{p+1}\cdots\omega_n) \tag{46*}$$

Insbesondere ergibt sich für $p = n$

$$\mathop{\triangle}_{\omega_1\cdots\omega_n}^{n} B_\nu^{(n)}(x\,|\,\omega_1\cdots\omega_n) = \nu(\nu-1)\cdots(\nu-n+1)\, x^{\nu-n}. \tag{46**}$$

Man kann daher das Bernoullische Polynom $B_\nu^{(n)}(x)$, ähnlich wie es bei den Eulerschen Polynomen war, auch als Polynomlösung einer einzigen Differenzengleichung, nämlich der Gleichung (46**), definieren. Dabei muß man dann freilich, um Eindeutigkeit zu erzielen, noch die Werte der eingehenden n willkürlichen Konstanten vorschreiben.

Für $x = \frac{\omega_1+\cdots+\omega_n}{2}$ bzw. $x = 0$ bekommen wir aus (41), (42) und (42*)

$$D_\nu^{(n)} = (2\,B^{(n)} + \omega_1 + \cdots + \omega_n)^\nu = \sum_{s=0}^{\nu} \binom{\nu}{s} 2^{\nu-s} (\omega_1+\cdots+\omega_n)^s\, B_{\nu-s}^{(n)},$$

$$2^\nu B_\nu^{(n)} = (D^{(n)} - \omega_1 - \cdots - \omega_n)^\nu = \sum_{s=0}^{\nu} (-1)^s \binom{\nu}{s} (\omega_1+\cdots+\omega_n)^s\, D_{\nu-s}^{(n)},$$

$$(-2)^\nu B_\nu^{(n)} = (D^{(n)} + \omega_1 + \cdots + \omega_n)^\nu = \sum_{s=0}^{\nu} \binom{\nu}{s} (\omega_1+\cdots+\omega_n)^s\, D_{\nu-s}^{(n)},$$

wodurch die $D_\nu^{(n)}$ mittels der $B_\nu^{(n)}$ ausgedrückt sind und umgekehrt.

70. Die Relation (36) läßt sich auch in der Gestalt

$$\varphi(B^{(n)}(x)+\omega_n)-\varphi(B^{(n)}(x))=\omega_n\varphi'(B^{(n-1)}(x)) \tag{36*}$$

schreiben und verkörpert dann den Typus einer Rekursionsformel zwischen Bernoullischen Polynomen der Ordnungen n und $n-1$. Ist $\varphi(z)$ etwa vom Grade $m+n$, so gelangt man leicht zu der Relation

$$\sum_{s=0}^{m+n}\frac{B_s^{(n)}(x)}{s!}\mathop{\triangle}_{\omega_n}\varphi^{(s)}(y)=\sum_{s=0}^{m+n}\frac{B_s^{(n-1)}(x)}{s!}\varphi^{(s+1)}(y) \tag{47}$$

und hieraus durch Differenzenbildung inbezug auf y zu der Gleichung

$$\sum_{s=0}^{m}\frac{B_s^{(n)}(x)}{s!}\mathop{\overset{n}{\triangle}}_{\omega_1\cdots\omega_n}\varphi^{(s)}(y)=\varphi^{(n)}(x+y). \tag{48}$$

Diese stellt eine allgemeine Rekursionsformel für Bernoullische Polynome derselben Ordnung n dar und liefert speziell für $x=0$ und $x=\frac{\omega_1+\cdots+\omega_n}{2}$

$$\sum_{s=0}^{m}\frac{B_s^{(n)}[\omega_1\cdots\omega_n]}{s!}\mathop{\overset{n}{\triangle}}_{\omega_1\cdots\omega_n}\varphi^{(s)}(y)=\varphi^{(n)}(y),$$

$$\sum_{s=0}^{m}\frac{D_s^{(n)}[\omega_1\cdots\omega_n]}{2^s\,s!}\mathop{\overset{n}{\triangle}}_{\omega_1\cdots\omega_n}\varphi^{(s)}(y)=\varphi^{(n)}\left(y+\frac{\omega_1+\cdots+\omega_n}{2}\right).$$

Ferner kann man aus ihr schließen, daß die Differenzengleichung

$$\mathop{\overset{n}{\triangle}}_{\omega_1\cdots\omega_n}f(x)=\varphi^{(n)}(x), \tag{49}$$

in der $\varphi(x)$ ein Polynom $(m+n)$-ten Grades bedeutet, eine Lösung $f(x)$ mit

$$f(x+y)=\sum_{s=0}^{m+n}\frac{B_s^{(n)}(x)}{s!}\varphi^{(s)}(y)=\varphi(B^{(n)}(x)+y) \tag{49*}$$

aufweist. Von einem höheren Standpunkte aus, als Sonderfall der verallgemeinerten Euler-Maclaurinschen Summenformel, werden wir die Gleichung (48) in § 6 ins Auge fassen, während uns Verallgemeinerungen der Entwicklung (49*) für die Lösung der Gleichung (49) in Kap. 7, § 1 begegnen werden.

Trägt man in (48)

$$\varphi(y)=B_{\nu+n}^{(n+p)}(y\,|\,\omega_1\cdots\omega_{n+p})$$

ein, so folgt in

$$(50)\quad B_\nu^{(n+p)}(x+y \mid \omega_1 \cdots \omega_{n+p})$$
$$= \sum_{s=0}^{\nu} \binom{\nu}{s} B_s^{(n)}(x \mid \omega_1 \cdots \omega_n) B_{\nu-s}^{(p)}(y \mid \omega_{n+1} \cdots \omega_{n+p})$$
$$= \left(B^{(n)}(x) + B^{(p)}(y)\right)^\nu$$

eine Darstellung des Bernoullischen Polynoms durch die Polynome niedrigerer Ordnung. Insbesondere erhalten wir für $p = 0$

$$B_\nu^{(n)}(x+y \mid \omega_1 \cdots \omega_n) = \sum_{s=0}^{\nu} \binom{\nu}{s} y^{\nu-s} B_s^{(n)}(x \mid \omega_1 \cdots \omega_n),$$

also die Taylorsche Entwicklung des Bernoullischen Polynoms. Aus ihr entspringt für $y = \omega_n$ die Rekursionsformel

$$(51)\qquad \sum_{s=1}^{\nu} \binom{\nu}{s} \omega_n^s B_{\nu-s}^{(n)}(x) = \omega_n \nu B_{\nu-1}^{(n-1)}(x),$$

mit deren Hilfe wir nacheinander alle Bernoullischen Polynome zu bestimmen vermögen und deren explizite Auflösung durch die aus (50) für $p = 1$, $y = 0$ und $n-1$ statt n entstehende Gleichung

$$(52)\quad B_\nu^{(n)}(x \mid \omega_1 \cdots \omega_n) = \sum_{s=0}^{\nu} \binom{\nu}{s} \omega_n^s B_s B_{\nu-s}^{(n-1)}(x \mid \omega_1 \cdots \omega_{n-1})$$

gegeben wird. Aus (50) leitet man die allgemeine Gleichung

$$(50^*)\ B_\nu^{(n)}(x_1 + x_2 + \cdots + x_s) = \left(B^{(p_1)}(x_1) + B^{(p_2)}(x_2) + \cdots + B^{p_s}(x_s)\right)^\nu$$

her. Dabei bedeuten $p_1, p_2, \ldots, p_s$ nichtnegative ganze Zahlen mit $p_1 + p_2 + \cdots + p_s = n$ und $x_1, x_2, \ldots, x_s$ beliebige Zahlen.

71. Zur Aufstellung eines expliziten Ausdruckes für die $B_\nu^{(n)}[\omega_1 \cdots \omega_n]$ und $D_\nu^{(n)}[\omega_1 \cdots \omega_n]$ setzen wir in (50) $x = y = 0$ bzw. $x = \frac{\omega_1 + \cdots + \omega_n}{2}$, $y = \frac{\omega_{n+1} + \cdots + \omega_{n+p}}{2}$, $p = 1$ und $n-1$ statt n. Dann bekommen wir

$$(53)\qquad B_\nu^{(n)}[\omega_1 \cdots \omega_n] = \sum_{s=0}^{\nu} \binom{\nu}{s} \omega_n^s B_s B_{\nu-s}^{(n-1)}[\omega_1 \cdots \omega_{n-1}],$$

$$(54)\qquad D_\nu^{(n)}[\omega_1 \cdots \omega_n] = \sum_{s=0}^{\nu} \binom{\nu}{s} \omega_n^s D_s D_{\nu-s}^{(n-1)}[\omega_1 \cdots \omega_{n-1}],$$

während sich aus (50*) die allgemeinen Formeln

$$B_\nu^{(n)}[\omega_1 \cdots \omega_n] = ({}_1B\omega_1 + \cdots + {}_nB\,\omega_n)^\nu = \sum \frac{\nu!}{s_1! \cdots s_n!}\, \omega_1^{s_1} \ldots \omega_n^{s_n} B_{s_1} \cdots B_{s_n},$$

$$D_\nu^{(n)}[\omega_1 \cdots \omega_n] = ({}_1D\omega_1 + \cdots + {}_nD\omega_n)^\nu = \sum \frac{\nu!}{s_1! \cdots s_n!}\, \omega_1^{s_1} \cdots \omega_n^{s_n} D_{s_1} \cdots D_{s_n}$$

ergeben, wobei die Summation über alle ganzzahligen nichtnegativen $s_1, s_2, \ldots, s_n$ erstreckt ist; welche der Relation $s_1 + \cdots + s_n = \nu$ genügen. Die letzten Entwicklungen führen weiter zu den Gleichungen

$$B_\nu^{(n)}(x \mid \omega_1 \cdots \omega_n) = (x + {}_1B\omega_1 + \cdots + {}_nB\omega_n)^\nu,$$

$$2^\nu B_\nu^{(n)}\left(\frac{x + \omega_1 + \cdots + \omega_n}{2}\right) = (x + {}_1D\omega_1 + \cdots + {}_nD\omega_n)^\nu$$

und zeigen außerdem, *daß* $B_\nu^{(n)}$, $D_\nu^{(n)}$, $B_\nu^{(n)}(x)$ *symmetrische Funktionen der Spannen* $\omega_1, \ldots, \omega_n$ *sind, für welche die Homogenitätsrelationen*

$$(55) \qquad B_\nu^{(n)}[\lambda\omega_1, \cdots, \lambda\omega_n] = \lambda^\nu B_\nu^{(n)}[\omega_1 \cdots \omega_n],$$

$$(56) \qquad D_\nu^{(n)}[\lambda\omega_1, \cdots, \lambda\omega_n] = \lambda^\nu D_\nu^{(n)}[\omega_1 \cdots \omega_n],$$

$$(57) \qquad B_\nu^{(n)}(\lambda x \mid \lambda\omega_1, \cdots, \lambda\omega_n) = \lambda^\nu B_\nu^{(n)}(x \mid \omega_1 \cdots \omega_n)$$

bestehen.

Die letzte Gleichung (57) ermöglicht die Herleitung des *Ergänzungssatzes der* $B_\nu^{(n)}(x)$, welcher in den Formeln

$$B_\nu^{(n)}(x \mid \omega_1 \cdots \omega_n) = (-1)^\nu B_\nu^{(n)}(\omega_1 - x \mid \omega_1, -\omega_2, \ldots, -\omega_n)$$
$$= B_\nu^{(n)}(x - \omega_1 \mid -\omega_1, \omega_2, \ldots, \omega_n)$$

oder

$$(58) \qquad B_\nu^{(n)}(x + \omega_1 \mid \omega_1\,\omega_2 \cdots \omega_n) = B_\nu^{(n)}(x \mid -\omega_1, \omega_2, \ldots, \omega_n)$$

zum Ausdruck kommt. Allgemeiner gilt für $p = 1, 2, \ldots, n$

$$(59) \quad B_\nu^{(n)}(x + \omega_1 + \cdots + \omega_p \mid \omega_1 \cdots \omega_n) = B_\nu^{(n)}(x \mid -\omega_1, -\omega_2, \ldots, -\omega_p, \omega_{p+1}, \ldots, \omega_n),$$

speziell für $p = n$

$$(59^*) \qquad B_\nu^{(n)}(\omega_1 + \cdots + \omega_n - x \mid \omega_1 \cdots \omega_n) = (-1)^\nu B_\nu^{(n)}(x \mid \omega_1 \cdots \omega_n).$$

Die hieraus für $x = 0$ entfließende Beziehung

$$B_\nu^{(n)}(\omega_1 + \cdots + \omega_n \mid \omega_1 \cdots \omega_n) = (-1)^\nu B_\nu^{(n)}[\omega_1 \cdots \omega_n]$$

läßt erkennen, daß bei geradem $\nu = 2\mu$ das Polynom $B_{2\mu}^{(n)}(x) - B_{2\mu}^{(n)}$ die beiden Nullstellen $x = 0$ und $x = \omega_1 + \cdots + \omega_n$ aufweist, während bei ungeradem $\nu = 2\mu + 1$ von neuem das Verschwinden von $B_{2\mu+1}^{(n)}(x)$ im Punkte $x = \frac{\omega_1 + \cdots + \omega_n}{2}$ in Erscheinung tritt.

72. An den Ergänzungssatz schließen sich *zwei Multiplikationstheoreme* an, eins für die Bernoullischen Polynome allein und ein anderes, in dem sowohl Bernoullische als auch Eulersche Polynome auftreten. Sie lassen sich entsprechend wie das Multiplikationstheorem (19) herleiten. Das erste lautet

$$\sum_{s_p=0}^{m_p-1}\cdots\sum_{s_1=0}^{m_1-1} B_\nu^{(n)}\left(x+\frac{s_1\,\omega_1}{m_1}+\cdots+\frac{s_p\,\omega_p}{m_p}\,\middle|\,\omega_1\cdots\omega_n\right) \tag{60}$$
$$= m_1\cdots m_p B_\nu^{(n)}\left(x\,\middle|\,\frac{\omega_1}{m_1},\ldots,\frac{\omega_p}{m_p},\ \omega_{p+1},\ldots,\omega_n\right).$$

Hierbei bedeuten $m_1, \ldots, m_p$ $(p = 1, 2, \ldots, n)$ beliebige positive ganze Zahlen. Im Sonderfall $p = n$, $m_1 = \cdots = m_n = m$ läßt sich die Gleichung (60) in der Form

$$\sum_{s_n=0}^{m-1}\cdots\sum_{s_1=0}^{m-1} B_\nu^{(n)}\left(x+\frac{s_1\,\omega_1+\cdots+s_n\,\omega_n}{m}\,\middle|\,\omega_1\cdots\omega_n\right) \tag{61}$$
$$= m^{n-\nu}\,B_\nu^{(n)}(m x\,|\,\omega_1\cdots\omega_n)$$

schreiben und führt dann speziell für $m = 2$ und $2\,\omega_s$ statt ω_s zu

$$\mathop{\nabla}_{\omega_1\cdots\omega_n}^{n} B_\nu^{(n)}(x\,|\,2\,\omega_1\cdots 2\,\omega_n) = B_\nu^{(n)}(x\,|\,\omega_1\cdots\omega_n), \tag{62}$$

sodaß das Bernoullische Polynom $B_\nu^{(n)}(x\,|\,\omega_1\cdots\omega_n)$ durch Mittelwertbildung aus dem Bernoullischen Polynom $B_\nu^{(n)}(x\,|\,2\,\omega_1\cdots 2\,\omega_n)$ mit doppelten Spannen gewonnen werden kann.

Im zweiten Multiplikationstheorem

$$\sum_{s_n=0}^{m_n-1}\cdots\sum_{s_1=0}^{m_1-1}(-1)^{s_1+\cdots+s_n} B_{\nu+n}^{(n)}\left(x+\frac{s_1\,\omega_1}{m_1}+\cdots+\frac{s_n\,\omega_n}{m_n}\,\middle|\,\omega_1\cdots\omega_n\right) \tag{63}$$
$$= \left(-\frac{1}{2}\right)^n \omega_1\cdots\omega_n(\nu+1)\cdots(\nu+n)\,E_\nu^{(n)}\left(x\,\middle|\,\frac{\omega_1}{m_1},\ldots,\frac{\omega_n}{m_n}\right)$$

dürfen $m_1, \ldots, m_n$ nur gerade positive ganze Zahlen sein. Es ermöglicht, die Eulerschen durch die Bernoullischen Polynome auszudrücken, und liefert für $m_1 = \cdots = m_n = 2$ die bemerkenswerte Beziehung

$$E_\nu^{(n)}(x\,|\,\omega_1\cdots\omega_n) = \mathop{\Delta}_{\omega_1\cdots\omega_n}^{n} \frac{B_{\nu+n}^{(n)}(x\,|\,2\,\omega_1\cdots 2\,\omega_n)}{(\nu+n)\cdots(\nu+1)}, \tag{64}$$

welche die Verknüpfung der Eulerschen und Bernoullischen Polynome besonders deutlich zeigt; das Eulersche Polynom $E_\nu^{(n)}(x\,|\,\omega_1\cdots\omega_n)$ geht bis auf eine multiplikative Konstante durch Differenzenbildung aus einem Bernoullischen Polynom mit doppelten Spannen hervor.

Aus der Identität

$$\sum_{s_n=0}^{m_n-1}\cdots\sum_{s_1=0}^{m_1-1}(-1)^{s_1+\cdots+s_n} f(x+s_1\omega_1+\cdots+s_n\omega_n)$$
$$=(-1)^n\omega_1\cdots\omega_n\sum_{s_n=0}^{\frac{1}{2}m_n-1}\cdots\sum_{s_1=0}^{\frac{1}{2}m_1-1}\mathop{\triangle}_{\omega_1\cdots\omega_n}^{n} f(x+2s_1\omega_1+\cdots+2s_n\omega_n),$$

in der $m_1, \ldots, m_n$ positive gerade Zahlen bezeichnen, erhält man schließlich, weil die rechte Seite für ein Polynom niedrigeren als n-ten Grades verschwindet, für $\nu = 0, 1, 2, \ldots, n-1$ als Ergänzung zur Gleichung (63)

$$(63^*)\qquad \sum_{s_n=0}^{m_n-1}\cdots\sum_{s_1=0}^{m_1-1}(-1)^{s_1+\cdots+s_n} B_\nu^{(n)}\left(x+\frac{s_1\omega_1}{m_1}+\cdots+\frac{s_n\omega_n}{m_n}\right)=0.$$

Durch den Grenzübergang $m_1\to\infty, \cdots, m_p\to\infty$ vermögen wir aus dem Multiplikationstheorem (60) eine Verallgemeinerung der Formel (45) für das Spannenintegral zu entnehmen, und zwar gewinnen wir unter Beachtung der mit Hilfe von (52) leicht zu bestätigenden Beziehung

$$B_\nu^{(n)}(x\,|\,0,\ldots,0,\omega_{p+1},\ldots,\omega_n)=B_\nu^{(n-p)}(x\,|\,\omega_{p+1},\ldots,\omega_n)$$

die Gleichung

$$\frac{1}{\omega_1\cdots\omega_p}\int_0^{\omega_p}dt_p\cdots\int_0^{\omega_1}B_\nu^{(n)}(x+t_1+\cdots+t_p\,|\,\omega_1\cdots\omega_n)\,dt_1$$
$$=B_\nu^{(n-p)}(x\,|\,\omega_{p+1}\cdots\omega_n).$$

Insbesondere wird für $p=n$

$$(65)\qquad \int_0^1 dt_n\cdots\int_0^1 B_\nu^{(n)}(x+\omega_1 t_1+\cdots+\omega_n t_n\,|\,\omega_1\cdots\omega_n)\,dt_1=x^\nu.$$

Ersetzt man hierin x durch $x+s_1\omega_1+\cdots+s_n\omega_n$, gibt den s_i die Werte $0, 1, \ldots, m_i-1$ und addiert die entsprechenden Gleichungen, so erhält man in der Gleichung

$$\sum_{s_n=0}^{m_n-1}\cdots\sum_{s_1=0}^{m_1-1}(x+s_1\omega_1+\cdots+s_n\omega_n)^\nu$$
$$=\int_0^{m_n}dt_n\cdots\int_0^{m_1}B_\nu^{(n)}(x+\omega_1 t_1+\cdots+\omega_n t_n)\,dt_1$$
$$=\frac{m_1\cdots m_n}{(\nu+1)\cdots(\nu+n)}\mathop{\triangle}_{m_1\omega_1\cdots m_n\omega_n}^{n} B_{\nu+n}^{(n)}(x\,|\,\omega_1\cdots\omega_n)$$

eine Verallgemeinerung des Bernoullischen Ausdrucks (Kap. 2, § 1) der Summe der Potenzen der natürlichen Zahlen durch Bernoullische Polynome.

Für $x \to 0$ bekommt man aus der Relation (65) die Beziehung

$$\int_0^1 dt_n \cdots \int_0^1 B_\nu^{(n)}(\omega_1 t_1 + \cdots + \omega_n t_n)\, dt_1 = 0$$

bei beliebigem positiven ν und n. Bei ungeradem $\nu = 2\mu + 1$ trifft diese Beziehung auch für das Eulersche Polynom $E_\nu^{(n)}(x)$ zu:

$$\int_0^1 dt_n \cdots \int_0^1 E_{2\mu+1}^{(n)}(\omega_1 t_1 + \cdots + \omega_n t_n)\, dt_1 = 0,$$

wie man durch vollständige Induktion aus der am Schlusse von Kapitel 2, § 2 angeführten Formel

$$\int_0^1 E_\nu^{(1)}(\omega t \mid \omega)\, dt = -\frac{C_{\nu+1}}{(\nu+1)\, 2^\nu}$$

und aus der Gleichung (10) entnimmt. Für beliebige ν ist der Wert des letzten Integrals

$$\int_0^1 dt_n \cdots \int_0^1 E_\nu^{(n)}(\omega_1 t_1 + \cdots + \omega_n t_n)\, dt_1$$
$$= \frac{(-1)^n}{2^\nu} \sum \frac{\nu!}{(s_1+1)! \cdots (s_n+1)!} C_{s_1+1} \cdots C_{s_n+1}\, \omega_1^{s_1} \cdots \omega_n^{s_n},$$

wobei die Summation über alle nichtnegativen ganzen $s_1, \ldots, s_n$ mit $s_1 + \cdots + s_n = \nu$ läuft.

Die Gleichung (64) in der Gestalt

$$\int_0^1 dt_n \cdots \int_0^1 B_\nu^{(n)}(x + \omega_1 t_1 + \cdots + \omega_n t_n \mid 2\omega_1 \cdots 2\omega_n)\, dt_1$$
$$= E_\nu^{(n)}(x \mid \omega_1 \cdots \omega_n)$$

liefert für $x = 0$

$$\int_0^{\frac{1}{2}} dt_n \cdots \int_0^{\frac{1}{2}} B_\nu^{(n)}(\omega_1 t_1 + \cdots + \omega_n t_n \mid \omega_1 \cdots \omega_n)\, dt_1 = \frac{C_\nu^{(n)}[\omega_1 \cdots \omega_n]}{2^{2\nu+n}}.$$

Alle diese Beziehungen, zu denen man noch viele andere hinzufügen kann, stellen naturgemäße Verallgemeinerungen der bei den Bernoullischen und Eulerschen Polynomen erster Ordnung erzielten Ergebnisse dar und werfen umgekehrt ein neues Licht auf die Eigenschaften jener einfachen Polynome. Nunmehr wenden wir uns weitergehenden Untersuchungen zu, welche erkennen lassen, wie die Betrachtungsweise der Differenzenrechnung Ordnung und Systematik in eine Reihe von Gebieten hereinbringt, die sonst recht unübersichtlich und schwer zugänglich bleiben.

§ 3. Bernoullische und Eulersche Polynome von negativer Ordnung.

73. Bisher haben wir die Ordnung n als nichtnegative ganze Zahl vorausgesetzt. Es erweist sich jedoch als zweckmäßig, *für n auch negative ganze Zahlen zuzulassen.* In Anlehnung an die für nichtnegative n gültigen Beziehungen (46**) und (2)

$$\mathop{\overset{n}{\triangle}}_{\omega_1\cdots\omega_n} B_\nu^{(n)}(x\,|\,\omega_1\cdots\omega_n) = \frac{\nu!}{(\nu-n)!}\,x^{\nu-n},$$

$$\mathop{\overset{n}{\nabla}}_{\omega_1\cdots\omega_n} E_\nu^{(n)}(x\,|\,\omega_1\cdots\omega_n) = x^\nu$$

definieren wir das *Bernoullische Polynom von der Ordnung* $-n$ durch

$$B_\nu^{(-n)}(x\,|\,\omega_1\cdots\omega_n) = \frac{\nu!}{(\nu+n)!}\mathop{\overset{n}{\triangle}}_{\omega_1\cdots\omega_n} x^{\nu+n} \tag{66}$$

und das *Eulersche Polynom von der Ordnung* $-n$ durch

$$E_\nu^{(-n)}(x\,|\,\omega_1\cdots\omega_n) = \mathop{\overset{n}{\nabla}}_{\omega_1\cdots\omega_n} x^\nu, \tag{67}$$

wobei ν und n ganze nichtnegative Zahlen sind. *Die Bernoullischen und Eulerschen Polynome von negativer Ordnung sollen also im wesentlichen die aufeinanderfolgenden Differenzen und Mittelwerte der Potenzen von x mit nichtnegativem ganzen Exponenten sein.* Auf das Problem der Differenzenbildung für die Potenzen von x sind wir ja schon in Kapitel 1, § 1 gestoßen. Man erkennt unmittelbar, daß

$$\mathop{\triangle}_{\omega_{n+1}} B_\nu^{(-n)}(x\,|\,\omega_1\cdots\omega_n) = \nu\,B_{\nu-1}^{(-n-1)}(x\,|\,\omega_1\cdots\omega_{n+1}), \tag{68}$$

$$\mathop{\nabla}_{\omega_{n+1}} E_\nu^{(-n)}(x\,|\,\omega_1\cdots\omega_n) = E_\nu^{(-n-1)}(x\,|\,\omega_1\cdots\omega_{n+1}) \tag{69}$$

ist, daß also die früheren Beziehungen

$$\overset{p}{\triangle} B_\nu^{(n)}(x) = \nu(\nu-1)\cdots(\nu-p+1)\,B_{\nu-p}^{(n-p)}(x), \tag{46*}$$

$$\overset{p}{\nabla} E_\nu^{(n)}(x) = E_\nu^{(n-p)}(x) \tag{3}$$

auch für $p > n$ in Kraft bleiben. Wenden wir auf die für nichtnegatives n und p bewiesene Gleichung

$$E_\nu^{(n+p)}(x+y) = \sum_{s=0}^{\nu}\binom{\nu}{s} E_s^{(n)}(x)\,E_{\nu-s}^{(p)}(y) \tag{8}$$

die Operationen $\underset{\omega_1 \cdots \omega_n\, \omega_1 \cdots \omega_n}{\overset{2n}{\nabla}}$ in bezug auf x und $\underset{\omega_1 \cdots \omega_p\, \omega_1 \cdots \omega_p}{\overset{2p}{\nabla}}$ in bezug auf y an, so verwandeln sich in ihr n und p in $-n$ und $-p$. Dieselbe Bemerkung kann man bei der Gleichung

$$B_\nu^{(n+p)}(x+y) = \sum_{s=0}^{\nu} \binom{\nu}{s} B_s^{(n)}(x)\, B_{\nu-s}^{(p)}(y) \tag{50}$$

machen. Die Beziehungen (8) und (50) bestehen also für alle ganzzahligen Werte von n und p. Wichtige Sonderfälle sind

$$E_\nu^{(-n)}(x+y) = \sum_{s=0}^{\nu} \binom{\nu}{s} y^{\nu-s} E_s^{(-n)}(x), \tag{70}$$

$$B_\nu^{(-n)}(x+y) = \sum_{s=0}^{\nu} \binom{\nu}{s} y^{\nu-s} B_s^{(-n)}(x). \tag{71}$$

Setzen wir noch in Analogie zu früher

$$B_\nu^{(-n)} = B_\nu^{(-n)}(0) \qquad = \left[\frac{\nu!}{(\nu+n)!} \underset{\omega_1 \cdots \omega_n}{\overset{n}{\triangle}} x^{\nu+n}\right]_{x=0},$$

$$C_\nu^{(-n)} = 2^\nu E_\nu^{(-n)}(0) \qquad = 2^\nu \left[\underset{\omega_1 \cdots \omega_n}{\overset{n}{\nabla}} x^\nu\right]_{x=0},$$

$$D_\nu^{(-n)} = 2^\nu B_\nu^{(-n)}\left(-\frac{\omega_1 + \cdots + \omega_n}{2}\right),$$

$$E_\nu^{(-n)} = 2^\nu E_\nu^{(-n)}\left(-\frac{\omega_1 + \cdots + \omega_n}{2}\right),$$

so lassen die Gleichungen (70) und (71) erkennen, daß die Polynome negativer Ordnung durch die $B_\nu^{(-n)}$ usw. gerade so ausdrückbar sind wie die Polynome positiver Ordnung durch die $B_\nu^{(n)}$ usw. *Die* $B_\nu^{(-n)}$ *und* $C_\nu^{(-n)}$ *sind bis auf multiplikative Konstanten die Differenzen und Mittelwerte der Potenzen von* x *an der Stelle* $x = 0$.

Um die $B_\nu^{(-n)}$ usw. explizit angeben zu können, tragen wir in (50) $x = y = 0$ ein. Die entstehende Rekursionsformel

$$B_\nu^{(-n-p)} = \sum_{s=0}^{\nu} \binom{\nu}{s} B_s^{(-n)} B_{\nu-s}^{(-p)}$$

ist auch richtig, wenn man C, D oder E statt B schreibt. Man findet zunächst

$$B_0^{(-n)} = C_0^{(-n)} = D_0^{(-n)} = E_0^{(-n)} = 1,$$

$$B_\nu^{(-1)}[\omega] = \frac{\omega^\nu}{\nu+1}, \quad C_\nu^{(-1)}[\omega] = 2^{\nu-1}\omega^\nu,$$

ferner für gerades $\nu = 2\mu$

$$E_{2\mu}^{(-1)}[\omega] = \omega^{2\mu}, \quad D_{2\mu}^{(-1)}[\omega] = \frac{\omega^{2\mu}}{2\mu+1},$$

für ungerades $\nu = 2\mu + 1$

$$E_{2\mu+1}^{(-1)}[\omega] = 0, \qquad D_{2\mu+1}^{(-1)}[\omega] = 0,$$

dann allgemein

$$E_{2\mu+1}^{(-n)}[\omega_1 \cdots \omega_n] = 0, \qquad D_{2\mu+1}^{(-n)}[\omega_1 \cdots \omega_n] = 0.$$

Durch vollständige Induktion ergibt sich schließlich

$$B_\nu^{(-n)}[\omega_1 \cdots \omega_n] = \sum \frac{\nu!}{(s_1+1)! \cdots (s_n+1)!} \omega_1^{s_1} \cdots \omega_n^{s_n},$$

$$C_\nu^{(-n)}[\omega_1 \cdots \omega_n] = \sum \frac{\nu!}{s_1! \cdots s_n!} C_{s_1}^{(-1)}[\omega_1] \cdots C_{s_n}^{(-1)}[\omega_n],$$

wobei über alle nichtnegativen ganzen $s_1, \ldots, s_n$ mit $s_1 + \cdots + s_n = \nu$ zu summieren ist, sowie

$$E_{2\mu}^{(-n)}[\omega_1 \cdots \omega_n] = \sum \frac{(2\mu)!}{s_1! \cdots s_n!} \omega_1^{s_1} \cdots \omega_n^{s_n},$$

$$D_{2\mu}^{(-n)}[\omega_1 \cdots \omega_n] = \sum \frac{(2\mu)!}{(s_1+1)! \cdots (s_n+1)!} \omega_1^{s_1} \cdots \omega_n^{s_n},$$

worin die Summation über dieselben Werte von $s_1, \ldots, s_n$ *mit Ausnahme der ungeraden* läuft.

74. Nehmen wir in (50) und (8) $p = -n$, so entsteht

$$(x+y)^\nu = \sum_{s=0}^{\nu} \binom{\nu}{s} B_s^{(n)}(x) B_{\nu-s}^{(-n)}(y), \tag{72}$$

$$(x+y)^\nu = \sum_{s=0}^{\nu} \binom{\nu}{s} E_s^{(n)}(x) E_{\nu-s}^{(-n)}(y), \tag{73}$$

insbesondere für $y = 0$

$$x^\nu = \sum_{s=0}^{\nu} \binom{\nu}{s} B_s^{(-n)} B_{\nu-s}^{(n)}(x),$$

$$x^\nu = \sum_{s=0}^{\nu} \binom{\nu}{s} 2^{-s} C_s^{(-n)} E_{\nu-s}^{(n)}(x).$$

Diese Rekursionsformeln liefern die Bernoullischen und Eulerschen Polynome n-ter Ordnung *ohne Durchgang durch die Polynome niedrigerer*

Ordnung, wie es bei (50) und (8) der Fall ist. Sie lassen sich auch in der Form

$$x^\nu = \sum_{s=0}^{\nu} \frac{B_s^{(-n)}}{s!} \frac{d^s B_\nu^{(n)}(x)}{dx^s},$$

$$x^\nu = \sum_{s=0}^{\nu} \frac{C_s^{(-n)}}{2^s s!} \frac{d^s E_\nu^{(n)}(x)}{dx^s}$$

schreiben. Aus diesen Beziehungen liest man ab, daß die Bernoullischen und Eulerschen Polynome linearen Differentialgleichungen mit konstanten Koeffizienten genügen, für welche sie die einzigen rationalen Lösungen sind.

Wenn man in (72) $x = y = 0$ wählt, so bekommt man in

$$\sum_{s=0}^{\nu} \binom{\nu}{s} B_s^{(n)} B_{\nu-s}^{(-n)} = \begin{cases} 1, & \nu = 0 \\ 0, & \nu > 0 \end{cases} \tag{74}$$

eine für die Berechnung der Formen $B_\nu^{(n)}$ mit positivem n sehr nützliche Relation. Die $B_\nu^{(-n)}$ von negativer Ordnung sind nämlich durch einfache Differenzenbildungen zu gewinnen und von einfacherer Natur als die $B_\nu^{(n)}$, und man braucht sich, um (74) anwenden zu können, nur die $B_\nu^{(-n)}$ zu verschaffen. Für die $C_\nu^{(n)}$, $D_\nu^{(n)}$, $E_\nu^{(n)}$ gilt dasselbe, wenn man in (74) C, D, E statt B schreibt.

Alle Ergebnisse für die Polynome positiver Ordnung bleiben unter sinngemäßen Abänderungen auch für die Polynome negativer Ordnung gültig. Beispielsweise können wir für die Relationen (62) und (64)

$$\mathop{\nabla}_{\omega_1 \cdots \omega_n}^{n} B_\nu^{(n)}(x \mid 2\omega_1 \cdots 2\omega_n) = B_\nu^{(n)}(x \mid \omega_1 \cdots \omega_n),$$

$$\mathop{\Delta}_{\omega_1 \cdots \omega_n}^{n} B_\nu^{(n)}(x \mid 2\omega_1 \cdots 2\omega_n) = \frac{d^n}{dx^n} E_\nu^{(n)}(x \mid \omega_1 \cdots \omega_n)$$

unter Heranziehung der Formel (12) aus Kapitel 1, § 1

$$\mathop{\Delta}_{\omega} \mathop{\nabla}_{\omega} = \mathop{\nabla}_{\omega} \mathop{\Delta}_{\omega} = \mathop{\Delta}_{2\omega}$$

folgendes ersehen:

$$B_\nu^{(-n)}(x \mid 2\omega_1 \cdots 2\omega_n) = \mathop{\nabla}_{\omega_1 \cdots \omega_n}^{n} B_\nu^{(-n)}(x \mid \omega_1 \cdots \omega_n),$$

$$\frac{d^n}{dx^n} B_\nu^{(-n)}(x \mid 2\omega_1 \cdots 2\omega_n) = \mathop{\Delta}_{\omega_1 \cdots \omega_n}^{n} E_\nu^{(-n)}(x \mid \omega_1 \cdots \omega_n).$$

§ 4. Ausdruck von Differenzen und Mittelwerten durch Ableitungen. Erzeugende Funktionen der Bernoullischen und Eulerschen Polynome.

75. Es sei $f(x)$ eine in einer gewissen Umgebung des Nullpunktes reguläre analytische Funktion. Wenden wir in der alsdann gültigen Maclaurinschen Entwicklung

$$f(x) = \sum_{\nu=0}^{\infty} f^{(\nu)}(0) \frac{x^\nu}{\nu!}$$

beiderseits die Operationen $\overset{n}{\triangle}$ oder $\overset{n}{\nabla}$ an, so entsteht

$$\underset{\omega_1 \cdots \omega_n}{\overset{n}{\triangle}} f(x) = \sum_{\nu=0}^{\infty} f^{(\nu+n)}(0) \frac{B_\nu^{(-n)}(x)}{\nu!},$$

$$\underset{\omega_1 \cdots \omega_n}{\overset{n}{\nabla}} f(x) = \sum_{\nu=0}^{\infty} f^{(\nu)}(0) \frac{E_\nu^{(-n)}(x)}{\nu!}.$$

Vermöge dieser Formeln werden die Differenzen und Mittelwerte der Funktion $f(x)$ durch deren Ableitungen ausgedrückt. Die auftretenden Reihen sind konvergent, wenn die absoluten Beträge der Zahlen x und ω genügend klein sind. Die umgekehrte Aufgabe, Ableitungen durch Differenzen auszudrücken, werden wir in Kapitel 8, § 7 lösen.

Beispielsweise wird für die Funktion $f(x) = e^{xt}$, für welche wir, wie schon in Kapitel 1, § 1 erwähnt, die Differenzen und Mittelwerte leicht explizit aufschreiben können,

$$\frac{(e^{\omega_1 t} - 1) \cdots (e^{\omega_n t} - 1)\, e^{xt}}{\omega_1 \cdots \omega_n t^n} = \sum_{\nu=0}^{\infty} \frac{t^\nu}{\nu!} B_\nu^{(-n)}(x \mid \omega_1 \cdots \omega_n), \tag{75}$$

$$\frac{(e^{\omega_1 t} + 1) \cdots (e^{\omega_n t} + 1)\, e^{xt}}{2^n} = \sum_{\nu=0}^{\infty} \frac{t^\nu}{\nu!} E_\nu^{(-n)}(x \mid \omega_1 \cdots \omega_n), \tag{76}$$

wobei die Reihen für alle x beständig konvergent in t sind. *Damit haben wir die erzeugenden Funktionen der Bernoullischen und Eulerschen Polynome negativer Ordnung gefunden.* Sonderfälle sind

$$\frac{(e^{\omega_1 t} - 1) \cdots (e^{\omega_n t} - 1)}{\omega_1 \cdots \omega_n t^n} = \sum_{\nu=0}^{\infty} \frac{t^\nu}{\nu!} B_\nu^{(-n)},$$

$$\frac{\sin \omega_1 t \cdots \sin \omega_n t}{\omega_1 \cdots \omega_n t^n} = \sum_{\nu=0}^{\infty} (-1)^\nu \frac{t^{2\nu}}{(2\nu)!} D_{2\nu}^{(-n)},$$

$$\frac{(e^{\omega_1 t}+1)\cdots(e^{\omega_n t}+1)}{2^n} = \sum_{\nu=0}^{\infty} \frac{t^\nu}{\nu!} \frac{C_\nu^{(-n)}}{2^\nu},$$

$$\cos\omega_1 t \cdots \cos\omega_n t = \sum_{\nu=0}^{\infty} (-1)^\nu \frac{t^{2\nu}}{(2\nu)!} E_{2\nu}^{(-n)}.$$

Um auch für die Polynome positiver Ordnung die erzeugenden Funktionen aufzustellen, gehen wir folgendermaßen vor. In Verbindung mit Gleichung (74) schließt man aus (75), daß die erzeugende Funktion der $B_\nu^{(n)}$ zu derjenigen der $B_\nu^{(-n)}$ reziprok ist, daß also

$$\frac{\omega_1\cdots\omega_n t^n}{(e^{\omega_1 t}-1)\cdots(e^{\omega_n t}-1)} = \sum_{\nu=0}^{\infty} \frac{t^\nu}{\nu!} B_\nu^{(n)}$$

gilt. Wegen

$$B_\nu^{(n)}(x) = \sum_{s=0}^{\nu} \binom{\nu}{s} x^s B_{\nu-s}^{(n)}$$

finden wir schließlich

$$(77) \qquad \frac{\omega_1\cdots\omega_n t^n e^{xt}}{(e^{\omega_1 t}-1)\cdots(e^{\omega_n t}-1)} = \sum_{\nu=0}^{\infty} \frac{t^\nu}{\nu!} B_\nu^{(n)}(x \mid \omega_1\cdots\omega_n).$$

Auf entsprechendem Wege ergibt sich über die Beziehung

$$\frac{2^n}{(e^{\omega_1 t}+1)\cdots(e^{\omega_n t}+1)} = \sum_{\nu=0}^{\infty} \frac{t^\nu}{\nu!} \frac{C_\nu^{(n)}}{2^\nu}$$

hinweg die Relation

$$(78) \qquad \frac{2^n e^{xt}}{(e^{\omega_1 t}+1)\cdots(e^{\omega_n t}+1)} = \sum_{\nu=0}^{\infty} \frac{t^\nu}{\nu!} E_\nu^{(n)}(x \mid \omega_1\cdots\omega_n).$$

Die in (77) *und* (78) *auf der linken Seite stehenden Funktionen sind die erzeugenden Funktionen der Bernoullischen und Eulerschen Polynome höherer Ordnung;* die rechts auftretenden Reihen konvergieren für

$$|t| < \min\left(\left|\frac{2\pi}{\omega_1}\right|, \ldots, \left|\frac{2\pi}{\omega_n}\right|\right)$$

bzw.

$$|t| < \min\left(\left|\frac{\pi}{\omega_1}\right|, \ldots, \left|\frac{\pi}{\omega_n}\right|\right)$$

beständig in x. Für $x = \frac{\omega_1+\cdots+\omega_n}{2}$ erhält man die Formeln

$$\frac{\omega_1\cdots\omega_n t^n}{\sin\omega_1 t\cdots\sin\omega_n t} = \sum_{\nu=0}^{\infty} (-1)^\nu \frac{t^{2\nu}}{(2\nu)!} D_{2\nu}^{(n)},$$

$$\sec\omega_1 t\cdots\sec\omega_n t = \sum_{\nu=0}^{\infty} (-1)^\nu \frac{t^{2\nu}}{(2\nu)!} E_{2\nu}^{(n)}.$$

Im Falle $n = 1$, $\omega_1 = 1$, also bei den gewöhnlichen Bernoullischen und Eulerschen Polynomen und Zahlen, haben wir die soeben angeführten Entwicklungen bereits in Kapitel 2, § 3 kennen gelernt.

§ 5. Zusammenfallende Spannen.

76. Was tritt ein, *wenn zwei Spannen zusammenfallen?* Wir wollen beweisen, *daß sich dann ein Bernoullisches Polynom n-ter Ordnung mit Hilfe dreier Bernoullischer Polynome $(n-1)$-ter Ordnung, ein Eulersches Polynom n-ter Ordnung mit Hilfe zweier Eulerscher Polynome $(n-1)$-ter Ordnung linear ausdrücken läßt.* Zu dem Ende differenzieren wir in der Gleichung (77) nach ω_1. Dann entsteht

$$\sum_{\nu=1}^{\infty} \frac{t^\nu}{\nu!} \frac{\partial}{\partial \omega_1} B_\nu^{(n)}(x \mid \omega_1 \cdots \omega_n) = \frac{\omega_2 \cdots \omega_n t^n e^{xt}}{(e^{\omega_1 t}-1) \cdots (e^{\omega_n t}-1)} - \frac{\omega_1 \cdots \omega_n t^{n+1} e^{(x+\omega_1)t}}{(e^{\omega_1 t}-1)^2 \cdots (e^{\omega_n t}-1)}.$$

Die rechte Seite geht, wenn man nach Potenzen von t entwickelt, über in

$$\frac{1}{\omega_1} \sum_{\nu=1}^{\infty} \frac{t^\nu}{\nu!} \left[B_\nu^{(n)}(x \mid \omega_1 \omega_2 \cdots \omega_n) - B_\nu^{(n+1)}(x + \omega_1 \mid \omega_1 \omega_1 \omega_2 \cdots \omega_n)\right];$$

durch Koeffizientenvergleichung bekommt man daher

$$\omega_1 \frac{\partial}{\partial \omega_1} B_\nu^{(n)}(x \mid \omega_1 \omega_2 \cdots \omega_n) = B_\nu^{(n)}(x \mid \omega_1 \omega_2 \cdots \omega_n) - B_\nu^{(n+1)}(x + \omega_1 \mid \omega_1 \omega_1 \omega_2 \ldots \omega_n).$$

Schreiben wir diese Relation in der Gestalt

$$(79) \quad B_\nu^{(n+1)}(x \mid \omega_1 \omega_1 \omega_2 \cdots \omega_n) = B_\nu^{(n)}(x \mid \omega_1 \omega_2 \cdots \omega_n) - \nu \omega_1 B_{\nu-1}^{(n)}(x \mid \omega_1 \omega_2 \cdots \omega_n) - \omega_1 \frac{\partial}{\partial \omega_1} B_\nu^{(n)}(x \mid \omega_1 \omega_2 \cdots \omega_n),$$

so erscheint, wie wir behauptet hatten, $B_\nu^{(n+1)}(x \mid \omega_1 \omega_1 \omega_2 \cdots \omega_n)$ durch drei Polynome n-ter Ordnung ausgedrückt. Ganz entsprechend findet man durch Differentiation der Beziehung (78) nach ω_1

$$(80) \quad E_\nu^{(n+1)}(x \mid \omega_1 \omega_1 \omega_2 \cdots \omega_n) = 2 E_\nu^{(n)}(x \mid \omega_1 \omega_2 \cdots \omega_n) + \frac{2}{\nu+1} \frac{\partial}{\partial \omega_1} E_{\nu+1}^{(n)}(x \mid \omega_1 \omega_2 \cdots \omega_n).$$

Setzen wir $x = 0$, so bekommen wir folgende Ausdrücke für die Formen $B_\nu^{(n+1)}$ und $E_\nu^{(n+1)}$ mit zwei zusammenfallenden Spannen:

$$(79^*)\qquad B_\nu^{(n+1)}[\omega_1\,\omega_1\,\omega_2\cdots\omega_n] = B_\nu^{(n)}[\omega_1\,\omega_2\cdots\omega_n] - \nu\,\omega_1\,B_{\nu-1}^{(n)}[\omega_1\,\omega_2\cdots\omega_n] - \omega_1\frac{\partial}{\partial\omega_1}B_\nu^{(n)}[\omega_1\,\omega_2\cdots\omega_n],$$

$$(80^*)\qquad C_\nu^{(n+1)}[\omega_1\,\omega_1\,\omega_2\cdots\omega_n] = 2\,C_\nu^{(n)}[\omega_1\,\omega_2\cdots\omega_n] + \frac{1}{\nu+1}\frac{\partial}{\partial\omega_1}C_{\nu+1}^{(n)}[\omega_1\,\omega_2\cdots\omega_n].$$

77. Noch viel wesentlichere Vereinfachungen treten ein, *wenn alle Spannen denselben Wert annehmen, z. B. den Wert* 1. Dann erhalten wir gewisse Zahlen und Polynome, welche z. B. bei vielen Untersuchungen im Gebiete der Gammafunktion und verwandter Funktionen vorkommen und uns im weiteren Verlaufe unserer Betrachtungen oft von Nutzen sein werden. Hierbei ergeben sich auch mancherlei interessante Aufschlüsse über die Faktorielle $(x-1)(x-2)\cdots(x-n)$.

Die Gleichung (77) für die erzeugende Funktion der höheren Bernoullischen Polynome geht im Falle lauter gleicher Spannen vom Werte 1 über in die einfachere Beziehung

$$\frac{t^n e^{xt}}{(e^t-1)^n} = \sum_{\nu=0}^{\infty}\frac{t^\nu}{\nu!}B_\nu^{(n)}(x), \qquad |t| < 2\pi,$$

aus der man durch Differentiation nach t und Anwendung der Differenzengleichung für $B_\nu^{(n+1)}(x)$ die Formel

$$(81)\qquad B_\nu^{(n+1)}(x) = \left(1-\frac{\nu}{n}\right)B_\nu^{(n)}(x) + (x-n)\frac{\nu}{n}B_{\nu-1}^{(n)}(x)$$

entnimmt. Diese Formel gestattet, unter Zugrundelegung der gewöhnlichen Bernoullischen Polynome $B_\nu(x)$ nacheinander die Polynome $B_\nu^{(2)}(x)$, $B_\nu^{(3)}(x)$, ... zu bestimmen; sie gilt übrigens auch, wenn n negativ ist, wie man durch Differentiation der erzeugenden Funktion der Polynome von negativer Ordnung erkennt. Für die Eulerschen Polynome besteht die analoge Beziehung

$$(82)\qquad E_\nu^{(n+1)}(x) = \frac{2}{n}E_{\nu+1}^{(n)}(x) - \frac{2}{n}(x-n)E_\nu^{(n)}(x).$$

Insbesondere ergeben sich für $x=0$ als Rekursionsformeln für die Zahlen $B_\nu^{(n+1)}$ und $C_\nu^{(n+1)}$ die Gleichungen

$$(81^*)\qquad B_\nu^{(n+1)} = \left(1-\frac{\nu}{n}\right)B_\nu^{(n)} - \nu B_{\nu-1}^{(n)},$$

$$(82^*)\qquad C_\nu^{(n+1)} = 2\,C_\nu^{(n)} + \frac{1}{n}C_{\nu+1}^{(n)}.$$

Auch wollen wir für später die Beziehung

$$B_\nu^{(n+1)}(1) = \left(1-\frac{\nu}{n}\right)B_\nu^{(n)}$$

anmerken.

Beachtet man, daß

$$B_\nu^{(n+1)} = \sum_{s=0}^{\nu} \binom{\nu}{s} B_s B_{\nu-s}^{(n)},$$

$$C_\nu^{(n+1)} = \sum_{s=0}^{\nu} \binom{\nu}{s} C_\nu C_{\nu-s}^{(n)}$$

ist und daß alle B_s mit ungeradem Index größer als 1 und alle C_s mit geradem positiven Index verschwinden, so liest man aus (81*) und (82*) die weiteren Rekursionsformeln

$$B_\nu^{(n)} = -\frac{n}{\nu} \sum_{s=1}^{\nu} (-1)^s \binom{\nu}{s} B_s B_{\nu-s}^{(n)}, \tag{83}$$

$$C_{\nu+1}^{(n)} = -n \sum_{s=0}^{\nu} (-1)^s \binom{\nu}{s} C_s C_{\nu-s}^{(n)} \tag{84}$$

ab. Die Rekursionsformeln (81*), (82*), (83), (84) sind besonders geeignet zur Bestimmung der Größen $B_\nu^{(n)}$ und $C_\nu^{(n)}$. Mittels der Gleichungen

$$D_\nu^{(n)} = (2\,B^{(n)} + n)^\nu, \qquad E_\nu^{(n)} = (C^{(n)} + n)^\nu$$

kann man nachher die $D_\nu^{(n)}$ und $E_\nu^{(n)}$ ermitteln. Alle diese Größen treten bei vielen Problemen der Analysis auf. Sie sind Polynome in n, z. B. ist[1])

$$B_0^{(n)} = 1, \qquad B_1^{(n)} = -\frac{n}{2},$$

$$B_2^{(n)} = \frac{n(3n-1)}{12}, \qquad B_3^{(n)} = -\frac{n^2(n-1)}{8},$$

$$B_4^{(n)} = \frac{n(15n^3 - 30n^2 + 5n + 2)}{240}, \qquad B_5^{(n)} = -\frac{n^2(n-1)(3n^2 - 7n - 2)}{96}.$$

Dies legt eine neue Verallgemeinerung nahe. Während bisher die Ordnung n eine ganze Zahl war, kann man sie jetzt als *beliebige komplexe Veränderliche* ansehen. Die so definierten Polynome $B_\nu^{(z)}$ sind dann die Entwicklungskoeffizienten in der Reihenentwicklung

$$\left(\frac{t}{e^t - 1}\right)^z = \sum_{\nu=0}^{\infty} \frac{t^\nu}{\nu!} B_\nu^{(z)}, \qquad |t| < 2\pi,$$

bei komplexem z, welche als Sonderfälle die Reihenentwicklungen für die erzeugenden Funktionen der Bernoullischen Polynome mit lauter

---

[1]) Weitere Angaben über die Polynome $B_\nu^{(n)}$ sowie über die Polynome $D_\nu^{(n)}$ findet man in Tafel 5 und 6 am Schlusse des Buches.

gleichen Spannen von positiver oder negativer ganzzahliger Ordnung enthält. Eine andere Reihe, in der die $B_\nu^{(z)}$ vorkommen, ist

$$\left\{\frac{\log(1+t)}{t}\right\}^z = z\sum_{\nu=0}^{\infty}\frac{t^\nu}{\nu!}\,\frac{B_\nu^{(z+\nu)}}{z+\nu}, \qquad |t|<1.$$

78. Wählt man in (81) $\nu = n$, so entsteht die Relation

$$B_n^{(n+1)}(x) = (x-n)\,B_{n-1}^{(n)}(x).$$

Wegen $B_0^{(1)}(x) = 1$ folgt aus ihr

$$B_n^{(n+1)}(x) = (x-1)(x-2)\cdots(x-n), \tag{85}$$

also wird

$$B_n^{(n+1)} = (-1)^n\, n!$$

und

$$D_n^{(n+1)} = (-1)^{\frac{n}{2}}(1\cdot3\cdot5\cdot7\cdots(n-1))^2 \quad \text{für gerades } n,$$

$$D_n^{(n+1)} = 0 \quad \text{für ungerades } n.$$

Durch (85) *wird die Faktorielle* $(x-1)\cdots(x-n)$ *als Bernoullisches Polynom ausgedrückt.* Weiter kann man schließen, daß

$$B_n^{(n)}(x) = \int_x^{x+1}(t-1)(t-2)\cdots(t-n)\,dt,$$

also speziell

$$B_n^{(n)} = \int_0^1 (t-1)(t-2)\cdots(t-n)\,dt,$$

$$B_{n+1}^{(n)} = -n\int_0^1 t(t-1)\cdots(t-n)\,dt$$

ist. Andererseits gewinnen wir für $\nu \leqq n$

$$B_\nu^{(n+1)}(x) = \frac{\nu!}{n!}\frac{d^{n-\nu}}{dx^{n-\nu}}(x-1)(x-2)\cdots(x-n), \tag{86}$$

insbesondere

$$B_{n-1}^{(n+1)}(x) = \frac{1}{n}(x-1)(x-2)\cdots(x-n)\left(\frac{1}{x-1}+\frac{1}{x-2}+\cdots+\frac{1}{x-n}\right)$$

und

$$B_n^{(n+2)} = (-1)^n\, n!\left(1+\frac{1}{2}+\frac{1}{3}+\cdots+\frac{1}{n+1}\right),$$

$$D_n^{(n+2)} = \frac{(-1)^{\frac{n}{2}}}{n+1}\,2^n\left[\left(\frac{n}{2}\right)!\right]^2 \quad \text{für gerades } n.$$

Die Formel (86) *gestattet, die Ableitungen der Faktoriellen* $(x-1)\cdots(x-n)$ *durch die* $B_\nu^{(n+1)}(x)$ *auszudrücken.* Insonderheit erhält man im Punkte $x=0$ für $p=0, 1, 2, \ldots, n$

$$\left(\frac{d^p}{dx^p}[(x-1)(x-2)\cdots(x-n)]\right)_{x=0}=\frac{n!}{(n-p)!}B_{n-p}^{(n+1)},$$

woraus sich folgende Entwicklung der Faktoriellen $(x-1)\cdots(x-n)$ nach Potenzen von x ergibt:

$$(x-1)(x-2)\cdots(x-n)=\sum_{s=0}^{n}\binom{n}{s}x^s B_{n-s}^{(n+1)}.$$

Diese Entwicklung lehrt, daß die in ihrer Bedeutung zuerst von Stirling [2] erkannten Zahlen $(-1)^s\binom{n}{s}B_s^{(n+1)}$ für $s\leqq n$ positive ganze Zahlen sind. Bei der numerischen Differentiation und Integration in Kapitel 8, § 7 werden wir oft auf den eben auseinandergesetzten Zusammenhang der Faktoriellen mit Bernoullischen Polynomen zurückzugreifen haben.

Wenn wir in (81) $n=1, 2, \ldots$ setzen und vollständige Induktion anwenden, gelangen wir zu der Formel

$$(87)\quad B_\nu^{(n+1)}(x)=(n+1)\binom{\nu}{n+1}\sum_{s=0}^{n}\frac{(-1)^s}{s!}\frac{B_{\nu-n+s}(x)}{\nu-n+s}D_x^s[(x-1)\cdots(x-n)]$$

$$=(n+1)\binom{\nu}{n+1}\sum_{s=0}^{n}(-1)^{n-s}\binom{n}{s}\frac{B_{\nu-s}(x)}{\nu-s}B_s^{(n+1)}(x).$$

Sie ermöglicht, die Bernoullischen Polynome beliebiger positiver Ordnung mit lauter gleichen Spannen in einfacher Weise aus den Bernoullischen Polynomen erster Ordnung aufzubauen; für $\nu\leqq n$ reduziert sie sich auf die Gleichung (86). Bei den Eulerschen Polynomen besteht die ähnliche Beziehung

$$(88)\quad E_\nu^{(n+1)}(x)=\frac{2^n}{n!}\sum_{s=0}^{n}\frac{(-1)^{n-s}}{s!}E_{\nu+s}(x)\,D_x^s[(x-1)(x-2)\cdots(x-n)]$$

$$=\frac{2^n}{n!}\sum_{s=0}^{n}(-1)^{n-s}\binom{n}{s}E_{\nu+s}(x)\,B_{n-s}^{(n+1)}(x).$$

Für $x=0$ bekommt man aus den letzten beiden Gleichungen die Beziehungen

$$B_\nu^{(n+1)}=(n+1)\binom{\nu}{n+1}\sum_{s=0}^{n}(-1)^{n-s}\binom{n}{s}\frac{B_{\nu-s}}{\nu-s}B_s^{(n+1)},$$

$$C_\nu^{(n+1)}=\frac{2^n}{n!}\sum_{s=0}^{n}(-1)^{n-s}\binom{n}{s}2^{-s}C_{\nu+s}B_{n-s}^{(n+1)}.$$

Vergleichen wir die Entwicklung der Faktoriellen $(x-1)\cdots(x-\nu)$ nach Potenzen von x

$$(x-1)(x-2)\cdots(x-\nu)=\sum_{s=0}^{\nu}\binom{\nu}{s}x^s B_{\nu-s}^{(\nu+1)}$$

mit der nach der früheren Formel (50) bestehenden Gleichung

$$B_\nu^{(n+\nu+1)}(x)=\sum_{s=0}^{\nu}\binom{\nu}{s}B_s^{(n)}(x)\,B_{\nu-s}^{(\nu+1)},$$

so können wir die symbolische Relation

$$(89)\quad (B^{(n)}+x-1)(B^{(n)}+x-2)\cdots(B^{(n)}+x-\nu)=B_\nu^{(n+\nu+1)}(x)$$

ablesen. Insonderheit ergeben sich für $x=0,\ 1,\ \nu+n+1,\ \nu+n$ folgende Rekursionsformeln:

$$(B^{(n)}-1)(B^{(n)}-2)\cdots(B^{(n)}-\nu+1)(B^{(n)}-\nu)=B_\nu^{(n+\nu+1)},$$

$$B^{(n)}(B^{(n)}-1)(B^{(n)}-2)\cdots(B^{(n)}-\nu+1)=\frac{n}{n+\nu}B_\nu^{(n+\nu)},$$

$$(B^{(n)}+n+1)(B^{(n)}+n+2)\cdots(B^{(n)}+n+\nu-1)(B^{(n)}+n+\nu)=(-1)^\nu B_\nu^{(n+\nu+1)},$$

$$(B^{(n)}+n)(B^{(n)}+n+1)(B^{(n)}+n+2)\cdots(B^{(n)}+n+\nu-1)=(-1)^\nu\frac{n}{n+\nu}B_\nu^{(n+\nu)}.$$

Für $n=1$ vereinfachen sich die rechten Seiten zu

$$(-1)^\nu\,\nu!\left(1+\frac{1}{2}+\frac{1}{3}+\cdots+\frac{1}{\nu+1}\right),$$

$$(-1)^\nu\,\frac{\nu!}{\nu+1},$$

$$\nu!\left(1+\frac{1}{2}+\frac{1}{3}+\cdots+\frac{1}{\nu+1}\right)$$

$$\frac{\nu!}{\nu+1}.$$

Analoge Entwicklungen sind für die $D_\nu^{(n)}$ vorhanden; man bekommt sie, wenn man in (89) x durch $x+\frac{n}{2}$ ersetzt.

79. Die für ein Polynom ν-ten Grades bereits in Kapitel 1, § 3 in der Gestalt

$$f(x+y)=\sum_{s=0}^{\nu}\binom{x}{s}\overset{s}{\triangle}f(y)$$

hergeleitete Newtonsche Interpolationsformel ermöglicht für $f(x)=B_\nu^{(n)}(x)$ die Darstellung

$$(90)\qquad B_\nu^{(n)}(x+y)=\sum_{s=0}^{\nu}\binom{\nu}{s}x(x-1)\cdots(x-s+1)B_{\nu-s}^{(n-s)}(y).$$

Diese wichtige Gleichung enthält bei $\nu>n$ Bernoullische Polynome teils positiver, teils negativer Ordnung und ist die Quelle einiger sehr bemerkenswerter Relationen. Für $y=0$ und $y=1$ liefert sie unter Benutzung der Beziehung

$$B_{\nu-s}^{(n+1-s)}(1)=\frac{n-\nu}{n-s}B_{\nu-s}^{(n-s)}$$

die Gleichungen

$$B_\nu^{(n)}(x)=\sum_{s=0}^{\nu}\binom{\nu}{s}x(x-1)\cdots(x-s+1)B_{\nu-s}^{(n-s)},$$

durch welche das Bernoullische Polynom $B_\nu^{(n)}(x)$ nach Faktoriellen entwickelt wird, und

$$B_\nu^{(n+1)}(x)=(n-\nu)\sum_{s=0}^{\nu}\binom{\nu}{s}(x-1)(x-2)\cdots(x-s)\frac{B_{\nu-s}^{(n-s)}}{n-s}.$$

Weiter gibt die Formel (90) für $n=0$ in den Relationen

$$(x+y)^\nu=\sum_{s=0}^{\nu}\binom{\nu}{s}x(x-1)\cdots(x-s+1)B_{\nu-s}^{(-s)}(y),$$

$$x^\nu=\sum_{s=0}^{\nu}\binom{\nu}{s}x(x-1)\cdots(x-s+1)B_{\nu-s}^{(-s)}$$

Entwicklungen der positiven Potenzen von x, von denen die letzte zur Entwicklung der Faktoriellen $(x-1)\cdots(x-\nu)$ nach Potenzen von x reziprok ist. Schließlich führt die Gleichung (90) für $\nu=n$ einerseits nach Division durch x mittels des Grenzübergangs $x\to 0$, $y\to 0$, andererseits für $x=n$ zu Rekursionsformeln zwischen den Zahlen $B_n^{(n)}$, nämlich zu

$$\sum_{s=0}^{n}\frac{(-1)^s}{n-s+1}\frac{B_s^{(s)}}{s!}=1$$

und

$$\sum_{s=0}^{n}\binom{n}{s}\frac{B_s^{(s)}}{s!}=(-1)^n\frac{B_n^{(n)}}{n!}.$$

Die Zahlen $B_n^{(n)}$ treten als Koeffizienten in der Reihenentwicklung

$$\frac{t}{(1+t)\log(1+t)}=\sum_{\nu=0}^{\infty}\frac{t^\nu}{\nu!}B_\nu^{(\nu)}$$

auf und sind z. B. auch für die mechanische Quadratur von Bedeutung (vgl. Kap. 8, § 7). Die ersten von ihnen lauten:

$$B_0^{(0)} = 1, \qquad B_1^{(1)} = -\frac{1}{2}, \qquad B_2^{(2)} = \frac{5}{6}, \qquad B_3^{(3)} = -\frac{9}{4},$$
$$B_4^{(4)} = \frac{251}{30}, \qquad B_5^{(5)} = -\frac{475}{12},$$

bis zu $B_{12}^{(12)}$ können sie aus Tafel 7 am Schlusse des Buches entnommen werden.

Wenn man schließlich in der schon vielfach benützten Beziehung (90) $n = \nu + 1$ nimmt und zur Abkürzung die Faktorielle $x(x-1)(x-2)\cdots(x-s+1)$ mit $x^{[s]}$ bezeichnet, so entstehen die merkwürdigen Relationen

$$(x+y)^{[\nu]} = \sum_{s=0}^{\nu} \binom{\nu}{s} x^{[s]} y^{[\nu-s]},$$

$$(x_1 + x_2 + \cdots + x_n)^{[\nu]} = \sum \frac{\nu!}{s_1! \cdots s_n!} x_1^{[s_1]} \cdots x_n^{[s_n]},$$

die durch ihre ganze Bauart dazu auffordern, sie den *binomischen und polynomischen Satz der Faktoriellen* zu nennen. In der letzten Gleichung wird über alle nichtnegativen ganzen s mit $s_1 + \cdots + s_n = \nu$ summiert.

§ 6. Verallgemeinerungen der Booleschen und der Euler-Maclaurinschen Summenformel.

80. Um die in § 1 und § 2 angekündigten Verallgemeinerungen der Booleschen und der Euler-Maclaurinschen Summenformel vornehmen zu können, führen wir gewisse mit den Eulerschen und Bernoullischen Polynomen $E_\nu^{(n)}(x)$ und $B_\nu^{(n)}(x)$ in Zusammenhang stehende Funktionen $\overline{E}_\nu^{(n)}(x)$ und $\overline{B}_\nu^{(n)}(x)$ ein [42]. Hierbei setzen wir, wie in diesem Paragrafen durchweg, alle auftretenden Spannen $\omega_1, \omega_2, \ldots, \omega_n$ als *positiv* voraus.

Zunächst befassen wir uns mit der Funktion $\overline{E}_\nu^{(n)}(x)$, ausführlicher $\overline{E}_\nu^{(n)}(x \mid \omega_1 \cdots \omega_n)$. Diese Funktion soll der Gleichung

$$\underset{\omega_1 \cdots \omega_n}{\overset{n}{\nabla}} \overline{E}_\nu^{(n)}(x) = 0 \tag{91}$$

genügen und außerdem im Intervall $0 \leqq x < \omega_1 + \cdots + \omega_n$ mit dem Eulerschen Polynom $E_\nu^{(n)}(x)$ übereinstimmen, es soll also

$$\overline{E}_\nu^{(n)}(x \mid \omega_1 \cdots \omega_n) = E_\nu^{(n)}(x \mid \omega_1 \cdots \omega_n), \quad 0 \leqq x < \omega_1 + \cdots + \omega_n, \tag{92}$$

sein. Durch diese beiden Bedingungen ist die Funktion $\overline{E}_\nu^{(n)}(x)$ offenbar für alle reellen Werte von x eindeutig definiert. Sie ist stetig im Intervall $0 < x < \omega_1 + \cdots + \omega_n$, für $\nu > 0$ auch im Punkte $x = \omega_1 + \cdots + \omega_n$, weil dann, wie der Grenzübergang $x \to 0$ in der Definitionsgleichung des Eulerschen Polynoms $E_\nu^{(n)}(x)$ zeigt, die Werte von $E_\nu^{(n)}(x)$ und $\overline{E}_\nu^{(n)}(x)$ im Punkte $x = \omega_1 + \cdots + \omega_n$ übereinstimmen. Nach (91) besteht also bei $\nu > 0$ Stetigkeit überhaupt für alle reellen x. Hingegen besitzt die Funktion $\overline{E}_0^{(n)}(x)$ *Unstetigkeitsstellen.* Um sie ermitteln zu können, bemerken wir, daß allgemein die Funktion $\overline{E}_\nu^{(n)}(x)$ die Gleichung

$$\underset{\omega_n}{\nabla} \overline{E}_\nu^{(n)}(x \mid \omega_1 \cdots \omega_n) = \overline{E}_\nu^{(n-1)}(x \mid \omega_1 \cdots \omega_{n-1}) \tag{93}$$

befriedigt. Denn einerseits ist diese im Intervall $0 \leqq x < \omega_1 + \cdots + \omega_{n-1}$ nach den Eigenschaften der Eulerschen Polynome sicher richtig, und andererseits verschwinden die $(n-1)$-ten Mittelwerte der rechten und linken Seite. Nun ist, wie wir schon in Kapitel 2, § 3 festgestellt haben, die Funktion $\overline{E}_0^{(1)}(x \mid \omega_1)$ abwechselnd gleich $+1$ oder -1 mit Sprungstellen in den Punkten $x = 0, \pm\omega_1, \pm 2\omega_1, \cdots$, in denen sie von ∓ 1 zu ± 1 übergeht. Zufolge der Gleichung

$$\overline{E}_0^{(2)}(x + \omega_2) + \overline{E}_0^{(2)}(x) = 2\,\overline{E}_0^{(1)}(x \mid \omega_1)$$

weist daher die im Intervall $0 < x < \omega_1 + \omega_2$ nach Definition stetige Funktion $\overline{E}_0^{(2)}(x \mid \omega_1, \omega_2)$ Sprungstellen in den Punkten $p_1\omega_1 + p_2\omega_2$ (p_1 und p_2 positive ganze Zahlen) mit der Sprunghöhe $4(-1)^{p_1+p_2+1}$ und in den Punkten $-q_1\omega_1 - q_2\omega_2$ (q_1 und q_2 nichtnegative ganze Zahlen) mit der Sprunghöhe $4(-1)^{q_1+q_2}$ auf, während sie in allen anderen Punkten, insbesondere in den Punkten $p_1\omega_1$ und $p_2\omega_2$, stetig ist. Allgemein ergibt sich durch vollständige Induktion, daß die Funktion $\overline{E}_0^{(n)}(x \mid \omega_1 \cdots \omega_n)$, welche im Intervall $0 \leqq x < \omega_1 + \cdots + \omega_n$ gleich 1 ist, in den Punkten

$$p_1\omega_1 + \cdots + p_n\omega_n$$

($p_1, \ldots, p_n$ positive ganze Zahlen) und in den Punkten

$$-q_1\omega_1 - \cdots - q_n\omega_n$$

($q_1, \ldots, q_n$ nichtnegative ganze Zahlen) mit den Sprunghöhen

$$\overline{E}_0^{(n)}(p_1\omega_1 + \cdots + p_n\omega_n + 0) - \overline{E}_0^{(n)}(p_1\omega_1 + \cdots + p_n\omega_n - 0) = 2^n(-1)^{p_1+\cdots+p_n+n-1},$$

$$\overline{E}_0^{(n)}(-q_1\omega_1 - \cdots - q_n\omega_n + 0) - \overline{E}_0^{(n)}(-q_1\omega_1 - \cdots - q_n\omega_n - 0) = 2^n(-1)^{q_1+\cdots+q_n}$$

unstetig, hingegen in jedem anderen Punkte stetig und in jedem von zwei aufeinanderfolgenden Unstetigkeitsstellen begrenzten Intervall konstant ist. Wenn r Unstetigkeitspunkte in einen zusammenrücken, so zählen wir diesen als r-fachen Unstetigkeitspunkt; in ihm ist die Sprunghöhe r-mal so groß wie an einer einfachen Sprungstelle.

81. Der Differentiationsformel der Eulerschen Polynome entnehmen wir die Relation

$$\frac{d}{dx}\overline{E}_\nu^{(n)}(x) = \nu\,\overline{E}_{\nu-1}^{(n)}(x), \qquad \nu > 0. \tag{94}$$

Aus ihr ersieht man, daß $\overline{E}_\nu^{(n)}(x)$ für $\nu > 0$ stetige Ableitungen der Ordnungen $1, 2, \ldots, \nu - 1$ hat, während die Ableitung ν-ter Ordnung unendlich viele Sprungstellen besitzt. Auch der Ergänzungssatz der Eulerschen Polynome läßt sich in der Gestalt

$$\overline{E}_\nu^{(n)}(\omega_1 + \cdots + \omega_n - x) = (-1)^\nu\,\overline{E}_\nu^{(n)}(x), \qquad \nu > 0,$$

übertragen. Ferner bleibt die Gleichung, welche ein Eulersches Polynom $(n+1)$-ter Ordnung mit zwei gleichen Spannen durch zwei Eulersche Polynome n-ter Ordnung ausdrückt, auch bei Überstreichen richtig:

$$\begin{aligned}\overline{E}_\nu^{(n+1)}(x \mid \omega_1\,\omega_1\,\omega_2 \cdots \omega_n) &= 2\,\overline{E}_\nu^{(n)}(x \mid \omega_1\,\omega_2 \cdots \omega_n)\\ &\quad + \frac{2}{\nu+1}\frac{\partial}{\partial\omega_1}\overline{E}_{\nu+1}^{(n)}(x \mid \omega_1\,\omega_2 \cdots \omega_n),\end{aligned} \tag{95}$$

wie man sich durch Mittelwertbildung überzeugt.

82. Für spätere Anwendungen wollen wir noch das Anwachsen der $\overline{E}_\nu^{(n)}(x)$ bei zunehmendem Absolutbetrag von x untersuchen. Aus

$$(-1)^{p_2}\,\overline{E}_\nu^{(2)}(x + p_2\,\omega_2 \mid \omega_1, \omega_2) = \overline{E}_\nu^{(2)}(x) - 2\sum_{s=0}^{p_2-1}(-1)^s\,\overline{E}_\nu^{(1)}(x + s\,\omega_2 \mid \omega_1)$$

geht, weil $\overline{E}_\nu^{(1)}(x)$ periodisch und beschränkt ist, die Wachstumsbeschränkung

$$\overline{E}_\nu^{(2)}(x \mid \omega_1, \omega_2) = O(|x|)$$

hervor. Durch vollständige Induktion können wir dann schließen, daß

$$\overline{E}_\nu^{(n)}(x \mid \omega_1 \cdots \omega_n) = O(|x|^{n-1}) \tag{96}$$

ist, daß also $\overline{E}_\nu^{(n)}(x)$ höchstens so stark wie die $(n-1)$-te Potenz von x anwächst.

Als Beispiel betrachten wir den Fall gleicher Spannen von der Größe 1. Dann läßt sich ein sehr einfacher Ausdruck für die $\overline{E}_\nu^{(n)}(x)$ angeben. Es wird nämlich

$$\overline{E}_\nu^{(n+1)}(x) = \frac{2^n}{n!}\sum_{s=0}^{n}\frac{(-1)^{n-s}}{s!}\,\overline{E}_{\nu+s}(x)\,D_x^s\,[(x-1)\cdots(x-n)], \tag{97}$$

weil einmal diese Relation nach Gleichung (88) im Intervall $0 \leqq x < n+1$ gilt und zum anderen durch Mittelwertbildung auf beiden Seiten

$$\nabla \overline{E}_\nu^{(n+1)}(x) = \overline{E}_\nu^{(n)}(x)$$

folgt. Die Gleichung (97) lehrt, daß

$$\overline{E}_0^{(n+1)}(x) = (-1)^n \frac{2^n}{n!}(x-1)\cdots(x-n)\overline{E}_0(x) + f(x)$$

ist, wobei $f(x)$ eine stetige Funktion von x bedeutet. Demnach ist $\overline{E}_0^{(n)}(x)$ unstetig in den Punkten $x = \cdots -2, -1, 0, n, n+1, \ldots$ und sonst nirgends; die Sprunghöhe für ein beliebiges ganzzahliges $p \gtreqless 0$ beträgt

$$\overline{E}_0^{(n)}(p+0) - \overline{E}^{(n)}(p-0) = (-1)^{p+n-1}\, 2^n \binom{p-1}{n-1}.$$

Die Darstellung (97) zeigt, daß im vorliegenden Falle von lauter gleichen Spannen die in (96) angegebene Größenanordnung von $\overline{E}_\nu^{(n)}(x)$ wirklich erreicht wird.

83. Bei den Funktionen $\overline{B}_\nu^{(n)}(x \mid \omega_1 \cdots \omega_n)$ gehen wir ganz entsprechend vor. $\overline{B}_\nu^{(n)}(x)$ soll die Gleichung

$$\underset{\omega_1 \cdots \omega_n}{\overset{n}{\triangle}} \overline{B}_\nu^{(n)}(x) = 0 \tag{98}$$

erfüllen und im Intervall $0 \leqq x < \omega_1 + \cdots + \omega_n$ gleich dem Bernoullischen Polynom $B_\nu^{(n)}(x)$ sein:

$$\overline{B}_\nu^{(n)}(x \mid \omega_1 \cdots \omega_n) = B_\nu^{(n)}(x \mid \omega_1 \ldots \omega_n), \quad 0 \leqq x < \omega_1 + \cdots + \omega_n. \tag{99}$$

Durch diese beiden Forderungen ist $\overline{B}_\nu^{(n)}(x)$ für alle reellen Werte von x eindeutig festgelegt. Bei $\nu < n$ ist $\overline{B}_\nu^{(n)}(x)$ für alle x gleich dem Bernoullischen Polynom $B_\nu^{(n)}(x)$, weil dieses alsdann der Gleichung (98) genügt, und daher durchweg stetig. Die Stetigkeit trifft auch für $\nu > n$ zu, während die Funktion $\overline{B}_n^{(n)}(x \mid \omega_1 \cdots \omega_n)$ in allen Punkten

$$p_1\omega_1 + \cdots + p_n\omega_n$$

($p_1, \ldots, p_n$ positive ganze Zahlen) und

$$-q_1\omega_1 - \cdots - q_n\omega_n$$

($q_1, \ldots, q_n$ nichtnegative ganze Zahlen) um

$$\begin{aligned}\overline{B}_n^{(n)}(p_1\omega_1 + \cdots + p_n\omega_n + 0) - \overline{B}_n^{(n)}(p_1\omega_1 + \cdots + p_n\omega_n - 0) \\ = -n!\,\omega_1\omega_2\cdots\omega_n\end{aligned}$$

bzw.

$$\overline{B}_n^{(n)}(-q_1\omega_1-\cdots-q_n\omega_n+0)-\overline{B}_n^{(n)}(-q_1\omega_1-\cdots-q_n\omega_n-0)$$
$$=(-1)^n n!\,\omega_1\omega_2\cdots\omega_n$$

springt und sonst stetig ist; beim Zusammenrücken von Sprungstellen finden wir die Sprunghöhe durch Addition.

Die Funktion $\overline{B}_\nu^{(n)}(x)$ genügt den Relationen

$$\overline{B}_\nu^{(n)}(\omega_1+\cdots+\omega_n-x)=(-1)^\nu\,\overline{B}_\nu^{(n)}(x),\qquad \nu\gtrless n,$$

$$\mathop{\triangle}_{\omega_n}\overline{B}_\nu^{(n)}(x\,|\,\omega_1\cdots\omega_n)=\nu\,\overline{B}_{\nu-1}^{(n-1)}(x\,|\,\omega_1\cdots\omega_{n-1}),$$

$$\frac{d}{dx}\overline{B}_\nu^{(n)}(x)=\nu\,\overline{B}_{\nu-1}^{(n)}(x),\qquad \nu\gtrless n.$$

Sie besitzt also für $\nu>n$ stetige Ableitungen der Ordnungen $1, 2, \ldots, \nu-n-1$, während die $(\nu-n)$-te Ableitung mit Sprungstellen behaftet ist. Ferner gilt

$$\overline{B}_\nu^{(n)}(x\,|\,\omega_1\cdots\omega_n)=O(|x|^{n-1})$$

und beim Zusammenfallen zweier Spannen

$$\overline{B}_\nu^{(n+1)}(x\,|\,\omega_1\,\omega_1\,\omega_2\cdots\omega_n)=\overline{B}_\nu^{(n)}(x\,|\,\omega_1\,\omega_2\cdots\omega_n)$$
$$-\nu\,\omega_1\,\overline{B}_{\nu-1}^{(n)}(x\,|\,\omega_1\,\omega_2\cdots\omega_n)-\omega_1\frac{\partial}{\partial\omega_1}\overline{B}_\nu^{(n)}(x\,|\,\omega_1\,\omega_2\cdots\omega_n). \tag{100}$$

Im Sonderfalle gleicher Spannen $\omega_1=\omega_2=\cdots=\omega_n=1$ erhalten wir

$$\overline{B}_\nu^{(n+1)}(x)=(n+1)\binom{\nu}{n+1}\sum_{s=0}^{\nu}\frac{(-1)^s}{s!}\,\frac{\overline{B}_{\nu-n+s}(x)}{\nu-n+s}\,D_x^s\left[(x-1)(x-2)\cdots(x-n)\right]. \tag{101}$$

Wegen

$$\overline{B}_n^{(n)}(x)=n(x-1)(x-2)\cdots(x-n+1)\,\overline{B}_1^{(1)}(x)+f(x)$$

mit stetigem $f(x)$ ist also die Funktion $\overline{B}_n^{(n)}(x)$ in den Punkten $x=\cdots-2,\ -1,\ 0,\ n,\ n+1,\ \ldots$ mit der Sprunghöhe

$$\overline{B}_n^{(n)}(p+0)-\overline{B}_n^{(n)}(p-0)=-n(p-1)(p-2)\cdots(p-n+1),\qquad p\gtreqless 0,$$

unstetig und sonst nirgends. Die Gleichung (101) zeigt, daß die Wachstumsschranke

$$\overline{B}_\nu^{(n)}(x\,|\,\omega_1\cdots\omega_n)=O(|x|^{n-1})$$

wirklich erreicht werden kann und daher die bestmögliche ist.

84. Nach diesen Vorbereitungen gehen wir zur Aufstellung der *verallgemeinerten Booleschen und Eulerschen Summenformeln* [42] über, die für Polynome nach unseren früheren Feststellungen die Gestalt

$$(31)\quad \varphi(x+h) = \sum_{\nu=0}^{m} \frac{E_\nu^{(n)}(h)}{\nu!} \mathop{\nabla}_{\omega_1\cdots\omega_n}^{n} \varphi^{(\nu)}(x) \qquad (\varphi(x) \text{ vom Grade } m),$$

$$(48)\quad \varphi^{(n)}(x+h) = \sum_{\nu=0}^{m} \frac{B_\nu^{(n)}(h)}{\nu!} \mathop{\triangle}_{\omega_1\cdots\omega_n}^{n} \varphi^{(\nu)}(x) \qquad (\varphi(x) \text{ vom Grade } m+n)$$

haben. Die letzte Gleichung läßt sich auch so schreiben:

$$\varphi(x+h) = \sum_{\nu=0}^{m} \frac{B_\nu^{(n)}(h)}{\nu!} \int_0^1 dt_1 \cdots \int_0^1 \varphi^{(\nu)}(x+\omega_1 t_1 + \cdots + \omega_n t_n)\, dt_n$$
$$(\varphi(x) \text{ vom Grade } m).$$

Wir beginnen mit der Booleschen Summenformel. Es sei $\varphi(z)$ eine Funktion, die im Intervall $x \leqq z \leqq x+\omega_1+\cdots+\omega_n$ eine stetige Ableitung $(m+1)$-ter Ordnung besitzt, und h eine Zahl aus dem Intervall $0 \leqq h < \omega_1+\cdots+\omega_n$. Das Integral

$$Q_m^{(n)} = -\frac{1}{2}\int_0^{\omega_n} \frac{\overline{E}_m^{(n)}(h+t)}{m!} \mathop{\nabla}_{\omega_1\cdots\omega_{n-1}}^{n-1} \varphi^{(m+1)}(x+\omega_n-t)\, dt$$

läßt sich bei $m>0$ durch Teilintegration zu

$$Q_m^{(n)} = Q_{m-1}^{(n)} + \frac{\overline{E}_m^{(n)}(h+\omega_n)}{2\cdot m!} \mathop{\nabla}_{\omega_1\cdots\omega_{n-1}}^{n-1} \varphi^{(m)}(x) - \frac{\overline{E}_m^{(n)}(h)}{2\cdot m!} \mathop{\nabla}_{\omega_1\cdots\omega_{n-1}}^{n-1} \varphi^{(m)}(x+\omega_n)$$

und weiter zu

$$Q_m^{(n)} = Q_{m-1}^{(n)} - \frac{\overline{E}_m^{(n)}(h)}{m!} \mathop{\nabla}_{\omega_1\cdots\omega_n}^{n} \varphi^{(m)}(x) + \frac{\overline{E}_m^{(n-1)}(h)}{m!} \mathop{\nabla}_{\omega_1\cdots\omega_{n-1}}^{n-1} \varphi^{(m)}(x)$$

umformen. Für $n=1$ hat in der letzten Relation das letzte Glied wegen $\overline{E}_m^{(1)}(h+\omega_1) + \overline{E}_m^{(1)}(h) = 0$ den Wert Null. Setzen wir nun

$$R_m^{(n)}(x) = Q_m^{(n)} + Q_m^{(n-1)} + \cdots + Q_m^{(1)},$$

so folgt

$$(102)\qquad R_m^{(n)}(x) = R_{m-1}^{(n)}(x) - \frac{E_m^{(n)}(h)}{m!} \mathop{\nabla}_{\omega_1\cdots\omega_n}^{n} \varphi^{(m)}(x)$$

und durch mehrmalige Anwendung dieser Beziehung

$$(102^*)\qquad R_m^{(n)}(x) = R_0^{(n)}(x) - \sum_{\nu=1}^{m} \frac{E_\nu^{(n)}(h)}{\nu!} \mathop{\nabla}_{\omega_1\cdots\omega_n}^{n} \varphi^{(\nu)}(x),$$

weil wegen $0 \leqq h < \omega_1 + \cdots + \omega_n$ der Wert $\overline{E}_\nu^{(n)}(h)$ mit dem Werte $E_\nu^{(n)}(h)$ des Eulerschen Polynoms übereinstimmt. Zur Ermittlung von $R_0^{(n)}(x)$ berechnen wir die Integrale $Q_0^{(s)}$, $s = 1, 2, \ldots, n$. Unter Beachtung der früheren Ergebnisse über die Sprungstellen und Sprunghöhen der in $Q_0^{(s)}$ auftretenden unstetigen, stückweise konstanten Funktionen $\overline{E}_0^{(s)}(h+t)$ finden wir

$$Q_0^{(s)} = -\overline{E}_0^{(s)}(h) \mathop{\nabla}_{\omega_1 \cdots \omega_s}^{s} \varphi(x) + \overline{E}_0^{(s-1)}(h) \mathop{\nabla}_{\omega_1 \cdots \omega_{s-1}}^{s-1} \varphi(x)$$

$$+ \sum 2^{s-1}(-1)^{p_1 + \cdots + p_s + s} \mathop{\nabla}_{\omega_1 \cdots s-1}^{s-1} \varphi(x + h + \omega_s - p_1\omega_1 - \cdots - p_s\omega_s).$$

Dabei bedeuten $p_1, \ldots, p_s$ positive ganze Zahlen, und die Summation läuft über alle Werte von $p_1, \ldots, p_s$ mit $h < p_1\omega_1 + \cdots + p_s\omega_s \leqq h + \omega_s$, d. h. über alle Sprungstellen von $\overline{E}_0^{(s)}(h+t)$ im Intervall $0 < t \leqq \omega_s$. Für $Q_0^{(1)}$ verschwindet das zweite Glied rechts. Durch Addition der Gleichungen für $s = 1, 2, \ldots, n$ bekommen wir, weil $\overline{E}_0^{(n)}(h)$ für alle h aus $0 \leqq h < \omega_1 + \cdots + \omega_n$ den Wert 1 hat und die Summen über die Sprungstellen, wie man durch Ausrechnung bestätigt, den Wert $\varphi(x+h)$ liefern,

$$R_0^{(n)}(x) = -\mathop{\nabla}_{\omega_1 \cdots \omega_n}^{n} \varphi(x) + \varphi(x+h).$$

Tragen wir dieses Ergebnis in (102*) ein, so steht in

$$\varphi(x+h) = \sum_{\nu=0}^{m} \frac{E_\nu^{(n)}(h)}{\nu!} \mathop{\nabla}_{\omega_1 \cdots \omega_n}^{n} \varphi^{(\nu)}(x) + R_m^{(n)}(x) \tag{103}$$

mit

$$R_m^{(n)}(x) = -\frac{1}{2} \sum_{s=1}^{n} \int_0^{\omega_s} \frac{\overline{E}_m^{(s)}(h+t)}{m!} \mathop{\nabla}_{\omega_1 \cdots \omega_{s-1}}^{s-1} \varphi^{(m+1)}(x + \omega_s - t)\, dt \tag{103*}$$

die angekündigte Verallgemeinerung der Booleschen Summenformel da. Für $h = \frac{\omega_1 + \cdots + \omega_n}{2}$ erhält man die spezielle Gleichung

$$\varphi\left(x + \frac{\omega_1 + \cdots + \omega_n}{2}\right) = \sum_{\nu=0}^{m} \frac{E_{2\nu}^{(n)}}{(2\nu)!\, 2^{2\nu}} \mathop{\nabla}_{\omega_1 \cdots \omega_n}^{n} \varphi^{(2\nu)}(x) + R_{2m}^{(n)}(x),$$

$$R_{2m}^{(n)}(x) = -\frac{1}{2} \sum_{s=1}^{n} \int_0^{\omega_s} \frac{\overline{E}_{2m}^{(s)}\left(t + \frac{\omega_1 + \cdots + \omega_n}{2}\right)}{(2m)!} \mathop{\nabla}_{\omega_1 \cdots \omega_{s-1}}^{s-1} \varphi^{(2m+1)}(x + \omega_s - t)\, dt,$$

für $h = 0$ hingegen

$$(104) \qquad \varphi(x) = \sum_{\nu=0}^{m} \frac{C_\nu^{(n)}}{\nu!\,2^\nu} \mathop{\nabla}_{\omega_1 \cdots \omega_n}^{n} \varphi^{(\nu)}(x) + R_m^{(n)}(x),$$

$$(104^*) \quad R_m^{(n)}(x) = -\frac{1}{2} \sum_{s=1}^{n} \int_0^{\omega_s} \frac{E_m^{(s)}(t)}{m!} \mathop{\nabla}_{\omega_1 \cdots \omega_{s-1}}^{s-1} \varphi^{(m+1)}(x + \omega_s - t)\,dt.$$

Die letzte Formel ist besonders bemerkenswert, weil in ihr nicht mehr die Funktionen $\overline{E}_m^{(s)}(h+t)$, welche nur für positive Spannen definiert sind, sondern lediglich die Eulerschen Polynome $E_m^{(s)}(t)$ auftreten. Während daher die allgemeine Formel (103) nur für positive $x, \omega_1, \ldots, \omega_n$ gültig ist, besteht die Formel (104) für beliebige komplexe $x, \omega_1, \ldots, \omega_n$, wofern nur die Ableitung $\varphi^{(m+1)}(z)$ für die in Betracht kommenden Werte von z stetig ist.

85. Nach (103) ist das Restglied $R_m^{(n)}(x)$ offenbar eine symmetrische Funktion der Spannen $\omega_1, \ldots, \omega_n$. Der Ausdruck (103*) für $R_m^{(n)}(x)$ läßt dies jedoch nicht in Erscheinung treten und ist daher für manche Anwendungen unbequem. Machen wir jedoch die schärfere Voraussetzung, daß die Ableitung $\varphi^{(m+1)}(z)$ nicht nur für $x \leqq z \leqq x + \omega_1 + \cdots + \omega_n$, sondern sogar für alle $z \geqq x$ stetig ist und daß das Integral

$$(105) \qquad \int_0^{\infty} \overline{E}_m^{(n)}(-t)\,\varphi^{(m+1)}(z+t)\,dt$$

für $z \geqq x$ konvergiert[1]), so können wir dem Rest eine symmetrische und sehr übersichtliche Gestalt geben. Wir behaupten, daß dann

$$(106) \qquad R_m^{(n)}(x) = \int_0^{\infty} \frac{\overline{E}_m^{(n)}(h-t)}{m!} \mathop{\nabla}_{\omega_1 \cdots \omega_n}^{n} \varphi^{(m+1)}(x+t)\,dt$$

wird. Denn aus der Konvergenz des Integrals (105) folgt zunächst die Konvergenz aller Integrale

$$\int_0^{\infty} \overline{E}_m^{(s)}(-t)\,\varphi^{(m+1)}(z+t)\,dt, \qquad s = 1, 2, \ldots, n,$$

---

[1]) Es konvergiert z. B. absolut, wenn für ein positives ε

$$\lim_{x \to \infty} x^{n+\varepsilon} \varphi^{(m+1)}(x) = 0$$

ist.

für $z \geqq x$. Nun ist für $n = 1$

$$R_m^{(1)}(x) = -\frac{1}{2}\int\limits_0^{\omega_1} \frac{\overline{E}_m^{(1)}(h+\omega_1-t)}{m!}\varphi^{(m+1)}(x+t)\,dt.$$

Wegen

$$\mathop{\nabla}_{\omega_1} \overline{E}_m^{(1)}(x) = 0$$

können wir diesen Ausdruck für $R_m^{(1)}(x)$ auch in der Form

$$R_m^{(1)}(x) = -\frac{1}{2}\int\limits_0^{\omega_1} \frac{\overline{E}_m^{(1)}(h+\omega_1-t)}{m!}\varphi^{(m+1)}(x+t)\,dt$$

$$+\frac{1}{2}\int\limits_0^{\infty} \frac{\overline{E}_m^{(1)}(h+\omega_1-t)}{m!}\varphi^{(m+1)}(x+t)\,dt$$

$$+\frac{1}{2}\int\limits_0^{\infty} \frac{\overline{E}_m^{(1)}(h-t)}{m!}\varphi^{(m+1)}(x+t)\,dt$$

$$= \int\limits_0^{\infty} \frac{\overline{E}_m^{(1)}(h-t)}{m!}\mathop{\nabla}_{\omega_1}\varphi^{(m+1)}(x+t)\,dt$$

schreiben, sodaß für $n = 1$ die Gleichung (106) richtig ist. Aus

$$R_m^{(s)}(x) = Q_m^{(s)}(x) + R_m^{(s-1)}(x)$$

läßt sich dann durch vollständige Induktion unter Benutzung der Beziehung

$$\mathop{\nabla}_{\omega_s} \overline{E}_m^{(s)}(x) = \overline{E}_m^{(s-1)}(x)$$

ihre allgemeine Richtigkeit erschließen.

Setzt man von der Funktion $\varphi(x)$ und ihren Ableitungen voraus, daß für ein positives ε die Beziehungen

$$\lim_{x\to\infty} x^{n+\varepsilon}\varphi^{(\nu)}(x) = 0, \qquad \nu = 0, 1, 2, \ldots, m+1,$$

bestehen, so kann man von dem Integral (106) aus durch Teilintegration auch unmittelbar zu der Formel

$$(107)\quad \varphi(x+h) = \sum_{\nu=0}^{m} \frac{E_\nu(h)}{\nu!}\mathop{\overset{n}{\nabla}}_{\omega_1\cdots\omega_n}\varphi^{(\nu)}(x) + \int\limits_0^{\infty} \frac{\overline{E}_m^{(n)}(h-t)}{m!}\mathop{\overset{n}{\nabla}}_{\omega_1\cdots\omega_n}\varphi^{(m+1)}(x+t)\,dt$$

gelangen. Man braucht nur zu beachten, daß in der dabei auftretenden Gleichung

$$R_0^{(n)}(x) = -\mathop{\nabla}_{\omega_1 \cdots \omega_n}^{n} \varphi(x)$$

$$+ 2^n \sum (-1)^{s_1 + \cdots + s_n} \mathop{\nabla}_{\omega_1 \cdots \omega_n}^{n} \varphi(x + h + s_1 \omega_1 + \cdots + s_n \omega_n),$$

in der sich die Summation über alle nichtnegativen ganzen $s_1, \ldots, s_n$ erstreckt, die absolut konvergente unendliche Reihe rechts, wie schon in Kapitel 1, § 1 bemerkt, den Wert $\varphi(x+h)$ hat.

86. Die Herleitung der verallgemeinerten Euler-Maclaurinschen Summenformel geschieht auf ganz entsprechende Weise. Ausgehend von dem Integral

$$Q_{m+1}^{(n)} = -\frac{1}{\omega_n} \int_0^{\omega_n} \frac{\overline{B}_{m+n}^{(n)}(h+t)}{(m+n)!} \mathop{\triangle}_{\omega_1 \cdots \omega_{n-1}}^{n-1} \varphi^{(m+1)}(x + \omega_n - t)\, dt$$

$(0 \leqq h < \omega_1 + \cdots + \omega_n;\ \varphi^{(m+1)}(z)$ stetig in $x \leqq z \leqq x + \omega_1 + \cdots + \omega_n)$

finden wir für

$$R_{m+1}^{(n)}(x) = Q_{m+1}^{(n)} + Q_{m+1}^{(n-1)} + \cdots + Q_{m+1}^{(1)}$$

bei positivem m durch Teilintegration den Ausdruck

$$R_{m+1}^{(n)}(x) = R_1^{(n)}(x) - \sum_{\nu=1}^{m} \frac{B_{\nu+n}^{(n)}(h)}{(\nu+n)!} \mathop{\triangle}_{\omega_1 \cdots \omega_n}^{n} \varphi^{(\nu)}(x).$$

Das Glied $R_1^{(n)}(x)$ läßt sich auf Grund der Unstetigkeitseigenschaften der Funktionen $\overline{B}_s^{(s)}(h+t)$ $(s = 1, 2, \ldots, n)$ zu

$$(108) \qquad R_1^{(n)}(x) = R_0^{(n)}(x) - \frac{B_n^{(n)}(h)}{n!} \mathop{\triangle}_{\omega_1 \cdots \omega_n}^{n} \varphi(x) + \varphi(x+h)$$

umrechnen, und $R_0^{(n)}(x)$ kann vermöge Teilintegration in der Form

$$R_0^{(n)}(x) = -\sum_{\nu=0}^{n-1} \frac{B_\nu^{(n)}(h)}{\nu!} \int_0^1 dt_1 \cdots \int_0^1 \varphi^{(\nu)}(x + \omega_1 t_1 + \cdots + \omega_n t_n)\, dt_n$$

geschrieben werden, sodaß schließlich die gewünschte verallgemeinerte Euler-Maclaurinsche Summenformel

$$(109) \quad \varphi(x+h) = \sum_{\nu=0}^{n-1} \frac{B_\nu^{(n)}(h)}{\nu!} \int_0^1 dt_1 \cdots \int_0^1 \varphi^{(\nu)}(x + \omega_1 t_1 + \cdots + \omega_n t_n)\, dt_n$$

$$+ \sum_{\nu=0}^{m} \frac{B_{\nu+n}^{(n)}(h)}{(\nu+n)!} \mathop{\triangle}_{\omega_1 \cdots \omega_n}^{n} \varphi^{(\nu)}(x) + R_{m+1}^{(n)}(x)$$

entsteht, wobei der Rest $R_{m+1}^{(n)}(x)$ den Wert

$$(109^*)\qquad R_{m+1}^{(n)}(x) = -\sum_{s=1}^{n} \frac{1}{\omega_s}\int_0^{\omega_s} \frac{\overline{B}_{m+s}^{(s)}(h+t)}{(m+s)!} \mathop{\triangle}_{\omega_1\cdots\omega_{s-1}}^{s-1} \varphi^{(m+1)}(x+\omega_s-t)\,dt$$

hat. Nehmen wir insbesondere $h=0$ und ersetzen wir gleichzeitig $\varphi(x)$ durch $\varphi^{(n)}(x)$, so bekommen wir in

$$\varphi^{(n)}(x) = \sum_{\nu=0}^{m} \frac{B_\nu^{(n)}}{\nu!} \mathop{\triangle}_{\omega_1\cdots\omega_n}^{n} \varphi^{(\nu)}(x)$$

$$-\sum_{s=1}^{n} \frac{1}{\omega_s}\int_0^{\omega_s} \frac{B_{m-n+s}^{(s)}(t)}{(m-n+s)!} \mathop{\triangle}_{\omega_1\cdots\omega_{s-1}}^{s-1} \varphi^{(m+1)}(x+\omega_s-t)\,dt \qquad (m \geqq n)$$

eine Beziehung, die nicht nur für positive, sondern allgemein für komplexe Spannen gilt. Wenn die Ableitung $\varphi^{(m+1)}(z)$ für $z \geqq x$ stetig ist und das Integral

$$\int_0^\infty \overline{B}_{m+n}^{(n)}(-t)\,\varphi^{(m+1)}(z+t)\,dt$$

für $z \geqq x$ existiert, kann man dem Rest $R_{m+1}^{(n)}(x)$ aus (109*) die symmetrische Gestalt

$$(110)\qquad R_{m+1}^{(n)}(x) = \int_0^\infty \frac{\overline{B}_{m+n}^{(n)}(h-t)}{(m+n)!} \mathop{\triangle}_{\omega_1\cdots\omega_n}^{n} \varphi^{(m+1)}(x+t)\,dt$$

geben. Für die Anwendungen ist besonders die aus (108) entspringende Formel

$$(111)\qquad \varphi(x+h) + \int_0^\infty \frac{B_{n-1}^{(n)}(h-t)}{(n-1)!} \mathop{\triangle}_{\omega_1\cdots\omega_n}^{n} \varphi(x+t)\,dt$$

$$= \sum_{\nu=0}^{m} \frac{B_{\nu+n}^{(n)}(h)}{(\nu+n)!} \mathop{\triangle}_{\omega_1\cdots\omega_n}^{n} \varphi^{(\nu)}(x) + \int_0^\infty \frac{\overline{B}_{m+n}^{(n)}(h-t)}{(m+n)!} \mathop{\triangle}_{\omega_1\cdots\omega_n}^{n} \varphi^{(m+1)}(x+t)\,dt$$

wichtig.

87. Mit Hilfe der eben aufgestellten Summenformeln wollen wir die Restglieder in den Reihenentwicklungen der erzeugenden Funktionen der Eulerschen und Bernoullischen Polynome

$$\frac{2^n e^{-h\eta}}{(e^{-\omega_1\eta}+1)\cdots(e^{-\omega_n\eta}+1)} = \sum_{\nu=0}^{\infty} \frac{E_\nu^{(n)}(h)}{\nu!}(-\eta)^\nu,$$

$$\frac{\omega_1\cdots\omega_n\,\eta^n e^{-h\eta}}{(1-e^{-\omega_1\eta})\cdots(1-e^{-\omega_n\eta})} = \sum_{\nu=0}^{\infty} \frac{B_\nu^{(n)}(h)}{\nu!}(-\eta)^\nu$$

ermitteln. Dazu tragen wir in (107) $\varphi(x) = e^{-\eta x}$ ein und setzen $x = 0$. Dann gewinnen wir

$$\frac{2^n e^{-h\eta}}{(1+e^{-\omega_1\eta})\dots(1+e^{-\omega_n\eta})} = \sum_{\nu=0}^{m} \frac{E_\nu^{(n)}(h)}{\nu!}(-\eta)^\nu + (-\eta)^{m+1}\int_0^\infty \frac{\overline{E}_m^{(n)}(h-t)}{m!}e^{-\eta t}\,dt.$$

Ähnlich gilt

$$\frac{\omega_1\cdots\omega_n\,\eta^n e^{-h\eta}}{(1-e^{-\omega_1\eta})\dots(1-e^{-\omega_n\eta})} = \sum_{\nu=0}^{m} \frac{B_\nu(h)}{\nu!}(-\eta)^\nu + (-\eta)^{m+1}\int_0^\infty \frac{\overline{B}_m^{(n)}(h-t)}{m!}e^{-\eta t}\,dt,$$

womit die Restglieder bestimmt sind. Aus den hiernach bestehenden Relationen

$$\int_0^\infty \frac{\overline{E}_m^{(n)}(h-t)}{m!}e^{-\eta t}\,dt = \sum_{\nu=0}^{\infty} \frac{E_{\nu+m+1}^{(n)}(h)}{(\nu+m+1)!}(-\eta)^\nu,$$

$$\int_0^\infty \frac{\overline{B}_m^{(n)}(h-t)}{m!}e^{-\eta t}\,dt = \sum_{\nu=0}^{\infty} \frac{B_{\nu+m+1}^{(n)}(h)}{(\nu+m+1)!}(-\eta)^\nu$$

können zwei nützliche Beziehungen entnommen werden, die wir für eine spätere Anwendung (Kap, 7, § 1) hier anmerken wollen. Differenziert man p-mal nach η, so ergibt sich

$$\int_0^\infty \frac{\overline{E}_m^{(n)}(h-t)}{m!}t^p e^{-\eta t}\,dt = \sum_{\nu=0}^{\infty} \frac{E_{\nu+m+p+1}^{(n)}(h)}{(\nu+m+p+1)!}\,\frac{(\nu+p)!}{\nu!}(-\eta)^\nu.$$

Das Integral links konvergiert für $\eta > 0$ und divergiert für $\eta = 0$. Da es für $\eta > 0$ eine in $\eta = 0$ reguläre analytische Funktion darstellt, strebt es für $\eta \to 0$ einem Grenzwert zu, und zwar wird

$$\lim_{\eta\to 0}\int_0^\infty \overline{E}_m^{(n)}(h-t)\,t^p e^{-\eta t}\,dt = \frac{m!\,p!}{(m+p+1)!}E_{m+p+1}^{(n)}(h);$$

entsprechend gilt

$$\lim_{\eta\to 0}\int_0^\infty \overline{B}_m^{(n)}(h-t)\,t^p e^{-\eta t}\,dt = \frac{m!\,p!}{(m+p+1)!}B_{m+p+1}^{(n)}(h) \qquad (m \geqq n).$$

Siebentes Kapitel.

Mehrfache Summen.

§ 1. Existenzbeweis für die Hauptlösungen.

88. In den Summenformeln des vorigen Kapitels haben wir die Mittel zur Verfügung, um den Beweis für die Existenz derjenigen Lösungen der beiden schon zu Beginn von Kap. 6 erwähnten Gleichungen

$$\underset{\omega_1 \cdots \omega_n}{\overset{n}{\triangle}} F(x) = \varphi(x), \tag{1}$$

$$\underset{\omega_1 \cdots \omega_n}{\overset{n}{\nabla}} G(x) = \varphi(x) \tag{2}$$

zu erbringen, die wir als *Hauptlösungen* aus der Menge aller Lösungen herausheben wollen [42]. Bei vielen der folgenden Betrachtungen über die Gleichungen (1) und (2) können wir uns kurz fassen, da sie wie die analogen Untersuchungen in Kap. 3 beim Falle $n = 1$ verlaufen. *Wir setzen im gegenwärtigen Kapitel durchweg die Veränderliche x als reell und die Spannen $\omega_1, \ldots, \omega_n$ als positiv voraus.* Zur Vereinfachung erlegen wir der Funktion $\varphi(x)$ die Bedingung auf, daß sie für $x \geqq b$ eine stetige Ableitung einer gewissen, etwa der $(m+1)$-ten, Ordnung besitzen soll derart, daß für ein gewisses positives ε die Limesrelation

$$\lim_{x \to \infty} x^{n+\varepsilon} \varphi^{(m+1)}(x) = 0 \tag{3}$$

besteht. Die niedrigeren Ableitungen von $\varphi(x)$ sowie auch $\varphi(x)$ selbst müssen dann, wie man leicht sieht, von der Form

$$\varphi^{m+1-\nu}(x) = \psi_\nu(x) + p_\nu(x) \quad (\nu = 1, 2, \ldots, m+1) \tag{4}$$

sein, wobei $p_\nu(x)$ ein Polynom $(\nu - 1)$-ten Grades bedeutet und $\psi_\nu(x)$ eine stetige Funktion von x mit

$$\lim_{x \to \infty} x^{n+\varepsilon-\nu} \psi_\nu(x) = 0 \tag{5}$$

ist.

Unter Zugrundelegung der Voraussetzung (3) lassen sich die Hauptlösungen der Gleichungen (1) und (2) leicht aufstellen. Dazu bilden wir in Analogie zu den Ansätzen in Kap. 3 die Ausdrücke

$$(6) \qquad G_n(x \mid \omega_1 \cdots \omega_n; \eta) = 2^n \sum (-1)^{s_1+\cdots+s_n} \varphi(x+\Omega)\, e^{-\eta(x+\Omega)}$$

und

$$(7) \qquad F_n(x \mid \omega_1 \cdots \omega_n; \eta) = \int_a^\infty \frac{B_{n-1}^{(n)}(x-z)}{(n-1)!} \varphi(z)\, e^{-\eta z}\, dz$$

$$+ (-1)^n \omega_1 \cdots \omega_n \sum \varphi(x+\Omega)\, e^{-\eta(x+\Omega)},$$

wobei zur Abkürzung

$$s_1 \omega_1 + \cdots + s_n \omega_n = \Omega$$

gesetzt ist und die Summation über alle ganzzahligen nichtnegativen Werte von $s_1, \ldots, s_n$ läuft. Diese Ausdrücke sind für $\eta > 0$ in jedem endlichen Intervall $b \leqq x \leqq B$ mit beliebig großem B gleichmäßig konvergent. Offenbar genügen $G_n(x \mid \omega_1 \cdots \omega_n; \eta)$ und $F_n(x \mid \omega_1 \cdots \omega_n; \eta)$ denjenigen Differenzengleichungen, die aus (1) und (2) hervorgehen, wenn man $\varphi(x)$ durch $\varphi(x)e^{-\eta x}$ ersetzt; bei $F_n(x \mid \omega_1 \cdots \omega_n; \eta)$ muß man daran denken, daß $B_{n-1}^{(n)}(x)$ ein Polynom $(n-1)$-ten Grades mit der n-ten Differenz Null ist. Nun wollen wir η nach Null führen und zeigen, daß dann die Funktionen $G_n(x \mid \omega_1 \cdots \omega_n; \eta)$ und $F_n(x \mid \omega_1 \cdots \omega_n; \eta)$ gleichmäßig Grenzwerten zustreben. Zunächst beschäftigen wir uns mit der Funktion $G_n(x \mid \omega_1 \cdots \omega_n; \eta)$. Wir ersetzen in der Summenformel

$$\varphi(x+h) = \sum_{\nu=0}^{m} \frac{E_\nu^{(n)}(h)}{\nu!} \mathop{\nabla}_{\omega_1 \cdots \omega_n}^{n} \varphi^{(\nu)}(x) + \int_0^\infty \frac{\overline{E}_m^{(n)}(h-t)}{m!} \mathop{\nabla}_{\omega_1 \cdots \omega_n}^{n} \varphi^{(m+1)}(x+t)\, dt$$

$$(0 \leqq h < \omega_1 + \cdots + \omega_n)$$

x durch $x + \Omega$, wählen beliebige positive, ungerade Zahlen $p_1, \ldots, p_n$ und geben in Ω den s_i nacheinander die Werte $0, 1, 2, \ldots, p_i - 1$. Multiplizieren wir die so entstehenden Gleichungen mit $(-1)^{s_1+\cdots+s_n}$ und addieren sie nachher, so erhalten wir unter Berücksichtigung der Formel (15) in Kapitel 1, § 1:

$$\sum_{s_n=0}^{p_n-1} \cdots \sum_{s_1=0}^{p_1-1} (-1)^{s_1+\cdots+s_n} \mathop{\nabla}_{\omega_1 \cdots \omega_n}^{n} f(x+\Omega) = \mathop{\nabla}_{p_1\omega_1 \cdots p_n\omega_n}^{n} f(x)$$

die Beziehung

$$\sum_{s_n=0}^{p_n-1}\cdots\sum_{s_1=0}^{p_1-1}(-1)^{s_1+\cdots+s_n}\varphi(x+h+\Omega) \tag{8}$$

$$=\sum_{\nu=0}^{m}\frac{E_\nu^{(n)}(h)}{\nu!}\mathop{\nabla}_{p_1\omega_1\cdots p_n\omega_n}^{n}\varphi^{(\nu)}(x)+\int_0^\infty\frac{\overline{E}_m^{(n)}(h-t)}{m!}\mathop{\nabla}_{p_1\omega_1\cdots p_n\omega_n}^{n}\varphi^{(m+1)}(x+t)\,dt.$$

Hierin schreiben wir $\varphi(x)e^{-\eta x}$ an Stelle von $\varphi(x)$ und lassen nachher die Zahlen $p_1, \ldots, p_n$ unbegrenzt zunehmen. Wir behaupten, daß sich dann die Gleichung

$$G_n(x+h\,|\,\omega_1\cdots\omega_n;\eta)=\sum_{\nu=0}^{m}\frac{E_\nu^{(n)}(h)}{\nu!}D_x^\nu[\varphi(x)e^{-\eta x}] \tag{9}$$
$$+\int_0^\infty\frac{\overline{E}_m^{(n)}(h-t)}{m!}D_x^{m+1}[\varphi(x+t)e^{-\eta(x+t)}]\,dt$$

ergibt. In der Tat besteht das erste Glied rechts in der Gleichung, die für $\varphi(x)e^{-\eta x}$ statt $\varphi(x)$ aus (8) hervorgeht, aus einer endlichen Anzahl von Ausdrücken der Form

$$C_1\cdot\varphi^{(\mu)}(x+\Omega)e^{-\eta(x+\Omega)}$$

mit konstantem C_1, welche für unendlich zunehmendes Ω verschwinden. Das zweite Glied hingegen ist aus endlich vielen Integralen von der Form

$$Q=C_2\int_0^\infty\overline{E}_m^{(n)}(h-t)\varphi^{(\mu)}(x+\Omega+t)e^{-\eta(x+\Omega+t)}\,dt$$

aufgebaut, für welche nach unseren Ergebnissen über das Wachstum der Funktion $\overline{E}_\nu^{(n)}(x)$ (Kap. 6, § 6, Formel (96)) die Abschätzung

$$|Q|<C_3\int_0^\infty t^{n-1}(x+\Omega+t)^m e^{-\eta(x+\Omega+t)}\,dt<C_3\int_{x+\Omega}^\infty t^{m+n-1}e^{-\eta t}\,dt$$

gültig ist. In dieser strebt aber bei festem $\eta>0$ das letzte Integral gegen Null, wenn Ω unbegrenzt wächst, womit die Gleichung (9) bewiesen ist.

Nunmehr lassen wir in der Beziehung (9) η nach Null abnehmen. Das Integral in (9) können wir aufspalten in das Integral

$$I_0=\frac{1}{m!}\int_0^\infty\overline{E}_m^{(n)}(h-t)\varphi^{(m+1)}(x+t)e^{-\eta(x+t)}\,dt$$

und $(m+1)$ Integrale, welche bis auf Konstanten von der Form

$$I_\nu=\eta^\nu\int_0^\infty\overline{E}_m^{(n)}(h-t)\varphi^{(m+1-\nu)}(x+t)e^{-\eta(x+t)}\,dt$$

sind. Für das erste Integral gilt

$$\lim_{\eta\to 0} I_0 = \frac{1}{m!}\int_0^\infty \overline{E}_m^{(n)}(h-t)\,\varphi^{(m+1)}(x+t)\,dt,$$

weil das rechtsstehende Integral konvergent ist. Hingegen wird

$$\lim_{\eta\to 0} I_\nu = 0 \qquad (\nu = 1, 2, \ldots, m+1);$$

denn nach (4) können wir I_ν in der Gestalt

$$I_\nu = \eta^\nu \int_0^\infty \overline{E}_m^{(n)}(h-t)\,\psi_\nu(x+t)\,e^{-\eta(x+t)}\,dt$$

$$+ \eta^\nu \int_0^\infty \overline{E}_m^{(n)}(h-t)\,p_\nu(x+t)\,e^{-\eta(x+t)}\,dt$$

schreiben. Hierin aber nähert sich für $\eta \to 0$ zunächst der zweite Bestandteil gleichmäßig der Grenze Null, weil gemäß unseren Bemerkungen am Schlusse von Kapitel 6, § 6 das Integral

$$\int_0^\infty \overline{E}_m^{(n)}(h-t)\,t^{p'}e^{-\eta t}\,dt$$

für $\eta \to 0$ einem endlichen Grenzwert zustrebt und $p_\nu(x)$ ein Polynom ist, und auch der erste Bestandteil konvergiert wegen

$$\left|\eta^\nu \int_0^\infty \overline{E}_m^{(n)}(h-t)\,\psi_\nu(x+t)\,e^{-\eta(x+t)}\,dt\right| < C\eta^\nu \int_0^\infty t^{n-1}\,t^{\nu-n-\varepsilon}\,e^{-\eta t}\,dt$$

$$< C\eta^\varepsilon \int_0^\infty t^{\nu-1-\varepsilon}\,e^{-t}\,dt$$

gegen Null. Sonach strebt das Integral in (9) für $\eta \to 0$ dem endlichen Grenzwerte $\lim\limits_{\eta\to 0} I_0$ zu, und ebenso nähert sich das erste Glied rechts in (9) einem endlichen Grenzwerte. *Damit ist bewiesen, daß die Funktion $G_n(x \mid \omega_1 \cdots \omega_n; \eta)$ für $\eta \to 0$ in $b \leq x \leq B$ gleichmäßig gegen einen Grenzwert $G_n(x \mid \omega_1 \cdots \omega_n)$ konvergiert, der infolgedessen eine stetige Funktion von x ist und für $0 \leq h < \omega_1 + \cdots + \omega_n$ die Darstellung*

$$(10)\quad G_n(x+h \mid \omega_1 \cdots \omega_n) = \sum_{\nu=0}^{m} \frac{E_\nu^{(n)}(h)}{\nu!}\,\varphi^{(\nu)}(x) + \int_0^\infty \frac{\overline{E}_m^{(n)}(h-t)}{m!}\,\varphi^{(m+1)}(x+t)\,dt$$

gestattet. Wir schreiben auch

$$(11)\quad G_n(x \mid \omega_1 \cdots \omega_n) = \lim_{\eta\to 0} G_n(x \mid \omega_1 \cdots \omega_n; \eta) = \mathop{\large S} \varphi(x) \mathop{\nabla}_{\omega_1 \cdots \omega_n}^{n} x$$

und nennen die Funktion $G_n(x \mid \omega_1 \cdots \omega_n)$ der $(n+1)$ Veränderlichen $x, \omega_1, \ldots, \omega_n$ die *Wechselsumme n-ter Ordnung der Funktion* $\varphi(x)$. Aus ihrer Definition entnimmt man ohne Mühe nacheinander die Relationen

$$\text{(12)} \qquad \underset{\omega_n}{\nabla} G_n(x \mid \omega_1 \cdots \omega_n) = G_{n-1}(x \mid \omega_1 \cdots \omega_{n-1}),$$

$$\text{(12*)} \qquad \overset{2}{\underset{\omega_n \omega_{n-1}}{\nabla}} G_n(x \mid \omega_1 \cdots \omega_n) = G_{n-2}(x \mid \omega_1 \cdots \omega_{n-2}),$$

. . . .

$$\text{(12**)} \qquad \overset{n}{\underset{\omega_1 \cdots \omega_n}{\nabla}} G_n(x \mid \omega_1 \cdots \omega_n) = \varphi(x),$$

sodaß also $G_n(x \mid \omega_1 \cdots \omega_n)$ *eine Lösung der Gleichung* (2) *ist, und zwar per definitionem die Hauptlösung.*

89. Der Existenzbeweis für den Grenzwert der Funktion $F_n(x \mid \omega_1 \cdots \omega_n; \eta)$ bei $\eta \to 0$, die *Summe n-ter Ordnung von* $\varphi(x)$,

$$\text{(13)} \qquad F_n(x \mid \omega_1 \cdots \omega_n) = \lim_{\eta \to 0} F_n(x \mid \omega_1 \cdots \omega_n; \eta) = \mathop{\mathbf{S}}_a^x \varphi(z) \overset{n}{\underset{\omega_1 \cdots \omega_n}{\triangle}} z,$$

verläuft ganz entsprechend. Ausgehend von der Summenformel

$$\varphi(x+h) + \int_0^\infty \frac{B_{n-1}^{(n)}(h-t)}{(n-1)!} \overset{n}{\underset{\omega_1 \cdots \omega_n}{\triangle}} \varphi(x+t)\, dt$$

$$= \sum_{\nu=0}^{m} \frac{B_{\nu+n}^{(n)}(h)}{(\nu+n)!} \overset{n}{\underset{\omega_1 \cdots \omega_n}{\triangle}} \varphi^{(\nu)}(x) + \int_0^\infty \frac{\overline{B}_{m+n}^{(n)}(h-t)}{(m+n)!} \overset{n}{\underset{\omega_1 \cdots \omega_n}{\triangle}} \varphi^{(m+1)}(x+t)\, dt$$

findet man unter Benutzung der Formel (14) in Kapitel 1, § 1:

$$\sum_{s_n=0}^{p_n-1} \cdots \sum_{s_1=0}^{p_1-1} \overset{n}{\underset{\omega_1 \cdots \omega_n}{\triangle}} f(x+\Omega) = p_1 \cdots p_n \overset{n}{\underset{p_1 \omega_1 \cdots p_n \omega_n}{\triangle}} f(x)$$

$(p_1, \ldots, p_n$ beliebige ganze Zahlen)

für $0 \leqq h < \omega_1 + \cdots + \omega_n$ die Gleichung

$$\text{(14)} \quad F_n(x+h \mid \omega_1 \cdots \omega_n) = \int_0^x \frac{B_{n-1}^{(n)}(x+h-z)}{(n-1)!} \varphi(z)\, dz + \sum_{\nu=0}^{m} \frac{B_{\nu+n}^{(n)}(h)}{(\nu+n)!} \varphi^{(\nu)}(x)$$

$$+ \int_0^\infty \frac{\overline{B}_{m+n}^{(n)}(h-t)}{(m+n)!} \varphi^{(m+1)}(x+t)\, dt.$$

Das erste Integral rechts kann wegen

$$\frac{B_{n-1}^{(n)}(x+h-z)}{(n-1)!} = \sum_{\nu=0}^{n-1} \frac{B_\nu^{(n)}(h)}{\nu!} \frac{(x-z)^{n-1-\nu}}{(n-1-\nu)!}$$

auch in der Form

$$\int_0^x \frac{B_{n-1}^{(n)}(x+h-z)}{(n-1)!} \varphi(z)\,dz = \sum_{\nu=0}^{n-1} \frac{B_\nu^{(n)}(h)}{\nu!} \int_0^x \frac{(x-z)^{n-1-\nu}}{(n-1-\nu)!} \varphi(z)\,dz$$

geschrieben werden. Setzen wir zur Abkürzung

$$f(x) = \int_0^x \frac{(x-z)^{n-1}}{(n-1)!} \varphi(z)\,dz, \tag{15}$$

so nimmt die Gleichung (14) die Gestalt

$$F_n(x+h \mid \omega_1 \cdots \omega_n) = \sum_{\nu=0}^{m+n} \frac{B_\nu^{(n)}(h)}{\nu!} f^{(\nu)}(x) + \int_0^\infty \frac{\overline{B}_{m+n}^{(n)}(h-t)}{(m+n)!} f^{(m+n+1)}(x+t)\,dt \tag{14*}$$

an. $F_n(x \mid \omega_1 \ldots \omega_n)$ *genügt, wie aus der Kette von Gleichungen*

$$\mathop{\triangle}_{\omega_n} F_n(x \mid \omega_1 \cdots \omega_n) = F_{n-1}(x \mid \omega_1 \cdots \omega_{n-1}), \tag{16}$$

$$\mathop{\triangle}_{\omega_{n-1}\omega_n}^{2} F_n(x \mid \omega_1 \cdots \omega_n) = F_{n-2}(x \mid \omega_1 \cdots \omega_{n-2}), \tag{16*}$$

. . . .

$$\mathop{\triangle}_{\omega_1 \cdots \omega_n} F_n(x \mid \omega_1 \cdots \omega_n) = \varphi(x) \tag{16**}$$

hervorgeht, der Gleichung (1); *wir bezeichnen* $F_n(x \mid \omega_1 \cdots \omega_n)$ *als die Hauptlösung dieser Gleichung.*

Die allgemeinsten Lösungen von (1) und (2) bekommt man offenbar, wenn man zu den Hauptlösungen $F_n(x)$ bzw. $G_n(x)$ willkürliche Funktionen $\pi_n(x)$ bzw. $\mathfrak{p}_n(x)$ hinzufügt, welche den Gleichungen

$$\mathop{\triangle}_{\omega_1 \cdots \omega_n}^{n} \pi_n(x) = 0 \quad \text{oder} \quad \mathop{\triangle}_{\omega_1 \cdots \omega_n}^{n} \mathfrak{p}_n(x) = 0$$

Genüge leisten. Diese allgemeinen Lösungen sind aber funktionentheoretisch nur wenig interessant. Hingegen lassen sich für die durch sinngemäße Übertragung unseres in Kap. 3 angewandten Algorithmus gebildeten Hauptlösungen eine Fülle bemerkenswerter Eigenschaften nachweisen.

In der Gestalt

$$(12^{***})\qquad \mathop{\nabla}_{\omega_1\cdots\omega_n}^{n} \mathop{\mathsf{S}}\varphi(x) \mathop{\nabla}_{\omega_1\cdots\omega_n}^{n} x = \varphi(x),$$

$$(16^{***})\qquad \mathop{\triangle}_{\omega_1\cdots\omega_n}^{n} \mathop{\mathsf{S}}_{a}^{x} \varphi(z) \mathop{\triangle}_{\omega_1\cdots\omega_n}^{n} z = \varphi(x)$$

geschrieben zeigen (12**) und (16**), daß man die Summationsoperationen als die zur Mittelwert- und Differenzenbildung inversen Operationen ansehen kann.

Wenn für die Funktion $\varphi(x)$ die Grenzwerte $F_n(x)$ bzw. $G_n(x)$ existieren, was unter wesentlich allgemeineren Voraussetzungen, als wir sie gemacht haben, eintreffen kann, so heißt $\varphi(x)$ *summierbar* bzw. *wechselsummierbar*. Summierbar sagen wir auch, wenn wir irgendeinen der beiden Grenzwerte im Auge haben. Es braucht kaum besonders hervorgehoben zu werden, daß konstante Faktoren vor die Summenzeichen gezogen und Summen gliedweise summiert werden dürfen.

Die beim Existenzbeweise nebenbei mit erhaltenen Darstellungen (10) und (14) der Hauptlösungen sind von grundlegender Bedeutung. Wie sich schon nach Analogie des in Kapitel 3 behandelten Falles $n = 1$ erwarten läßt, *geben sie vor allem Aufschluß über das asymptotische Verhalten und über die Ableitungen der Funktionen* $G_n(x)$ *und* $F_n(x)$. Dahinzielenden Betrachtungen wollen wir uns in den nächsten beiden Paragrafen zuwenden.

§ 2. Asymptotische Entwicklungen.

90. *Asymptotisch sind die Entwicklungen* (10) *und* (14) *in zweierlei Sinn: für sehr große positive Werte von x und für sehr kleine positive Werte von* $\omega_1, \ldots, \omega_n$. Wenden wir uns zunächst der erstgenannten Problemstellung zu. Nach Voraussetzung existiert eine ganze Zahl m derart, daß

$$\lim_{x\to\infty} x^{n+\varepsilon} \varphi^{(m+1)}(x) = 0$$

ist. Nun sei r die kleinste positive ganze Zahl mit

$$(17)\qquad \lim \varphi^{(r)}(x) = 0$$

und zur Abkürzung

$$(18)\qquad P_n(x) = \sum_{\nu=0}^{r-1} \frac{E_\nu^{(n)}(h)}{\nu!} \varphi^{(\nu)}(x-h),$$

$$(19)\qquad Q_n(x) = \sum_{\nu=0}^{n+r-1} \frac{B_\nu^{(n)}(h)}{\nu!} f^{(\nu)}(x-h),$$

wobei die Funktion $f(x)$ durch (15) erklärt ist. In den aus (10) und (14) unmittelbar entfließenden Gleichungen

$$G_n(x \mid \omega_1 \cdots \omega_n) = P_n(x) + \sum_{\nu=r}^{m} \frac{E_\nu^{(n)}(h)}{\nu!} \varphi^{(\nu)}(x-h)$$
$$+ \int_{-h}^{\infty} \frac{\overline{E}_m^{(n)}(-t)}{m!} \varphi^{(m+1)}(x+t)\, dt,$$

$$F_n(x \mid \omega_1 \cdots \omega_n) = Q_n(x) + \sum_{\nu=r}^{m} \frac{B_{\nu+n}^{(n)}(h)}{(\nu+n)!} \varphi^{(\nu)}(x-h)$$
$$+ \int_{-h}^{\infty} \frac{\overline{B}_{m+n}^{(n)}(-t)}{(m+n)!} \varphi^{(m+1)}(x+t)\, dt$$

streben für $x \to \infty$ die zweiten Glieder rechts gegen Null. Dies gilt nach unserer Voraussetzung über $\varphi^{(m+1)}(x)$ im Verein mit der Wachstumsabschätzung der Funktionen $\overline{E}_m^{(n)}$ und $\overline{B}_m^{(n)}$ auch für die dritten Glieder. Hieraus kann man schließen

$$\lim_{x \to \infty} [G_n(x \mid \omega_1 \cdots \omega_n) - P_n(x)] = 0, \tag{20}$$

$$\lim_{x \to \infty} [F_n(x \mid \omega_1 \cdots \omega_n) - Q_n(x)] = 0, \tag{21}$$

sodaß also für große x die Hauptlösungen durch die Funktionen $P_n(x)$ und $Q_n(x)$, d. h. die r bzw. $n + r$ ersten Glieder der Entwicklungen (10) *und* (14), *asymptotisch dargestellt werden.*

Manchmal läßt sich noch etwas mehr aussagen. Wenn etwa für ein positives p

$$\lim_{x \to \infty} x^{n+p+\varepsilon} \varphi^{(m+1)}(x) = 0$$

ist und r die kleinste positive ganze Zahl mit

$$\lim_{x \to \infty} x^p \varphi^{(r)}(x) = 0$$

bedeutet, gilt sogar

$$\lim_{x \to \infty} x^p [G_n(x) - P_n(x)] = 0, \tag{20*}$$

$$\lim_{x \to \infty} x^p [F_n(x) - Q_n(x)] = 0. \tag{21*}$$

Es kann vorkommen, daß diese Relationen für beliebig großes p erfüllt sind, wenn wir nur r genügend groß nehmen.

Besonders einfach werden die Funktionen $P_n(x)$ und $Q_n(x)$ natürlich, wenn man $h = 0$ oder $h = \frac{\omega_1 + \cdots + \omega_n}{2}$ wählt. Z. B. gilt im ersten Falle

$$P_n(x) = \sum_{\nu=0}^{r-1} \frac{C_\nu^{(n)}}{2^\nu \nu!} \varphi^{(\nu)}(x), \qquad Q_n(x) = \sum_{\nu=0}^{n+r-1} \frac{B_\nu^{\,n}}{\nu!} f^{(\nu)}(x).$$

91. Aus den Limesrelationen (20) und (21) vermögen wir bemerkenswerte Grenzausdrücke für $G_n(x)$ und $F_n(x)$ herzuleiten, indem wir die aus den Gleichungen (2) und (1) folgenden Beziehungen

$$\mathop{\nabla}^{n}_{p_1\omega_1 \cdots p_n\omega_n} G_n(x) = \sum_{s_n=0}^{p_n-1} \cdots \sum_{s_1=0}^{p_1-1} (-1)^{s_1+\cdots+s_n} \varphi(x+\Omega)$$

$(p_1, \ldots, p_n$ positive ungerade Zahlen$)$,

$$p_1 \cdots p_n \mathop{\Delta}^{n}_{p_1\omega_1 \cdots p_n\omega_n} F_n(x) = \sum_{s_n=0}^{p_n-1} \cdots \sum_{s_1=0}^{p_n-1} \varphi(x+\Omega)$$

$(p_1, \ldots, p_n$ beliebige positive ganze Zahlen$)$

in Anwendung bringen. Aus der Relation

$$\begin{aligned} G_n(x) = {} & 2^n \sum_{s_n=0}^{p_n-1} \cdots \sum_{s_1=0}^{p_1-1} (-1)^{s_1+\cdots+s_n} \varphi(x+\Omega) + P_n(x) - 2^n \mathop{\nabla}^{n}_{p_1\omega_1 \ldots p_n\omega_n} P_n(x) \\ & + \Big\{G_n(x) - P_n(x) - 2^n \mathop{\nabla}^{n}_{p_1\omega_1 \cdots p_n\omega_n} (G_n(x) - P_n(x))\Big\} \end{aligned}$$

können wir z. B. gemäß (20) schließen

$$\begin{aligned} (22) \qquad G_n(x) = \lim_{p_1,\ldots,p_n \to \infty} \Big\{ & 2^n \sum_{s_n=0}^{p_n-1} \cdots \sum_{s_1=0}^{p_1-1} (-1)^{s_1+\cdots+s_n} \varphi(x+\Omega) \\ & + P_n(x) - 2^n \mathop{\nabla}^{n}_{p_1\omega_1 \cdots p_n\omega_n} P_n(x) \Big\}, \end{aligned}$$

und ähnlich gilt

$$\begin{aligned} (23) \quad F_n(x) = \lim_{p_1,\ldots,p_n \to \infty} \Big\{ & (-1)^n \omega_1 \cdots \omega_n \sum_{s_n=0}^{p_n-1} \cdots \sum_{s_1=0}^{p_1-1} \varphi(x+\Omega) \\ & + Q_n(x) - (-1)^n p_1 \cdots p_n \omega_1 \cdots \omega_n \mathop{\Delta}^{n}_{p_1\omega_1 \cdots p_n\omega_n} Q_n(x) \Big\}. \end{aligned}$$

Sind die in Betracht kommenden Ableitungen von $\varphi(x)$ für $x \geqq b$ stetig, so sind die letzten Gleichungen für $x \geqq b + h$ gleichmäßig erfüllt. Für $r = 0$, also $\lim\limits_{x\to\infty} \varphi(x) = 0$, reduziert sich die Funktion $P_n(x)$ auf Null; dann wird also

$$G_n(x) = 2^n \sum (-1)^{s_1+\cdots+s_n} \varphi(x+\Omega).$$

In diesem einfachen Falle kann also die Funktion $G_n(x)$ als mehrfache Summe geschrieben werden. Die Analogie mit unseren Betrachtungen zu Beginn von Kap. 3, § 2, als wir an das Studium der Hauptlösungen für $n = 1$ herantraten, liegt auf der Hand.

Die Gleichungen (22) und (23) lassen sich auch in die Form

$$(22^*)\quad G_n(x) = \lim_{p_1,\ldots,p_n\to\infty} \left\{ 2^n \sum_{s_n=0}^{p_n-1} \cdots \sum_{s_1=0}^{p_1-1} (-1)^{s_1+\cdots+s_n} \varphi(x+\Omega) \right.$$
$$\left. - \sum_{s_n=0}^{1} \cdots \sum_{s_1=0}^{1}{}' (-1)^{\sigma} P_n(x + s_1 p_1 \omega_1 + \cdots + s_n p_n \omega_n) \right\}$$

und

$$(23^*)\quad F_n(x) = \lim_{p_1,\ldots,p_n\to\infty} \left\{ (-1)^n \omega_1 \cdots \omega_n \sum_{s_n=0}^{p_n-1} \cdots \sum_{s_1=0}^{p_1-1} \varphi(x+\Omega) \right.$$
$$\left. - \sum_{s_n=0}^{1} \cdots \sum_{s_1=0}^{1}{}' (-1)^{s_1+\cdots+s_n} Q_n(x + s_1 p_1 \omega_1 + \cdots + s_n p_n \omega_n) \right\}$$

bringen, wobei der Strich am Summenzeichen bedeutet, daß der Fall $s_1 = \cdots = s_n = 0$ ausgeschlossen bleiben soll und zur Abkürzung

$$\sigma = s_1(p_1 - 1) + \cdots + s_n(p_n - 1)$$

gesetzt ist. Besonders einfach werden die Gleichungen (22*) und (23*) für gleiche Spannen $\omega_1 = \cdots = \omega_n = \omega$ und für $p_1 = \cdots = p_n = p$. Dann erhält man

$$G_n(x) = \lim_{p\to\infty} \left\{ 2^n \sum_{s_n=0}^{p-1} \cdots \sum_{s_1=0}^{p-1} (-1)^{s_1+\cdots+s_n} \varphi(x+\Omega) \right.$$
$$\left. - \sum_{s=1}^{n} (-1)^{s(p-1)} \binom{n}{s} P_n(x + s p \omega) \right\},$$

$$F_n(x) = \lim_{p\to\infty} \left\{ (-1)^n \omega^n \sum_{s_n=0}^{p-1} \cdots \sum_{s_1=0}^{p-1} \varphi(x+\Omega) \right.$$
$$\left. - \sum_{s=1}^{n} (-1)^{s} \binom{n}{s} Q_n(x + s p \omega) \right\}.$$

Andere Grenzwertdarstellungen für die Funktionen $G_n(x)$ und $F_n(x)$ beruhen auf der Tatsache, daß $G_n(x)$ und $F_n(x)$ die Wechselsumme bzw. die Summe der Hauptlösungen $G_{n-1}(x)$ und $F_{n-1}(x)$ von um 1 niedrigerer Ordnung sind. Daraus, daß $G_n(x\,|\,\omega_1\cdots\omega_n)$ und $F_n(x\,|\,\omega_1\cdots\omega_n)$ den Gleichungen

$$\mathop{\nabla}_{\omega_n} G_n(x\,|\,\omega_1\cdots\omega_n) = G_{n-1}(x\,|\,\omega_1\cdots\omega_{n-1}),$$

$$\mathop{\triangle}_{\omega_n} F_n(x\,|\,\omega_1\cdots\omega_n) = F_{n-1}(x\,|\,\omega_1\cdots\omega_{n-1})$$

genügen, entnimmt man nämlich die Relationen

$$(24)\qquad G_n(x\,|\,\omega_1\cdots\omega_n) = \lim_{p\to\infty}\left\{2\sum_{s=0}^{p-1}(-1)^s G_{n-1}(x+s\,\omega_n\,|\,\omega_1\cdots\omega_{n-1}) + (-1)^p P_n(x+p\,\omega_n)\right\},$$

$$(25)\qquad F_n(x\,|\,\omega_1\cdots\omega_n) = \lim_{p\to\infty}\left\{Q_n(x+p\,\omega_n) - \omega_n\sum_{s=0}^{p-1} F_{n-1}(x+s\,\omega_n\,|\,\omega_1\cdots\omega_{n-1})\right\}.$$

Wenn insbesondere

$$\lim_{x\to\infty}\varphi(x) = 0$$

ist, vereinfachen sich diese Beziehungen zu

$$G_n(x\,|\,\omega_1\cdots\omega_n) = 2\sum_{s=0}^{\infty}(-1)^s G_{n-1}(x+s\,\omega_n\,|\,\omega_1\cdots\omega_{n-1}),$$

$$F_n(x\,|\,\omega_1\cdots\omega_n) = \lim_{p\to\infty}\left\{\int_a^{x+p\,\omega_n}\frac{B_{n-1}^{(n)}(x+p\,\omega_n-z)}{(n-1)!}\,\varphi(z)\,dz - \omega_n\sum_{s=0}^{p-1}F_{n-1}(x+s\,\omega_n)\right\}.$$

92. Mit Hilfe der Identitäten (15) und (14) in Kap. 1, § 1 lassen sich aus (22) und (23) für $x \geqq b+h$ gleichmäßig konvergente n-fache Reihendarstellungen gewinnen, und zwar

$$(26)\quad G_n(x) = P_n(x) + 2^n\sum(-1)^{s_1+\cdots+s_n}\left[\varphi(x+\Omega) - \mathop{\overset{n}{\nabla}}_{\omega_1\cdots\omega_n} P_n(x+\Omega)\right],$$

$$(27)\quad F_n(x) = Q_n(x) + (-1)^n\,\omega_1\cdots\omega_n\sum\left[\varphi(x+\Omega) - \mathop{\overset{n}{\triangle}}_{\omega_1\cdots\omega_n} Q_n(x+\Omega)\right],$$

wobei die Summation über alle ganzen nichtnegativen $s_1, \ldots, s_n$ erstreckt ist. Da man, wie leicht ersichtlich, in (22) und (23) auch zunächst p_1, dann $p_2, \ldots,$ schließlich p_n unbegrenzt wachsen lassen darf, so können an Stelle der vielfachen Reihen in (26) und (27) auch n-fach iterierte Reihen geschrieben, also $G_n(x)$ und $F_n(x)$ in die Gestalt

$$(26^*) \quad G_n(x) = P_n(x) + 2^n \sum_{s_n=0}^{\infty} (-1)^{s_n} \cdots \sum_{s_1=0}^{\infty} (-1)^{s_1} \left[\varphi(x+\Omega) - \mathop{\nabla}_{\omega_1 \cdots \omega_n}^{n} P_n(x+\Omega) \right],$$

$$(27^*) \quad F_n(x) = Q_n(x) + (-1)^n \omega_1 \cdots \omega_n \sum_{s_n=0}^{\infty} \cdots \sum_{s_1=0}^{\infty} \left[\varphi(x+\Omega) - \mathop{\Delta}_{\omega_1 \cdots \omega_n}^{n} Q_n(x+\Omega) \right]$$

gebracht werden.

Die Reihen (26) und (27) sind zwar, wie schon hervorgehoben, gleichmäßig konvergent; absolut konvergieren sie jedoch im allgemeinen nicht. Wir haben, um den Reihen den einfachsten Bau zu geben, die ganze Zahl r so klein wie möglich gewählt. Nimmt man r größer, so kann man oft die Güte der Konvergenz erhöhen und, wenn für genügend große Werte von m

$$\lim_{x \to \infty} x^{2n+\varepsilon} \varphi^{(m)}(x) = 0$$

gilt, sogar absolute Konvergenz erzielen.

93. Bisher haben wir die Entwicklungen (10) und (14*) zum Studium der Hauptlösungen für große positive Werte von x bei festen Spannen $\omega_1, \ldots, \omega_n$ ausgebeutet. Jetzt wollen wir andererseits x festhalten und die Spannen $\omega_1, \ldots, \omega_n$ variieren, nämlich sehr klein werden lassen. Da $E_\nu^{(n)}(h)$ und $B_\nu^{(n)}(h)$ homogene Funktionen in $\omega_1, \ldots, \omega_n$ vom Grade ν sind, stellen (10) und (14*) offenbar Potenzreihen in den Spannen $\omega_1, \ldots, \omega_n$ dar. Sollen diese nach Null abnehmen, so können wir mit Vorteil von den Homogenitätsrelationen für die Eulerschen und Bernoullischen Polynome Gebrauch machen, indem wir h durch λh, ω_i durch $\lambda \omega_i$ ersetzen:

$$E_\nu^{(n)}(\lambda h \mid \lambda \omega_1 \cdots \lambda \omega_n) = \lambda^\nu E_\nu^{(n)}(h \mid \omega_1 \cdots \omega_n),$$

$$B_\nu^{(n)}(\lambda h \mid \lambda \omega_1 \cdots \lambda \omega_n) = \lambda^\nu B_\nu^{(n)}(h \mid \omega_1 \cdots \omega_n).$$

Dann gewinnen wir die Gleichungen:

$$(28) \quad G_n(x + \lambda h \mid \lambda \omega_1 \cdots \lambda \omega_n) = \sum_{\nu=0}^{m} \frac{\lambda^\nu}{\nu!} E_\nu^{(n)}(h \mid \omega_1 \cdots \omega_n) \varphi^{(\nu)}(x) + \mathfrak{R}_m,$$

$$(29) \qquad F_n(x + \lambda h \mid \lambda\omega_1 \cdots \lambda\omega_n) = \sum_{\nu=0}^{m+n} \frac{\lambda^\nu}{\nu!} B_\nu^{(n)}(h \mid \omega_1 \cdots \omega_n) f^{(\nu)}(x) + R_{m+n},$$

wobei

$$(28^*) \qquad \mathfrak{R}_m = \lambda^{m+1} \int_0^\infty \frac{\overline{E}_m^{(n)}(h-t)}{m!} \varphi^{(m+1)}(x + \lambda t)\, dt,$$

$$(29^*) \qquad R_{m+n} = \lambda^{m+n+1} \int_0^\infty \frac{\overline{B}_{m+n}^{(n)}(h-t)}{(m+n)!} \varphi^{(m+1)}(x + \lambda t)\, dt$$

gesetzt und $f(x)$ durch (15) definiert ist. Die Restglieder dieser beiden nach wachsenden Potenzen von λ fortschreitenden Darstellungen können leicht abgeschätzt werden; man findet z. B., daß $|R_{m+n}\lambda^{-m-1}|$ bei festem x und hinschwindendem λ kleiner als eine Konstante bleibt. Hieraus läßt sich schließen, daß für

$$R_p = \sum_{\nu=p+1}^{m+n} \frac{\lambda^\nu}{\nu!} B_\nu^{(n)}(h) f^{(\nu)}(x) + R_{m+n}$$

bei $p \leqq m$ die Gleichung

$$(28^{**}) \qquad \lim_{\lambda \to 0} R_p \lambda^{-p} = 0$$

gilt. Ebenso bekommen wir bei $p \leqq m - n$ die Relation

$$(29^{**}) \qquad \lim_{\lambda \to 0} \mathfrak{R}_p \lambda^{-p} = 0.$$

Insbesondere gilt daher

$$(30) \qquad \lim_{\lambda \to 0} G_n(x \mid \lambda\omega_1 \cdots \lambda\omega_n) = \varphi(x),$$

$$(31) \qquad \lim_{\lambda \to 0} F_n(x \mid \lambda\omega_1 \cdots \lambda\omega_n) = \int_a^x \frac{(x-z)^{n-1}}{(n-1)!} \varphi(z)\, dz,$$

sodaß also die Summe n-ter Ordnung bei hinschwindenden Spannen in die Lösung der in diesem Falle aus der Differenzengleichung (1) entstehenden Differentialgleichung übergeht, und allgemein sind die Potenzreihen (28) und (29) in λ bis zu einer gewissen Gliederzahl asymptotisch im Sinne von Poincaré. Wenn die Funktion $\varphi(x)$ für $x \geqq b$ Ableitungen aller Ordnungen besitzt und für alle genügend großen m die Beziehung

$$\lim_{x \to \infty} x^{n+\varepsilon} \varphi^{(m)}(x) = 0$$

besteht, dann sind sogar die aus (28) und (29) für $m \to \infty$ entspringenden, im allgemeinen, wie schon nach den Erörterungen von Kapitel 3 zu erwarten, divergenten unendlichen Potenzreihen in λ asymptotisch im Sinne von Poincaré. Denn dann gelten die Relationen (28**) und (29**) für jedes positive ganzzahlige p.

Wir wollen im Anschluß hieran eine allgemeine Bemerkung einfügen. Es zeigt sich, daß die Hauptlösungen $G_n(x|\omega_1 \cdots \omega_n)$ und $F_n(x|\omega_1 \cdots \omega_n)$ in der ganzen komplexen x-Ebene und für beliebige komplexe $\omega_1, \ldots, \omega_n$ existieren, wenn $\varphi(x)$ eine ganze Funktion ist, welche bei konstantem C und beliebig kleinem ε der Ungleichung

$$|\varphi(x)| < C e^{\varepsilon |x|}$$

genügt. Aus (28) und (29) gehen dann für $h = \frac{\omega_1 + \cdots + \omega_n}{2}$ die Entwicklungen

$$G_n\left(x + \lambda \frac{\omega_1 + \cdots + \omega_n}{2} \middle| \lambda\omega_1 \cdots \lambda\omega_n\right) = \sum_{\nu=0}^{\infty} \frac{\lambda^{2\nu}}{2^{2\nu}(2\nu)!} E_{2\nu}^{(n)}[\omega_1 \cdots \omega_n]\, \varphi^{(\nu)}(x),$$

$$F_n\left(x + \lambda \frac{\omega_1 + \cdots + \omega_n}{2} \middle| \lambda\omega_1 \cdots \lambda\omega_n\right) = \sum_{\nu=0}^{\infty} \frac{\lambda^{2\nu}}{2^{2\nu}(2\nu)!} D_{2\nu}^{(n)}[\omega_1 \cdots \omega_n]\, f^{(\nu)}(x)$$

hervor. Wie man durch Heranziehung der erzeugenden Funktionen der $E_{2\nu}^{(n)}$ und $D_{2\nu}^{(n)}$ erkennt, konvergieren diese beständig in λ; es sind also die Funktionen $G_n(x|\omega_1 \cdots \omega_n)$ und $F_n(x|\omega_1 \cdots \omega_n)$ im Punkte $\omega_1 = \omega_2 = \cdots = \omega_n = 0$ regulär. Ferner besteht in diesem Falle, da die rechts auftretenden Reihen nur gerade Potenzen von λ enthalten, ein *Ergänzungssatz für die Summen n-ter Ordnung*; es wird nämlich

$$(32) \qquad G_n(x - \omega_1 - \cdots - \omega_n | -\omega_1, \ldots, -\omega_n) = G_n(x|\omega_1 \cdots \omega_n)$$

und

$$(33) \qquad F_n(x - \omega_1 - \cdots - \omega_n | -\omega_1, \ldots, -\omega_n) = F_n(x|\omega_1 \cdots \omega_n).$$

Hierdurch erscheint der Ergänzungssatz der Eulerschen und Bernoullischen Polynome höherer Ordnung in einem allgemeineren Lichte. Er ist nur ein Spezialfall der Relationen (32) und (33). *Denn die Eulerschen und Bernoullischen Polynome sind Hauptlösungen,* eine Tatsache, die aus (10) und (14) hervorgeht, wenn man $\varphi(x) = x^\nu$ und $m = \nu$ setzt. Dann ergeben sich nämlich die Gleichungen

$$(34) \qquad \mathop{\mathsf{S}} x^\nu \mathop{\nabla}_{\omega_1 \cdots \omega_n}^{n} x = E_\nu^{(n)}(x|\omega_1 \cdots \omega_n)$$

und

$$(35) \qquad \mathop{\mathsf{S}}_0^x z^\nu \mathop{\Delta}_{\omega_1 \cdots \omega_n}^{n} z = \frac{B_{\nu+n}^{(n)}(x|\omega_1 \cdots \omega_n)}{(\nu+1)(\nu+2)\cdots(\nu+n)}.$$

Nunmehr kehren wir zu unseren früheren Voraussetzungen zurück. Die oben durchgeführte Betrachtung ist auf den Fall zugeschnitten, daß alle Spannen gleichzeitig nach Null abnehmen. Die Entwicklungen (10) und (14*) geben jedoch auch Antwort auf die Frage nach dem Verhalten der Hauptlösungen, wenn nur eine Spanne, z. B. ω_n, sehr klein wird. Die alsdann in Betracht kommende Umordnung von (10) und (14*) nach Potenzen von ω_n kann am leichtesten explizit aufgeschrieben werden, wenn man auf die Gleichung

$$\mathop{\nabla}_{\omega_n} G_n(x \mid \omega_1 \cdots \omega_n) = G_{n-1}(x \mid \omega_1 \cdots \omega_{n-1})$$

zurückgreift. Dann bekommen wir in

$$G_n(x \mid \omega_1 \cdots \omega_n) = \sum_{\nu=0}^{m} \frac{\omega_n^\nu C_\nu}{\nu!\, 2^\nu} \frac{d^\nu}{dx^\nu} G_{n-1}(x \mid \omega_1 \cdots \omega_{n-1}) + R_n$$

eine Entwicklung von $G_n(x \mid \omega_1 \cdots \omega_n)$, die bei festem $x, \omega_1, \ldots, \omega_{n-1}$ asymptotisch für hinschwindendes ω_n ist und insbesondere lehrt, daß

$$\lim_{\omega_n \to 0} G_n(x \mid \omega_1 \cdots \omega_n) = G_{n-1}(x \mid \omega_1 \cdots \omega_{n-1}) \tag{36}$$

gilt, also bei $\omega_n \to 0$ die Wechselsumme n-ter Ordnung in die Wechselsumme $(n-1)$-ter Ordnung übergeht. Für $F_n(x \mid \omega_1 \cdots \omega_n)$ liegen die Verhältnisse nicht so einfach; die entsprechende Formel werden wir in § 4 als (51) kennen lernen.

§ 3. Die Ableitungen der Hauptlösungen.

94. Für die Untersuchung der Ableitungen der Funktionen $G_n(x)$ und $F_n(x)$ setzen wir der Einfachheit halber voraus, daß $\varphi(x)$ für $x \geqq b$ stetige Ableitungen aller Ordnungen besitzt und für alle genügend großen ν, etwa für $\nu > m$

$$\lim_{x \to \infty} x^{n+\varepsilon} \varphi^{(\nu)}(x) = 0$$

gilt. Der Betrachtung legen wir die aus (10) und (14*) für $h = 0$ entspringenden Darstellungen

$$G_n(x) = \sum_{\nu=0}^{m} \frac{C_\nu^{(n)}}{2^\nu \nu!} \varphi^{(\nu)}(x) + \int_0^\infty \frac{\overline{E}_m^{(n)}(-t)}{m!} \varphi^{(m+1)}(x+t)\, dt, \tag{10**}$$

$$F_n(x) = \sum_{\nu=0}^{m+n} \frac{B_\nu^{(n)}}{\nu!} f^{(\nu)}(x) + \int_0^\infty \frac{\overline{B}_{m+n}^{(n)}(-t)}{(m+n)!} \varphi^{(m+1)}(x+t)\, dt \tag{14**}$$

mit

$$f(x) = \int_a^x \frac{(x-z)^{n-1}}{(n-1)!} \varphi(z)\, dz$$

zugrunde. Differenzieren wir in ihnen nach x, so entstehen die Relationen

$$\frac{d}{dx} G_n(x) = \sum_{\nu=0}^{m} \frac{C_\nu^{(n)}}{2^\nu \nu!} \varphi^{(\nu+1)}(x) + \int_0^\infty \frac{\overline{E}_m^{(n)}(-t)}{m!} \varphi^{(m+2)}(x+t)\, dt,$$

$$\frac{d}{dx} F_n(x) = \sum_{\nu=0}^{m+n} \frac{B_\nu^{(n)}}{\nu!} f^{(\nu+1)}(x) + \int_0^\infty \frac{\overline{B}_{m+n}^{(n)}(-t)}{(m+n)!} \varphi^{(m+2)}(x+t)\, dt.$$

Vergleichen wir diese Beziehungen mit den (10**) und (14**) entsprechenden Entwicklungen von $\mathop{S} \varphi'(x) \mathop{\nabla}\limits_{\omega_1 \cdots \omega_n}^{n} x$ und $\mathop{S}\limits_a^x \varphi'(z) \mathop{\triangle}\limits_{\omega_1 \cdots \omega_n}^{n} z$, so bekommen wir die Formeln

(37) $$\frac{d}{dx} \mathop{S} \varphi(x) \mathop{\nabla}\limits_{\omega_1 \cdots \omega_n}^{n} x = \mathop{S} \varphi'(x) \mathop{\nabla}\limits_{\omega_1 \cdots \omega_n}^{n} x,$$

(38) $$\frac{d}{dx} \mathop{S}\limits_a^x \varphi(z) \mathop{\triangle}\limits_{\omega_1 \cdots \omega_n}^{n} z = \mathop{S}\limits_a^x \varphi'(z) \mathop{\triangle}\limits_{\omega_1 \cdots \omega_n}^{n} z + \varphi(a) \frac{B_{n-1}^{(n)}(x-a)}{(n-1)!}.$$

Es sind also die Ableitungen von Summe und Wechselsumme mit Hilfe der Summe bzw. Wechselsumme der Ableitung ausdrückbar.

Nach den Voraussetzungen, welche wir der Funktion $\varphi(x)$ hinsichtlich ihrer höheren Ableitungen auferlegt haben, lassen sich belangreiche Ergebnisse über die höheren Ableitungen von $F_n(x)$ und $G_n(x)$ bei unendlich zunehmendem x erwarten. In der Tat findet man z. B. durch $(m+n)$-malige Differentiation von $F_n(x)$ zunächst

$$\frac{d^{m+n}}{dx^{m+n}} F_n(x) = \mathop{S}\limits_a^x \varphi^{(m+n)}(z) \mathop{\triangle}\limits_{\omega_1 \cdots \omega_n}^{n} z + \sum_{\nu=0}^{n-1} \varphi^{(m+\nu)}(a) \frac{B_\nu^{(n)}(x-a)}{\nu!}.$$

Die rechte Seite kann umgestaltet werden, weil die auftretende Summe die einfache Darstellung

$$\mathop{S}\limits_a^x \varphi^{(m+n)}(z) \mathop{\triangle}\limits_{\omega_1 \cdots \omega_n}^{n} z = (-1)^n \omega_1 \cdots \omega_n \sum \varphi^{(m+n)}(x+\Omega)$$
$$+ \int_a^\infty \frac{B_{n-1}^{(n)}(x-z)}{(n-1)!} \varphi^{(m+n)}(z)\, dz$$

erlaubt. Wenden wir im letzten Integrale Teilintegration an, so erhalten wir schließlich

$$(39)\quad \frac{d^{m+n}}{dx^{m+n}} F_n(x) = \lim_{x \to \infty} \varphi^{(m)}(x) + (-1)^n \omega_1 \cdots \omega_n \sum \varphi^{(m+n)}(x + \Omega)$$

und ähnlich

$$(40)\quad \frac{d^m}{dx^m} G_n(x) = \varphi^{(m)}(x) + \int_0^\infty \overline{E}_0^{(n)}(-z)\, \varphi^{(m+1)}(x+z)\, dz\,.$$

Für $x \to \infty$ streben die zweiten Bestandteile der rechten Seiten in den letzten beiden Formeln gegen Null, während sich die ersten Bestandteile endlichen Grenzen nähern. *Demnach besitzen die Hauptlösungen für $x \geqq b$ stetige Ableitungen aller Ordnungen, von denen*

$$\frac{d^{m+n}}{dx^{m+n}} F_n(x) \quad \textit{und} \quad \frac{d^m}{dx^m} G_n(x)$$

bei unendlich zunehmendem x gegen endliche Grenzwerte streben, während alle höheren Ableitungen nach Null konvergieren.

Wenn zu beliebigem p immer ein m so ermittelt werden kann, daß für $\nu > m$ die Gleichung

$$\lim_{x \to \infty} x^p \varphi^{(\nu)}(x) = 0$$

besteht, dann gilt, wie durch Verfolgung der Schlüsse dieses Paragrafen leicht zu bestätigen ist, bei beliebig großem p immer

$$\lim_{x \to \infty} x^p G_n^{(\nu)}(x) = 0\,,$$

$$\lim_{x \to \infty} x^p F_n^{(\nu)}(x) = 0\,,$$

wenn wir nur ν genügend groß wählen. In diesem Falle können also auf die Funktionen $G_n(x)$ und $F_n(x)$ unsere beiden Summationsoperationen, und zwar sogar beliebig oft, angewandt werden.

§ 4. Multiplikationstheoreme und Spannenintegrale.

95. Aus dem Ausdruck (6) der Funktion $G_n(x \mid \omega_1 \cdots \omega_n; \eta)$

$$(6)\quad G_n(x \mid \omega_1 \cdots \omega_n; \eta) = 2^n \sum (-1)^{s_1 + \cdots + s_n} \varphi(x + \Omega)\, e^{-\eta(x+\Omega)}$$

läßt sich für $\eta > 0$, wenn m_1 eine positive ungerade Zahl bedeutet, die Beziehung

$$\sum_{s_1=0}^{m_1-1}(-1)^{s_1} G_n\left(x+\frac{s_1\omega_1}{m_1}\,\middle|\,\omega_1\cdots\omega_n;\eta\right)=G_n\left(x\,\middle|\,\frac{\omega_1}{m_1},\omega_2,\ldots,\omega_n;\eta\right),$$

erschließen, weil in einer absolut konvergenten Reihe die Glieder beliebig angeordnet werden dürfen. Bei hinschwindendem η gewinnt man in

$$(41)\qquad \sum_{s_1=0}^{m_1-1}(-1)^{s_1} G_n\left(x+\frac{s_1\omega_1}{m_1}\,\middle|\,\omega_1\cdots\omega_n\right)=G_n\left(x\,\middle|\,\frac{\omega_1}{m_1},\omega_2,\ldots,\omega_n\right)$$

ein *Multiplikationstheorem für die Hauptlösung* $G_n(x)$. Allgemeiner können wir wegen der Symmetrie von $G_n(x)$ in $\omega_1,\ldots,\omega_n$ schreiben

$$(42)\qquad \sum_{s_n=0}^{m_n-1}\cdots\sum_{s_1=0}^{m_1-1}(-1)^{s_1+\cdots+s_n} G_n\left(x+\frac{s_1\omega_1}{m_1}+\cdots+\frac{s_n\omega_n}{m_n}\,\middle|\,\omega_1\cdots\omega_n\right)$$
$$=G_n\left(x\,\middle|\,\frac{\omega_1}{m_1}\cdots\frac{\omega_n}{m_n}\right)$$

($m_1,\ldots,m_n$ positive ungerade Zahlen);

es ist also der Wert der Wechselsumme mit den Spannen $\frac{\omega_1}{m_1},\ldots,\frac{\omega_n}{m_n}$ im Punkte x durch lineare Kombination aus den Werten der Wechselsumme mit den Spannen $\omega_1,\ldots,\omega_n$ in den Punkten $x+\frac{s_1\omega_1}{m_1}+\cdots+\frac{s_n\omega_n}{m_n}$ zu gewinnen.

Wollen wir eine ähnliche Relation für die Hauptlösung $F_n(x)$ aufstellen, so müssen wir in der Gleichung

$$(7)\qquad F_n(x\,|\,\omega_1\cdots\omega_n;\eta)=\int_a^\infty\frac{\overline{B}^{(n)}_{n-1}(x-z)}{(n-1)!}\varphi(z)e^{-\eta z}dz$$
$$+(-1)^n\omega_1\cdots\omega_n\sum\varphi(x+\Omega)e^{-\eta(x+\Omega)}$$

für den ersten Bestandteil rechts auf die Beziehungen (60) und (63*) aus Kap. 6, § 2, also auf

$$\sum_{s_1=0}^{m_1-1}B^{(n)}_\nu\left(x+\frac{s_1\omega_1}{m_1}\,\middle|\,\omega_1\cdots\omega_n\right)=m_1B^{(n)}_\nu\left(x\,\middle|\,\frac{\omega_1}{m_1},\omega_2,\cdots,\omega_n\right)$$

(m_1 eine beliebige positive ganze Zahl)

und

$$\sum_{s_n=0}^{m_n-1}\cdots\sum_{s_1=0}^{m_1-1}(-1)^{s_1+\cdots+s_n}B^{(n)}_{n-1}\left(x+\frac{s_1\omega_1}{m_1}+\cdots+\frac{s_n\omega_n}{m_n}\,\middle|\,\omega_1\cdots\omega_n\right)=0$$

($m_1,\ldots,m_n$ positive gerade Zahlen)

zurückgreifen. Durch den Grenzübergang $\eta \to 0$ bekommen wir schließlich die gewünschten Gleichungen

$$(43)\qquad \sum_{s_1=0}^{m_1-1} F_n\left(x + \frac{s_1\,\omega_1}{m_1}\,\middle|\,\omega_1 \cdots \omega_n\right) = m_1 F_n\left(x\,\middle|\,\frac{\omega_1}{m_1}, \omega_2, \ldots, \omega_n\right),$$

allgemeiner

$$(44)\qquad \sum_{s_n=0}^{m_n-1} \cdots \sum_{s_1=0}^{m_1-1} F_n\left(x + \frac{s_1\,\omega_1}{m_1} + \cdots + \frac{s_n\,\omega_n}{m_n}\,\middle|\,\omega_1 \cdots \omega_n\right)$$
$$= m_1 \cdots m_n F_n\left(x\,\middle|\,\frac{\omega_1}{m_1} \cdots \frac{\omega_n}{m_n}\right)$$

($m_1, \ldots, m_n$ beliebige positive ganze Zahlen)

und

$$(45)\qquad \sum_{s_n=0}^{m_n-1} \cdots \sum_{s_1=0}^{m_1-1} (-1)^{s_1+\cdots+s_n} F_n\left(x + \frac{s_1\,\omega_1}{m_1} + \cdots + \frac{s_n\,\omega_n}{m_n}\,\middle|\,\omega_1 \cdots \omega_n\right)$$
$$= \left(-\frac{1}{2}\right)^n \omega_1 \cdots \omega_n G_n\left(x\,\middle|\,\frac{\omega_1}{m_1} \cdots \frac{\omega_n}{m_n}\right)$$

($m_1, \ldots, m_n$ positive gerade Zahlen).

Nach (42), (44) und (45) bestehen für die Summen n-ter Ordnung ganz ähnliche Multiplikationstheoreme wie für die höheren Bernoullischen und Eulerschen Polynome.

Besonders einfach werden die Gleichungen (43), (44) und (45) für $m_1 = \cdots = m_n = 2$; dann liefern sie nämlich die Relationen

$$(43^*)\qquad F_n(x\,|\,\omega_1 \cdots \omega_n) = \mathop{\nabla}_{\omega_1} F_n(x\,|\,2\,\omega_1, \omega_2, \ldots, \omega_n),$$

$$(44^*)\qquad F_n(x\,|\,\omega_1 \cdots \omega_n) = \mathop{\overset{n}{\nabla}}_{\omega_1 \cdots \omega_n} F_n(x\,|\,2\,\omega_1 \cdots 2\,\omega_n),$$

$$(45^*)\qquad G_n(x\,|\,\omega_1 \cdots \omega_n) = \mathop{\overset{n}{\Delta}}_{\omega_1 \cdots \omega_n} F_n(x\,|\,2\,\omega_1 \cdots 2\,\omega_n),$$

anders geschrieben

$$(44^{**})\qquad \mathop{\mathbb{S}}_a^x \varphi(z) \mathop{\overset{n}{\Delta}}_{\omega_1 \cdots \omega_n} z = \mathop{\overset{n}{\nabla}}_{\omega_1 \cdots \omega_n} \mathop{\mathbb{S}}_a^x \varphi(z) \mathop{\overset{n}{\Delta}}_{2\,\omega_1 \cdots 2\,\omega_n} z,$$

$$(45^{**})\qquad \mathop{\mathbb{S}} \varphi(x) \mathop{\overset{n}{\nabla}}_{\omega_1 \cdots \omega_n} x = \mathop{\overset{n}{\Delta}}_{\omega_1 \cdots \omega_n} \mathop{\mathbb{S}}_a^x \varphi(z) \mathop{\overset{n}{\Delta}}_{2\,\omega_1 \cdots 2\,\omega_n} z,$$

durch welche die Summe und Wechselsumme als n-ter Mittelwert bzw. n-te Differenz der Summe mit den doppelten Spannen ausgedrückt werden. Mit der Vertauschung der beiden Operationszeichen rechts werden wir uns in § 5 befassen.

96. Wenn man in der Gleichung (41) den durch ihre Form nahegelegten Grenzübergang $m_1 \to \infty$ vornimmt, so stößt man in Übereinstimmung mit (36) auf die Beziehung

$$\lim_{m_1 \to \infty} G_n\left(x \,\middle|\, \frac{\omega_1}{m_1}, \omega_2, \ldots, \omega_n\right) = G_{n-1}(x \mid \omega_2 \cdots \omega_n), \tag{46}$$

während aus (43) die Gleichung

$$\frac{1}{\omega_1} \int_x^{x+\omega_1} F_n(z \mid \omega_1 \cdots \omega_n)\, dz = \lim_{m_1 \to \infty} F_n\left(x \,\middle|\, \frac{\omega_1}{m_1}, \omega_2, \cdots, \omega_n\right) \tag{47}$$

hervorgeht, wobei wir das links stehende Integral in Anlehnung an unseren früheren Sprachgebrauch als *Spannenintegral* bezeichnen. Allgemeiner ist

$$\begin{aligned} \frac{1}{\omega_1 \cdots \omega_p} \int_0^{\omega_p} d t_p \cdots \int_0^{\omega_1} F_n(x + t_1 + \cdots + t_p \mid \omega_1 \cdots \omega_n)\, d t_1 \\ = \lim_{m_1, \ldots, m_p \to \infty} F_n\left(x \,\middle|\, \frac{\omega_1}{m_1}, \ldots, \frac{\omega_p}{m_p}, \omega_{p+1}, \ldots, \omega_n\right); \end{aligned} \tag{48}$$

speziell bekommen wir für $p = n$ aus (48) unter Heranziehung von (31) das Ergebnis

$$\begin{aligned} \int_0^1 d t_n \cdots \int_0^1 F_n(x + \omega_1 t_1 + \cdots + \omega_n t_n \mid \omega_1 \cdots \omega_n)\, d t_n \\ = \int_a^x \frac{(x-z)^{n-1}}{(n-1)!}\, \varphi(z)\, dz, \end{aligned} \tag{49}$$

welches mit Hilfe der Funktion $F_n(x \mid \omega_1 \cdots \omega_n; \eta)$ auch direkt bewiesen werden kann.

Zur Auswertung des in (47) auftretenden Spannenintegrals

$$\frac{1}{\omega_1} \int_0^{\omega_1} F_n(x + t \mid \omega_1 \cdots \omega_n)\, dt$$

integrieren wir in der Gleichung (14) nach h von 0 bis ω_1 und erinnern uns dabei an die Formel (Kap. 6, § 2)

$$\frac{1}{\omega_1} \int_0^{\omega_1} B_\nu^{(n)}(x + t \mid \omega_1 \cdots \omega_n)\, dt = B_\nu^{(n-1)}(x \mid \omega_2 \cdots \omega_n).$$

Durch Vergleich der so entstehenden Beziehung mit der Entwicklung der Summe von

$$\int\limits_a^x \varphi(z)\,dz$$

gemäß (14) finden wir für das gewünschte Spannenintegral die Gleichung

$$(50)\qquad \frac{1}{\omega_1}\int\limits_0^{\omega_1} F_n(x+t\,|\,\omega_1\cdots\omega_n)\,dt = \mathop{S}\limits_a^x \Big(\int\limits_a^z \varphi(t)\,dt\Big) \mathop{\Delta}\limits_{\omega_2\cdots\omega_n}^{n-1} z\,.$$

Das Spannenintegral ist demnach von ω_1 unabhängig und eine symmetrische Funktion von $\omega_2, \ldots, \omega_n$. Der Gleichung (47), auf deren linker Seite das Spannenintegral vorkommt, kann man somit auch die Gestalt

$$(51)\qquad \lim_{\omega_1\to 0} \mathop{S}\limits_a^x \varphi(z) \mathop{\Delta}\limits_{\omega_1\cdots\omega_n}^{n} z = \mathop{S}\limits_a^x \Big(\int\limits_a^z \varphi(t)\,dt\Big) \mathop{\Delta}\limits_{\omega_2\cdots\omega_n}^{n-1} z$$

geben, womit eine am Ende von § 2 berührte Frage beantwortet ist: *beim Abnehmen einer Spanne nach Null konvergiert die Summe n-ter Ordnung von $\varphi(x)$ nach der für die übrigen Spannen gebildeten Summe $(n-1)$-ter Ordnung des Integrals von $\varphi(x)$.* Allgemeiner gilt

$$(52)\qquad \frac{1}{\omega_1\cdots\omega_p}\int\limits_0^{\omega_p} dt_p \cdots \int\limits_0^{\omega_1} F_n(x+t_1+\cdots+t_p\,|\,\omega_1\cdots\omega_n)\,dt_1$$

$$= \mathop{S}\limits_a^x \Big(\int\limits_a^z \frac{(z-t)^{p-1}}{(p-1)!}\varphi(t)\,dt\Big) \mathop{\Delta}\limits_{\omega_{p+1}\cdots\omega_n}^{n-p} z\,,$$

$$(53)\qquad \lim_{\omega_1,\ldots,\omega_p\to 0} \mathop{S}\limits_a^x \varphi(z) \mathop{\Delta}\limits_{\omega_1\cdots\omega_n}^{n} z = \mathop{S}\limits_a^x \Big(\int\limits_a^z \frac{(z-t)^{p-1}}{(p-1)!}\varphi(t)\,dt\Big) \mathop{\Delta}\limits_{\omega_{p+1}\cdots\omega_n}^{n-p} z\,.$$

Bei $p = n$ führt die letzte Gleichung wieder zu der Beziehung

$$(54)\qquad \lim_{\omega_1,\ldots,\omega_n\to 0} \mathop{S}\limits_a^x \varphi(z) \mathop{\Delta}\limits_{\omega_1\cdots\omega_n}^{n} z = \int\limits_a^x \frac{(x-z)^{n-1}}{(n-1)!}\varphi(z)\,dz\,,$$

nach der für hinschwindende Spannen die Summe $\mathop{S}\limits_a^x \varphi(z) \mathop{\Delta}\limits_{\omega_1\cdots\omega_n}^{n} z$ nach der Lösung der für $\omega_1, \ldots, \omega_n \to 0$ aus (1) entstehenden Differentialgleichung

$$\frac{d^n F(x)}{dx^n} = \varphi(x)$$

konvergiert, wie wir schon im Anschluß an die Formel (31) bemerkt haben.

§ 5. Vertauschungsformeln für die Operationen $\triangle$, ∇ und $\mathop{\mathsf{S}}$.

97. Wir haben bereits die Gleichungen

$$(12^{***})\qquad \mathop{\nabla}_{\omega_1 \cdots \omega_n}^{n} \mathop{\mathsf{S}} \varphi(x) \mathop{\nabla}_{\omega_1 \cdots \omega_n}^{n} x = \varphi(x),$$

$$(16^{***})\qquad \mathop{\triangle}_{\omega_1 \cdots \omega_n}^{n} \mathop{\mathsf{S}}_{a}^{x} \varphi(z) \mathop{\triangle}_{\omega_1 \cdots \omega_n}^{n} z = \varphi(x),$$

$$(45^{**})\qquad \mathop{\triangle}_{\omega_1 \cdots \omega_n}^{n} \mathop{\mathsf{S}}_{a}^{x} \varphi(z) \mathop{\triangle}_{2\omega_1 \cdots 2\omega_n}^{n} z = \mathop{\mathsf{S}} \varphi(x) \mathop{\nabla}_{\omega_1 \cdots \omega_n}^{n} x,$$

$$(44^{**})\qquad \mathop{\nabla}_{\omega_1 \cdots \omega_n}^{n} \mathop{\mathsf{S}}_{a}^{x} \varphi(z) \mathop{\triangle}_{2\omega_1 \cdots 2\omega_n}^{n} z = \mathop{\mathsf{S}}_{a}^{x} \varphi(z) \mathop{\triangle}_{\omega_1 \cdots \omega_n}^{n} z$$

kennengelernt, von denen die ersten beiden aussagen, daß Summation und Wechselsummation die Umkehroperationen zur Differenzen- bzw. Mittelwertbildung sind, während die letzten beiden lehren, wie man Summe und Wechselsumme aus der Summe mit doppelten Spannen durch Mittelwert- bzw. Differenzenbildung gewinnen kann. Jetzt wollen wir untersuchen, *was aus den links stehenden Ausdrücken wird, wenn wir die beiden Operationszeichen vertauschen.*

Für die Wechselsumme

$$\mathop{\mathsf{S}} \Big(\mathop{\nabla}_{\omega_1 \cdots \omega_n}^{n} \varphi(x) \Big) \mathop{\nabla}_{\omega_1 \cdots \omega_n}^{n} x$$

finden wir unmittelbar

$$(55)\qquad \mathop{\mathsf{S}} \Big(\mathop{\nabla}_{\omega_1 \cdots \omega_n}^{n} \varphi(x) \Big) \mathop{\nabla}_{\omega_1 \cdots \omega_n}^{n} x = \varphi(x).$$

Nehmen wir in dieser Gleichung $G_{n+p}(x \mid \omega_1 \cdots \omega_{n+p})$ sta t $\varphi(x)$, so bekommen wir wegen

$$\mathop{\nabla}_{\omega_{p+1} \cdots \omega_{p+n}}^{n} G_{n+p}(x \mid \omega_1 \cdots \omega_{n+p}) = G_p(x \mid \omega_1 \cdots \omega_p).$$

eine Formel für die *Wechselsumme einer Wechselsumme:*

$$(56)\qquad \mathop{\mathsf{S}} G_p(x \mid \omega_1 \cdots \omega_p) \mathop{\nabla}_{\omega_{p+1} \cdots \omega_{p+n}}^{n} x = G_{n+p}(x \mid \omega_1 \cdots \omega_{n+p})$$

oder

$$\mathop{S}\left(\mathop{S}\varphi(x) \mathop{\nabla}_{\omega_1\cdots\omega_p}^{p} x\right) \mathop{\nabla}_{\omega_{p+1}\cdots\omega_{p+n}}^{n} x = \mathop{S}\varphi(x) \mathop{\nabla}_{\omega_1\cdots\omega_{p+n}}^{p+n} x; \tag{56*}$$

man kann daher die Funktion $G_n(x)$ *durch wiederholte Wechselsummation finden.*

Auch die Auswertung der Summe

$$\mathop{S}_a^x \left(\mathop{\triangle}_{\omega_1\cdots\omega_n}^{n} \varphi(z)\right) \mathop{\triangle}_{\omega_1\cdots\omega_n}^{n} z$$

bereitet keine Schwierigkeiten. Tragen wir den expliziten Ausdruck (Kap. 1, § 1) der Differenz $\mathop{\triangle}\limits_{\omega_1\cdots\omega_n}^{n} \varphi(z)$ ein, so ergibt sich für die gesuchte Summe zunächst der Ausdruck

$$\mathop{\triangle}_{\omega_1\cdots\omega_n}^{n} \mathop{S}_a^x \varphi(z) \mathop{\triangle}_{\omega_1\cdots\omega_n}^{n} z$$

$$-\frac{(-1)^n}{\omega_1\cdots\omega_n}\sum_{s_n=0}^{1}\cdots\sum_{s_1=0}^{1}(-1)^{s_1+\cdots+s_n}\int_0^{\Omega}\frac{B_{n-1}^{(n)}(x-a+\Omega-z)}{(n-1)!}\varphi(a+z)\,dz,$$

worin das erste Glied offenbar gleich $\varphi(x)$ ist. Für das zweite Glied hingegen gewinnen wir durch Entwicklung des Bernoullischen Polynoms nach Potenzen von $\Omega - z$ den Wert

$$\sum_{\nu=0}^{n-1}\frac{B_\nu^{(n)}(x-a)}{\nu!}\mathop{\triangle}_{\omega_1\cdots\omega_n}^{n} f^{(\nu)}(a),$$

wobei $f(x)$ eine Funktion mit der n-ten Ableitung $\varphi(x)$ bedeutet, sodaß also

$$f^{(n)}(x) = \varphi(x)$$

ist. Unter Heranziehung der Relation (30) aus Kapitel 1, § 3

$$\mathop{\triangle}_{\omega_1\cdots\omega_n}^{n} f(a) = \int_0^1 dt_n \cdots \int_0^1 f^{(n)}(a+\omega_1 t_1+\cdots+\omega_n t_n)\,dt_1$$

gelangen wir schließlich zu der gewünschten Gleichung

$$\mathop{S}_a^x \left(\mathop{\triangle}_{\omega_1\cdots\omega_n}^{n} \varphi(z)\right) \mathop{\triangle}_{\omega_1\cdots\omega_n}^{n} z = \varphi(x) \tag{57}$$

$$-\sum_{\nu=0}^{n-1}\frac{B_\nu^{(n)}(x-a\mid\omega_1\cdots\omega_n)}{\nu!}\int_0^1 dt_n\cdots\int_0^1\varphi^{(\nu)}(a+\omega_1 t_1+\cdots+\omega_n t_n)\,dt_1.$$

Bemerkenswert ist die Anwendung auf $F_n(x \mid \omega_1 \cdots \omega_n)$. Dann entsteht folgende Formel für die *Summe einer Summe:*

$$\text{(58)} \qquad \mathop{\mathsf{S}}_a^x F_{n-p}(z \mid \omega_{p+1} \cdots \omega_n) \mathop{\overset{p}{\triangle}}_{\omega_1 \cdots \omega_p} z = F_n(x \mid \omega_1 \cdots \omega_n)$$

$$- \sum_{\nu=0}^{p-1} \frac{B_\nu^{(p)}(x-a \mid \omega_1 \cdots \omega_p)}{\nu!} \int_0^1 dt_p \cdots \int_0^1 F_n^{(\nu)}(a + \omega_1 t_1 + \cdots + \omega_p t_p)\, dt_1 .$$

Für $p = 1$ zeigt die Gleichung

$$\mathop{\mathsf{S}}_a^x F_{n-1}(z \mid \omega_1 \cdots \omega_{n-1}) \mathop{\triangle}_{\omega_n} z = F_n(x \mid \omega_1 \cdots \omega_n)$$

$$- \frac{1}{\omega_n} \int_a^{a+\omega_n} F_n(z \mid \omega_1 \cdots \omega_n)\, dz ,$$

wie sich die Summe einer Summe $(n-1)$-ter Ordnung durch die Summe n-ter Ordnung ausdrückt.

98. Auf ähnlichem Wege kommt unter Berücksichtigung der Gleichung (45**) die Relation

$$\text{(59)} \qquad \mathop{\mathsf{S}}_a^x \Big(\mathop{\overset{n}{\triangle}}_{\omega_1 \cdots \omega_n} \varphi(z) \Big) \mathop{\overset{n}{\triangle}}_{2\omega_1 \cdots 2\omega_n} z = \mathop{\mathsf{S}} \varphi(x) \mathop{\overset{n}{\nabla}}_{\omega_1 \cdots \omega_n} x$$

$$- \sum_{\nu=0}^{n-1} \frac{B_\nu^{(n)}(x-a \mid 2\omega_2 \cdots 2\omega_n)}{\nu!} \int_0^1 dt_n \cdots \int_0^1 \varphi^{(\nu)}(a + \omega_1 t_1 + \cdots + \omega_n t_n)\, dt_1$$

zustande. Schreiben wir in ihr $F_n(x \mid \omega_1 \cdots \omega_n)$ an Stelle von $\varphi(x)$, so gewinnen wir, weil in der Gleichung (49)

$$\text{(49)} \qquad \int_0^1 dt_n \cdots \int_0^1 F_n(x + \omega_1 t_1 + \cdots + \omega_n t_n)\, dt_1 = \int_a^x \frac{(x-z)^{n-1}}{(n-1)!} \varphi(z)\, dz$$

die Funktion auf der rechten Seite für $x = a$ samt ihren Ableitungen der $(n-1)$ ersten Ordnungen verschwindet, die Relation

$$\text{(60)} \qquad \mathop{\mathsf{S}} F_n(x \mid \omega_1 \cdots \omega_n) \mathop{\overset{n}{\nabla}}_{\omega_1 \cdots \omega_n} x = F_n(x \mid 2\omega_1 \cdots 2\omega_n)$$

als Umkehrung zu (44*). In anderer Schreibweise lautet diese Formel für die *Wechselsumme einer Summe:*

$$\text{(60*)} \qquad \mathop{\mathsf{S}} \Big(\mathop{\mathsf{S}}_a^x \varphi(z) \mathop{\overset{n}{\triangle}}_{\omega_1 \cdots \omega_n} z \Big) \mathop{\overset{n}{\nabla}}_{\omega_1 \cdots \omega_n} x = \mathop{\mathsf{S}}_a^x \varphi(z) \mathop{\overset{n}{\triangle}}_{2\omega \cdots 2\omega_n} z .$$

Nun haben wir nur noch in der Gleichung (44**) die Operationszeichen zu vertauschen. Das Ergebnis ist

$$\text{(61)}\qquad \mathop{\mathfrak{S}}_a^x \Big(\mathop{\nabla}_{\omega_1\cdots\omega_n}^{n} \varphi(z)\Big) \mathop{\triangle}_{2\omega_1\cdots 2\omega_n}^{n} z = \mathop{\mathfrak{S}}_a^x \varphi(z) \mathop{\triangle}_{\omega_1\cdots\omega_n}^{n} z$$

$$- \sum_{\nu=0}^{n-1} \frac{B_\nu^{(n)}(x-a\,|\,2\omega_1\cdots 2\omega_n)}{\nu!} \mathop{\nabla}_{\omega_1\cdots\omega_n}^{n} f^{(\nu)}(a)$$

mit

$$f(x) = \int_a^x \frac{(x-z)^{n-1}}{(n-1)!}\varphi(z)\,dz.$$

Nehmen wir in dieser Gleichung $G_n(x\,|\,\omega_1\cdots\omega_n)$ statt $\varphi(x)$, so ergibt sich eine Formel für die *Summe einer Wechselsumme,* und zwar

$$\text{(62)}\qquad \mathop{\mathfrak{S}}_a^x G_n(z\,|\,\omega_1\cdots\omega_n) \mathop{\triangle}_{\omega_1\cdots\omega_n}^{n} z = F_n(x\,|\,2\omega_1\cdots 2\omega_n)$$

$$- \sum_{\nu=0}^{n-1} \frac{B_\nu^{(n)}(x-a\,|\,\omega_1\cdots\omega_n)}{\nu!} \int_0^1 dt_n \cdots \int_0^1 F_n^{(\nu)}(a+\omega_1 t_1+\cdots+\omega_n t_n\,|\,2\omega_1\cdots 2\omega_n)\,dt_1$$

oder

$$\text{(62*)}\qquad \mathop{\mathfrak{S}}_a^x \Big(\mathfrak{S}\varphi(z) \mathop{\nabla}_{\omega_1\cdots\omega_n}^{n} z\Big) \mathop{\triangle}_{\omega_1\cdots\omega_n}^{n} z = \mathop{\mathfrak{S}}_a^x \varphi(z) \mathop{\triangle}_{2\omega_1\cdots 2\omega_n}^{n} z$$

$$- \sum_{\nu=0}^{n-1} \frac{B_\nu^{(n)}(x-a\,|\,\omega_1\cdots\omega_n)}{\nu!} \int_0^1 dt_n \cdots \int_0^1 F_n^{(\nu)}(a+\omega_1 t_1+\cdots+\omega_n t_n\,|\,2\omega_1\cdots 2\omega_n)\,dt_1,$$

als Umkehrung zu (45*). Dabei hat man die letzten Integrale aus der Gleichung

$$\int_0^1 dt_n \cdots \int_0^1 F_n(x+\omega_1 t_1+\cdots+\omega_n t_n\,|\,2\omega_1\cdots 2\omega_n)\,dt_1$$

$$= \mathfrak{S}\Big(\int_a^x \frac{(x-z)^{n-1}}{(n-1)!}\varphi(z)\,dz\Big) \mathop{\nabla}_{\omega_1\cdots\omega_n}^{n} x$$

zu bestimmen.

Zusammenfassend können wir sagen, *daß die Vertauschung der Operationszeichen auf der linken Seite in der ersten von den am Eingang des Paragrafen stehenden Gleichungen ohne weiteres erlaubt ist, während sich in den übrigen drei Gleichungen die rechte Seite um je ein Polynom* $(n-1)$*-ten Grades in* x *ändert.*

§ 6. Summen mit gleichen Spannen.

99. *Eine Summe, in der mehrere Spannen denselben Wert haben, läßt sich auf Summen niedrigerer Ordnung zurückführen* [43]. Dies leuchtet unmittelbar ein, wenn man bedenkt, daß in diesem Falle die in den Entwicklungen (10) und (14) auftretenden Eulerschen und Bernoullischen Polynome und die mit diesen zusammenhängenden Funktionen $\overline{E}_\nu^{(n)}(x)$ und $\overline{B}_\nu^{(n)}(x)$ vermöge der Formeln (79), (80), (95) und (100) des Kapitels 6 reduziert werden können. Es sei z. B. eine Wechselsumme $(n+1)$-ter Ordnung $G_{n+1}(x \mid \omega_1 \omega_1 \omega_2 \cdots \omega_n)$ mit zwei gleichen Spannen vorgelegt. Wenden wir in

$$G_{n+1}(x \mid \omega_1 \omega_1 \omega_2 \cdots \omega_n) = \sum_{\nu=0}^{m} \frac{C_\nu^{(n+1)}[\omega_1 \omega_1 \omega_2 \cdots \omega_n]}{2^\nu \nu!} \varphi^{(\nu)}(x)$$
$$+ \int_0^\infty \frac{\overline{E}_m^{(n+1)}(-t)}{m!} \varphi^{(m+1)}(x+t)\,dt$$

die Formeln

$$C_\nu^{(n+1)}[\omega_1 \omega_1 \omega_2 \cdots \omega_n] = 2\,C_\nu^{(n)}[\omega_1 \omega_2 \cdots \omega_n] + \frac{1}{\nu+1}\frac{\partial}{\partial \omega_1} C_{\nu+1}^{(n)}[\omega_1 \omega_2 \cdots \omega_n],$$

$$\overline{E}_m^{(n+1)}(x \mid \omega_1 \omega_1 \omega_2 \cdots \omega_n) = 2\,\overline{E}_m^{(n)}(x \mid \omega_1 \omega_2 \cdots \omega_n) + \frac{2}{m+1}\frac{\partial}{\partial \omega_1} \overline{E}_{m+1}^{(n)}(x \mid \omega_1 \omega_2 \cdots \omega_n)$$

an, so erhalten wir

$$G_{n+1}(x \mid \omega_1 \omega_1 \omega_2 \cdots \omega_n)$$
$$= 2\sum_{\nu=0}^{m} \frac{C_\nu^{(n)}[\omega_1 \omega_2 \cdots \omega_n]}{2^\nu \nu!} \varphi^{(\nu)}(x) + 2\int_0^\infty \frac{\overline{E}_m^{(n)}(-t)}{m!} \varphi^{(m+1)}(x+t)\,dt$$
$$+ 2\frac{\partial}{\partial \omega_1} \sum_{\nu=0}^{m} \frac{C_{\nu+1}^{(n)}[\omega_1 \omega_2 \cdots \omega_n]}{2^{\nu+1}(\nu+1)!} \varphi^{(\nu)}(x) + 2\int_0^\infty \frac{\partial}{\partial \omega_1} \frac{\overline{E}_{m+1}^{(n)}(-t)}{(m+1)!} \varphi^{(m+1)}(x+t)\,dt,$$

also

$$(63) \qquad \mathop{\mathrm{S}}\varphi(x) \mathop{\nabla}_{\omega_1 \omega_1 \omega_2 \cdots \omega_n}^{n+1} x = 2\mathop{\mathrm{S}}\varphi(x) \mathop{\nabla}_{\omega_1 \omega_2 \cdots \omega_n}^{n} x$$
$$+ 2\frac{\partial}{\partial \omega_1} \mathop{\mathrm{S}}\left(\int_a^x \varphi(z)\,dz\right) \mathop{\nabla}_{\omega_1 \omega_2 \cdots \omega_n}^{n} x.$$

Damit haben wir die linksstehende Wechselsumme $(n+1)$-ter Ordnung mit zwei gleichen Spannen auf zwei Wechselsummen n-ter

Ordnung zurückgeführt; über die Funktion $\varphi(x)$ ist hierbei vorausgesetzt, daß sie für $x \geqq b$ eine stetige Ableitung $(m+1)$-ter Ordnung mit

$$\lim_{x \to \infty} x^{n+1+\varepsilon} \varphi^{(m+1)}(x) = 0 \qquad (\varepsilon > 0)$$

aufweist.

Für die Summe $F_{n+1}(x \mid \omega_1\, \omega_1\, \omega_2 \cdots \omega_n)$ besteht die entsprechende Gleichung

$$(64) \quad \underset{a}{\overset{x}{S}} \varphi(z) \underset{\omega_1 \omega_1 \omega_2 \cdots \omega_n}{\overset{n+1}{\triangle}} z = \underset{a}{\overset{x}{S}} \left(\int_a^z \varphi(t)\, dt \right) \underset{\omega_1 \omega_2 \cdots \omega_n}{\overset{n}{\triangle}} z - \omega_1 \underset{a}{\overset{x}{S}} \varphi(z) \underset{\omega_1 \omega_2 \cdots \omega_n}{\overset{n}{\triangle}} z$$
$$- \omega_1 \frac{\partial}{\partial \omega_1} \underset{a}{\overset{x}{S}} \left(\int_a^z \varphi(t)\, dt \right) \underset{\omega_1 \omega_2 \cdots \omega_n}{\overset{n}{\triangle}} z .$$

Es läßt sich demnach eine Wechselsumme $(n+1)$-ter Ordnung mit zwei gleichen Spannen mit Hilfe zweier Wechselsummen n-ter Ordnung und eine Summe $(n+1)$-ter Ordnung mit zwei gleichen Spannen mit Hilfe dreier Summen n-ter Ordnung linear ausdrücken.

100. *Wenn alle Spannen denselben Wert ω haben,* treten natürlich noch weitergehende Vereinfachungen ein. Die Eulerschen und Bernoullischen Polynome genügen alsdann den Gleichungen

$$(65) \qquad \omega E_\nu^{(n+1)}(x \mid \omega) = \frac{2}{n} E_{\nu+1}^{(n)}(x \mid \omega) - \frac{2}{n}(x - n\omega) E_\nu^{(n)}(x \mid \omega),$$

$$(66) \qquad B_\nu^{(n+1)}(x \mid \omega) = \left(1 - \frac{\nu}{n}\right) B_\nu^{(n)}(x \mid \omega) + \frac{\nu}{n}(x - n\omega) B_{\nu-1}^{(n)}(x \mid \omega),$$

welche man aus den Beziehungen (81) und (82) des vorigen Kapitels herleiten kann. Insbesondere gelten für die $C_\nu^{(n)}$ und $B_\nu^{(n)}$, bei denen alle Spannen gleich 1 sind, die schon früher erwähnten Relationen

$$(67) \qquad C_\nu^{(n+1)} = \frac{1}{n} C_{\nu+1}^{(n)} + 2 C_\nu^{(n)},$$

$$(68) \qquad B_\nu^{(n+1)} = \left(1 - \frac{\nu}{n}\right) B_\nu^{(n)} - \nu B_{\nu-1}^{(n)}.$$

Machen wir nun in dem Ausdrucke für $G_{n+1}(x \mid \omega)$ von den Gleichungen (67) und (65) Gebrauch, so bekommen wir zunächst

$$G_{n+1}(x \mid \omega) = 2 \sum_{\nu=0}^{m} \frac{C_\nu^{(n)} \omega^\nu}{2^\nu \nu!} \varphi^{(\nu)}(x) + \frac{2}{n\omega} \int_0^\infty \frac{(t + n\omega) \overline{E}_m^{(n)}(-t \mid \omega)}{m!} \varphi^{(m+1)}(x+t)\, dt$$
$$+ \frac{2}{n\omega} \sum_{\nu=0}^{m+1} \frac{C_\nu^{(n)} \omega^\nu}{2^\nu \nu!} \nu \varphi^{(\nu-1)}(x) + \frac{2}{n\omega} \int_0^\infty \frac{\overline{E}_{m+1}^{(n)}(-t \mid \omega)}{m!} \varphi^{(m+1)}(x+t)\, dt$$

und hieraus vermöge Teilintegration im letzten Integral

$$G_{n+1}(x\,|\,\omega) = 2\left(1-\frac{x}{n\omega}\right)\left\{\sum_{\nu=0}^{m}\frac{C_\nu^{(n)}\omega^\nu}{2^\nu\,\nu!}\varphi^{(\nu)}(x) + \int_0^\infty \frac{\overline{E}_m^{(n)}(-t\,|\,\omega)}{m!}\varphi^{(m+1)}(x+t)\,dt\right\}$$

$$+\frac{2}{n\omega}\left\{\sum_{\nu=0}^{m}\frac{C_\nu^{(n)}\omega^\nu}{2^\nu\,\nu!}D_x^\nu[x\,\varphi(x)] + \int_0^\infty \frac{\overline{E}_m^{(n)}(-t\,|\,\omega)}{m!}D_x^{m+1}[(x+t)\varphi(x+t)]\,dt\right\},$$

also

$$(69)\qquad \mathop{\mathrm{S}}\varphi(x)\mathop{\nabla}_{\omega}^{n+1}x = 2\left(1-\frac{x}{n\omega}\right)\mathop{\mathrm{S}}\varphi(x)\mathop{\nabla}_{\omega}^{n}x + \frac{2}{n\omega}\mathop{\mathrm{S}}x\,\varphi(x)\mathop{\nabla}_{\omega}^{n}x.$$

Die analoge Formel für die Summe $F_{n+1}(x\,|\,\omega)$ lautet

$$(70)\qquad \mathop{\mathrm{S}}_a^x\varphi(z)\mathop{\Delta}_{\omega}^{n+1}z = \frac{x-n\omega}{n}\mathop{\mathrm{S}}_a^x\varphi(z)\mathop{\Delta}_{\omega}^{n}z - \frac{1}{n}\mathop{\mathrm{S}}_a^x z\,\varphi(z)\mathop{\Delta}_{\omega}^{n}z.$$

Durch (69) *und* (70) *werden die Summen* $(n+1)$*-ter Ordnung mit lauter gleichen Summen mittels Summen* n*-ter Ordnung ausgedrückt.* Besonders interessant ist der Fall $n=1$; dann ergibt sich

$$(69^*)\qquad \mathop{\mathrm{S}}\varphi(x)\mathop{\nabla}_{\omega}^{2}x = 2\left(1-\frac{x}{\omega}\right)\mathop{\mathrm{S}}\varphi(x)\mathop{\nabla}_{\omega}x + \frac{2}{\omega}\mathop{\mathrm{S}}x\,\varphi(x)\mathop{\nabla}_{\omega}x,$$

$$(70^*)\qquad \mathop{\mathrm{S}}_a^x\varphi(z)\mathop{\Delta}_{\omega}^{2}z = \mathop{\mathrm{S}}_a^x(x-z-\omega)\varphi(z)\mathop{\Delta}_{\omega}z.$$

Andererseits gewinnen wir aus den früheren Formeln (63) und (64) für $n=1$ die Beziehungen

$$(71)\qquad \mathop{\mathrm{S}}\varphi(x)\mathop{\nabla}_{\omega}^{2}x = 2\mathop{\mathrm{S}}\varphi(x)\mathop{\nabla}_{\omega}x + 2\frac{\partial}{\partial\omega}\mathop{\mathrm{S}}\left(\int_a^x\varphi(z)\,dz\right)\mathop{\nabla}_{\omega}x,$$

$$(72)\qquad \mathop{\mathrm{S}}_a^x\varphi(z)\mathop{\Delta}_{\omega}^{2}z = \mathop{\mathrm{S}}_a^x\left(\int_a^z\varphi(t)\,dt\right)\mathop{\Delta}_{\omega}z$$

$$-\omega\mathop{\mathrm{S}}_a^x\varphi(z)\mathop{\Delta}_{\omega}z - \omega\frac{\partial}{\partial\omega}\mathop{\mathrm{S}}_a^x\left(\int_a^z\varphi(t)\,dt\right)\mathop{\Delta}_{\omega}z,$$

und durch Vergleich der letzten Relationen gelangen wir zu folgenden Ausdrücken für die Ableitungen der Funktionen $G(x\,|\,\omega)$ und $F(x\,|\,\omega)$ nach ω:

$$\omega \frac{\partial}{\partial \omega} \mathop{\mathsf{S}} \varphi(x) \mathop{\nabla}_{\omega} x = \mathop{\mathsf{S}} x\, \varphi'(x) \mathop{\nabla}_{\omega} x - x \mathop{\mathsf{S}} \varphi'(x) \mathop{\nabla}_{\omega} x,$$

$$\omega \frac{\partial}{\partial \omega} \mathop{\mathsf{S}}_a^x \varphi(z) \mathop{\Delta}_{\omega} z = \mathop{\mathsf{S}}_a^x (z-x)\, \varphi'(z) \mathop{\Delta}_{\omega} z + \mathop{\mathsf{S}}_a^x \varphi(z) \mathop{\Delta}_{\omega} z - (x-a)\, \varphi(a)$$

$$= \frac{\partial}{\partial x} \mathop{\mathsf{S}}_a^x (z-x)\, \varphi(z) \mathop{\Delta}_{\omega} z + \mathop{\mathsf{S}}_a^x \varphi(z) \mathop{\Delta}_{\omega} z.$$

101. Mit Hilfe der Gleichungen (69) und (70) können wir eine Summe beliebiger Ordnung mit lauter gleichen Spannen durch *Rekursion* bestimmen, indem wir sie linear durch eine endliche Anzahl von Summen erster Ordnung ausdrücken oder auch unmittelbar als Summe erster Ordnung eines Produktes von $\varphi(x)$ mit einem Polynom darstellen, und zwar erhalten wir die Formeln

$$(73) \quad \mathop{\mathsf{S}}_a^x \varphi(z) \mathop{\Delta}_{\omega}^{n+1} z = \frac{1}{n!} \mathop{\mathsf{S}}_a^x (x-z-\omega) \cdots (x-z-n\omega)\, \varphi(z) \mathop{\Delta}_{\omega} z$$

$$= \frac{1}{n!} \mathop{\mathsf{S}}_a^x B_n^{(n+1)}(x-z \mid \omega)\, \varphi(z) \mathop{\Delta}_{\omega} z,$$

$$(74) \quad \mathop{\mathsf{S}} \varphi(x) \mathop{\nabla}_{\omega}^{n+1} x = \left(\frac{2}{\omega}\right)^n \frac{1}{n!} \lim_{z \to x} \mathop{\mathsf{S}} (x-z+\omega) \cdots (x-z+n\omega)\, \varphi(x) \mathop{\nabla}_{\omega} x.$$

Zur Umformung der letzten Gleichung wenden wir den in Kapitel 6, § 5 erwähnten binomischen Lehrsatz der Faktoriellen an, nach dem

$$(x-z+1) \cdots (x-z+n)$$

$$= \sum_{s=0}^{n} (-1)^{n-s} \binom{n}{s} (x+1) \cdots (x+s)\, z\,(z-1) \cdots (z-n+s+1)$$

ist. Dadurch entsteht

$$(74^*) \qquad \mathop{\mathsf{S}} \varphi(x) \mathop{\nabla}_{\omega}^{n+1} x$$

$$= \left(\frac{2}{\omega}\right)^n \frac{(-1)^n}{n!} \sum_{s=0}^{n} (-1)^s \binom{n}{s} x\,(x-\omega) \cdots (x-(n-s-1)\,\omega)\, G_{1,s}(x \mid \omega),$$

wobei wir zur Abkürzung

$$G_{1,0}(x \mid \omega) = \mathop{\mathsf{S}} \varphi(x) \mathop{\nabla}_{\omega} (x)$$

und

$$G_{1,s}(x \mid \omega) = \mathop{\mathsf{S}} (x+\omega) \cdots (x+s\,\omega)\, \varphi(x) \mathop{\nabla}_{\omega} x$$

gesetzt haben. Es ist also $G_{1,s}(x\,|\,\omega)$ die Wechselsumme des Produkts von $\varphi(x)$ mit einem gewissen Polynom.

Die Gleichungen (73) und (74) lassen sich auch unmittelbar aus der Definition von Summe und Wechselsumme entnehmen. Wir brauchen nur zu bedenken, daß im gegenwärtigen Falle $\omega_1 = \cdots = \omega_{n+1} = \omega$ die in $F_{n+1}(x\,|\,\omega_1 \cdots \omega_{n+1};\,\eta)$ und $G_{n+1}(x\,|\,\omega_1 \cdots \omega_{n+1};\,\eta)$ eingehenden vielfachen Reihen als einfache Reihen geschrieben werden können, nämlich

$$\sum \varphi(x+\Omega)\,e^{-\eta(x+\Omega)} = \sum_{s=0}^{\infty} \frac{(s+n)!}{s!\,n!}\,\varphi(x+s\omega)\,e^{-\eta(x+s\omega)},$$

$$\sum (-1)^{s_1+\cdots+s_{n+1}}\,\varphi(x+\Omega)\,e^{-\eta(x+\Omega)}$$

$$= \sum_{s=0}^{\infty} (-1)^s \frac{(s+n)!}{s!\,n!}\,\varphi(x+s\omega)\,e^{-\eta(x+s\omega)}.$$

Als Beispiel für die Anwendung der Formeln (69) und (70) wollen wir die Summen

$$g_n(x) = \mathop{\mathfrak{S}}^{n} \frac{\nabla x}{x},$$

$$\Psi_n(x) = \mathop{\mathfrak{S}}_{1}^{x\;\;n} \frac{\Delta z}{z}$$

betrachten, also die Wechselsumme und die Summe n-ter Ordnung der Funktion $\frac{1}{x}$. Man findet

$$g_{n+1}(x) = 2\left(1-\frac{x}{n}\right) g_n(x) + \frac{2}{n},$$

$$\Psi_{n+1}(x) = \left(\frac{x}{n}-1\right)\Psi_n(x) - \frac{B_n^{(n)}(x-1)}{n \cdot n!}.$$

Die Transzendenten $g_n(x)$ und $\Psi_n(x)$ sind also durch die in Kapitel 5 eingehend studierten Funktionen $g(x)$ und $\Psi(x)$ ausdrückbar, und zwar vermöge der Formeln

$$g_n(x) = 2^{n-1}\left(1-\frac{x}{1}\right)\left(1-\frac{x}{2}\right)\cdots\left(1-\frac{x}{n-1}\right) g(x) + p(x),$$

$$\Psi_n(x) = (x-1)\left(\frac{x}{2}-1\right)\cdots\left(\frac{x}{n-1}-1\right)\Psi(x) + q(x),$$

in denen $p(x)$ und $q(x)$ Polynome bedeuten.

§ 7. Partielle Summation.

102. In Analogie zur partiellen Integration steht im Gebiete der Differenzenrechnung ein Verfahren, das wir als *partielle Summation oder Teilsummation* bezeichnen wollen [43] [1]). Es ist einmal von großer praktischer Bedeutung bei der Auswertung schwieriger Summen, zum anderen aber liefert es auch für die Theorie einige recht bemerkenswerte Entwicklungen.

Wir gehen aus von den drei unmittelbar ersichtlichen Identitäten

$$\underset{\omega}{\nabla}[\varphi(x)\psi(x)] = \psi(x)\underset{\omega}{\nabla}\varphi(x) + \frac{\omega}{2}\varphi(x+\omega)\underset{\omega}{\triangle}\psi(x), \tag{75}$$

$$\underset{\omega}{\nabla}[\varphi(x)\psi(x)] = \psi(x+\omega)\underset{\omega}{\nabla}\varphi(x) - \frac{\omega}{2}\varphi(x)\underset{\omega}{\triangle}\psi(x), \tag{76}$$

$$\underset{\omega}{\triangle}[\varphi(x)\psi(x)] = \varphi(x+\omega)\underset{\omega}{\triangle}\psi(x) + \psi(x)\underset{\omega}{\triangle}\varphi(x). \tag{77}$$

Aus der ersten folgt

$$\underset{\omega}{\nabla}\left[\overset{n-s-1}{\underset{\omega}{\nabla}}\varphi(x+s\omega)\overset{s}{\underset{\omega}{\triangle}}\psi(x)\right]$$
$$= \overset{s}{\underset{\omega}{\triangle}}\psi(x)\overset{n-s}{\underset{\omega}{\nabla}}\varphi(x+s\omega) + \frac{\omega}{2}\overset{n-s-1}{\underset{\omega}{\nabla}}\varphi(x+(s+1)\omega)\overset{s+1}{\underset{\omega}{\triangle}}\psi(x).$$

Diese Gleichung multiplizieren wir mit $(-1)^s\left(\frac{\omega}{2}\right)^s$, geben s die Werte $0, 1, 2, \ldots, n-1$ und addieren die entsprechenden Gleichungen. Dann entsteht die Relation

$$\sum_{s=0}^{n-1}(-1)^s\underset{\omega}{\nabla}\left[\overset{n-s-1}{\underset{\omega}{\nabla}}\varphi(x+s\omega)\overset{s}{\underset{\omega}{\triangle}}\psi(x)\right]\left(\frac{\omega}{2}\right)^s$$
$$= \psi(x)\overset{n}{\underset{\omega}{\nabla}}\varphi(x) - (-1)^n\left(\frac{\omega}{2}\right)^n\varphi(x+n\omega)\overset{n}{\underset{\omega}{\triangle}}\psi(x).$$

Hierin wollen wir auf beiden Seiten die Wechselsumme bilden. Um dies tun zu können, setzen wir etwa voraus, daß $\varphi(x)$ und $\psi(x)$ in einer Halbebene $\sigma \geqq b$ regulär und daselbst bei konstantem positiven C und k dem absoluten Betrage nach kleiner als $Ce^{(k+\varepsilon)|x|}$ sind, daß ferner x in dieser Halbebene $\sigma \geqq b$ liegt und ω eine positive Zahl kleiner als $\frac{\pi}{2k}$ bedeutet. Dann erhält man wegen

$$\mathfrak{S}\left(\underset{\omega}{\nabla}\varphi(x)\right)\underset{\omega}{\nabla}x = \varphi(x)$$

[1]) Vgl. hierzu auch Bortolotti [7].

die gewünschte Formel

$$(78)\quad \mathop{\mathrm{S}}\psi(x)\mathop{\nabla}_{\omega}^{n}\varphi(x)\mathop{\nabla}_{\omega}x=\sum_{s=0}^{n-1}(-1)^s\left(\frac{\omega}{2}\right)^{s}\mathop{\nabla}_{\omega}^{n-s-1}\varphi(x+s\omega)\mathop{\triangle}_{\omega}^{s}\psi(x)$$
$$+(-1)^n\left(\frac{\omega}{2}\right)^n\mathop{\mathrm{S}}\varphi(x+n\omega)\mathop{\triangle}_{\omega}^{n}\psi(x)\mathop{\nabla}_{\omega}x,$$

durch welche die Berechnung der Wechselsumme

$$\mathop{\mathrm{S}}\psi(x)\mathop{\nabla}_{\omega}^{n}\varphi(x)\mathop{\nabla}_{\omega}x$$

auf die der anderen, möglicherweise einfacheren

$$\mathop{\mathrm{S}}\varphi(x+n\omega)\mathop{\triangle}_{\omega}^{n}\psi(x)\mathop{\nabla}_{\omega}x$$

zurückgeführt erscheint.

Trägt man an Stelle von $\varphi(x)$ die Wechselsumme n-ter Ordnung $G_n(x\,|\,\omega)$ von $\varphi(x)$ ein, so gewinnt man

$$(79)\quad \mathop{\mathrm{S}}\varphi(x)\psi(x)\mathop{\nabla}_{\omega}x=\sum_{s=0}^{n-1}(-1)^s\left(\frac{\omega}{2}\right)^s G_{s+1}(x+s\omega)\mathop{\triangle}_{\omega}^{s}\psi(x)$$
$$+(-1)^n\left(\frac{\omega}{2}\right)^n\mathop{\mathrm{S}}G_n(x+n\omega)\mathop{\triangle}_{\omega}^{n}\psi(x)\mathop{\nabla}_{\omega}x.$$

Diese Formel empfiehlt sich besonders, wenn $\psi(x)$ ein Polynom ist, weil dann durch Wahl eines hinreichend großen n das zweite Glied auf der rechten Seite zum Verschwinden gebracht werden kann. Ist andererseits $\varphi(x)=1$, so wird

$$(80)\quad \mathop{\mathrm{S}}\psi(x)\mathop{\nabla}_{\omega}x=\sum_{s=0}^{n-1}(-1)^s\left(\frac{\omega}{2}\right)^s\mathop{\triangle}_{\omega}^{s}\psi(x)+\left(-\frac{\omega}{2}\right)^n\mathop{\mathrm{S}}\mathop{\triangle}_{\omega}^{n}\psi(x)\mathop{\nabla}_{\omega}x.$$

Dieser Entwicklung, welche für unendlich zunehmendes n bei genügend kleinem ω konvergiert, werden wir in Kapitel 8, § 8 unter einem anderen Gesichtspunkte wieder begegnen.

Von den Identitäten (76) und (77) aus gelangen wir zu den Relationen

$$(81)\quad \mathop{\mathrm{S}}\varphi(x)\psi(x)\mathop{\nabla}_{\omega}x=\sum_{s=0}^{n-1}\left(\frac{\omega}{2}\right)^s G_{s+1}(x)\mathop{\triangle}_{\omega}^{s}\psi(x-(s+1)\omega)$$
$$+\left(\frac{\omega}{2}\right)^n\mathop{\mathrm{S}}G_n(x)\mathop{\triangle}_{\omega}^{n}\psi(x-n\omega)\mathop{\nabla}_{\omega}x,$$

$$(82)\qquad \underset{a}{\overset{x}{S}} \varphi(z)\,\psi(z) \underset{\omega}{\triangle} z = \sum_{s=0}^{m-1} (-1)^s F_{s+1}(x+s\omega) \overset{s}{\underset{\omega}{\triangle}} \psi(x)$$

$$+ (-1)^m \underset{a}{\overset{x}{S}} F_m(z+m\omega) \overset{m}{\underset{\omega}{\triangle}} \psi(z) \underset{\omega}{\triangle} z - K,$$

wobei $F_n(x \mid \omega)$ die Summe n-ter Ordnung von $\varphi(x)$ und K die Konstante

$$K = \frac{1}{\omega} \sum_{s=0}^{m-1} (-1)^s \int_a^{a+\omega} F_{s+1}(z+s\omega) \overset{s}{\underset{\omega}{\triangle}} \psi(z)\, dz$$

bedeutet. Wenn man

$$\psi(x) = (x - z + \omega) \cdots (x - z + (n-1)\,\omega)$$

setzt und nachher den Grenzübergang $z \to x$ vornimmt, geht die Gleichung (81) in die Formel (74) über. Für $\varphi(x) = 1$ vereinfacht sie sich zu

$$(83)\qquad S\, \psi(x) \underset{\omega}{\nabla} x = \sum_{s=0}^{n-1} \left(\frac{\omega}{2}\right)^s \underset{\omega}{\triangle} \psi(x - (s+1)\,\omega)$$

$$+ \left(\frac{\omega}{2}\right)^n S \overset{n}{\underset{\omega}{\triangle}} \psi(x - n\omega) \underset{\omega}{\nabla} x.$$

Aus der Formel (82) entsteht für $m = 1$ die Relation

$$(84)\qquad \underset{a}{\overset{x}{S}} \varphi(z)\,\psi(z) \underset{\omega}{\triangle} z = F(x \mid \omega)\,\psi(x) - \underset{a}{\overset{x}{S}} F(z+\omega \mid \omega) \underset{\omega}{\triangle} \psi(z) \underset{\omega}{\triangle} z$$

$$- \frac{1}{\omega} \int_a^{a+\omega} F(z \mid \omega)\,\psi(z)\, dz,$$

welche für $\omega \to 0$ die Formel der partiellen Integration liefert. Wenn $\psi(x)$ ein Polynom niedrigeren als m-ten Grades ist, verschwinden in (82) das zweite Glied der rechten Seite und die Konstante K; es bleibt dann nur

$$(85)\qquad \underset{a}{\overset{x}{S}} \varphi(z)\,\psi(z) \underset{\omega}{\triangle} z = \sum_{s=0}^{m-1} (-1)^s F_{s+1}(x+s\omega) \overset{s}{\underset{\omega}{\triangle}} \psi(x).$$

Für Summen höherer Ordnung bestehen ähnliche Formeln. Z. B. gilt

$$(86)\qquad \mathbf{S}\, \varphi(x)\,\psi(x) \underset{\omega}{\overset{n}{\nabla}} x$$
$$= \sum_{s=0}^{m-1} (-1)^s \left(\frac{\omega}{2}\right)^s \frac{n(n+1)\cdots(n+s-1)}{s!}\, G_{s+n}(x+s\omega) \underset{\omega}{\overset{s}{\triangle}} \psi(x)$$
$$+ (-1)^m \left(\frac{\omega}{2}\right)^m \sum_{s=0}^{n-1} \frac{m(m+1)\cdots(m+s-1)}{s!}\, \mathbf{S}\, G_{s+m}(x+m\omega) \underset{\omega}{\overset{m}{\triangle}} \psi(x) \underset{\omega}{\overset{n-s}{\nabla}} x,$$

wie man durch den Schluß von n auf $(n+1)$ unter Beachtung der Gleichung (79) bestätigt. Für $\psi(x) = x$ stößt man wieder auf die Rekursionsformel (69); für $\varphi(x) = 1$ ergibt sich die Relation

$$\mathbf{S}\, \psi(x) \underset{\omega}{\overset{n}{\nabla}} x = \sum_{s=0}^{m-1} (-1)^s \left(\frac{\omega}{2}\right)^s \frac{n(n+1)\cdots(n+s-1)}{s!} \underset{\omega}{\overset{s}{\triangle}} \psi(x)$$
$$+ (-1)^m \left(\frac{\omega}{2}\right)^m \sum_{s=0}^{n-1} \binom{m+s-1}{s} \mathbf{S} \underset{\omega}{\overset{m}{\triangle}} \psi(x) \underset{\omega}{\overset{n-s}{\nabla}} x.$$

Übrigens wollen wir noch anmerken, daß die Gleichung (86) die Erweiterung der aus (75) hervorgehenden Formel

$$\underset{\omega}{\overset{n}{\nabla}} [\varphi(x)\,\psi(x)] = \sum_{s=0}^{n} \binom{n}{s} \left(\frac{\omega}{2}\right)^s \underset{\omega}{\overset{n-s}{\nabla}} \varphi(x+s\omega) \underset{\omega}{\overset{s}{\triangle}} \psi(x)$$

auf negative ganzzahlige Werte von n liefert. Man kann sogar noch weiter gehen und n beliebige reelle Werte geben, also den Mittelwertbegriff auf beliebige reelle Ordnungen ausdehnen, analog zur Liouville-Riemannschen Erweiterung des Begriffes der Ableitung.

Zum Schluß wollen wir die Überlegungen dieses Paragrafen noch durch einige einfache Beispiele veranschaulichen. Hat man die Wechselsumme

$$\mathbf{S}\, (x - \tfrac{1}{2})\, \Psi(x) \nabla x$$

zu berechnen, wobei $\Psi(x)$ die Summe $\overset{x}{\mathbf{S}} \dfrac{\triangle z}{z}$ bedeutet, so erhält man aus (78) für

$$\varphi(x) = x - 1, \qquad \psi(x) = \Psi(x), \qquad \omega = 1 \quad \text{und} \quad n = 1$$

die Gleichung

$$\mathbf{S}\, (x - \tfrac{1}{2})\, \Psi(x) \nabla x = (x-1)\,\Psi(x) - \tfrac{1}{2}\, \mathbf{S} \nabla x$$
$$= (x-1)\,\Psi(x) - \tfrac{1}{2}.$$

Suchen wir andererseits die Summe

$$\mathop{\mathsf{S}}_{1}^{x} \frac{\Psi(z)}{z} \triangle z,$$

so liefert die Formel (84) für

$$\varphi(z) = \tfrac{1}{2}, \quad \psi(z) = \Psi(z) \text{ und } \omega = 1$$

die Relation

$$\mathop{\mathsf{S}}_{1}^{x} \frac{\Psi(z)}{z} \triangle z = \Psi^2(x) - \mathop{\mathsf{S}}_{1}^{x} \frac{\Psi(z+1)}{z} \triangle z - \int_1^2 \Psi^2(z)\, dz,$$

also

$$2 \mathop{\mathsf{S}}_{1}^{x} \frac{\Psi(z)}{z} \triangle z = \Psi^2(x) + \Psi'(x) - 1 - \int_1^2 \Psi^2(z)\, dz.$$

Ein weiteres interessantes Beispiel bekommen wir, wenn wir in (79) $\varphi(x) = a^x$ und $\omega = 1$ wählen. Dann können wir die Wechselsumme n-ter Ordnung leicht explizit zu

$$G_n(x) = a^x \left(\frac{2}{1+a}\right)^n$$

ermitteln und erhalten daher die Entwicklung

$$\mathop{\mathsf{S}} a^x \psi(x) \nabla x = \frac{2a^x}{1+a} \sum_{s=0}^{n-1} (-1)^s \left(\frac{a}{1+a}\right)^s \overset{s}{\triangle} \psi(x)$$

$$+ (-1)^n \left(\frac{a}{1+a}\right)^n \mathop{\mathsf{S}} a^x \overset{n}{\triangle} \psi(x) \nabla x.$$

Z. B. entsteht für $\psi(x) = \frac{1}{x}$ und $n \to \infty$ die Formel

$$\mathop{\mathsf{S}} \frac{a^x}{x} \nabla x = \frac{2a^x}{1+a} \sum_{s=0}^{\infty} \left(\frac{a}{1+a}\right)^s \frac{s!}{x(x+1)\cdots(x+s)}.$$

Bei positivem a konvergiert die Reihe beständig in x, außer in den Punkten $x = 0, -1, -2, \ldots$. Für $a = 1$ ergibt sich eine schon bei Stirling [2] auftretende Fakultätenreihe[1]) für die Funktion $g(x)$, nämlich

$$g(x) = \mathop{\mathsf{S}} \frac{\nabla x}{x} = \sum_{s=0}^{\infty} \frac{\left(\frac{1}{2}\right)^s s!}{x(x+1)\cdots(x+s)}.$$

[1]) Über den Begriff „Fakultätenreihe" vgl. Kap. 9.

Achtes Kapitel.

Interpolationsreihen.

§ 1. Interpolationsformeln.

103. Bereits in Kapitel 1, § 3 haben wir die allgemeine Newtonsche Interpolationsformel

$$(1)\qquad F(x) = \sum_{s=0}^{n} [x_0 x_1 \ldots x_s](x - x_0)(x - x_1)\cdots(x - x_{s-1})$$
$$+ [x\, x_0 \ldots x_n](x - x_0)(x - x_1)\cdots(x - x_n)$$

kennengelernt, in der $[x_0 x_1 \ldots x_s]$ die Steigung der Funktion $F(x)$ für die Punkte $x_0, x_1, \ldots, x_s$ bedeutet. Das Restglied läßt sich, wie wir gesehen haben, in einfacher Weise mit Hilfe einer $(n+1)$-ten Ableitung ausdrücken. Im Falle äquidistanter Interpolationsstellen $x_0 = a$, $x_1 = a + 1$, $x_2 = a + 2, \ldots$ geht die Gleichung (1) über in

$$(2)\qquad F(x) = \sum_{s=0}^{n} \overset{s}{\triangle} F(a) \binom{x-a}{s}$$
$$+ [x, a, a+1, \ldots, a+n](x-a)(x-a-1)\cdots(x-a-n).$$

Jetzt wollen wir unter der Annahme, daß $F(x)$ eine *analytische* Funktion der komplexen Veränderlichen

$$x = \sigma + i\tau = re^{iv}$$

ist, zunächst auf einem neuen Wege, nämlich mit Hilfe komplexer Integration, zur Newtonschen Formel vordringen. Dabei werden wir gleichzeitig einen für viele Zwecke sehr brauchbaren Ausdruck des Restgliedes erhalten. Nachher wollen wir durch geeignete Wahl der Interpolationsstellen einige wichtige spezielle Interpolationsformeln herleiten.

Zur Abkürzung setzen wir

$$\psi_s(x) = (x - x_0)(x - x_1)\cdots(x - x_s),$$

dann ergibt sich aus der unmittelbar ersichtlichen Gleichung

$$\frac{1}{z-x} = \frac{1}{z-x_0} + \frac{x-x_0}{z-x_0} \cdot \frac{1}{z-x}$$

sofort die von Nicole [3] herrührende Identität

$$(3) \qquad \frac{1}{z-x} = \frac{1}{\psi_0(z)} + \frac{\psi_0(x)}{\psi_1(z)} + \frac{\psi_1(x)}{\psi_2(z)} + \cdots + \frac{\psi_{n-1}(x)}{\psi_n(z)} + \frac{\psi_n(x)}{\psi_n(z)} \cdot \frac{1}{z-x}.$$

Nun sei $F(z)$ regulär im Inneren und auf dem Rande C eines die Punkte $x, x_0, x_1, \ldots, x_n$ enthaltenden, einfach zusammenhängenden Gebietes. Multipliziert man die Identität (3) beiderseits mit $\frac{1}{2\pi i} F(z)$ und integriert in positivem Sinne über C, so erhält man

$$(4) \qquad F(x) = \sum_0^n (x-x_0)\cdots(x-x_{s-1}) \frac{1}{2\pi i} \int_C \frac{F(z)}{\psi_s(z)} dz + \psi_n(x) \frac{1}{2\pi i} \int \frac{F(z)}{\psi_n(z)} \frac{dz}{z-x}.$$

Die hierin auftretenden Integrale sind aber gerade die aufeinanderfolgenden Steigungen von $F(x)$, sodaß die Newtonsche Formel dasteht. Denn aus der Definition der Steigungen läßt sich ohne Mühe schließen, daß

$$[x_0] = \frac{1}{2\pi i} \int_C \frac{F(z)}{z-x_0} dz,$$

$$[x_0 x_1] = \frac{1}{2\pi i} \int_C \frac{F(z)}{(z-x_0)(z-x_1)} dz,$$

$$\cdots\cdots\cdots\cdots$$

$$(5) \qquad [x_0 x_1 \ldots x_n] = \frac{1}{2\pi i} \int_C \frac{F(z)}{(z-x_0)(z-x_1)\ldots(z-x_n)} dz$$

ist; übrigens entnimmt man hieraus für die Differenzen von $F(x)$ die Integraldarstellungen

$$F(a) = \frac{1}{2\pi i} \int \frac{F(z)}{z-a} dz,$$

$$\mathop{\triangle}_{\omega} F(a) = \frac{1!}{2\pi i} \int \frac{F(z)}{(z-a)(z-a-\omega)} dz,$$

$$\cdots\cdots\cdots\cdots\cdots$$

$$(6) \qquad \mathop{\triangle}_{\omega}^{n} F(a) = \frac{n!}{2\pi i} \int \frac{F(z)}{(z-a)(z-a-\omega)\cdots(z-a-n\omega)} dz.$$

Während wir in Kapitel 1 bei der Herleitung der Newtonschen Formel die Interpolationsstellen $x_0, x_1, \ldots, x_n$ zunächst als beliebige, aber voneinander verschiedene Zahlen angesehen haben, ist hier über die Interpolationsstellen keine andere Voraussetzung gemacht, als daß sie innerhalb des Regularitätsgebiets der Funktion $F(x)$ liegen sollen. Die identische Relation (4) gilt offenbar auch dann noch, wenn beliebig viele von den Zahlen $x_0, x_1, \ldots, x_n$ zusammenfallen[1]). Wenn z. B. m Interpolationsstellen nach dem Punkte x_i zusammenrücken, dann sind für $x = x_i$ die $(m-1)$ ersten Ableitungen des Näherungspolynoms

$$\sum_{s=0}^{n} (x - x_0) \cdots (x - x_{s-1}) \frac{1}{2\pi i} \int_C \frac{F(z)}{\psi_s(z)} dz$$

gleich den $(m-1)$ ersten Ableitungen der Funktion $F(x)$.

104. In dem Falle, daß sich x_n einem endlichen Grenzwert a nähert, wenn n unbegrenzt wächst, ist die Formel (4) mit der Taylorschen Formel nahe verwandt. Aus dem Restglied in (4) ersieht man nämlich, daß für $n \to \infty$ das Konvergenzgebiet[2]) der alsdann entstehenden Reihe der größte Kreis um a als Zentrum ist, innerhalb dessen sich die Funktion $F(x)$ regulär verhält. Die Reihe konvergiert außerdem noch in denjenigen der Punkte $x_0, x_1, \ldots,$ die außerhalb des Konvergenzkreises liegen, stellt aber in diesen Punkten im allgemeinen eine von $F(x)$ verschiedene Funktion dar.

Hermite [1] und Peano [1] haben den Fall betrachtet, daß für alle s

$$x_{2s} = a, \qquad x_{2s+1} = b$$

ist; die entsprechende Reihe konvergiert dann innerhalb eines die Punkte a und b umschließenden Cassinischen Ovals.

Eine andere interessante Fragestellung rührt von Runge [5] her. Vorgelegt sei eine stetige, doppelpunktfreie, geschlossene Kurve C in der komplexen x-Ebene und eine Funktion $F(x)$, die in dem von C umschlossenen Gebiet und auf C selbst überall regulär ist. Kann man dann auf C eine Folge von Punktgruppen

$$x_1^{(1)}; \quad x_2^{(2)}, x_2^{(2)}; \quad \ldots; \quad x_1^{(n)}, x_2^{(n)}, \ldots, x_n^{(n)}; \quad \ldots,$$

abhängig lediglich von der geometrischen Gestalt der Kurve C, derart bestimmen, daß die für diese Punktgruppen als Interpolationsstellen gebildeten Näherungspolynome von $F(x)$, etwa

$$G_1(x); \quad G_2(x); \quad \ldots; \quad G_n(x); \quad \ldots,$$

---

[1]) Die in Kapitel 1 gegebene Herleitung läßt sich natürlich auch so abändern, daß sie in diesem Falle verwendbar bleibt, vgl. Stieltjes [1].

[2]) Vgl. Frobenius [1], Hermite [1], Peano [1], Bendixson [2].

für jede Funktion $F(x)$ in dem ganzen von C umgrenzten abgeschlossenen Gebiete gleichmäßig nach $F(x)$ konvergieren, wofern nur $F(x)$ daselbst regulär ist? Wenn die Kurve C ein Kreis ist, hat das Problem, wie Runge selbst zeigt, eine sehr einfache Lösung. Dann braucht man nur die Punkte $x_1^{(n)}, x_2^{(n)}, \ldots, x_n^{(n)}$ der n-ten Punktgruppe regelmäßig verteilt anzunehmen, d. h. als Eckpunkte eines dem Kreise einbeschriebenen regelmäßigen n-Ecks, damit die Interpolationspolynome $G_n(x)$ in der ganzen abgeschlossenen Kreisscheibe gleichmäßig nach $F(x)$ konvergieren. Mit dem allgemeinen Falle einer beliebigen Kurve C hat sich Fejér [1] in einer schönen Arbeit beschäftigt und ihn auf den einfachen Rungeschen Fall zurückgeführt. Fejérs Ergebnis lautet: Man bilde das Außengebiet der Kurve C auf das Außengebiet eines Kreises K konform ab, wobei sich die unendlich fernen Punkte entsprechen sollen, und wähle als Interpolationsstellen $x_1^{(n)}, x_2^{(n)}, \ldots, x_n^{(n)}$ der n-ten Punktgruppe solche „regelmäßig verteilte“ Punkte auf C, die bei dieser konformen Abbildung in regelmäßig verteilte Punkte auf K, also in Eckpunkte eines K einbeschriebenen regelmäßigen n-Ecks, übergehen. Unter Beschränkung auf den Fall, daß die Kurve C ein Kreis ist, hat Fejér auch die Möglichkeit in Betracht gezogen, daß die Funktion $F(x)$ zwar im Inneren des Kreises regulär, auf dem Kreise selbst aber nur noch stetig ist. Dann besteht bei Interpolation durch regelmäßig verteilte Punktgruppen die Beziehung

$$\lim_{n \to \infty} G_n(x) = F(x)$$

noch in jedem inneren Punkte des Kreises und gleichmäßig in jedem abgeschlossenen kleineren Kreise, auf dem Rande hingegen kann die Folge der $G_n(x)$ für gewisse $F(x)$ divergieren, was Fejér durch ein Beispiel belegt.

Ein Nachteil des soeben auseinandergesetzten Interpolationsverfahrens ist, daß man beim Übergang von einer Punktgruppe zur nächsten jedesmal völlig andere Punkte bekommt und daß sich also auch die entsprechenden Interpolationspolynome von Anfang an ändern. Es erhebt sich daher die Frage, ob die Interpolationsstellen vielleicht so gewählt werden können, daß beim Übergang von der n-ten zur $(n+1)$-ten Gruppe lediglich ein einziger neuer Punkt und beim zugehörigen Polynom ein einziges neues Glied hinzutritt. Die Interpolationsstellen sollen also nur eine einfach unendliche Folge $x_1, x_2, \ldots, x_n, \ldots$ bilden. Für den Kreis $|x| = 1$ wird, wie Fejér beweist, die Lösung durch eine Punktfolge

$$x_1 = \xi, \; x_2 = \xi^2, \; \ldots, \; x_n = \xi^n, \; \ldots$$

geliefert, wenn ξ eine komplexe Zahl vom absoluten Betrage 1 bedeutet, die keine Einheitswurzel ist, für die also bei $\xi = e^{i\vartheta}$ das Verhältnis $\vartheta:\pi$ irrational ist. Bei einer beliebigen Kurve C ergeben die Punkte, welche bei konformer Abbildung des Äußeren des Einheitskreises auf das Äußere von C aus den Punkten $\xi, \xi^2, \ldots$ hervorgehen, eine Punktfolge von der gewünschten Beschaffenheit. Hieraus folgt der Satz, daß jede in dem von C umgrenzten abgeschlossenen Gebiete reguläre analytische Funktion $F(x)$ in eine daselbst gleichmäßig konvergente unendliche, nach Polynomen fortschreitende Reihe

$$F(x) = \sum_{n=0}^{\infty} a_n P_n(x)$$

entwickelt werden kann, wobei die Polynome $P_n(x)$ nur von der geometrischen Gestalt der Kurve C und von der Wahl der Zahl ξ abhängen, hingegen von der speziellen darzustellenden Funktion $F(x)$ völlig unabhängig sind. So gestattet beispielsweise jede im Einheitskreise $|x| \leqq 1$ reguläre analytische Funktion $F(x)$ die für $|x| \leqq 1$ gleichmäßig konvergente Entwicklung

$$F(x) = a_0 + a_1(x-\xi) + a_2(x-\xi)(x-\xi^2) + \cdots.$$

Andere in ähnlicher Richtung liegende Untersuchungen haben Jensen [2], Bendixson [1, 2], Landau [2] und Pincherle [55] angestellt.

Wir wollen uns im folgenden mit dem Falle befassen, daß die Interpolationsstellen äquidistant auf der reellen Achse liegen. Tragen wir in der Gleichung (4) einmal

$$x_0 = 0, \quad x_1 = -1, \quad x_2 = +1, \ldots, x_{2n-1} = -n, \quad x_{2n} = +n$$

und zum anderen

$$x_0 = 0, \quad x_1 = +1, \quad x_2 = -1, \ldots, x_{2n-1} = +n, \quad x_{2n} = -n$$

ein, so bekommen wir die beiden *Gaußschen Interpolationsformeln*

$$(7)\quad F(x) = \sum_{s=0}^{n} \binom{x+s}{2s} \overset{2s}{\triangle} F(-s) + \sum_{s=0}^{n-1} \binom{x+s}{2s+1} \overset{2s+1}{\triangle} F(-s-1) + R_n,$$

$$(8)\quad F(x) = \sum_{s=0}^{n} \binom{x+s-1}{2s} \overset{2s}{\triangle} F(-s) + \sum_{s=0}^{n-1} \binom{x+s}{2s+1} \overset{2s+1}{\triangle} F(-s) + R_n.$$

Der Rest R_n wird dabei durch die Gleichung

$$(9)\qquad R_n = \frac{1}{2\pi i} \int_{C_n} \frac{x(x^2-1^2)(x^2-2^2)\cdots(x^2-n^2)}{z(z^2-1^2)(z^2-2^2)\cdots(z^2-n^2)} \frac{F(z)}{z-x}\, dz$$

gegeben, worin C_n eine die Punkte $0, \pm 1, \pm 2, \ldots, \pm n$ und x umschließende, in positivem Sinne durchlaufene Integrationskurve ist.

Durch gliedweise Addition der beiden Gaußschen Formeln entsteht die *Stirlingsche Interpolationsformel*

$$(10)\qquad F(x)=\sum_{s=0}^{n}\frac{x^2(x^2-1^2)\ldots(x^2-(s-1)^2)}{(2s)!}\overset{2s}{\triangle}F(-s)$$
$$+\sum_{s=0}^{n-1}\frac{x(x^2-1^2)\ldots(x^2-s^2)}{(2s+1)!}\nabla\overset{2s+1}{\triangle}F(-s-1)+R_n.$$

Ersetzt man schließlich in der zweiten Gaußschen Formel x durch $x+\frac{1}{2}$ und $F(x)$ durch $F(x-\frac{1}{2})$, in der ersten hingegen x durch $x-\frac{1}{2}$ und $F(x)$ durch $F(x+\frac{1}{2})$ und addiert man die so zustande kommenden Gleichungen gliedweise, so ergibt sich die *Besselsche Interpolationsformel*

$$(11)\qquad F(x)=\sum_{s=0}^{n}\frac{(x^2-(\frac{1}{2})^2)(x^2-(\frac{3}{2})^2)\cdots(x^2-(s-\frac{1}{2})^2)}{(2s)!}\nabla\overset{2s}{\triangle}F(-s-\tfrac{1}{2})$$
$$+x\sum_{s=0}^{n}\frac{(x^2-(\frac{1}{2})^2)(x^2-(\frac{3}{2})^2)\cdots(x^2-(s-\frac{1}{2})^2)}{(2s+1)!}\overset{2s+1}{\triangle}F(-s-\tfrac{1}{2})+\mathfrak{R}_n,$$

deren Restglied $\mathfrak{R}_n$ sich durch das komplexe Integral

$$(12)\qquad \mathfrak{R}_n=\frac{1}{2\pi i}\int\limits_{C_{n+1}}\frac{(x^2-(\frac{1}{2})^2)\cdots(x^2-(n+\frac{1}{2})^2)}{(z^2-(\frac{1}{2})^2)\cdots(z^2-(n+\frac{1}{2})^2)}\frac{F(z)}{z-x}\,dz$$

darstellen läßt.

Beispiele für die Stirlingsche und Besselsche Formel erhalten wir, wenn wir für $F(x)$ Bernoullische Polynome eintragen. Es wird

$$B_{\nu}^{(n)}\left(x+\frac{n}{2}\right)=\sum_{s=0}^{\nu}\binom{2\nu}{2s}\frac{D_{2\nu-2s}^{(n-2s)}}{2^{2\nu-2s}}x^2(x^2-1^2)(x^2-2^2)\cdots(x^2-(s-1)^2),$$

$$B_{2\nu+1}^{(n)}\left(x+\frac{n}{2}\right)=\sum_{s=0}^{\nu}\binom{2\nu+1}{2s+1}\frac{D_{2\nu-2s}^{(n-2s-1)}}{2^{2\nu-2s}}x(x^2-(\tfrac{1}{2})^2)(x^2-(\tfrac{3}{2})^2)\cdots(x^2-(s-\tfrac{1}{2})^2).$$

§ 2. Die Problemstellung der Theorie der Interpolationsreihen.

105. Die drei soeben betrachteten Interpolationsformeln von Gauß, Stirling und Bessel sind es, welche in der Praxis der Interpolationsrechnung, so z. B. bei der Herstellung von Tafeln, bei der numerischen Differentiation und bei der besonders in der Astronomie oft vorkommenden mechanischen Quadratur, am häufigsten angewandt werden. Man verschafft sich das Differenzenschema der Funktion und ermittelt dann neue Funktionswerte mit Hilfe einer der drei Formeln. Um das Restglied kümmert man sich dabei in der Regel nicht, indem man stillschweigend voraussetzt, daß es genügend klein ist und praktisch vernachlässigt werden kann. Diese Schlußweise ist jedoch nicht unbedenklich. Wenn man z. B. eine Logarithmentafel herstellen will, berechnet man nur einige wenige Werte unmittelbar und interpoliert dann die übrigen mittels der Stirlingschen Formel. Ist das Intervall der Tafel genügend eng und beschränkt man sich auf eine gewisse Genauigkeit, wie sie sich etwa mit drei oder vier Gliedern der Stirlingschen Formel erreichen läßt, so erzielt man auf diese Weise eine vorzügliche Annäherung und eine große Ersparnis an Arbeit und Zeit. Wenn jedoch die erste Voraussetzung nicht zutrifft oder wenn man durch Berücksichtigung vieler Glieder der Stirlingschen Formel die Genauigkeit weiter treiben will, so kann man zu vollkommen falschen Ergebnissen kommen, indem der Rest der Stirlingschen Formel eine beträchtliche Größe annimmt.

Durch derartige Überlegungen wird man ganz naturgemäß dazu geführt, das Konvergenzverhalten der aus (7), (8), (10) und (11) für unbegrenzt anwachsendes n hervorgehenden *Interpolationsreihen*, nämlich der beiden *Gaußschen Reihen*

$$(13)\qquad F(x)=\sum_{s=0}^{\infty}\binom{x+s}{2s}\overset{2s}{\triangle}F(-s)+\sum_{s=0}^{\infty}\binom{x+s}{2s+1}\overset{2s+1}{\triangle}F(-s-1),$$

$$(14)\qquad F(x)=\sum_{s=0}^{\infty}\binom{x+s-1}{2s}\overset{2s}{\triangle}F(-s)+\sum_{s=0}^{\infty}\binom{x+s}{2s+1}\overset{2s+1}{\triangle}F(-s),$$

der *Stirlingschen Reihe*

$$(15)\qquad F(x)=\sum_{s=0}^{\infty}x(x^2-1^2)\cdots(x^2-s^2)(a_s+a_s'x)$$

und der *Besselschen Reihe*

$$(16)\qquad F(x)=\sum_{s=0}^{\infty}(x^2-(\tfrac{1}{2})^2)(x^2-(\tfrac{3}{2})^2)\cdots(x^2-(s-\tfrac{1}{2})^2)(a_s+a_s'x),$$

näher zu untersuchen. Die Koeffizienten in ihnen lassen sich leicht durch die Werte der Funktion in den Punkten $x=0,\ \pm 1,\ \pm 2,\ldots$ ausdrücken. Zu den Reihen (13), (14), (15) und (16) nimmt man zweckmäßig auch die aus (2) entspringende, für die Anwendungen minder bedeutsame, aber theoretisch sehr interessante *Newtonsche Reihe*

$$F(x) = \sum_{s=0}^{\infty} a_s \binom{x-1}{s} \tag{17}$$

hinzu.

Eine ausführliche Darstellung der Theorie dieser fünf Reihentypen, sowie der mit ihnen verwandten Fakultätenreihen, findet sich in einem in der Borelschen Sammlung erscheinenden Buche. Zur Gewinnung eines allgemeinen Überblicks über die Differenzenrechnung ist es indes zweckmäßig, hier einen kurzen Bericht der wichtigsten Ergebnisse über diese Reihen einzufügen. Für Beweise und weitere Einzelheiten sei auf das eben genannte Buch verwiesen.

Das Konvergenzproblem der Interpolationsreihen gibt zu zwei verschiedenen Fragestellungen Anlaß:

1. Welchen Bedingungen müssen die Koeffizienten einer vorgelegten Interpolationsreihe genügen, damit die Reihe konvergiert?

2. Wann läßt sich eine gegebene Funktion durch eine Interpolationsreihe darstellen, und in welcher Beziehung steht das Konvergenzgebiet dieser Reihe zu den analytischen Eigenschaften der dargestellten Funktion?

Für uns kommt besonders die letzte Fragestellung in Betracht, und sie wird uns zu bemerkenswerten Ergebnissen führen. Es zeigt sich, daß die Reihen von Stirling, Gauß und Bessel im allgemeinen divergent und nur in sehr speziellen Fällen, die z. B. in den Anwendungen recht selten auftreten, konvergent sind. Dies hindert natürlich nicht, daß sie für numerische Untersuchungen, bei denen es nicht auf Konvergenz ankommt, sondern darauf, daß der Rest der Reihe möglichst klein ausfällt, vortrefflich geeignet sind. Man muß sich nur auf eine kleine Gliederzahl beschränken und sich über den möglichen Fehler Rechenschaft ablegen. Bei der Newtonschen Reihe liegen die Konvergenzverhältnisse viel günstiger. Die Klasse von Funktionen, welche man durch eine Newtonsche Reihe darstellen kann, ist wesentlich umfassender als die, für welche eine Entwicklung in eine Stirlingsche, Gaußsche oder Besselsche Reihe möglich ist. Dies ist sehr merkwürdig; denn bei numerischen Rechnungen zieht man die Stirlingsche Reihe gerade darum vor, weil ihre ersten Glieder eine bessere Annäherung geben als die entsprechenden der Newtonschen Reihe. Diese wendet man eigentlich nur an, wenn man am Anfang oder am Ende einer Tafel interpolieren will. Es liegt also hier ein neues Beispiel für die bekannte Tatsache vor, daß die Forderungen, welche der praktische Rechner und der theoretische Mathematiker an ihre Reihen stellen, ganz verschieden sind. Für den Praktiker ist eine divergente Stirlingsche Reihe in den meisten Fällen wertvoller als eine konvergente Newtonsche Entwicklung, bei der er mit derselben Gliederzahl keine so gute Annäherung wie bei der Stirlingschen Reihe erzielen kann, während für den Funktionentheoretiker die Verhältnisse gerade umgekehrt liegen.

Außer für numerische Untersuchungen sind die Interpolationsreihen namentlich beim Studium der Differenzengleichungen von Wichtigkeit. Es hat sich herausgestellt, daß die Potenzreihen, deren man sich sonst bei funktionentheoretischen Betrachtungen gewöhnlich bedient, zur Darstellung der Lösungen von Differenzengleichungen nicht geeignet sind. Sie sind nämlich in den interessantesten Fällen, wenn es sich um Entwicklung in der Nähe einer singulären Stelle handelt, divergent, oder, wenn man in der Umgebung eines regulären Punktes entwickelt, in einem zu beschränkten Gebiete konvergent. Außerdem erfordert die Bestimmung ihrer Koeffizienten umständliche und wenig übersichtliche Rechnungen. Es empfiehlt sich daher, andere Reihentypen heranzuziehen, entweder gerade die Interpolationsreihen oder die im nächsten Kapitel zu besprechenden Fakultätenreihen.

106. Die wichtigsten früheren Arbeiten über Interpolationsreihen rühren von Bendixson [1, 2], Runge [4], Landau [2], Pincherle [36, 38, 39, 43, 47, 55] und Carlson [2] her. Neuerdings haben Pólya [1, 2] und Carlson [3] schöne Anwendungen der Interpolationsreihen zur Untersuchung der sogenannten ganzwertigen Funktionen gemacht. Pólyas hauptsächliche Ergebnisse, welche durch Hardy [2] und Landau [4] ergänzt worden sind, lauten:

I. Es sei $G(x)$ eine ganze Funktion, welche für die nichtnegativen ganzen Zahlen $x = 0, 1, 2, \ldots$ ganze rationale Werte annimmt, $M(r)$ das Maximum ihres absoluten Betrages im Kreise $|x| \leqq r$. Gibt es dann eine positive Zahl k derart, daß $\frac{M(r)}{2^r \cdot r^k}$ für $r \geqq 1$ beschränkt bleibt, so ist

$$G(x) = P(x) \cdot 2^x + Q(x),$$

wobei $P(x)$ und $Q(x)$ Polynome sind. Insbesondere muß für $\lim\limits_{r \to \infty} \frac{M(r)}{2^r} = 0$ die Funktion $G(x)$ ein Polynom sein.

II. Es sei $H(x)$ eine ganze Funktion, die für alle ganzen Zahlen $x = 0, \pm 1, \pm 2, \ldots$ ganzwertig ist, $N(r)$ das Maximum ihres absoluten Betrages im Kreise $|x| \leqq r$. Ist dann für ein positives k und $r \geqq 1$ der Quotient $\frac{N(r)}{\left(\frac{3+\sqrt{5}}{2}\right)^r r^k}$ beschränkt, so existieren drei Polynome $P(x)$, $Q(x)$, $R(x)$ derart, daß

$$H(x) = P(x)\left(\frac{3+\sqrt{5}}{2}\right)^x + Q(x)\left(\frac{3-\sqrt{5}}{2}\right)^x + R(x)$$

ist. Insbesondere ist $H(x)$ selbst ein Polynom, wenn $\lim\limits_{r\to\infty} \dfrac{N(r)}{\left(\frac{3+\sqrt{5}}{2}\right)^r} = 0$ gilt.

Setzen wir

$$\limsup_{r\to\infty} \frac{\log|G(re^{iv})|}{r} = g(v), \qquad \limsup_{r\to\infty} \frac{\log|H(re^{iv})|}{r} = h(v),$$

so können wir die Pólyaschen Sätze auch so aussprechen, daß für $g(v) < \log 2$, $h(v) < \log\frac{3+\sqrt{5}}{2}$ die Funktionen $G(x)$ und $H(x)$ Polynome sind. Hierin lassen sich, wie die ganzwertigen Funktionen 2^x und $\left(\frac{3+\sqrt{5}}{2}\right)^x + \left(\frac{3-\sqrt{5}}{2}\right)^x$ zeigen, die rechtsstehenden Konstanten $\log 2$ und $\log\frac{3+\sqrt{5}}{2}$ durch keine größeren ersetzen. Carlson hat jedoch dargetan, daß man an ihrer Stelle Funktionen $\varphi(v)$ und $\chi(v)$ von v eintragen kann, deren untere Grenzen $\log 2$ bzw. $\log\frac{3+\sqrt{5}}{2}$ sind. Er beweist:

I. Ist $G(x)$ für $\sigma \geqq 0$ regulär, in den Punkten $x = 0, 1, 2, \ldots$ ganzwertig und für $-\frac{\pi}{2} \leqq v \leqq \frac{\pi}{2}$ der Bedingung

$$g(v) \leqq \varphi(v) = \cos v \log(2\cos v) + v \sin v$$

unterworfen, so sind drei Fälle möglich.

1. Wenn $g(v) < \varphi(v)$ für alle v ist, so ist $G(x)$ ein Polynom.

2. Wenn $g(v) = \varphi(v)$ nur für endlich viele v ist, so kann man eine ganze Zahl p bestimmen derart, daß diese v unter den Zahlen $0, \pm\frac{\pi}{p}, \pm\frac{2\pi}{p}, \ldots$ enthalten sind. Dann muß

$$G(x) = P(x) + \sum_z P_z(x)\, z^{-x}$$

sein, wobei $P(x)$, $P_z(x)$ Polynome sind und die Summation über die Wurzeln z der Gleichung

$$\left(\frac{z}{1-z}\right)^p = 1$$

läuft.

3. Wenn schließlich $g(v) = \varphi(v)$ für unendlich viele v gilt, so ist $g(v) = \varphi(v)$ überhaupt für alle v. Es gibt Funktionen mit dieser Eigenschaft.

II. Es sei $\xi = Re^{iv}$ ein Punkt des Cassinischen Ovals

$$|\xi - 1|\,|\xi + 1| = 4$$

mit den Brennpunkten ± 1 und

$$\left|\left(\frac{\xi-1}{\xi+1}\right)^{-\xi}\right| = e^{R\chi(v)}.$$

Für eine in $x = 0, \pm 1, \pm 2, \ldots$ ganzwertige ganze Funktion $H(x)$ mit

$$h(v) \leqq \chi(v)$$

sind dann drei Fälle möglich.

1. Es ist $h(v) < \chi(v)$ für alle v. Dann ist $H(x)$ ein Polynom.

2. Das Gleichheitszeichen trifft nur für endlich viele v zu. Dann kann eine ganze Zahl p so ermittelt werden, daß diese v nach dem Modul π kongruent mit den Arkus der Wurzeln der Gleichung

$$\left(\frac{x^2-1}{4}\right)^p = 1$$

sind. $H(x)$ ist in diesem Falle eine symmetrische Funktion der Wurzeln z der Gleichung

$$\left(z + \frac{1}{z} - 2\right)^p = 1$$

von der Form

$$H(x) = P(x) + \sum_z{}' P_z(x)\, z^{-x},$$

worin $P(x)$ und $P_z(x)$ Polynome sind.

3. Das Gleichheitszeichen tritt für unendlich viele v ein. Dann muß für alle v entweder $h(v)$ oder $h(v \pm \pi)$ den Wert $\chi(v)$ haben. Es gibt ganzwertige Funktionen mit dieser Eigenschaft.

§ 3. Die Stirlingsche Reihe.

107. Nach den bisherigen allgemeinen Vorbemerkungen wenden wir uns jetzt der Betrachtung der Stirlingschen Reihe

$$F(x) = \sum_{s=0}^{\infty}{}' (a_s + a_s' x)\, x\, (x^2 - 1^2)(x^2 - 2^2) \cdots (x^2 - s^2) \tag{15}$$

zu und zeigen zunächst, *daß die Reihe im Falle ihrer Konvergenz immer eine ganze Funktion darstellt* [36, 40, 45]. Ersetzen wir x durch $-x$, so erhalten wir

$$F(x) - F(-x) = 2 \sum_{s=0}^{\infty}{}' a_s\, x\, (x^2 - 1^2) \cdots (x^2 - s^2), \tag{18}$$

$$F(x) + F(-x) = 2 \sum_{s=0}^{\infty}{}' a_s'\, x^2 (x^2 - 1^2) \cdots (x^2 - s^2). \tag{19}$$

Für die Untersuchung der Reihe (15) können wir uns also im wesentlichen darauf beschränken, eine Reihe von der Form (18) oder auch, wenn wir

$$\frac{F(x)-F(-x)}{2x} = H(x)$$

setzen, von der Gestalt

$$H(x) = \sum_{n=0}^{\infty} a_n (x^2-1^2)\cdots(x^2-n^2) \tag{20}$$

zu betrachten. Wenn x eine positive oder negative ganze Zahl ist, bricht die Reihe ab. Diesen Fall wollen wir als trivial beiseite lassen und den folgenden Satz beweisen: *Wenn die Reihe* (20) *für* $x = x_0$ *konvergiert, wobei* x_0 *keine ganze Zahl ist, so konvergiert sie für alle endlichen* x, *und zwar gleichmäßig in jedem endlichen Gebiet der* x*-Ebene.*

Zum Beweise wenden wir auf die Reihe (20) die Abelsche Transformation an. Wir setzen

$$b_n = a_n (x_0^2-1^2)\cdots(x_0^2-n^2), \qquad b_0 = a_0,$$

$$c_n = \frac{(x^2-1^2)\cdots(x^2-n^2)}{(x_0^2-1^2)\cdots(x_0^2-n^2)}, \qquad c_0 = 1.$$

Da

$$c_n - c_{n-1} = \frac{x^2-x_0^2}{x_0^2-n^2}\, c_{n-1}$$

ist, ergibt sich

$$\sum_{n=p}^{m} b_n c_n = c_p \sum_{n=p}^{\infty} b_n + \sum_{n=p+1}^{m} (c_n - c_{n-1}) \sum_{\nu=n}^{\infty} b_\nu - c_m \sum_{n=m+1}^{\infty} b_n \tag{21}$$

$$= c_p \sum_{n=p}^{\infty} b_n - (x^2-x_0^2) \sum_{n=p+1}^{m} \frac{c_{n-1}}{n^2-x_0^2} \sum_{\nu=n}^{\infty} b_\nu - c_m \sum_{n=m+1}^{\infty} b_n.$$

Zufolge der Voraussetzung, daß die Reihe $\sum_{n=0}^{\infty} b_n$ konvergiert, läßt sich zu gegebenem $\varepsilon > 0$ ein $n_0 = n_0(\varepsilon)$ so finden, daß

$$\left|\sum_{n=p}^{\infty} b_n\right| < \varepsilon \quad \text{für} \quad p \geqq n_0$$

wird. Ferner streben für $n \to \infty$ die c_n innerhalb eines beliebigen, festen, endlichen Gebietes gleichmäßig einem Grenzwerte zu, wie aus

$$c_n = \frac{\left(1-\frac{x^2}{1^2}\right)\cdots\left(1-\frac{x^2}{n^2}\right)}{\left(1-\frac{x_0^2}{1^2}\right)\cdots\left(1-\frac{x_0^2}{n^2}\right)} \to \frac{x_0}{x}\cdot\frac{\sin\pi x}{\sin\pi x_0}$$

hervorgeht. Bei $m \to \infty$ gewinnt man daher aus (21) für den Rest der Reihe (20) die Gleichung

$$(22) \qquad \sum_{n=p}^{\infty} b_n c_n = c_p \sum_{n=p}^{\infty} b_n - (x^2 - x_0^2) \sum_{n=p+1}^{\infty} \frac{c_{n-1}}{n^2 - x_0^2} \sum_{\nu=n}^{\infty} b_\nu,$$

und für $p \geqq n_0$ besteht also die Abschätzung

$$\left| \sum_{n=p}^{\infty} b_n c_n \right| < \varepsilon C + \varepsilon C \sum_{n=p+1}^{\infty} \frac{1}{|n^2 - x_0^2|} = \varepsilon C_1,$$

wobei C und C_1 Konstanten sind. Damit ist der Beweis vollendet.

Aus unserem Satze über die Reihe (20) schließt man, daß die Reihe (15) in jedem endlichen Gebiet gleichmäßig konvergiert, wenn sie für zwei Werte x_1 und x_2 von x, die keine ganzen Zahlen oder Null sind, konvergent ist. Denn dann sind die Reihen mit den Koeffizienten $a_s + a_s' x_1$ und $a_s + a_s' x_2$ beständig konvergent, woraus man die Konvergenz der Reihen mit den Koeffizienten a_s und a_s' entnimmt. Die Stirlingsche Reihe (15) stellt also, wie schon oben gesagt, im Falle ihrer Konvergenz immer eine ganze Funktion dar. Aber nicht alle ganzen Funktionen lassen sich umgekehrt in eine Stirlingsche Reihe entwickeln; dies ist vielmehr nur bei einer sehr speziellen Klasse von ganzen Funktionen der Fall. Um diese Klasse genauer abgrenzen zu können, wollen wir eine obere Schranke für den Absolutbetrag einer durch eine Stirlingsche Reihe (15) dargestellten ganzen Funktion $F(x)$ suchen, also eine *notwendige* Konvergenzbedingung aufstellen. Hierzu betrachten wir am besten einzeln die beiden Ausdrücke (18) und (19) und brauchen also nur für die in (20) auftretende Funktion $H(x)$ eine *Majorantenfunktion* zu ermitteln. Da es vorkommen kann, daß die Reihe (20) für alle nicht ganzzahligen x nur bedingt konvergent ist, transformieren wir sie zunächst in eine absolut konvergente Reihe. Hierzu nehmen wir in der Gleichung (22) $p = 0$. Dann entsteht

$$(23) \quad H(x) = H(x_0) + (x^2 - x_0^2) \sum_{n=1}^{\infty} \frac{(x^2 - 1^2) \cdots (x^2 - (n-1)^2)}{(x_0^2 - 1^2) \cdots (x_0^2 - n^2)} \sum_{\nu=n}^{\infty} b_\nu,$$

und diese Reihe konvergiert für alle x absolut. Insbesondere ergibt sich für $x_0 = 0$

$$(23^*) \quad H(x) = H(0) + \sum_{n=1}^{\infty} \frac{(-1)^n}{(n!)^2} x^2 (x^2 - 1^2) \cdots (x^2 - (n-1)^2) \sum_{\nu=n}^{\infty} b_\nu.$$

Wenden wir auf die Reihe (20) die Abelsche Transformation in der Gestalt

$$\sum_{n=0}^{m} b_n c_n = \sum_{n=0}^{m} (c_n - c_{n+1}) \sum_{\nu=0}^{n} b_\nu + c_{m+1} \sum_{n=0}^{m} b_n$$

an, so erhalten wir die andere absolut konvergente Entwicklung

$$(24)\quad H(x) = \frac{x_0}{x}\frac{\sin \pi x}{\sin \pi x_0} H(x_0) - (x^2 - x_0^2) \sum_{n=0}^{\infty} \frac{(x^2 - 1^2)\cdots(x^2 - n^2)}{(x_0^2 - 1^2)\cdots(x_0^2 - (n+1)^2)} \sum_{\nu=0}^{n} b_\nu,$$

speziell für $x_0 = 0$

$$(24^*)\quad H(x) = \frac{\sin \pi x}{\pi x} H(0) + \sum_{n=0}^{\infty} \frac{(-1)^n}{((n+1)!)^2} x^2 (x^2 - 1^2)\cdots(x^2 - n^2) \sum_{\nu=0}^{n} b_\nu.$$

Durch Zusammenfügung entfließen aus (23*) und (24*), (23) und (24) die Beziehungen

$$\frac{\sin \pi x}{\pi x} = 1 + \sum_{n=1}^{\infty} \frac{(-1)^n}{(n!)^2} x^2 (x^2 - 1^2)\cdots(x^2 - (n-1)^2),$$

$$\frac{x_0 \sin \pi x - x \sin \pi x_0}{x^2 - x_0^2} = \sin \pi x_0 \sum_{n=1}^{\infty} \frac{x (x^2 - 1^2)\cdots(x^2 - (n-1)^2)}{(x_0^2 - 1^2)\cdots(x_0^2 - n^2)}.$$

108. Zur Gewinnung der Majorantenfunktion für $H(x)$ legen wir nun die Reihe (23*) in der Gestalt

$$H(x) = H(0) + \sum_{n=0}^{\infty} \frac{\alpha_n}{(n+1)^2} \frac{x^2 (x^2 - 1^2)\cdots(x^2 - n^2)}{(n!)^2}$$

zugrunde, wobei α_n den Rest einer konvergenten Reihe bedeutet, also

$$\lim_{n \to \infty} \alpha_n = 0$$

ist. Wie früher setzen wir $x = r e^{iv}$ und außerdem

$$\frac{x^2 (x^2 - 1^2)\cdots(x^2 - n^2)}{(n!)^2} = d_n,$$

sodaß wir kürzer

$$(25)\qquad H(x) = H(0) + \sum_{n=0}^{\infty} \frac{\alpha_n d_n}{(n+1)^2}$$

schreiben können. Die Zahlen α_n sind unabhängig von x und die d_n Polynome in x mit der Eigenschaft

$$\lim_{n \to \infty} |d_n| = \frac{|x \sin \pi x|}{\pi}.$$

Für die Majorantenfunktion von $H(x)$ werden wir in verschiedenen Winkelräumen verschiedene Ausdrücke finden. Da $H(x)$ gerade ist, genügt es, den Winkelraum $-\frac{\pi}{4} < v \leqq \frac{3\pi}{4}$ ins Auge zu fassen. Dabei wollen wir die Tatsache ausnützen, daß das Verhältnis

$$\frac{d_n}{d_{n-1}} = \frac{x^2 - n^2}{n^2}$$

einen einfachen Wert hat. Sein absoluter Betrag sei $\xi(n)$, dann gilt

$$\xi(n) = \left|\frac{d_n}{d_{n-1}}\right| = \left|1 - \frac{x^2}{n^2}\right| = \sqrt{1 + \frac{r^4}{n^4} - 2\frac{r^2}{n^2}\cos 2v}\,. \tag{26}$$

Für die Ableitung von $\xi(n)$ nach n findet man

$$\xi(n)\,\xi'(n) = -\frac{2r^2}{n^5}(r^2 - n^2\cos 2v)\,.$$

Nun unterscheiden wir bei $r > 0$ zwei Fälle:

1. $\frac{\pi}{4} \leqq v \leqq \frac{3\pi}{4}$. Dann ist $\cos 2v \leqq 0$, folglich

$$\xi(n) > 1, \qquad \xi'(n) < 0\,.$$

Somit nimmt die Funktion $\xi(n)$ ab und strebt für $n \to \infty$ gegen 1, sodaß

$$|d_{n-1}| < |d_n| < \lim_{n\to\infty} |d_n| = \frac{|x \sin \pi x|}{\pi} < \frac{r e^{\pi r \sin v}}{\pi}$$

und daher für $\frac{\pi}{4} \leqq v \leqq \frac{3\pi}{4}$ bei konstantem C_1

$$\left|\sum_{n=0}^{\infty} \frac{\alpha_n d_n}{(n+1)^2}\right| < \frac{r e^{\pi r \sin v}}{\pi} \sum_{n=0}^{\infty} \frac{|\alpha_n|}{(n+1)^2} = C_1 r e^{\pi r \sin v} \tag{27}$$

wird.

2. $-\frac{\pi}{4} < v < \frac{\pi}{4}$. Dann ist $\cos 2v > 0$, also gibt es einen und nur einen Wert $\bar{n}$ von n, für welchen

$$\xi(\bar{n}) = 1$$

ist. Er wird durch die Gleichung

$$\bar{n} = \frac{r}{\sqrt{2\cos 2v}}$$

geliefert, und man kann für die Ableitung $\xi'(n)$ ohne weiteres schließen, daß

$$\xi'(n) \quad < 0 \quad \text{für } n < \bar{n}\sqrt{2},$$
$$\xi'(\bar{n}\sqrt{2}) = 0,$$
$$\xi'(n) \quad > 0 \quad \text{für } n > \bar{n}\sqrt{2}$$

ist. Daher ist die Funktion $\xi(n)$

$$\text{abnehmend für} \quad 1 \leqq n \leqq \bar{n}\sqrt{2},$$
$$\text{zunehmend für} \quad \bar{n}\sqrt{2} \leqq n < \infty,$$

und, da $\lim\limits_{n \to \infty} \xi(n) = 1$ ist, wird

$$\xi(n) > 1 \quad \text{für} \quad n < \bar{n},$$
$$\xi(n) < 1 \quad \text{für} \quad n > \bar{n}.$$

Die Reihenglieder nehmen also dem absoluten Betrage nach anfangs zu und später wieder ab, und diejenigen unter ihnen, welche den größten Einfluß auf die Größenordnung der durch die Reihe dargestellten Funktion haben, entsprechen Werten von n in einer gewissen Nachbarschaft von $n = \bar{n}$. Wir wollen deshalb zunächst $d_{\bar{n}}$ abschätzen, indem wir uns zu diesem Zwecke die ursprünglich nur für positiv ganzzahlige n definierte Größe d_n durch die Gleichung

$$d_n = x \frac{\Gamma(x + n + 1)}{\Gamma^2(n+1)\Gamma(x - n)}$$

für beliebige n erklärt denken. Es sei $\bar{n} - 1 < n \leqq \bar{n}$, dann erschließt man aus dem Stirlingschen asymptotischen Ausdruck für die Gammafunktion die Existenz einer Konstanten C_2 mit

$$|d_n| < C_2 r \left| \left(\frac{x^2 - n^2}{n^2}\right)^{n+\frac{1}{2}} \left(\frac{x+n}{x-n}\right)^x \right|.$$

Insbesondere wird für $n = \bar{n}$

$$\left|\frac{x^2 - \bar{n}^2}{\bar{n}^2}\right| = 1,$$

$$\left|\frac{x - \bar{n}}{x + \bar{n}}\right| = \left(\sqrt{\cos 2v} + \sqrt{2}\cos v\right)^{-2},$$

$$\operatorname{arc} \frac{x - \bar{n}}{x + \bar{n}} = 2 \arcsin\left(\sqrt{2}\sin v\right);$$

setzt man zur Abkürzung für $-\frac{\pi}{4} < v < \frac{\pi}{4}$

(28) $$\psi(v) = \cos v \cdot \log\left(\sqrt{\cos 2v} + \sqrt{2}\cos v\right)^2 + \sin v \cdot 2\arcsin\left(\sqrt{2}\sin v\right),$$

so ergibt sich also

$$\left|\left(\frac{x+\bar{n}}{x-\bar{n}}\right)^x\right| = e^{r\psi(v)}$$

und

$$d_{\bar{n}} < C_2\, r\, e^{r\psi(v)},$$

womit $d_{\bar{n}}$ abgeschätzt ist. Nun zeigt eine einfache Rechnung, daß für $n-1 < n \leqq \bar{n}$

$$|d_n| < \text{konst}\cdot|d_{\bar{n}}|$$

gilt. Nach den Eigenschaften der Funktion $\xi(n)$ muß diese Ungleichung sogar für alle positiven ganzen n bestehen. Im Winkelraum $-\frac{\pi}{4} < v < \frac{\pi}{4}$ wird daher

$$(29)\qquad \left|\sum_{n=0}^{\infty}\frac{\alpha_n d_n}{(n+1)^2}\right| < C_3\, r\, e^{r\psi(v)}\sum_{n=0}^{\infty}\frac{|\alpha_n|}{(n+1)^2} = C_4\, r\, e^{r\psi(v)}.$$

109. Unsere Ergebnisse (27) und (29) können wir am übersichtlichsten zusammenfassen, wenn wir die bisher nur für $-\frac{\pi}{4} < v < \frac{\pi}{4}$ erklärte Funktion $\psi(v)$ auch im Intervall $\frac{\pi}{4} \leqq v \leqq \frac{3\pi}{4}$, und zwar durch die Gleichung

$$(30)\qquad \psi(v) = \pi \sin v$$

definieren und außerdem verlangen, daß $\psi(v)$ periodisch mit der Periode π sein soll (vgl. auch Fig. 24, S. 215). Dann ist $\psi(v)$ für alle v definiert, *und für die Reihe* (20) *besteht stets die Abschätzung*

$$(31)\qquad |H(r e^{iv})| < C\, e^{r\psi(v)}\, r^{\beta},$$

wobei es nach dem Bisherigen genügt, $\beta = 1$ *zu wählen.* Diese Abschätzung läßt sich indes verfeinern. Durch sehr genaue Untersuchung des Einflusses der einzelnen Reihenglieder kann man nämlich beweisen [45], daß die Ungleichung (31) bei positivem ε zutrifft für

$$(31^*)\qquad \begin{cases} \beta = -1 \text{ (aber nicht für } \beta < -1) \text{ bei } \frac{\pi}{4}+\varepsilon < v < \frac{3\pi}{4}-\varepsilon, \\ \beta = -\frac{1}{2}\left(\text{aber nicht für } \beta < -\frac{1}{2}\right) \text{ bei } -\frac{\pi}{4}+\varepsilon < v < \frac{\pi}{4}-\varepsilon, \\ \beta = -\frac{1}{3} \text{ bei } v = \pm\frac{\pi}{4}, \pm\frac{3\pi}{4}; \end{cases}$$

sehr merkwürdig ist dabei, daß der Exponent β für $v = \pm\frac{\pi}{4}$ und $v = \pm\frac{3\pi}{4}$ größer ist als die Exponenten für alle andern v. Bei der durch die Stirlingsche Reihe (15) definierten Funktion $F(x)$ führt dieses Ergebnis dann zu den Abschätzungen:

$$
(32)\quad \begin{cases}
|F(x)-F(-x)| < \varepsilon(r)\dfrac{e^{r\psi(v)}r^{\frac{2}{3}}}{\sqrt[4]{1+r^{\frac{2}{3}}\cos 2v}}, & -\dfrac{\pi}{4} \leqq v \leqq \dfrac{\pi}{4}, \\[2ex]
|F(x)-F(-x)| < \varepsilon(r)\dfrac{e^{r\psi(v)}r^{\frac{2}{3}}}{1-r^{\frac{2}{3}}\cos 2v}, & \dfrac{\pi}{4} \leqq v \leqq \dfrac{3\pi}{4}, \\[2ex]
|F(x)+F(-x)| < \varepsilon(r)\dfrac{e^{r\psi(v)}r^{\frac{5}{3}}}{\sqrt[4]{1+r^{\frac{2}{3}}\cos 2v}}, & -\dfrac{\pi}{4} \leqq v \leqq \pi, \\[2ex]
|F(x)+F(-x)| < \varepsilon(r)\dfrac{e^{r\psi(v)}r^{\frac{5}{3}}}{1-r^{\frac{2}{3}}\cos 2v}, & \dfrac{\pi}{4} \leqq v \leqq \dfrac{3\pi}{4},
\end{cases}
$$

wobei $\varepsilon(r)$ eine für wachsendes r gleichmäßig nach Null strebende Funktion bezeichnet.

Die Ungleichungen (32) sind die angekündigten *notwendigen* Konvergenzbedingungen für die Stirlingsche Reihe (15). *Soll für eine ganze Funktion $F(x)$ überhaupt eine Entwicklung in eine Stirlingsche Reihe möglich sein, so muß sie jedenfalls den Bedingungen* (32) *genügen.*

110. Wir kommen nun zu der Frage, ob eine solche Funktion dann auch wirklich immer durch eine Stirlingsche Reihe darstellbar

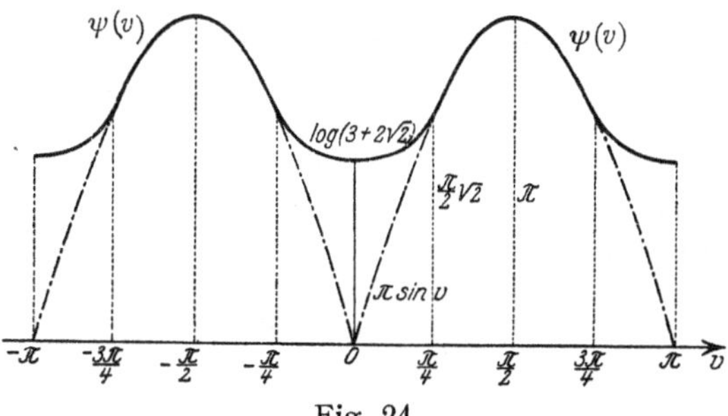

Fig. 24.

ist. Damit werden wir zu dem Problem geführt, *hinreichende* Konvergenzbedingungen aufzustellen. Wir wollen zunächst einige Bemerkungen über die durch (28) und (30) definierte, mit der Periode π periodische Funktion $\psi(v)$ vorausschicken. $\psi(v)$ ist eine gerade, für alle v stetige Funktion, die im Intervall $0 < v < \frac{\pi}{2}$ monoton wächst und im Intervall $\frac{\pi}{2} < v < \pi$ monoton abnimmt. In Fig. 24 stellt die vollausgezogene Kurve die Funktion $\psi(v)$ dar, während zum Vergleich der Verlauf der Funktion $|\pi \sin v|$ in den Intervallen, wo sie nicht mit $\psi(v)$ übereinstimmt, strichpunktiert eingezeichnet ist. Die Funktion $\psi(v)$ genügt den Ungleichungen

$$\psi(v) \leqq \psi\left(\pm \frac{\pi}{2}\right) = \pi,$$

$$\psi(v) \geqq \psi(0) = \log(3 + 2\sqrt{2})$$

und ist somit für alle v positiv und nicht größer als π; wenn man

(33) $$h(v) = \limsup_{r \to \infty} \frac{\log|F(re^{iv})|}{r},$$

setzt, so lehrt die aus (31) entspringende notwendige Konvergenzbedingung

(34) $$h(v) \leqq \psi(v),$$

daß insbesondere

$$h(v) \leqq \pi$$

sein muß, wenn $F(x)$ in eine Stirlingsche Reihe entwickelbar sein soll.

Zur Gewinnung hinreichender Bedingungen fassen wir nun das Restglied (9)

(9) $$R_n = \frac{1}{2\pi i} \int\limits_{C_n} \frac{x(x^2-1^2)\cdots(x^2-n^2)}{z(z^2-1^2)\cdots(z^2-n^2)} \frac{F(z)}{z-x}\, dz$$

der Reihen (13), (14) und (15) ins Auge und wollen ermitteln, unter welchen Umständen es gegen Null strebt. Dies ist, wie ohne große Mühe bewiesen werden kann, zunächst gewiß für

(35) $$h(v) < \psi(v)$$

der Fall. Jede ganze Funktion, welche dieser Bedingung genügt, läßt sich in eine Stirlingsche Reihe entwickeln. Durch genauere Ab-

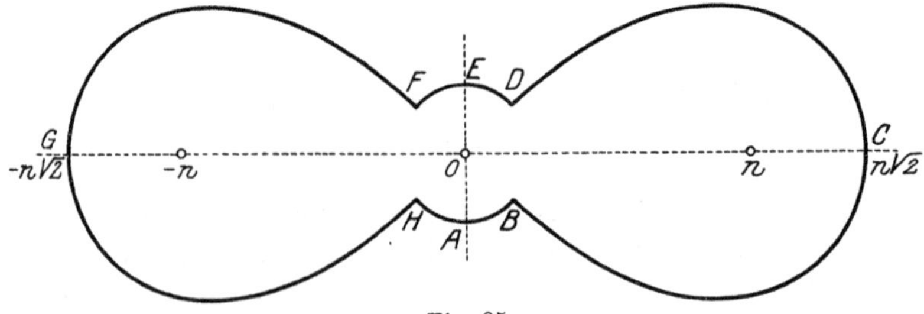

Fig. 25.

schätzung des Restes R_n sind wir jedoch imstande, ein noch weitergehendes Ergebnis zu erzielen [40]. Dazu wählen wir die in Fig. 25 angedeutete Integrationskurve. BCD und FGH sind zwei

Bögen der Bernoullischen Lemniskate $r = n\sqrt{2\cos 2v}$, während DEF und HAB Stücke des Kreises $r = \log n$ darstellen. Mit v_n bezeichnen wir die kleinste positive Lösung der Gleichung

$$\cos 2v_n = \frac{1}{2}\left(\frac{\log n}{n}\right)^2,$$

d. h. den Arkus des im ersten Quadranten gelegenen Schnittpunktes D von Lemniskate und Kreis. Offenbar ist v_n kleiner als $\frac{\pi}{4}$ und

$$\lim_{n\to\infty} v_n = \frac{\pi}{4}.$$

Wegen der Symmetrie der Integrationskurve zur imaginären Achse können wir den Integralausdruck (9) des Restes R_n in die Gestalt

$$R_n = \frac{1}{2\pi i}\int\limits_{ABDCE} \frac{x(x^2-1^2)\cdots(x^2-n^2)}{z(z^2-1^2)\cdots(z^2-n^2)}\,\frac{F_1(z)}{z^2-x^2}\,dz$$

oder

$$R_n = x\left(1-\frac{x^2}{1^2}\right)\left(1-\frac{x^2}{2^2}\right)\cdots\left(1-\frac{x^2}{n^2}\right)\frac{1}{2\pi i}\int\limits_{ABCDE} f_n(w)\,\frac{F_1(z)}{z^2-x^2}\,dz$$

bringen. Dabei haben wir $z = \varrho e^{iw}$ und

$$F_1(z) = z\,[F(z) - F(-z)] + x\,[F(z) + F(-z)],$$

$$f_n(w) = (-1)^n\,\frac{(n!)^2\,\Gamma(z-n)}{\Gamma(z+n+1)}.$$

gesetzt.

Im letzten Integral nehmen wir die Zerlegung

$$\int\limits_{ABCDE} = \int\limits_{AB} + \int\limits_{BCD} + \int\limits_{DE} = P_n + Q_n + T_n$$

vor. Dann ergibt sich

$$P_n = i\log n\int\limits_{-\frac{\pi}{2}}^{-v_n} f_n(w)\,\frac{F_1(z)}{z^2-x^2}\,e^{iw}\,dw,$$

$$Q_n = i n\int\limits_{-v_n}^{v_n} f_n(w)\,\frac{F_1(z)}{z^2-x^2}\,\sqrt{2\cos 2w}\,(1 + i\tan 2w)\,e^{iw}\,dw,$$

$$T_n = i\log n\int\limits_{v_n}^{\frac{\pi}{2}} f_n(w)\,\frac{F_1(z)}{z^2-x^2}\,e^{iw}\,dw.$$

Mit Hilfe des Stirlingschen asymptotischen Ausdrucks für die Gammafunktion kann $f_n(w)$ auf dem Lemniskatenbogen BCD, d. h. für

$$-v_n < w < v_n,$$

in der Gestalt

$$f_n(w) = (-1)^n\, 2\pi \left(\frac{n^2}{z^2-n^2}\right)^{n+\frac{1}{2}} \left(\frac{z-n}{z+n}\right)^z (1+\varepsilon(n))$$

dargestellt werden, wobei $\varepsilon(n)$ für wachsendes n gegen Null strebt. Durch eine einfache Rechnung bekommen wir hieraus

$$|f_n(w)| = 2\pi \left|\left(\frac{z-n}{z+n}\right)^z (1+\varepsilon(n))\right| = 2\pi e^{-\varrho\psi(w)}\,|1+\varepsilon(n)|.$$

Tragen wir diesen Ausdruck in Q_n ein, so zeigt sich, daß Q_n mit wachsendem n unter folgender Bedingung gegen Null strebt: Setzt man nach dem Muster von (32) die Ungleichungen

$$(36)\qquad \begin{aligned} |F(x) - F(-x)| &< r^{\beta_1} e^{r\psi(v)}, \\ |F(x) + F(-x)| &< r^{\beta_2} e^{r\psi(v)} \end{aligned}$$

an, so muß in der aus ihnen folgenden Ungleichung

$$|F_1(\varrho e^{iw})| < \text{konst}\cdot \varrho^{\beta+1} e^{\varrho\psi(w)}$$

die Zahl

$$\beta = \text{Max}\,(\beta_1, \beta_2 - 1)$$

negativ sein.

Ganz entsprechend ergibt sich auf dem Kreisbogen DE

$$|f_n(w)| < \text{konst}\cdot e^{-\pi\varrho \sin w};$$

hieraus schließt man, daß auch T_n für $\beta < 0$ und zunehmendes n beliebig klein wird. Dasselbe trifft dann offenbar auch für P_n zu, und damit ist bewiesen, daß für $\beta < 0$

$$\lim_{n\to\infty} R_n = 0$$

ist. *Hinreichend für die Konvergenz der Stirlingschen Reihe* (15) *oder mit anderen Worten für die Entwickelbarkeit einer Funktion* $F(x)$ *in eine solche Reihe ist also, daß* $F(x)$ *eine ganze Funktion ist, für welche in den Ungleichungen* (36) *die Exponenten*

$$(37)\qquad \begin{aligned} \beta_1 &< 0, \\ \beta_2 &< 1 \end{aligned}$$

sind. Diese Ungleichungen für die Exponenten gewährleisten jedoch nur bedingte Konvergenz. Wenn hingegen

$$(38)\qquad \begin{aligned}\beta_1 &< -1,\\ \beta_2 &< 0\end{aligned}$$

ist, konvergiert die Stirlingsche Reihe sogar absolut.

111. Insbesondere ergibt sich aus den Ungleichungen (36), wie schon früher bemerkt, daß sich bei $h(v) < \psi(v)$ die Funktion $F(x)$ in eine absolut konvergente Stirlingsche Reihe entwickeln läßt. Zwischen den Funktionen $h(v)$ und $\psi(v)$ kann jedoch auch Koinzidenz eintreten. Besonders interessant ist dabei der Fall, daß $h(v)$ und $\psi(v)$ für eine endliche Anzahl von Werten v des Intervalls $-\pi < v \leqq \pi$ übereinstimmen, während im übrigen $h(v) < \psi(v)$ ist. Dann lassen sich nämlich die Ungleichungen (37) durch bessere ersetzen. Die endlich vielen Koinzidenzpunkte von $h(v)$ und $\psi(v)$ müssen notwendig außerhalb der beiden Intervalle $\frac{\pi}{4} < |v| < \frac{3\pi}{4}$ gelegen sein. Denn wenn sich innerhalb eines dieser beiden Intervalle auch nur ein einziger Koinzidenzpunkt befindet, so folgt aus einem bekannten Phragmén-Lindelöfschen Satze, daß $h(v)$ und $\psi(v)$ in einem ganzen Intervall identisch sein müssen. Hingegen können, wie wir an einem Beispiele sehen werden, $h(v)$ und $\psi(v)$ in endlich vielen Punkten außerhalb der Intervalle $\frac{\pi}{4} < |v| < \frac{3\pi}{4}$ zusammenfallen. Dann zeigt die Untersuchung des Restgliedes, daß die Darstellbarkeit von $F(x)$ durch eine Stirlingsche Reihe gesichert ist, wenn in den Ungleichungen (36)

$$(39)\qquad \begin{aligned}\beta_1 &< 0,\\ \beta_2 &< 1\end{aligned} \quad \text{für } \frac{\pi}{4} \leqq |v| \leqq \frac{3\pi}{4}; \qquad \begin{aligned}\beta_1 &< \tfrac{1}{2},\\ \beta_2 &< \tfrac{3}{2}\end{aligned} \quad \text{sonst}$$

gilt. Hieraus erkennt man, daß in den notwendigen Konvergenzbedingungen (32) die Exponenten von r für $\frac{\pi}{4} + \varepsilon < v < \frac{3\pi}{4} - \varepsilon$ und für $-\frac{\pi}{4} + \varepsilon < v < \frac{\pi}{4} - \varepsilon$ $(\varepsilon > 0)$ durch keine kleineren ersetzt werden können.

§ 4. Die Reihen von Gauß und Bessel.

112. Wenn wir in den Gaußschen Reihen (13) und (14) je zwe aufeinanderfolgende Glieder zusammenfassen, sie also in der Form

$$(40)\quad F(x) = F(0) + \sum_{s=1}^{\infty}\left[\binom{x+s}{2s}\overset{2s}{\triangle} F(-s) + \binom{x+s-1}{2s-1}\overset{2s-1}{\triangle} F(-s)\right],$$

$$(41)\quad F(x) = F(0) + \sum_{s=1}^{\infty}\left[\binom{x+s-1}{2s}\overset{2s}{\triangle} F(-s) + \binom{x+s-1}{2s-1}\overset{2s-1}{\triangle} F(-s+1)\right]$$

schreiben, hat für sie das Restglied dieselbe Gestalt (9) wie bei der Stirlingschen Reihe. Daraus folgt, daß die Gaußschen Reihen konvergieren, wenn die ganze Funktion $F(x)$ den Bedingungen (36) und (37) unterworfen ist. Dies darf aber keineswegs ohne weiteres geschlossen werden, wenn wir die Reihen in der ursprünglichen Form (13) und (14) stehen lassen. Um in diesem Falle der Konvergenz sicher zu sein, müssen wir uns vielmehr noch vergewissern, daß die allgemeinen Glieder der auftretenden Reihen gegen Null streben. Diese Bedingung ist erfüllt, wenn in (36)

$$(42)\qquad \beta_1 < 0 \quad \text{und} \quad \begin{array}{ll} \beta_2 < 1 & \text{für } \frac{\pi}{4} < v < \frac{3\pi}{4}, \\ \beta_2 < 0 & \text{für } -\frac{\pi}{4} < v < \frac{\pi}{4} \end{array}$$

ist.

Absolute Konvergenz der Gaußschen Reihen (13) und (14) liegt vor, wenn für alle v die Exponenten

$$(43)\qquad \begin{array}{l} \beta_1 < -1, \\ \beta_2 < -2 \end{array}$$

sind.

Beim Auftreten von endlich vielen Koinzidenzpunkten zwischen $h(v)$ und $\psi(v)$ lassen sich die Bedingungen (42) durch die minder scharfen

$$(44)\qquad \begin{array}{l} \beta_1 < 0, \\ \beta_2 < 1 \end{array} \quad \text{für } \frac{\pi}{4} \leqq |v| \leqq \frac{3\pi}{4}, \quad \begin{array}{l} \beta_1 < \frac{1}{2}, \\ \beta_2 < \frac{1}{2} \end{array} \quad \text{sonst}$$

ersetzen.

Für die Besselsche Reihe (16) kann man die Diskussion des Restglieds (12) ganz entsprechend durchführen und erhält die hinreichenden Konvergenzbedingungen, wenn in den Ungleichungen (36), (37) und (38) die Zahlen β_1 und β_2 vertauscht werden.

Für eine gerade Funktion vereinfachen sich die Stirlingsche und Besselsche Reihe zu

$$(45)\quad F(x) = \sum_{s=0}^{\infty} \frac{x^2(x^2-1^2)\cdots(x^2-(s-1)^2)}{(2s)!} \overset{2s}{\triangle} F(-s),$$

$$(46)\quad F(x) = \sum_{s=0}^{\infty} \frac{\left(x^2-\left(\frac{1}{2}\right)^2\right)\left(x^2-\left(\frac{3}{2}\right)^2\right)\cdots\left(x^2-\left(s-\frac{1}{2}\right)^2\right)}{(2s)!} \overset{2s}{\triangle} F\left(-s-\frac{1}{2}\right),$$

für eine ungerade Funktion hingegen zu

$$(47)\quad F(x) = \sum_{s=0}^{\infty} \frac{x(x^2-1^2)\cdots(x^2-s^2)}{(2s+1)!} \overset{2s+1}{\triangle} F(-s),$$

$$(48)\quad F(x) = x\sum_{s=0}^{\infty} \frac{\left(x^2-\left(\frac{1}{2}\right)^2\right)\left(x^2-\left(\frac{3}{2}\right)^2\right)\cdots\left(x^2-\left(s-\frac{1}{2}\right)^2\right)}{(2s+1)!} \overset{2s+1}{\triangle} F\left(-s-\frac{1}{2}\right).$$

Ein Vergleich der Formeln (37) für beide Reihen lehrt, daß für ungerade Funktionen die Besselsche, für gerade Funktionen die Stirlingsche Reihe vorzuziehen ist, wenn man möglichst umfassende Klassen von Funktionen darstellen will.

113. Zuletzt wollen wir die soeben durchgeführten allgemeinen Überlegungen auf einige spezielle Beispiele anwenden.

Für die Funktion $\cos \pi x$ sind die Ungleichungen (37) erfüllt; sie gestattet daher die beständig konvergenten Entwicklungen

$$\cos \pi x = \sum_{s=0}^{\infty} (-1)^s \frac{2^{2s}}{(2s)!} x^2 (x^2 - 1^2) \cdots (x^2 - (s-1)^2)$$

und

$$\cos \pi x = 1 + 2\binom{x}{1} - 2^2 \binom{x+1}{2} - \cdots + (-1)^n 2^{2n} \binom{x+n}{2n} + (-1)^n 2^{2n+1} \binom{x+n}{2n+1} + \cdots,$$

von denen die zweite für alle nicht ganzzahligen x nur bedingt konvergent ist und daher zeigt, daß die Ungleichungen (37) nicht die absolute Konvergenz gewährleisten.

Bei der Funktion $\sin \pi x$ verschwinden alle Glieder der Gaußschen Reihen. Sie ist also nicht in eine Gaußsche oder Stirlingsche Reihe entwickelbar. Bei ihr ist $\beta_1 = 0$. Daraus geht hervor, daß man für Entwickelbarkeit nach Gauß und Stirling nicht nur $\beta_1 \leqq 0$, sondern $\beta_1 < 0$ voraussetzen muß. Wohl aber läßt sich wegen $\beta_1 < 1$, $\beta_2 < 0$ für $\sin \pi x$ die Besselsche Reihe

$$\sin \pi x = \sum_{s=0}^{\infty} (-1)^s \frac{2^{s+1}}{(2s+1)!} (x^2 - (\tfrac{1}{2})^2)(x^2 - (\tfrac{3}{2})^2) \cdots (x^2 - (s - \tfrac{1}{2})^2)$$

angeben.

Für das Auftreten von Koinzidenzpunkten der Funktionen $h(v)$ und $\psi(v)$ bekommt man Beispiele, wenn man die Funktion $F(x) = t^{2x}$ in eine Interpolationsreihe entwickelt. Die entstehenden Reihen

$$t^{2x} = 1 + \binom{x}{1} t\left(t - \frac{1}{t}\right) + \binom{x}{2}\left(t - \frac{1}{t}\right)^2 + \binom{x+1}{3} t\left(t - \frac{1}{t}\right)^3 + \cdots + \binom{x+n-1}{2n}\left(t - \frac{1}{t}\right)^{2n} + \binom{x+n}{2n+1} t\left(t - \frac{1}{t}\right)^{2n+1} + \cdots,$$

$$t^{2x} + t^{-2x} = 2 \sum_{s=0}^{\infty} \frac{x^2 (x^2 - 1^2) \cdots (x^2 - (s-1)^2)}{(2s)!} \left(t - \frac{1}{t}\right)^{2s},$$

$$t^{2x} - t^{-2x} = \left(t + \frac{1}{t}\right) \sum_{s=0}^{\infty} \frac{x(x^2 - 1^2) \cdots (x^2 - s^2)}{(2s+1)!} \left(t - \frac{1}{t}\right)^{2s+1},$$

$$t^{2x} + t^{-2x} = \left(t + \frac{1}{t}\right) \sum_{s=0}^{\infty} \frac{(x^2 - (\frac{1}{2})^2) \cdots (x^2 - (s - \frac{1}{2})^2)}{(2s)!} \left(t - \frac{1}{t}\right)^{2s},$$

$$t^{2x} - t^{-2x} = 2x \sum_{s=0}^{\infty} \frac{(x^2 - (\frac{1}{2})^2) \cdots (x^2 - (s - \frac{1}{2})^2)}{(2s+1)!} \left(t - \frac{1}{t}\right)^{2s+1}$$

konvergieren absolut und stellen die Funktionen auf der linken Seite dar, wenn t im Inneren des in Fig. 26 anschraffierten Gebietes $ABCFA$ liegt, weil dann $h(v) < \psi(v)$ gilt. Die Reihen konvergieren auch im Gebiete $CEADC$, aber im allgemeinen gegen eine andere Funktion als in $ABCFA$, während sie außerhalb der beiden Kreise und in dem von beiden gemeinsam überdeckten Gebiet $AECBA$

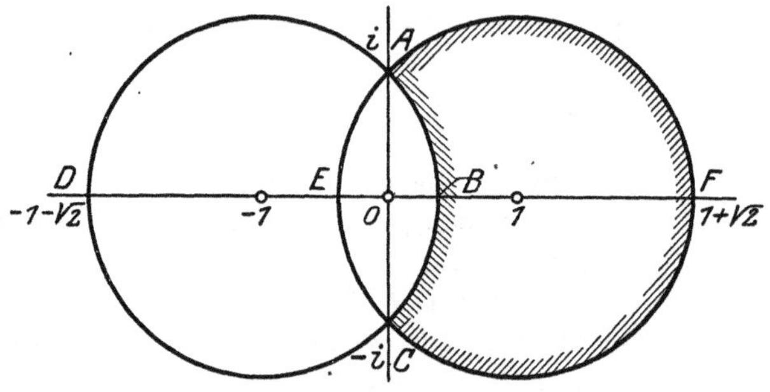

Fig. 26.

divergent sind. Auf dem Randstücke $ABCFA$ schließlich ist $h(v) \leqq \psi(v)$, und das Gleichheitszeichen tritt für t^{2x} nur in einem, für $t^{2x} \pm t^{-2x}$ in zwei, von A und C verschiedenen, Punkten ein, wenn v nicht dem Intervall $\frac{\pi}{4} \leqq |v| \leqq \frac{3\pi}{4}$ angehört, bei $\frac{\pi}{4} \leqq |v| \leqq \frac{3\pi}{4}$ hingegen in A bzw. C. Die obenstehenden fünf Gleichungen bleiben daher auch für Werte t des Randes $ABCFA$ mit Ausnahme der Punkte A und C in Kraft. In diesen Punkten A und C sind nur die zweite und letzte Gleichung noch richtig und liefern die früher erwähnten Reihen für $\cos \pi x$ und $\sin \pi x$.

§ 5. Die Newtonsche Reihe.

114. Gegenüber den drei bisher genauer besprochenen Interpolationsreihen bietet die Newtonsche Reihe [40]

$$F(x) = \sum_{s=0}^{\infty} a_s \binom{x-1}{s} \tag{17}$$

mancherlei neue Gesichtspunkte dar. Wenn diese Reihe für einen

Wert $x_0 = \sigma_0 + i\tau_0$ von x, der keine positive ganze Zahl ist, konvergiert, so konvergiert sie auch für jedes rechts von x_0 gelegene $x = \sigma + i\tau$, für welches also $\sigma > \sigma_0$ ist. Die Konvergenz ist zudem gleichmäßig in einem beliebigen festen Sektor ϑ_0, der seine Spitze in x_0 hat und durch die Ungleichungen

$$0 \leqq |x - x_0| \leqq R, \qquad -\frac{\pi}{2} + \eta \leqq \operatorname{arc}(x - x_0) \leqq \frac{\pi}{2} - \eta \qquad (\eta > 0)$$

charakterisiert ist. Diese Tatsachen kann man durch Abelsche Transformation auf einem ähnlichen Wege beweisen, wie wir ihn bei der Stirlingschen Reihe eingeschlagen haben. Das Konvergenzgebiet der Newtonschen Reihe ist also, wie zuerst Jensen [2] und Bendixson [2] gezeigt haben, eine Halbebene, die links von der *Konvergenzgeraden*, d. h. einer Parallelen $\sigma = \lambda$ zur reellen Achse, begrenzt wird. Die Zahl λ nennt man die *Konvergenzabszisse*. Für $\sigma > \lambda$ ist die Reihe konvergent, für $\sigma < \lambda$ divergent, während sich über ihr Verhalten für $\sigma = \lambda$ nichts Allgemeingültiges aussagen läßt. Bei einer beständig konvergenten Newtonschen Reihe setzen wir $\lambda = -\infty$, bei einer (mit selbstverständlicher Ausnahme der positiven ganzen Zahlen, für welche die Reihe abbricht) beständig divergenten Reihe hingegen $\lambda = +\infty$. In jedem der Konvergenzhalbebene ganz eingebetteten endlichen Gebiet, das sich offenbar in einen Sektor ϑ_0 einschließen läßt, ist die Konvergenz gleichmäßig. Die Reihe stellt also eine im Inneren der Konvergenzhalbebene reguläre analytische Funktion $F(x)$ dar. Wenn die Reihe in einem Punkte x_0 auf der Konvergenzgeraden noch konvergiert, so strebt $F(x)$ einem Grenzwerte zu, falls x in einem Sektor ϑ_0 nach x_0 geht, und dieser Grenzwert ist gleich der Reihensumme. Eine Ausnahme kann eintreten, wenn x_0 eine positive ganze Zahl ist, wie wir noch an einem Beispiel sehen werden. Setzt man

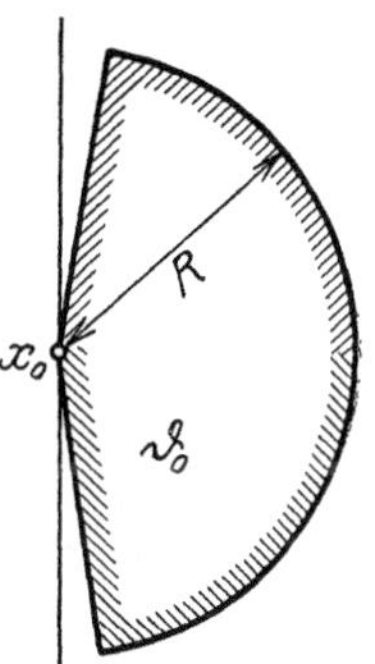

Fig. 27.

$$(49) \qquad \varkappa = \limsup_{n \to \infty} \frac{\log \left| \sum_{s=0}^{n-1} (-1)^s a_s \right|}{\log n}, \qquad \varkappa^* = \limsup_{n \to \infty} \frac{\log \left| \sum_{s=n}^{\infty} (-1)^s a_s \right|}{\log n},$$

so ist nach Cahen, Landau [2] und Pincherle [52, 53] die Konvergenzabszisse λ für $\lambda \geqq 0$ durch $\lambda = \varkappa$, für $\lambda < 0$ durch $\lambda = \varkappa^*$ bestimmt. Man kann auch sagen: Je nachdem die Reihe (17) im Punkte $x = 0$ divergiert oder konvergiert, ist $\lambda = \varkappa$ oder $\lambda = \varkappa^*$.

In der Konvergenzhalbebene $\sigma > \lambda$ ist die Newtonsche Reihe im allgemeinen nicht absolut konvergent. Das Gebiet absoluter Konvergenz ist vielmehr nach Bendixson [2] und Nielsen [12] ebenfalls eine Halbebene, für deren Grenzgerade $\sigma = \mu$ die Beziehung $\lambda \leqq \mu \leqq \lambda + 1$

besteht; dabei kann $\mu - \lambda$ wirklich alle Werte zwischen Null und Eins annehmen. Um μ zu finden, braucht man nur in den Ausdrücken (49) die Größen $(-1)^s a_s$ durch ihre absoluten Beträge zu ersetzen. Während auf der Konvergenzgeraden $\sigma = \lambda$ in gewissen Punkten Konvergenz, in anderen Divergenz vorkommen kann, ist die Reihe auf der Grenzgeraden absoluter Konvergenz entweder überall oder nirgends (mit etwaiger Ausnahme eines positiv ganzzahligen Punktes) absolut konvergent.

Ein Beispiel für die mannigfachen bei einer Newtonschen Reihe möglichen Fälle bietet die durch Abel [4] in seiner berühmten Untersuchung über die Binomialreihe genau studierte Entwicklung

$$(50) \qquad (1+\varrho)^{x-1} = \sum_{s=0}^{\infty} \varrho^s \binom{x-1}{s}.$$

Wenn $|\varrho| < 1$ ist, konvergiert die Reihe in der ganzen Ebene, während sie für $|\varrho| > 1$ außer für die positiven ganzen Zahlen immer divergent ist. Bei $|\varrho| = 1$, $\varrho \neq -1$ ist sie für $\sigma > 1$ absolut und im Streifen $1 \geqq \sigma > 0$ bedingt konvergent, für $\sigma \leqq 0$ divergent; es ist also $\lambda = 0$, $\mu = 1$.

115. Ein merkwürdiges Resultat erhalten wir durch den Grenzübergang $\varrho \to -1$. Dann entsteht rechts die Newtonsche Reihe

$$(51) \qquad \Psi_1(x) = \sum_{s=0}^{\infty} (-1)^s \binom{x-1}{s}$$

mit den Konvergenzabszissen $\lambda = \mu = 1$. Die linke Seite der Gleichung (50) hingegen strebt für $\sigma > 1$ nach Null. In (51) steht also eine Newtonsche Reihe da, welche in ihrer Konvergenzhalbebene $\sigma > 1$ den Wert Null hat. Für $x = 1$ reduziert sie sich auf ihr erstes Glied 1; sie ist also im Punkte $x = 1$ unstetig. In allen weiteren Punkten mit $\sigma \leqq 1$ ist sie divergent.

Aus der Reihe (51) können noch unendlich viele andere ähnliche *Nullentwicklungen* hergeleitet werden. Bezeichnen wir nämlich mit r eine positive ganze Zahl, so ist

$$(52) \qquad \Psi_{r+1}(x) = \binom{x-1}{r} \Psi_1(x-r) = \sum_{s=r}^{\infty} (-1)^{r+s} \binom{s}{r} \binom{x-1}{s}$$

eine Newtonsche Reihe mit den Konvergenzabszissen $\lambda = \mu = r+1$, die in der Konvergenzhalbebene $\sigma > r+1$ den Wert Null hat und sonst überall divergiert außer in den Punkten $x = 1, 2, \ldots, r+1$, in denen

$$\Psi_{r+1}(s) = 0 \qquad \text{für} \quad s = 1, 2, \ldots, r,$$

$$\Psi_{r+1}(r+1) = 1$$

gilt.

Aus Untersuchungen von Frobenius [1] und Pincherle [38] folgt, daß sich jede Nullentwicklung der Form (17) in der Gestalt

$$c_1 \Psi_1(x) + c_2 \Psi_2(x) + \cdots + c_n \Psi_n(x) \tag{53}$$

schreiben läßt, wobei $c_1, c_2, \ldots, c_n$ beliebige Konstanten sind. Wenn c_n von Null verschieden ist, ist die Konvergenzabszisse gleich der positiven ganzen Zahl n. Außerhalb ihrer Konvergenzhalbebene $\sigma > n$, in der sie verschwindet, konvergiert die Entwicklung (53) noch in den Punkten $x = 1, 2, \ldots, n$, in denen sie gleich $c_1, c_2, \ldots, c_n$ ist.

Die Möglichkeit dieser Nullentwicklungen bei der Newtonschen Reihe bereitet eigentümliche Schwierigkeiten. Während bei der Stirlingschen, Gaußschen und Besselschen Reihe die Entwicklung eindeutig ist, trifft dies bei der Newtonschen Reihe keineswegs zu. Vielmehr kann man jede durch eine Reihe (17) definierte Funktion noch durch unendlich viele andere Reihen derselben Form darstellen, die sich voneinander um Nullentwicklungen unterscheiden, und dabei erreichen, daß die Konvergenzabszisse einen beliebigen oberhalb einer gewissen Zahl gelegenen ganzzahligen Wert erhält.

116. Um uns vom Einfluß der Nullentwicklungen frei zu machen, gehen wir folgendermaßen vor. Wenn *erstens* $\lambda < 1$ ist, sind die Koeffizienten a_s der Newtonschen Reihe durch die Funktionswerte an den Stellen $x = 1, 2, \ldots$ vermöge des Gleichungssystems

$$\begin{aligned} F(1) &= a_0, \\ F(2) &= a_0 + a_1, \\ &\cdots\cdots\cdots\cdots \\ F(s+1) &= a_0 + \binom{s}{1} a_1 + \cdots + a_n \end{aligned} \tag{54}$$

eindeutig festgelegt, und zwar wird

$$a_s = \overset{s}{\triangle} F(1),$$

also

$$F(x) = \sum_{s=0}^{\infty} \overset{s}{\triangle} F(1) \binom{x-1}{s}. \tag{55}$$

Im Falle $\lambda < 1$ ist demnach die Reihenentwicklung eindeutig. Insbesondere müssen, wenn eine Newtonsche Reihe mit einer unterhalb 1 gelegenen Konvergenzabszisse Null darstellt, alle Koeffizienten den Wert Null haben. Ist *zweitens* $p \leqq \lambda < p + 1$, wobei p eine positive ganze Zahl bedeutet, so läßt sich durch Hinzufügung einer Nullentwicklung erreichen, daß die Reihe in den Punkten $x = 1, 2, \ldots, p$ beliebige, vorgegebene Werte $c_1, c_2, \ldots, c_p$ annimmt. Ganz allgemein können wir es daher, wenn die Funktion $F(x)$ für $\sigma > \alpha$ $(\alpha \leqq \lambda)$ regulär ist, stets so einrichten, daß die Reihe für diejenigen positiv ganzzahligen Werte von x, welche oberhalb von α gelegen sind, gerade gleich dem Werte von $F(x)$ wird, wie es bei $\lambda < 1$ von selbst der Fall ist. Dies wollen wir uns hier und im folgenden immer ausgeführt denken und dann die Reihe *reduziert* nennen. Falls $\alpha \geqq 1$ ist, gehen in sie noch die willkürlichen Konstanten c_s, $s = 1, 2, \ldots, [\alpha]$, ein[1]). Dabei können wir $c_s = F(s)$ machen, wofern $F(x)$ im Punkte $x = s$ regulär ist.

Für eine reduzierte Reihe ist die Konvergenzabszisse eindeutig bestimmt. Sie hängt von $F(x)$ ab, ist hingegen unabhängig von den vorkommenden willkürlichen Konstanten. Zudem hat sie den kleinsten überhaupt möglichen Wert, d. h. wenn die Reihe nicht reduziert ist, ist die Konvergenzabszisse mindestens so groß wie bei der reduzierten Reihe. Zum Beweise dieser Behauptungen brauchen wir nur zu bemerken, daß die für $\lambda < 0$ aus (49) wegen

$$F(0) = \sum_{s=0}^{\infty}(-1)^s a_s,$$

$$\sum_{=0}^{n-1}(-1)^s a_s = F(0) - (-1)^n \overset{n}{\triangle} F(0)$$

für die Konvergenzabszisse entspringende Formel

$$\lambda = \limsup_{n \to \infty} \frac{\log |\overset{n}{\triangle} F(0)|}{\log n} \tag{56}$$

für eine reduzierte Reihe nicht nur bei $\lambda < 0$, sondern immer richtig ist. Schreiben wir nämlich die Reihe für $x = 1, 2, \ldots, n$ auf, so läßt sich die Beziehung

$$\sum_{s=0}^{n-1}(-1)^s a_s = -\sum_{s=1}^{q}(-1)^s \binom{n}{s} c_s - \sum_{s=q+1}^{n}(-1)^s \binom{n}{s} F(s)$$

herleiten, wobei q die größere der beiden Zahlen 0 und $[\alpha]$ bedeutet und für $q = 0$ die erste Summe rechts Null ist. Hieraus können wir schließen

$$\sum_{s=0}^{n-1}(-1)^s a_s = -\sum_{s=0}^{n}(-1)^s \binom{n}{s} F(s) + O(n^q) = -(-1)^n \overset{n}{\triangle} F(0) + O(n^q),$$

worin bei der Bildung von $\overset{n}{\triangle} F(0)$ für die nichtdefinierten unter den Symbolen $F(s)$ mit $s \leqq \alpha$ etwa der Wert Null einzutragen ist. Weil

---

[1]) $[\alpha]$ ist die größte in α enthaltene ganze Zahl.

notwendig $\lambda \geqq \alpha$ sein muß, folgt unter Heranziehung der Formel (49), daß, wie behauptet, für die Konvergenzabszisse einer reduzierten Reihe stets die Beziehung (56) gilt.

117. Auch für die Newtonsche Reihe kann man ähnlich wie bei der Stirlingschen Reihe die Frage nach notwendigen und hinreichenden Konvergenzbedingungen aufwerfen. Dabei ergeben sich bemerkenswerte Zusammenhänge zwischen der Konvergenzabszisse λ und den analytischen Eigenschaften der durch die Reihe dargestellten Funktion.

Zunächst hat Pincherle [47] bewiesen, daß sich eine Funktion dann und nur dann in eine Newtonsche Reihe (17) entwickeln läßt, wenn sie durch ein bestimmtes Integral der Form

$$\int t^{x-1} \varphi(t)\, dt$$

dargestellt werden kann, wobei die Funktion $\varphi(t)$ einer gewissen Bedingung genügen muß. Ferner hat Carlson [2] durch Abschätzung einen Majorantenausdruck der Reihe (17), also eine *notwendige* Konvergenzbedingung, hergeleitet. Dazu ist zunächst erforderlich, die Reihe (17) in eine in der ganzen Konvergenzhalbebene absolut konvergente Reihe zu transformieren. Dies gelingt mit Hilfe der Abelschen Transformation. Wenn die Reihe (17) für $x = 0$ divergiert, also $\lambda \geqq 0$ ist, transformieren wir sie in

$$F(x) = \sum_{s=1}^{\infty} (-1)^{s-1} \binom{x}{s} \sum_{\nu=0}^{s-1} (-1)^{\nu} a_{\nu}, \tag{57}$$

wenn sie hingegen für $x = 0$ konvergiert, also $\lambda < 0$ ist, in

$$F(x) = F(0) + \sum_{s=1}^{\infty} (-1)^{s} \binom{x}{s} \sum_{\nu=s}^{\infty} (-1)^{\nu} a_{\nu}. \tag{57*}$$

Dabei sind die rechtsstehenden Reihen für $\sigma > \lambda$ absolut konvergent. Wenn $\lambda \gtrless 0$ ist, liegt Konvergenz auch noch in den Punkten auf $\sigma = \lambda$ vor, in denen die Reihe (17) konvergiert. Bei $\lambda = 0$ braucht dies hingegen nicht mehr der Fall zu sein. Jedenfalls gewinnt man also für $F(x)$ eine für $\sigma > \lambda$ absolut konvergente Reihe von der Form

$$F(x) = b_0 + \sum_{n=1}^{\infty} b_n c_n, \tag{57**}$$

wobei

$$c_n = \binom{x}{n}, \qquad b_n = \begin{cases} (-1)^{n-1} \sum\limits_{\nu=0}^{n-1} (-1)^{\nu} a_{\nu} & \text{für } \lambda \geqq 0 \\ (-1)^{n} \sum\limits_{\nu=n}^{\infty} (-1)^{\nu} a_{\nu} & \text{für } \lambda < 0 \end{cases}$$

ist. Nach (49) gilt dann allgemein bei genügend großem n

$$|b_n| < n^{\lambda+\delta} \qquad (\delta > 0).$$

Wenn die Reihe (17) in einem Punkte auf $\sigma = \lambda$ konvergiert, der keine positive ganze Zahl ist, kann man sogar

$$\lim_{n\to\infty} n^{-\lambda} b_n = 0 \qquad \text{für} \quad \lambda \gtrless 0,$$

$$\lim_{n\to\infty} \frac{b_n}{\log n} = 0 \qquad \text{für} \quad \lambda = 0$$

behaupten. Schließlich kommt man zu folgendem Ergebnis. *Es sei α eine reelle Zahl größer als die Konvergenzabszisse λ, dann ist für genügend große r*

$$(58) \qquad |F(\alpha + r e^{iv})| \leqq e^{r\varphi(v)} \frac{r^{\lambda+\frac{1}{2}+\varepsilon(r)}}{\sqrt{1 + r\cos v}}$$

und, wenn die Reihe (17) in einem Punkte auf der Konvergenzgeraden konvergiert, sogar

$$(59) \qquad |F(\alpha + r e^{iv})| \leqq e^{r\varphi(v)} \frac{r^{\lambda+\frac{1}{2}}}{\sqrt{1 + r\cos v}} \varepsilon(r),$$

beides für $-\frac{\pi}{2} \leqq v \leqq \frac{\pi}{2}$. Dabei bedeutet $\varepsilon(r)$ eine Funktion, die bei wachsendem r für $-\frac{\pi}{2} \leqq v \leqq \frac{\pi}{2}$ gleichmäßig gegen Null strebt, und $\varphi(v)$ die Funktion

$$\varphi(v) = \cos v \log(2\cos v) + v \sin v.$$

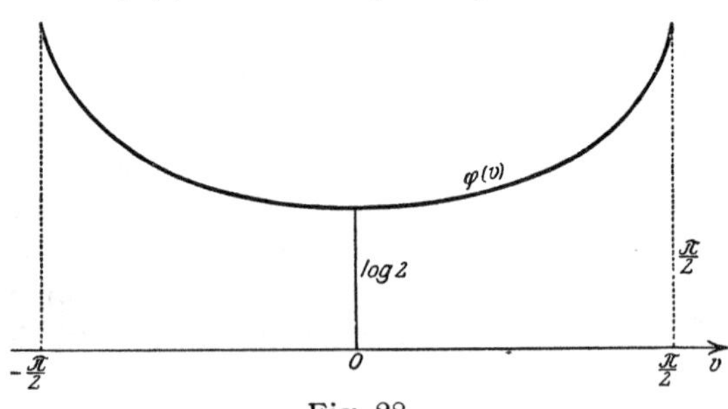

Fig. 28.

In einem Streifen von endlicher Breite $\alpha \leqq \sigma \leqq \mathsf{A}$ können wir sogar noch etwas mehr aussagen. Dort ist nämlich für hinreichend große r

$$|F(r e^{iv})| \leqq \varepsilon(r) e^{\frac{\pi}{2}|\tau|} r^{2\lambda+\frac{1}{2}-\sigma} \log^{\nu} r,$$

wobei $\nu = 0$ für $\lambda \gtrless 0$, $\nu = 1$ für $\lambda = 0$ ist.

Die Funktion $\varphi(v)$ spielt für die Newtonsche Reihe dieselbe Rolle wie die Funktion $\psi(v)$ für die Stirlingsche Reihe. Sie ist gerade und positiv, monoton abnehmend im Intervall $-\frac{\pi}{2} < v < 0$ und monoton wachsend im Intervall $0 < v < \frac{\pi}{2}$ und hat also ein Minimum für $v = 0$. Da die Relationen

$$\varphi(0) = \log 2, \qquad \varphi\left(\pm\frac{\pi}{2}\right) = \frac{\pi}{2}$$

bestehen, ist sie in die Grenzen

$$\log 2 \leqq \varphi(v) \leqq \frac{\pi}{2}$$

eingeschlossen.

118. Eine *hinreichende* Konvergenzbedingung für die Newtonsche Reihe wird durch den folgenden Satz geliefert. *Es sei $F(x)$ eine in der Halbebene $\sigma \geqq \alpha$ reguläre analytische Funktion und daselbst für $-\frac{\pi}{2} \leqq v \leqq \frac{\pi}{2}$*

$$(60) \qquad |F(\alpha + re^{iv})| < e^{r\varphi(v)}(1+r)^{\beta+\varepsilon(r)},$$

wobei $\varepsilon(r)$ mit zunehmendem r gleichmäßig gegen Null strebt. Dann gestattet $F(x)$ eine Entwicklung in eine Newtonsche Reihe, deren Konvergenzabszisse die größere der beiden Zahlen α und $\beta + \frac{1}{2}$ nicht übersteigt.

Zum Beweise betrachten wir das Restglied der Newtonschen Reihe. Wir setzen in der Gleichung (4) $x_0 = 1,\ x_1 = 2, \ldots, x_{n-1} = n$. Dann entsteht, wenn x in der Halbebene $\sigma > \alpha$ liegt,

$$F(x) = \sum_{s=0}^{n-1} a_s \binom{x-1}{s} + R_n$$

mit

$$a_s = \frac{s!}{2\pi i}\int \frac{F(z)}{(z-1)(z-2)\cdots(z-s-1)}\,dz,$$

$$R_n = \frac{1}{2\pi i}\int \frac{(x-1)(x-2)\cdots(x-n)}{(z-1)(z-2)\cdots(z-n)}\,\frac{F(z)}{z-x}\,dz.$$

Integriert wird hierbei über eine in der Halbebene $\sigma \geqq \alpha$ (mit etwaiger Ausnahme einer kleinen Ausbuchtung bei $z = \alpha$) gelegene Integrationskurve, welche x und die der Halbebene angehörigen von den Punkten $1, 2, \ldots, n$ umschließt. Das Integral für R_n transformieren wir, indem wir $z + \alpha$ statt z schreiben, in

$$(61) \qquad R_n = \frac{1}{2\pi i}\,\frac{(-1)^n\,\Gamma(n+1-x)}{\Gamma(1-x)}\int \frac{\Gamma(\alpha+z-n)}{\Gamma(\alpha+z)}\,\frac{F(\alpha+z)}{z-(x-\alpha)}\,dz$$

oder

$$(61^*) \qquad R_n = \frac{1}{2\pi i} \frac{\Gamma(n+1-x)}{\Gamma(1-x)} \int \frac{\Gamma(1-z-\alpha)}{\Gamma(n+1-z-\alpha)} \frac{F(\alpha+z)}{z-(x-\alpha)} dz,$$

und als Integrationskurve nehmen wir den Kreis

$$z = 2n \cos w e^{iw}$$

mit dem Mittelpunkt n und dem Radius n. Er wird gerade einmal

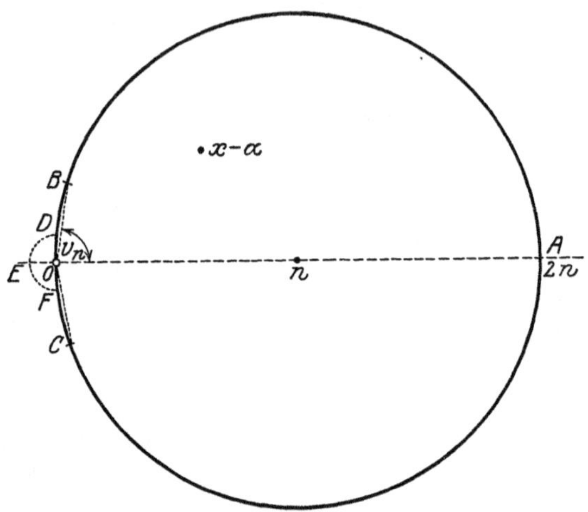

Fig. 29.

durchlaufen, wenn w von $-\frac{\pi}{2}$ bis $+\frac{\pi}{2}$ variiert. Die Zahl n wählen wir dabei so groß, daß der Punkt $x-\alpha$, welcher nach der Voraussetzung $\sigma > \alpha$ positiven Realteil besitzt, ins Innere des Kreises fällt. Ist α eine positive ganze Zahl, so vermeiden wir den alsdann für $z = 0$ auftretenden Pol des Integranden durch einen passenden kleinen Kreisbogen, wie es Fig. 29 andeutet. Nun teilen wir den Integrationsweg $OCABO$ bzw. $EFCABDE$ durch zwei Punkte B und C im Abstande $\log n$ von O in zwei Teile. Das Integral über CAB nennen wir Q_n, das über BOC bzw. $BDEFC$ hingegen P_n, sodaß

$$R_n = Q_n + P_n$$

wird, und mit v_n bezeichnen wir den Arkus des Strahles OB, d. h. die kleinste positive Lösung der Gleichung

$$\cos v_n = \frac{\log n}{2n}.$$

Bei wachsendem n rücken B und C ins Unendliche, und zwar wegen

$$\lim_{n\to\infty} v_n = \frac{\pi}{2}$$

in solcher Weise, daß sich OB und OC der zu OA senkrechten Lage nähern. Nun schätzen wir die Integrale Q_n und P_n ab. Für Q_n greifen wir auf die Gleichung (61) zurück. Mit Hilfe des Stirlingschen asymptotischen Ausdrucks für die Gammafunktion ergibt sich, daß auf dem Integrationswege für Q_n

$$\left|\frac{\Gamma(n+1-x)\,\Gamma(\alpha+z-n)}{\Gamma(\alpha+z)}\right| < C_1 n^{\frac{1}{2}-\sigma} (\cos w)^{\frac{1}{2}-\alpha} e^{-2n\cos w\,\psi(w)}$$

ist. Durch Integralabschätzung kommt man dann weiter zu

$$|Q_n| < C_2 n^{\beta+\frac{1}{2}+\varepsilon-\sigma} + C_3 n^{\alpha-\sigma} (\log n)^{\alpha-\beta-\varepsilon-\frac{1}{2}};$$

es ist also

$$\lim_{n\to\infty} Q_n = 0 \qquad \text{für} \quad \sigma > \alpha,\ \sigma > \beta + \tfrac{1}{2}.$$

Für P_n hingegen gehen wir von (61*) aus. Auf dem Integrationswege gilt

$$\left|\frac{\Gamma(n+1-x)\,\Gamma(1-z-\alpha)}{\Gamma(n+1-z-\alpha)}\right| < C_4 n^{\alpha-\sigma} (1+\log n)^{1-\alpha} e^{-\frac{\pi}{2}|\varrho \sin w|}$$

und deshalb

$$|P_n| < C_5 n^{\alpha-\sigma} (1+\log n)^{\beta+2-\alpha+\varepsilon},$$

also

$$\lim_{n\to\infty} P_n = 0 \qquad \text{für} \quad \sigma > \alpha.$$

Durch Zusammenfügung unserer Ergebnisse über Q_n und P_n können wir schließen, daß für den Rest R_n die Beziehung

$$\lim_{n\to\infty} R_n = 0 \qquad \text{für} \quad \sigma > \alpha,\ \sigma > \beta + \tfrac{1}{2}$$

besteht, und hiermit ist die ausgesprochene hinreichende Konvergenzbedingung bewiesen.

119. Die Ungleichung

$$\lambda \leqq \operatorname{Max}(\alpha, \beta + \tfrac{1}{2})$$

kann im allgemeinen nicht verbessert werden, wie sich durch Beispiele belegen läßt. Will man weitergehende Aussagen haben, so muß man neue Voraussetzungen machen.

Hierzu führen wir die Funktion

$$h(v) = \limsup_{r\to\infty} \frac{\log|F(\alpha + re^{iv})|}{r} \qquad \left(-\frac{\pi}{2} \leqq v \leqq \frac{\pi}{2}\right)$$

ein. Wenn $h(v) < \varphi(v)$ im Intervall $-\frac{\pi}{2} \leqq v \leqq \frac{\pi}{2}$ ist, konvergiert die Reihe in der Halbebene $\sigma > \alpha$; dann ist also

$$\lambda \leqq \alpha.$$

Die Konvergenzabszisse λ ist genau gleich α, wenn auf der Geraden $\sigma = \alpha$ ein singulärer Punkt von $F(x)$ liegt, und stellt dann die kleinste Zahl von solcher Beschaffenheit dar, daß $F(x)$ für $\sigma > \lambda$ regulär ist. In diesem Falle haben wir also eine vollständige Analogie der Konvergenz geraden einer Newtonschen Reihe mit dem Konvergenzkreis einer Potenzreihe, der bekanntlich bis zum nächsten singulären Punkt der dargestellten Funktion reicht.

Ferner kann es vorkommen, daß im Intervall $-\frac{\pi}{2} \leqq v \leqq \frac{\pi}{2}$ im allgemeinen $h(v) < \varphi(v)$, in einer endlichen Anzahl von Koinzidenzpunkten hingegen $h(v) = \varphi(v)$ ist. Dann läßt sich, falls die Koinzidenz für $-\frac{\pi}{2} < v < \frac{\pi}{2}$, also im Inneren des Intervalls, eintritt, für die Konvergenzabszisse λ die Ungleichung

$$\lambda \leqq \operatorname{Max}(\alpha, \beta)$$

aufstellen. In diesem Fall übersteigt λ also die größere der beiden Zahlen α und β nicht. Vergleicht man dieses Ergebnis mit der Ungleichung (58), so sieht man, daß die hinreichenden und notwendigen Bedingungen nahezu zusammenfallen. Wir sind also im gegenwärtigen Falle in der Lage, die Konvergenzabszisse aus einfachen analytischen Eigenschaften der Funktion, nämlich der Lage der singulären Stellen und der Größenordnung in einer Halbebene, zu bestimmen. Ein Beispiel bietet die Funktion $F(x) = t^x$ dar. Liegt t zunächst im Inneren des Kreises $|t-1| = 1$, so ist die entsprechende Newtonsche Reihe wegen $h(v) < \varphi(v)$ für alle x absolut konvergent. Für Werte von t im Äußeren $|t-1| > 1$ kann hingegen die Newtonsche Reihe für kein x konvergieren, das nicht eine positive ganze Zahl ist, weil dann für gewisse v die Funktion $h(v) > \varphi(v)$ wird. Auf dem Rande $|t-1| = 1$, $t \neq 0$ schließlich ist $h(v) \leqq \varphi(v)$, und es tritt ein und nur ein Koinzidenzpunkt zwischen $h(v)$ und $\varphi(v)$ im Inneren des Intervalls $-\frac{\pi}{2} < v < \frac{\pi}{2}$ auf. Man hat $\alpha = -\infty$, $\beta = 0$; die Konvergenzabszisse muß also den Wert $\lambda = 0$ haben. Dies ist in der Tat der Fall, wie wir von der Gleichung (50) her wissen.

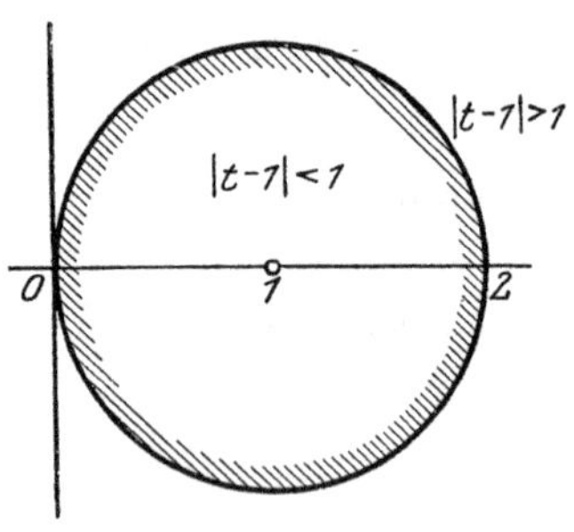

Fig. 30.

Wenn Koinzidenz zwischen $h(v)$ und $\psi(v)$ für $v = \pm \frac{\pi}{2}$ vorliegt, sind noch weitere Untersuchungen darüber nötig, ob sich auch dann eine Verschärfung der Ungleichung $\lambda \leqq \operatorname{Max}(\alpha, \beta + \frac{1}{2})$ erzielen läßt; bei $\beta + \frac{1}{2} > \alpha$ kann man durch eine einfache Betrachtung zu

$$\lambda \leqq \frac{\alpha + \beta}{2} + \frac{1}{4}$$

kommen.

§ 6. Analytische Fortsetzung der durch eine Newtonsche Reihe definierten Funktion.

120. Wie sich schon nach den Erörterungen am Schlusse des letzten Paragrafen erwarten läßt, braucht auf der Konvergenzgeraden einer Newtonschen Reihe kein singulärer Punkt der durch die Reihe dargestellten Funktion $F(x)$ zu liegen. Man wird daher einmal nach analytischen Eigenschaften von $F(x)$ fragen, durch welche die Konvergenzgerade charakterisiert wird, und zum anderen versuchen, ob man die analytische Fortsetzung dieser Funktion über die Konvergenzhalbebene hinaus durch eine Reihe von ähnlichem Bau wie (17) mit einer weiter links gelegenen Konvergenzabszisse erzielen kann. Dies gelingt in der Tat durch gewisse lineare Transformationen der unabhängigen Veränderlichen in der ursprünglichen Reihe, die uns später auch bei dem analogen Problem für Fakultätenreihen von großem Nutzen sein werden. Ihrer Betrachtung wollen wir, um uns später bequem darauf beziehen zu können, einige Definitionen vorausschicken.

Für eine durch die Reihe (17) definierte Funktion $F(x)$ können, wie wir gesehen haben, immer zwei Zahlen α und β derart gefunden werden, daß $F(x)$ für $\sigma \geqq \alpha$ regulär und der Ungleichung

$$(60) \qquad |F(\alpha + r e^{iv})| < e^{r\varphi(v)}(1 + r)^{\beta + \varepsilon(r)} \qquad \left(-\frac{\pi}{2} \leqq v \leqq \frac{\pi}{2}\right)$$

mit gleichmäßig nach Null strebendem $\varepsilon(r)$ unterworfen ist. Nun sei α_0 die kleinste Zahl von solcher Beschaffenheit, daß $F(x)$ für $\sigma > \alpha_0$ regulär ist. Dann können wir die letzte Ungleichung für ein beliebiges $\alpha > \alpha_0$ ins Auge fassen. Zu ihm gehört eine untere Grenze $\mu = \mu(\alpha)$ der Zahlen β, für die sie richtig ist. Hierdurch wird für $\sigma > \alpha_0$ eine Funktion $\mu(\sigma)$ definiert. Diese ist offenbar niemals wachsend, wenn σ zunimmt, außerdem ist sie in jedem Intervall, wo sie endlich ist, auch stetig. Wenn $\mu(\sigma) > -\infty$ für $\sigma > \alpha_0$ ist, können zwei Fälle eintreten: entweder ist $\mu(\sigma)$ für $\sigma > \alpha_0$ nach oben beschränkt oder nicht. Im zweiten Falle sei α_1 die durch folgende Forderung erklärte Zahl: es soll bei beliebig kleinem positiven ε für $\sigma \geqq \alpha_1 + \varepsilon$ die

Funktion $F(x)$ regulär und die Funktion $\mu(\sigma)$ endlich sein, während mindestens eine dieser beiden Tatsachen für $\sigma \geqq \alpha_1 - \varepsilon$ nicht mehr zutrifft. Wenn σ nach α_1 absinkt, kann also $\mu(\sigma)$ entweder einem endlichen Grenzwert zustreben oder unendlich zunehmen. Offenbar ist $\alpha_1 \geqq \alpha_0$.

Ferner betrachten wir in der Halbebene $\sigma > \alpha_0$ das Verhalten der Funktion $F(x)$ auf senkrechten Geraden. Bei genügend großem σ ist

$$|F(\sigma + i\tau)| = O(e^{k|\tau|}).$$

Es sei $\xi = \xi(\sigma)$ bei beliebigem $\sigma > \alpha_0$ die untere Grenze der Zahlen k, für welche diese Gleichung in Kraft bleibt. Dann ist für $\sigma > \alpha_1$

$$0 \leqq \xi(\sigma) \leqq \frac{\pi}{2}.$$

Denn es ist $\varphi\left(\pm \frac{\pi}{2}\right) = \frac{\pi}{2}$, während die untere Grenze aus einem Phragmén-Lindelöfschen Satze folgt. Im Streifen $\alpha_0 < \sigma < \alpha_1$ kann nun $\xi(\sigma)$ beschränkt sein oder nicht. Wir führen eine Zahl α_0' so ein, daß für $\sigma \geqq \alpha_0' + \varepsilon$ die Funktion $F(x)$ regulär und die Funktion $\xi(\sigma)$ nach oben beschränkt ist, hingegen für $\sigma \geqq \alpha_0' - \varepsilon$ nicht mehr beides zutrifft. Die Zahl α_0' gehört dem Intervall $\alpha_0 \leqq \alpha_0' \leqq \alpha_1$ an, und der Grenzwert $\xi(\alpha_0' + 0)$ kann entweder endlich oder unendlich groß sein. Aus der Definition von α_1 folgt, daß

$$\xi(\sigma) \geqq \frac{\pi}{2} \qquad \text{für} \quad \alpha_1 - \varepsilon \leqq \sigma \leqq \alpha_1$$

ist. Nach Lindelöf[1]) beweist man nun die Existenz einer Zahl α^* derart, daß $\xi(\sigma)$ für $\alpha_0' < \sigma < \alpha^*$ positiv, monoton abnehmend, stetig und konvex, für $\sigma \geqq \alpha^*$ konstant ist. Es ist daher sogar im Intervall $\alpha_0' < \sigma < \alpha_1$

$$\xi(\sigma) \geqq \frac{\pi}{2},$$

weil $\xi(\sigma)$ nicht wachsen kann. Aus der Stetigkeit von $\xi(\sigma)$ im Punkte α_1 folgt daher

$$\xi(\alpha_1) = \frac{\pi}{2}.$$

Die Zahl α^* kann rechts von α_1 liegen und sogar unendlich groß sein. Setzen wir $\alpha_1' = \min(\alpha_1, \alpha^*)$, so ist

$$\alpha_0 \leqq \alpha_0' \leqq \alpha_1' \leqq \alpha_1.$$

---

[1]) Quelques remarques sur la croissance de la fonction $\zeta(s)$, *Bull. sc. math. (2) 33 (1908), p. 341—356.*

Im Intervall $\alpha_0' < \sigma < \alpha_1'$ ist $\xi(\sigma) > \frac{\pi}{2}$. Wenn $\alpha_1' < \alpha_1$ ist, so ist $\xi(\sigma) = \frac{\pi}{2}$ im Intervall $\alpha_1' \leqq \sigma \leqq \alpha_1$ und überhaupt für $\sigma \geqq \alpha_1'$. Wenn hingegen $\alpha_1' = \alpha_1 \leqq \alpha^*$ ist, nimmt $\xi(\sigma)$ für $\alpha_1' < \sigma < \alpha^*$ noch ab und ist für $\sigma \geqq \alpha^*$ konstant gleich $\xi(\alpha^*)$ mit $0 \leqq \xi(\alpha^*) \leqq \frac{\pi}{2}$.

121. Nunmehr wollen wir die durch die Reihe (17) in der Halbebene $\sigma > \lambda$ definierte Funktion $F(x)$ zunächst in die Halbebene $\sigma > \alpha_1$ fortsetzen, d. h. in die größte Halbebene, in der $F(x)$ regulär und $\mu(\sigma)$ nach oben beschränkt ist. In einer gewissen Halbebene läßt sich $F(x)$ immer auch durch eine reduzierte Reihe von der Form

$$F(x) = \sum_{s=0}^{\infty} b_s \binom{x+\varrho-1}{s} \tag{62}$$

darstellen, wobei ϱ eine beliebige Zahl ist. Den Sonderfall $\varrho = 1$ haben wir schon in der Gleichung (57) kennen gelernt. Es sei λ_ϱ die Konvergenzabszisse der Reihe (62) bei reellem ϱ. Ist $\mu(\sigma) = -\infty$ für $\sigma > \alpha_0$, so wird $\lambda_\varrho = \alpha_0$ bei beliebigem ϱ. Falls hingegen $\mu(\sigma) > -\infty$ für $\sigma > \alpha_0$ ist, wird durch die Gleichung

$$\mu(\alpha) + \tfrac{1}{2} - \alpha = \varrho \qquad (\alpha > \alpha_1)$$

$\alpha = \alpha(\varrho)$ als stetige und für wachsendes ϱ monoton abnehmende Funktion von ϱ definiert. Für die zugehörige Konvergenzabszisse λ_ϱ bestehen dann die Ungleichungen

$$\alpha(\varrho) - 1 \leqq \lambda_\varrho \leqq \alpha(\varrho).$$

Wenn ϱ über alle Grenzen wächst, strebt die Konvergenzabszisse λ_ϱ dem Grenzwert

$$\lambda_\infty = \alpha_1$$

zu. Ist $\mu(\alpha_1 + 0)$ unendlich, so erreicht λ_ϱ seinen Grenzwert α_1 für keinen endlichen Wert von ϱ. Ist hingegen $\mu(\alpha_1 + 0)$ endlich, so wird $\lambda_\varrho = \alpha_1$ schon für genügend große endliche ϱ, nämlich für

$$\varrho \geqq \mu(\alpha_1 + 0) + \tfrac{1}{2} - \alpha_1.$$

Man kann also vermöge der Transformation (62) *bei passender Wahl von* ϱ *die Funktion* $F(x)$ *in die ganze Halbebene* $\sigma > \alpha_1$ *fortsetzen, deren Grenzgerade* $\sigma = \alpha_1$ *durch einfache funktionentheoretische Eigenschaften von* $F(x)$, *Regularität von* $F(x)$ *und Beschränktheit von* $\mu(\sigma)$ *nach oben, gekennzeichnet ist.*

122. Hingegen erlaubt uns die Transformation (62) nicht, die Gerade $\sigma = \alpha_1$ zu überschreiten und in den Streifen $\alpha_0 < \sigma \leqq \alpha_1$ einzudringen. Dort ist vielmehr die Reihe (62) für alle ϱ divergent. Durch eine andere Transformation aber können wir wenigstens bis zur Geraden $\sigma = \alpha_0'$ gelangen. Jede durch eine Reihe (17) darstellbare Funktion ist immer auch in eine Reihe

$$F(x) = \sum_{s=0}^{\infty} c_s \frac{(x-\omega)(x-2\omega)\cdots(x-s\omega)}{s!} \tag{63}$$

entwickelbar, wobei ω eine positive Zahl mit $0 < \omega < 1$ bedeutet. Für die Konvergenzabszisse $\lambda(\omega)$ dieser Reihe gilt

$$\lambda(\omega) \leqq \alpha_1,$$

und für $0 < \overline{\omega} < \omega$ wird

$$\lambda(\overline{\omega}) \leqq \lambda(\omega).$$

$\lambda(\omega)$ ist durch die Gleichung

$$\xi(\lambda(\omega)) = \frac{\pi}{2\omega} \qquad (0 < \omega < 1)$$

eindeutig festgelegt und strebt für $\omega \to 0$ dem Grenzwerte α_0' zu. Wenn $\xi(\alpha_0' + 0)$ endlich ist, erreicht $\lambda(\omega)$ seinen Grenzwert α_0' schon für

$$\omega_0 = \frac{\pi}{2\,\xi(\alpha_0' + 0)},$$

und es wird

$$\lambda(\omega) = \alpha_0' \qquad \text{für} \quad 0 < \omega \leqq \omega_0.$$

Wenn hingegen $\xi(\alpha_0' + 0)$ unendlich groß ist, nimmt $\lambda(\omega)$ seinen Grenzwert α_0' für keinen positiven Wert von ω an.

Damit ist die Funktion $F(x)$ in die Halbebene $\sigma > \alpha_0'$ fortgesetzt, deren Grenzgerade wiederum durch einfache funktionentheoretische Eigenschaften von $F(x)$, Regularität und Art des Anwachsens auf vertikalen Geraden, charakterisiert wird.

Die Funktion $\lambda(\omega)$ ist stetig und monoton wachsend im Intervall $\omega_0 < \omega < 1$, hingegen unstetig für $\omega = 1$. Denn wenn ω zu 1 anwächst, strebt $\lambda(\omega)$ nach α_1', und im allgemeinen ist $\alpha_1' < \lambda(1) = \lambda$. Wenn also ω von 1 an abnimmt, macht die Funktion $\lambda(\omega)$ zuerst einen Sprung von λ bis α_1', dann nimmt sie monoton ab, bis ω in ω_0 ankommt, um nachher für $0 < \omega \leqq \omega_0$ konstant gleich α_0' zu bleiben. Für $\omega_0 = 0$ sinkt $\lambda(\omega)$ gegen α_0' monoton ab, ohne den Grenzwert je zu erreichen.

Die Ausnahmestellung des Wertes $\omega = 1$ rührt daher, daß wir die Existenz einer Entwicklung der Form (17) vorausgesetzt haben. Wenn wir allgemeiner nur voraussetzen, daß sich $F(x)$ durch eine Reihe von der Gestalt (63) darstellen läßt, so ergibt sich die Existenz einer Zahl ω_1 derart, daß $\lambda(\omega)$ im Intervall $0 < \omega < \omega_1$ endlich ist, aber nicht mehr für $\omega > \omega_1$. Im Punkte $\omega = \omega_1$ ist die Funktion $\lambda(\omega)$ im allgemeinen unstetig. Hingegen ist sie im Inneren des Intervalls $\omega_0 < \omega < \omega_1$ stetig, monoton wachsend und durch einfache analytische Eigenschaften der Funktion $F(x)$ genau bestimmbar. Für $\omega = \omega_1$ sind nur gewisse, wenn auch ziemlich enge Grenzen für die Konvergenzabszisse $\lambda(\omega_1)$ bekannt. Die Frage nach der genauen Ermittlung von $\lambda(\omega_1)$ ist vergleichbar mit dem Problem, ob eine Potenzreihe in einem Punkt auf dem Konvergenzkreise konvergiert oder nicht.

Zusammenfassend ergibt sich aus unseren Überlegungen als notwendige und hinreichende Bedingung für die Darstellbarkeit einer Funktion $F(x)$ durch eine Reihe von der Gestalt (63), *daß $F(x)$ in einer gewissen Halbebene $\sigma > \alpha$ regulär ist und dort bei festem positiven k die Ungleichung*

$$|F(x)| < e^{k|x|}$$

erfüllt. Dabei genügt es,

$$\omega < \frac{\log 2}{k}$$

zu nehmen.

123. Zum Schluß wollen wir die erhaltenen Ergebnisse noch durch einige Beispiele näher beleuchten. Es sei erstens

$$F(x) = \frac{1}{x-\alpha},$$

wobei α eine beliebige Zahl bedeutet, die nur nicht positiv ganz sein darf. Dann kann man die Gleichungen (54), welche zwischen den Funktionswerten für die positiven ganzen Zahlen und den Koeffizienten bestehen, leicht auflösen und findet die reduzierte Reihe

$$\frac{1}{x-\alpha} = -\sum_{s=0}^{\infty} \frac{(x-1)(x-2)\cdots(x-s)}{(\alpha-1)(\alpha-2)\cdots(\alpha-s-1)},$$

deren Konvergenzabszisse gleich $\Re(\alpha)$ ist. Diese Reihe kann auch durch Grenzübergang aus der Nicoleschen Identität (3) gewonnen werden. Wenn hingegen α eine positive ganze Zahl p ist, hat die Reihe keinen Sinn. Dann bleibt der Koeffizient a_{p-1} willkürlich. Wählt man ihn gleich Null, so entsteht die reduzierte Reihe

$$\frac{1}{x-p} = -\sum_{s=0}^{p-2} \frac{(x-1)(x-2)\cdots(x-s)}{(p-1)(p-2)\cdots(p-s-1)}$$

$$+\sum_{s=p}^{\infty}(-1)^{s-p}\frac{(x-1)(x-2)\cdots(x-s)}{(p-1)!\,(s+1-p)!}\left(1+\frac{1}{2}+\frac{1}{3}+\cdots+\frac{1}{s+1-p}\right)$$

mit der Konvergenzabszisse p. Außerhalb der Konvergenzhalbebene wird die Funktion noch für jeden positiv ganzzahligen Wert von x außer $x = p$ durch die Reihe dargestellt.

Zweitens möge

$$F(x) = a^x x^\beta \log^\gamma x$$

sein. Für $|a - 1| < 1$ wird $h(v) < \varphi(v)$, und die Newtonsche Reihe konvergiert. Die Konvergenzabszisse ist dabei im allgemeinen gleich Null, wo sich ein singulärer Punkt befindet. Nur wenn $\gamma = 0$ und β eine nichtnegative ganze Zahl ist, konvergiert die Reihe in der ganzen Ebene. Für $|a - 1| = 1$ und $a \neq 0$ tritt ein Koinzidenzpunkt zwischen $h(v)$ und $\varphi(v)$ auf. Dann ist die Konvergenzabszisse gleich der größeren der beiden Zahlen 0 und $\Re(\beta)$.

Drittens betrachten wir das Integral

$$F(x) = \int_0^1 t^{x-1} e^{i\gamma \log^2 t}\, dt,$$

das für $\gamma > 0$ in der Halbebene $\sigma \geqq 0$ konvergiert. Bringt man es durch Abänderung des Integrationsweges in die Gestalt

$$F(x) = \sqrt{\frac{i}{\gamma}}\, e^{z^2} \int_z^\infty e^{-\xi^2}\, d\xi, \qquad z = \frac{x}{2}\sqrt{\frac{i}{\gamma}},$$

so sieht man, daß $F(x)$ eine ganze transzendente Funktion ist. Mit Hilfe der Formeln

$$\int_z^\infty e^{-\xi^2}\, d\xi \sim \frac{e^{-z^2}}{2z}, \qquad -\frac{3\pi}{4} < \operatorname{arc} z < \frac{3\pi}{4},$$

$$\int_z^\infty e^{-\xi^2}\, d\xi \sim \sqrt{\pi} + \frac{e^{-z^2}}{2z}, \qquad \frac{3\pi}{4} \leqq \operatorname{arc} z \leqq \frac{5\pi}{4},$$

können für $F(x)$ die asymptotischen Ausdrücke

$$F(x) \sim \frac{1}{x}, \qquad -\pi < v < \frac{\pi}{2},$$

$$F(x) \sim \frac{1}{x} + \sqrt{\frac{i\pi}{\gamma}}\, e^{\frac{i x^2}{4\gamma}}, \qquad \frac{\pi}{2} \leqq v \leqq \pi,$$

hergeleitet werden. Sie liefern für die Funktion $h(v)$

$$h(v) = 0, \qquad -\frac{\pi}{2} \leqq v < \frac{\pi}{2},$$

$$h\left(\frac{\pi}{2}\right) = \frac{\pi}{2} - \frac{\varepsilon}{2\gamma},$$

wenn man

$$\alpha = -\pi\gamma + \varepsilon$$

bei beliebig kleinem positiven ε annimmt. Es ist also $h(v) < \varphi(v)$ für $-\frac{\pi}{2} \leqq v \leqq \frac{\pi}{2}$. Daher konvergiert die Newtonsche Reihe (17) für $\sigma > -\pi\gamma$. Andererseits folgt aus der Carlsonschen Ungleichung (58), daß sie für $\sigma < -\pi\gamma$ divergiert. Sie hat also genau die Konvergenzabszisse $\lambda = -\pi\gamma$. Über die Halbebene $\sigma > -\pi\gamma$ führt auch die erste Transformation (62) nicht hinaus. Um die analytische Fortsetzung von $F(x)$ über die Gerade $\sigma = -\pi\gamma$ zu bekommen, muß man vielmehr $F(x)$ in eine Newtonsche Reihe der Form (63) entwickeln. Deren Konvergenzabszisse wird $\lambda(\omega) = -\frac{\pi\gamma}{\omega}$ und nimmt nach $-\infty$ hin ab, wenn ω zu Null absinkt. Wählen wir ω immer kleiner, so vermögen wir also allmählich die Funktion über die ganze Ebene hin fortzusetzen.

Als letztes Beispiel untersuchen wir die ganze Funktion

$$F(x) = \frac{a^{x-1}}{\Gamma(x)}, \qquad a > 0.$$

Mit Hilfe des Stirlingschen asymptotischen Ausdrucks für die Gammafunktion gewinnt man

$$h(v) = -\infty \quad \text{für} \quad -\frac{\pi}{2} < v < \frac{\pi}{2},$$

$$h\left(\pm\frac{\pi}{2}\right) = \frac{\pi}{2}$$

und

$$\mu(\sigma) = \frac{1}{2} - \sigma.$$

Aus diesen Gleichungen kann man schließen, daß die Newtonsche Reihe (17) der Funktion $F(x)$ für $\sigma > \frac{1}{2}$ konvergiert, weil für $\alpha = \frac{1}{2}$ die Funktion $\mu(\sigma)$ den Wert Null hat. Da jedoch hier gerade der Fall vorliegt, daß $h(v) = \varphi(v)$ an den beiden Enden des Intervalls $-\frac{\pi}{2} \leqq v \leqq \frac{\pi}{2}$ ist, vermag man von vornherein nicht zu sagen, ob die Konvergenzabszisse gleich $\frac{1}{2}$ ist. Um diese Frage zu entscheiden, können wir einen asymptotischen Ausdruck für die Koeffizienten der Reihe heranziehen. Definiert man nämlich die *Laguerreschen Polynome*[1]) $L_n(x)$ durch die Beziehungen

$$L_0(x) = 1, \qquad L_n(x) = \frac{e^x}{n!}\frac{d^n(x^n e^{-x})}{dx^n}, \qquad n = 1, 2, \ldots,$$

[1]) Zu den Laguerreschen Polynomen vgl. beispielsweise R. Courant-D. Hilbert: Methoden der mathematischen Physik 1, *Berlin 1924, p. 77—79*; S. Wigert, Contributions à la théorie des polynomes d'Abel-Laguerre, *Arkiv Mat. Astr. och Fys. 15 (1921), Nr. 25.*

so zeigt sich, daß

$$\frac{a^{x-1}}{\Gamma(x)} = \sum_{s=0}^{\infty}(-1)^s L_s(a)\binom{x-1}{s} \tag{64}$$

$$= \sum_{s=0}^{\infty}(-1)^s\binom{x-1}{s}\sum_{t=0}^{s}(-1)^t\binom{s}{t}\frac{a^t}{t!}$$

ist. Nun treten aber die Laguerreschen Polynome auch als Entwicklungskoeffizienten der Reihenentwicklung

$$\frac{e^{\frac{ay}{1-y}}}{1-y} = \sum_{s=0}^{\infty} L_s(a)\,y^s$$

auf, und die Koeffizienten dieser und ähnlicher Reihenentwicklungen lassen sich nach Fejér[1]) und Perron[2]) sehr genau asymptotisch abschätzen. Aus der Formel (49) erhält man dann schließlich für die Konvergenzabszisse der Reihe (64) den Wert $\lambda = \frac{1}{4}$ und für die absolute Konvergenzabszisse den Wert $\mu = \frac{3}{4}$; die Reihe konvergiert also bedingt im Streifen $\frac{1}{4} < \sigma < \frac{3}{4}$. Transformiert man sie in eine Reihe der Gestalt (62), so ergibt sich in entsprechender Weise, daß $\lambda_\varrho = \frac{1}{4} - \frac{\varrho}{2}$ und die absolute Konvergenzabszisse $\mu_\varrho = \frac{3}{4} - \frac{\varrho}{2}$ ist, wobei ϱ eine beliebige positive oder negative ganze Zahl sein kann. Der Abstand zwischen den beiden Geraden ist immer gleich $\frac{1}{2}$, und wegen $\lambda_\varrho \to -\infty$ für $\varrho \to \infty$ kann man durch Wahl eines genügend großen ϱ die Konvergenzhalbebene beliebig vergrößern und so die Funktion in die ganze endliche Ebene fortsetzen.

§ 7. Numerische Differentiation und Integration.

124. Bei der numerischen Differentiation und Integration (man spricht auch von mechanischer Differentiation oder mechanischer Quadratur) handelt es sich um das Problem, die Ableitungen oder das Integral einer Funktion zu ermitteln, wenn man die Werte der Funktion lediglich für gewisse Werte der unabhängigen Veränderlichen kennt. Meist ist es dabei so, daß man über das Differenzenschema der Funktion verfügt. Wie schon früher erwähnt, kommen derartige Aufgaben in den Anwendungen der Interpolationsrechnung oft vor. Um sie zu lösen, verfährt man gewöhnlich in der Weise, daß man für

[1]) L. Fejér, Asymptotikus értékek meghatározásáról, *Mathematikai és termeszettudományi értesitö 27 (1909), p. 1—33*; Sur une méthode de Darboux, *C. R. Acad. sc. Paris 147 (1908), p. 1040—1042.*

[2]) O. Perron, Über das infinitäre Verhalten der Koeffizienten einer gewissen Potenzreihe, *Archiv Math. Phys. (3) 22 (1914), p. 329—340.*

die unbekannte Funktion eine Interpolationsreihe ansetzt und diese gliedweise differenziert oder integriert. Die Konvergenzfrage läßt man dabei fast immer ganz beiseite, und hinsichtlich der auftretenden Koeffizienten begnügt man sich, die ersten unter ihnen numerisch auszurechnen oder aus Tafeln, in denen sie niedergelegt sind, zu entnehmen. Natürlich bekommt man bei diesem Vorgehen kein rechtes Bild vom Bau der Koeffizienten und von der Natur der entstehenden Reihen, sondern hat im Gegenteil häufig umständliche und wenig übersichtliche Rechnungen auszuführen. Wenn man hingegen das Problem systematisch als Problem der Differentiation und Integration von Interpolationsreihen in Angriff nimmt, wie es in diesem Paragrafen geschehen soll, so zeigt sich, daß man die Koeffizienten sehr einfach ausdrücken und die Konvergenzfrage vollständig erledigen kann [40]. Grundlegend sind dabei unsere früher in Kapitel 6, § 5 erzielten Ergebnisse über Bernoullische Polynome mit lauter gleichen Spannen.

Es sei $F(x)$ eine Funktion, die in einer Halbebene $\sigma \geqq \alpha$ regulär und daselbst bei positivem k der Ungleichung

$$|F(x)| < C\, e^{k|x|} \tag{65}$$

unterworfen ist. Wie aus den Überlegungen am Ende des vorigen Paragrafen hervorgeht, läßt sich dann $F(x)$ durch eine Newtonsche Reihe

$$F(x+y) = \sum_{s=0}^{\infty} \frac{(y-\omega)(y-2\omega)\cdots(y-s\omega)}{s!} \mathop{\triangle}_{\omega}^{s} F(x+\omega) \tag{66}$$

darstellen, jedenfalls, wenn $0 < \omega < \frac{\log 2}{k}$ ist. Bildet man die zu $F(x)$ gehörige Funktion $\lambda(\omega)$, so konvergiert die Reihe für $\Re(x+y) > \lambda(\omega)$ und divergiert für $\Re(x+y) < \lambda(\omega)$. Wenn $\Re(x) = \sigma > \lambda(\omega)$ ist, konvergiert also die Reihe in einer kleinen Umgebung des Punktes $y = 0$ gleichmäßig in y. Daher können wir gliedweise nach y differenzieren und finden für $y \to 0$

$$F'(x) = \sum_{s=0}^{\infty} (-\omega)^s \left(1 + \frac{1}{2} + \cdots + \frac{1}{s+1}\right) \mathop{\triangle}_{\omega}^{s+1} F(x+\omega) \tag{67}$$

oder auch, wenn wir an unsere Ergebnisse in Kapitel 6, § 5 denken,

$$F'(x) = \sum_{s=0}^{\infty} \frac{\omega^s B_s^{(s+2)}}{s!} \mathop{\triangle}_{\omega}^{s+1} F(x+\omega); \tag{67*}$$

die Konvergenzabszisse dieser Reihe ist gleich $\lambda(\omega)$.

Wenn wir nach der Differentiation nicht $y = 0$, sondern $y = \omega$ setzen und nachher $x - \omega$ statt x schreiben, erhalten wir die noch einfacher gebaute Reihe

$$(68) \qquad F'(x) = \sum_{s=0}^{\infty} \frac{(-\omega)^s}{s+1} \overset{s+1}{\underset{\omega}{\triangle}} F(x)$$

ebenfalls mit der Konvergenzabszisse $\lambda(\omega)$.

Mittels der letzten drei Formeln wird die erste Ableitung $F'(x)$ der Funktion $F(x)$ durch die Differenzen von $F(x)$ ausgedrückt. Wünschen wir die höheren Ableitungen, so brauchen wir nur die Formel (Kap. 6, § 5, (86))

$$(69) \quad \frac{d^n}{dy^n}[(y-\omega)(y-2\omega)\cdots(y-s\omega)] = \omega^{s-n} \frac{s!}{(s-n)!} B_{s-n}^{(s+1)}\left(\frac{y}{\omega}\right)$$

zu berücksichtigen. Nach den beiden für die erste Ableitung benutzten Verfahren bekommen wir einmal

$$(70) \qquad F^{(n)}(x) = \sum_{s=0}^{\infty} \frac{\omega^s B_s^{(s+n+1)}}{s!} \overset{s+n}{\underset{\omega}{\triangle}} F(x+\omega) \qquad (\sigma > \lambda(\omega))$$

und wegen

$$B_s^{(s+n+1)}(1) = \frac{n}{s+n} B_s^{(s+n)}$$

weiter

$$(71) \qquad F^{(n)}(x) = n \sum_{s=0}^{\infty} \frac{\omega^s B_s^{(s+n)}}{s!\,(s+n)} \overset{s+n}{\underset{\omega}{\triangle}} F(x) \qquad (\sigma > \lambda(\omega)).$$

Damit sind wir zur Lösung des in Kap. 1, § 3 und Kap. 6, § 4 erwähnten Problems, Ableitungen durch Differenzen darzustellen, gelangt.

Für die mechanische Quadratur ergeben sich aus (66) die Formeln

$$(72) \qquad \frac{1}{\omega}\int_x^{x+\omega} F(z)\,dz = \sum_{s=0}^{\infty} \frac{\omega^s B_s^{(s)}}{s!} \overset{s}{\underset{\omega}{\triangle}} F(x+\omega),$$

$$(73) \quad \frac{1}{\omega}\int_x^{x+\omega} F(z)\,dz = F(x) + \frac{\omega}{2} \underset{\omega}{\triangle} F(x) - \sum_{s=2}^{\infty} \frac{\omega^s B_s^{(s-1)}}{s!\,(s-1)} \overset{s}{\underset{\omega}{\triangle}} F(x).$$

Auch die hier auftretenden Reihen sind in der Halbebene $\sigma > \lambda(\omega)$ konvergent. Benötigen wir das Integral über eine Strecke von der Länge l, so wenden wir die Formeln m-mal an. Wir teilen die Strecke in m gleiche Teile, setzen also $l = m\omega$, tragen in (72) und (73) nacheinander $x, x+\omega, \ldots, x+(m-1)\omega$ ein und addieren die derart gefundenen Gleichungen. So entstehen die Relationen

$$\int\limits_x^{x+m\omega} F(z)\,dz = \omega \sum_{s=1}^{m}{}' F(x+s\omega)$$

$$+\sum_{s=1}^{\infty} \frac{\omega^s B_s^{(s)}}{s!}\left\{\overset{s-1}{\underset{\omega}{\triangle}} F(x+(m+1)\omega) - \overset{s-1}{\underset{\omega}{\triangle}} F(x+\omega)\right\},$$

$$\int\limits_x^{x+m\omega} F(z)\,dz =$$

$$\omega\left[\tfrac{1}{2}F(x)+F(x+\omega)+\cdots+F(x+(m-1)\omega)+\tfrac{1}{2}F(x+m\omega)\right]$$

$$+\sum_{s=2}^{\infty} \frac{\omega^s B_s^{(s-1)}}{s!\,(s-1)}\left\{\overset{s-1}{\underset{\omega}{\triangle}} F(x) - \overset{s-1}{\underset{\omega}{\triangle}} F(x+m\omega)\right\}.$$

Die letzte von ihnen wurde von Laplace in seiner Mécanique céleste [8] aufgestellt, wenn auch ohne Konvergenzuntersuchung.

Auch Formeln für mehrfache Integrale können wir leicht herleiten. Wir sehen also, daß wir bei Kenntnis der Differenzen einer Funktion nicht nur den Verlauf der Funktion selbst, sondern auch den ihrer Ableitungen und Integrale vollständig beherrschen.

125. Die bisher erhaltenen Beziehungen sind nicht nur von praktischer Bedeutung; sie liefern auch theoretisch belangreiche Ergebnisse. Setzt man z. B. in (70) oder (71) $F(x)=\frac{1}{x}$, so ergibt sich eine Fakultätenreihe für $\frac{1}{x^n}$

$$\frac{1}{x^n}=\sum_{s=0}^{\infty}\frac{(-1)^s\binom{s+n-1}{s}B_s^{(s+n)}}{(x+1)(x+2)\cdots(x+s+n)},$$

welche in der Halbebene $\sigma>0$ konvergiert. Aus denselben Formeln entfließen für $F(x)=\Psi(x)$ folgende Fakultätenreihen für die Ableitungen $\Psi^{(n)}(x)$ von $\Psi(x)$, bei denen $\sigma>0$ vorausgesetzt ist:

$$\Psi^{(n)}(x)=(-1)^{n-1}(n-1)!\sum_{s=0}^{\infty}\frac{(-1)^s\binom{s+n-1}{s}B_s^{(s+n+1)}}{(x+1)(x+2)\cdots(x+s+n)},$$

$$\Psi^{(n)}(x)=(-1)^{n-1}n!\sum_{s=0}^{\infty}\frac{(-1)^s\binom{s+n-1}{s}B_s^{(s+n)}}{s+n}\,\frac{1}{x(x+1)\cdots(x+s+n-1)}.$$

Eine interessante Reihe für $\Psi(x)$ selbst bekommen wir, wenn wir in (68) $F(x)=\log\Gamma(x)$ wählen. Sie lautet

$$\Psi(x)=\sum_{s=0}^{\infty}\frac{(-1)^s}{s+1}\overset{s}{\triangle}\log x \qquad (\sigma>0);$$

beispielsweise wird also

$$C = \sum_{s=0}^{\infty} \frac{(-1)^{s+1}}{s+1} \overset{s}{\triangle} \log 1 .$$

Als letzte Anwendung der Differentationsformeln wollen wir erwähnen, daß wir vermöge der Gleichung (71) bei $F(x) = (1+t)^{x-1}$ und $|t| < 1$ zu der Relation

$$\left\{\frac{\log(1+t)}{t}\right\}^n = n \sum_{s=0}^{\infty} \frac{t^s}{s!} \frac{B_s^{(s+n)}}{s+n}, \quad |t| < 1,$$

gelangen können, die ein Spezialfall der am Schlusse von **77** in Kap. 6, § 5 angeführten Reihenentwicklung der Funktion $\left\{\frac{\log(1+t)}{t}\right\}^z$ ist und noch unmittelbarer durch Differentiation nach x in der Formel (50) von § 5 entsteht.

Auch mit Hilfe der Integrationsformeln (72) und (73) lassen sich bemerkenswerte Entwicklungen gewinnen; z. B. findet man für $F(x) = \frac{1}{x}$

$$\log\left(1 + \frac{1}{x}\right) = \sum_{s=0}^{\infty} \frac{(-1)^s B_s^{(s)}}{(x+1)(x+2)\cdots(x+s)},$$

$$\log\left(1 + \frac{1}{x}\right) = \frac{1}{x} - \frac{1}{2x(x+1)} - \sum_{s=2}^{\infty} \frac{(-1)^s B_s^{(s-1)}}{s-1} \frac{1}{x(x+1)\cdots(x+s)}$$

oder für $F(x) = \Psi(x)$

$$\Psi(x) = \log x - \frac{1}{x} + \sum_{s=1}^{\infty} \frac{(-1)^s B_s^{(s)}}{s} \frac{1}{(x+1)(x+2)\cdots(x+s)},$$

$$\Psi(x) = \log x - \frac{1}{2x} - \sum_{s=2}^{\infty} \frac{(-1)^s B_s^{(s-1)}}{s(s-1)} \frac{1}{x(x+1)\cdots(x+s-1)}.$$

Alle vier Darstellungen sind in der Halbebene $\sigma > 0$ gültig, die letzten beiden liefern für $x = 1$ Reihen für die Eulersche Konstante.

126. Neben der Newtonschen Reihe sind zur numerischen Differentiation und Integration auch die Stirlingsche und Besselsche Reihe geeignet. Um sie benutzen zu können, muß man voraussetzen, daß $F(x)$ eine ganze Funktion ist, die in der ganzen Ebene der Bedingung (65) genügt. Wählt man dann

$$|\omega| < \frac{\min \psi(v)}{k} = \frac{\log(3 + 2\sqrt{2})}{k},$$

so konvergieren die Stirlingsche und die Besselsche Reihe

$$(74)\quad F(x+y)=\sum_{s=0}^{\infty}\frac{y^2(y^2-\omega^2)\cdots(y^2-(s-1)^2\omega^2)}{(2s)!}\overset{2s}{\underset{\omega}{\triangle}}F(x-s\omega)$$

$$+\sum_{s=0}^{\infty}\frac{y(y^2-\omega^2)\cdots(y^2-s^2\omega^2)}{(2s+1)!}\overset{2s+1}{\underset{\omega}{\triangle}}\underset{\omega}{\nabla}F(x-(s+1)\omega),$$

$$(75)\quad F\left(x+y+\frac{\omega}{2}\right)=$$

$$\sum_{s=0}^{\infty}\frac{\left(y^2-\left(\frac{\omega}{2}\right)^2\right)\left(y^2-\left(\frac{3\omega}{2}\right)^2\right)\cdots\left(y^2-\left(s-\frac{1}{2}\right)^2\omega^2\right)}{(2s)!}\overset{2s}{\underset{\omega}{\triangle}}\underset{\omega}{\nabla}F(x-s\omega)$$

$$+y\sum_{s=0}^{\infty}\frac{\left(y^2-\left(\frac{\omega}{2}\right)^2\right)\left(y^2-\left(\frac{3\omega}{2}\right)^2\right)\cdots\left(y^2-\left(s-\frac{1}{2}\right)^2\omega^2\right)}{(2s+1)!}\overset{2s+1}{\underset{\omega}{\triangle}}F(x-s\omega)$$

in der ganzen Ebene. Differenzieren wir in ihnen nach y und ziehen wir für die Ableitungen der vorkommenden Faktoriellen an der Stelle $y=0$ einige aus (69) herleitbare Formeln, z. B.

$$(76)\quad \frac{d^n}{dy^n}[y(y^2-\omega^2)\cdots(y^2-s^2\omega^2)]=\left(\frac{\omega}{2}\right)^{2s+1-n}\frac{(2s+1)!}{(2s+1-n)!}D_{2s+1-n}^{(2s+2)},$$

sowie die alten Ergebnisse über die $D_\nu^{(n}$ aus Kapitel 6, § 5 heran, so erhalten wir Reihen für die Ableitungen von $F(x)$ in den Punkten x und $x+\frac{\omega}{2}$, nämlich aus der Stirlingschen Formel

$$(77)\quad F^{(2n-1)}(x)=\sum_{s=0}^{\infty}\left(\frac{\omega}{2}\right)^{2s}\frac{D_{2s}^{(2s+2n)}}{(2s)!}\overset{2s+2n-1}{\underset{\omega}{\triangle}}\underset{\omega}{\nabla}F(x-(s+n)\omega),$$

$$(78)\quad F^{(2n)}(x)=2n\sum_{s=0}^{\infty}\left(\frac{\omega}{2}\right)^{2s}\frac{D_{2s}^{(2s+2n)}}{(2s)!}\overset{2s+2n}{\underset{\omega}{\triangle}}F(x-(s+n)\omega)$$

und aus der Besselschen Formel

$$(79)\quad F^{(2n)}\left(x+\frac{\omega}{2}\right)=\sum_{s=0}^{\infty}\left(\frac{\omega}{2}\right)^{2s}\frac{D_{2s}^{(2s+2n+1)}}{(2s)!}\overset{2s+2n}{\underset{\omega}{\triangle}}\underset{\omega}{\nabla}F(x-(s+n)\omega),$$

$$(80)\quad F^{(2n+1)}\left(x+\frac{\omega}{2}\right)=$$

$$(2n+1)\sum_{s=0}^{\infty}\left(\frac{\omega}{2}\right)^{2s}\frac{D_{2s}^{(2s+2n+1)}}{(2s)!\,(2s+2n+1)}\overset{2s+2n+1}{\underset{\omega}{\triangle}}F(x-(s+n)\omega).$$

Besonders einfach sind natürlich die Reihen für die ersten Ableitungen; sie lauten

$$(81)\quad F'(x) = \sum_{s=0}^{\infty} (-1)^s \omega^{2s} \frac{(s!)^2}{(2s+1)!} \underset{\omega}{\overset{2s+1}{\triangle}} \underset{\omega}{\nabla} F(x-(s+1)\omega),$$

$$(82)\quad F'\left(x+\frac{\omega}{2}\right) = \sum_{s=0}^{\infty} (-1)^s \left(\frac{\omega}{2}\right)^{2s} \frac{1\cdot 3\cdot 5\cdots(2s-1)}{2\cdot 4\cdot 6\cdots 2s}\,\frac{1}{2s+1} \underset{\omega}{\overset{2s+1}{\triangle}} F(x-s\omega).$$

Wir wollen noch anmerken, daß man die unmittelbar aus der Besselschen Reihe für $y=0$ entspringende Gleichung

$$(83)\quad F\left(x+\frac{\omega}{2}\right) = \sum_{s=0}^{\infty} (-1)^s \left(\frac{\omega}{2}\right)^{2s} \frac{1\cdot 3\cdot 5\cdots(2s-1)}{2\cdot 4\cdot 6\cdots 2s} \underset{\omega}{\overset{2s}{\triangle}} \underset{\omega}{\nabla} F(x-s\omega)$$

mit Vorteil zur Halbierung eines Tafelintervalles oder allgemeiner zur Herstellung einer Tafel mit dem Intervall $\frac{\omega}{2^n}$ benutzt.

Für die numerische Integration kommen die Formeln

$$(84)\quad \frac{1}{\omega}\int_{x-\frac{\omega}{2}}^{x+\frac{\omega}{2}} F(z)\,dz = -\sum_{s=0}^{\infty} \left(\frac{\omega}{2}\right)^{2s} \frac{D_{2s}^{(2s-1)}}{(2s)!\,(2s-1)} \underset{\omega}{\overset{2s}{\triangle}} F(x-s\omega),$$

$$(85)\quad \frac{1}{\omega}\int_{x}^{x+\omega} F(z)\,dz = \sum_{s=0}^{\infty} \left(\frac{\omega}{2}\right)^{2s} \frac{D_{2s}^{(2s)}}{(2s)!} \underset{\omega}{\overset{2s}{\triangle}} \underset{\omega}{\nabla} F(x-s\omega)$$

in Betracht. Beispielsweise entfließen aus den Stirlingschen Reihen für $\frac{\sin \pi z}{\pi z}$ und $\cos \pi z$ und der Besselschen Reihe für $\sin \pi z$ (vgl. § 3 und 4) die Formeln

$$\int_0^{\frac{\pi}{2}} \frac{\sin z}{z}\,dz = \frac{\pi}{2}\sum_{s=0}^{\infty} \frac{(-1)^{s+1} D_{2s}^{(2s-1)}}{2^{2s}\cdot(2s-1)\,(s!)^2},$$

$$\frac{2}{\pi} = \sum_{s=0}^{\infty} \frac{(-1)^{s+1} D_{2s}^{(2s-1)}}{(2s-1)\,(2s)!},$$

$$\int_0^{\frac{\pi}{2}} \frac{\sin z}{z}\,dz = \sum_{s=0}^{\infty} (-1)^s \frac{D_{2s}^{(2s)}}{(2s+1)!}.$$

Wenn die Funktion $F(x)$ nicht den Bedingungen genügt, die wir ihr jeweils auferlegt haben, divergieren die in diesem Paragrafen aufgestellten Reihen in x und ω. Aber auch dann können sie bei numerischen Rechnungen vorzügliche Dienste leisten, wenn sich die Funktion $F(x)$ in dem gerade in Frage kommenden Intervall angenähert wie ein Polynom verhält. In diesem Falle nehmen die Differenzen zunächst stark ab, sodaß die ersten Glieder der Reihen eine gute Annäherung liefern.

§ 8. Anwendung der Interpolationsreihen auf das Summationsproblem.

127. Schon in § 2 haben wir hervorgehoben, daß die Interpolationsreihen von Bedeutung für die Lösung von Differenzengleichungen sind. Um dies näher zu erläutern, wollen wir jetzt von einigen Anwendungen dieser Reihen auf das Summationsproblem reden [37].

Zunächst befassen wir uns dabei mit der Newtonschen Reihe. Wenn die Funktion $\varphi(x)$ bei beliebig kleinem positiven ε in der Halbebene $\sigma \geqq b + \varepsilon$ regulär ist und dort der Ungleichung

$$|\varphi(x)| < C\, e^{(k+\varepsilon)|x|} \tag{86}$$

genügt, so wissen wir, daß die Summe

$$\underset{a}{\overset{x}{\mathbf{S}}} \varphi(z) \underset{\omega}{\triangle} z = F(x \mid \omega)$$

ür $0 < \omega < \frac{2\pi}{k}$ in derselben Halbebene existiert und der Wachstumsbeschränkung

$$|F(x \mid \omega)| < C_1\, e^{(k+\varepsilon)|x|} \tag{87}$$

unterworfen ist. Nehmen wir, wie im folgenden durchweg, $0 < \omega < \frac{\log 2}{k}$, so muß sich also $F(x \mid \omega)$ vermöge der Formel

$$F(x+y) = F(x) + \sum_{s=0}^{\infty} \frac{y(y-\omega)\cdots(y-s\omega)}{(s+1)!} \underset{\omega}{\overset{s+1}{\triangle}} F(x) \tag{88}$$

in die Newtonsche Reihe

$$F(x+y \mid \omega) = F(x \mid \omega) + \sum_{s=0}^{\infty} \frac{y(y-\omega)\cdots(y-s\omega)}{(s+1)!} \underset{\omega}{\overset{s}{\triangle}} \varphi(x) \tag{89}$$

entwickeln lassen. Diese ist für $\Re(x+y) > b$ konvergent und, wenn die Funktion $\varphi(x)$ für $b - \varepsilon \leqq \sigma < b + \varepsilon$ nicht mehr regulär ist oder dort für kein k mehr der Bedingung (86) gehorcht, für $\Re(x+y)<b$ divergent.

Wählen wir insbesondere $y=\frac{\omega}{2}$, so gewinnen wir wegen

$$\mathop{\triangle}_{\omega} F(x\,|\,2\,\omega)=G(x\,|\,\omega)$$

folgende für $\sigma>b-\frac{\omega}{2}$ konvergente Entwicklung der Wechselsumme:

$$(90)\qquad G\left(x\,\middle|\,\frac{\omega}{2}\right)=\sum_{s=0}^{\infty}(-1)^s\left(\frac{\omega}{2}\right)^s\frac{1\cdot3\cdot5\cdots(2s-1)}{(s+1)!}\mathop{\triangle}_{\omega}^{s}\varphi(x).$$

Bei ihr können im Inneren des Konvergenzgebiets, nämlich im Streifen $b-\frac{\omega}{2}<\sigma\leqq b$, singuläre Punkte der dargestellten Funktion liegen. Für $y=-\frac{\omega}{2}$ ergibt sich bei $\sigma>b+\frac{\omega}{2}$ ähnlich

$$(91)\qquad G\left(x-\frac{\omega}{2}\,\middle|\,\frac{\omega}{2}\right)=\sum_{s=0}^{\infty}(-1)^s\left(\frac{\omega}{2}\right)^s\frac{1\cdot3\cdot5\cdots(2s+1)}{(s+1)!}\mathop{\triangle}_{\omega}^{s}\varphi(x).$$

Eine andere Reihenentwicklung für die Summe $F(x\,|\,\omega)$ entsteht, wenn wir die durch Differentiation der Beziehung (88) nach y herleitbare Gleichung

$$F'(x+y)=\sum_{s=0}^{\infty}\frac{y(y-\omega)\cdots(y-s\,\omega)}{(s+1)!}\left\{\frac{1}{y}+\frac{1}{y-\omega}+\cdots+\frac{1}{y-s\,\omega}\right\}\mathop{\triangle}_{\omega}^{s+1}F(x)$$

benützen. Tragen wir nämlich statt $F(x)$ das Integral über die Summe, also

$$(92)\qquad \int_a^x F(z\,|\,\omega)\,dz$$

ein, so erhalten wir

$$(93)\qquad F(x+y\,|\,\omega)=\sum_{s=0}^{\infty}\frac{y(y-\omega)\cdots(y-s\,\omega)}{(s+1)!}\left\{\frac{1}{y}+\frac{1}{y-\omega}+\cdots+\frac{1}{y-s\,\omega}\right\}\mathop{\triangle}_{\omega}^{s}f(x).$$

Dabei haben wir wie früher

$$(94)\qquad f(x)=\int_a^x\varphi(z)\,dz$$

gesetzt; Konvergenz ist wieder für $\Re(x+y)>b$ vorhanden.

Besonders einfach gestaltet sich natürlich der Fall $y=0$. Er führt zu der Darstellung

$$(95)\qquad F(x\,|\,\omega)=\sum^{\infty}\frac{(-1)^s}{s+1}\,\omega^s\mathop{\triangle}_{\omega}^{s}f(x)\qquad(\sigma>b),$$

die durch Differenzenbildung unter Berücksichtigung der Gleichung (68) leicht unmittelbar zu bestätigen ist. Für $y = -\omega$ entspringt unter der Voraussetzung $\sigma > b + \omega$ die andere Formel

$$(96) \quad F(x-\omega \mid \omega) = \sum_{s=0}^{\infty} (-1)^s \left(1 + \frac{1}{2} + \frac{1}{3} + \cdots + \frac{1}{s+1}\right) \omega^s \mathop{\triangle}_{\omega}^{s} f(x)$$

$$= \sum_{s=0}^{\infty} \frac{\omega^s B_s^{(s+2)}}{s!} \mathop{\triangle}_{\omega}^{s} f(x).$$

128. Will man die Stirlingsche oder die Besselsche Reihe in Anwendung bringen, so muß man voraussetzen, daß $\varphi(x)$ eine ganze Funktion ist, für welche die Ungleichung (86) besteht. Dann existiert $F(x \mid \omega)$ bei $0 < \omega < \frac{2\pi}{k}$ für alle x und befriedigt die Ungleichung (87). Nehmen wir $0 < \omega < \frac{\log(3+2\sqrt{2})}{k}$, so können wir also die am Schlusse des vorigen Paragrafen angeführten Entwicklungen benutzen. Z. B. finden wir aus (82), wenn wir das Integral (92) über $F(x \mid \omega)$ eintragen, die Darstellung

$$(97) \quad F\left(x + \frac{\omega}{2} \,\middle|\, \omega\right) = \sum_{s=0}^{\infty} (-1)^s \left(\frac{\omega}{2}\right)^{2s} \frac{1 \cdot 3 \cdot 5 \cdots (2s-1)}{2 \cdot 4 \cdot 6 \cdots 2s} \frac{1}{2s+1} \mathop{\triangle}_{\omega}^{2s} f(x - s\omega),$$

in der $f(x)$ das Integral (94) bedeutet. Hingegen ergibt sich für

$$\int_a^x F(z \mid 2\omega)\, dz$$

statt $F(x)$ aus (81) die Reihe

$$(98) \quad F(x \mid 2\omega) = \sum_{s=0}^{\infty} (-1)^s \omega^{2s} \frac{(s!)^2}{(2s+1)!} \mathop{\triangle}_{\omega}^{2s} f(x - (s+1)\omega),$$

aus der durch Anwendung der Operationen $\mathop{\nabla}_{\omega}$ und $\mathop{\triangle}_{\omega}$ die Gleichungen

$$(99) \quad F(x \mid \omega) = \sum_{s=0}^{\infty} (-1)^s \omega^{2s} \frac{(s!)^2}{(2s+1)!} \mathop{\triangle}_{\omega}^{2s} \mathop{\nabla}_{\omega} f(x - (s+1)\omega),$$

$$(100) \quad G(x \mid \omega) = \sum_{s=0}^{\infty} (-1)^s \omega^{2s} \frac{(s!)^2}{(2s+1)!} \mathop{\triangle}_{\omega}^{2s+1} f(x - (s+1)\omega)$$

hergeleitet werden können. Unmittelbar kommen wir zu Reihen für

$G(x \mid \omega)$, wenn wir in (83) $G(x \mid \omega)$ einführen. Dann folgt

$$(101)\quad G\left(x+\frac{\omega}{2}\,\Big|\,\omega\right)=\sum_{s=0}^{\infty}(-1)^s\left(\frac{\omega}{2}\right)^{2s}\frac{1\cdot 3\cdot 5\cdots(2s-1)}{2\cdot 4\cdot 6\cdots 2s}\mathop{\overset{2s}{\triangle}}_{\omega}\varphi(x-s\omega)$$

und hieraus durch Differenzenbildung

$$(102)\quad G\left(x+\frac{\omega}{2}\,\Big|\,\omega\right)=\varphi\left(x+\frac{\omega}{2}\right)$$
$$+\sum_{s=0}^{\infty}(-1)^{s+1}\left(\frac{\omega}{2}\right)^{2s+1}\frac{1\cdot 3\cdot 5\cdots(2s-1)}{2\cdot 4\cdot 6\cdots 2s}\mathop{\overset{2s+1}{\triangle}}_{\omega}\varphi(x-s\omega).$$

Die Eintragung von $F(x \mid \omega)$ in (83) liefert wegen

$$F\left(x+\frac{\omega}{2}\,\Big|\,\omega\right)-\mathop{\nabla}_{\omega}F(x\mid\omega)=\frac{\omega}{2}G\left(x\,\Big|\,\frac{\omega}{2}\right)-\frac{\omega}{2}\varphi(x)$$

die Beziehung

$$(103)\quad G\left(x\,\Big|\,\frac{\omega}{2}\right)=\varphi(x)$$
$$+\sum_{s=1}^{\infty}(-1)^s\left(\frac{\omega}{2}\right)^{2s-1}\frac{1\cdot 3\cdot 5\cdots(2s-1)}{2\cdot 4\cdot 6\cdots 2s}\mathop{\overset{2s-1}{\triangle}}_{\omega}\mathop{\nabla}_{\omega}\varphi(x-s\omega).$$

Eine ähnliche Formel ist

$$(104)\quad G\left(x\,\Big|\,\frac{\omega}{2}\right)=\varphi\left(x-\frac{\omega}{2}\right)$$
$$+\sum_{s=1}^{\infty}(-1)^{s-1}\left(\frac{\omega}{2}\right)^{2s-1}\frac{1\cdot 3\cdot 5\cdots(2s-3)}{2\cdot 4\cdot 6\cdots 2s}\mathop{\overset{2s-1}{\triangle}}_{\omega}\varphi(x-s\omega).$$

Unter den ausgesprochenen Bedingungen sind die angeführten Entwicklungen für alle Werte von x konvergent. Übrigens vermag man auch dann, wenn ω komplex ist, die Konvergenzuntersuchung ohne Mühe durchzuführen; insbesondere konvergieren die Reihen beständig in ω, wenn $k=0$ ist.

129. An Beispielen erwähnen wir die folgenden. Aus (89) und (93) bekommt man Darstellungen der Bernoullischen Polynome:

$$B_\nu(x+y)=B_\nu(x)+\nu\sum_{s=0}^{\nu-1}\frac{y(y-1)\cdots(y-s)}{(s+1)!}\overset{s}{\triangle}x^{\nu-1},$$

$$B_\nu(x+y)=\sum_{s=0}^{\nu}\frac{\overset{s}{\triangle}x^\nu}{(s+1)!}y(y-1)\cdots(y-s)\left(\frac{1}{y}+\frac{1}{y-1}+\cdots+\frac{1}{y-s}\right),$$

die natürlich als Sonderfälle in den allgemeinen Formeln von § 5 in Kapitel 6 enthalten sind.

Für $\varphi(x) = \frac{1}{x}$ ergeben sich aus (89) und (93) zwei Reihen für die Funktion $\Psi(x)$:

$$\Psi(x+y) = \Psi(x) + \sum_{s=0}^{\infty} \frac{(-1)^s}{s+1} \frac{y(y-1)\cdots(y-s)}{x(x+1)\cdots(x+s)},$$

$$\Psi(x+y) = \sum_{s=0}^{\infty} \frac{\overset{s}{\triangle}\log x}{(s+1)!} y(y-1)\cdots(y-s)\left(\frac{1}{y} + \frac{1}{y-1} + \cdots + \frac{1}{y-s}\right),$$

welche beide für $\Re(x+y) > 0$, $\Re(x) > 0$ konvergent sind. Der Sonderfall $y = 0$ der zweiten Formel ist uns schon in § 7 begegnet. Die erste Reihe kann man nach Belieben entweder als Newtonsche Reihe in y oder als Fakultätenreihe in x auffassen. Für $x = 1$ ist sie in der Gestalt

$$\Psi(y) = -C + \sum_{s=0}^{\infty} \frac{(-1)^s}{s+1} \binom{y-1}{s+1} \qquad (\Re(y) > 0)$$

von Stern[1]) aufgestellt worden.

Die Annahme $\varphi(x) = \log x$ in der Gleichung (89) führt zu der Beziehung

$$\log\Gamma(x+y) = \log\Gamma(x) + \sum_{s=0}^{\infty} \frac{y(y-1)\cdots(y-s)}{(s+1)!} \overset{s}{\triangle}\log x,$$

welche für $\Re(x+y) > 0$, $\Re(x) > 0$ gültig ist. Die Reihe für den Spezialfall $x = 1$

$$\log\Gamma(y) = \sum_{s=0}^{\infty} \binom{y-1}{s+1} \overset{s}{\triangle}\log 1 \qquad (\Re(y) > 0)$$

findet man bei Hermite [6].

Aus den Gleichungen (90) und (91) lassen sich Reihen für $g(x)$ und für $\log\gamma(x)$ gewinnen, z. B.

$$g(x) = \sum_{s=0}^{\infty} \frac{1}{s+1} \frac{1\cdot 3\cdot 5\cdots(2s-1)}{x(x+2)\cdots(x+2s)} \qquad (\sigma > -1)$$

und

$$g(x) = \sum_{s=0}^{\infty} \frac{1}{s+1} \frac{1\cdot 3\cdot 5\cdots(2s+1)}{(x+1)(x+3)\cdots(x+2s+1)} \qquad (\sigma > 0).$$

---

[1]) M. A. Stern, Zur Theorie der Eulerschen Integrale, *Göttinger Studien 1847, p. 283—320, insb. p. 319—320.*

Die Beziehungen (97), (98) und (99) liefern, wenn man $f(x) = x^\nu$ setzt, folgende Entwicklungen der Bernoullischen Polynome:

$$B_\nu\left(x+\frac{1}{2}\right) = \sum_{s=0}^{s \leqq \frac{\nu}{2}} \frac{(-1)^s}{2^{2s}} \frac{1\cdot 3\cdot 5 \cdots (2s-1)}{2\cdot 4\cdot 6 \cdots 2s} \frac{1}{2s+1} \overset{2s}{\triangle} (x-s)^\nu,$$

$$2^\nu B_\nu\left(\frac{x}{2}\right) = \sum_{s=0}^{s \leqq \frac{\nu}{2}} (-1)^s \frac{(s!)^2}{(2s+1)!} \overset{2s}{\triangle} (x-s-1)^\nu,$$

$$B_\nu(x) = \sum_{s=0}^{s \leqq \frac{\nu}{2}} (-1)^s \frac{(s!)^2}{(2s+1)!} \overset{2s}{\triangle} \bigtriangledown (x-s-1)^\nu.$$

Darstellungen der Eulerschen Polynome entstehen aus (100), (101), (102), (103) und (104), z. B.

$$(\nu+1) E_\nu(x) = \sum_{s=0}^{s \leqq \frac{\nu}{2}} (-1)^s \frac{(s!)^2}{(2s+1)!} \overset{2s+1}{\triangle} (x-s-1)^{\nu+1},$$

$$E_\nu\left(x+\frac{1}{2}\right) = \sum_{s=0}^{s \leqq \frac{\nu}{2}} \frac{(-1)^s}{2^{2s}} \frac{1\cdot 3\cdot 5 \cdots (2s-1)}{2\cdot 4\cdot 6 \cdots 2s} \overset{2s}{\triangle} (x-s)^\nu,$$

$$E_\nu\left(x+\frac{1}{2}\right) = \left(x+\frac{1}{2}\right)^\nu + \sum_{s=0}^{s < \frac{\nu}{2}} \frac{(-1)^{s+1}}{2^{2s+1}} \frac{1\cdot 3\cdot 5 \cdots (2s-1)}{2\cdot 4\cdot 6 \cdots 2s} \overset{2s+1}{\triangle} (x-s)^\nu.$$

Die letzte Formel wurde für $x = -\frac{1}{2}$ von Laplace [4] gefunden.

130. In diesem Zusammenhang wollen wir noch eine andere Reihenentwicklung der Wechselsumme $G(x \mid \omega)$ erwähnen, auf welche man durch Heranziehung der Eulerschen Transformation stößt. Mit geringfügiger Abänderung der früheren Bezeichnungen definieren wir die Wechselsumme durch den Grenzwert

$$\mathop{\large\mathcal{S}} \varphi(x) \mathop{\bigtriangledown}_{\omega} x = \lim_{\varrho \to 1} 2 \sum_{s=0}^{\infty} (-1)^s \varphi(x+s\omega) \varrho^s$$

und setzen voraus, daß die rechtsstehende Reihe für $0 < \varrho < 1$ konvergiert. Dann können wir auf diese Reihe die Eulersche Transformation anwenden, durch welche eine im Kreise $|x| < 1$ konvergente Potenzreihe

$$h(x) = \sum_{s=0}^{\infty} a_s x^s$$

bei $\left|\frac{x}{1-x}\right| < 1$, also insbesondere bei $-1 < x < 0$, in die Reihe

$$h(x) = \sum_{s=0}^{\infty} \frac{x^s}{(1-x)^{s+1}} \sum_{\nu=0}^{s} (-1)^{s-\nu} \binom{s}{\nu} a_\nu$$

umgestaltet wird. Dadurch bekommen wir für $0 < \varrho < 1$

$$(105) \qquad \sum_{s=0}^{\infty} (-1)^s \varrho^s \varphi(x + s\omega) = \sum_{s=0}^{\infty} (-1)^s \frac{\varrho^s \omega^s}{(1+\varrho)^{s+1}} \mathop{\triangle}_{\omega}^{s} \varphi(x);$$

gehen wir hierin zur Grenze $\varrho \to 1$ über, so entsteht, da die linke Seite nach Voraussetzung gegen $\frac{1}{2} G(x \mid \omega)$ strebt, die Gleichung

$$(106) \qquad \mathop{\mathbf{S}}_{\omega} \varphi(x) \nabla x = \sum_{s=0}^{\infty} (-1)^s \left(\frac{\omega}{2}\right)^s \mathop{\triangle}_{\omega}^{s} \varphi(x),$$

wofern die rechtsstehende Reihe konvergiert. *Demnach existiert die Wechselsumme stets, wenn die in* (106) *auftretende Reihe konvergent ist.*

Durch Ausrechnung des Restgliedes vermag man einen einfachen Sonderfall anzugeben, in dem die Konvergenz sicher vorhanden ist. Durch Multiplikation von (105) mit $\frac{1+\varrho}{1+\varrho}$ findet man nämlich bei $0 < \varrho < 1$

$$\sum_{s=0}^{\infty} (-1)^s \varrho^s \varphi(x + s\omega) = \frac{\varphi(x)}{1+\varrho} - \frac{\varrho\,\omega}{1+\varrho} \sum_{s=0}^{\infty} (-1)^s \varrho^s \mathop{\triangle}_{\omega} \varphi(x + s\omega)$$

und allgemeiner durch n-malige Anwendung dieser Operation

$$\sum_{s=0}^{\infty} (-1)^s \varrho^s \varphi(x + s\omega)$$

$$= \sum_{s=0}^{n-1} (-1)^s \frac{\varrho^s \omega^s}{(1+\varrho)^{s+1}} \mathop{\triangle}_{\omega}^{s} \varphi(x) + (-1)^n \frac{\varrho^n \omega^n}{(1+\varrho)^n} \sum_{s=0}^{\infty} (-1)^s \varrho^s \mathop{\triangle}_{\omega}^{n} \varphi(x + s\omega).$$

Läßt man ϱ nach 1 gehen, so kommt die gewünschte Relation

$$(107) \mathop{\mathbf{S}}_{\omega} \varphi(x) \nabla x = \sum_{s=0}^{n-1} (-1)^s \left(\frac{\omega}{2}\right)^s \mathop{\triangle}_{\omega}^{s} \varphi(x) + (-1)^n \left(\frac{\omega}{2}\right)^n \mathop{\mathbf{S}}_{\omega} \mathop{\triangle}_{\omega}^{n} \varphi(x) \nabla x.$$

Unter anderen Voraussetzungen und auf anderem Wege, nämlich durch partielle Summation, sind wir bereits in Kapitel 7, § 7 zu dieser

Gleichung gelangt. Sie lehrt, *daß die Wechselsumme dann existiert, wenn bei genügend großem n die Reihe*

$$\sum_{s=0}^{\infty}(-1)^s \overset{n}{\underset{\omega}{\triangle}} \varphi(x+s\omega)$$

konvergiert. Ist z. B. $\varphi(x)=x^\nu$, so braucht man nur $n>\nu$ zu nehmen, um die folgende Darstellung des Eulerschen Polynoms zu erhalten:

$$E_\nu(x)=\sum_{s=0}^{\nu}(-1)^s \frac{\overset{s}{\triangle} x^\nu}{2^s}.$$

Ein Beispiel für die Formel (106) haben wir schon am Schluß von Kapitel 7 in der Fakultätenreihe für die Funktion $g(x)$

$$g(x)=\sum_{s=0}^{\infty}\frac{\left(\frac{1}{2}\right)^s s!}{x(x+1)\cdots(x+s)}$$

kennengelernt. Ein anderes Beispiel ist die für $\varphi(x)=\log x$ entspringende Reihe

$$\log\gamma(x)=\sum_{s=0}^{\infty}\frac{(-1)^s}{2^{s+1}}\overset{s}{\triangle}\log x,$$

welche für $x=1$ die Gleichung

$$\log\frac{2}{\pi}=\sum_{s=0}^{\infty}\frac{(-1)^s}{2^s}\overset{s}{\triangle}\log 1$$

liefert.

Bei der Herleitung der Gleichung (106) haben wir vorausgesetzt, daß die Reihe auf der linken Seite der Gleichung (105) für $0<\varrho<1$ konvergiert. Wir wollen anmerken, daß diese Annahme nicht nötig ist. Wenn die Funktion $\varphi(x)$ den Bedingungen genügt, die wir ihr am Anfang dieses Paragrafen auferlegt haben, so gilt die Gleichung (106) für jeden Wert von x, der keine singuläre Stelle der Funktion $G(x\mid\omega)$ ist.

131. Für die Wechselsummen höherer Ordnung besteht eine ähnliche Entwicklung wie (106). Durch n-malige Anwendung der Eulerschen Transformation findet man

$$(108)\quad \mathop{\mathsf{S}} \varphi(x) \overset{n}{\underset{\omega_1\cdots\omega_n}{\nabla}} x=\sum(-1)^{s_1+\cdots+s_n}\left(\frac{\omega_1}{2}\right)^{s_1}\cdots\left(\frac{\omega_n}{2}\right)^{s_n}\overset{s_1+\cdots+s_n}{\underset{\omega_1^{s_1}\cdots\omega_n^{s_n}}{\triangle}}\varphi(x),$$

wofern die Reihe auf der rechten Seite konvergiert; zu summieren ist dabei über alle nichtnegativen ganzzahligen $s_1, \ldots, s_n$. *Die Wechselsumme*

$$\mathop{\mathbf{S}} \varphi(x) \mathop{\nabla}_{\omega_1 \cdots \omega_n}^{n} x$$

existiert also immer, wenn die in (108) *auftretende Reihe konvergent ist.*

Z. B. gewinnt man für $\varphi(x) = x^\nu$

$$E_\nu^{(n)}(x \mid \omega_1 \cdots \omega_n) = \sum (-1)^{s_1 + \cdots + s_n} \left(\frac{\omega_1}{2}\right)^{s_1} \cdots \left(\frac{\omega_n}{2}\right)^{s_n} \mathop{\Delta}_{\omega_1^{s_1} \cdots \omega_n^{s_n}}^{s_1 + \cdots + s_n} x^\nu$$

wobei die Summation über alle ganzzahligen nichtnegativen $s_1, \ldots, s_n$ mit $s_1 + \cdots + s_n \leqq \nu$ läuft.

Auch hier kann man durch Untersuchung des Restglieds schließen, daß die Wechselsumme existiert, wenn für genügend großes p die Reihe

$$\sum (-1)^{s_1 + \cdots + s_p} \mathop{\Delta}_{\omega_1 \cdots \omega_p}^{p} \varphi(x + \Omega)$$

konvergent ist.

Neuntes Kapitel.

Fakultätenreihen.

132. In den Beispielen der letzten beiden Kapitel sind uns schon mehrfach Fakultätenreihen, d. h. Reihen von der Form

$$\Omega(x) = a_0 + \sum_{s=0}^{\infty} \frac{a_{s+1}\, s!}{x(x+1)\cdots(x+s)} \tag{1}$$

begegnet, wobei $a_0, a_1, a_2, \ldots$ von x unabhängige Größen bezeichnen. Derartige Reihen sind in erster Linie für das Studium der Differenzengleichungen von der allergrößten Bedeutung; sie vertreten dort geradezu die Stelle, welche bei den Differentialgleichungen die Potenzreihen einnehmen. Aber auch sonst gewähren die Fakultätenreihen in mannigfacher Hinsicht beträchtliches Interesse. Beispielsweise stehen sie in enger Beziehung zur Borelschen exponentiellen Summationsmethode und sind von Nutzen bei der Untersuchung des Verhaltens von Funktionen in der Umgebung singulärer Punkte. Ferner können z. B. die von Poincaré bei seinen Untersuchungen über die irregulären Integrale linearer Differentialgleichungen angewandten divergenten Potenzreihen mit demselben Erfolge durch konvergente Fakultätenreihen ersetzt werden.

Wiewohl die Fakultätenreihen schon lange bekannt sind — bereits Newton und Stirling haben sich mit ihnen beschäftigt, und um die Mitte des 19. Jahrhunderts hat Schlömilch [10, 11, 12] ihren Zusammenhang mit gewissen bestimmten Integralen erkannt —, ist doch erst in allerjüngster Zeit nach Vorarbeiten von Jensen [1, 2], Pincherle [38, 39, 43, 47, 52, 53, 55] und Nielsen [2, 3, 4, 5, 6, 9, 11, 12] durch Landau [2] eine sichere Grundlage für ihre Theorie geschaffen worden. Seitdem sind vor allem Untersuchungen von H. Bohr [1, 2] über Summierbarkeit, ferner über analytische Fortsetzung der durch die Reihe definierten Funktion und über Darstellbarkeit von Funktionen durch Fakultätenreihen [16, 17, 18, 20] neu hinzugekommen.

Wir wollen jetzt in aller Kürze von den wichtigsten Ergebnissen über diese Reihen berichten. Das Hauptgewicht legen wir dabei natürlich auf die für spätere Anwendungen nötigen Dinge.

§ 1. Die Fakultätenreihe in der Konvergenzhalbebene. Integraldarstellungen.

133. Zunächst nehmen wir der Einfachheit halber an, daß das konstante Glied a_0 der Fakultätenreihe gleich Null, diese selbst also von der Gestalt

$$(2) \qquad \Omega(x) = \sum_{s=0}^{\infty} \frac{a_{s+1}\, s!}{x(x+1)\cdots(x+s)}$$

ist. Ähnlich wie bei einer Newtonschen Reihe ist das Konvergenzgebiet eine Halbebene $\sigma > \lambda$ mit Ausschluß der etwa in ihr gelegenen unter den Punkten $0, -1, -2, \ldots$, links begrenzt von der Konvergenzgeraden $\sigma = \lambda$, und das Gebiet absoluter Konvergenz eine Halbebene $\sigma > \mu$, wobei μ den Bedingungen $\lambda \leqq \mu \leqq \lambda + 1$ unterworfen ist. Die Konvergenzabszisse λ finden wir auf folgende Weise. Setzt man

$$(3) \qquad \varkappa = \limsup_{n \to \infty} \frac{\log \left| \sum\limits_{s=0}^{n} a_{s+1} \right|}{\log n}, \qquad \varkappa^* = \limsup_{n \to \infty} \frac{\log \left| \sum\limits_{s=n+1}^{\infty} a_{s+1} \right|}{\log n},$$

so ist $\lambda = \varkappa$, wenn $\sum\limits_{s=0}^{\infty} a_{s+1}$ divergiert, also $\lambda \geqq 0$ ist, hingegen $\lambda = \varkappa^*$, wenn $\sum\limits_{s=0}^{\infty} a_{s+1}$ konvergiert, also $\lambda \leqq 0$ ist. Für eine spätere Anwendung in Kap. 12, § 2 wollen wir anmerken, daß aus der hiernach gültigen Abschätzung

$$\left| \sum_{s=0}^{n} a_{s+1} \right| < K n^{\lambda' + \varepsilon},$$

in der λ' die größere der beiden Zahlen 0 und λ bedeutet, unter Heranziehung des Gaußschen Produkts für die Gammafunktion die Ungleichung

$$(4) \qquad \left| \sum_{s=0}^{n} a_{s+1} \right| < M \frac{(\lambda' + \varepsilon + 1)(\lambda' + \varepsilon + 2) \cdots (\lambda' + \varepsilon + n)}{n!}$$

folgt.

Bereits nach unseren bisherigen Ergebnissen wird man eine gewisse formale Analogie zwischen der Reihe (2) und der Newtonschen Reihe

$$\sum_{s=0}^{\infty} (-1)^s a_{s+1} \binom{x-1}{s}$$

vermuten. Diese besteht in der Tat und erstreckt sich außerdem auch auf die Dirichletsche Reihe

$$\sum_{s=1}^{\infty} \frac{a_{s+1}}{s^x}.$$

Landau [2] hat gezeigt, daß die drei Reihen mit etwaigem Ausschluß der Punkte $0, -1, -2, \ldots$ und $1, 2, \ldots$ gleichzeitig konvergent oder divergent sind, und H. Bohr [1] hat einen entsprechenden Satz für die Summabilität der Reihen durch arithmetische Mittel bewiesen. Die Analogie reicht noch weiter und ließe sich auch für viele unserer späteren Betrachtungen verfolgen; doch werden wir darauf nicht eingehen.

134. Gleichmäßig konvergent ist die Reihe (2) (nach Ausschluß kleiner Umgebungen der Punkte $0, -1, -2, \ldots$) in jedem von einem Konvergenzpunkte x_0 ausstrahlenden Winkelraum ϑ (Fig. 31), charakterisiert durch

$$|x - x_0| \geqq 0, \quad -\frac{\pi}{2} + \eta \leqq \operatorname{arc}(x - x_0) \leqq \frac{\pi}{2} - \eta \quad (\eta > 0),$$

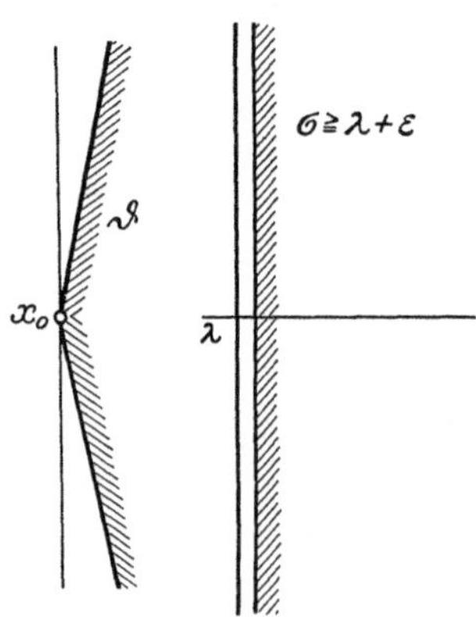

Fig. 31. Fig. 32.

ferner auch in der Halbebene $\sigma \geqq \lambda + \varepsilon$ (Fig. 32) bei beliebig kleinem positiven ε. Dieses Ergebnis findet man mit Hilfe der Abelschen Transformation in einer der beiden in § 1 des vorigen Kapitels benutzten Formen. In den Anwendungen kommt besonders oft die durch diese Transformation entstehende Reihe

$$(5) \qquad \Omega(x) = \sum_{s=0}^{\infty} \frac{s!\,(a_1 + a_2 + \cdots + a_{s+1})}{(x+1)(x+2)\cdots(x+s+1)}$$

vor, welche für $\sigma > \lambda' = \operatorname{Max}(\lambda, 0)$ absolut konvergiert.

Die Fakultätenreihe (2) stellt also eine im Inneren der Konvergenzhalbebene reguläre analytische Funktion $\Omega(x)$ dar, allenfalls mit Ausnahme der Punkte $0, -1, -2, \ldots$, die Pole oder auch reguläre Punkte sind, wofern sie im Inneren der Konvergenzhalbebene liegen. Wenn insbesondere $\lambda = -\infty$ ist, die Fakultätenreihe also beständig konvergiert, ist die Funktion $\Omega(x)$ meromorf. Liegt auf der Konvergenzgeraden ein Konvergenzpunkt x_0, so ist für ihn bei Annäherung im Winkelraum ϑ ein Grenzwert der Funktion vorhanden und gleich der Reihensumme.

135. Der unendlich ferne Punkt ist im allgemeinen eine wesentlich singuläre Stelle für $\Omega(x)$. Aus der Gleichmäßigkeit der Konvergenz der Reihe (2) in der Halbebene $\sigma \geqq \lambda + \varepsilon$ geht jedoch hervor, daß $\Omega(x)$ gleichmäßig gegen Null strebt, wenn x in ihr nach Unendlich wandert. Genauer ergeben sich sogar die Gleichungen

$$(6)\qquad \begin{cases} \lim\limits_{|x|\to\infty} x\,\Omega(x) = a_1, \\ \lim\limits_{|x|\to\infty} (x+1)(x\,\Omega(x) - a_1) = a_2 \cdot 1!, \\ \dots\dots\dots\dots\dots\dots, \end{cases}$$

und allgemein ist, wenn

$$(7)\qquad \Omega(x) = \sum_{s=0}^{n-1} \frac{a_{s+1}\, s!}{x(x+1)\cdots(x+s)} + R_n(x)$$

gesetzt wird,

$$(8)\qquad \lim_{|x|\to\infty} x^{n+1} R_n(x) = a_{n+1}\, n!\,.$$

In der Halbebene $\sigma \geqq \lambda + \varepsilon$ bleibt also (nach Ausschluß kleiner Umgebungen der Punkte $0, -1, -2, \ldots$) die Größe $|x^{n+1} R_n(x)|$ kleiner als eine Konstante. Diese belangreiche Tatsache zeigt, *daß die Fakultätenreihe in der Halbebene $\sigma \geqq \lambda + \varepsilon$ mit beliebiger Genauigkeit das Verhalten der durch sie dargestellten Funktion bei Annäherung an den unendlich fernen Punkt erkennen läßt.* Hierdurch wird beispielsweise die Untersuchung des asymptotischen Verhaltens der Lösungen von Differenzengleichungen ermöglicht. Allgemeiner beruht auf der Gleichung (8) überhaupt die Anwendbarkeit der Fakultätenreihen zum Studium von Funktionen in der Umgebung singulärer Punkte. Die Fakultätenreihe ist hierbei insofern der Potenzreihe wesentlich überlegen, als sie eine Darstellung der Funktion liefert, die konvergent bleibt, wenn man sich dem durch eine geeignete Transformation ins Unendliche zu verlegenden singulären Punkt in einem gewissen von ihm ausstrahlenden Winkelraum nähert.

Weiterhin lehrt die Gleichung (8), daß die Funktion $\Omega(x)$ in der Halbebene $\sigma \geqq \lambda + \varepsilon$ jeden Wert nur endlich oft annimmt. Auch können wir aus ihr schließen, daß die Entwicklung in eine Fakultätenreihe eindeutig ist.

136. Aus der Gleichung (6) läßt sich entnehmen, daß $\Omega(x)$ in der Halbebene $\sigma \geqq \lambda + \varepsilon$, $\sigma > 0$ von der Form

$$(9)\qquad \Omega(x) = \frac{a_1}{x} + \frac{\nu(x)}{x(x+1)}$$

ist, wobei $\nu(x)$ eine in $\sigma \geqq \lambda + \varepsilon$, $\sigma >$ reguläre und beschränkte Funktion bedeutet. Benutzen wir diese Gleichung zur Abschätzung, so gewinnen wir mit Hilfe des Cauchyschen Integralsatzes die Integraldarstellung

$$(10)\qquad \Omega(x) = \int_0^\infty e^{-\xi x} H(\xi)\, d\xi\,.$$

Dabei ist

$$(11)\qquad H(\xi)=\frac{1}{2\pi i}\int_{\gamma-i\infty}^{\gamma+i\infty} e^{\xi z}\,\Omega(z)\,dz,$$

unter γ eine beliebige Zahl größer als λ verstanden. Die Substitution $e^{-\xi}=t$ führt zu der anderen Integraldarstellung

$$(12)\qquad \Omega(x)=\int_0^1 t^{x-1}\varphi(t)\,dt$$

mit

$$(13)\qquad \varphi(t)=H\left(\log\left(\frac{1}{t}\right)\right)$$

$$=\frac{1}{2\pi i}\int_{\gamma-i\infty}^{\gamma+i\infty} t^{-z}\,\Omega(z)\,dz=\sum_{s=0}^{\infty} a_{s+1}(1-t)^s.$$

Das Integral für $\varphi(t)$ ist bei $0<t<1$ konvergent, wenn auch nicht absolut. Mit Hilfe der Gleichung

$$t^{-1}\varphi(t)=\sum_{s=0}^{\infty}(a_1+a_2+\cdots+a_{s+1})(1-t)^s$$

erkennt man, daß die Funktion $t^{-1}\varphi(t)$ im Inneren des Kreises $|t-1|=1$ regulär und auf ihm selbst von endlicher Ordnung ist. Als *Ordnung* einer durch eine Potenzreihe

$$f(x)=\sum_{n=0}^{\infty}\alpha_n x^n$$

mit dem Konvergenzradius 1 definierten Funktion $f(x)$ auf dem Kreise $|x|=1$ bezeichnen wir dabei mit Hadamard[1]) die Größe

$$k=\limsup_{n\to\infty}\frac{\log|n\,\alpha_n|}{\log n}.$$

Genauer ist die Ordnung k von $t^{-1}\varphi(t)$ auf dem Kreise $|t-1|=1$ für $k>1$ gleich $\lambda+1$ und für $k\leqq 1$ nicht kleiner als $\lambda+1$. Umgekehrt kann man aus der Kenntnis der Ordnung von $t^{-1}\varphi(t)$ Schlüsse auf die Konvergenzabszisse ziehen.

Das Konvergenzgebiet eines Integrals von der Form (12) ist nach Phragmén [1], Lerch [6] und Pincherle [47] ebenfalls eine Halbebene,

---

[1]) J. Hadamard, Essai sur l'étude de fonctions données par leur développement de Taylor, *J. math. pures appl. (4) 8 (1892), p. 101—186.*

wobei die Konvergenzabszisse größer, gleich oder kleiner sein kann als bei der entsprechenden Fakultätenreihe.

137. Beispiele für derartige Integraldarstellungen sind die aus dem Gaußschen Integral für $\Psi(x)$ entspringende Gleichung

$$\Psi(x+y)-\Psi(x)=\int_0^\infty e^{-\xi x}\frac{1-e^{-\xi y}}{1-e^{-\xi}}\,d\xi \qquad (\Re(x)>0,\ \Re(x+y)>0)$$

und die ähnliche für $g(x)$

$$g(x)=2\int_0^1\frac{t^{x-1}}{1+t}\,dt \qquad (\sigma>0).$$

Die zugehörigen Fakultätenreihen lauten, wie wir aus Kapitel 7, § 7 und Kapitel 8, § 8 wissen,

$$\Psi(x+y)-\Psi(x)=\sum_{s=0}^\infty\frac{(-1)^s}{s+1}\,\frac{y(y-1)\cdots(y-s)}{x(x+1)\cdots(x+s)} \qquad (\Re(x+y)>0)$$

und

$$g(x)=\sum_{s=0}^\infty\frac{\left(\frac{1}{2}\right)^s s!}{x(x+1)\cdots(x+s)};$$

die letzte konvergiert in der ganzen Ebene mit Ausnahme der Pole $0, -1, -2, \ldots$, während das Integral nur in der Halbebene $\sigma>0$ konvergent ist.

Noch einfacher ist das Beispiel

$$\frac{1}{x-\alpha}=\int_0^1 t^{x-\alpha-1}\,dt \qquad (\sigma>\Re(\alpha)).$$

Hier rührt die entsprechende Fakultätenreihe

$$\frac{1}{x-\alpha}=\frac{1}{x}+\frac{\alpha}{x(x+1)}+\frac{\alpha(\alpha+1)}{x(x+1)(x+2)}+\cdots=\sum_{s=0}^\infty\frac{B_s^{(s+1)}(\alpha+s)}{x(x+1)\cdots(x+s)},$$

welche für $\sigma>\Re(\alpha)$ absolut konvergiert, von Stirling [2] her. Durch Differentiation nach α bekommt man die Reihe

$$\frac{1}{(x-\alpha)^{n+1}}=\sum_{s=n}^\infty\binom{s}{n}\frac{B_{s-n}^{(s+1)}(\alpha+s)}{x(x+1)\cdots(x+s)} \qquad (\sigma>\Re(\alpha));$$

auch durch Differenzenbildung ergeben sich interessante Reihen.

§ 2. Analytische Fortsetzung der durch eine Fakultätenreihe definierten Funktion.

138. Für die analytische Fortsetzung der durch eine Fakultätenreihe (2) dargestellen Funktion $\Omega(x)$ über die Konvergenzgerade $\sigma = \lambda$ hinaus kommen dieselben beiden linearen Transformationen wie bei der Newtonschen Reihe in Frage. Am raschesten gelangt man mit Hilfe der Integraldarstellung (12) zu den entsprechenden Entwicklungen. Bringt man nämlich erstens (12) in die Form

$$\Omega(x) = \int_0^1 t^{x+\varrho-1}\, t^{-\varrho} \varphi(t)\, dt,$$

entwickelt dann $t^{-\varrho}\varphi(t)$ nach Potenzen von $(1-t)$ und integriert gliedweise, so erhält man

$$\Omega(x) = \sum_{s=0}^{\infty} \frac{b_{s+1}\, s!}{(x+\varrho)(x+\varrho+1)\cdots(x+\varrho+s)} \tag{14}$$

mit

$$b_{s+1} = a_{s+1} + \binom{\varrho}{1} a_s + \binom{\varrho+1}{2} a_{s-1} + \cdots + \binom{\varrho+s-1}{s} a_1 . \tag{15}$$

Schreibt man zweitens in (12) $t^{\frac{1}{\omega}}$ statt t, wobei ω eine positive Zahl größer als 1 bedeutet, so entsteht zunächst

$$\Omega(x) = \omega \int_0^1 t^{\frac{x}{\omega}-1}\, \varphi\left(t^{\frac{1}{\omega}}\right) dt$$

und hieraus, wenn man $\varphi\left(t^{\frac{1}{\omega}}\right)$ nach Potenzen von $(1-t)$ entwickelt und gliedweise integriert,

$$\Omega(x) = \sum_{s=0}^{\infty} \frac{c_{s+1}\, s!}{x(x+\omega)\cdots(x+s\omega)} . \tag{16}$$

Beide Ergebnisse können unter Vermeidung der Integraldarstellung durch Benutzung von Doppelreihen auch unmittelbar bestätigt werden.

Betrachten wir zunächst die Reihe (14). Durch Untersuchung der Ordnung von $t^{-\varrho-1}\varphi(t)$ auf dem Kreise $|t-1| = 1$ findet man, daß die Reihe bei $\Re(\varrho) \geqq 0$ für $\sigma > \lambda'$, bei $\Re(\varrho) < 0$ für $\sigma > \lambda' - \Re(\varrho)$ konvergiert. Für $\varrho = 1$ stößt man wieder auf die Gleichung (5). Die durch (14) angezeigte Transformation der Reihe (2) erweist sich bei vielen Gelegenheiten als sehr nützlich. Z. B. werden wir in Kapitel 12 für ϱ

die im allgemeinen komplexen Wurzeln einer gewissen algebraischen Gleichung einsetzen. Ferner kann mit Hilfe der Relation (14) die Ableitung einer Fakultätenreihe wieder als Fakultätenreihe geschrieben werden. Bildet man nämlich die Differenz $\underset{\varrho}{\triangle}\, \Omega(x)$ und läßt dann ϱ nach Null gehen, so kommt

$$\Omega'(x) = -\sum_{s=0}^{\infty} \frac{\left(\frac{a_s}{1} + \frac{a_{s-1}}{2} + \cdots + \frac{a_1}{s}\right) s!}{x(x+1)\cdots(x+s)} \qquad (\sigma > \lambda').$$

Die Verwendbarkeit der Transformation (14) für die analytische Fortsetzung der Funktion $\Omega(x)$ beruht darauf, daß die Reihe (14) im allgemeinen weiter konvergiert, als die von uns ausgesprochenen Bedingungen angeben. Hierbei genügt es, ϱ als positive reelle Zahl zu nehmen. Dann gehört zu jedem ϱ eine Konvergenzabszisse λ_ϱ. Ist $\lambda_\varrho > 0$, so stellt λ_ϱ eine stetige Funktion von ϱ dar, die niemals zunimmt, wenn ϱ ins Unendliche wächst. Sie strebt somit einem Grenzwert λ_∞ zu, und es ist

$$\lambda_\infty \leqq \lambda_\varrho \leqq \lambda.$$

Die Transformation (14) liefert also bei passender Wahl von ϱ die analytische Fortsetzung der Funktion $\Omega(x)$ in den Streifen $\lambda_\infty < \sigma \leqq \lambda$. Indes scheint es, als ob λ_∞ ebensowenig wie λ mit einfachen analytischen Eigenschaften der Funktion $\Omega(x)$ im Zusammenhang steht. Führt man nämlich eine reelle Zahl α, die der Einfachheit halber positiv sein möge, derart ein, daß $\Omega(x)$ für $\sigma \geqq \alpha + \varepsilon$ regulär und beschränkt ist, hingegen nicht mehr für $\sigma \geqq \alpha - \varepsilon$, wie klein man auch die positive Zahl ε wählen mag, so zeigt sich, daß $\lambda_\infty \geqq \alpha$ *und im allgemeinen* $\lambda_\infty > \alpha$ *ist.* Trotzdem strebt die Fakultätenreihe in der Halbebene $\sigma \geqq \alpha + \varepsilon$ gleichmäßig gegen Null.

Übrigens steht die Transformation (14) in engem Zusammenhang mit der von H. Bohr [1] ausgebildeten Theorie der Summation der Reihe (2) durch arithmetische Mittel. Zu der Reihe (2) gehört eine Folge von Zahlen $\lambda_0 = \lambda \geqq \lambda_1 \geqq \lambda_2 \geqq \cdots$ derart, daß (2) für $\sigma > \lambda_r$ durch arithmetische Mittel r-ter Ordnung summierbar ist, aber nicht mehr für $\sigma < \lambda_r$. Falls λ_r, die *Summabilitätsabszisse r-ter Ordnung*, positiv ist, stellt sie gerade die Konvergenzabszisse der Reihe (14) bei $\varrho = r$ dar. *Eine von r-ter Ordnung summierbare Fakultätenreihe* (2) *läßt sich also auch als konvergente Fakultätenreihe* (14) *schreiben*, und zwar ist diese für $\Re(\varrho) \geqq r$ zum mindesten in der Halbebene $\sigma \geqq \lambda_r' = \operatorname{Max}(\lambda_r, 0)$ konvergent, für $\Re(\varrho) > r + 1$ sogar absolut konvergent. Diese Ersetzung summierbarer Fakultätenreihen durch konvergente werden wir in Kapitel 12 oft anwenden.

139. Aus den letzten Ergebnissen können mit Hilfe von Doppelreihen ohne Schwierigkeit einige wichtige Sätze über Multiplikation von

Fakultätenreihen hergeleitet werden. Von der Voraussetzung $\alpha > 0$ sehen wir dabei für einen Augenblick ab. Man findet, daß sich das Produkt zweier Fakultätenreihen mit konstantem Glied

$$(1) \qquad \Omega(x) = a_0 + \sum_{s=0}^{\infty} \frac{a_{s+1}\, s!}{x(x+1)\cdots(x+s)},$$

$$(1^*) \qquad \Omega^*(x) = a_0^* + \sum_{s=0}^{\infty} \frac{a_{s+1}^*\, s!}{x(x+1)\cdots(x+s)},$$

die in der Halbebene $\sigma > \lambda_r$ von r-ter Ordnung summierbar sind, durch eine Fakultätenreihe von derselben Form darstellen läßt, die mindestens für $\sigma > \lambda_r'$ von r-ter Ordnung summierbar ist. Sind insbesondere die beiden Reihen konvergent für $\sigma > \lambda$, so ist die Produktreihe für $\sigma > \lambda'$ konvergent. Verschwinden in (1) und (1*) die konstanten Glieder a_0 und a_0^* und sind die entsprechenden Reihen für $\sigma > \lambda_1$ von erster Ordnung summierbar und für $\sigma > \lambda$ konvergent, so ist die Reihe ihres Produkts für $\sigma > \lambda_1'$ konvergent und für $\sigma > \lambda'$ absolut konvergent. Hieraus ergibt sich z. B. mit Hilfe der Stirlingschen Fakultätenreihe für $\frac{1}{x-\alpha}$, daß sich jede rationale Funktion, bei welcher der Grad des Zählers den des Nenners nicht übertrifft, in eine Fakultätenreihe (1) entwickeln läßt, die absolut konvergiert, wenn σ größer als der reelle Teil der am weitesten rechts gelegenen Nennerwurzel ist. Diese Tatsache führt dann weiter zu dem folgenden Satze: Wenn die Funktion $\Omega(x)$ eine Reihenentwicklung der Form (1) gestattet, die für $\sigma > \lambda_r$ summierbar von r-ter Ordnung ist, dann besteht für $x^{-r}\,\Omega(x)$ eine Entwicklung von derselben Form, die für $\sigma > \lambda_r'$ konvergiert, und für $x^{-r-1}\,\Omega(x)$ eine Entwicklung, die für $\sigma > \lambda_r'$ sogar absolut konvergiert. Denn es ist z. B. $\frac{\Omega(x)}{x(x+1)\cdots(x+r-1)}$ durch eine für $\sigma > \lambda_r'$ konvergente Reihe der Gestalt (1) darstellbar; durch Multiplikation mit der Reihe für $\frac{x(x+1)\cdots(x+r-1)}{x^r}$ folgt dann unmittelbar die Behauptung.

Ein interessantes Beispiel für eine Entwicklung der Form (14) bekommen wir, wenn wir den Quotienten

$$\frac{\Gamma(x+\varrho+1)}{\Gamma(x)\, x^{\varrho+1}}$$

durch eine Fakultätenreihe darzustellen versuchen. Aus dem zweiten Eulerschen Integral ergibt sich die Formel

$$\frac{\Gamma(\varrho+1)}{x^{\varrho+1}} = \int_0^1 t^{x-1} \log^{\varrho} \frac{1}{t}\, dt.$$

Trägt man in ihr für $\log^{\varrho}\frac{1}{t}$ die in Kap. 5, § 5 erwähnte Reihe

$$\log^{\varrho}\frac{1}{t} = \varrho\,(1-t)^{\varrho}\sum_{s=0}^{\infty}\frac{(-1)^s B_s^{(\varrho+s)}}{s!\,(\varrho+s)}(1-t)^s$$

ein, so darf gliedweise integriert werden, und schließlich gewinnt man

$$\frac{\Gamma(x+\varrho+1)}{\Gamma(x)\,x^{\varrho+1}} = \sum_{s=0}^{\infty}\frac{(-1)^s\binom{\varrho+s-1}{s}B_s^{(\varrho+s)}}{(x+\varrho+1)(x+\varrho+2)\cdots(x+\varrho+s)},$$

wobei die Reihe für $\sigma > 0$ absolut konvergiert. Aus der letzten Gleichung läßt sich dann weiter die Existenz einer Entwicklung von der Form

$$\frac{\Gamma(x)\,x^{\varrho+1}}{\Gamma(x+\varrho+1)} = 1 + \sum_{s=0}^{\infty}\frac{a_{s+1}\,s!}{x(x+1)\cdots(x+s)}$$

erschließen, wobei die Fakultätenreihe für $\Re(x+\varrho+1) > 0$, $\sigma > 0$ konvergiert. Durch Differentiation nach ϱ erhalten wir die Gleichung

$$\begin{aligned} x^{\varrho+1}\frac{\partial^s}{\partial\varrho^s}\left\{\frac{\Gamma(x)}{\Gamma(x+\varrho+1)}\right\} \\ = \Omega_0(x) + \Omega_1(x)\log\frac{1}{x} + \cdots + \Omega_{s-1}(x)\log^{s-1}\frac{1}{x} \\ + [1+\Omega_s(x)]\log^s\frac{1}{x}, \end{aligned}$$

in der $\Omega_0(x), \Omega_1(x), \ldots, \Omega_s(x)$ für $\Re(x+\varrho+1) > 0$, $\sigma > 0$ konvergente Fakultätenreihen bedeuten. Diese Gleichung ist besonders nützlich, wenn das asymptotische Verhalten des linksstehenden Ausdrucks untersucht werden soll.

140. Kehren wir nunmehr zur analytischen Fortsetzung der Funktion $\Omega(x)$ zurück. Wir haben noch den Streifen $\alpha < \sigma \leqq \lambda_\infty$ zu erledigen, in den wir durch die Transformation (14) nicht eindringen können. Wohl aber gelingt dies mit Hilfe der Transformation (16). Zunächst zeigt sich durch Untersuchung der Ordnung von $t^{-1}\varphi(t^{\frac{1}{\omega}})$ für $|t-1| = 1$, daß die Reihe (16) bei $\omega > 1$ für $\sigma > \lambda_\infty$ konvergiert. *Jede durch eine Reihe* (2) *definierte Funktion* $\Omega(x)$ *läßt sich also immer auch durch eine Reihe der Form* (16) *mit beliebigem* $\omega > 1$ *darstellen*, und dabei kommt man für alle $\omega > 1$ ohne weiteres in die ganze Halbebene $\sigma > \lambda_\infty$. Nimmt man ω genügend groß, so wird sogar der Streifen $\alpha < \sigma \leqq \lambda_\infty$ mit erfaßt. Die Konvergenzabszisse $\lambda(\omega)$ der Reihe (16) ist nämlich eine stetige, bei wachsendem ω niemals zunehmende, den Ungleichungen

$$\alpha + \frac{\lambda - \alpha}{\omega} \geqq \lambda(\omega) \geqq \alpha$$

unterworfene Funktion von ω. Geht ω nach Unendlich, so wird also $\lambda(\omega)$ entweder gleich α, oder $\lambda(\omega)$ unterscheidet sich von α um eine nach Null strebende Größe. Wenn $\lambda(\omega)$ schon für einen endlichen Wert ω_0 von ω gleich α wird, gilt dies auch für $\omega > \omega_0$. *Die Grenzkonvergenzabszisse ist somit eine Zahl, die sich durch analytische Eigenschaften der Funktion $\Omega(x)$, nämlich Regularität und Beschränktheit, einfach charakterisieren läßt.* Im Streifen $\alpha - \varepsilon < \sigma \leqq \alpha$ hört die Funktion $\Omega(x)$ auf, regulär und beschränkt zu sein. Wenn sie in ihm regulär bleibt, ist nicht einmal $|x^{-n}\Omega(x)|$ bei beliebig großem n beschränkt.

Daß die Schranken für $\lambda(\omega)$ genau sind, lehrt die schon in Kapitel 8, § 5 erwähnte ganze Funktion $\Omega(x)$, die in der Halbebene $\sigma \geqq \alpha$ durch das Integral

$$\Omega(x) = \int_0^1 t^{x-\alpha-1} e^{i\gamma \log^2 t} dt$$

definiert wird. Bei ihr sind die Konvergenzabszisse und alle Summabilitätsabszissen λ_r gleich $\alpha + \pi\gamma$, so daß man durch die Transformation (14) nicht über die Halbebene $\sigma > \alpha + \pi\gamma$ hinauszukommen vermag. Die Konvergenzabszisse $\lambda(\omega)$ hingegen hat bei $\omega > 0$ den Wert

$$\lambda(\omega) = \alpha + \frac{\pi\gamma}{\omega}$$

und strebt für $\omega \to \infty$ nach α. Das Aufhören der Konvergenz liegt daran, daß $|\Omega(\alpha - \varepsilon + i\tau)|$ für $\tau \to \infty$ unbegrenzt wächst, und zwar sogar exponentiell.

§ 3. Darstellbarkeit von Funktionen durch Fakultätenreihen. Zusammenhang mit divergenten Potenzreihen.

141. Die Frage nach der Entwickelbarkeit von Funktionen in Fakultätenreihen stellt man zweckmäßig nicht für Reihen von der Form (2), sondern von der allgemeineren Form (16). Es sei $\varphi(t)$ eine im Inneren eines Sektors AOB von beliebig kleiner Öffnung (Fig. 33) reguläre Funktion, für welche bei einem gewissen nichtnegativen α gleichmäßig in AOB

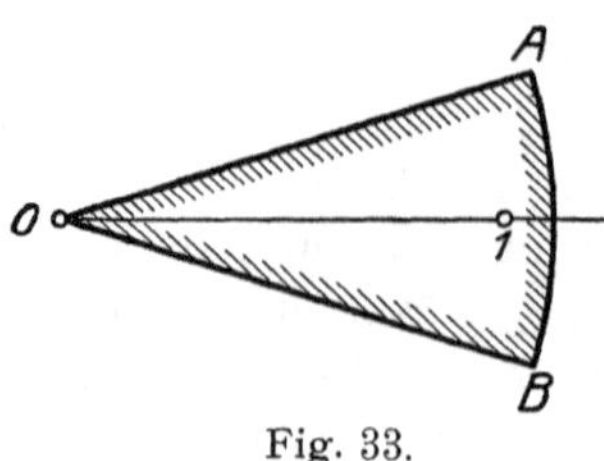

Fig. 33.

(17) $$\lim_{t \to 0} t^{\alpha} \varphi(t) = 0$$

gilt. Dann läßt sich das Integral

$$(18) \qquad \Omega(x) = \int_0^1 t^{x-1} \varphi(t)\, dt,$$

wie man durch die Variablentransformation $t = z^{\frac{1}{\omega}}$ erkennt, bei genügend großem positiven ω in eine Reihe von der Form (16) entwickeln, die sich als konvergent für $\sigma > \alpha$ erweist. Es gehört also unter unseren Voraussetzungen zu jedem Integral von der Form (18) eine nichtnegative Zahl ω_1 derart, daß $\Omega(x)$ für $\omega > \omega_1$ in eine Fakultätenreihe von der Form (16) entwickelbar ist, hingegen nicht für $\omega < \omega_1$. Die Möglichkeit der Entwicklung für $\omega = \omega_1$ ist ein Problem von derselben Art und Schwierigkeit wie das, ob eine Potenzreihe auf dem Konvergenzkreise konvergiert oder nicht.

Durch weitere Ausführung dieser Betrachtungen findet man folgende *notwendige und hinreichende Bedingungen für die Entwickelbarkeit einer Funktion $\Omega(x)$ in eine Reihe* (16):

1. $\Omega(x)$ muß sich in der Form $\frac{a_1}{x} + \frac{\nu(x)}{x(x+1)}$ darstellen lassen, wobei $\nu(x)$ in einer Halbebene $\sigma > \alpha$ $(\alpha > 0)$ beschränkt ist.

2. Die durch die Gleichung (11) für positive ξ definierte Funktion $H(\xi)$ muß in einem beliebig schmalen Halbstreifen um die positive reelle Achse einschließlich des Nullpunktes (Fig. 34) regulär sein und dort gleichmäßig die Relation

$$\lim_{|\xi| \to \infty} e^{-k\xi} H(\xi) = 0$$

befriedigen.

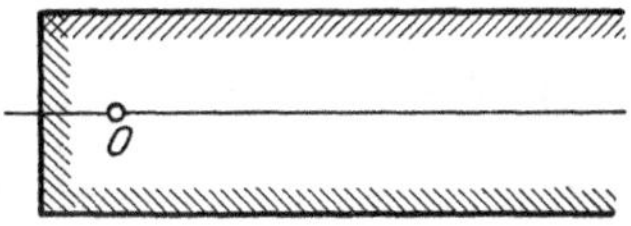

Fig. 34.

Die eben angegebenen Bedingungen sind z. B. erfüllt, wenn $\Omega(x)$ im Unendlichen regulär ist. Dann bleibt die Entwicklung (16) sogar für beliebiges komplexes ω in Kraft. Die Konvergenzabszisse der für $\omega = 1$ hervorgehenden Entwicklung (2) ist dabei gleich dem Realteil des am weitesten rechts gelegenen singulären Punktes und die Konvergenzabszisse der für $\omega = -1$ entstehenden Reihe

$$\Omega(x) = \sum_{s=0}^{\infty} \frac{\bar{a}_{s+1}\, s!}{x(x-1)\cdots(x-s)}$$

gleich dem Realteil des am weitesten links gelegenen singulären Punktes; die Koeffizienten $\bar{a}_{s+1}$ der letzten Entwicklung hängen mit den Koeffizienten a_{s+1} der Reihe (2) durch die Gleichungen

$$\bar{a}_1 = a_1, \qquad \bar{a}_2 = a_2,$$

$$\bar{a}_{s+1} = a_{s+1} - \binom{s-1}{1} a_s + \binom{s-1}{2} a_{s-1} - \cdots + (-1)^{s-1} a_2$$

zusammen, sie sind also die aufeinanderfolgenden Differenzen der a_{s+1}.

Aus den Entwickelbarkeitsbedingungen läßt sich insbesondere der in der Einleitung dieses Kapitels angedeutete Zusammenhang zwischen Fakultätenreihen und divergenten Potenzreihen entnehmen. Es zeigt sich, daß die Klasse der Funktionen, welche durch divergente Potenzreihen definiert werden, die im Sinne von Borel mittels der Exponentialmethode absolut und gleichmäßig summierbar sind, genau übereinstimmt mit der Klasse der Funktionen, die sich in konvergente Fakultätenreihen der Gestalt (16) entwickeln lassen. Gerade diejenige unter den unendlich vielen durch die divergente Potenzreihe asymptotisch dargestellten Funktionen, welche Borel [5, 7] der Reihe als Summe zuschreibt, gestattet eine Entwicklung in eine Fakultätenreihe.

Bei dieser engen Verknüpfung ist es nicht verwunderlich, daß man die durch Fakultätenreihen angreifbaren Probleme auch mittels divergenter Potenzreihen behandeln kann. So ist z. B. die Lösung linearer Differenzengleichungen, zu der wir uns in Kapitel 11 und 12 konvergenter Fakultätenreihen bedienen werden, von Birkhoff [1], Galbrun [1, 2] und Horn [1, 2] mit Hilfe divergenter Potenzreihen durchgeführt worden. Horn [5, 7] hat sich in späteren Arbeiten auch mit dem umgekehrten Problem beschäftigt, in der Theorie der Differentialgleichungen an die Stelle der von Poincaré eingeführten divergenten Potenzreihen konvergente Fakultätenreihen zu setzen.

§ 4. Entwicklung der Lösungen von Differenzengleichungen in Fakultätenreihen.

142. Zur Erläuterung unserer Darlegungen über Fakultätenreihen und zur Vorbereitung späterer Untersuchungen wollen wir zum Schluß ein spezielles Beispiel betrachten, und zwar wollen wir ein Integral von der Form

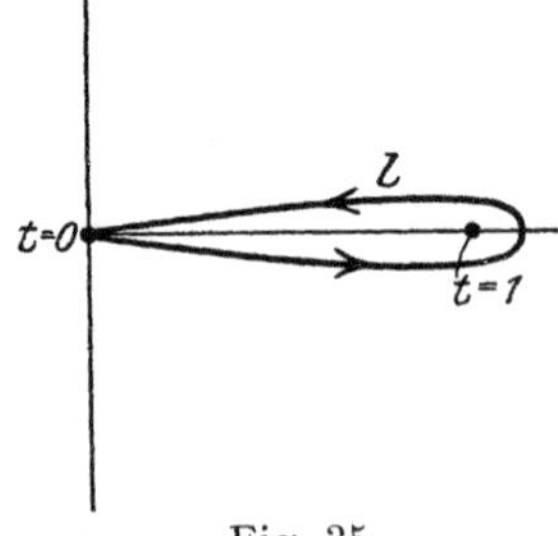

Fig. 35.

$$u(x) = \frac{1}{2\pi i}\int_l t^{x-1} v(t)\, dt \tag{19}$$

über den in Fig. 35 gezeichneten Schleifenweg l vom Punkte $t=0$ aus um den Punkt $t=1$ herum, wie es sich uns in Kapitel 11 für die Lösung einer homogenen linearen Differenzengleichung mit rationalen Koeffizienten darbieten wird, in eine Fakultätenreihe entwickeln. Hierbei soll $v(t)$ ein auf der positiven reellen Achse zwischen $t=0$ und $t=1$ regulärer Zweig einer analytischen Funktion sein, welcher in der Umgebung der Stelle $t=0$ eine Entwicklung von der Form

$$v(t) = \sum_{i=1}^{p} t^{-\alpha_i}\left[\psi_{i,0}(t) + \psi_{i,1}(t)\log t + \cdots + \psi_{i,r}(t)\log^r t\right] \tag{20}$$

gestattet, wobei die Funktionen $\psi_{i,s}(t)$ für $t=0$ regulär sind und mindestens ein $\psi_{i,s}(0)$ $(s=0,1,\ldots,r)$ von Null verschieden ist. In der Umgebung des Punktes $t=1$ hingegen möge sich $v(t)$ in der Gestalt

$$v(t)=(t-1)^{\beta}\,\varphi(t) \tag{21}$$

darstellen lassen mit einer für $t=1$ regulären, von Null verschiedenen Funktion $\varphi(t)$. $\alpha_1, \alpha_2, \ldots, \alpha_p$ und β bedeuten beliebige komplexe Zahlen, und es sei

$$\Re(\alpha_1) \geqq \Re(\alpha_2) \geqq \Re(\alpha_3) \geqq \cdots.$$

Durch die Substitution $t=z^{\frac{1}{\omega}}$ mit beliebigem positiven ω geht das Integral (19) über in

$$u(x)=\frac{1}{2\pi i\omega}\int\limits_l z^{\frac{x}{\omega}-1}\,v\left(z^{\frac{1}{\omega}}\right)dz, \tag{22}$$

da man das Bild der Schleife l in der z-Ebene wieder in die Schleife l deformieren kann. Wählt man ω genügend groß, so ist $v\left(z^{\frac{1}{\omega}}\right)$ in und auf dem Kreise $|z-1|=1$ außer in $z=0$ und $z=1$ regulär und gestattet im Inneren dieses Kreises eine Reihenentwicklung von der Gestalt

$$v\left(z^{\frac{1}{\omega}}\right)=\frac{(z-1)^{\beta}}{\omega^{\beta}}\left[A_0+A_1(1-z)+A_2(1-z)^2+\cdots\right] \tag{23}$$

mit von ω unabhängigem $A_0 \neq 0$. Die Ordnung von $v\left(z^{\frac{1}{\omega}}\right)$ auf dem Kreise $|z-1|=1$ ist gleich $\Re\left(\frac{\alpha_1}{\omega}\right)$. Nun tragen wir die Entwicklung (23) in das Integral (22) ein, integrieren gliedweise und berücksichtigen dabei die aus dem ersten Eulerschen Integral herzuleitende Formel

$$\frac{1}{2\pi i}\int\limits_l t^{x-1}(t-1)^{\beta}\,dt=\frac{\Gamma(x)}{\Gamma(-\beta)\,\Gamma(x+\beta+1)} \qquad (\sigma>0),$$

in der übrigens bei $\Re(\beta)>-1$ die Schleife l auf die hin und zurück durchlaufene Strecke $0\ldots 1$ zusammengezogen werden kann. Dann finden wir

$$u(x)=\frac{\Gamma\left(\frac{x}{\omega}\right)\omega^{-\beta-1}}{\Gamma(-\beta)\,\Gamma\left(\frac{x}{\omega}+\beta+1\right)}\,\Omega(x,\beta), \tag{24}$$

wobei $\Omega(x,\beta)$ eine Fakultätenreihe von der Form

$$\Omega(x,\beta)=\sum_{\nu=0}^{\infty} A_{\nu}\frac{(\beta+1)(\beta+2)\cdots(\beta+\nu)\,\omega^{\nu}}{(x+\omega\beta+\omega)\cdots(x+\omega\beta+\nu\omega)}. \tag{24*}$$

ist. Die gliedweise Integration erweist sich als zulässig, und wir haben damit, wie wir beabsichtigten, die durch das Integral (19) definierte Funktion $u(x)$ mit Hilfe einer Fakultätenreihe ausgedrückt, welche, wie aus der Ordnung von $v\left(z^{\frac{1}{\omega}}\right)$ hervorgeht, für $\sigma > \Re(\alpha_1)$ absolut konvergiert.

Eine ähnliche Überlegung kann auch für das Integral

$$u^{(1)}(x) = \frac{1}{2\pi i}\int t^{x-1} v^{(1)}(t)\,dt$$

durchgeführt werden, wobei

$$v^{(1)}(t) = \frac{\partial}{\partial\beta}[(t-1)^\beta \varphi(t)] = (t-1)^\beta\,[\varphi_1(t) + \varphi(t)\log(t-1)]$$

sein soll und zudem $v^{(1)}(t)$ in der Umgebung von $t=0$ dieselbe Form wie $v(t)$ haben möge. Benützt man die Formel für die Differentiation einer Fakultätenreihe, so folgt schließlich

$$u^{(1)}(x) = \frac{1}{\Gamma(-\beta)}\,\frac{\partial}{\partial\beta}\left\{\frac{\Gamma\left(\frac{x}{\omega}\right)}{\Gamma\left(\frac{x}{\omega}+\beta+1\right)}\right\}\Omega(x,\beta) + \frac{\Gamma\left(\frac{x}{\omega}\right)}{\Gamma\left(\frac{x}{\omega}+\beta+1\right)}\,\Omega_1(x,\beta),$$

wobei $\Omega_1(x,\beta)$ eine Fakultätenreihe von derselben Gestalt wie $\Omega(x,\beta)$ ist, welche für $\sigma > 0$, $\sigma > \Re(\alpha_1)$, $\Re(x+\omega\beta+\omega) > 0$ konvergiert.

Allgemein erhält man für ein Integral der Form

$$u^{(s)}(x) = \frac{1}{2\pi i}\int_l t^{x-1} v^{(s)}(t)\,dt$$

mit

$$\begin{aligned} v^{(s)}(t) &= \frac{\partial^s}{\partial\beta^s}[t-1)^\beta \varphi(t)] \\ &= (t-1)^\beta[\varphi_s(t) + \varphi_{s-1}(t)\log(t-1) + \cdots + \varphi(t)\log^s(t-1)] \end{aligned}$$

eine Entwicklung

$$u^{(s)}(x) = \sum_{i=0}^{s} \Omega_i(x)\,\frac{\partial^i}{\partial\beta^i}\left\{\frac{\Gamma\left(\frac{x}{\omega}\right)}{\Gamma\left(\frac{x}{\omega}+\beta+1\right)}\right\}. \tag{25}$$

Dabei sind die $\Omega_i(x)$ Fakultätenreihen von der Gestalt

$$\Omega_i(x) = A_0^{(i)} + \sum_{\nu=0}^{\infty} \frac{A_{\nu+1}^{(i)}}{(x+\omega\beta+\omega)\cdots(x+\omega\beta+\nu\omega)}, \tag{25*}$$

die für $\sigma > 0$, $\sigma > \Re(\alpha_1)$, $\Re(x+\omega\beta+\omega) > 0$ absolut konvergieren.

Denkt man an die Darstellung der Funktion $x^{\varrho+1} \frac{\partial^s}{\partial \varrho^s}\left\{\frac{\Gamma(x)}{\Gamma(x+\varrho+1)}\right\}$ mit Hilfe von Fakultätenreihen, so erkennt man, daß die Gleichung (25) auch in die Gestalt

$$u^{(s)}(x) = x^{-\beta-1} \sum_{i=0}^{s} \Phi_i(x) \log^i\left(\frac{1}{x}\right)$$

gebracht werden kann, wobei die $\Phi_i(x)$ für $\sigma > 0$, $\sigma > \Re(\alpha_1)$, $\Re(x + \omega\beta + \omega) > 0$ in Fakultätenreihen entwickelbar sind.

Zehntes Kapitel.

Allgemeines über homogene lineare Differenzengleichungen.

143. Von allen Differenzengleichungen sind die *linearen* Gleichungen bis heute bei weitem am besten erforscht. Mit ihnen allein wollen wir uns auch im folgenden befassen. Nehmen wir der Einfachheit halber an, daß alle Spannen gleich 1 sind, so läßt sich, wie wir schon in Kapitel 1, § 1 gesagt haben, eine derartige Gleichung n-ter Ordnung für eine Funktion $u(x)$ immer in die Gestalt

$$\sum_{i=0}^{n} p_i(x)\, u(x+i) = \varphi(x) \tag{1}$$

bringen. Wenn hierin $\varphi(x)$ identisch Null ist, heißt die Gleichung *homogen*, andernfalls *vollständig* oder *inhomogen*.

Die Beschäftigung mit solchen linearen Differenzengleichungen reicht weit zurück. Gleichungen mit konstanten Koeffizienten, die beim Studium der sogenannten *rekurrenten Reihen* auftreten, wurden schon von Lagrange [1, 2, 5] eingehend untersucht, während Laplace [1, 2, 3, 4, 5, 7] durch die Einführung der erzeugenden Funktionen und die nach ihm benannte Integraltransformation wichtige Hilfsmittel zum Studium der Gleichungen mit rationalen Koeffizienten schuf. Von einer wirklichen Theorie der linearen Differenzengleichungen kann man jedoch erst seit dem Jahre 1885 sprechen, in dem H. Poincaré [1] einen berühmten Satz über das asymptotische Verhalten der Lösungen solcher Gleichungen aufstellte.

In neuerer Zeit ist auch die formale Seite der Theorie, welche die Analogie mit den algebraischen und Differentialgleichungen, die Gruppentheorie und ähnliche Dinge behandelt, weitgehend gefördert worden. Auf derartige Fragen, welche in der „Theorie der linearen Differenzengleichungen" von Wallenberg [7] und Guldberg [22] ausführlich dargestellt sind, werden wir jedoch im folgenden nur sehr wenig eingehen. Wir stellen uns vielmehr die Aufgabe, die linearen Differenzengleichungen von funktionentheoretischem Standpunkte aus und mit funktionentheoretischen Hilfsmitteln zu untersuchen.

§ 1. Existenz der Lösungen einer homogenen linearen Differenzengleichung.

144. Zunächst wollen wir die homogenen Differenzengleichungen studieren, welche die Form

$$(2) \qquad P[u(x)] \equiv \sum_{i=0}^{n} p_i(x)\, u(x+i) = 0$$

haben. Die Veränderliche x setzen wir als komplex voraus, etwa

$$x = \sigma + i\tau,$$

die Koeffizienten $p_i(x)$ als analytische Funktionen von x, für welche es ein gemeinsames Existenzgebiet gibt. Ferner nehmen wir an, was keine Beschränkung der Allgemeinheit bedeutet, daß die Funktionen $p_i(x)$ im Endlichen keine allen gemeinsame Nullstelle und als singuläre Punkte keine Pole, sondern nur wesentlich singuläre Punkte aufweisen. Durch Multiplikation der Gleichung (2) mit einer passenden Funktion vermag man ja diesen Fall immer herbeizuführen.

Unser Ziel ist, die Existenz analytischer Lösungen der Gleichung (2) zu erweisen. Daß diese überhaupt Lösungen besitzt, können wir leicht folgendermaßen einsehen. Es seien $\beta_1, \beta_2, \ldots$ die singulären Stellen der Koeffizienten $p_i(x)$ in (2), $\alpha_1, \alpha_2, \ldots$ die Nullstellen von $p_0(x)$, $\gamma_1, \gamma_2, \ldots$ die Nullstellen von $p_n(x-n)$. Die Punkte β_i, α_i und γ_i, zu denen gegebenenfalls noch der Unendlichkeitspunkt tritt, nennen wir die *singulären Punkte der Differenzengleichung* (2). Ferner seien $\pi_1(x), \ldots, \pi_n(x)$ n willkürlich vorgelegte periodische Funktionen mit der Periode 1 und c eine reelle Zahl derart, daß die Gerade $\sigma = c$ durch das gemeinsame Existenzgebiet der $p_i(x)$ hindurchgeht. Bestimmt man nun $u(x)$ so, daß im Streifen $c \leqq \sigma < c+1$

$$(3) \qquad u(x+i-1) = \pi_i(x) \qquad (i = 1, 2, \ldots, n)$$

wird, so ist $u(x)$ zunächst im Streifen $c \leqq \sigma < c+n$ festgelegt. Durch die Gleichung (2) wird dann aber, indem man sie nach $u(x+n)$ oder $u(x)$ auflöst, der Wert der Funktion $u(x)$ in jedem Punkte x bestimmt, der keinem der singulären Punkte von (2) kongruent, d. h. von ihm um eine ganze Zahl verschieden ist. Freilich ist die so gefundene Lösung im allgemeinen nicht analytisch. Dies können wir am besten übersehen, wenn wir uns zunächst n Funktionen $u_1(x), \ldots, u_n(x)$ derart bilden, daß

$$u_s(x) = 1 \qquad \text{für} \quad c+s-1 \leqq \sigma < c+s,$$

hingegen

$$u_s(x) = 0 \qquad \text{für} \quad \begin{matrix} c \leqq \sigma < c+s-1, \\ c+s \leqq \sigma < c+n \end{matrix}$$

ist, und vermöge der Gleichung (2) die Funktionen $u_s(x)$ über den Streifen $c \leqq \sigma < c + n$ hinaus fortsetzt. Sie erweisen sich dann in jedem Streifen zwischen zwei zu c kongruenten Zahlen als analytische Funktionen der Koeffizienten $p_i(x)$. Wenn jedoch x eine Begrenzungsgerade eines solchen Streifens überschreitet, springt $u_s(x)$ von einer analytischen Funktion zu einer anderen über. Eine Lösung $u(x)$, die gegebenen Anfangsbedingungen genügt, d. h. im Streifen $c \leqq \sigma < c + n$ gleich einer gegebenen Funktion ist oder, was damit gleichbedeutend ist, für welche im Streifen $c \leqq \sigma < c + 1$ die Beziehungen (3) gelten, läßt sich aus den eben eingeführten *Partikulärlösungen* $u_1(x), \ldots, u_n(x)$ in der Form

$$u(x) = \pi_1(x)\, u_1(x) + \cdots + \pi_n(x)\, u_n(x) \tag{4}$$

aufbauen und ist daher im allgemeinen nicht analytisch. Es braucht ja kaum besonders hervorgehoben zu werden, daß mit einer Anzahl Lösungen der Gleichung (2) zugleich auch jede lineare Kombination aus ihnen eine Lösung darstellt. Um eine analytische Lösung von (2) zu erhalten, könnte man nun versuchen, den periodischen Funktionen $\pi_i(x)$ geeignete Bedingungen aufzuerlegen. Wir wollen jedoch einen anderen Weg einschlagen. Zunächst aber schicken wir einige allgemeinere Bemerkungen voraus.

145. Wir nennen n Partikulärlösungen $u_1(x), \ldots, u_n(x)$ der Gleichung (2) *linear unabhängig* oder sagen, daß sie ein *Fundamentalsystem* von Lösungen bilden, wenn zwischen ihnen keine homogene lineare Relation von der Form

$$\sum_{i=1}^{n} \pi_i(x)\, u_i(x) = 0 \tag{5}$$

besteht, in welcher die $\pi_i(x)$ periodische Funktionen mit der Periode 1 von solcher Beschaffenheit sind, daß sie für wenigstens einen Wert von x, der keinem singulären Punkt von (2) kongruent ist, endlich bleiben und nicht zugleich verschwinden.

Natürlich dürfen die $\pi_i(x)$ unstetige Funktionen sein. Es sei a ein keiner singulären Stelle von (2) kongruenter Punkt, dann folgt aus unserer Definition, daß eine Lösung $u_i(x)$, welche einem Fundamentalsystem angehört, nicht für n aufeinanderfolgende Werte a, $a + 1$, $\ldots$, $a + n - 1$ verschwinden kann. Sonst würde nämlich $u_i(x)$ für alle zu a kongruenten Werte von x verschwinden und man hätte immer

$$\pi_i(x)\, u_i(x) = 0,$$

wenn $\pi_i(x)$ für $x = a$, $a \pm 1, \ldots$ beliebig endlich, sonst aber gleich Null gewählt wird, im Widerspruch zur Definition von $u_i(x)$.

Ob ein vorgelegtes System von Lösungen ein Fundamentalsystem bildet, läßt sich oft am bequemsten mit Hilfe der Determinante

$$(6)\qquad D(x) = \begin{vmatrix} u_1(x) & u_2(x) & \dots & u_n(x) \\ u_1(x+1) & u_2(x+1) & \dots & u_n(x+1) \\ \dots & \dots & \dots & \dots \\ u_1(x+n-1) & u_2(x+n-1) & \dots & u_n(x+n-1) \end{vmatrix}$$

entscheiden, die wir ausführlicher auch mit $D[u_1(x), \dots, u_n(x)]$ bezeichnen. Schreibt man in ihr $x+1$ an Stelle von x und addiert nachher zur letzten Zeile die mit $\frac{p_1(x)}{p_n(x)}, \frac{p_2(x)}{p_n(x)}, \dots$ multiplizierte erste, zweite, ... Zeile, so erkennt man, daß $D(x)$ der Differenzengleichung erster Ordnung

$$(7)\qquad D(x+1) = (-1)^n \frac{p_0(x)}{p_n(x)} D(x)$$

genügt. Wenn also die Determinante $D(x)$ für einen zu den singulären Stellen von (2) inkongruenten Wert $x = a$ verschwindet, verschwindet sie auch für $x = a \pm 1, a \pm 2, \dots$, wenn sie hingegen für $x = a$ von Null verschieden ist, trifft dasselbe auch für $x = a \pm 1, a \pm 2, \dots$ zu.

Nun wollen wir beweisen: *Wenn für n Lösungen $u_1(x), \dots, u_n(x)$ der Gleichung (2) die Determinante $D(x)$ für jeden zu den singulären Stellen von (2) inkongruenten Wert a von x von Null verschieden ist, dann bilden diese Lösungen ein Fundamentalsystem, und umgekehrt kann die Determinante für keinen derartigen Wert a verschwinden, wenn die n Lösungen $u_1(x), \dots, u_n(x)$ ein Fundamentalsystem darstellen.*

Denn bestände im Widerspruch zum ersten Teil des Satzes zwischen $u_1(x), \dots, u_n(x)$ eine homogene lineare Relation von der Form (5), so würden für $x = a$ entweder alle Elemente einer Spalte von $D(x)$ oder einer linearen Kombination von Spalten verschwinden, d. h. $D(x)$ selbst Null sein.

Nehmen wir zweitens ad absurdum an, die Determinante $D(x)$ eines Fundamentalsystems sei für $x = a$ Null. Dann erhalten wir, wenn wir mit $\psi_i(x)$ die Unterdeterminanten der letzten Zeile bezeichnen und nach den Elementen der letzten oder ersten Zeile entwickeln, die beiden Systeme homogener linearer Gleichungen

$$\begin{aligned} u_1(a+s)\psi_1(a) + \dots + u_n(a+s)\psi_n(a) &= 0, \\ u_1(a+s)\psi_1(a+1) + \dots + u_n(a+s)\psi_n(a+1) &= 0, \end{aligned} \qquad (s = 0, 1, 2, \dots, n-1)$$

denen sowohl die Größen $\psi_i(a)$ als auch die Größen $\psi_i(a+1)$ genügen. Nun sind zwei Fälle möglich. Wenn erstens eine der Unterdeterminanten, z. B. $\psi_n(x)$, für $x = a, a \pm 1, a \pm 2, \dots$ von Null verschieden ist, können wir schließen, daß

$$\frac{\psi_i(a)}{\psi_n(a)} = \frac{\psi_i(a+1)}{\psi_n(a+1)} \qquad (i = 1, 2, \ldots, n-1),$$

weiter, weil auch $D(a+1) = 0$ ist,

$$\frac{\psi_i(a+1)}{\psi_n(a+1)} = \frac{\psi_i(a+2)}{\psi_n(a+2)} \qquad (i = 1, 2, \ldots, n-1)$$

gilt usw. Dies führt aber gerade zu einer Relation von der Form (5) zwischen den $u_i(x)$ im Widerspruch mit der Definition des Fundamentalsystems. Man braucht ja nur $\pi_i(x)$ proportional mit $\psi_i(a)$ für die zu a kongruenten Werte von x und sonst gleich Null zu wählen. Wenn zweitens $\psi_n(a)$ Null ist, kann auf die Determinante $\psi_n(x)$ dieselbe Schlußfolgerung wie eben auf $D(x)$ angewandt werden. Da nämlich für $x = a,\ a \pm 1,\ a \pm 2, \ldots$ die letzte Zeile in $D(x)$ eine lineare Kombination der übrigen ist, ergibt sich, daß zugleich mit $\psi_n(a)$ auch $\psi_n(a \pm 1),\ \psi_n(a \pm 2), \ldots$ verschwinden. Geht man in dieser Weise weiter, so muß man schließlich einmal auf eine von Null verschiedene Unterdeterminante stoßen, weil in der Determinante

$$\begin{vmatrix} u_1(x) & u_2(x) \\ u_1(x+1) & u_2(x+1) \end{vmatrix}$$

die Unterdeterminante $u_1(x)$ nicht für alle zu a kongruenten Werte verschwinden kann. Das Verfahren liefert daher auf jeden Fall eine Relation der Gestalt (5), in der für $x = a$ nicht alle $\pi_i(x)$ Null sind.

Damit n Lösungen $u_1(x), \ldots, u_n(x)$ von (2) ein Fundamentalsystem bilden, ist also notwendig und hinreichend, daß ihre Determinante $D(x)$ in einem beliebigen Streifen $c \leqq \sigma < c+1$ für jeden zu den singulären Stellen von (2) inkongruenten Wert von x von Null verschieden ist. Hingegen genügt es nicht, anzunehmen, daß die Determinante $D(x)$ nicht identisch verschwindet.

146. Die Determinante $D(x)$, die uns später noch mehrmals begegnen wird und die für lineare Differenzengleichungen dieselbe Rolle spielt wie die Wronskische Determinante für lineare Differentialgleichungen, wurde zuerst von Casorati [1], Pincherle [37] und Bortolotti [3] betrachtet. Da sie sich, wie man durch passende Zusammenfügung der Zeilen erkennt, in der Form

$$D(x) = \begin{vmatrix} u_1(x) & u_2(x) & \ldots & u_n(x) \\ \triangle u_1(x) & \triangle u_2(x) & \ldots & \triangle u_n(x) \\ \cdot & \cdot & \cdot & \cdot \\ \overset{n-1}{\triangle} u_1(x) & \overset{n-1}{\triangle} u_2(x) & \ldots & \overset{n-1}{\triangle} u_n(x) \end{vmatrix}$$

schreiben läßt, heißt sie auch *Differenzendeterminante.* Man kann $D(x)$ mit Hilfe der Koeffizienten in der gegebenen Differenzengleichung ausdrücken. Aus (7) folgt nämlich

$$\triangle \log D(x) = \log \left[(-1)^n \frac{p_0(x)}{p_n(x)}\right].$$

Eine Partikulärlösung dieser Gleichung ist

$$\log D(x) = \mathop{\mathrm{S}}_a^x \log \left[(-1)^n \frac{p_0(z)}{p_n(z)}\right] \triangle z$$

bei beliebigem a; allgemein wird daher

$$D(x) = \pi(x)\, e^{\mathop{\mathrm{S}}_a^x \log \left[(-1)^n \frac{p_0(z)}{p_n(z)}\right] \triangle z} \tag{8}$$

mit periodischem $\pi(x)$. Sind z. B. $p_0(x)$ und $p_n(x)$ Polynome von gleichem Grade p, ferner $\alpha_1, \alpha_2, \ldots, \alpha_p$ die Nullstellen von $p_0(x)$ und $\gamma_1, \gamma_2, \ldots, \gamma_p$ die von $p_n(x-n)$, so gilt bei konstantem a

$$(-1)^n \frac{p_0(x)}{p_n(x)} = a \frac{(x-\alpha_1)\cdots(x-\alpha_p)}{(x-\gamma_1+n)\cdots(x-\gamma_p+n)};$$

unter Heranziehung der Gammafunktion erhält man dann leicht

$$D(x) = \pi(x)\, a^x \frac{\Gamma(x-\alpha_1)\cdots\Gamma(x-\alpha_p)}{\Gamma(x-\gamma_1+n)\cdots\Gamma(x-\gamma_p+n)}. \tag{8*}$$

Für gewisse Differenzengleichungen mit lauter rationalen Koeffizienten werden wir die hierin auftretende periodische Funktion $\pi(x)$ im nächsten Kapitel explizit bestimmen.

Wenn $u_1(x), \ldots, u_n(x)$ ein Fundamentalsystem bilden, so läßt sich jede Lösung der Gleichung (1) in der Gestalt

$$u(x) = \sum_{i=1}^{n} \pi_i(x)\, u_i(x)$$

darstellen, wobei die Koeffizienten $\pi_i(x)$ periodische Funktionen sind. Dies geht daraus hervor, daß die Determinante des Gleichungssystems

$$\sum_{i=0}^{n} p_i(x)\, u(x+i) = 0,$$

$$\sum_{i=0}^{n} p_i(x)\, u_s(x+i) = 0 \qquad (s = 1, 2, \ldots, n)$$

für die Koeffizienten $p_i(x)$ verschwindet, d. h.

$$(9)\quad D[u(x), u_1(x), \ldots, u_n(x)] = \begin{vmatrix} u(x) & u_1(x) & \ldots & u_n(x) \\ u(x+1) & u_1(x+1) & \ldots & u_n(x+1) \\ \ldots & \ldots & \ldots & \ldots \\ u(x+n) & u_1(x+n) & \ldots & u_n(x+n) \end{vmatrix} = 0$$

ist; denn die Gleichung (9) zieht eine Relation der Gestalt

$$\pi_0(x)\,u(x) + \pi_1(x)\,u_1(x) + \cdots + \pi_n(x)\,u_n(x) = 0$$

nach sich, in der $\pi_0(x)$ für alle zu den singulären Punkten von (2) inkongruenten Werte von x von Null verschieden ist, weil die $u_i(x)$ ein Fundamentalsystem bilden. Umgekehrt kann man schließen, daß für eine homogene lineare Differenzengleichung n-ter Ordnung mit mehr als n linear unabhängigen Lösungen die linke Seite identisch Null sein muß.

Das Problem der Auflösung der Gleichung (2) *läuft also auf die Aufstellung eines Fundamentalsystems von Lösungen hinaus.* Hierzu gehen wir jetzt über.

147. Unter $\beta_i, \alpha_i, \gamma_i$ verstehen wir wie früher die singulären Punkte der Gleichung (2), bezeichnen die Mengen der Punkte

$$\beta_i + s \qquad (s = n, n+1, n+2, \ldots, 0, -1, -2, \ldots),$$

$$\begin{matrix} \alpha_i - s \\ \gamma_i + s \end{matrix} \qquad (s = 0, 1, 2, \ldots)$$

mit (β), (α) und (γ) (Fig. 36) und betrachten [15] ein ganz im Endlichen gelegenes Gebiet, begrenzt etwa von einem Kreise C mit sehr großem

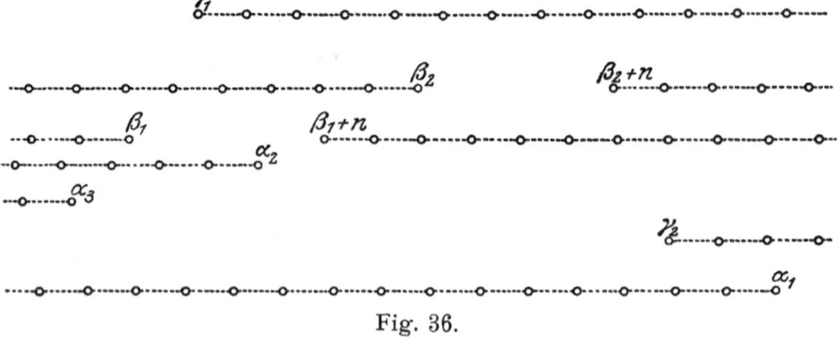

Fig. 36.

Radius. Die in ihm gelegenen Punkte der Mengen (β), (α) und (γ) schließen wir durch kleine Kreise aus und ziehen für diejenigen unter den Punkten β_i, welche Verzweigungspunkte sind, Verzweigungsschnitte von β_i nach $-\infty$ und von $\beta_i + n$ nach $+\infty$. Hierdurch entstehen aus dem ursprünglichen Gebiet ein oder mehrere zusammenhängende Regularitätsgebiete der Koeffizienten, begrenzt durch den Kreis C, die kleinen Kreise und die Verzweigungsschnitte. Eines unter ihnen sei Γ (Fig. 37). Ferner sei $f(x)$ eine Funktion, über die wir später noch verfügen werden. Wir wollen versuchen, eine Folge von Funktionen $R_0(x), R_1(x), R_2(x), \ldots, R_{-1}(x), R_{-2}(x), \ldots$ so zu bestimmen, daß die Reihe

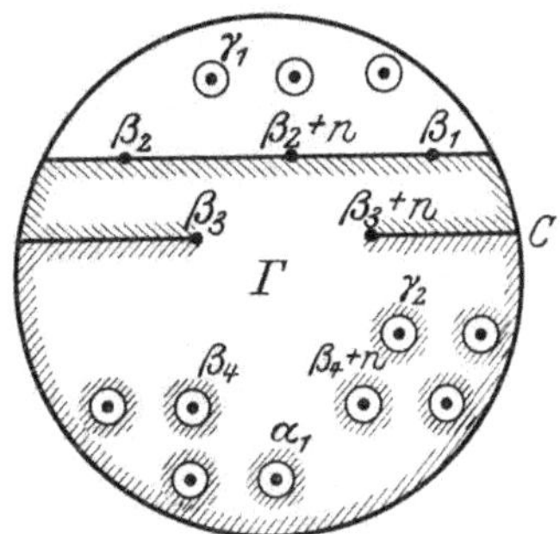

Fig. 37.

$$(10) \qquad u(x) = \sum_{s=-\infty}^{\infty} R_s(x) f(x+s)$$

eine im Gebiete Γ reguläre analytische Lösung der Gleichung (2) darstellt. Wie man durch Eintragen erkennt, wird diese durch die Reihe formal befriedigt, wenn für alle ganzzahligen s

$$(11) \quad p_0(x) R_s(x) + p_1(x) R_{s-1}(x+1) + \cdots + p_n(x) R_{s-n}(x+n) = 0$$

ist. Aus dieser Formel können bei willkürlicher Annahme von n der Funktionen $R_s(x)$ alle übrigen ermittelt werden. Um dies bequem übersehen zu können, multiplizieren wir die Gleichungen für $s, s-1, \ldots, s-n$ mit $p_0(x+s), p_1(x+s-1), \ldots, p_n(x+s-n)$ und addieren; dann entsteht

$$(12) \quad p_0(x)\chi(s, x) + p_1(x)\chi(s-1, x+1) + \cdots + p_n(x)\chi(s-n, x+n) = 0,$$

wobei wir zur Abkürzung

$$(13) \qquad \chi(s, x) = \sum_{t=0}^{n} p_t(x+s-t) R_{s-t}(x)$$

gesetzt haben. Wir können erreichen, daß die Größen $\chi(s, x)$ für alle ganzzahligen s Null sind. Wählen wir nämlich

$$p_0(x) R_0(x) + 1 = 0, \qquad R_{-1}(x) = R_{-2}(x) = \cdots = R_{-(n-1)}(x) = 0,$$

so erhalten wir

$$\chi(1, x) = \chi(2, x) = \cdots = \chi(n, x) = 0,$$

sodaß wegen (12), wie gewünscht, alle $\chi(s, x)$ verschwinden. Durch die Gleichung $\chi(s, x) = 0$ werden dann die $R_s(x)$ als rationale Funktionen der Koeffizienten in (2) und ihrer aufeinanderfolgenden Differenzen bestimmt. Nun machen wir über das Verhalten der Koeffizienten $p_i(x)$ im Unendlichen die Voraussetzung, daß für ein positives

$M > 1$, ein nichtnegatives ganzzahliges p, alle x in Γ und alle positiven s

$$(14)\quad \left|\frac{p_i(x+s)}{p_0(x+s+i)}\right| < Me^{s^p}, \qquad \left|\frac{p_{n-i}(x-s)}{p_n(x-s-i)}\right| < Me^{s^p} \quad (i = 1, 2, \ldots, n)$$

ist. Dies trifft z. B. zu, wenn die Verhältnisse der Koeffizienten auf einer Parallelen zur reellen Achse nicht stärker als eine ganze transzendente Funktion von endlichem Geschlecht anwachsen. Durch vollständige Induktion bekommen wir dann für $s > 0$ die Abschätzungen

$$|R_s(x)| < n^s M^s e^{1^p + 2^p + \cdots + (s-1)^p},$$

$$|R_{-s}(x)| < n^s M^s e^{1^p + 2^p + \cdots + (s-1)^p};$$

wählen wir daher etwa

$$f(x) = e^{-x^{2(p+1)}},$$

so ist die Reihe (10) im Gebiet Γ absolut und gleichmäßig konvergent; sie stellt daher, da jedes Glied eine in Γ reguläre analytische Funktion ist, eine in Γ reguläre Lösung der Gleichung (2) dar. Hiermit ist zunächst *eine* Lösung von (2) gewonnen. Zur Bildung eines Fundamentalsystems verstehen wir unter a einen zu den singulären Stellen von (2) inkongruenten Punkt und setzen

$$(15)\qquad u_i(x) = \sum_{s=-\infty}^{\infty} R_s(x) f_i(x+s) \qquad (i = 1, 2, \ldots, n)$$

mit

$$f_i(x) = \frac{\sin \pi (x - a - i + 1)}{\pi (x - a - i + 1)} e^{-(x-a-i+1)^{2(p+1)}}.$$

Der Wert der Determinante $D(x)$ im Punkte $x = a$

$$D(a) = R_0(a) R_0(a+1) \cdots R_0(a+n-1) = \frac{(-1)^n}{p_0(a)p_0(a+1)\cdots p_0(a+n-1)}$$

ist von Null verschieden. $D(x)$ ist also eine im Gebiet Γ reguläre analytische Funktion von x, welche jedenfalls nicht identisch verschwindet. Wenn sie überhaupt für alle zu den singulären Stellen inkongruenten Punkte in Γ von Null verschieden ist, sind wir schon am Ziele und haben in $u_1(x), \ldots, u_n(x)$ ein Fundamentalsystem von Lösungen. Wenn sie hingegen in Γ Nullstellen aufweist, die natürlich nur in endlicher Anzahl vorhanden sein können, gehen wir folgendermaßen vor. Es sei ξ eine derartige Nullstelle. Dann gibt es, wie unsere Beweisführung in **145.** lehrt, n nicht sämtlich verschwindende Konstanten $\lambda_i = \lambda_i(\xi)$ derart, daß die Funktion $\sum_{i=1}^{n} \lambda_i u_i(x)$ in den Punkten $\xi, \xi \pm 1, \xi \pm 2, \ldots$ verschwindet. Die $u_i(x)$ mögen so numeriert sein, daß die nichtverschwindenden Konstanten λ_i die zu Anfang stehenden, etwa $\lambda_1, \ldots, \lambda_m$ sind. Setzen wir dann

$$u_i^*(x) = u_i(x) \qquad \text{für } i \neq m,$$

$$u_m^*(x) = \frac{\sum_{i=1}^{m} \lambda_i u_i(x)}{\sin 2\pi(x-\xi)},$$

so sind die $u_i^*(x)$ in Γ regulär, und ihre Determinante

$$D^*(x) = \frac{\lambda_m}{\sin 2\pi(x-\xi)} D(x)$$

verschwindet in den Punkten $\xi, \xi \pm 1, \xi \pm 2, \ldots$ in einer um 1 niedrigeren Vielfachheit als $D(x)$. Durch wiederholte Anwendung des Verfahrens für alle Nullstellen von $D(x)$ in Γ kann man daher in einer endlichen Anzahl von Schritten aus $u_1(x), \ldots, u_n(x)$ n Funktionen gewinnen, deren Determinante in Γ nicht mehr verschwindet und die somit dort ein Fundamentalsystem bilden.

Bei passender Wahl der Funktionen $f_i(x)$ stellen daher die n Reihen (15) *ein Fundamentalsystem von Lösungen der Gleichung* (2) *dar, welche im Gebiete Γ eindeutig und regulär sind und im allgemeinen die auf geraden Linien aufgereihten Punkte der Mengen* (β), (α) *und* (γ) *zu singulären Punkten haben, zu denen gegebenenfalls noch der Unendlichkeitspunkt tritt.* Die Punkte der Mengen (α) und (γ) sind Pole, die anderen Punkte hingegen im allgemeinen wesentlich singuläre Stellen.

148. Über die Singularitäten (α) und (γ) vermag man noch etwas mehr auszusagen. Dazu teilen wir zunächst die α_i, die Wurzeln der Gleichung $p_0(x) = 0$, in Gruppen derart, daß alle um ganze Zahlen unterschiedenen α_i zu ein und derselben Gruppe gezählt werden, und ordnen in jeder Gruppe die zugehörigen α_i nach absteigendem Realteil. Es mögen etwa die Nullstellen $\alpha_p, \alpha_{p+1}, \ldots$ mit den Vielfachheiten $k_0, k_1, \ldots$, wobei

$$\Re(\alpha_p) > \Re(\alpha_{p+1}) > \Re(\alpha_{p+2}) > \cdots$$

ist, eine solche Gruppe bilden. Da sich die Lösungen in den Punkten $\alpha_p + 1, \alpha_p + 2, \ldots$ im allgemeinen regulär verhalten, sind die Punkte

$$\alpha_p, \alpha_p - 1, \ldots, \alpha_{p+1} + 1$$

im allgemeinen Pole höchstens k_0-ter Ordnung,

$$\alpha_{p+s}, \alpha_{p+s} - 1, \ldots, \alpha_{p+s+1} + 1$$

Pole höchstens $(k_0 + k_1 + \cdots + k_s)$-ter Ordnung. Teilt man ebenso die γ_i, die Nullstellen von $p_n(x-n)$, in Gruppen, etwa $\gamma_p, \gamma_{p+1}, \ldots$

mit den Vielfachheiten $m_0, m_1, \ldots$ und ordnet man nach aufsteigendem Realteil, also

$$\Re(\gamma_p) < \Re(\gamma_{p+1}) < \Re(\gamma_{p+2}) < \cdots,$$

so sind die Punkte

$$\gamma_p, \gamma_p + 1, \ldots, \gamma_{p+1} - 1$$

im allgemeinen Pole höchstens von der Ordnung m_0, die Punkte

$$\gamma_{p+s}, \gamma_{p+s} + 1, \ldots, \gamma_{p+s+1} - 1$$

Pole höchstens von der Ordnung $m_0 + m_1 + \cdots + m_s$.

Insbesondere liegt, wenn es in einer Gruppe nur endlich viele Wurzeln gibt, die Ordnung der entsprechenden unendlich vielen Pole unterhalb einer festen Schranke. Wenn die Gruppe hingegen unendlich viele Wurzeln enthält, wächst die Ordnung der Pole bei Annäherung ans Unendliche über jede Grenze. Die Häufungspunkte der Punktmengen (α) und (γ) sind als Häufungsstellen von Polen wesentlich singuläre Stellen der Lösungen.

Wenn alle Koeffizienten in (2) Polynome sind, erschöpfen die Mengen (α) und (γ) alle im Endlichen gelegenen singulären Punkte der Lösungen. In diesem Falle, mit dem wir uns im nächsten Kapitel eingehend beschäftigen werden, gibt es also ein Fundamentalsystem meromorfer Lösungen.

149. Sind die Koeffizienten eindeutig, so trifft dies auch für die Lösungen zu, eine Tatsache, die klar den tiefgehenden Unterschied zwischen Differential- und Differenzengleichungen hervortreten läßt. Für eine Differenzengleichung mit eindeutigen Koeffizienten und der Spanne ω hat jede Lösung, die nicht eine rationale oder ganze transzendente Funktion ist, eine unendliche Menge von Singularitäten, welche alle auf gewissen Geraden im Abstande $|\omega|$ voneinander liegen. Führt man dann durch den Grenzübergang $\omega \to 0$ die Differenzengleichung in eine Differentialgleichung über, so rücken jene Singularitäten im Endlichen zusammen und geben dadurch zur Entstehung von Verzweigungspunkten Anlaß. Um dies näher zu erläutern, betrachten wir ein spezielles Beispiel. Die Gleichung

$$(x-\alpha)(x-\alpha+1)\,u(x+2) - (2x+1)(x-\alpha)\,u(x+1) + x^2\,u(x) = 0$$

oder

$$(x-\alpha)(x-\alpha+1)\overset{2}{\triangle} u(x) + (1-2\alpha)(x-\alpha)\triangle u(x) + \alpha^2 u(x) = 0$$

hat die Lösungen

$$u_1(x) = \frac{\Gamma(x)}{\Gamma(x-\alpha)}, \qquad u_2(x) = \frac{\Gamma(x)}{\Gamma(x-\alpha)}\Psi(x).$$

Diese bilden ein Fundamentalsystem, da ihre Determinante

$$D(x) = \begin{vmatrix} \dfrac{\Gamma(x)}{\Gamma(x-\alpha)} & \dfrac{\Gamma(x)}{\Gamma(x-\alpha)}\Psi(x) \\ \dfrac{\Gamma(x+1)}{\Gamma(x-\alpha+1)} & \dfrac{\Gamma(x+1)}{\Gamma(x-\alpha+1)}\Psi(x+1) \end{vmatrix} = \frac{\Gamma^2(x)}{\Gamma(x-\alpha)\,\Gamma(x-\alpha+1)}$$

für alle zu den singulären Stellen $\alpha, \alpha-1, 0$ der Differenzengleichung inkongruenten Werte von x endlich und von Null verschieden ist. Die Funktion $u_1(x)$ ist für ganzzahliges α rational, sonst meromorf mit Polen in den Punkten $x = 0, -1, -2, \ldots$; ebenso ist die Funktion $u_2(x)$ meromorf mit denselben Polen. Durch die Substitution $\frac{x}{\omega}$ statt x erkennt man, daß für die Gleichung

$$(x-\alpha\omega)(x-\alpha\omega+\omega)\overset{2}{\underset{\omega}{\triangle}} u(x) + (1-2\alpha)(x-\alpha\omega)\underset{\omega}{\triangle} u(x) + \alpha^2 u(x) = 0$$

die Funktionen

$$u_1(x) = \omega^\alpha \frac{\Gamma\left(\dfrac{x}{\omega}\right)}{\Gamma\left(\dfrac{x}{\omega}-\alpha\right)}, \qquad u_2(x) = \omega^\alpha \frac{\Gamma\left(\dfrac{x}{\omega}\right)}{\Gamma\left(\dfrac{x}{\omega}-\alpha\right)}\Psi\left(\frac{x}{\omega}\right)$$

ein Fundamentalsystem von Lösungen darstellen. Nehmen wir der Einfachheit halber ω positiv an, so liegen ihre Pole auf der negativen reellen Achse in den Punkten $x = 0, -\omega, -2\omega, \ldots$. Führen wir jetzt den Grenzübergang $\omega \to 0$ aus, so geht einerseits die Differenzengleichung über in die Differentialgleichung

$$x^2 u''(x) + (1-2\alpha)\, x\, u'(x) + \alpha^2 u(x) = 0;$$

andererseits rücken die Pole immer mehr zusammen, und schließlich erhält man unter Berücksichtigung der asymptotischen Eigenschaften der Gammafunktion und der Bemerkungen über die Ψ-Funktion in Kapitel 5, § 1, wofern $-\pi + \varepsilon < \operatorname{arc} x < \pi - \varepsilon$ $(\varepsilon > 0)$ ist, die mehrdeutigen Funktionen

$$u_1(x) = x^\alpha, \qquad u_2(x) = x^\alpha \log x$$

als Lösungen der Differentialgleichung. Für sie ist dann der Nullpunkt Verzweigungspunkt und die negative reelle Achse Verzweigungsschnitt.

§ 2. Der Satz von Hölder.

150. Der Unterschied zwischen den Lösungen von Differenzen- und Differentialgleichungen geht auch aus einem bekannten Satz von Hölder [1] hervor. Dieser Satz sagt aus, *daß die Gammafunktion* *keiner algebraischen Differentialgleichung genügen kann,* und läßt damit erkennen, daß durch Differenzengleichungen transzendente Funktionen von wesentlich anderer Natur definiert werden, als es die Lösungen von Differentialgleichungen sind. Der Satz kann übrigens beträchtlich verallgemeinert werden. Hölder selbst betrachtet beim Beweise zunächst die logarithmische Ableitung $\Psi(x) = \frac{\Gamma'}{\Gamma}(x)$ der Gammafunktion und reduziert die für sie hypothetisch angenommene algebraische Differentialgleichung mit Hilfe der Differenzengleichung

$$\Psi(x+1) - \Psi(x) = \frac{1}{x}$$

so weit, bis er schließlich zu einer Gleichung von der Form

$$\sum_{s=0}^{n} c_s \Psi^{(s)}(x) + R(x) = 0$$

gelangt, in welcher mindestens eine der Konstanten c_s von Null verschieden und $R(x)$ eine rationale Funktion ist. Diese Gleichung enthält aber einen leicht ersichtlichen Widerspruch. Von der damit bewiesenen Nichtexistenz einer algebraischen Differentialgleichung für $\Psi(x)$ aus kann ohne große Mühe dieselbe Tatsache für die Gammafunktion selbst erschlossen werden.

Wir wollen hier einen neueren Beweis des Hölderschen Satzes besprechen, welcher von Ostrowski [1] herrührt und das Problem sofort für die Gammafunktion selbst in Angriff nimmt[1]).

Statt allgemein algebraische Differentialgleichungen zu betrachten, deren linke Seite ein Polynom in der unbekannten Funktion y und ihren Ableitungen nach x mit algebraischen Funktionen von x als Koeffizienten ist, können wir uns auf die Untersuchung solcher Gleichungen beschränken, bei denen die Koeffizienten Polynome in x sind. Indem wir unter der Dimension eines Differentialausdrucks

$$A(x)\, y^{n_0} (y')^{n_1} (y'')^{n_2} \cdots$$

die Summe $n_0 + n_1 + n_2 + \cdots$, unter seinem Gewicht die Summe $n_1 + 2n_2 + 3n_3 + \cdots$ verstehen, denken wir uns die Glieder auf der linken Seite nach absteigender Dimension und die Glieder höchster Dimension nach absteigendem Gewicht geordnet. Unter den Gliedern höchster Dimension und höchsten Gewichtes wählen wir diejenigen aus, welche die höchste Ableitung in der höchsten Potenz enthalten, unter diesen diejenigen, welche die zweithöchste Ableitung in der höchsten Potenz enthalten, usf. Auf diese Weise gelangen wir schließlich zu einem Glied, das „höher" ist als alle anderen Glieder höchster

[1]) Noch ein anderer Beweis stammt von Moore [1].

Dimension und höchsten Gewichtes. Dieses Glied wollen wir als „Hauptglied“ an die Spitze stellen. Nun greifen wir unter allen Differentialgleichungen für $\Gamma(x)$ die mit einem Hauptglied von möglichst kleiner Dimension d, unter diesen die mit einem Hauptglied von möglichst kleinem Gewicht g und unter den letzterhaltenen die mit dem niedrigsten Hauptglied heraus. Eine so gewählte Differentialgleichung möge

$$f(y, y', y'', \ldots; x) \equiv f(y; x) \equiv f_d(y; x) + f_{d-1}(y; x) + \cdots = 0$$

mit

$$f_d(y; x) = f_{d,g}(y; x) + f_{d,g-1}(y; x) + \cdots$$

lauten, wobei die Indizes Dimension und Gewicht andeuten sollen. Ihr Hauptglied sei

$$F(y; x) = A(x)\, y^{n_0} (y')^{n_1} (y'')^{n_2} \cdots (y^{(\nu)})^{n_\nu} \qquad (n_\nu > 0).$$

Wir können außerdem annehmen, daß $A(x)$ den kleinstmöglichen Grad und den höchsten Koeffizienten 1 aufweist. Hat dann eine andere Differentialgleichung für $\Gamma(x)$ das Hauptglied

$$\bar{A}(x)\, y^{n_0} (y')^{n_1} (y'')^{n_2} \cdots (y^{(\nu)})^{n_\nu},$$

so ist $A(x)$ ein Teiler von $\bar{A}(x)$, und die zweite Differentialgleichung entsteht aus der ersten durch Multiplikation mit $\frac{\bar{A}(x)}{A(x)}$.

Mit Hilfe dieser Tatsache wollen wir nun *erstens* zeigen, *daß $f(y; x)$ homogen von der Dimension d ist*, d. h. daß $f_{d-i}(y; x)$ für $i > 0$ identisch verschwindet. Hierzu ziehen wir die Differenzengleichung

$$\Gamma(x+1) = x\,\Gamma(x)$$

heran. Nach ihr genügt $\Gamma(x)$ auch der Differentialgleichung

$$f(xy; x+1) = 0.$$

Zufolge den Relationen

$$(xy)' = xy' + y, \quad (xy)'' = xy'' + 2y', \ldots, \quad (xy)^{(\nu)} = xy^{(\nu)} + \nu y^{(\nu-1)}$$

sind auch die $f_i(xy; x+1)$ von der Dimension i und die $f_{d,s}(xy; x+1)$ von der Form

$$f_{d,s}(xy; x+1) = x^d f_{d,s}(y; x+1) + x^{d-1} f_{d,s,s-1}(y; x) \\ + x^{d-2} f_{d,s,s-2}(y; x) + \cdots,$$

wobei $f_{d,s,t}$ $(t < s)$ die Dimension d und das Gewicht t hat. Das Hauptglied von $f(xy; x+1)$ heißt

$$x^d A(x+1)\, y^{n_0} (y')^{n_1} (y'')^{n_2} \cdots (y^{(\nu)})^{n_\nu}.$$

Demnach muß der Quotient

$$\frac{x^d A(x+1)}{A(x)}$$

ein Polynom $B(x)$ vom Grade d sein und $f(xy; x+1)$ aus $f(y; x)$ durch Multiplikation mit $B(x)$ hervorgehen:

$$f(xy; x+1) = B(x) f(y; x),$$

also

$$f_{d-i}(xy; x+1) = B(x) f_{d-i}(y; x) \qquad (i = 0, 1, 2, \ldots).$$

Nun ist aber, wenn $f_{d-i}(y; x)$ vom Grade d_i in bezug auf x ist, $f_{d-i}(xy; x+1)$ höchstens vom Grade $d_i + d - i$. Denn weil $f_{d-i}(y; x)$ von der Dimension $d - i$ ist, kann bei Einsetzung von xy statt y höchstens x^{d-i} heraustreten. Also muß $f_{d-i}(y; x)$ für $i > 0$, wie behauptet, identisch verschwinden.

Zweitens wollen wir nachweisen, *daß* $f_{d,g}(y; x)$ *konstante Koeffizienten hat.* Diese seien etwa gleich $P_i(x)$, und

$$Q(x) = (x - a_1)^{e_1} (x - a_2)^{e_2} (x - a_3)^{e_3} \cdots$$

sei ihr größter gemeinsamer Teiler. Die $a_1, a_2, a_3, \ldots$ denken wir uns dabei nach abnehmendem Realteil geordnet:

$$\Re(a_1) > \Re(a_2) > \Re(a_3) > \cdots.$$

Die Koeffizienten der Glieder höchsten Gewichtes g in $f_{d,g}(xy; x+1)$ sind gleich $x^d P_i(x+1)$. Ihr größter gemeinsamer Teiler ist also $x^d Q(x+1)$. Andererseits ist aber auch $x^d P_i(x+1) = B(x) P_i(x)$, somit

$$x^d Q(x+1) = B(x) Q(x).$$

Folglich muß $x^d (x - (a_1 - 1))^{e_1} (x - (a_2 - 1))^{e_2} (x - (a_3 - 1))^{e_3} \cdots$ durch $Q(x)$ teilbar sein. Dies führt nacheinander zu

$$a_1 = 0,\ e_1 \leqq d; \qquad a_2 = a_1 - 1 = -1,\ e_2 \leqq e_1;$$
$$a_3 = a_2 - a_1 = -2,\ e_3 \leqq e_2; \ldots.$$

Daher wird

$$B(x) = x^{d-e_1} (x+1)^{e_1 - e_2} (x+2)^{e_2 - e_3} \cdots \equiv x^{d-e_1} \overline{B}(x+1),$$

wobei

$$\overline{B}(x) = x^{e_1 - e_2} (x+1)^{e_2 - e_3} \cdots$$

ein Teiler von $Q(x)$ ist. Wir zeigen jetzt, daß sämtliche Koeffizienten aller $f_{d,s}(y; x)$ durch $\overline{B}(x)$ teilbar sind. Da wir den Grad von $A(x)$ im Hauptglied möglichst klein angenommen haben, wird dann hieraus folgen, daß $\overline{B}(x)=1$ und demnach das Polynom d-ten Grades $B(x)=x^d$ sein muß. Es sei nämlich ad absurdum t der größte Wert von s, für den $f_{d,s}(y;x)$ nicht durch $\overline{B}(x)$ teilbar ist. Dann sind alle $f_{d,s}(xy; x+1)$ mit $s>t$ durch $\overline{B}(x+1)$ teilbar. Nun ist aber das Aggregat der Glieder vom Gewicht t in $f(xy;x+1)$

$$x^d f_{d,t}(y;x+1)+x^{d-1}f_{d,t+1,t}(y;x)+x^{d-2}f_{d,t+2,t}(y;x)+\cdots$$

wegen $f_d(xy;\ x+1)=B(x)f_d(y;x)$ durch $B(x)$, also auch durch $\overline{B}(x+1)$ teilbar. Dasselbe gilt daher von $x^d f_{d,t}(y;x+1)$ oder, da $\overline{B}(x+1)$ zu x teilerfremd ist, von $f_{d,t}(y;x+1)$. Also muß $f_{d,t}(y;x)$ durch $\overline{B}(x)$ teilbar sein, im Widerspruch zur Voraussetzung. Aus

$$x^d P_i(x+1)=B(x)P_i(x)=x^d P_i(x)$$

folgt nunmehr unsere Behauptung $P_i(x)=$ konst. Das Aggregat der Glieder vom Gewichte $(g-1)$ in $f_d(xy;x+1)$

$$x^d f_{d,g-1}(y;x+1)+x^{d-1}f_{d,g,g-1}(y;x)$$

kann nicht identisch verschwinden, weil $f_{d,g,g-1}(y;x)$ zugleich mit $f_{d,g}(y;x)$ konstante Koeffizienten und das höchste Glied

$$\text{konst}\cdot n_1\, y^{n_0+1}(y')^{n_1-1}(y'')^{n_2}\cdots(y^{(\nu)})^{n_\nu}$$

hat, und muß durch $B(x)=x^d$ teilbar sein. Dies ist aber offenbar unmöglich. Damit ist der Höldersche Satz bewiesen.

§ 3. Multiplikatoren und adjungierte Differenzengleichung.

151. Hat man zwei Fundamentalsysteme von Lösungen der Gleichung (2), etwa $u_1(x),\ldots,u_n(x)$ und $\overline{u}_1(x),\ldots,\overline{u}_n(x)$, so müssen zwischen diesen Funktionen lineare Relationen mit periodischen Koeffizienten von der Form

$$(16)\qquad \begin{aligned}\overline{u}_i(x)&=\sum_{s=1}^{n}\pi_{is}(x)\,u_s(x)\\ u_i(x)&=\sum_{s=1}^{n}\overline{\pi}_{is}(x)\,\overline{u}_s(x)\end{aligned}\qquad (i=1,\ldots,n)$$

bestehen, für welche die Determinanten $|\pi_{is}(x)|$ und $|\overline{\pi}_{is}(x)|$ von Null verschieden sind. Für verschiedene Klassen von Gleichungen werden wir uns mit diesen Relationen später noch eingehend beschäftigen. Umgekehrt stellen, wenn $u_1(x), \ldots, u_n(x)$ ein Fundamentalsystem ist, auch die Funktionen

$$\overline{u}_i(x) = \sum_{s=1}^{n} \pi_{is}(x)\, u_s(x) \qquad (i = 1, \ldots, n)$$

ein Fundamentalsystem dar, wofern die Determinante $|\pi_{is}(x)|$ für alle zu den singulären Stellen von (2) inkongruenten Werte von x von Null verschieden ist.

Schreibt man die Differenzengleichung (2) in der Gestalt

$$Q[u(x)] \equiv u(x+n) + \sum_{i=0}^{n-1} q_i(x)\, u(x+i) = 0, \tag{17}$$

wobei

$$q_i(x) = \frac{p_i(x)}{p_n(x)}$$

ist, so sind die Koeffizienten $q_i(x)$ und daher die linke Seite $Q[u(x)]$ durch ein Fundamentalsystem $u_1(x), \ldots, u_n(x)$ eindeutig bestimmt. Unter Beachtung von (9) findet man

$$Q[u(x)] = (-1)^n \frac{D[u(x), u_1(x), \ldots, u_n(x)]}{D[u_1(x), \ldots, u_n(x)]}.$$

Diese Tatsache ermöglicht, eine interessante Eigenschaft von gewissen mit der Determinante $D(x)$ verknüpften Funktionen herzuleiten. Wir wollen die durch $D(x+1)$ dividierte Unterdeterminante des Elements $u_i(x+n)$ in der Determinante $D(x+1)$ mit $\mu_i(x)$ bezeichnen. Dann gilt

$$\sum_{i=1}^{n} \mu_i(x)\, u_i(x+s) = \begin{cases} 0 & \text{für } s = 1, 2, \ldots, n-1, \\ 1 & \text{für } s = n. \end{cases}$$

Wenn die $u_i(x)$ linear unabhängig sind, ist dies, wie aus einfachen Determinantensätzen folgt, auch für die $\mu_i(x)$ der Fall. Löst man nun das Gleichungssystem

$$u(x+s) = \sum_{i=1}^{n} \pi_i(x)\, u_i(x+s) \qquad (s = 0, 1, \ldots, n-1)$$

nach den periodischen Funktionen $\pi_i(x)$ auf, so bekommt man

$$\pi_i(x) = \frac{D[u_1(x), \ldots, u_{i-1}(x), u(x), u_{i+1}(x), \ldots, u_n(x)]}{D(x)}$$

$$\equiv T_i[u(x)] = \sum_{s=0}^{n-1} t_{is}(x)\, u(x+s).$$

Somit verschwindet die Differenz $\triangle T_i[u(x)]$ für jede Lösung der Gleichung (17). Diese Differenz muß also bis auf einen Faktor mit $Q[u(x)]$ übereinstimmen, für den man durch Vergleich der Koeffizienten von $u(x+n)$ gerade $\mu_i(x)$ erhält. Es ist daher

$$(18)\qquad \mu_i(x)\,Q[u(x)] = \triangle\, T_i[u(x)] = \triangle \sum_{s=0}^{n-1} t_{is}(x)\,u(x+s).$$

Durch Multiplikation mit $\mu_i(x)$ wird also die linke Seite der Differenzengleichung (17) die Differenz einer linearen Funktion von $u(x), \ldots, u(x+n-1)$. Dieser Eigenschaft wegen heißen die Funktionen $\mu_i(x)$ *Multiplikatoren* der Differenzengleichung (17). Sie genügen, wie man durch Vergleich der Koeffizienten von $u(x)$, $u(x+1), \ldots, u(x+n)$ in (18) erkennt, der Differenzengleichung

$$(19)\qquad \tilde{Q}[\mu(x)] \equiv \mu(x) + \sum_{i=1}^{n} q_{n-i}(x+i)\,\mu(x+i) = 0,$$

für welche sie ein Fundamentalsystem von Lösungen bilden. Die Gleichung (19) wird die zu (17) *adjungierte Differenzengleichung* genannt.

§ 4. Reduktion der Ordnung bei Kenntnis partikulärer Lösungen.

152. *Kennt man für eine homogene lineare Differenzengleichung n-ter Ordnung*

$$(2)\qquad P[u(x)] = \sum_{i=0}^{n} p_i(x)\,u(x+i) = 0$$

ein Element $u_1(x)$ eines Fundamentalsystems, so können die weiteren Lösungen $u_2(x), \ldots, u_n(x)$ des Fundamentalsystems durch Auflösung einer Gleichung $(n-1)$-ter Ordnung und $(n-1)$ einfache Summationen gefunden werden. Setzt man nämlich

$$u(x) = u_1(x)\,v(x),$$

so ergibt sich durch Anwendung der Abelschen Transformation

$$\sum_{i=0}^{n} b_i c_i = \sum_{i=0}^{n-1}(c_i - c_{i+1})\sum_{s=0}^{i} b_s + c_n \sum_{s=0}^{n} b_s$$

aus (2) die Gleichung

$$(20)\qquad P[u(x)] = -\sum_{i=0}^{n-1} \triangle v(x+i) \sum_{s=0}^{i} p_s(x)\, u_1(x+s)$$
$$+ v(x+n) \sum_{i=0}^{n} p_i(x)\, u_1(x+i) = 0\,.$$

Nach der Voraussetzung, daß $u_1(x)$ eine Lösung von (2) sein soll, verschwindet hierin das letzte Glied. Für

$$\triangle v(x) = w(x)$$

besteht demnach die Differenzengleichung

$$(21)\qquad -\sum_{i=0}^{n-1} w(x+i) \sum_{s=0}^{i} p_s(x)\, u_1(x+s) = 0\,.$$

Da der Koeffizient von $w(x)$ gleich $-p_0(x)\, u_1(x)$ und der von $w(x+n-1)$ gleich $p_n(x)\, u_1(x+n)$ ist, hat die Differenzgleichung (21) die Ordnung $n-1$. Bedeutet $w_1(x), \ldots, w_{n-1}(x)$ ein Fundamentalsystem summierbarer Lösungen von (21), so genügen die Funktionen

$$u_{s+1}(x) = u_1(x) \mathop{\mathbf{S}}_{a}^{x} w_s(z) \triangle z \qquad (s = 1, 2, \ldots, n-1)$$

der Gleichung (2). Diese Lösungen bilden zusammen mit $u_1(x)$ ein Fundamentalsystem für (2); denn die Determinante von $u_1(x), \ldots, u_n(x)$ hat, wie man sich leicht überzeugt, den Wert

$$D[u_1(x), \ldots, u_n(x)]$$
$$= u_1(x)\, u_1(x+1) \cdots u_1(x+n-1)\, D[w_1(x), \ldots, w_{n-1}(x)].$$

Wenn auch für die Gleichung (21) eine Fundamentallösung $w_1(x)$ bekannt ist, so läßt sich nach dem eben geschilderten Verfahren ein ganzes Fundamentalsystem durch Auflösung einer Gleichung $(n-2)$-ter Ordnung und $(n-2)$ einfache Summationen gewinnen. Dann bekommt man also ein Fundamentalsystem von (2) durch Auflösung einer Gleichung $(n-2)$-ter Ordnung und $(n-2)$ zweifache Summationen. Die Kenntnis einer Partikulärlösung $w_1(x)$ ist z. B. vorhanden, wenn man außer $u_1(x)$ noch eine zweite Fundamentallösung $u_2(x)$ von (2) weiß; denn dann ergibt sich

$$w_1(x) = \triangle \frac{u_2(x)}{u_1(x)}\,.$$

Allgemein erhält man bei Kenntnis von k Lösungen $u_1(x), \ldots, u_k(x)$

die weiteren durch Auflösung einer Gleichung $(n-k)$-ter Ordnung und $(n-k)$ k-fache Summationen.

Betrachten wir zwei einfache Beispiele. Die Gleichung

$$(x+1)^2 u(x+2)-(2x+1)(x+2)u(x+1)+(x+1)(x+2)u(x)=0$$

hat die Lösung

$$u_1(x)=x.$$

Die Gleichung für $w(x)$ lautet

$$(x+1)w(x+1)-xw(x)=0$$

und hat offenbar die Lösung

$$w(x)=\frac{1}{x}.$$

Also wird

$$u_2(x)=u_1(x)\mathop{S}_1^x w(z)\triangle z = x\Psi(x).$$

Bei der schon am Schlusse von § 1 betrachteten Gleichung

$$(x-\alpha)(x-\alpha+1)u(x+2)-(2x+1)(x-\alpha)u(x+1)+x^2 u(x)=0$$

ist

$$u_1(x)=\frac{\Gamma(x)}{\Gamma(x-\alpha)}.$$

Aus der Gleichung

$$(x+1)w(x+1)-xw(x)=0$$

ergibt sich wieder

$$w(x)=\frac{1}{x}$$

und

$$u_2(x)=u_1(x)\mathop{S}_1^x w(z)\triangle z=\frac{\Gamma(x)}{\Gamma(x-\alpha)}\Psi(x).$$

153. Durch die Transformation

$$u(x)=u_1(x)v(x)$$

entsteht aus $P[u(x)]$ der Ausdruck

$$\text{(22)}\qquad P[u_1(x)v(x)]=\sum_{i=0}^{n} p_i(x)u_1(x+i)\sum_{s=0}^{i}\binom{i}{s}\overset{s}{\triangle} v(x)$$

$$=\sum_{i=0}^{n}\overset{i}{\triangle} v(x)\sum_{s=i}^{n}\binom{s}{i}p_s(x)u_1(x+s).$$

Zur Abkürzung setzen wir den Koeffizienten von $\overset{i}{\triangle} v(x)$ gleich $P_i[u_1(x)]$, also

$$P_i[u_1(x)] = \sum_{s=i}^{n} \binom{s}{i} p_s(x)\, u_1(x+s).$$

Wenn für eine partikuläre Lösung $u_1(x)$ von (2) nicht nur der Koeffizient $P_0[u_1(x)] = P[u_1(x)]$ von $v(x)$, sondern auch die Ausdrücke $P_1[u_1(x)], \ldots, P_{l-1}[u_1(x)]$ verschwinden, heißt $u_1(x)$ eine *l-fache Lösung* der Gleichung (2). Alsdann sind, wie man sich vermöge (22) überzeugt, indem man $v(x)$ gleich $1, \binom{x}{1}, \binom{x}{2}, \ldots, \binom{x}{l-1}$ nimmt,

$$u_1(x),\ \binom{x}{1} u_1(x),\ \binom{x}{2} u_1(x), \ldots, \binom{x}{l-1} u_1(x)$$

oder auch

$$u_1(x),\quad x\, u_1(x),\quad x^2 u_1(x), \ldots,\quad x^{l-1} u_1(x)$$

Lösungen von (2). Falls $u_1(x)$ Element eines Fundamentalsystems ist, sind diese Lösungen linear unabhängig. Denn bestände zwischen ihnen eine Relation von der Form (5), so würde an l um ganze Zahlen unterschiedenen Stellen

$$\sum_{s=0}^{l-1} \pi_s(x)\, x^s = 0$$

sein, wobei nicht alle $\pi_s(x)$ verschwinden. Dies ist aber unmöglich.

Besitzt die Gleichung (2) *nur eine einzige mehrfache, und zwar l-fache Lösung* $u_1(x)$, *so kann man diese durch eine Summation finden.* Da nämlich

$$P_1[u(x)] = P[x\, u(x)] - x P[u(x)]$$

ist, hat die Gleichung $P_1[u(x)] = 0$ die Funktion $u_1(x)$ zur $(l-1)$-fachen Lösung. $P[u(x)] = 0$ und $P_1[u(x)] = 0$ weisen also die gemeinsamen Lösungen $u_1(x), x\, u_1(x), \ldots, x^{l-2} u_1(x)$ auf und nur diese. Eliminiert man aus den beiden Gleichungen $u(x+n)$, so ergibt sich eine neue Gleichung $(n-1)$-ter Ordnung, welche ebenfalls diese Lösungen besitzt. Schreibt man in ihr $x+1$ statt x und nimmt sie nachher zu den alten Gleichungen hinzu, so können $u(x+n)$ und $u(x+n-1)$ eliminiert werden, und man stößt auf eine Gleichung $(n-2)$-ter Ordnung ebenfalls mit den Lösungen $u_1(x), x\, u_1(x), \ldots, x^{l-2} u_1(x)$. Durch Fortsetzung dieses Verfahrens entsteht schließlich eine Gleichung $(l-1)$-ter Ordnung, welche nur jene Lösungen hat. Die Koeffizienten dieser Gleichung setzen sich rational aus den Koeffizienten der ursprünglichen Gleichung $P[u(x)] = 0$ für $x, x+1, \ldots, x+n-l-1$ zusammen. Stellt man für die eben gefundene Gleichung $(l-1)$-ter Ordnung den $P_{l-2}[u(x)]$ entsprechenden Ausdruck her, so liefert dieser, gleich Null gesetzt, eine Differenzengleichung erster Ordnung für $u_1(x)$. Eine derartige Gleichung läßt sich aber, wie wir sogleich sehen werden, immer durch eine Summation auflösen. Damit ist unsere Behauptung bewiesen. Nach Ermittlung der mehrfachen Lösung kann die Gleichung (2) mittels des zu Anfang des Paragrafen geschilderten Verfahrens von ihr befreit und damit bis auf Summationen auf eine Gleichung $(n-l)$-ter Ordnung reduziert werden.

Beispielsweise hat die Gleichung

$$P[u(x)] = (x-2)\,u(x+3) - (5x-9)\,u(x+2) + 4(2x-3)\,u(x+1) - 4(x-1)\,u(x) = 0$$

eine Doppellösung. Die Elimination von $u(x+3)$ aus $P[u(x)]=0$ und

$$P_1[u(x)] = 3(x-2)\,u(x+3) - 2(5x-9)\,u(x+2) + 4(2x-3)\,u(x+1) = 0$$

liefert, wenn man $x+1$ statt x schreibt, die Gleichung

$$(5x-4)\,u(x+3) - 8(2x-1)\,u(x+2) + 12x\,u(x+1) = 0.$$

Eliminiert man aus allen drei Gleichungen $u(x+3)$ und $u(x+2)$, so entsteht für die Doppellösung die Gleichung 1. Ordnung

$$u(x+1) - 2u(x) = 0.$$

Diese hat die Lösung

$$u_1(x) = 2^x.$$

Demnach besitzt die ursprüngliche Gleichung die Lösungen

$$u_1(x) = 2^x \quad \text{und} \quad u_2(x) = x \cdot 2^x.$$

Als dritte Lösung findet man

$$u_3(x) = x.$$

154. Wie oben bemerkt, läßt sich eine homogene lineare Differenzengleichung 1. Ordnung

$$(23) \qquad p_1(x)\,u(x+1) + p_0(x)\,u(x) = 0$$

durch eine Summation auflösen. Das Verfahren hierzu haben wir bereits bei der Betrachtung der Differenzengleichung (7) für die Determinante eines Fundamentalsystems kennengelernt. Durch

Logarithmieren bekommt man

$$\triangle \log u(x) = \log\left(-\frac{p_0(x)}{p_1(x)}\right),$$

also, wenn die rechtsstehende Funktion summierbar ist,

$$(24) \qquad u(x) = \pi(x)\, e^{\mathop{\mathrm{S}}\limits_a^x \log\left(-\frac{p_0(z)}{p_1(z)}\right) \triangle z}$$

Sind $p_0(x)$ und $p_1(x)$ rationale Funktionen, so kann $u(x)$ nach dem Muster von (8*) durch Gammafunktionen ausgedrückt werden.

Als Beispiel nehmen wir etwa die Gleichung

$$x\,u(x+1) - e^x\,u(x) = 0.$$

Hier wird

$$u(x) = \pi(x)\, e^{\mathop{\mathrm{S}}\limits_0^x (z - \log z) \triangle} = \pi(x)\frac{e^{\frac{1}{2}B_2(x)}}{\Gamma(x)}.$$

155. Besonders einfach gestalten sich die Erörterungen dieses Paragrafen, wenn es sich um eine Differenzengleichung 2. Ordnung

$$(25) \qquad p_2(x)\,u(x+2) + p_1(x)\,u(x+1) + p_0(x)\,u(x) = 0$$

handelt. Will man zu einer bekannten Partikulärlösung $u_1(x)$ eine zweite ermitteln, so ergibt sich als Differenzengleichung für $w(x)$ eine Gleichung 1. Ordnung

$$p_2(x)\,u_1(x+2)\,w(x+1) - p_0(x)\,u_1(x)\,w(x) = 0.$$

Ihre Lösung heißt, falls die Funktion $\log \frac{p_0(x)}{p_2(x)}$ summierbar ist,

$$w(x) = \frac{\pi(x)}{u_1(x)\,u_1(x+1)}\, e^{\mathop{\mathrm{S}}\limits_a^x \log \frac{p_0(z)}{p_2(z)} \triangle z};$$

die zweite Lösung der vorgelegten Gleichung wird dann

$$u_2(x) = u_1(x) \mathop{\mathrm{S}}\limits_a^x w(z) \triangle z.$$

Zu diesem Ergebnis gelangt man einfacher, wenn man bedenkt, daß

$$u_1(x)\,u_2(x+1) - u_1(x+1)\,u_2(x) = D(x),$$

also

$$\triangle \frac{u_2(x)}{u_1(x)} = \frac{D(x)}{u_1(x)\,u_1(x+1)}$$

ist. Hieraus entfließt nämlich

$$u_2(x) = u_1(x) \mathop{\mathsf{S}}_{a}^{x} \frac{D(z)}{u_1(z)\,u_1(z+1)} \triangle z \,.$$

Drückt man $D(x)$ nach (8) durch die Gleichungskoeffizienten aus, so ist dies das alte Ergebnis. Beispielsweise stellt für die Gleichung

$$x^2 u(x+2) - 4\left(x^2 + x + \tfrac{1}{2}\right) u(x+1) + 4(x+1)^2 u(x) = 0$$

die Funktion

$$u_1(x) = 2^x$$

eine Lösung dar. Für $w(x)$ gewinnen wir

$$w(x) = \frac{\pi(x)}{2^x \cdot 2^{x+1}} e^{\mathop{\mathsf{S}}_{0}^{x} \log \frac{4(z+1)^2}{z^2} \triangle z} = \overline{\pi}(x) \frac{\Gamma^2(x+1)}{\Gamma^2(x)} = \overline{\pi}(x) \cdot x^2$$

und für $u_2(x)$

$$u_2(x) = 2^x \mathop{\mathsf{S}}_{0}^{x} 3 z^2 \triangle z = 2^x B_3(x).$$

Wenn eine Differenzengleichung 2. Ordnung (25) eine Doppellösung hat, kann sie durch eine Summation aufgelöst werden. Denn die Doppellösung genügt der Gleichung 1. Ordnung

$$p_1(x)\,u(x+1) + 2\,p_0(x)\,u(x) = 0\,.$$

Lautet z. B. die gegebene Gleichung

$$u(x+2) - 2(x+1)\,u(x+1) + x(x+1)\,u(x) = 0,$$

so bekommt man

$$u(x+1) - x\,u(x) = 0,$$

also

$$u_1(x) = \Gamma(x), \qquad u_2(x) = x\,\Gamma(x)\,.$$

§ 5. Gleichungen mit konstanten Koeffizienten.

156. Wenn die Koeffizienten der Differenzengleichung (2) Konstanten sind, diese also die Form

$$(26) \qquad P[u(x)] = \sum_{i=0}^{n} c_i\, u(x+i) = 0$$

hat, können wir die Auflösung vollständig durchführen. Ohne Beschränkung der Allgemeinheit dürfen wir annehmen, daß $c_n = 1$ und $c_0 \neq 0$ ist. Setzen wir

$$u(x) = t^x v(x),$$

so ergibt sich nach (22)

$$P[u(x)] = \sum_{i=0}^{n} \overset{i}{\triangle} v(x) \sum_{s=i}^{n} \binom{s}{i} c_s t^{x+s}$$
$$= \sum_{i=0}^{n} \frac{t^x \overset{i}{\triangle} v(x)}{i!} \sum_{s=i}^{n} s(s-1)\cdots(s-i+1) c_s t^s .$$

Diese Beziehung läßt sich besonders übersichtlich schreiben, wenn wir die *charakteristische Funktion*

$$f(t) = \sum_{i=0}^{n} c_i t^i$$

der Gleichung (26) einführen. Dann wird nämlich

$$P[u(x)] = \sum_{i=0}^{n} \frac{t^{x+i} \overset{i}{\triangle} v(x)}{i!} f^{(i)}(t). \tag{27}$$

Hieraus ersieht man, daß $P[u(x)]$ verschwindet, wenn $v(x) = 1$ und für t eine Wurzel a der *charakteristischen Gleichung*

$$f(t) = t^n + c_{n-1} t^{n-1} + \cdots + c_0 = 0 \tag{28}$$

gewählt wird. Die Gleichung (28) ist vom Grade n und hat wegen $c_0 \neq 0$ lauter von Null verschiedene Wurzeln. Falls ihre Wurzeln $a_1, a_2, \ldots, a_n$ alle voneinander verschieden sind, bilden die durch sie gelieferten Lösungen von (26)

$$a_1^x, \quad a_2^x, \quad \ldots, \quad a_n^x$$

ein Fundamentalsystem; denn die Determinante

$$D(x) = |a_i^{x+s}| = (a_1 a_2 \cdots a_n)^x \prod_{\substack{i>s \\ i,s=1,\ldots,n}} (a_i - a_s) = [(-1)^n c_0]^x \prod_{\substack{i>s \\ i,s=1,\ldots,n}} (a_i - a_s)$$

verschwindet nirgends. Die allgemeine Lösung von (26) läßt sich dann in der Gestalt

$$u(x) = \pi_1(x) a_1^x + \pi_2(x) a_2^x + \cdots + \pi_n(x) a_n^x$$

schreiben. Anders ist es, wenn die charakteristische Gleichung mehrfache Wurzeln besitzt. In diesem Falle bekommen wir auf die bisherige Art nicht die genügende Anzahl von Lösungen für ein Fundamentalsystem, wohl aber gelingt dies, wie schon unsere allgemeinen Betrachtungen über mehrfache Lösungen in **153.** lehren, durch passende Annahmen über die Funktionen $v(x)$. Es seien etwa $a_1, a_2, \ldots, a_h$ die voneinander verschiedenen unter den Wurzeln, nach abnehmendem Absolutbetrage und bei gleichem Absolutbetrage nach abnehmender Vielfachheit geordnet, a_1 eine l-fache, a_2 eine m-fache, ..., a_h eine q-fache Wurzel. Dann ist offenbar z. B. a_1^x eine l-fache Lösung der Gleichung (26), so daß die durch die Annahmen $v(x) = 1$, $v(x) = x$, ..., $v(x) = x^{l-1}$ entstehenden l Funktionen

$$a_1^x, \quad x a_1^x, \quad \ldots, \quad x^{l-1} a_1^x$$

partikuläre Lösungen darstellen. Die auf diese Weise erhaltenen n Lösungen bilden ein Fundamentalsystem. Zwischen ihnen kann nämlich keine homogene lineare Relation von der Form

$$\begin{aligned} & a_1^x [\pi_1(x) + x\pi_2(x) + \cdots + x^{l-1} \pi_l(x)] \\ + & a_2^x [\pi_{l+1}(x) + x\pi_{l+2}(x) + \cdots + x^{m-1} \pi_{l+m}(x)] + \cdots = 0, \end{aligned}$$

in der die $\pi_i(x)$ irgendwo von Null verschieden sind, bestehen. Es sei zunächst $|a_1| > |a_2| > \cdots > |a_h|$. Dann erhält man, indem man durch $x^{l-1} a_1^x, x^{l-2} a_1^x, \ldots, a_1^x, x^{m-1} a_2^x, x^{m-2} a_2^x, \ldots, a_2^x, \ldots$ dividiert und x in ganzzahligen Schritten nach rechts ins Unendliche gehen läßt, nacheinander $\pi_l(x) = 0$, $\pi_{l-1}(x) = 0, \ldots, \pi_1(x) = 0$, $\pi_{l+m}(x) = 0$, $\pi_{l+m-1}(x) = 0, \ldots, \pi_{l+1}(x) = 0, \ldots$. Durch dasselbe Verfahren gelangt man auch zum Ziele, wenn Wurzeln von gleichem Absolutbetrage vorkommen.

Die allgemeine Lösung von (2) lautet also im gegenwärtigen Falle

$$\begin{aligned} u(x) = & a_1^x [\pi_1(x) + x\pi_2(x) + \cdots + x^{l-1} \pi_l(x)] \\ & + a_2^x [\pi_{l+1}(x) + x\pi_{l+2}(x) + \cdots + x^{m-1} \pi_{l+m}(x)] \\ & + \cdots\cdots\cdots\cdots\cdots\cdots \\ & + a_h^x [\pi_{n-q+1}(x) + x\pi_{n-q+2}(x) + \cdots + x^{q-1} \pi_n(x)]. \end{aligned}$$

Wir können den Betrachtungen für Gleichungen mit konstanten Koeffizienten noch eine etwas andere Wendung geben, die uns später in Kap. 14, § 2 beim Studium inhomogener Gleichungen nützlich sein wird. Es sei $g(t, x)$ ein Polynom $(n-1)$-ten Grades in t, dessen Koeffizienten willkürliche periodische Funktionen von x sind. Dann stellt das Integral

$$u_s(x) = \frac{1}{2\pi i} \int_{\Gamma_s} t^{x-1} \frac{g(t, x)}{f(t)} \, dt \tag{29}$$

eine Lösung von (26) dar. Hierbei soll $f(t)$ wie früher die charakteristische Funktion der Gleichung (26) und Γ_s eine geschlossene, im positiven Sinne durchlaufene Integrationskurve bedeuten, welche eine der Wurzeln a_s von $f(t) = 0$ in ihrem Inneren enthält, die anderen Wurzeln und den Nullpunkt hingegen ausschließt. Durch Einsetzen findet man ja

$$P[u_s(x)] = \frac{1}{2\pi i}\int_{\Gamma_s} t^{x-1} g(t, x)\, dt = 0,$$

weil der Integrand im Inneren von Γ_s und auf Γ_s regulär ist. Das Integral (29) läßt sich leicht auswerten. Ist a_s etwa eine k-fache Wurzel, so gilt in der Umgebung von a_s

$$\frac{g(t, x)}{f(t)} = \frac{\pi_k(x)}{(t-a_s)^k} + \frac{\pi_{k-1}(x)}{(t-a_s)^{k-1}} + \cdots + \frac{\pi_1(x)}{t-a_s} + G(t, x),$$

wobei $G(t, x)$ eine im Inneren von Γ_s und auf Γ_s reguläre Funktion von t bezeichnet und $\pi_1(x), \ldots, \pi_k(x)$ periodische Funktionen von x sind, ferner

$$t^{x-1} = a_s^{x-1}\left\{1 + \binom{x-1}{1}\frac{t-a_s}{a_s} + \binom{x-1}{2}\left(\frac{t-a_s}{a_s}\right)^2 + \cdots\right\};$$

$u_s(x)$ ergibt sich daher als Residuum zu

$$u_s(x) = a_s^{x-1}\left\{\pi_1(x) + \frac{\pi_2(x)}{a_s}\binom{x-1}{1} + \cdots + \frac{\pi_k(x)}{a_s^{k-1}}\binom{x-1}{k-1}\right\}.$$

Jeder k-fachen Wurzel der charakteristischen Gleichung entspricht also in Übereinstimmung mit dem Früheren eine Lösung $u_s(x)$, welche k willkürliche periodische Funktionen enthält. Für die allgemeine Lösung findet man dann einen entsprechenden Ausdruck wie oben.

157. Differenzengleichungen mit konstanten Koeffizienten treten in vielen Zweigen der reinen und angewandten Mathematik auf; sind doch z. B. alle Rekursionsformeln weiter nichts als derartige Differenzengleichungen. Ferner führen zahlreiche Probleme der Wahrscheinlichkeitsrechnung (Czuber [1]) und der Mechanik (Funk [1], Fritsche [1]) unmittelbar auf solche Gleichungen; ein für technische Anwendungen wichtiges Beispiel ist die Clapeyronsche Gleichung beim durchlaufenden Träger.

Hier wollen wir nur ganz kurz ein Beispiel berühren, das uns zu einer weiterführenden Fragestellung Anlaß geben wird. Will man eine gebrochene rationale Funktion in eine Potenzreihe entwickeln:

$$\frac{1}{c_0 z^n + c_1 z^{n-1} + \cdots + c_n} = \sum_{s=0}^{\infty} u_s z^s \qquad (c_0 \neq 0,\ c_n = 1),$$

so erhält man zur Bestimmung der Koeffizienten die Formel

$$c_0 u_s + c_1 u_{s+1} + \cdots + c_n u_{s+n} = 0 \qquad (s > 0),$$

die, wenn man statt des Index s eine freie Veränderliche x schreibt, gerade mit der Differenzengleichung (26) übereinstimmt. Nun weiß man aus der Funktionentheorie, daß der Konvergenzradius der rechtsstehenden Reihe durch die absolut kleinste Nullstelle des Nenners links, d. h. das Reziprokum der absolut größten Wurzel der charakteristischen Gleichung (28) der Differenzengleichung (26) bestimmt ist. Andererseits wird aber der Konvergenzradius durch den Grenzwert des Absolutbetrages für das Verhältnis $\frac{u(s)}{u(s+1)}$ bei zunehmendem ganzzahligen s geliefert, vorausgesetzt, daß dieser Grenzwert existiert. Hierdurch wird die Frage nach dem Zusammenhang des Grenzwerts $\lim\limits_{s\to\infty} \frac{u(s+1)}{u(s)}$ mit jener absolut größten Wurzel der charakteristischen Gleichung nahegelegt. In der Tat zeigt sich, daß beide im allgemeinen nicht nur dem Betrage nach, sondern überhaupt gleich sind. Wenn nämlich die Wurzeln der charakteristischen Gleichung dem absoluten Betrage nach verschieden sind, also $|a_1| > |a_2| > \cdots > |a_n|$ ist, so lautet die allgemeine Lösung der Differenzengleichung (26)

$$u(x) = \pi_1(x)\, a_1^x + \pi_2(x)\, a_2^x + \cdots + \pi_n(x)\, a_n^x .$$

Es wird daher

$$\frac{u(s+1)}{u(s)} = \frac{a_1^{s+1}\left[\pi_1(s) + \pi_2(s)\left(\frac{a_2}{a_1}\right)^{s+1} + \cdots + \pi_n(s)\left(\frac{a_n}{a_1}\right)^{s+1}\right]}{a_1^s\left[\pi_1(s) + \pi_2(s)\left(\frac{a_2}{a_1}\right)^{s} + \cdots + \pi_n(s)\left(\frac{a_n}{a_1}\right)^{s}\right]}$$

und im allgemeinen[1])

$$\lim_{s\to\infty} \frac{u(s+1)}{u(s)} = a_1 .$$

Nur wenn $\pi_1(s) = 0$ ist, wird der Grenzwert gleich a_2, wenn auch $\pi_2(s) = 0$ ist, gleich a_3 usw. Schließlich gilt für die Lösungen $\pi_n(x)\, a_n^x$

$$\lim_{s\to\infty} \frac{u(s+1)}{u(s)} = a_n .$$

Für diese sehr speziellen Lösungen ist also der Grenzwert gleich der absolut kleinsten Wurzel.

---

[1]) Diese Tatsache ist die Grundlage der von Daniel Bernoulli [1] angegebenen Methode der numerischen Auflösung von Gleichungen mittels rekurrenter Reihen, vgl. Euler [7], Kap. 17.

Entsprechende Ergebnisse erzielt man, wenn man x nicht durch die ganzen Zahlen, sondern von einem beliebigen Anfangswert x_0 aus in ganzzahligen Schritten nach rechts ins Unendliche gehen läßt. Jedenfalls sehen wir, daß für jede Lösung (abgesehen von der trivialen $u(x) = 0$) der Grenzwert $\lim\limits_{s \to \infty} \frac{u(s+1)}{u(s)}$ existiert und gleich einer Wurzel der charakteristischen Gleichung ist. Dies gilt auch noch, wie man sich leicht überzeugt, wenn die charakteristische Gleichung mehrfache Wurzeln hat, von denen die voneinander verschiedenen auch verschiedenen Absolutbetrag besitzen. Ganz anders werden die Verhältnisse hingegen, wenn unter den Wurzeln solche von gleichem Absolutbetrag, aber verschiedenem Arkus vorkommen. Dann braucht jener Grenzwert nicht mehr für jede Lösung zu existieren. Ist z. B. $|a_1| = |a_2|$, $a_1 \neq a_2$, so ist er für $\pi_1(x) a_1^x + \pi_2(x) a_2^x$ außer bei $\pi_1(s) = 0$ oder $\pi_2(s) = 0$ nicht vorhanden.

Für jede Lösung existiert der Grenzwert also dann und nur dann, wenn die voneinander verschiedenen Wurzeln der charakteristischen Gleichung auch verschiedene absolute Beträge haben. Treten verschiedene Wurzeln vom selben Absolutbetrage auf, so gibt es für jede Wurzel a_j immer wenigstens gewisse Partikulärlösungen, bei denen der Grenzwert vorhanden und gleich a_j ist. Ist z. B. a_j eine l-fache Wurzel, so ist dies für die l Lösungen

$$a_j^x, \quad x a_j^x, \quad \ldots, \quad x^{l-1} a_j^x$$

der Fall.

Was ist das Analogon dieser Betrachtungen, wenn die Differenzengleichung nicht konstante, sondern variable Koeffizienten besitzt? Mit dieser Fragestellung betreten wir den Gedankenkreis des in der Einleitung dieses Kapitels erwähnten Poincaréschen Satzes, der uns im folgenden Paragrafen beschäftigen wird.

§ 6. Der Satz von Poincaré.

158. Der Satz von Poincaré und die daran anschließenden Untersuchungen handeln von Differenzengleichungen der Form

$$u(s+n) + \sum_{i=0}^{n-1} q_i(s)\, u(s+i) = 0, \tag{30}$$

in denen die Veränderliche s eine positive ganze Zahl ist. Wir verlassen damit, wie es für die Zwecke dieses Paragrafen vorteilhaft ist, eine Weile unseren sonst immer eingenommenen Standpunkt, die Lösungen einer Differenzengleichung als Funktionen einer komplexen Variablen zu untersuchen. Die Koeffizienten $q_i(s)$ mögen Funktionen sein, welche für $s = 0, 1, 2, \ldots$ definiert sind. Dann läßt sich der Problemkreis des Poincaréschen Satzes folgendermaßen umschreiben: *Man soll aus dem als bekannt angenommenen infinitären Verhalten der Koeffizienten $q_i(s)$ einer gewissen Differenzengleichung das infinitäre Verhalten der Lösungen ermitteln.* Diese Fragestellung begreift weite Gebiete der Analysis unter sich, vieles aus der Lehre von den unendlichen Reihen, Produkten und Kettenbrüchen, weiter interessante Untersuchungen über lineare Differentialgleichungen, namentlich über diejenigen Integrale, bei denen der Konvergenzkreis über die nächstgelegene singuläre Stelle der Differentialgleichung hinausreicht, die also an der singulären Stelle regulär bleiben, und anderes mehr.

Zunächst nehmen wir an, daß die Koeffizienten $q_i(s)$ je einem bestimmten endlichen Grenzwert c_i zustreben, wenn s unendlich zunimmt. Eine Differenzengleichung, bei der dies der Fall ist, wollen wir eine *Poincarésche Differenzengleichung* nennen und für sie den Quotienten $\frac{u(s+1)}{u(s)}$ bei wachsendem s untersuchen. Da sie für sehr große s nur wenig von einer Differenzengleichung mit konstanten Koeffizienten abweicht, darf man erwarten, daß $\frac{u(s+1)}{u(s)}$ ein ähnliches Verhalten aufweist, wie wir es im vorigen Paragrafen bei Differenzengleichungen mit konstanten Koeffizienten gefunden haben. In vieler Beziehung ist es auch wirklich so, während sich in gewissen Punkten weitgehende Unterschiede zeigen. Namentlich Perron [3, 4, 5, 6, 7, 11, 12, 14] hat diese Fragen in tiefgründiger Weise untersucht.

Wir bilden mit den Grenzwerten c_i der Koeffizienten die *charakteristische Gleichung*

$$f(t) = t^n + c_{n-1} t^{n-1} + \cdots + c_0 = 0. \tag{31}$$

Ihre Wurzeln seien $a_1, a_2, \ldots, a_n$ mit den absoluten Beträgen $\varrho_1, \varrho_2, \ldots, \varrho_n$. Dann lautet der Satz von Poincaré [1]:

Wenn die Wurzeln der Gleichung (31) *dem absoluten Betrage nach alle verschieden sind, strebt für eine Lösung der Gleichung* (30) *das Verhältnis* $\frac{u(s+1)}{u(s)}$ *bei zunehmendem* s *einem bestimmten Grenzwerte zu, der gleich einer jener Wurzeln ist.*

Zum Beweise denken wir uns die Wurzeln so numeriert, daß

$$|a_1| > |a_2| > \cdots > |a_n| \tag{32}$$

ist, und schreiben unter Einführung des Unterschiedes der Koeffizienten von ihren Grenzwerten die Differenzengleichung (30) in der Form

$$u(s+n) + \sum_{i=0}^{n-1} (c_i + \eta_i(s))\, u(s+i) = 0 \tag{33}$$

mit

$$\lim_{s \to \infty} \eta_i(s) = 0 \qquad (i = 0, 1, \ldots, n-1).$$

Bei einer Differenzengleichung mit konstanten Koeffizienten multiplizieren sich die Partikulärlösungen $a_1^s, \ldots, a_n^s$ je mit $a_1, \ldots, a_n$, wenn s in $s+1$ übergeht. In Anlehnung hieran führen wir für unsere Differenzengleichung (30) n Funktionen $v_1(s), \ldots, v_n(s)$ derart ein, daß

$$(34)\qquad \begin{aligned} u(s) &= v_1(s) + v_2(s) + \cdots + v_n(s), \\ u(s+1) &= a_1 v_1(s) + a_2 v_2(s) + \cdots + a_n v_n(s), \\ &\ldots\ldots\ldots\ldots\ldots\ldots \\ u(s+n-1) &= a_1^{n-1} v_1(s) + a_2^{n-1} v_2(s) + \cdots + a_n^{n-1} v_n(s) \end{aligned}$$

wird. Dies ist möglich, weil die Determinante dieser Gleichungen zufolge der Annahme (32) nicht verschwindet. Nun müssen wir zusehen, wie sich die Funktionen $v_1(s), \ldots, v_n(s)$ verhalten, wenn s um 1 zunimmt. Setzen wir

$$\begin{aligned} f(t) &= t^n + c_{n-1} t^{n-1} + \cdots + c_0 \\ &= (t - a_i)(t^{n-1} + d_{i,n-2} t^{n-2} + \cdots + d_{i,0}), \end{aligned}$$

so erhalten wir mit Hilfe des aus (34) für $s+1$ statt s entspringenden Gleichungssystems

$$\begin{aligned} d_{i,0}\, u(s+1) + d_{i,1}\, u(s+2) + \cdots + d_{i,n-2}\, u(s+n-1) + u(s+n) \\ = f'(a_i)\, v_i(s+1) \end{aligned}$$

oder, wenn wir für $u(s+n)$ seinen Wert aus (33) eintragen,

$$f'(a_i) v_i(s+1) = a_i u(s+n-1) + a_i \sum_{k=0}^{n-2} d_{i,k}\, u(s+k) - \sum_{k=0}^{n-1} \eta_k(s) u(s+k).$$

Drücken wir in dieser Gleichung alle auftretenden $u(s+k)$ vermöge (34) durch $v_1(s), \ldots, v_n(s)$ aus, so ergibt sich

$$f'(a_i) v_i(s+1) = a_i f'(a_i) v_i(s) + \sum_{k=1}^{n} \varepsilon_k(s) v_k(s),$$

wobei die $\varepsilon_k(s)$ lineare Verbindungen der $\eta_k(s)$ sind, also mit zunehmendem s nach Null streben. Da die n Wurzeln a_i laut Annahme voneinander verschieden sind, dürfen wir durch $f'(a_i)$ dividieren und bekommen dann in

$$v_i(s+1) = a_i v_i(s) + \sum_{k=1}^{n} \varepsilon_{ik}(s) v_k(s), \tag{35}$$

$$\lim_{s\to\infty} \varepsilon_{ik}(s) = 0 \qquad (i = 1, 2, \ldots, n),$$

die gesuchte Beziehung zwischen $v_i(s+1)$ und $v_i(s)$. Es verhalten sich also die $v_i(s)$ „beinahe" wie die Partikulärlösungen a_i^s einer Gleichung mit konstanten Koeffizienten. Nun schließen wir den trivialen Fall, daß $u(s)$ von einem gewissen s an identisch verschwindet, von der weiteren Betrachtung aus. Dann sind auch die $v_i(s)$ nicht identisch Null. Wir können daher für jedes s einen Index j_s eindeutig so bestimmen, daß $v_{j_s}(s)$ seinem (positiven) absoluten Betrage nach von keinem anderen $v_k(s)$ übertroffen wird und im System $v_1(s), \ldots, v_n(s)$ am weitesten links steht:

$$|v_{j_s}(s)| > 0,$$

$$|v_{j_s}(s)| > |v_k(s)| \text{ für } k < j_s,$$

$$|v_{j_s}(s)| \geqq |v_k(s)| \text{ für } k > j_s.$$

Von einem genügend großen s an muß $j_{s+1} \leqq j_s$ sein. Da nämlich nach (32) $\frac{\varrho_k}{\varrho_i} < 1$ für $i < k$ ist, kann ein $\delta > 0$ so gewählt werden, daß auch

$$0 < \frac{\varrho_k + \delta}{\varrho_i - \delta} < 1 \qquad \text{für } i < k \text{ und } i = 1, 2, \ldots, n-1$$

ist. Nimmt man dann s so groß, daß für $s, s+1, \ldots$

$$|\varepsilon_{ik}(s)| < \frac{\delta}{n}$$

ist, so schätzt man nach (35) ab

$$|v_{j_s}(s+1)| \geqq (\varrho_{j_s} - \delta)\,|v_{j_s}(s)|,$$

$$|v_{j_{s+1}}(s+1)| \leqq (\varrho_{j_{s+1}} + \delta)\,|v_{j_s}(s)|.$$

Wäre nun $j_s < j_{s+1}$, so erhielte man wegen $v_{j_s}(s) \neq 0$

$$\left|\frac{v_{j_{s+1}}(s+1)}{v_{j_s}(s+1)}\right| \leqq \frac{\varrho_{j_{s+1}} + \delta}{\varrho_{j_s} - \delta} < 1$$

im Widerspruch zur Definition von j_{s+1}. Es kann also $v_{j_s}(s)$ für genügend große s im System $v_1(s), \ldots, v_n(s)$ nicht mehr nach rechts rücken. Da alle j_s nur gleich $1, 2, \ldots, n$ sein können, muß daher von einem gewissen s an j_s konstant bleiben; es sei etwa $j_s = j$ für $s \geqq S$, also für $s \geqq S$

$$(36)\qquad \begin{aligned} &|v_j(s)| > 0, \\ &|v_j(s)| > |v_k(s)| \quad \text{für} \quad k < j, \\ &|v_j(s)| \geqq |v_k(s)| \quad \text{für} \quad k > j. \end{aligned}$$

Wir wollen zeigen, daß

$$(37)\qquad \lim_{s \to \infty} \frac{v_k(s)}{v_j(s)} = 0 \quad \text{für} \quad k \neq j$$

ist. Es sei nämlich ad absurdum

$$\limsup_{s \to \infty} \left| \frac{v_k(s)}{v_j(s)} \right| = \alpha > 0$$

und etwa $k < j$. Aus (35) und (36) rechnet man dann aus

$$|v_k(s+1)| \geqq \varrho_k |v_k(s)| - \delta |v_j(s)|,$$
$$|v_j(s+1)| \leqq \varrho_j |v_j(s)| + \delta |v_j(s)|$$

bei beliebig kleinem $\delta > 0$, weiter

$$\frac{\varrho_k |v_k(s)| - \delta |v_j(s)|}{\varrho_j |v_j(s)| + \delta |v_j(s)|} \leqq \left| \frac{v_k(s+1)}{v_j(s+1)} \right| < \alpha + \varepsilon,$$

$$\left| \frac{v_k(s)}{v_j(s)} \right| < \frac{(\alpha + \varepsilon)(\varrho_j + \delta) + \delta}{\varrho_k}$$

bei beliebig kleinem $\varepsilon > 0$. Andererseits wird aber auch für geeignete s

$$\left| \frac{v_k(s)}{v_j(s)} \right| > \alpha - \varepsilon,$$

also

$$\alpha - \varepsilon < \frac{(\alpha + \varepsilon)(\varrho_j + \delta) + \delta}{\varrho_k}.$$

Dies ist aber wegen $\varrho_j < \varrho_k$ bei $j > k$ für beliebig kleine $\varepsilon > 0$, $\delta > 0$ unmöglich. Ganz ähnlich können wir schließen, daß auch die Annahme $k > j$ unzulässig ist, womit dann die Relation (37) vollständig bewiesen ist. Vermöge (37) folgt aus den beiden ersten Gleichungen von (34)

$$\lim_{s \to \infty} \frac{u(s)}{v_j(s)} = 1, \qquad \lim_{s \to \infty} \frac{u(s+1)}{v_j(s)} = a_j$$

und hieraus durch Division

$$\lim_{s\to\infty}\frac{u(s+1)}{u(s)}=a_j. \tag{38}$$

Diese Formel enthält aber gerade den Satz, den wir beweisen wollten.

Bei der verwickelten Art, wie wir den Index j gewonnen haben, läßt sich von vornherein nicht übersehen, welcher von den Wurzeln $a_1, \ldots, a_n$ der Quotient $\frac{u(s+1)}{u(s)}$ für irgend eine Lösung zustrebt und ob es für eine beliebig herausgegriffene Wurzel a_j immer Partikulärlösungen gibt, für welche die Gleichung (38) besteht. Dies ist eine ganz neue Fragestellung. Die Antwort auf sie gibt der Satz:

Wenn in der Differenzengleichung (30) *der Koeffizient* $q_0(s)$ *für* $s=0,1,2,\ldots$ *von Null verschieden ist, so besitzt sie* n *linear unabhängige Partikulärlösungen* $u_1(s),\ldots,u_n(s)$ *derart, daß die Beziehungen*

$$\lim_{s\to\infty}\frac{u_i(s+1)}{u_i(s)}=a_i \qquad (i=1,2,\ldots,n) \tag{39}$$

gelten.

Hieraus läßt sich entnehmen, daß für das allgemeine Integral

$$u(s)=\pi_1 u_1(s)+\pi_2 u_2(s)+\cdots+\pi_n u_n(s),$$

worin $\pi_1, \pi_2, \ldots, \pi_n$ beliebige Konstanten sind, bei $\pi_1 \neq 0$

$$\lim_{s\to\infty}\frac{u(s+1)}{u(s)}=a_1$$

und für ein Integral der ∞^{n-j+1}-fachen Schar

$$u(s)=\pi_j u_j(s)+\cdots+\pi_n u_n(s)$$

bei $\pi_j \neq 0$

$$\lim_{s\to\infty}\frac{u(s+1)}{u(s)}=a_j$$

ist. Denn für $i<k$ gilt bei passendem $\delta>0$

$$0<\frac{\varrho_k+\delta}{\varrho_i-\delta}<1$$

und

$$|u_k(s)|<C(\varrho_k+\delta)^s,$$

$$|u_i(s)|>C_1(\varrho_i-\delta)^s>0,$$

wobei C und C_1 von s unabhängig sind, also

$$\left|\frac{u_k(s)}{u_i(s)}\right|<\frac{C}{C_1}\left(\frac{\varrho_k+\delta}{\varrho_i-\delta}\right)^s\to 0.$$

Hieraus folgt dann

$$\lim_{s\to\infty} \frac{\pi_j u_j(s) + \cdots + \pi_n u_n(s)}{u_j(s)} = \pi_j \neq 0$$

und weiter (39).

Der Beweis des Satzes, welcher für $n = 1$ unmittelbar einleuchtet, kann durch vollständige Induktion erbracht werden, ist jedoch nicht einfach. Wir müssen uns darauf beschränken, hierfür wie für weitere Ausführungen über die im folgenden dargestellten Untersuchungen auf die Literatur, namentlich auf die schönen Arbeiten von Perron [3, 5, 11] zu verweisen.

Diejenige bis auf den Faktor π_n eindeutig bestimmte Partikulärlösung $u_n(s)$, für welche

$$\lim_{s\to\infty} \frac{u_n(s+1)}{u_n(s)} = a_n,$$

also gleich der absolut kleinsten Wurzel ist, nennt Pincherle [21] die *ausgezeichnete Lösung*; er bezeichnet diesen Begriff als eine Verallgemeinerung des Kettenbruchs.

159. Verwickelter werden die Verhältnisse, wenn unter den Wurzeln der charakteristischen Gleichung (31) solche von gleichem Absolutbetrage vorkommen. Von der Mannigfaltigkeit der alsdann möglichen Fälle wollen wir uns durch einige Beispiele überzeugen.

Wenn die Gleichung (31) ungleiche Wurzeln vom selben Absolutbetrage hat, braucht der Grenzwert $\lim\limits_{s\to\infty} \frac{u(s+1)}{u(s)}$ für keine einzige Lösung vorhanden zu sein, im Gegensatz zu den Differenzengleichungen mit konstanten Koeffizienten, wo er wenigstens für n linear unabhängige Partikulärlösungen existiert. Betrachten wir z. B. mit Perron [5] die Differenzengleichung

$$u(s+2) - \left(1 + \frac{(-1)^s}{s+1}\right) u(s) = 0 \tag{40}$$

mit der charakteristischen Gleichung

$$f(t) = t^2 - 1 = 0$$

und den Wurzeln

$$a_1 = +1, \qquad a_2 = -1.$$

Hier existiert $\lim\limits_{s\to\infty} \frac{u(s+1)}{u(s)}$ für keine einzige Lösung; denn es ist offenbar

$$u(2s) = (1+1)\left(1+\frac{1}{3}\right)\left(1+\frac{1}{5}\right)\cdots\left(1+\frac{1}{2s-1}\right)u(0),$$

$$u(2s+1) = \left(1-\frac{1}{2}\right)\left(1-\frac{1}{4}\right)\left(1-\frac{1}{6}\right)\cdots\left(1-\frac{1}{2s}\right)u(1)$$

bei beliebigem $u(0)$ und $u(1)$. Wenn $u(0)=0$ oder $u(1)=0$ ist, so wird allgemein $u(2s)=0$ bzw. $u(2s+1)=0$, also der Grenzwert sinnlos. Wenn hingegen $u(0)\neq 0$, $u(1)\neq 0$ ist, ergibt sich

$$\lim_{s\to\infty}|u(2s)|=\infty, \qquad \lim_{s\to\infty}|u(2s+1)|=0,$$

sodaß der Quotient $\frac{u(s+1)}{u(s)}$ dem Betrage nach einmal sehr groß, einmal sehr klein wird und keinem Grenzwert zustrebt.

Wenn die charakteristische Gleichung (31) zusammenfallende Wurzeln hat, braucht der Grenzwert ebenfalls für keine Lösung zu existieren, wieder im Gegensatz zu den Differenzengleichungen mit konstanten Koeffizienten, wo er, falls die voneinander verschiedenen Wurzeln verschiedene Absolutbeträge haben, sogar für jede Lösung vorhanden ist. Zu dem Ende betrachten wir eine Differenzengleichung 2. Ordnung (vgl. Perron [12])

$$u(s+2)+q_1(s)\,u(s+1)+q_0(s)\,u(s)=0$$

mit

$$\lim_{s\to\infty}q_1(s)=c_1, \qquad \lim_{s\to\infty}q_0(s)=c_0\,.$$

Sind die Wurzeln a_1 und a_2 der charakteristischen Gleichung

$$t^2+c_1\,t+c_0=0$$

einander gleich, so wird $c_1=-2\,a_1$, $c_0={a_1}^2$, also

$$\lim_{s\to\infty}q_1(s)=-2\,a_1, \qquad \lim_{s\to\infty}q_0(s)=a_1^2\,.$$

Im Falle $a_1\neq 0$ dürfen wir ohne Beschränkung der Allgemeinheit $a_1=1$ annehmen, wie man durch die Substitution

$$u(s)=a_1^s\,w(s)$$

erkennt, und also die Differenzengleichung in der Form

$$u(s+2)-(2+\eta_1(s))\,u(s+1)+(1+\eta_0(s))\,u(s)=0 \tag{41}$$

mit

$$\lim_{s\to\infty}\eta_1(s)=0\,, \qquad \lim_{s\to\infty}\eta_0(s)=0$$

schreiben, für welche die charakteristische Gleichung

$$t^2-2\,t+1=0$$

die Doppelwurzel 1 hat.

Im Falle $a_1 = 0$ hingegen handelt es sich um eine Differenzengleichung der Gestalt

$$u(s+2) + \eta_1(s)\, u(s+1) + \eta_0(s)\, u(s) = 0 \tag{42}$$

mit

$$\lim_{s\to\infty} \eta_1(s) = 0\,, \qquad \lim_{s\to\infty} \eta_0(s) = 0\,.$$

Weder für die Gleichung (41) noch für die Gleichung (42) muß der Grenzwert $\lim\limits_{s\to\infty} \frac{u(s+1)}{u(s)}$ notwendig vorhanden sein. Ein einfaches Beispiel für den zweiten Fall bildet die Gleichung

$$u(s+2) - \frac{s+2+2(-1)^s}{(s+2)^2(s+3)}\, u(s) = 0\,,$$

für welche

$$u(2s) = \frac{s+1}{(2s+1)!}\, u(0)\,,$$

$$u(2s+1) = \frac{2}{(2s+1)\,(2s+2)\,!}\, u(1)$$

ist. Mittels des bei der Gleichung (40) angewandten Verfahrens überzeugt man sich leicht vom Nichtvorhandensein des Grenzwertes. Man kann jedoch Bedingungen für die Funktionen $\eta_0(s)$ und $\eta_1(s)$ aufstellen, welche die Existenz des Grenzwertes gewährleisten. Perron [12] hat in dieser Hinsicht bewiesen:

I. Wenn in einer Differenzengleichung der Form (41) die Funktionen $\eta_0(s)$ und $\eta_1(s)$ für hinreichend große Werte von s den Bedingungen

$$\eta_1(s) \geqq 0\,, \qquad \eta_1(s) - \eta_0(s) \geqq 0$$

genügen, dann gilt für jede von einem gewissen s an nicht dauernd verschwindende Lösung die Beziehung

$$\lim_{s\to\infty} \frac{u(s+1)}{u(s)} = 1\,.$$

II. Wenn für eine Differenzengleichung der Gestalt (42)

$$\lim_{s\to\infty} \frac{\eta_0(s)}{\eta_1(s-1)\,\eta_1(s)}$$

existiert und nicht gerade eine reelle Zahl $\geqq \frac{1}{4}$ ist, so wird für jede zuletzt nicht dauernd verschwindende Lösung

$$\lim_{s\to\infty} \frac{u(s+1)}{u(s)} = 0\,.$$

160. Die bisher nötigen Unterscheidungen verschiedener Fälle fallen fort, wenn man statt des Verhältnisses $\frac{u(s+1)}{u(s)}$ den Ausdruck $\sqrt[s]{|u(s)|}$ betrachtet, wobei man dann freilich nur Ergebnisse über absolute Beträge bekommt. Von Perron [5, 14] rührt folgender Satz her:

Es seien $\varkappa_1 = \varrho_1, \varkappa_2, \varkappa_3, \ldots, \varkappa_m = \varrho_n$ die voneinander verschiedenen absoluten Beträge der Wurzeln der charakteristischen Gleichung (31) *in absteigender Reihenfolge und e_l die Anzahl der Wurzeln vom Absolutbetrage $\varkappa_l$, mehrfache mehrfach gezählt, sodaß*

$$e_1 + e_2 + \cdots + e_m = n$$

ist. Dann hat die Differenzengleichung (30), *wofern $q_0(s)$ für alle s von Null verschieden ist, ein Fundamentalsystem von Lösungen, die derart in m Klassen zerfallen, daß für die Lösungen der l-ten Klasse und deren lineare Verbindungen*

$$\limsup_{s \to \infty} \sqrt[s]{|u(s)|} = \varkappa_l$$

gilt. Die Anzahl der Lösungen in der l-ten Klasse ist gleich e_l.

Wenn die Einschränkung $q_0(s) \neq 0$ nicht gemacht wird, besteht der Satz nicht mehr. Jedenfalls aber kann man dann behaupten:

Bei jeder Lösung $u(s)$, die für unendlich viele s von Null verschieden bleibt, ist

$$\limsup_{s \to \infty} \sqrt[s]{|u(s)|}$$

gleich dem absoluten Betrag einer Wurzel der charakteristischen Gleichung.

Wenn die absoluten Beträge der Wurzeln der charakteristischen Gleichung voneinander verschieden sind, folgen diese Tatsachen, wie man leicht sieht, unmittelbar aus dem Satz von Poincaré.

Das zuletzt angeführte Theorem läßt sich besonders rasch mit Hilfe der Theorie der Summengleichungen beweisen (Perron [14]). Als *Summengleichung* (Horn [3, 10], Perron [13]) bezeichnet man ein System von unendlich vielen linearen Gleichungen mit unendlich vielen Unbekannten, bei dem allemal in der $(\mu + 1)$-ten Gleichung die μ ersten Unbekannten fehlen, das also die Form hat

$$\sum_{\nu=0}^{\infty} (a_\nu + b_{\mu\nu}) x_{\mu+\nu} = c_\mu \qquad (\mu = 0, 1, 2, \ldots).$$

Insbesondere gibt der Perronsche Satz eine erschöpfende Auskunft auf die Frage, die uns im vorigen Paragrafen an den Satz von Poincaré herangeführt hat. Genügen nämlich die Koeffizienten einer Potenzreihe einer Poincaréschen Differenzengleichung (30), so ist der Konvergenzradius, wenn die Reihe nicht etwa abbricht, gleich einer der Zahlen $\frac{1}{\varkappa_1}, \frac{1}{\varkappa_2}, \ldots, \frac{1}{\varkappa_m}$. Die Differenzengleichung läßt die n Anfangskoeffizienten der Reihe willkürlich, und von deren Wahl hängt es ab, welcher der möglichen Werte der wirkliche Konvergenzradius ist. Wenn insbesondere der Koeffizient $q_0(s)$ der Differenzengleichung für alle s von Null verschieden ist, gibt es n linear unabhängige, in m Klassen zerfallende Potenzreihen derart, daß die e_l Reihen der l-ten Klasse den Konvergenzradius $\frac{1}{\varkappa_l}$ haben.

161. Ferner kann mit Hilfe des letzten Satzes in einfacher Weise über die Konvergenz von Reihen

$$\sum_{s=0}^{\infty} A_s u_s(x)$$

entschieden werden, bei denen die Entwicklungsfunktionen $u_s(x)$ in s einer Poincaréschen Differenzengleichung genügen. Ist nämlich a eine der Wurzeln der charakteristischen Gleichung vom größten Absolutbetrage, so wird stets

$$\limsup_{s \to \infty} \sqrt[s]{|u_s(x)|} \leqq |a|,$$

also

$$|u_s(x)| < (|a| + \varepsilon)^s$$

bei beliebig kleinem positiven ε. Bezeichnen wir mit r den Konvergenzradius der Potenzreihe

$$\sum_{s=0}^{\infty} A_s z^s,$$

so ist daher die betrachtete Reihe für

$$|a| < r$$

sicher konvergent und im allgemeinen wird durch

$$|a| = r$$

die genaue Konvergenzgrenze geliefert. Ist beispielsweise $u_s(x)$ das Polynom

$$u_s(x) = (x + \sqrt{x^2 - 1})^s + (x - \sqrt{x^2 - 1})^s,$$

so lautet die Poincarésche Differenzengleichung

$$u_{s+2} - 2x\, u_{s+1} + u_s = 0.$$

Für die absolut größte Wurzel a ihrer charakteristischen Gleichung

$$t^2 - 2tx + 1 = 0$$

gilt

$$a + \frac{1}{a} = 2x.$$

Faßt man diese Beziehung als eine Abbildung der a-Ebene auf die x-Ebene auf, so entspricht dem Konvergenzkreis $|a| = r$ der Potenzreihe $\sum_{s=0}^{\infty} A_s z^s$ eine Ellipse mit den Brennpunkten $+1$ und -1 in der x-Ebene. Diese liefert also die Konvergenzgrenze der nach Polynomen fortschreitenden Reihe. Ebenso ist es bei den nach Legendreschen Polynomen

$$u_s(x) = \frac{1}{2^s \cdot s!} \frac{d^s (x^2-1)^s}{d x^s}$$

fortschreitenden Reihen; denn auch da lautet für die Poincarésche Differenzengleichung

$$(s+2) u_{s+2} - (2s+3) x u_{s+1} + (s+1) u_s = 0$$

die charakteristische Gleichung

$$t^2 - 2tx + 1 = 0.$$

162. Wenn man über die Art der Annäherung der Koeffizienten an ihre Grenzwerte, also über die Funktionen $\eta_i(s)$ in der Gleichung (33), genauer unterrichtet ist, kann man auch weitergehende Angaben über die Lösungen machen. Mit derartigen Fragen hat sich Ford [1, 2] beschäftigt. Es sei

$$q_i(s) - c_i = \eta_i(s) = O(\nu(s)),$$

wobei $\nu(s)$ eine positive Funktion von s von solcher Beschaffenheit ist, daß die Reihe $\sum \nu(s)$ konvergiert. Wenn dann die Wurzeln der charakteristischen Gleichung alle voneinander und von Null verschieden und $a_n, a_{n-1}, \ldots, a_{n-e_m+1}$ diejenigen unter ihnen sind, deren absoluter Betrag den kleinsten Wert $\varkappa_m$ hat, so existiert eine Lösung der Differenzengleichung, welche für genügend große s die Gestalt

$$u(s) = \pi_n a_n^s + \pi_{n-1} a_{n-1}^s + \cdots + \pi_{n-e_m+1} a_{n-e_m+1}^s + \varkappa_m^s \varepsilon(s)$$

hat, wobei

$$\varepsilon(s) = O\Big(\sum_{=s}^{\infty} \nu(t)\Big)$$

ist und $\pi_n, \pi_{n-1}, \ldots, \pi_{n-e_m+1}$ willkürliche Konstanten sind.

Man sieht sofort, daß die früher betrachtete Differenzengleichung (40) mit ihrem abweichenden Verhalten nicht unter die eben gekennzeichnete Klasse fällt.

163. Von anderen Differenzengleichungen, bei denen das infinitäre Verhalten der Koeffizienten als bekannt angenommen wird, haben Poincaré [1] und Perron [6, 7] Gleichungen der Form

$$u(s+n)+\sum_{i=0}^{n-1} s^{\lambda_i} h_i(s)\, u(s+i)=0$$

untersucht, in denen $h_0(s) \neq 0$ ist, die λ_i beliebige reelle Zahlen bedeuten und die absoluten Werte der $h_i(s)$, wofern sie nicht identisch verschwinden (in welchem Falle $\lambda_i = -\infty$ gesetzt wird), mit wachsendem s gegen endliche, von Null verschiedene Grenzwerte konvergieren. Hierunter fällt z. B. das Studium einer Differenzengleichung mit rationalen Koeffizienten. Unter den Exponenten $\lambda_0, \lambda_1, \ldots, \lambda_{n-1}, \lambda_n = 0$ sei λ_r der größte mit größtem Index, also

$$\lambda_r > \lambda_i \quad \text{für} \quad i > r,$$

$$\lambda_r \geqq \lambda_i \quad \text{für} \quad i < r.$$

Dann hat die Differenzengleichung genau r linear unabhängige Lösungen, für welche

$$|u(s)| < M^s \qquad (s = 1, 2, \ldots)$$

bleibt, während für jede andere Lösung immer wieder einmal

$$|u(s)| > M_1^s (s!)^{\min \frac{\lambda_r - \lambda_i}{r-i}}$$

wird; M und M_1 sind dabei von s unabhängige Konstanten.

Mit Hilfe der Substitution

$$u(s) = (s!)^q\, w(s),$$

wobei der Exponent q irgendeine reelle Zahl bedeutet, lassen sich diese Ergebnisse erheblich verallgemeinern. Man markiere in einem rechtwinkligen Koordinatensystem die $n+1$ Punkte mit den Koordinaten

$$0, 0; \quad 1, \lambda_{n-1}; \quad 2, \lambda_{n-2}; \ \ldots; \quad n, \lambda_0$$

und umspanne sie mit einem nach oben konvexen Newton-Puiseuxschen Polygonzug (Fig. 38). Dieser habe m Strecken $g_1, g_2, \ldots, g_m$ mit den Richtungskoeffizienten $\tau_1, \tau_2, \ldots, \tau_m$ und den Horizontalprojektionen

$t_1, t_2, \ldots, t_m$, so daß $t_1 + t_2 + \cdots + t_m = n$ ist. Dann gibt es ein Fundamentalsystem von Lösungen, die derart in m Klassen zerfallen,

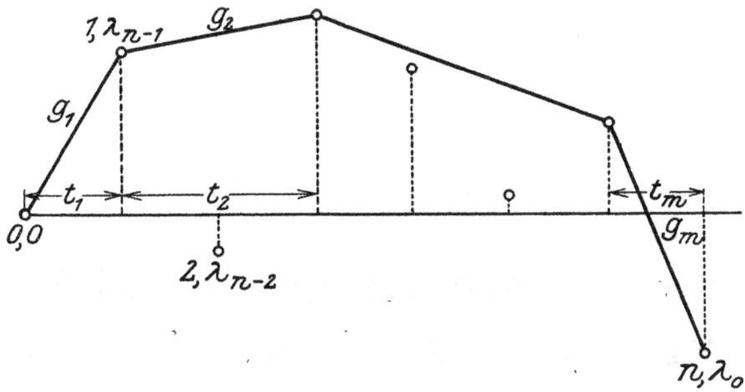

Fig. 38.

daß für die Integrale der l-ten Klasse und ihre linearen Verbindungen stets

$$|u(s)| < C M^s (s!)^{\tau_l} \qquad \text{für alle } s,$$

$$|u(s)| > M_1^s (s!)^{\tau_l} \qquad \text{für unendlich viele } s,$$

also

$$\limsup_{s \to \infty} \sqrt[s]{\frac{|u(s)|}{(s!)^{\tau_l}}}$$

endlich und von Null verschieden ist. Die Anzahl der Lösungen in der l-ten Klasse ist dabei t_l. Zur l-ten Klasse gehört eine charakteristische Gleichung vom Grade t_l, und der Limes superior ist gleich dem absoluten Betrag einer Gleichungswurzel; jede der m Klassen zerfällt also noch in Unterklassen entsprechend den verschiedenen Absolutbeträgen dieser Wurzeln (Kreuser [1]).

Elftes Kapitel.

Homogene lineare Differenzengleichungen mit rationalen Koeffizienten.

164. Wenn in einer homogenen linearen Differenzengleichung

$$\sum_{i=0}^{n} p_i(x)\,u(x+i)=0 \tag{1}$$

die Koeffizienten rationale Funktionen von x sind, vermag man, wie wir im folgenden erkennen werden, in vielen Fällen das funktionentheoretische Verhalten der Lösungen bis in alle Einzelheiten zu übersehen [19]. Ohne Beschränkung der Allgemeinheit dürfen wir annehmen, daß die Koeffizienten Polynome in x ohne gemeinsamen Teiler sind, und können, wenn es vorteilhaft ist, die Gleichung (1) auch in einer der beiden Gestalten

$$\sum_{i=0}^{n} \overset{i}{\triangle}\, u(x) \sum_{s=i}^{n} \binom{s}{i} p_s(x)=0, \tag{1*}$$

$$\sum_{=0}^{n} (-1)^i \underset{-1}{\overset{i}{\triangle}}\, u(x) \sum_{s=i}^{n} \binom{s}{i} p_{n-s}(x-n)=0 \tag{1**}$$

schreiben. In (1*) ist der Koeffizient von $\overset{n}{\triangle}\, u(x)$ gleich $p_n(x)$, der von $u(x)$ gleich $\sum_{s=0}^{n} p_s(x)$; in (1**) hingegen hat der Koeffizient von $\underset{-1}{\overset{n}{\triangle}}\, u(x)$ den Wert $(-1)^n p_0(x-n)$ und der Koeffizient von $u(x)$ den Wert $\sum_{s=0}^{n} p_s(x-n)$.

Zunächst wollen wir uns mit *normalen Differenzengleichungen* beschäftigen. So nennen wir Gleichungen (1), in denen der Grad des ersten und letzten Koeffizienten $p_0(x)$ und $p_n(x)$ gleich ist, etwa gleich p, wobei $p \gtreqless n$ sein kann, während der Grad der übrigen Koeffizienten nicht größer als p ist; später werden wir übrigens noch eine weitere

Forderung stellen. Auf normale Differenzengleichungen läßt sich beispielsweise der Poincarésche Satz anwenden. Mit $\alpha_1, \alpha_2, \ldots, \alpha_p$ bezeichnen wir die nach absteigendem Realteil geordneten Nullstellen von $p_0(x)$, mit $\gamma_1, \gamma_2, \ldots, \gamma_p$ die nach aufsteigendem Realteil geordneten Nullstellen von $p_n(x-n)$; es ist also

$$\Re(\alpha_1) \geqq \Re(\alpha_2) \geqq \cdots \geqq \Re(\alpha_p)$$

und

$$\Re(\gamma_1) \leqq \Re(\gamma_2) \leqq \cdots \leqq \Re(\gamma_p).$$

Dabei denken wir uns unter den α_i diejenigen, welche sich um ganze Zahlen unterscheiden, je in eine Gruppe zusammengefaßt, ebenso unter den γ_i. Die Punkte α_i und γ_i sind die einzigen singulären Stellen der Differenzengleichung (1) im Endlichen. Zu ihnen tritt als weitere singuläre Stelle noch der unendlich ferne Punkt.

Das Haupthilfsmittel zur Untersuchung normaler wie überhaupt aller Differenzengleichungen sind die Fakultätenreihen. Auf ihre Anwendung werden wir denn auch im nächsten Kapitel zu sprechen kommen. In diesem Kapitel wollen wir jedoch einen anderen Weg einschlagen, indem wir durch eine Integraltransformation, die sogenannte *Laplacesche Transformation*, die Auflösung einer normalen Differenzengleichung auf die Integration einer homogenen linearen Differentialgleichung und eine Quadratur zurückführen. Dies mag zunächst, wiewohl es der historischen Entwicklung entspricht, befremdend und unnatürlich erscheinen, weil eine Differenzengleichung etwas Ursprünglicheres ist als eine Differentialgleichung. Wir genießen jedoch dabei den Vorteil, uns auf eine der bestentwickelten Theorien der modernen Mathematik stützen und hierdurch auf bequeme Weise die Probleme kennenlernen zu können, welche sich im Gebiete der Differenzengleichungen darbieten.

§ 1. Den Fuchsschen Differentialgleichungen analoge Differenzengleichungen.

165. Zuerst wollen wir eine besonders einfache Klasse von normalen Differenzengleichungen studieren, nämlich diejenigen Gleichungen, die in Analogie zu den Differentialgleichungen vom Fuchsschen Typus stehen. Dies sind bekanntlich die Differentialgleichungen, deren Integrale sich überall bestimmt verhalten.

In der Gleichung (1**), die wir übersichtlicher

$$\sum_{i=0}^{n} Q_i(x) \overset{i}{\underset{-1}{\triangle}} u(x) = 0 \tag{2}$$

schreiben, sollen die Koeffizienten $Q_n(x)$, $Q_{n-1}(x), \ldots, Q_0(x)$ Polynome *abnehmenden* Grades sein. $Q_n(x) = (-1)^n p_0(x-n)$ hat den Grad p, der Grad von $Q_{n-i}(x)$ soll dann $p-i$ nicht übersteigen, sodaß notwendig $p \geqq n$ sein muß. In die Gestalten (1) und (1*) gebracht lautet die Gleichung (2)

$$(2^*) \qquad \sum_{i=0}^{n} u(x+i) \sum_{s=0}^{i} (-1)^{n-i} \binom{n-s}{n-i} Q_{n-s}(x+n) = 0,$$

$$(2^{**}) \qquad \sum_{i=0}^{n} \overset{i}{\triangle} u(x) \sum_{s=0}^{i} \binom{n-s}{n-i} Q_s(x+n) = 0.$$

Die Zahlen α_i sind die Nullstellen des Koeffizienten $(-1)^n Q_n(x+n)$ von $u(x)$ in (2*), sodaß sich also $\alpha_1 + n, \ldots, \alpha_p + n$ als Nullstellen des Koeffizienten $Q_n(x)$ der Differenz höchster Ordnung in (2) bestimmen lassen. Die Zahlen $\gamma_1 - n, \ldots, \gamma_p - n$ bekommt man als Nullstellen des Koeffizienten $\sum_{i=0}^{n} Q_i(x+n)$ der höchsten Glieder $u(r+n)$ bzw. $\overset{n}{\triangle} u(x)$ in (2*) und (2**).

Mit Hilfe der Newtonschen Interpolationsformel geben wir den Koeffizienten $Q_i(x)$ zweckmäßig die Gestalt[1])

$$(3) \qquad Q_i(x) = \sum_{s=0}^{p-n+i} C_{i,s} (x-i)(x-i+1) \cdots (x-i+s-1),$$

worin die $C_{i,s}$ von x unabhängig sind und ohne Beschränkung der Allgemeinheit $C_{n,p} = 1$ angenommen werden darf. Die Gleichung (2) enthält dann $(n+1)p - \frac{n(n-1)}{2}$ Konstanten, während eine allgemeine normale Differenzengleichung deren $(n+1)p + n$ aufweist.

Die Laplacesche Transformation besteht nun darin, daß wir eine Funktion $v(t)$ und einen Integrationsweg derart zu bestimmen versuchen, daß das Integral

$$(4) \qquad u(x) = \int t^{x-1} v(t)\, dt$$

eine Lösung der Gleichung (2) liefert. Zum bequemen Einsetzen in die Gleichung (2) verschaffen wir uns zunächst die Differenzen von $u(x)$, die wir aus (4) leicht ermitteln können. Wir erhalten

$$\underset{-1}{\overset{i}{\triangle}} u(x) = \int t^{x-i-1} (t-1)^i v(t)\, dt \qquad (i = 0, 1, \ldots, n)$$

---

1) Für $s = 0$ bedeutet das Produkt $x(x+1) \cdots (x+s-1)$ hier und im folgenden 1.

und nachher durch Teilintegration

$$(x-i)(x-i+1)\cdots(x-i+s-1)\underset{-1}{\overset{i}{\triangle}} u(x)$$

$$=(-1)^s \int t^{x-i+s-1} \frac{d^s\,[(t-1)^i\, v(t)]}{d\,t^s}\,d\,t,$$

vorausgesetzt, daß alle Glieder

$$t^{x+s-i-1} \frac{d^{s-1}[(t-1)^i\, v(t)]}{d t^{s-1}} \qquad \begin{pmatrix} s=1,2,\ldots,p \\ i=0,1,\ldots,n \end{pmatrix} \tag{5}$$

an den Integrationsgrenzen verschwinden. Unter dieser Bedingung stellt, wie man durch Eintragen der Integrale in (2) erkennt, das Integral (4) eine Lösung der Gleichung (2) dar, falls $v(t)$ der Differentialgleichung p-ter Ordnung

$$\sum_{i=0}^{n} \sum_{s=0}^{p} (-1)^s C_{i,s}\, t^{n+s-i} \frac{d^s\,[(t-1)^i\, v(t)]}{d t^s} = 0 \tag{6}$$

genügt, in der $C_{n-i,\,p-s}=0$ für $s<i$ ist.

Die Differentialgleichung (6), auf deren Integration die Auflösung der Differenzengleichung (2) im wesentlichen hinausläuft, ist vom Fuchsschen Typus. Der Koeffizient der höchsten Ableitung $\frac{d^p\, v(t)}{d t^p}$ lautet $(-t)^p (t-1)^n$. Die singulären Stellen der Differentialgleichung (6) sind also die Punkte 0, 1 und ∞, und zwar sind sie sämtlich Punkte der Bestimmtheit. Als determinierende Gleichungen zu 1, 0 und ∞ erhält man

$$\lambda(\lambda-1)\cdots(\lambda-p+n+1)\sum_{i=0}^{n}(-1)^i C_{n-i,\,p-i}\;(\lambda+1)(\lambda+2)\cdots(\lambda+n-i)=0,$$

$$Q_n(n-\lambda)=0,$$

$$\sum_{i=0}^{n} Q_i(-\lambda)=0.$$

Die letzten beiden Gleichungen haben die Wurzeln $-\alpha_1, -\alpha_2, \ldots, -\alpha_p;\ -\gamma_1, -\gamma_2, \ldots, -\gamma_p$. Die erste Gleichung, in welche die Koeffizienten $C_{n,\,p},\ C_{n-1,\,p-1}, \ldots, C_{0,\,p-n}$ der höchsten Glieder von $Q_n(x)$, $Q_{n-1}(x), \ldots, Q_0(x)$ eingehen, möge neben den offenkundigen Wurzeln $0, 1, \ldots, p-n-1$ die weiteren $\beta_1, \beta_2, \ldots, \beta_n$ aufweisen[1]). Durch die $(2p+n)$ Größen α, β, γ lassen sich die Singularitäten der Differential-

---

[1]) Diese Zahlen $\beta_1, \beta_2, \ldots, \beta_n$ haben nichts mit den Zahlen β_i des vorigen Kapitels zu tun.

gleichung (6) erschöpfend charakterisieren. Der Einfachheit halber sei zunächst keine der Größen β und keine Differenz zwischen ihnen eine ganze Zahl. Dann hat, wenn wir, wie durchgehend in diesem Kapitel, mit den Buchstaben φ und ψ Funktionen bezeichnen, die in der Umgebung des gerade ins Auge gefaßten Punktes regulär sind, die allgemeine Lösung der Differentialgleichung (6) in der Umgebung der Stellen 0 und ∞ die Gestalt

$$(7)\quad v(t) = \sum_{i=1}^{p} c_i t^{-\alpha_i}\,[\psi_{i,0}(t) + \psi_{i,1}(t)\log t + \cdots + \psi_{i,r}(t)\log^r t],$$

$$\psi_{i,s}(t) = A_{i,0}^{(s)} + A_{i,1}^{(s)} t + A_{i,2}^{(s)} t^2 + \cdots, \qquad |t| < 1;$$

$$(8)\quad v(t) = \sum_{i=1}^{p} \bar{c}_i \left(\frac{1}{t}\right)^{\gamma_i} [\overline{\psi}_{i,0}(t) + \overline{\psi}_{i,1}(t)\log t + \cdots + \overline{\psi}_{i,r}(t)\log^r t],$$

$$\overline{\psi}_{i,s}(t) = \overline{A}_{i,0}^{(s)} + \overline{A}_{i,1}^{(s)}\frac{1}{t} + \overline{A}_{i,2}^{(s)}\frac{1}{t^2} + \cdots, \qquad |t| > 1,$$

wobei wenigstens je ein $A_{i,0}^{(s)}$ und ein $\overline{A}_{i,0}^{(s)}$ $(s = 0, 1, \ldots, r)$ von Null verschieden sind.

In der Umgebung des Punktes $t = 1$ gibt es hingegen $(p - n)$ reguläre Lösungen und n nichtreguläre Lösungen von der Form

$$(9)\qquad v_s(t) = (t-1)^{\beta_s}\varphi_s(t),$$

wobei für $|t - 1| < 1$

$$\varphi_s(t) = A_{s,0} + A_{s,1}(1-t) + A_{s,2}(1-t)^2 + \cdots$$

mit $A_{s,0} \neq 0$ ist. Gerade mit Hilfe dieser nichtregulären Integrale $v_s(t)$ wollen wir jetzt die Lösungen der Differenzengleichung (2) aufbauen.

Es seien l und L zwei in positivem Sinne durchlaufene Integrationswege (Fig. 39), welche, von $t = 0$ bzw. $t = \infty$ längs der positiven reellen Achse ausgehend und dahin zurückkehrend, den Punkt $t = 1$ umschlingen. Wenn t sich auf l bzw. L bewegt, möge der Arkus von $(t - 1)$ von $-\pi$ bis $+\pi$ bzw. von 0 bis 2π zunehmen; den Arkus von t selbst wählen wir zwischen $-\pi$ und $+\pi$. Bilden wir dann für $s = 1, 2, \ldots, n$ die Integrale

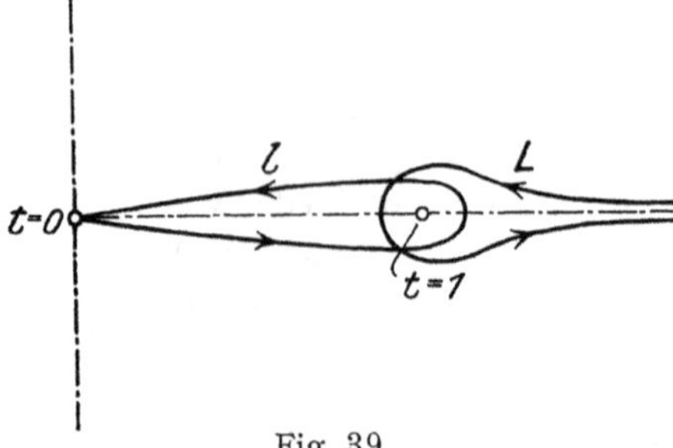

Fig. 39.

$$u_s(x) = \frac{1}{2\pi i}\int_l t^{x-1}\, v_s(t)\, dt, \tag{10}$$

$$\bar{u}_s(x) = \frac{1}{2\pi i}\int_L t^{x-1}\, v_s(t)\, dt, \tag{11}$$

so verschwinden, wie man vermöge (7) sieht, für $\sigma > \Re(\alpha_1 + n)$ die Ausdrücke (5), wenn t auf l nach Null wandert. Die Integrale (10) sind also, zunächst für $\sigma > \Re(\alpha_1 + n)$, Lösungen der Differenzengleichung (2). Da sie jedoch, wie wiederum aus (7) hervorgeht, für $\sigma > \Re(\alpha_1)$ absolut konvergent sind, genügen sie sogar in der Halbebene $\sigma > \Re(\alpha_1)$, möglicherweise in einer noch ausgedehnteren Halbebene, der Differenzengleichung. Entsprechend erkennt man, daß die Integrale $\bar{u}_s(x)$ in der Halbebene $\sigma < \Re(\gamma_p)$ absolut konvergieren und dort Lösungen von (2) sind.

Die hiermit zunächst für $\sigma > \Re(\alpha_1)$ bzw. $\sigma < \Re(\gamma_p)$ definierten Lösungen $u_1(x), \ldots, u_n(x)$ und $\bar{u}_1(x), \ldots, \bar{u}_n(x)$ nennen wir das *erste und zweite kanonische Lösungssystem* der Gleichung (2).

166. Wie wir schon in Kapitel 9, § 4 dargetan haben, lassen sich die Integrale (10) mit Hilfe von *Fakultätenreihen* ausdrücken, und zwar in folgender Weise:

$$u_s(x) = \frac{\Gamma(x)}{\Gamma(-\beta_s)\,\Gamma(x+\beta_s+1)} \sum_{\nu=0}^{\infty} A_{s,\nu}\, \frac{(\beta_s+1)(\beta_s+2)\cdots(\beta_s+\nu)}{(x+\beta_s+1)(x+\beta_s+2)\cdots(x+\beta_s+\nu)}. \tag{12}$$

Dabei sind die Fakultätenreihen für $\sigma > \Re(\alpha_1)$ absolut konvergent. Für $\Re(\alpha_1) < 0$ werden die alsdann auftretenden Pole $x = 0, -1, -2, \ldots$ des Faktors $\Gamma(x)$ durch Nullstellen der Fakultätenreihe aufgehoben, auf welche man durch Vergleich der Entwicklungen (7) und (9) schließen kann. Der Ausdruck (12) ist also für $\sigma > \Re(\alpha_1)$ regulär, was übrigens auch schon aus dem Integral (10) hervorgeht.

Um für die Integrale (11) eine ähnliche Entwicklung zu erhalten, setzen wir, da die Potenzreihe in (9) auf L nicht durchweg konvergiert, zunächst $t = \frac{1}{1-z}$. Dies führt für $\varphi_s(t)$ zu der Reihe

$$\varphi_s(t) = \varphi_s\left(\frac{1}{1-z}\right) = \bar{A}_{s,0} - \bar{A}_{s,1}\, z + \bar{A}_{s,2}\, z^2 - \cdots,$$

welche den Kreis $|z| = 1$ zum Konvergenzkreise hat. Die Koeffizienten $\bar{A}_{s,\nu}$ sind hierbei die aufeinanderfolgenden Differenzen der Zahlen $A_{s,\nu}$:

$$\bar{A}_{s,0} = A_{s,0}, \qquad \bar{A}_{s,\nu+1} = \sum_{i=0}^{\nu} (-1)^{\nu-i} \binom{\nu}{i} A_{s,i+1},$$

weil auf die in (9) eingehende Potenzreihe einfach die Eulersche Transformation angewandt ist. Wegen

$$\frac{1}{2\pi i}\int\limits_L t^{x-1}(t-1)^\beta\, dt = e^{\pi i(\beta+1)}\frac{\Gamma(-x-\beta)}{\Gamma(-\beta)\,\Gamma(1-x)} \qquad (\sigma + \Re(\beta) < 0)$$

kommen wir so schließlich zu der Darstellung

$$(13)\qquad \bar{u}_s(x) = e^{\pi i(\beta_s+1)}\frac{\Gamma(-x-\beta_s)}{\Gamma(-\beta_s)\,\Gamma(1-x)}\sum_{\nu=0}^{\infty}\bar{A}_{s,\nu}\frac{(\beta_s+1)(\beta_s+2)\cdots(\beta_s+\nu)}{(x-1)(x-2)\cdots(x-\nu)},$$

die in der Halbebene $\sigma < \Re(\gamma_p)$ gilt und deren Koeffizienten die aufeinanderfolgenden Differenzen der Koeffizienten in der Entwicklung (12) sind.

167. Die Gleichungen (12) und (13) sind besonders nützlich, wenn man das *asymptotische Verhalten* der Lösungen in der einen oder anderen der Halbebenen $\sigma > \Re(\alpha_1)$ oder $\sigma < \Re(\gamma_p)$ untersuchen will. Da die Fakultätenreihen dann je gegen ihre konstanten Glieder streben und andererseits für $-\pi + \varepsilon < \operatorname{arc} x < \pi - \varepsilon$ $(\varepsilon > 0)$ gleichmäßig

$$\lim_{|x|\to\infty}\frac{\Gamma(x)\,x^\beta}{\Gamma(x+\beta)} = 1$$

gilt, erhält man die Relationen,

$$(14)\qquad \lim_{|x|\to\infty} x^{\beta_s+1}u_s(x) = \frac{A_{s,0}}{\Gamma(-\beta_s)}, \qquad -\frac{\pi}{2} \leqq \operatorname{arc} x \leqq \frac{\pi}{2},$$

$$(15)\qquad \lim_{|x|\to\infty} x^{\beta_s+1}\bar{u}_s(x) = \frac{A_{s,0}}{\Gamma(-\beta_s)}, \qquad -\frac{3\pi}{2} \leqq \operatorname{arc} x \leqq -\frac{\pi}{2},$$

welche das gewünschte asymptotische Verhalten in den Halbebenen $\sigma > \Re(\alpha_1)$ bzw. $\sigma < \Re(\gamma_p)$ in Erscheinung treten lassen.

Jetzt wollen wir ganz kurz von einigen bei den Zahlen $\beta_1, \beta_2, \ldots, \beta_n$, den Wurzeln der determinierenden Gleichung zum Punkte $t = 1$, möglichen Ausnahmefällen reden, während wir die meisten erst später unter allgemeineren Gesichtspunkten behandeln werden. Wenn ein β_s eine nichtnegative ganze Zahl und kein anderes $\beta_1, \ldots, \beta_n$ ganzzahlig ist, hat $v_s(t)$ in der Umgebung von $t = 1$ die Gestalt

$$v_s(t) = (t-1)^{\beta_s}\left[\varphi_s(t) + \varphi_s^*(t)\log(t-1)\right].$$

Alsdann findet man

$$u_s(x) = \frac{1}{2\pi i}\int\limits_l t^{x-1}v_s(t)\,dt = \frac{1}{2\pi i}\int\limits_l t^{x-1}(t-1)^{\beta_s}\log(t-1)\,\varphi_s^*(t)\,dt$$

und durch Zusammenziehung der Schleife l auf die hin und zurück durchlaufene Strecke $0 \ldots 1$, wobei die Funktion Logarithmus herausfällt,

$$u_s(x) = -\int_0^1 t^{x-1}(t-1)^{\beta_s} \varphi_s^*(t)\, dt.$$

Wenn also die Funktion $\varphi_s^*(t)$ von Null verschieden ist, ändert sich in diesem Falle die Form der Gleichung (12) gar nicht. Wenn hingegen $\varphi_s^*(t) = 0$ ist, was nur für $\beta_s \geqq p - n$ eintreten kann, wird das Schleifenintegral über l identisch Null. Dann können wir jedoch, da die Ausdrücke (5) für $t = 1$ verschwinden, statt der Schleife l den geradlinigen Integrationsweg von 0 bis 1 benutzen und stoßen wieder auf eine Entwicklung der Form (12).

Wenn β_s eine negative ganze Zahl und gleichzeitig $\varphi_s^*(t) = 0$ ist, enthält die Fakultätenreihe in (12) nur eine endliche Anzahl Glieder, und es gilt

$$u_s(x) = -A_{s,0}\binom{x-1}{-\beta_s-1} + A_{s,1}\binom{x-1}{-\beta_s-2} - \cdots + (-1)^{\beta_s} A_{s,-\beta_s-1}.$$

Die eben ausgesprochenen Bedingungen sind gerade hinreichend und notwendig dafür, daß $u_s(x)$ ein Polynom wird.

168. Bis jetzt sind wir über die Eigenschaften der kanonischen Lösungssysteme je in einer gewissen Halbebene unterrichtet, und zwar sowohl im Endlichen, wo die Lösungen regulär sind, als auch bei der Annäherung an den unendlich fernen Punkt. Es bleibt uns also noch übrig, einmal jedes der Lösungssysteme in die ganze endliche Ebene fortzusetzen und zum anderen das Verhalten der Lösungen bei beliebiger Annäherung ans Unendliche zu untersuchen. Für unsere spezielle Gleichung (2) wollen wir hier nur die erste Aufgabe behandeln, während wir die zweite später sofort für die allgemeine Gleichung (1) in Angriff nehmen werden. Lösen wir die Gleichung (2*) nach $u(x)$ oder $u(x+n)$ auf, so können wir die in den Halbebenen $\sigma > \Re(\alpha_1)$ und $\sigma < \Re(\gamma_p)$ definierten und regulären Lösungen schrittweise immer um einen Streifen der Breite 1 nach links oder rechts fortsetzen und so allmählich in die ganze endliche Ebene gelangen. Dabei zeigt sich unmittelbar, daß die Lösungen $u_s(x)$ und $\overline{u}_s(x)$ meromorfe Funktionen von x sind, $u_s(x)$ mit Polen in den Punkten $\alpha_i - \nu$ $(i = 1, 2, \ldots, p;\ \nu = 0, 1, \ldots)$, $\overline{u}_s(x)$ mit Polen in den Punkten $\gamma_i + \nu$.

Die Lösungen $u_s(x)$ und $\overline{u}_s(x)$ müssen also eine Mittag-Lefflersche Partialbruchentwicklung gestatten. Diese finden wir folgendermaßen, ohne irgendwelche Annahmen über die β_s nötig zu haben (die Entwicklung von $v_s(t)$ in der Umgebung des Punktes $t = 1$ darf vielmehr Logarithmen enthalten). Wir gehen von irgendeiner Bestimmung (7) von $v_s(t)$ auf der positiven reellen Achse in der Nähe des Nullpunkts aus und umkreisen den Punkt $t=1$. Bei der Rückkehr zum Ausgangspunkt bekommen wir dann in (7) lediglich andere Konstanten, etwa $c_1', c_2', \ldots, c_p'$. Wenn nun zunächst $\Re(\beta_s) > -1$ ist, also $u_s(x)$ in der Halbebene $\sigma > \Re(\alpha_1)$ bei Annäherung ans Unendliche gegen Null strebt, können wir in (10) die Schleife l durch die hin und zurück durchlaufene Strecke $0 \ldots 1$ ersetzen. Tragen wir dabei die entsprechenden Entwicklungen (7) ein und integrieren gliedweise, so entsteht die gesuchte *Partialbruchreihe*

$$(16) \quad u_s(x) = \sum_{i=1}^{p} \sum_{\nu=0}^{\infty} (c_i - c_i') \left\{ \frac{A_{i,\nu}^{(0)}}{x-\alpha_i+\nu} - \frac{1!\,A_{i,\nu}^{(1)}}{(x-\alpha_i+\nu)^2} + \cdots + (-1)^r \frac{r!\,A_{i,\nu}^{(r)}}{(x-\alpha_i+\nu)^{r+1}} \right\}$$

deren Koeffizienten durch die Entwicklung von $v_s(t)$ in der Umgebung des Nullpunkts geliefert werden. Die Bedingungen für gliedweise Integration sind, wie man sich überzeugen kann, erfüllt. Die Reihe (16) erweist sich als gleichmäßig und absolut konvergent in jedem endlichen Gebiet, aus dem die Punkte $\alpha_i - \nu$ durch kleine Kreise ausgeschlossen sind, und gibt daher die analytische Fortsetzung von $u_s(x)$ in die ganze endliche Ebene. Wenn $\Re(\beta_s) \leqq -1$ ist, divergiert die Reihe (16). Wählen wir jedoch eine positive ganze Zahl q derart, daß $\Re(\beta_s + q) > -1$ ist, so vermögen wir zwei Polynome $g_{q-1}(x)$ und $g_q(x)$ vom Grade $q-1$ und q derart ausfindig zu machen, daß die Funktion

$$\frac{u_s(x) - g_{q-1}(x)}{g_q(x)}$$

eine Entwicklung der Form (16) gestattet [7]. Zusammenfassend können wir sagen:

Die Funktionen $u_1(x), \ldots, u_n(x)$ des ersten kanonischen Fundamentalsystems sind meromorfe Funktionen von x, welche nach Subtraktion eines geeigneten Polynoms eine Darstellung der Gestalt (16), *multipliziert mit einem Polynom, zulassen. Ihre Pole liegen in den Punkten $\alpha_i - \nu$ ($i = 1, 2, \ldots, p$; $\nu = 0, 1, \ldots$), wobei $\alpha_i + n$ die Nullstellen des Koeffizienten $Q_n(x)$ der Differenz höchster Ordnung in* (2) *sind.* Wenn $\alpha_i + n$ eine einfache Nullstelle ist, die sich von keiner der anderen Nullstellen um eine ganze Zahl unterscheidet, so sind die Pole $\alpha_i, \alpha_i - 1, \ldots$ alle einfach; wenn hingegen $\alpha_i + n$ eine k-fache Nullstelle ist, so sind die Pole $\alpha_i, \alpha_i - 1, \ldots$ wenigstens von der Ordnung k.

Für $\bar{u}_s(x)$ bekommen wir entsprechend durch Einsetzen der Entwicklung (8) in das Integral (11) bei $\Re(\beta_s) > -1$ die Partialbruchreihe

$$(17) \quad \bar{u}_s(x) = \sum_{i=1}^{p} \sum_{\nu=0}^{\infty} (\bar{c}_i - \bar{c}'_i) \left\{ \frac{\bar{A}_{i,\nu}^{(0)}}{x-\gamma_i-\nu} + \frac{1!\,\bar{A}_{i,\nu}^{(1)}}{(x-\gamma_i-\nu)^2} + \cdots + \frac{r!\,\bar{A}_{i,\nu}^{(r)}}{(x-\gamma_i-\nu)^{r+1}} \right\};$$

für $\mathfrak{R}(\beta_s) \leqq -1$ muß man $\overline{u}_s(x)$ zunächst durch ein passendes Polynom dividieren, um eine analoge Entwicklung zu ermöglichen.

Auch die Funktionen $\overline{u}_1(x), \ldots, \overline{u}_n(x)$ des zweiten kanonischen Systems sind meromorfe Funktionen von x, und zwar mit Polen in den Punkten $\gamma_i + \nu$ $(i = 1, 2, \ldots, p;\ \nu = 0, 1, \ldots)$, wobei $\gamma_i - n$ die Nullstellen des Koeffizienten von $u(x+n)$ bzw. $\overset{n}{\triangle} u(x)$ in (2) und (2**) sind.*

Wir wollen noch anmerken, daß hiernach die asymptotischen Gleichungen (14) und (15), da alle Pole der Lösungen in einem gewissen Streifen um die reelle Achse von endlicher Breite liegen, nicht nur in den Halbebenen $\sigma > \mathfrak{R}(\alpha_1)$ und $\sigma < \mathfrak{R}(\gamma_p)$ gelten, sondern allgemein auf jedem Radiusvektor richtig sind, der mit der positiven oder negativen reellen Achse einen Winkel höchstens vom Absolutbetrage $\frac{\pi}{2}$ bildet.

§ 2. Normale Differenzengleichungen.

169. Nunmehr gehen wir zur Behandlung allgemeiner normaler Differenzengleichungen über. Dazu schreiben wir die Koeffizienten $p_i(x)$ $(i = 0, 1, \ldots, n)$ der Gleichung (1) in der Form

$$p_i(x) = \sum_{s=0}^{p} c_{i,s}(x+i)(x+i+1)\cdots(x+i+s-1), \tag{18}$$

wobei nach Voraussetzung $c_{0,p} \neq 0$ und $c_{n,p} \neq 0$ ist, im übrigen aber die $c_{i,s}$ beliebige von x unabhängige komplexe Zahlen bedeuten. Setzen wir

$$f_i(t) = \sum_{s=0}^{n} c_{s,i}\, t^s \qquad (i = 0, 1, \ldots, p), \tag{19}$$

$$V(x,t) = \sum_{i=0}^{p-1} \sum_{s=0}^{p-i-1} (-1)^i \frac{d^i v(t)}{dt^i} \frac{d^s\left[t^{x+i+s} f_{i+s+1}(t)\right]}{dt^s}, \tag{20}$$

so gewinnen wir durch Anwendung der Laplaceschen Transformation (4) die Beziehung

$$\sum_{i=0}^{n} p_i(x)\, u(x+i) = V(x,t) + \int t^{x-1} \sum_{i=0}^{p} (-t)^i f_i(t) \frac{d^i v(t)}{dt^i}\, dt.$$

Die Funktion $u(x)$ in (4) wird daher eine Lösung der Differenzengleichung (1), wenn wir $v(t)$ als Lösung der Differentialgleichung

$$\sum_{i=0}^{p} (-t)^i f_i(t) \frac{d^i v(t)}{dt^i} = 0 \tag{21}$$

bestimmen und den Integrationsweg so wählen, daß $V(x, t)$ entweder, wenn er offen ist, an seinen beiden Enden verschwindet oder, wenn er geschlossen ist, zu seinem Ausgangswert zurückkehrt.

Betrachten wir zunächst die Differentialgleichung (21). Sie hat zu singulären Stellen außer $t = 0$ und $t = \infty$ die Wurzeln der Gleichung

$$(22) \qquad f_p(t) = f(t) = \sum_{s=0}^{n} c_{s,p} t^s = 0,$$

in deren linke Seite die Koeffizienten der höchsten Glieder von $p_0(x), \ldots, p_n(x)$ eingehen und die wir die *charakteristische Gleichung* der Differenzengleichung (1) nennen wollen. Wegen $c_{0,p} \neq 0$, $c_{n,p} \neq 0$ ist sie vom Grade n und hat n von Null verschiedene Wurzeln

$$a_s = \varrho_s e^{\zeta_s \sqrt{-1}} \qquad (s = 1, 2, \ldots, n),$$

die nach wachsendem Arkus geordnet sein mögen:

$$0 \leqq \zeta_1 \leqq \zeta_2 \leqq \cdots \leqq \zeta_n < 2\pi;$$

für $\zeta_s = \zeta_{s+1}$ sei $\varrho_s \leqq \varrho_{s+1}$. Wenn a_i eine einfache Wurzel ist, so ist a_i ein singulärer Punkt der Bestimmtheit; dann gibt es in der Umgebung von a_i $(p-1)$ reguläre Lösungen und eine Lösung von der Form

$$(t - a_i)^{\beta_i} \varphi_i(t).$$

Wenn hingegen a_i allgemein eine etwa l-fache Wurzel der charakteristischen Gleichung ist, haben wir zwei wesentlich verschiedene Fälle zu unterscheiden:

1. a_i ist zugleich eine $(l-s)$-fache Wurzel der Gleichung $f_{p-s}(t) = 0$ $(s = 1, 2, \ldots, l-1)$; dann ist a_i ein Punkt der Bestimmtheit.

2. a_i ist ein Punkt der Unbestimmtheit.

Der erste Fall liegt z. B. bei der Gleichung (2) vor, für welche die charakteristische Gleichung $(t-1)^n = 0$ lautet und alle a_i im Punkte $t = 1$ zusammenfallen, welcher ein Punkt der Bestimmtheit ist. Den zweiten Fall lassen wir vorläufig beiseite, um ihn später (§ 5) gesondert zu betrachten. Eine Gleichung, bei der er eintritt, nennen wir nicht mehr normal; wir präzisieren hiermit, wie schon früher angekündigt, den Begriff „normale Differenzengleichung“ noch ein wenig.

Die determinierende Gleichung zum Punkte a_i hat die Wurzeln

$$\beta_{1,i}, \beta_{2,i}, \ldots, \beta_{l,i}; \quad 0, 1, \ldots, p-l-1.$$

Ihnen entsprechen p linear unabhängige Lösungen $v_{1,i}, v_{2,i}, \ldots, v_{p,i}$ der Differentialgleichung (21), von den die $(p-l)$ letzten regulär, die ersten l im allgemeinen nicht regulär sind. Die Wurzeln $\beta_{1,i}$, $\beta_{2,i}$, $\ldots, \beta_{l,i}$ und entsprechend die zugehörigen Lösungen fassen wir in Gruppen derart zusammen, daß Wurzeln, die sich nur um ganze Zahlen unterscheiden, in eine Gruppe kommen. Mit Unterdrückung des zweiten Index i und nach absteigendem Realteil geordnet mögen $\beta_s, \beta_{s+1}, \ldots, \beta_{s+q-1}$ eine solche Gruppe bilden. Die zusammenfallenden Wurzeln in ihr

$$\begin{aligned}
&\beta_s = \beta_{s+1} = \cdots = \beta_{s+h-1},\\
&\beta_{s+h} = \beta_{s+h+1} = \cdots = \beta_{s+j-1},\\
&\cdot\;\cdot\;\cdot\;\cdot\;\cdot\;\cdot\;\cdot\;\cdot\;\cdot\;\cdot\;\cdot\;\cdot\\
&\beta_{s+o} = \beta_{s+o+1} = \cdots = \beta_{s+q-1}
\end{aligned}$$

rechnen wir je in eine Untergruppe. Dann gehört zur ersten Wurzel $\beta_s = \beta_{s,i}$ eine Lösung

$$v_{s,i}(t) = (t - a_i)^{\beta_{s,i}} \varphi_{s,i}(t) \tag{23}$$

und allgemein zu einer beliebigen Wurzel $\beta_{s+r,i}$ eine Lösung

$$\begin{aligned}
v_{s+r,i}(t) &= \frac{\partial^r}{\partial \beta_{s+r,i}^r}\left[(t-a_i)^{\beta_{s+r,i}} \varphi_{s+r,i}(t)\right] \\
&= (t-a_i)^{\beta_{s+r,i}}\left[\varphi_{s+r,i}^{(0)}(t) + \varphi_{s+r,i}^{(1)}(t)\log(t-a_i) + \cdots + \varphi_{s+r,i}^{(r)}(t)\log^r(t-a_i)\right];
\end{aligned} \tag{24}$$

für die Wurzeln der ersten Untergruppe ist dabei $\varphi_{s+r,i}^{(r)}(a_i) \neq 0$, für die Wurzeln der zweiten Untergruppe $\varphi_{s+r,i}^{(r-h)}(a_i) \neq 0$ und $\varphi_{s+r,i}^{(r-h+1)}(a_i) = \cdots = \varphi_{s+r,i}^{(r)}(a_i) = 0$ usw.

In der Umgebung der Stelle $t = 0$ gibt es p Lösungen $v_{1,0}(t), v_{2,0}(t), \ldots, v_{p,0}(t)$ von der Form

$$\begin{aligned}
v_{s,0}(t) &= \frac{\partial^r}{\partial(-\alpha_s)^r}\left[t^{-\alpha_s}\psi_s(t)\right] \\
&= t^{-\alpha_s}\left[\psi_{s,0}(t) + \psi_{s,1}(t)\log t + \cdots + \psi_{s,r}(t)\log^r t\right]
\end{aligned} \tag{25}$$

und in der Umgebung des Punktes $t = \infty$ p Lösungen $v_{1,\infty}(t), v_{2,\infty}(t), \ldots, v_{p,\infty}(t)$ von der Form

$$\begin{aligned}
v_{s,\infty}(t) &= \frac{\partial^r}{\partial \gamma_s^r}\left[t^{-\gamma_s}\overline{\psi}_s(t)\right] \\
&= t^{-\gamma_s}\left[\overline{\psi}_{s,0}(t) + \overline{\psi}_{s,1}(t)\log\frac{1}{t} + \cdots + \overline{\psi}_{s,r}(t)\log^r\frac{1}{t}\right].
\end{aligned} \tag{26}$$

Die nichtnegative Zahl r ist dabei gleich der Anzahl der Wurzeln, die sich in derselben Gruppe wie α_s befinden und links von α_s liegen bzw. gleich der Anzahl der Wurzeln, die sich in derselben Gruppe wie γ_s befinden und rechts von γ_s liegen.

Um durch Eintragen der eben charakterisierten Lösungen der Differentialgleichung (21) in das Laplacesche Integral (4) eine Lösung der Differenzengleichung (1) zu bekommen, müssen wir noch den Integrationsweg geeignet festlegen, so daß die Bedingung für die Größen $V(x, t)$ erfüllt ist. Dazu nehmen wir zunächst an, daß niemals zwei verschiedene singuläre Stellen auf demselben Radiusvektor vorkommen, und schlitzen die Ebene längs der vom Nullpunkte nach den singulären Stellen führenden Radienvektoren bis ins Unendliche auf, und zwar bei a_i vom Nullpunkte selbst an, bei den anderen singulären Stellen erst von der betreffenden singulären Stelle an. In der so zerschnittenen Ebene ist die Funktion $t^{x-1} v_{s,i}(t)$ eindeutig. Wir bezeichnen mit l_i und L_i die aus Fig. 40 ersichtlichen Schleifenwege von 0 und ∞ an, welche den Punkt a_i, aber keinen weiteren singulären Punkt umschlingen, und setzen fest, daß der Arkus von $t - a_i$ auf l_i von $\zeta_i - \pi$ bis $\zeta_i + \pi$ und auf L_i von ζ_i bis $\zeta_i + 2\pi$ wachsen soll; als Arkus von t nehmen wir den Wert zwischen 0 und 2π. Dann sind die Integrale

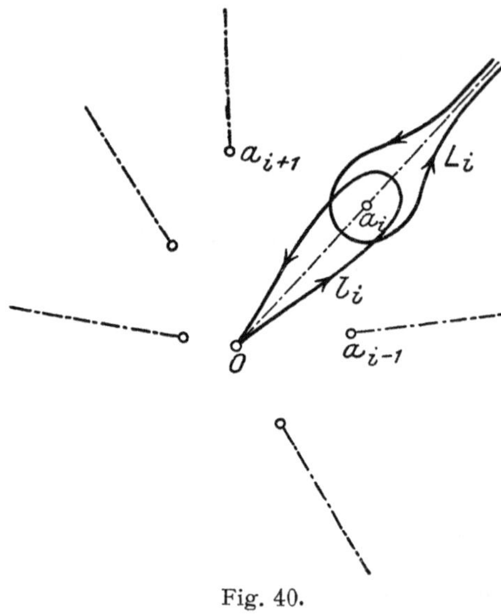

Fig. 40.

$$(27) \qquad u_{s,i}(x) = \frac{1}{2\pi i}\int_{l_i} t^{x-1} v_{s,i}(t)\,dt, \qquad \sigma > \Re(\alpha_1),$$

$$(28) \qquad \overline{u}_{s,i}(x) = \frac{1}{2\pi i}\int_{L_i} t^{x-1} v_{s,i}(t)\,dt, \qquad \sigma < \Re(\gamma_p)$$

in den angegebenen Halbebenen Lösungen der Gleichung (1), weil $V(x, t)$ für $\sigma > \Re(\alpha_1)$ bzw. $\sigma < \Re(\gamma_p - n)$ verschwindet. Nehmen wir für $v_{s,i}(t)$ nacheinander alle in der Umgebung der Punkte $a_1, a_2, \ldots, a_n$ nicht regulären Lösungen, so erhalten wir auf diese Weise n Lösungen $u(x)$ und n Lösungen $\overline{u}(x)$ der Gleichung (1). Wir nennen sie das *erste und zweite kanonische Lösungssystem* und ordnen sie wie die $\beta_{s,i}$ in Gruppen und Untergruppen.

170. Ganz entsprechend wie bei der speziellen Gleichung (2) bestehen auch hier für die kanonischen Lösungen *Fakultäten- und Partial-*

bruchentwicklungen. Der Einfachheit halber sei $v_{s,i}(t)$ zunächst von der Form (23). Wir können nicht ohne weiteres wie früher vorgehen, weil die Darstellung (23) nicht genügend weit konvergiert und daher längs l_i nicht gliedweise integriert werden darf. Machen wir jedoch die Substitution $t = a_i z$, so lehren die Entwicklungen in Kapitel 9, § 4, daß sich das Integral (27) in die Gestalt

$$(29)\qquad u_{s,i}(x) = a_i^x \frac{\Gamma\left(\frac{x}{\omega}\right) \omega^{-\beta_{s,i}-1}}{\Gamma(-\beta_{s,i})\,\Gamma\left(\frac{x}{\omega} + \beta_{s,i} + 1\right)}\, \Omega(x, \beta_{s,i})$$

bringen läßt, wobei

$$(29^*)\qquad \Omega(x, \beta) = \sum_{\nu=0}^{\infty} A_\nu \frac{(\beta+1)(\beta+2)\cdots(\beta+\nu)\,\omega^\nu}{(x+\omega\beta+\omega)\cdots(x+\omega\beta+\nu\omega)}$$

eine für $\sigma > \Re(\alpha_1)$ absolut konvergente Fakultätenreihe ist und ω eine zur Erzielung der Konvergenz hinreichend groß gewählte positive Zahl bedeutet. Die Koeffizienten A_ν setzen sich linear aus den $(\nu+1)$ ersten Koeffizienten der Entwicklung von $\varphi_{s,i}(t)$ in der Umgebung des Punktes $t = a_i$ zusammen und können aus den Koeffizienten der Differenzengleichung (1) durch rein algebraische Operationen hergeleitet werden. Sie sind mit Ausnahme von A_0 auch von ω abhängig, A_0 ist wegen $\varphi_{s,i}(a_i) \neq 0$ von Null verschieden.

Das Integral (28) gestattet eine Entwicklung der Form

$$(30)\qquad \overline{u}_{s,i}(x) = a_i^x\, e^{\pi i(\beta_{s,i}+1)} \frac{\Gamma\left(-\frac{x}{\omega} - \beta_{s,i}\right) \omega^{-\beta_{s,i}-1}}{\Gamma(-\beta_{s,i})\,\Gamma\left(1 - \frac{x}{\omega}\right)}\, \overline{\Omega}(x, \beta_{s,i}).$$

In ihr ist

$$(30^*)\qquad \overline{\Omega}(x, \beta) = \sum_{\nu=0}^{\infty} \overline{A}_\nu \frac{(\beta+1)(\beta+2)\cdots(\beta+\nu)\,\omega^\nu}{(x-\omega)(x-2\omega)\cdots(x-\nu\omega)}$$

eine für $\sigma < \Re(\gamma_p)$ absolut konvergente Fakultätenreihe, deren Koeffizienten $\overline{A}_\nu$ als aufeinanderfolgende Differenzen der A_ν gewonnen werden können; insbesondere ist $\overline{A}_0 = A_0 \neq 0$. In den Halbebenen $\sigma > \Re(\alpha_1)$ und $\sigma < \Re(\gamma_p)$ sind also die Lösungen $u(x)$ bzw. $\overline{u}(x)$ regulär und genügen den *Limesrelationen*

$$(31)\qquad \lim_{|x|\to\infty} a_i^{-x}\, x^{\beta_{s,i}+1}\, u_{s,i}(x) = \frac{A_0}{\Gamma(-\beta_{s,i})}, \qquad -\frac{\pi}{2} \leqq \operatorname{arc} x \leqq \frac{\pi}{2},$$

$$(32)\qquad \lim_{|x|\to\infty} a_i^{-x}\, x^{\beta_{s,i}+1}\, \overline{u}_{s,i}(x) = \frac{A_0}{\Gamma(-\beta_{s,i})}, \qquad -\frac{3\pi}{2} \leqq \operatorname{arc} x \leqq -\frac{\pi}{2}.$$

Auch wenn a_i eine mehrfache Wurzel, also $v_{s,i}(t)$ von der Form (24) ist, bestehen ähnliche Entwicklungen. Wie sich aus Kapitel 9, § 4 entnehmen läßt, ist dann

$$u_{s,i}(x) = a_i^x \sum_{t=0}^{r} \Omega_t(x) \frac{\partial^t}{\partial \beta_{s,i}^t} \frac{\Gamma\left(\frac{x}{\omega}\right)}{\Gamma\left(\frac{x}{\omega}+\beta_{s,i}+1\right)}, \tag{33}$$

wobei die Fakultätenreihen

$$\Omega_t(x) = A_0^{(t)} + \sum_{\nu=0}^{\infty} \frac{A_{\nu+1}^{(t)}}{x(x+\omega)\cdots(x+\nu\omega)} \qquad (t=0,1,\ldots,r) \tag{33*}$$

für

$$\sigma > \Re(\alpha_1), \qquad \sigma > 0, \qquad \Re\left(\frac{x}{\omega}+\beta_{s,i}+1\right) > 0 \tag{33**}$$

konvergent sind. Ähnlich bekommt man

$$\bar{u}_{s,i}(x) = a_i^x \sum_{t=0}^{r} \bar{\Omega}_t(x) \frac{\partial^t}{\partial \beta_{s,i}^t} \frac{\Gamma\left(-\frac{x}{\omega}-\beta_{s,i}\right)}{\Gamma\left(1-\frac{x}{\omega}\right)}, \tag{34}$$

mit

$$\bar{\Omega}_t(x) = \bar{A}_0^{(t)} + \sum_{\nu=1}^{\infty} \frac{\bar{A}_{\nu}^{(t)}}{(x-\omega)(x-2\omega)\cdots(x-\nu\omega)} \tag{34*}$$

und den Bedingungen

$$\sigma < \Re(\gamma_p), \qquad \sigma < \omega. \tag{34**}$$

Da nun für $-\frac{\pi}{2} \leqq \operatorname{arc} x \leqq \frac{\pi}{2}$ gleichmäßig

$$\lim_{|x|\to\infty} \frac{\frac{\partial^t}{\partial\beta^t}\frac{\Gamma(x)}{\Gamma(x+\beta)}}{\left(\frac{1}{x}\right)^{\beta}\log^t\frac{1}{x}} = 1$$

ist, lassen sich aus (33) die *asymptotischen Werte der Lösungen* berechnen, und zwar gilt bei $-\frac{\pi}{2} \leqq \operatorname{arc} x \leqq \frac{\pi}{2}$ in der ersten Untergruppe

$$\lim_{|x|\to\infty} \frac{u_{s+r}(x)}{a_i^x\left(\frac{1}{x}\right)^{\beta_s+1}\log^r\frac{1}{x}} = K_1 \qquad (r=0,1,\ldots,h-1), \tag{35}$$

in der zweiten Untergruppe

$$\lim_{|x|\to\infty} \frac{u_{s+h+r}(x)}{a_i^x\left(\frac{1}{x}\right)^{\beta_{s+h}+1}\log^r\frac{1}{x}} = K_2 \qquad (r=0,1,\ldots,j-h-1)$$

usw.; $K_1, K_2, \ldots$ sind von Null verschiedene Konstanten. Ganz entsprechende Gleichungen bestehen nach (34) für die Funktionen $\overline{u}(x)$ im Winkelraume $-\frac{3\pi}{2} \leqq \operatorname{arc} x \leqq -\frac{\pi}{2}$. Alle diese asymptotischen Beziehungen stellen offenbar Verschärfungen des Poincaréschen Satzes für unseren speziellen Fall normaler Differenzengleichungen dar.

Nach den letzten Ergebnissen kann man die Lösungen des ersten kanonischen Systems im allgemeinen so numerieren, daß das Verhältnis $\frac{u_s(x)}{u_{s+1}(x)}$ für $s = 1, 2, \ldots, n-1$ und $-\frac{\pi}{2} \leqq \operatorname{arc} x \leqq \frac{\pi}{2}$ bei wachsendem $|x|$ nach Null strebt. Hieraus läßt sich schließen, *daß die Funktionen des ersten kanonischen Lösungssystems ein Fundamentalsystem bilden.* Bestände nämlich eine lineare Relation von der Form

$$\sum_{s=1}^{n} \pi_s(x)\, u_s(x) = 0,$$

wobei die $\pi_s(x)$ etwa für $x = x_0$ nicht alle Null wären, und wäre etwa $\pi_j(x_0)$ die letzte von Null verschiedene der Zahlen $\pi_1(x_0), \ldots, \pi_n(x_0)$ so erhielte man nach Division durch $u_j(x)$, wenn man x die Werte $x_0, x_0 + 1, x_0 + 2, \ldots$ durchlaufen läßt, gerade $\pi_j(x_0) = 0$ im Widerspruch zur Voraussetzung. Eine Ausnahme kann nur eintreten, wenn zwei verschiedene singuläre Stellen in derselben Entfernung vom Nullpunkte liegen und gleichzeitig der reelle Teil von zwei der Zahlen β übereinstimmt. Aber auch dann bilden die $u(x)$ ein Fundamentalsystem, wie man sich durch Betrachtung der von dem Verhältnis $\frac{u_s(x)}{u_{s+1}(x)}$ angenommenen Wertmenge überzeugen kann. Ebenso läßt sich zeigen, daß das zweite kanonische Lösungssystem ein Fundamentalsystem ist.

Wenn man will, kann man $u_{s,i}(x)$ auch in der Gestalt

$$u_{s,i}(x) = a_i^x \left(\frac{1}{x}\right)^{\beta_{s,i}+1} \sum_{t=0}^{r} \Phi_t(x) \log^t \frac{1}{x}$$

schreiben. Dabei sind die $\Phi_t(x)$ für Werte von x, die den Bedingungen (33**) genügen, in Fakultätenreihen entwickelbar. Die letzte Gleichung läßt vor allem das asymptotische Verhalten der $u_{s,i}(x)$ gut erkennen. Freilich ist die Berechnung der Koeffizienten in den Fakultätenreihen für die $\Phi_t(x)$ viel schwerer als die entsprechende Aufgabe für die $\Omega_t(x)$.

Ferner existieren für die $u_{s,i}(x)$ in der Halbebene $\sigma > \Re(\alpha_1)$ Reihen von der Form

$$u_{s,i}(x) = a_i^{x-y-1} \sum_{\nu=0}^{\infty} d_\nu \binom{x-y-1}{\nu},$$

welche man mit Hilfe der Formel

$$t^{x-1} = (a_i + (t - a_i))^{x-1} = a_i^{x-1} \sum_{s=0}^{\infty} \binom{x-1}{s} \left(\frac{t}{a_i} - 1\right)^s$$

bekommt. Dabei ist $\Re(y - \alpha_1) > 0$ vorausgesetzt.

171. Früher hatten wir ausgeschlossen, daß sich auf demselben Radiusvektor zwei verschiedene singuläre Stellen, etwa a_i und a_{i+1}, befinden. Aber auch in diesem Falle können wir im wesentlichen mit unseren früheren Überlegungen durchkommen. Wir brauchen nur in den Integralen (27) und (28) die Schleifenwege l_{i+1} und L_i zur Vermeidung der Punkte a_i und a_{i+1} passend auszubiegen und in den Gleichungen (29) und (30) für ω eine komplexe Zahl von absolut sehr kleinem Arkus und genügend großem Absolutbetrage zu nehmen.

172. Die analytische Fortsetzung der kanonischen Lösungen in die ganze Ebene wird wieder durch Partialbruchreihen geliefert. Um diese zu bekommen, nehmen wir auf dem Radiusvektor $0 \ldots a_i$ einen Punkt b_i an, der näher am Nullpunkte als irgendeine der singulären Stellen liegt. Bezeichnet l_i' eine von b_i ausgehende, den Punkt a_i umschlingende Schleife, so läßt sich $u_{s,i}(x)$ in der Form

$$u_{s,i}(x) = \frac{1}{2\pi i} \int_{l_i'} t^{x-1} v_{s,i}(t)\, dt + \frac{1}{2\pi i} \sum_{q=1}^{p} (c_q - c_q') \int^{b} t^{x+1} v_{q,0}(t)\, dt$$

mit konstantem c_q, c_q' schreiben. Das erste Integral ist eine ganze Funktion, das zweite in eine Partialbruchreihe der Gestalt (16), multipliziert mit b^x, entwickelbar. Hieraus folgt:

Die n Lösungen $u_1(x), \ldots, u_n(x)$ des ersten kanonischen Lösungssystems sind meromorfe Funktionen von x mit Polen in den Punkten

$$\alpha_i, \alpha_i - 1, \alpha_i - 2, \ldots \qquad (i = 1, 2, \ldots, p);$$

die Residuen in diesen Polen sind die Entwicklungskoeffizienten von $v_{s,0}(t)$ und können leicht gebildet werden.

Ebenso kann das Integral (28) in zwei Integrale zerlegt werden, von denen das erste eine ganze Funktion ist und das zweite eine Partialbruchentwicklung der Form (17) gestattet. *Auch die n Lösungen $\overline{u}_1(x), \ldots, \overline{u}_n(x)$ des zweiten kanonischen Systems sind somit meromorfe Funktionen mit Polen in den Punkten*

$$\gamma_i, \gamma_i + 1, \gamma_i + 2, \ldots \qquad (i = 1, 2, \ldots, p),$$

wobei die Residuen die Entwicklungskoeffizienten von $v_{s,\infty}(t)$ sind.

Mithin gelten die bisher angeführten asymptotischen Relationen für die $u_s(x)$ und $\overline{u}_s(x)$ auf allen Radienvektoren, die mit der positiven bzw. negativen reellen Achse höchstens den Winkel $\frac{\pi}{2}$ (absolut genommen) einschließen. Asymptotische Formeln für andere Radienvektoren lassen sich leicht aus den Ergebnissen des nächsten Paragrafen herleiten.

§ 3. Die linearen Relationen zwischen den kanonischen Lösungssystemen.

173. Da die beiden kanonischen Lösungssysteme Fundamentalsysteme sind, müssen zwischen ihren Funktionen *lineare Relationen* von der Form

$$(36) \qquad \bar{u}_j(x) = \sum_{s=1}^{n}{}' \pi_{j,s}(x)\, u_s(x)$$

$$(j = 1, 2, \ldots, n)$$

$$(36^*) \qquad u_j(x) = \sum_{s=1}^{n}{}' \bar{\pi}_{j,s}(x)\, \bar{u}_s(x)$$

mit periodischen Koeffizienten bestehen. Der gegenwärtige Paragraf ist einem genauen Studium dieser Relationen, d. h. der expliziten Bestimmung der Funktionen $\pi_{j,s}(x)$, $\bar{\pi}_{j,s}(x)$, gewidmet. Wir werden sehen, daß diese Funktionen rationale Funktionen von $e^{2\pi i x}$ sind und daß die in sie eingehenden Konstanten vollständig angegeben werden können.

Um uns zunächst einen Überblick zu verschaffen, gehen wir folgendermaßen vor. Unter gehöriger Beachtung der Bestimmungen der Funktion $v_{s,i}(t)$ und unter der Voraussetzung, daß alle β einen Realteil größer als -1 haben und $\sigma < \Re(\gamma_p)$ ist, deformieren wir die Schleife l_i in die hin und zurück durchlaufene Strecke $0 \ldots a_i$. Diese weiten wir dann zu einer von a_i ausgehenden, den Nullpunkt umschließenden Schleife l_i^* aus. Die Schleife l_i^* wiederum kann durch den in Fig. 41 (§ 332) gezeichneten, ebenfalls von a_i ausgehenden und dahin zurückkehrenden Integrationsweg l_i^{**} ersetzt werden. Läßt man schließlich bei l_i^{**} den in Frage kommenden Kreis unendlich groß werden, so stößt man im wesentlichen auf die Schleifen $L_1, \ldots, L_n$. Auf diese Weise gelangen wir zu folgendem Ergebnis. Es seien $a_1, a_2, \ldots, a_n$ die Wurzeln der charakteristischen Gleichung, a_i eine l-fache Wurzel $(a_i = a_{i+1} = \cdots = a_{i+l-1})$ und a_i ein Punkt der Bestimmtheit der Differentialgleichung (21) mit den Exponenten $\beta_i, \beta_{i+1}, \ldots, \beta_{i+l-1}$ für die nichtregulären Integrale, denen l kanonische Lösungen $u_i(x), \ldots, u_{i+l-1}(x)$ und $\bar{u}_i(x), \ldots, \bar{u}_{i+l-1}(x)$ entsprechen. Ist dann a_j eine der Wurzeln $a_i, a_{i+1}, \ldots, a_{i+l-1}$, so gilt

$$(37) \qquad u_j(x) = \bar{u}_j(x) + \sum_{s=i}^{n}{}' \bar{\pi}_{j,s}(x)\, \bar{u}_s(x) + e^{2\pi i x} \sum_{s=1}^{i-1}{}' \bar{\pi}_{j,s}(x)\, \bar{u}_s(x).$$

Die periodischen Funktionen $\bar{\pi}_{j,s}(x)$ werden dabei durch die Formel

$$(37^*) \qquad \bar{\pi}_{j,s}(x) =$$
$$= \sum_{t=1}^{p} \left\{ \frac{\bar{a}_{j,t}^{(s)}}{e^{2\pi i(x-\alpha_t)} - 1} + \frac{\bar{b}_{j,t}^{(s)}}{(e^{2\pi i(x-\alpha_t)} - 1)^2} + \cdots + \frac{\bar{m}_{j,t}^{(s)}}{(e^{2\pi i(x-\alpha_t)} - 1)^{\bar{m}_t}} \right\}$$

gegeben, wobei $\bar{m}_t$ gleich der Anzahl der Wurzeln in derselben Gruppe wie α_t nicht rechts von α_t ist, jede Wurzel in ihrer Vielfachheit gezählt.

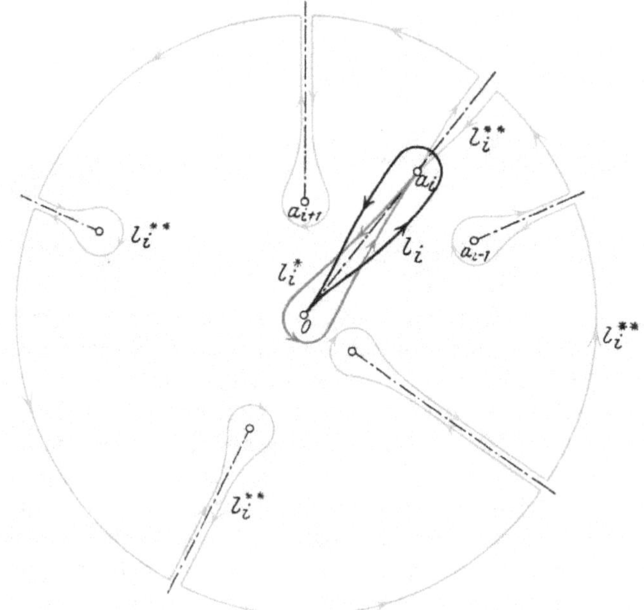

Fig. 41.

Da die Lösungen analytische Funktionen in x und β sind, besteht die Formel (37) nicht nur unter den zu ihrer Herleitung gemachten einschränkenden Voraussetzungen, sondern allgemein für alle β und alle nichtsingulären x. *Die periodischen Funktionen $\bar{\pi}_{j,s}(x)$ sind also meromorfe Funktionen von x, und zwar rationale Funktionen von $e^{2\pi i x}$ mit Polen in den Punkten*

$$\alpha_i, \alpha_i \pm 1, \alpha_i \pm 2, \ldots \qquad (i = 1, 2, \ldots, p).$$

Die Bestimmung der Konstanten $\bar{a}, \bar{b}, \ldots, \bar{m}$ ist für spezielle Gleichungen auf diesem Wege zuweilen ziemlich einfach. Um sie allgemein zu bekommen, ziehen wir jedoch ein anderes Verfahren vor. Der Übersichtlichkeit halber wollen wir dabei nur die beiden äußersten möglichen Fälle behandeln, daß nämlich die Wurzeln der charakteristischen Gleichung entweder alle verschieden sind oder sämtlich im Punkte $t = 1$ zusammenfallen und dieser ein Punkt der Bestimmtheit ist. Der zweite Fall liegt bei der Gleichung (2) aus § 1 vor. Wir schreiben die Gleichungen (36) für $x, x+1, x+2, \ldots, x+n-1$ hin und lösen sie nach den $\pi_{j,s}(x)$ auf. Bezeichnen wir wie in Kapitel 10, § 1 mit $D(x)$ die Determinante des ersten kanonischen Systems und weiter mit $D_{j,s}(x)$ die Determinante, die aus $D(x)$ entsteht, wenn man $u_s(x)$ durch $\bar{u}_j(x)$ ersetzt, so ergibt sich

$$\pi_{j,s}(x) = \frac{D_{j,s}(x)}{D(x)}. \tag{38}$$

Nun müssen wir zunächst den Wert der Determinante $D(x)$ ermitteln. Bereits in Kapitel 10, § 1, Formel (8*) haben wir aus der Differenzengleichung

$$D(x+1) = (-1)^n \frac{p_0(x)}{p_n(x)} D(x),$$

wobei

$$(-1)^n \frac{p_0(x)}{p_n(x)} = a \frac{(x-\alpha_1)\cdots(x-\alpha_p)}{(x-\gamma_1+n)\cdots(x-\gamma_p+n)}$$

und a das Produkt der Wurzeln der charakteristischen Gleichung ist, den Ausdruck

$$D(x) = a^x \frac{\Gamma(x-\alpha_1)\cdots\Gamma(x-\alpha_p)}{\Gamma(x-\gamma_1+n)\cdots\Gamma(x-\gamma_p+n)}\pi(x) \tag{39}$$

gefunden. Es kommt also nur noch auf die Ermittlung der periodischen Funktion $\pi(x)$ an. Nun seien *erstens* alle Wurzeln der charakteristischen Gleichung verschieden. Tragen wir dann bei $\sigma > \Re(\alpha_1)$ in $D(x)$ die Entwicklungen (29) ein, so erhalten wir unter Berücksichtigung der Limesrelationen (31) die Gleichung

$$D(x) = a^x x^{-\beta_1-\beta_2-\cdots-\beta_n-n} A_0^{(1)} A_0^{(2)} \cdots A_0^{(n)} \nu(x).$$

Dabei bedeutet $\nu(x)$ eine Funktion, die für $|x| \to \infty$ gegen die Determinante

$$\begin{vmatrix} 1 & 1 & \ldots & 1 \\ a_1 & a_2 & \ldots & a_n \\ \cdot & \cdot & \cdot & \cdot \\ a_1^{n-1} & a_2^{n-1} & \ldots & a_n^{n-1} \end{vmatrix} = \prod_{\substack{i>s \\ i,s=1,\ldots,n}} (a_i - a_s) \neq 0$$

strebt. Durch Vergleich finden wir daher für die periodische Funktion $\pi(x)$ den Ausdruck

$$\pi(x) = \frac{\Gamma(x-\gamma_1+n)\cdots\Gamma(x-\gamma_p+n)}{\Gamma(x-\alpha_1)\cdots\Gamma(x-\alpha_p)} \left(\frac{1}{x}\right)^{\beta_1+\cdots+\beta_n+n} \frac{A_0^{(1)}\cdots A_0^{(n)}}{\Gamma(-\beta_1)\cdots\Gamma(-\beta_n)} \nu(x).$$

Um das asymptotische Verhalten der ersten beiden Faktoren zu untersuchen, denken wir an die Fuchssche Relation für lineare Differentialgleichungen. Wenn eine Differentialgleichung p-ter Ordnung der Fuchsschen Klasse außer dem Unendlichkeitspunkt noch im Endlichen $(n+1)$ singuläre Stellen der Bestimmtheit hat und

$$\lambda_{\infty,1}, \ldots, \lambda_{\infty,p}; \quad \lambda_{0,1}, \ldots, \lambda_{0,p}; \quad \lambda_{1,1}, \ldots, \lambda_{1,p}; \quad \ldots$$

die Wurzeln der entsprechenden determinierenden Gleichungen sind, dann gilt bekanntlich

$$\sum_{i=0}^{n} \sum_{s=1} \lambda_{i,s} - \sum_{s=1}^{p} \lambda_{\infty,s} = n \frac{p(p-1)}{2}.$$

In unserem Falle nimmt diese Fuchssche Relation die Gestalt

$$\sum_{s=1}^{n} \beta_s + \sum_{s=1}^{p} (\gamma_s - \alpha_s) = n \frac{p(p-1)}{2} - n \frac{(p-1)(p-2)}{2} = n(p-1)$$

an. Daher konvergiert der Ausdruck

$$\frac{\Gamma(x-\gamma_1+n) \cdots \Gamma(x-\gamma_p+n)}{\Gamma(x-\alpha_1) \cdots \Gamma(x-\alpha_p)} \left(\frac{1}{x}\right)^{\beta_1+\cdots+\beta_n+n}$$

für $|x| \to \infty$ gegen 1. Die periodische Funktion $\pi(x)$ strebt also für $|x| \to \infty$ einer festen Grenze zu. Sie muß daher gleich einer Konstanten sein, und zwar gleich

$$\pi(x) = A_0^{(1)} \cdots A_0^{(n)} \prod_{\substack{i>s \\ i,s=1,\ldots,n}} (a_i - a_s). \tag{40}$$

Jetzt nehmen wir *zweitens* an, daß alle Wurzeln $a_1, \ldots, a_n$ der charakteristischen Gleichung gleich 1 und außerdem die β nicht um ganze Zahlen unterschieden sind. Wir schreiben $D(x)$ als Differenzendeterminante und tragen die Entwicklungen (12) ein, in denen wir die Differenzen bequem bilden können. Indem wir nachher wieder die Fuchssche Relation berücksichtigen, gelangen wir schließlich zu der gewünschten Gleichung

$$\pi(x) = (-1)^{\frac{n(n-1)}{2}} \frac{A_0^{(1)} \cdots A_0^{(n)}}{\Gamma(-\beta_1) \cdots \Gamma(-\beta_n)} \prod_{\substack{i>s \\ i,s=1,\ldots,n}} (\beta_i - \beta_s). \tag{41}$$

174. Nach (38) und (39) sind die Funktionen $\pi_{j,s}(x)$ meromorfe Funktionen von x mit Polen in den Punkten

$$\gamma_i, \; \gamma_i \pm 1, \; \gamma_i \pm 2, \ldots \qquad (i = 1, 2, \ldots, p).$$

Um sie vollständig zu bestimmen, genügt es, da sie periodisch sind, ihr Verhalten auf senkrechten Geraden zu untersuchen. Zunächst betrachten wir den einfacheren Fall, daß $a_1 = \cdots = a_n = 1$ ist und die β sich nicht um ganze Zahlen (einschließlich 0) unterscheiden. Benützen wir dann für den Zähler in (38) die Entwicklungen (12) und (13), so erhalten wir für das asymptotische Verhalten auf senkrechten Geraden die Beziehungen

$$\lim_{|\tau| \to \infty} x^{\beta_j - \beta_s} \pi_{j,s}(x) = 0 \quad \text{für} \quad j \neq s$$

und

$$\lim_{\tau \to -\infty} \pi_{j,j}(x) = 1, \tag{42}$$

$$\lim_{\tau \to +\infty} \pi_{j,j}(x) = e^{2\pi i \beta}. \tag{42*}$$

Wenn $\Re(\beta_j - \beta_s) > 0$ ist, genügt dieses Ergebnis bereits. Andernfalls können wir mit Hilfe der Relationen zwischen den Zahlen A und $\bar{A}$

$$\lim_{|\tau| \to \infty} x^{\mu} \pi_{j,s}(x) = 0 \quad \text{für} \quad j \neq s \quad \text{und} \quad \mu > 0 \tag{42**}$$

schließen. Auf jeden Fall streben die Funktionen $\pi_{j,s}(x)$ in einem senkrechten Streifen von der Breite 1 Grenzwerten zu. Nach einem bekannten Satze über eindeutige periodische meromorfe Funktionen, bei denen dies der Fall ist, folgt also, daß die $\pi_{j,s}(x)$ rationale Funktionen von $e^{2\pi i x}$, somit von der Form

$$\pi_{j,s}(x) = \varepsilon_{j,s} + \sum_{t=1}^{p} \left[\frac{a_{j,t}^{(s)}}{e^{2\pi i (x - \gamma_t)} - 1} + \frac{b_{j,t}^{(s)}}{(e^{2\pi i (x - \gamma_t)} - 1)^2} + \cdots + \frac{m_{j,t}^{(s)}}{(e^{2\pi i (x - \gamma_t)} - 1)^{m_t}} \right] \tag{43}$$

sein müssen, wobei m_t die Ordnung des Pols γ_t bedeutet und

$$\varepsilon_{j,s} = \begin{cases} 1 & \text{für } s = j, \\ 0 & \text{für } s \neq j \end{cases}$$

ist. Die Konstanten $a, b, \ldots, m$ lassen sich, wie man aus den Beziehungen (42*) und (42**) entnimmt, mit Hilfe der Gleichungen

$$\sum_{t=1}^{p} \left[- a_{j,t}^{(s)} + b_{j,t}^{(s)} - \cdots + (-1)^{m_t} m_{j,t}^{(s)} \right] = \begin{cases} e^{2\pi i \beta_j} - 1 & (s = j) \\ 0 & (s \neq j) \end{cases} \tag{43*}$$

ermitteln.

175. Wenn alle Wurzeln der charakteristischen Gleichung verschieden sind, setzen wir die linearen Relationen (36) mit geringfügiger Änderung der Bezeichnungen in der Form

$$\bar{u}_j(x) = e^{2\pi i x} \sum_{s=1}^{j-1} \pi_{j,s}(x)\, u_s(x) + \sum_{s=j}^{n} \pi_{j,s}(x)\, u_s(x)$$

an. Durch ähnliche Schlußfolgerungen gewinnen wir hierbei die Gleichungen

$$\lim_{\tau \to -\infty} \pi_{j,j}(x) = 1\,, \qquad \lim_{\tau \to +\infty} \pi_{j,j}(x) = e^{2\pi i \beta_j},$$

und für $s \neq j$

$$\lim_{\tau \to -\infty} \pi_{j,s}(x) = 0\,, \qquad \lim_{\tau \to +\infty} e^{2\pi i x}\, \pi_{j,s}(x) = 0\,;$$

wir können also schließen, daß $\pi_{j,s}(x)$ von der Form (43) ist und daß die Beziehung (43*) noch für $s = j$, aber im allgemeinen nicht mehr für $s \neq j$ besteht.

Wenn mehrfache Wurzeln vorkommen, diese jedoch Punkte der Bestimmtheit der Differentialgleichung (21) sind, also etwa

$$a_i = a_{i+1} = \cdots = a_{i+l-1}$$

und β_j einer der zugehörigen Exponenten ist, so bekommen wir als lineare Relationen zwischen den beiden kanonischen Lösungssystemen

$$(44) \qquad \bar{u}_j(x) = \sum_{s=i}^{n} \pi_{j,s}(x)\, u_s(x) + e^{2\pi i x} \sum_{s=1}^{i-1} \pi_{j,s}(x)\, u_s(x),$$

worin $\pi_{j,s}(x)$ die Gestalt (43) hat. Dies läßt sich schon nach (37) absehen. Wenn das zu β_i gehörige Integral der Differentialgleichung keinen Logarithmus enthält, bleibt die Relation (43*) für

$$s = i,\ i+1, \ldots, i+l-1\,,$$

also insbesondere für $s = j$, in Kraft, aber nicht für andere s.

176. Für die explizite Angabe der Konstanten $a, b, \ldots, m$ in der Gleichung (43) beschränken wir uns der Einfachheit halber auf den Fall, daß alle Pole einfach sind, also $b = \cdots = m = 0$ ist. Multiplizieren wir die Gleichung (44) mit $x - \gamma_s + q$ $(q = 0, 1, \ldots, n-1)$ und lassen wir dann x nach $\gamma_s - q$ gehen, so erhalten wir n Gleichungen, in denen auf der einen Seite die Residuen $R_{j,t}$ von $\bar{u}_j(x)$ im Punkte γ_t auftreten. Diese Gleichungen lassen sich am bequemsten auflösen, wenn wir die Multiplikatoren $\mu(x)$ der aus (1) durch Division mit $p_n(x)$ entstehenden Differenzengleichung

$$u(x+n) + \sum_{i=0}^{n-1} \frac{p_i(x)}{p_n(x)} u(x+i) = 0$$

einführen. Dann ergibt sich

$$a_{j,t}^{(s)} = R_{j,t} \cdot \mu_s(\gamma_t - n) \cdot e^{-2\pi i \gamma_t \varepsilon_s}, \tag{45}$$

wobei

$$\varepsilon_s = \begin{cases} 0 & \text{für} \quad s \geqq j, \\ 1 & \text{für} \quad s < j. \end{cases}$$

ist. Zusammenfassend können wir sagen:

Zwischen den Funktionen der beiden kanonischen Lösungssysteme bestehen die linearen Relationen (44) mit periodischen Koeffizienten $\pi_{j,s}(x)$ aus (43), die rationale Funktionen von $e^{2\pi i x}$ sind. Im Falle einfacher Pole sind die Konstanten, welche in die $\pi_{j,s}(x)$ eingehen, nach (45):

1. *die Wurzeln $\gamma_1, \ldots, \gamma_n$ der Gleichung $p_n(x-n) = 0$, welche die Lage der Pole $\gamma_i, \gamma_i \pm 1, \gamma_i \pm 2, \ldots$ $(i = 1, 2, \ldots, p)$ festlegen,*

2. *die Residuen der kanonischen Lösungen $\bar{u}_j(x)$ in den Punkten γ_i,*

3. *die Werte der Multiplikatoren der Differenzengleichung in den Punkten $\gamma_i - n$.*

§ 4. Verhalten der kanonischen Lösungen bei Annäherung an den unendlich fernen Punkt.

177. Die soeben besprochenen linearen Relationen zwischen den beiden kanonischen Lösungssystemen setzen uns in den Stand, das Verhalten der Funktionen $u_j(x)$ und $\bar{u}_j(x)$ in der Umgebung des unendlich fernen Punktes, des einzigen wesentlich singulären Punktes dieser Funktionen, zu studieren. Wir können nämlich asymptotische Relationen nicht nur, wie in § 2, auf Radienvektoren mit

$$-\frac{\pi}{2} \leqq \operatorname{arc} x \leqq \frac{\pi}{2} \quad \text{bzw.} \quad -\frac{3\pi}{2} \leqq \operatorname{arc} x \leqq -\frac{\pi}{2},$$

wenn also der reelle Teil von x größer bzw. kleiner bleibt als eine feste Zahl, sondern allgemein auf beliebigen Radienvektoren mit Ausnahme je einer einzigen singulären Richtung angeben. Um z. B. die Funktion $\bar{u}_j(x)$ auf einem Radiusvektor zu verfolgen, der einen spitzen Winkel mit der positiven reellen Achse bildet, brauchen wir nur die

Beziehung (44) heranzuziehen, in diese, nachdem σ größer als $\Re(\alpha_1)$ geworden ist, die alsdann möglichen konvergenten Entwicklungen (29) einzutragen und das asymptotische Verhalten der periodischen Funktionen $\pi_{j,s}(x)$ zu berücksichtigen.

Nun strebt, wie aus (43) sofort hervorgeht, für

$$-\pi+\varepsilon<\operatorname{arc} x<-\varepsilon \qquad (\varepsilon>0)$$

die Funktion $\pi_{j,j}(x)$ nach 1, während bei $s \neq j$ die Produkte $e^{2\pi i x}\pi_{j,s}(x)$ nach je einem endlichen und im allgemeinen von Null verschiedenen Grenzwerte konvergieren, also die Funktionen $\pi_{j,s}(x)$ für $s \neq j$ schneller als jede Potenz von x nach Null abnehmen. Wenn andererseits $\varepsilon<\operatorname{arc} x<\pi-\varepsilon$ ist, nähern sich die Funktionen $\pi_{j,s}(x)$ für $s=1, 2, \ldots, i-1, i+l, i+l+1, \ldots, n$ je einem endlichen und im allgemeinen von Null verschiedenen Grenzwerte, für $s=i, i+1, \ldots, j-1, j+1, \ldots, i+l-1$ hingegen nehmen die Funktionen $\pi_{j,s}(x)$ schneller als jede Potenz von x nach Null ab, weil gemäß der alsdann gültigen Relation (43*) die Beziehung

$$\lim_{|x|\to\infty} e^{-2\pi i x}\pi_{j,s}(x)=\text{konst.}$$

besteht. Schließlich wird, auch nach (43*)

$$\lim_{|x|\to\infty}\pi_{j,j}(x)=e^{2\pi i\beta_j}.$$

In der Gleichung (44) sind also die Glieder mit

$$u_i(x),\ u_{i+1}(x),\ \ldots,\ u_{j-1}(x),\ u_{j+1}(x),\ \ldots,\ u_{i+l-1}(x)$$

sowohl für $-\pi+\varepsilon<\operatorname{arc} x<-\varepsilon$ als auch für $\varepsilon<\operatorname{arc} x<\pi-\varepsilon$ ohne Einfluß auf den asymptotischen Wert von $\bar{u}_j(x)$, weil sie alle denselben Faktor a_i^x haben wie das Glied mit $u_j(x)$ und viel schneller als dieses Glied abnehmen. Diese Tatsache lehrt z. B. für die in § 1 untersuchte Gleichung, bei der alle Wurzeln der charakteristischen Gleichung in einem Punkte zusammenfallen, sofort das Bestehen der Relationen

$$\lim_{|x|\to\infty}\frac{\bar{u}_j(x)}{u(x)}=1 \qquad (-\pi+\varepsilon<\operatorname{arc} x<-\varepsilon),$$

$$\lim_{|x|\to\infty}\frac{\bar{u}_j(x)}{u_j(x)}=e^{2\pi i\beta_j} \qquad (\varepsilon<\operatorname{arc} x<\pi-\varepsilon).$$

Wenn also kein β und keine Differenz zwischen den β eine ganze Zahl ist, gelten die Limesrelationen (14) *und* (15) *aus* § 1 *nicht nur in den früher angegebenen Winkelräumen, sondern sogar für* $-\pi+\varepsilon<\operatorname{arc} x<\pi-\varepsilon$ *bzw.* $-2\pi+\varepsilon<\operatorname{arc} x<-\varepsilon$ $(\varepsilon>0)$, *und, wenn allgemeiner* β_j

einer Wurzelgruppe angehört, hat man bei passendem q gleichmäßig für $-\pi+\varepsilon<\operatorname{arc} x<\pi-\varepsilon$

$$\lim_{|x|\to\infty} \frac{u_j(x)\, x^{\beta_j+1}}{\log^q\left(\frac{1}{x}\right)} = \text{konst.}$$

Dieses Ergebnis ist sehr interessant, es zeigt, daß die meromorfen Funktionen $u_j(x)$ und $\bar{u}_j(x)$ aus § 1 in ihrer Art besonders einfach sind.

Im allgemeinen Falle verschiedener Wurzeln können immer zwei Ausdrücke von der Form

$$\sum_s k_s a_s^x \left(\frac{1}{x}\right)^{\beta_s+1} \log^{q_s}\frac{1}{x}$$

mit konstanten k_s und ganzzahligen q_s derart gebildet werden, daß der eine im Winkelraum $\varepsilon<\operatorname{arc} x<\frac{\pi}{2}$ und der andere im Winkelraum $-\frac{\pi}{2}<\operatorname{arc} x<-\varepsilon$ $(\varepsilon>0)$ die Funktion $\bar{u}_j(x)$ asymptotisch darstellt; die Arkus der a_s müssen in beiden Ausdrücken möglicherweise verschieden gewählt werden.

Die Richtung der positiven reellen Achse ist hingegen eine *singuläre Richtung.* Es gibt keinen Ausdruck der Gestalt

$$a_s^x \left(\frac{1}{x}\right)^{\beta_s+1} \log^{q_s}\frac{1}{x},$$

der $\bar{u}_j(x)$ asymptotisch darstellt, wenn x parallel der positiven reellen Achse ins Unendliche wandert. (Mit Hilfe der Gleichung (44) können wir indes auch in diesem Falle das Verhalten der $\bar{u}_j(x)$ ermitteln.) Für die $u_j(x)$ lassen sich Betrachtungen derselben Art anstellen; bei ihnen wird eine singuläre Richtung durch die negative reelle Achse geliefert.

Die Umgebung des unendlich fernen Punktes zerfällt also in eine endliche Anzahl von Winkelräumen. Der eine von ihnen hat eine Öffnung größer als π. Innerhalb dieses Winkelraums gilt die asymptotische Beziehung (35), und im Inneren der anderen Winkelräume (bis auf einen beliebig schmalen Winkelraum um die positive bzw. negative reelle Achse) besteht je eine entsprechende asymptotische Beziehung, nur mit anderen Konstanten a, β, r und K.

§ 5. Andere als normale Differenzengleichungen.

178. In § 2 hatten wir den Fall ausgeschlossen, daß die charakteristische Gleichung eine mehrfache Wurzel a aufweist, welche ein Punkt der Unbestimmtheit der Differentialgleichung (21) ist. Jetzt wollen wir auf diese Möglichkeit eingehen. Die Differentialgleichung (21) hat dann in der Umgebung des Punktes $t = a$ eine Lösung

$$(t-a)^\beta \chi(t),$$

in der $\chi(t)$ eine Laurentsche Reihe in $(t-a)$ ist. Durch Zerlegung des Integrals (27) in zwei Teile entsprechend den nichtnegativen und den negativen Potenzen von $(t-a)$ in $\chi(t)$ finden wir hiernach eine Lösung der Differenzengleichung (1) von der Form

$$u(x) = a^{x+\beta} \frac{\Gamma(x)}{\Gamma(-\beta)\,\Gamma(x+\beta+1)} \left\{ \begin{array}{l} \displaystyle\sum_{\nu=0}^{\infty} A_\nu \frac{(\beta+1)\cdots(\beta+\nu)\,\omega^\nu}{(x+\omega\beta+\omega)\cdots(x+\omega\beta+\nu\omega)} \\ \displaystyle + \sum_{\nu=0}^{\infty} \frac{A_{\nu+1}^*}{a^{\nu+1}} \frac{(x+\beta)\cdots(x+\beta-\nu)}{\beta(\beta-1)\cdots(\beta-\nu)} \end{array} \right\}.$$

Dabei ist die erste Reihe für $\sigma > \Re(\alpha_1)$ und genügend großes positives ω, die zweite hingegen beständig konvergent. Zieht man die in Kapitel 8, § 5 angegebenen Eigenschaften der Newtonschen Reihe heran, so bekommt man aus der letzten Entwicklung Aufschlüsse über das asymptotische Verhalten der Lösungen.

Weitergehende Untersuchungen in dieser Richtung hat Galbrun [3] angestellt. Er stützt sich dabei auf ein Verfahren, welches er [1, 2] zur Behandlung der Differenzengleichung (1) für den Fall ausgebildet hat, daß die Differentialgleichung (21) zur Fuchsschen Klasse gehört. Bei diesem Verfahren betrachtet er ebenfalls das Laplacesche Integral, benutzt aber einen anderen Integrationsweg als wir und entwickelt die Lösungen in divergente, im Sinne von Poincaré asymptotische Potenzreihen. Im vorliegenden Falle des Auftretens von Unbestimmtheitsstellen verwendet Galbrun die Poincaréschen Methoden zum Studium linearer Differentialgleichungen in der Umgebung eines Punktes der Unbestimmtheit. So kommt er unter anderem schließlich zu folgendem Ergebnis.

Es sei $a = \varrho e^{i\zeta}$ die einzige mehrfache Wurzel, und zwar eine Doppelwurzel der charakteristischen Gleichung (22) und ein Punkt der Unbestimmtheit der Differentialgleichung (21). Man markiere (Fig. 42) in einem rechtwinkligen Koordinatensystem die Punkte a' und a'' mit den Koordinaten $\log\varrho$ und $-\zeta$ bzw. $-(\zeta+2\pi)$, ferner die Punkte a_s' mit den Koordinaten $\log\varrho_s$ und $-\zeta_s$ für diejenigen unter den Wurzeln $a_s = \varrho_s e^{i\zeta_s}$ der charakteristischen Gleichung, deren Betrag ϱ nicht übersteigt. Die so markierten Punkte umspanne man mit einem nach links konvexen Streckenzug. Seine Ecken seien außer a' und a'', von a' an gezählt, $a_1^{*\prime}$, a_2^{*}, ..., $a_r^{*\prime}$; ihnen entsprechen die singulären Stellen a_1^*, a_2^*, ..., a_r^*. Die Senkrechten der ersten Strecken $a'a_1^{*\prime}$, $a_1^{*\prime}a_2^{*\prime}$, ... bilden mit der positiven reellen Achse Winkel μ_1,

$\mu_2, \ldots$ zwischen $\frac{\pi}{2}$ und π, die auf den letzten Strecken $a'' a_r^{*\prime}$, $a_r^{*\prime} a_{r-1}^{*\prime}, \ldots$ Winkel $\mu_{r+1}, \mu_r, \ldots$ zwischen $-\frac{\pi}{2}$ und $-\pi$. Ferner seien $\beta_1^*, \beta_2^*, \ldots, \beta_r^*$ die Wurzeln der determinierenden Gleichungen zu $a_1^*, a_2^*, \ldots, a_r^*$ für die nichtregulären Lösungen, μ eine reelle Zahl,

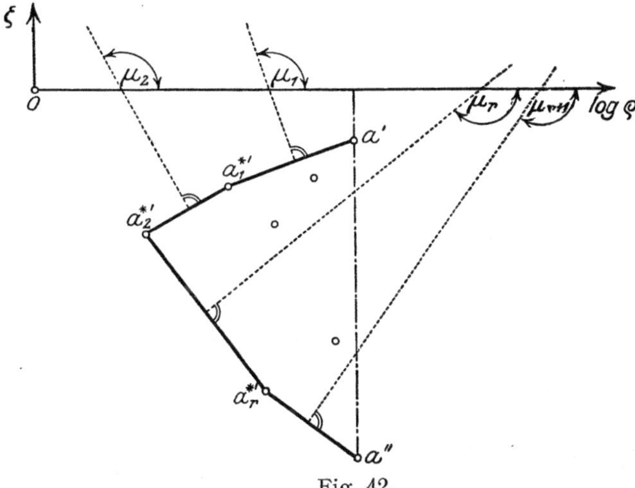

Fig. 42.

die auch Wurzel einer gewissen determinierenden Gleichung ist, und k eine gewisse Konstante. Dann gibt es eine Lösung $u(x)$ der Differenzengleichung (1), die folgende asymptotische Eigenschaften hat. In den Winkelräumen $\varepsilon < \operatorname{arc} x < \mu_1$ und $\mu_{r+1} < \operatorname{arc} x < -\varepsilon$, also insbesondere für $\varepsilon < \operatorname{arc} x < \frac{\pi}{2}$ und $-\frac{\pi}{2} < \operatorname{arc} x < -\varepsilon$, ist

$$\lim_{|x| \to \infty} \frac{u(x)}{a^{x+\mu} \left(\frac{1}{x}\right)^{\frac{\mu+1}{2}+\frac{1}{4}} e^{-k\sqrt{x}}} = \text{konst.},$$

im Winkelraum $\mu_1 < \operatorname{arc} x < \mu_2$

$$\lim_{|x| \to \infty} \frac{u(x)}{a_1^{*\,x} \left(\frac{1}{x}\right)^{\beta_1^*+1}} = \text{konst.}$$

usw., im Winkelraum $\mu_r < \operatorname{arc} x < \mu_{r+1}$

$$\lim_{|x| \to \infty} \frac{u(x)}{a_r^{*} \left(\frac{1}{x}\right)^{\beta_r^*+1}} = \text{konst.}$$

usw. Die erste von diesen Relationen gilt auch noch für $-\varepsilon < \operatorname{arc} x < \varepsilon$, wofern x in endlichem Abstande von den Polen der Lösung ins

Unendliche wandert, eine Einschränkung, die fortfällt, falls sich die Pole von $u(x)$ nach rechts gar nicht bis ins Unendliche erstrecken.

179. Wenn in der Differenzengleichung (1) der erste und letzte Koeffizient nicht denselben Grad haben, gelingt es doch zuweilen, sie auf eine normale Differenzengleichung zurückzuführen. Liegen z. B.,

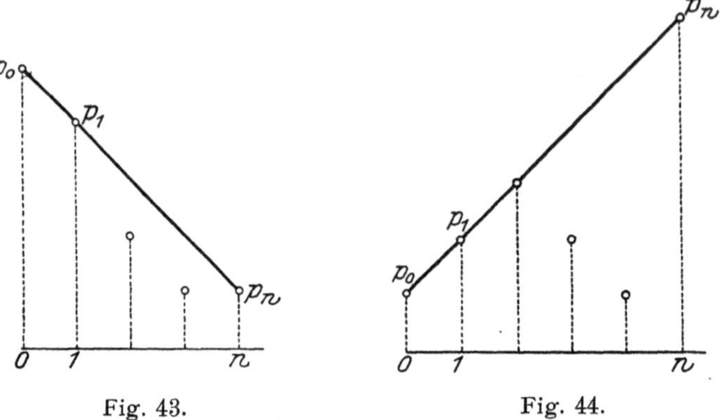

Fig. 43. Fig. 44.

wenn man in ein rechtwinkliges Koordinatensystem die Punkte i, p_i für $i = 0, 1, \ldots, n$ einzeichnet (Fig. 43 und 44), die Zwischenpunkte i, p_i für $i = 1, 2, \ldots, n-1$ nicht oberhalb der Verbindungsgeraden der Punkte $0, p_0$ und n, p_n und ist ferner $p_0 \equiv p_n \pmod{n}$, so läßt sich durch die Transformation

$$u(x) = \Gamma^q(x)\, w(x) \quad \text{mit} \quad q = \frac{p_0 - p_n}{n}$$

eine normale Differenzengleichung herstellen. Die Gleichung (1) geht nämlich durch die Transformation über in

$$\sum_{i=0}^{n} p_i(x)\,[x(x+1)\cdots(x+i-1)]^q\, w(x+i) = 0\,.$$

In gewissen anderen Fällen vermag man ein ganzzahliges q wenigstens so zu bestimmen, daß durch diese Transformation irgend zwei der Koeffizienten (wenn auch nicht der erste und letzte) denselben Grad bekommen, während die anderen Koeffizienten einen niedrigeren Grad erhalten. Auf die transformierte Gleichung ist dann die Laplacesche Transformation anwendbar. Es bedarf jedoch noch weiterer Untersuchungen, um die Behandlung nicht normaler Gleichungen zum Abschluß zu bringen.

§ 6. Auflösung einiger spezieller Differenzengleichungen.

180. Zunächst betrachten wir eine normale Differenzengleichung mit *linearen* Koeffizienten, etwa

$$\sum_{i=0}^{n} [c_i + b_i(x+i)]\, u(x+i) = 0, \tag{46}$$

in der $b_n = 1$ und $b_0 \neq 0$ sein möge. Hier lautet die Differentialgleichung (21)

$$-t v'(t) \sum_{i=0}^{n} b_i t^i + v(t) \sum_{i=0}^{n} c_i t^i = 0$$

oder

$$\frac{v'(t)}{v(t)} = \frac{\beta_0}{t} + \frac{\beta_1}{t-a_1} + \frac{\beta_2}{t-a_2} + \cdots + \frac{\beta_n}{t-a_n},$$

wenn wir mit $a_1, a_2, \ldots, a_n$ die Wurzeln der charakteristischen Gleichung $\sum_{i=0}^{n} b_i t^i = 0$ bezeichnen. Sind sie alle verschieden und die Zahlen $\beta_1, \beta_2, \ldots, \beta_n$ keine nichtnegativen ganzen Zahlen, so liefern für

$$v(t) = t^{\beta_0}(t-a_1)^{\beta_1}(t-a_2)^{\beta_2}\cdots(t-a_n)^{\beta_n} \tag{47}$$

die Integrale

$$u_s(x) = \int_{l_s} t^{x-1} v(t)\, dt, \qquad u_s(x) = \int_{L_s} t^{x-1} v(t)\, dt$$

die beiden kanonischen Lösungssysteme in den Halbebenen

$$\sigma + \Re(\beta_0) > 0 \quad \text{bzw.} \quad \sigma + \Re(\beta_0 + \beta_1 + \cdots + \beta_n) < 0.$$

Für das asymptotische Verhalten der Funktionen $u_s(x)$ und $u_s(x)$ findet man bei konstanten k_s zunächst die Gleichungen

$$\lim_{|x| \to \infty} a_s^{-x} x^{\beta_s+1} u_s(x) = k_s, \qquad -\frac{\pi}{2} \leqq \operatorname{arc} x \leqq \frac{\pi}{2},$$

$$\lim_{|x| \to \infty} a_s^{-x} x^{\beta_s+1} u_s(x) = k_s, \qquad -\frac{3\pi}{2} \leqq \operatorname{arc} x \leqq -\frac{\pi}{2}.$$

Durch die zu Beginn von § 3 beschriebenen Abänderungen der Integrationswege können für unsere spezielle Gleichung (46) die linearen Relationen zwischen den beiden kanonischen Systemen leicht explizit aufgestellt werden. Bedeutet wie früher l_s^* eine von a_s ausgehende und den Nullpunkt umschlingende Schleife, so gilt

$$u_s(x) = \frac{e^{-2\pi i \beta_s} - 1}{e^{2\pi i (x+\beta_0)} - 1} \int\limits_{l_s^*} t^{x-1} v(t)\, dt,$$

und durch Deformation von l_s^* ergeben sich die Gleichungen

$$(48) \quad u_s(x) = \bar{u}_s(x)$$
$$+ \frac{\sin \pi \beta_s}{\sin \pi (x+\beta_0)} e^{-\pi i (x+\beta_0+\beta_s)} [\bar{u}_s(x) + u_{s+1}(x) + \cdots + \bar{u}_n(x)]$$
$$+ \frac{\sin \pi \beta_s}{\sin \pi (x+\beta_0)} e^{\pi i (x+\beta_0-\beta_s)} [\bar{u}_1(x) + \bar{u}_2(x) \quad + \cdots + \bar{u}_{s-1}(x)],$$

mit deren Hilfe wir das Verhalten von $u_s(x)$ bei beliebiger Annäherung an den unendlich fernen Punkt untersuchen können.

Da das Integral über l_s^* eine ganze Funktion von x ist, die für positiv ganzzahlige Werte von $x + \beta_0$ verschwindet, sind $u_1(x), \ldots, u_n(x)$ meromorfe Funktionen von x mit einfachen Polen in den Punkten $-\beta_0, -\beta_0 - 1, -\beta_0 - 2, \ldots$. Ähnlich sind auch $\bar{u}_1(x), \ldots, u_n(x)$ meromorfe Funktionen von x mit einfachen Polen in den Punkten $\beta_0 + \beta_1 + \cdots + \beta_n + s$ $(s = 0, 1, 2, \ldots)$.

Wenn β_t $(t \gtrless s)$ eine nichtnegative ganze Zahl ist, verschwindet das Schleifenintegral über l_t. Um dann eine Lösung zu erhalten, können wir l_t durch die Strecke $0 \ldots 1$ ersetzen. In der linearen Relation zwischen $u_s(x)$ und $\bar{u}_1(x), \ldots, \bar{u}_n(x)$ fällt in diesem Falle das Glied $\bar{u}_t(x)$ fort.

181. Für die kanonischen Lösungen $u_s(x)$ und $u_s(x)$ bilden die Richtungen der negativen bzw. positiven reellen Achse je eine singuläre Richtung. Wir können jedoch lineare Verbindungen von ihnen angeben, die keine singuläre Richtung besitzen. Dazu legen wir von einem beliebigen Punkte C aus in positivem Sinne durchlaufene Schleifen $e_1, e_2, \ldots, e_n$ um die Punkte $a_1, a_2, \ldots, a_n$ (Fig. 45) und bezeichnen mit e_s^{-1} die in negativem Sinne durchlaufene Schleife e_s, mit (s) das Integral $\int t^{x-1} v(t)\, dt$ längs e_s, mit $(s-1, s)$ dasselbe Integral längs $e_{s-1} e_s e_{s-1}^{-1} e_s^{-1}$. Dieses letzte Integral $(s-1, s)$ ist eine Lösung der Differenzengleichung (46), weil $t^{x-1} v(t)$ nach den beiden aufeinanderfolgenden Umläufen zu seinem Ausgangswert zurückkehrt, und zwar eine ganze transzendente Lösung. Aus

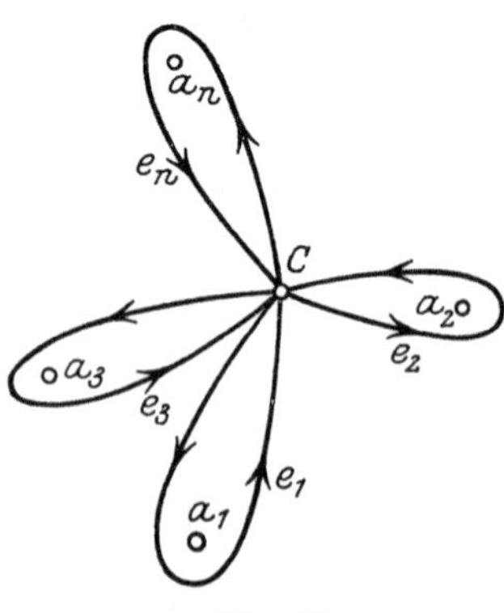

Fig. 45.

$$(s-1,s)=(1-e^{2\pi i\beta_s})(s-1)-(1-e^{2\pi i\beta_{s-1}})(s)$$

erhalten wir, wenn wir C nach 0 oder ∞ wandern lassen,

$$(s-1,s)=e^{2\pi i\beta_{s-1}}(1-e^{2\pi i\beta_s})\,u_{s-1}(x)-e^{2\pi i\beta_s}(1-e^{2\pi i\beta_{s-1}})\,u_s(x),$$

$$(s-1,s)=(1-e^{2\pi i\beta_s})\,\bar{u}_{s-1}(x)-e^{2\pi i\beta_s}(1-e^{2\pi i\beta_{s-1}})\,u_s(x).$$

Da die Koeffizienten hierin keine periodischen Funktionen, sondern Konstanten sind, gibt es für die ganzen Lösungen $(s-1,s)$ keine singuläre Richtung; man kann vielmehr auf allen Radienvektoren asymptotische Ausdrücke für $(s-1,s)$ ermitteln. Im ganzen existieren $(n-1)$ linear unabhängige Lösungen $(1,2)$ $(2,3)$, ..., $(n-1,n)$ von dieser Art. Allgemeiner läßt sich beweisen, daß eine normale Differenzengleichung, bei welcher $p<n$ ist, $(n-p)$ ganze Lösungen ohne singuläre Richtung besitzt.

182. Hat die charakteristische Gleichung eine mehrfache, etwa l-fache Wurzel a_s und ist diese zugleich $(l-1)$-fache Wurzel der Gleichung $\sum_{i=0}^{n} c_i t^i=0$, so besitzt die Gleichung (46) die Lösungen

$$a_s^x,\; x\,a_s^x,\; x^2 a_s^x,\;\ldots,\; x^{l-2} a_s^x,$$

welche zusammen mit den übrigen Lösungen ein Fundamentalsystem liefern. Ist hingegen a_s nicht $(l-1)$-fache Wurzel von $\sum_{i=0}^{n} c_i t^i=0$, etwa überhaupt nicht Wurzel dieser Gleichung, so ist die Differenzengleichung (46) nicht mehr normal. Dann ist $v(t)$ von der Form

$$v(t)=t^{\beta_0}(t-a_1)^{\beta_1}\cdots(t-a_s)^{\beta_s}\,e^{\frac{\beta_s^{(1)}}{t-a_s}+\cdots+\frac{\beta_s^{(l-1)}}{(t-a_s)^{l-1}}}\cdots(t-a_n)^{\beta_n},$$

und die Schleifen $l_1, \ldots, l_n$ liefern nur so viele linear unabhängige Lösungen, wie es verschiedene Wurzeln der charakteristischen Gleichung gibt. Zu ihnen kann man folgendermaßen $(l-1)$ neue linear unabhängige Lösungen hinzugewinnen. Man teile (Fig. 46) die Umgebung des Punktes a_s in $2\,(l-1)$ Sektoren I, II, III, IV, ... derart, daß bei Annäherung an a_s in den Sektoren I, III, ... die Funktion $v_s(t)$ nach 0, in II, IV, ... hingegen nach ∞ strebt, und nehme als Integrationslinien Wege, die in I, III, ... von a_s ausgehen, durch II, IV, ... hindurchlaufen und in III, V, ... nach a_s zurückkehren.

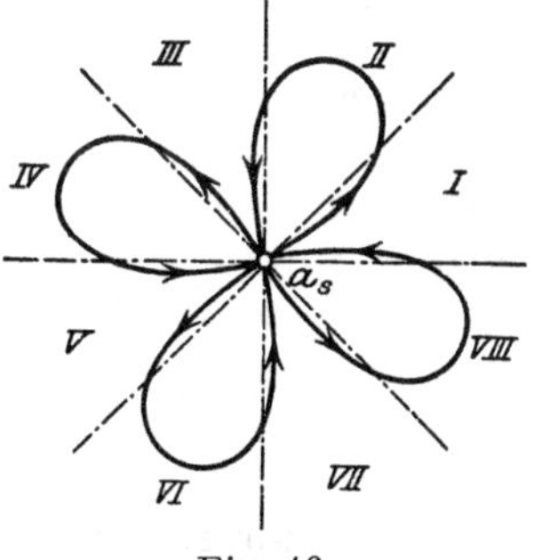

Fig. 46.

183. Als weiteres Beispiel wollen wir die Differenzengleichung 2. Ordnung

$$(49)\quad \begin{aligned}&(x-\alpha+2)(x-\beta+2)\,u(x+2)\\ &-[\alpha\beta-(\alpha+\beta+\gamma+1)(x+1)+2(x+1)(x+2)]\,u(x+1)\\ &+x(x-\gamma+1)\,u(x)=0\end{aligned}$$

untersuchen. Hier wird die Differentialgleichung (21) die Gaußsche Differentialgleichung

$$t(1-t)v''(t)+[\gamma-(\alpha+\beta+1)t]\,v'(t)-\alpha\beta\,v(t)=0,$$

die in der Umgebung der Stelle $t=1$ die beiden Lösungen

$$F(\alpha,\beta,\alpha+\beta-\gamma+1,1-t)$$

und

$$(1-t)^{\gamma-\alpha-\beta}F(\gamma-\alpha,\gamma-\beta,\ \gamma-\alpha-\beta+1,1-t)$$

hat, wobei $F(\alpha,\beta,\gamma,x)$ wie üblich die hypergeometrische Reihe bedeutet.

Für die kanonischen Lösungen $u_1(x)$ und $u_2(x)$ finden wir die Darstellungen

$$u_1(x)=\frac{1}{x}+\sum_{s=0}^{\infty}\frac{\alpha(\alpha+1)\cdots(\alpha+s)\,\beta(\beta+1)\cdots(\beta+s)}{(\alpha+\beta-\gamma+1)\cdots(\alpha+\beta-\gamma+s+1)\,x(x+1)\cdots(x+s+1)},$$

$$u_2(x)=$$

$$\frac{\Gamma(x)}{\Gamma(x-\alpha-\beta+\gamma+1)}\left[1+\sum_{s=0}^{\infty}\frac{(\gamma-\alpha)\cdots(\gamma-\alpha+s)(\gamma-\beta)\cdots(\gamma-\beta+s)}{(s+1)!\,(x+\gamma-\alpha-\beta+1)\cdots(x+\gamma-\alpha-\beta+s+1)}\right]$$

in denen die Reihen für $\sigma>\mathfrak{R}(\gamma-1)$ konvergieren. Unter Beachtung der Formel

$$F(\alpha,\beta,\gamma,1)=\frac{\Gamma(\gamma)\,\Gamma(\gamma-\alpha-\beta)}{\Gamma(\gamma-\alpha)\,\Gamma(\gamma-\beta)}$$

kann $u_2(x)$ auch in der Gestalt

$$u_2(x)=\frac{\Gamma(x)\,\Gamma(x-\gamma+1)}{\Gamma(x-\beta+1)\,\Gamma(x-\alpha+1)}$$

geschrieben werden. Benützen wir für $v(t)$ die Entwicklungen in der Umgebung des Punktes $t=0$

$$F(\alpha,\beta,\gamma,t)$$

und

$$t^{1-\gamma}F(\alpha-\gamma+1,\beta-\gamma+1,2-\gamma,t),$$

so erhalten wir zwei Lösungen

$$u_3(x)=\frac{1}{x}+\sum_{s=0}^{\infty}\frac{\alpha(\alpha+1)\cdots(\alpha+s)\,\beta(\beta+1)\cdots(\beta+s)}{(s+1)!\ \gamma(\gamma+1)\cdots(\gamma+s)}\,\frac{1}{x+s+1},$$

$$u_4(x) = \frac{1}{x-\gamma+1}$$
$$+\sum_{s=1}^{\infty} \frac{(\alpha-\gamma+1)\cdots(\alpha-\gamma+s)(\beta-\gamma+1)\cdots(\beta-\gamma+s)}{s!\,(2-\gamma)\cdots(s+1-\gamma)} \frac{1}{x-\gamma+s+1},$$

wobei die Partialbruchreihen für $\Re(\gamma-\alpha-\beta) > -1$ überall im Endlichen außer in den Polen konvergieren.

Ferner genügen auch die Funktionen

$$u_5(x) = \frac{\Gamma(x)}{\Gamma(x+1-\alpha)}\left[1-\sum_{s=0}^{\infty}(-1)^s \frac{(\gamma-\beta)\cdots(\gamma-\beta+s)}{(\alpha-\beta+1)\cdots(\alpha-\beta+s+1)}\binom{x-\alpha}{s+1}\right],$$

$$u_6(x) = \frac{\Gamma(x)}{\Gamma(x+1-\beta)}\left[1-\sum_{s=0}^{\infty}(-1)^s \frac{(\gamma-\alpha)\cdots(\gamma-\alpha+s)}{(\beta-\alpha+1)\cdots(\beta-\alpha+s+1)}\binom{x-\beta}{s+1}\right]$$

der Differenzengleichung. Dabei ist $\sigma > \Re(\gamma-1)$ vorausgesetzt.

Die Lösungen des zweiten kanonischen Systems sind

$$\bar{u}_1(x) = \frac{1}{x-\alpha}$$
$$+\sum_{s=0}^{\infty} \frac{\alpha(\alpha+1)\cdots(\alpha+s)(\alpha-\gamma+1)\cdots(\alpha-\gamma+s)}{(\alpha+\beta-\gamma+1)\cdots(\alpha+\beta-\gamma+s+1)(x-\alpha)(x-\alpha-1)\cdots(x-\alpha-s-1)},$$

$$\bar{u}_2(x) = \frac{\Gamma(\alpha-x)\Gamma(\beta-x)}{\Gamma(1-x)\Gamma(\gamma-x)}$$

und hängen mit den Lösungen $u_1(x)$ und $u_2(x)$ des ersten kanonischen Systems durch die linearen Relationen

$$\bar{u}_1(x) = u_1(x) - \frac{\pi^2\Gamma(1+\alpha+\beta-\gamma)}{\Gamma(\alpha)\Gamma(\beta)\Gamma(1+\beta-\gamma)\Gamma(1+\alpha-\gamma)} \frac{u_2(x)}{\sin\pi(x-\alpha)\sin\pi(x-\beta)},$$

$$\bar{u}_2(x) = \frac{\sin\pi x \sin\pi(x+1-\gamma)}{\sin\pi(x-\alpha)\sin\pi(x-\beta)} u_2(x)$$

zusammen.

$u_1(x)$ und $u_2(x)$ sind meromorfe Funktionen mit einfachen Polen in $0, -1, -2, \ldots; \gamma-1, \gamma-2, \gamma-3, \ldots$. Ebenso sind $\bar{u}_1(x)$ und $\bar{u}_2(x)$ meromorf; die Pole liegen in $\alpha, \alpha+1, \alpha+2, \ldots; \beta, \beta+1, \beta+2, \ldots$. Bei Annäherung ans Unendliche gilt gleichmäßig für $-\pi+\varepsilon < \operatorname{arc} x < \pi-\varepsilon$ $(\varepsilon > 0)$

$$\lim_{|x|\to\infty} x\,u_1(x) = 1,$$

$$\lim_{|x|\to\infty} x^{\alpha+\beta-\gamma-1} u_2(x) = 1.$$

Für solche Differenzengleichungen wie die eben behandelte, welche mit der hypergeometrischen Funktion im Zusammenhang stehen, lassen sich viele schöne Einzeluntersuchungen durchführen. Später werden wir noch mehrmals auf derartige Gleichungen zurückkommen (Kap. 12, § 7; Kap. 13, § 3).

184. Bei gewissen Gleichungen kann die Auflösung durch eine geeignete Integraltransformation auf die Auflösung einer einfacheren Differenzengleichung zurückgeführt werden. So ist es z. B. bei der Gleichung

$$(50)\qquad \sum_{i=0}^{n}\binom{\xi+n}{n-i}\overset{n-i}{\triangle}Q(x)\overset{i}{\underset{-1}{\triangle}}u(x)=\sum_{i=0}^{n-1}\binom{\xi+n-1}{n-1-i}\overset{n-i}{\triangle}R(x)\overset{i}{\underset{-1}{\triangle}}u(x),$$

welche in Analogie zur Pochhammerschen Differentialgleichung[1]) steht und ein Sonderfall der Gleichung (2) ist. In ihr bedeutet $Q(x)$ ein Polynom in x vom n-ten Grade, $R(x)$ ein Polynom von niedrigerem als n-tem Grade, beide mit höchstem Koeffizienten 1, und ξ einen von x unabhängigen Parameter. In Übereinstimmung mit Früherem bezeichnen wir mit $\alpha_1, \alpha_2, \ldots, \alpha_n$ die Wurzeln der Gleichung $Q(x+n)=0$, mit $\gamma_1, \gamma_2, \ldots, \gamma_n$ die Wurzeln der Gleichung $Q(x+\xi+n)=R(x+\xi+n-1)$ und versuchen den Ansatz

$$(51)\qquad u(x)=\frac{1}{2\pi i}\int\frac{\Gamma(t-x-\xi)}{\Gamma(t-x+1)}v(t)\,dt\,.$$

Er liefert die Gleichung

$$\int\frac{\Gamma(t-x-\xi)}{\Gamma(t-x+n+1)}v(t)\left[(\xi+n)Q(t+n)-(t-x+n)R(t+n-1)\right]dt=0,$$

die in

$$(52)\qquad \int\frac{\Gamma(t-x-\xi+1)}{\Gamma(t-x+n+1)}Q(t+n)\,v(t)\,dt=\int\frac{\Gamma(t-x-\xi)}{\Gamma(t-x+n)}Q(t+n-1)\,v(t-1)\,dt$$

übergeht, wenn man $v(t)$ als Lösung der Differenzengleichung 1. Ordnung

$$Q(t+n)\,v(t)-Q(t+n-1)\,v(t-1)=R(t+n-1)\,v(t)$$

bestimmt. Deren allgemeine Lösung lautet

$$v(t)=\Phi(t)\,\pi(t),$$

---

[1]) L. Pochhammer, Über hypergeometrische Funktionen n-ter Ordnung, *J. reine angew. Math.* *71* (*1870*), *p.* *316—352*; vgl. auch C. Jordan, Cours d'Analyse 3, *3. Aufl. Paris 1915*, *p. 251—263.*

wenn wir unter $\pi(t)$ eine willkürliche periodische Funktion und unter $\Phi(t)$ die ganze Funktion

$$\Phi(t) = [\Gamma(1+\alpha_1-t)\cdots\Gamma(1+\alpha_n-t)\Gamma(1-\gamma_1-\xi+t)\cdots\Gamma(1-\gamma_n-\xi+t)]^{-1}$$

verstehen. Nun wählen wir für $\pi(t)$ speziell die Funktion

$$\pi_s(t) = \frac{\pi e^{\pi i(\xi+\gamma_s-t)}}{\sin\pi(\xi+\gamma_s-t)},$$

wodurch $v(t)$ eine meromorfe Funktion mit Polen in $\xi+\gamma_s$, $\xi+\gamma_s+1, \ldots$ wird. Ist keine der Differenzen zwischen den Zahlen $\gamma_1, \gamma_2, \ldots, \gamma_n$ eine ganze Zahl und x nicht auf der Halbgeraden durch die Punkte $\gamma_s, \gamma_s+1, \ldots$ gelegen, so wird der Gleichung (52) genügt, d. h. ihre linke Seite bleibt unverändert, wenn man t durch $t-1$ ersetzt, falls wir als Integrationsweg die aus Fig. 47 ersichtliche Schleife nehmen. Hierbei ist freilich noch die Konvergenz des Integrals (51) notwendig. Setzen wir

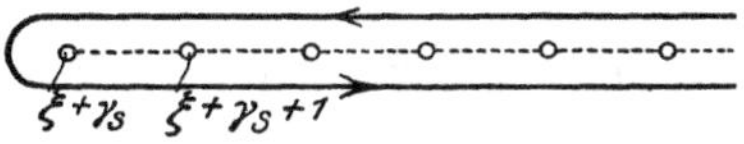

Fig. 47.

$$\varkappa = \gamma_1 + \cdots + \gamma_n - \alpha_1 - \cdots - \alpha_n + (n-1)\xi - n,$$

so ist sie für $\Re(\varkappa) < 0$ vorhanden. Unter dieser Bedingung stellt also das Integral (51) eine Lösung der Gleichung (50) dar, welche für alle nicht auf der Halbgeraden durch $\gamma_s, \gamma_s+1, \ldots$ gelegenen x regulär und zudem im allgemeinen nicht identisch Null ist (wir kommen hierauf noch zu sprechen). Geben wir s nacheinander die Werte $1, 2, \ldots, n$, so erhalten wir ein Fundamentalsystem von Lösungen.

Wenn eine oder mehrere der Differenzen zwischen den $\gamma_1, \ldots, \gamma_n$ ganze Zahlen sind, fassen wir, ähnlich wie früher, die kongruenten γ_s in eine Gruppe zusammen, ordnen sie in dieser nach absteigendem Realteil und schreiben sie entsprechend ihrer Vielfachheit auf. Es sei $\gamma_s, \gamma_{s+1}, \ldots, \gamma_{s+q}$ eine solche Gruppe mit

$$\Re(\gamma_s) \geqq \Re(\gamma_{s+1}) \geqq \cdots \geqq \Re(\gamma_{s+q}).$$

Bei γ_s bleibt alles wie bisher. Die auf dem alten Wege für $\gamma_{s+1}, \ldots, \gamma_{s+q}$ erhaltenen Lösungen hingegen unterscheiden sich von der für γ_s nur um konstante Faktoren. Wohl aber kommen wir zu einem Fundamentalsystem, wenn wir

$$v_{s+i}(t) = \Phi(t)\frac{\pi e^{\pi i(\xi+\gamma_s-t)}}{\sin\pi(\xi+\gamma_s-t)}\cdots\frac{\pi e^{\pi i(\xi+\gamma_{s+i}-t)}}{\sin\pi(\xi+\gamma_{s+i}-t)} \qquad (i = 0, 1, \ldots, q)$$

wählen. Auch hier sind die entstehenden Integrale bei $\Re(\varkappa) < 0$ für alle Werte von x außer auf der Halbgeraden durch die Punkte $\gamma_s, \gamma_s+1, \ldots$ reguläre Lösungen der Gleichung (50).

Vermöge Auflösung der in die Gestalt (1) gebrachten Differenzengleichung (50) nach $u(x+n)$ erkennt man, daß die Lösungen $u_1(x), \ldots, u_n(x)$, da sie in einer gewissen Halbebene regulär sind, meromorfe Funktionen von x sind, und zwar $u_s(x)$ mit Polen in den Punkten $\gamma_s, \gamma_s+1, \ldots$. Wenn kein γ_s einem anderen kongruent ist, sind die Pole sämtlich einfach.

185. Ein zweites Fundamentalsystem von Lösungen $\bar{u}_1(x), \ldots, \bar{u}_n(x)$ bekommen wir folgendermaßen. Wir teilen die Wurzeln α_s in Gruppen, z. B. $\alpha_s, \alpha_{s+1}, \ldots, \alpha_{s+r}$ mit

$$\Re(\alpha_s) \leqq \Re(\alpha_{s+1}) \leqq \cdots \leqq \Re(\alpha_{s+r}),$$

setzen entsprechend diesen Wurzeln für $i = 0, 1, \ldots, r$

$$\bar{v}_{s+i}(t) = \Phi(t) \frac{\pi}{\sin \pi(t-\alpha_s)} \cdots \frac{\pi}{\sin \pi(t-\alpha_{s+i})} \frac{\sin \pi(x+\xi-t)}{\sin \pi(x-t)},$$

$$\bar{u}_{s+i}(x) = \frac{1}{2\pi i} \int \frac{\Gamma(t-x-\xi)}{\Gamma(t-x+1)} \bar{v}_{s+i}(t)\, dt$$

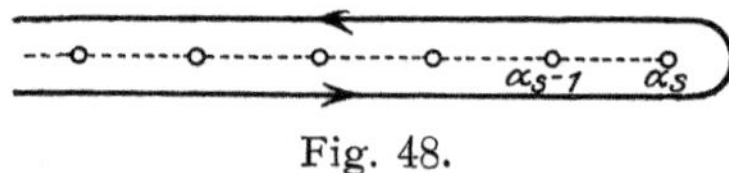

Fig. 48.

und nehmen als Integrationsweg die in Fig. 48 gezeichnete Schleife. Dann liefert das Integral für $\Re(\varkappa) < 0$ eine in x meromorfe Lösung der Gleichung (50) mit Polen in den Punkten $\alpha_s, \alpha_s - 1, \ldots$. Berücksichtigen wir alle Wurzeln, so ergibt sich das gewünschte Fundamentalsystem.

Die Lösungen beider Fundamentalsysteme lassen sich, wenn alle Pole einfach sind, leicht in Reihen entwickeln, und zwar in hypergeometrische Reihen. Die Integrale sind nämlich die Residuensummen der Integranden für $\gamma_s+\xi, \gamma_s+\xi+1, \ldots$ bzw. $\alpha_s, \alpha_s - 1, \ldots$. Man findet zunächst

$$u_s(x) = c_s \sum_{\nu=0}^{\infty} (-1)^{\nu n} \frac{\Gamma(\gamma_s - x + \nu)\,\Gamma(\gamma_s + \xi - \alpha_1 + \nu) \cdots \Gamma(\gamma_s + \xi - \alpha_n + \nu)}{\Gamma(\xi + \gamma_s - x + \nu + 1)\,\Gamma(\gamma_s - \gamma_1 + \nu + 1) \cdots \Gamma(\gamma_s - \gamma_n + \nu + 1)}. \tag{53}$$

Dabei haben wir zur Abkürzung

$$c_s = -\frac{\sin \pi(\xi + \gamma_s - \alpha_1)}{\pi} \cdots \frac{\sin \pi(\xi + \gamma_s - \alpha_n)}{\pi}$$

gesetzt. Entsprechend wird

$$\bar{u}_s(x) = \bar{c}_s \sum_{\nu=0}^{\infty} (-1)^{\nu n} \frac{\Gamma(x - \alpha_s + \nu)\,\Gamma(\gamma_1 + \xi - \alpha_s + \nu) \cdots \Gamma(\gamma_n + \xi - \alpha_s + \nu)}{\Gamma(x + \xi - \alpha_s + \nu + 1)\,\Gamma(\alpha_1 - \alpha_s + \nu + 1) \cdots \Gamma(\alpha_n - \alpha_s + \nu + 1)}$$

mit

$$\bar{c}_s = -\frac{\sin \pi(\xi + \gamma_1 - \alpha_s)}{\pi} \cdots \frac{\sin \pi(\xi + \gamma_n - \alpha_s)}{\pi}.$$

Die Reihen sind bei $\Re(\varkappa) < 0$ für alle von den Polen $\gamma_s, \gamma_s + 1, \ldots$ bzw. $\alpha_s, \alpha_s - 1, \ldots$ verschiedenen x konvergent. Sie enthalten nur endlich viele Glieder, wenn unter den $\xi + \gamma_s - \alpha_i$ oder $\xi + \gamma_i - \alpha_s$ $(i = 1, 2, \ldots, n)$ ganze nichtpositive Zahlen vorkommen. Dann sind $u_s(x)$ bzw. $\bar{u}_s(x)$ rationale Funktionen von x, multipliziert mit Gammaquotienten. Wenn andererseits z. B. $\gamma_s + \xi - \alpha_i$ eine positive ganze Zahl ist, so ist $v_s(t)$ eine ganze Funktion von t, und $u_s(x)$ verschwindet identisch. Dann gelangt man zu einer von Null verschiedenen Lösung, welche sich auch durch eine ähnlich wie (53) gebaute Reihe darstellen läßt, wenn man $v_s(t)$ noch mit $\dfrac{\pi}{\sin \pi (t - \alpha_i)}$ multipliziert.

Besonders interessante Sonderfälle bieten sich dar, wenn für $s = 1, 2, \ldots, n$

$$\gamma_s + \xi - \alpha_s = 0$$

wird. Hierfür ist notwendig und hinreichend, daß das Polynom $R(x)$ identisch verschwindet. In diesem Falle kann, wenn die $\gamma_1, \ldots, \gamma_n$ alle verschieden sind, ein Fundamentalsystem von Lösungen durch die Integrale

$$u_s(x) = \frac{1}{2\pi i} \int\limits_{C_s} \frac{\Gamma(t - x - \xi)}{\Gamma(t - x + 1)} \frac{dt}{(t - \xi - \gamma_1) \cdots (t - \xi - \gamma_n)}$$

gewonnen werden. Die Integrationskurve C_s ist hierbei ein kleiner Kreis um den Punkt $\xi + \gamma_s$, der die anderen Pole $\xi + \gamma_1, \ldots, \xi + \gamma_n$ ausschließt. Wenn mehrere γ zusammenfallen, gelangt man auf ähnliche Weise zum Ziele.

Beachtung verdient auch der Fall, daß ξ eine ganze Zahl ist. Für $0 \geqq \xi \geqq -n$ reduziert sich lediglich die Ordnung der Differenzengleichung. Für $\xi < -n$ wird $u(x)$ nach (51) ein Polynom in x. Bei positiv ganzzahligem ξ, etwa $\xi = q$, gibt es eine besonders bemerkenswerte Partikulärlösung. Dann bekommen wir nämlich aus (51), wenn wir

$$v(t) = \frac{\Gamma(t - \alpha_1) \cdots \Gamma(t - \alpha_n)}{\Gamma(t - \gamma_1 - \xi + 1) \cdots \Gamma(t - \gamma_n - \xi + 1)}$$

wählen und als Integrationsweg eine die Punkte $x, x + 1, \ldots, x + q$ umschließende Kurve nehmen, welche keine Pole von $v(t)$ im Inneren enthält, als Lösung den Ausdruck

$$u(x) = \frac{1}{q!} \overset{q}{\triangle} \left[\frac{\Gamma(x - \alpha_1) \cdots \Gamma(x - \alpha_n)}{\Gamma(x - \gamma_1 - q + 1) \cdots \Gamma(x - \gamma_n - q + 1)} \right].$$

186. In ähnlicher Weise läßt sich die Gleichung

$$(54) \qquad \sum_{i=0}^{n} \frac{\overset{i}{\triangle} Q(x)}{i!} u(x + i) = \sum_{i=1}^{n} \frac{\overset{i-1}{\triangle} R(x)}{(i-1)!} u(x + i),$$

in der $Q(x)$ und $R(x)$ die Polynome

$$Q(x) = (x - \alpha_0)(x - \alpha_1)\cdots(x - \alpha_n),$$

$$R(x) = (x - \gamma_1)(x - \gamma_2)\cdots(x - \gamma_n)$$

bedeuten, in Angriff nehmen, wobei der Einfachheit halber die α und γ verschieden und die Differenzen zwischen ihnen nicht ganz sein mögen. Der Ansatz

$$(55) \qquad u(x) = \frac{1}{2\pi i}\int \frac{v(t)}{\Gamma(t-x+1)}\,dt$$

führt, wenn man $v(t)$ aus der Differenzengleichung

$$v(t+1) = \frac{Q(t)}{R(t)}\,v(t)$$

bestimmt, zu der Bedingung

$$\int \frac{v(t)\,Q(t)}{\Gamma(t-x+1)}\,dt = \int \frac{v(t-1)\,Q(t-1)}{\Gamma(t-x)}\,dt.$$

Sie ist erfüllt, wenn wir in

$$v(t) = \frac{\Gamma(t-\alpha_0)\,\Gamma(t-\alpha_1)\cdots\Gamma(t-\alpha_n)}{\Gamma(t-\gamma_1)\,\Gamma(t-\gamma_2)\cdots\Gamma(t-\gamma_n)}\,\pi(t)$$

für die periodische Funktion $\pi(t)$ die Funktion

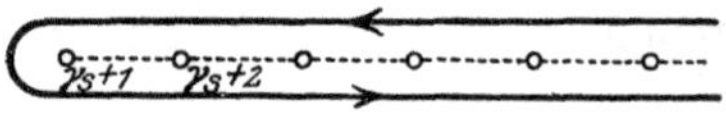

$$\pi_s(t) = \frac{\pi e^{\pi i (t-\gamma_s)}}{\sin \pi (t-\gamma_s)}$$

Fig. 49.

nehmen und über die aus Fig. 49 ersichtliche Schleife integrieren, welche die Punkte $\gamma_s + 1, \gamma_s + 2, \ldots$ umfaßt und die Pole $\alpha_0, \alpha_1, \ldots, \alpha_n$ ausschließt. Das so definierte Integral ist in der Halbebene

$$\sigma < \Re(\alpha_0 + \alpha_1 + \cdots + \alpha_n - \gamma_1 - \cdots - \gamma_n)$$

konvergent und stellt daselbst eine reguläre Lösung $u_s(x)$ der Gleichung (54) dar. Diese Lösung läßt sich in der eben angegebenen Halbebene in die hypergeometrische (Fakultäten-) Reihe

$$u_s(x) = \sum_{\nu=1}^{\infty} \frac{\Gamma(\gamma_s-\alpha_0+\nu)\,\Gamma(\gamma_s-\alpha_1+\nu)\cdots\Gamma(\gamma_s-\alpha_n+\nu)}{\Gamma(\gamma_s-x+\nu+1)\,\Gamma(\gamma_s-\gamma_1+\nu)\cdots\Gamma(\gamma_s-\gamma_n+\nu)}$$

entwickeln. Hieraus können wir insbesondere schließen, daß im Inneren der Halbebene

$$\lim_{|x|\to\infty} \Gamma(\gamma_s - x + 2)\,u_s(x) = \text{konst.}$$

gilt. Wählen wir nacheinander $s = 1, 2, \ldots, n$, so bekommen wir ein Fundamentalsystem von Lösungen.

Zwölftes Kapitel.

Homogene lineare Differenzengleichungen, deren Koeffizienten sich mit Hilfe von Fakultätenreihen ausdrücken lassen.

187. Unter den Differenzengleichungen mit rationalen Koeffizienten zeichnet sich, wie wir im vorigen Kapitel erkannt haben, eine spezielle Klasse durch besondere Einfachheit und Schönheit der Ergebnisse aus. Das sind die Gleichungen von der Form

$$Q[u(x)] \equiv \sum_{i=0}^{n} Q_i(x) \mathop{\triangle}_{-1}^{i} u(x) = 0, \tag{1}$$

bei denen die Koeffizienten $Q_n(x), \ldots, Q_0(x)$ Polynome abnehmenden Grades sind. $Q_i(x)$ kann also, wenn wir den Grad von $Q_n(x)$ gleich n annehmen, in die Gestalt

$$Q_i(x) = \sum_{s=0}^{i} b_{i,i-s}(x-1)(x-2)\cdots(x-s)$$

gebracht werden. Jetzt wollen wir uns mit Gleichungen beschäftigen [12], die durch eine naturgemäße Verallgemeinerung jener früheren Voraussetzung über die Koeffizienten $Q_i(x)$ entstehen. Es soll nämlich bei $Q_i(x)$ zu dem rechtsstehenden Polynom noch eine in einer gewissen Halbebene $\sigma > \lambda$ konvergente Fakultätenreihe hinzutreten, $Q_i(x)$ somit von der Form

$$Q_i(x) = \sum_{s=1}^{i} b_{i,i-s}(x-1)\cdots(x-s) + \sum_{s=0}^{\infty} \frac{b_{i,i+s}}{x(x+1)\cdots(x+s-1)} \tag{2}$$

sein. Übrigens kommt es auf dasselbe hinaus, wenn wir verlangen, daß das Produkt $x^{-i} Q_i(x)$ in einer gewissen Halbebene durch eine Fakultätenreihe wie im zweiten Gliede rechts darstellbar sein soll. Als wesentlich setzen wir zudem voraus, daß $b_{n,0} \neq 0$ ist.

Die Gleichungen mit derart gebauten Koeffizienten bilden eine genau abgegrenzte Klasse von Differenzengleichungen. Für sie lassen sich viele unserer früheren Ergebnisse bei den Gleichungen mit rationalen Koeffizienten wiedergewinnen. Die Methode hierzu besteht in der Anwendung von Fakultätenreihen und liefert insbesondere zugleich von neuem die Resultate für die Gleichungen mit rationalen Koeffizienten, und zwar auf einem der Differenzenrechnung angemesseneren Wege, als es die Heranziehung der Laplaceschen Transformation ist. Natürlich haben wir dabei in ausgiebigem Maße auf die in Kapitel 9 besprochenen Tatsachen über Fakultätenreihen zurückzugreifen.

§ 1. Aufstellung einer der Differenzengleichung formal genügenden Fakultätenreihe.

188. Zunächst wollen wir eine gewisse Normalform der Gleichung (1) herstellen. Heben wir in (2) rechts das Produkt $(-1)^i(x-1)\cdots(x-i)$ aus, so wird

$$Q_i(x)=(-1)^i(x-1)\cdots(x-i)\,g_i(x)$$

mit

$$g_i(x)=(-1)^i\sum_{s=0}^{\infty}\frac{b_{i,s}}{(x-i)(x-i+1)\cdots(x-i+s-1)}.$$

Mit Hilfe der Transformation (14) in Kapitel 9, § 2

$$a_0+\sum_{s=0}^{\infty}\frac{a_{s+1}\,s!}{x(x+1)\cdots(x+s)}=a_0+\sum_{s=0}^{\infty}\frac{\left(a_{s+1}+\binom{\varrho}{1}a_s+\cdots+\binom{\varrho+s-1}{s}a_1\right)s!}{(x+\varrho)(x+\varrho+1)\cdots(x+\varrho+s)} \tag{3}$$

können wir $g_i(x)$ auch in die Gestalt

$$g_i(x)=\sum_{s=0}^{\infty}\frac{a_{i,s}}{x(x+1)\cdots(x+s-1)} \tag{4}$$

bringen. Die Gleichung (1) nimmt dann die Form

$$Q[u(x)]=\sum_{i=0}^{n}(-1)^i(x-1)\cdots(x-i)\,g_i(x)\mathop{\triangle}_{-1}^{i}u(x)=0 \tag{5}$$

an. Hierbei dürfen wir ohne Beschränkung der Allgemeinheit noch $g_n(x)=1$ voraussetzen. Wir können nämlich durch die bei $\mathop{\triangle}\limits_{-1}^{n}u(x)$ auftretende Fakultätenreihe dividieren und wegen $b_{n,0}\neq 0$ die auftretenden Quotienten von Fakultätenreihen wieder in Fakultätenreihen entwickeln. Die so zustande kommende Gleichung (5) nennen wir die *(erste) Normalform* der Gleichung (1).

Wenn die Funktionen $x^{-i} Q_i(x)$ im Unendlichen regulär sind, gibt es noch eine zweite Normalform. Dann lassen sich nämlich in der aus (1) durch eine einfache Umformung entspringenden Gleichung

$$(6)\qquad Q[u(x)] = \sum_{i=0}^{n} (-1)^i x(x+1)\cdots(x+i-1)\,\bar{g}_i(x) \overset{i}{\triangle} u(x) = 0$$

die Funktionen $\bar{g}_i(x)$ durch Fakultätenreihen der Gestalt

$$(7)\qquad \bar{g}_i(x) = \sum_{s=0}^{\infty} \frac{\bar{a}_{i,s}}{(x-1)(x-2)\cdots(x-s)}$$

darstellen. Dabei ist $\bar{a}_{i,0} = a_{i,0}$. Wir können also immer erreichen, daß $\bar{g}_n(x) = 1$ ist. Dann bezeichnen wir die Gleichung (6) als die *zweite Normalform*. Diese vermag man offenbar auch für gewisse Gleichungen (1) zu bekommen, bei denen die Koeffizienten $Q_i(x)$ nicht durch (2) gegeben sind und die erste Normalform nicht herstellbar ist. Man braucht nur über die Koeffizienten $\bar{g}_i(x)$ in (6) die Annahme (7) zu machen.

189. Bleiben wir indes zunächst bei der ersten Normalform. Bei einer Differentialgleichung macht man, um ein Integral zu ermitteln, für die unbekannte Funktion den Ansatz $x^\alpha \mathfrak{P}(x)$, wobei $\mathfrak{P}(x)$ eine Potenzreihe bedeutet. Erinnern wir uns, daß die Potenz x^α, wie in Kap. 10, § 1 des näheren ausgeführt, im Grenzfalle einer Differentialgleichung aus dem Gammaquotienten $\frac{\Gamma(x)}{\Gamma(x-\alpha)}$ hervorgeht, so liegt es nahe, zu versuchen, ob man der Differenzengleichung (5) durch eine Reihe von der Form

$$(8)\qquad u(x) = \frac{\Gamma(x)}{\Gamma(x+\varrho)} \sum_{\nu=0}^{\infty} \frac{d_\nu}{(x+\varrho)\cdots(x+\varrho+\nu-1)} = \sum_{\nu=0}^{\infty} \frac{d_\nu \Gamma(x)}{\Gamma(x+\varrho+\nu)}$$

mit $d_0 \neq 0$ genügen kann. Hierbei haben wir nacheinander zwei Schritte auszuführen. Zunächst bestimmen wir in diesem Paragrafen die Größen d_ν derart, daß die Reihe (8) der Gleichung (5) formal genügt. Im nächsten Paragrafen erbringen wir dann den Beweis, daß die so gefundene Reihe ein gewisses Konvergenzgebiet besitzt und also wirklich eine Lösung definiert.

Durch Eintragen der Reihe (8) in die Gleichung (5) finden wir

$$Q[u(x)] = \sum_{\nu=0}^{\infty} d_\nu\, Q\left[\frac{\Gamma(x)}{\Gamma(x+\varrho+\nu)}\right];$$

es ist also bequem, zunächst den Ausdruck $Q\left[\frac{\Gamma(x)}{\Gamma(x+\varrho)}\right]$ zu untersuchen. Da

$$\underset{-1}{\overset{i}{\triangle}} \frac{\Gamma(x)}{\Gamma(x+\varrho)} = (-1)^i \frac{\Gamma(x)}{\Gamma(x+\varrho)} \frac{\varrho(\varrho+1)\cdots(\varrho+i-1)}{(x-1)(x-2)\cdots(x-i)}$$

ist, ergibt sich

$$(9)\qquad Q\left[\frac{\Gamma(x)}{\Gamma(x+\varrho)}\right] = \frac{\Gamma(x)}{\Gamma(x+\varrho)} \sum_{i=0}^{n} \varrho(\varrho+1)\cdots(\varrho+i-1)\, g_i(x).$$

Nun denken wir uns in

$$(10)\qquad f(x,\varrho) = \sum_{i=0}^{n} \varrho(\varrho+1)\cdots(\varrho+i-1)\, g_i(x)$$

für die $g_i(x)$ die Fakultätenreihen (4) eingesetzt. Dadurch entsteht eine Fakultätenreihe für $f(x,\varrho)$. Wenden wir auf diese die Transformation (3) an, so kommt

$$(10^*)\qquad f(x,\varrho) = \sum_{s=0}^{\infty} \frac{f_s(\varrho)}{(x+\varrho)\cdots(x+\varrho+s-1)},$$

also

$$(11)\qquad Q[u(x)] = \sum_{\nu=0}^{\infty} d_\nu \frac{\Gamma(x)}{\Gamma(x+\varrho+\nu)} \sum_{s=0}^{\infty} \frac{f_s(\varrho+\nu)}{(x+\varrho+\nu)\cdots(x+\varrho+\nu+s-1)}$$

$$= \sum_{\nu=0}^{\infty} \sum_{s=0}^{\infty} d_\nu \frac{\Gamma(x)}{\Gamma(x+\varrho+\nu+s)} f_s(\varrho+\nu)$$

$$= \sum_{\nu=0}^{\infty} \frac{\Gamma(x)}{\Gamma(x+\varrho+\nu)} [d_\nu f_0(\varrho+\nu) + d_{\nu-1} f_1(\varrho+\nu-1) + \cdots + d_0 f_\nu(\varrho)].$$

Die Reihe befriedigt daher formal die Differenzengleichung, wenn die Gleichungen

$$(12)\qquad \begin{aligned} &d_0 f_0(\varrho) = 0,\\ &d_1 f_0(\varrho+1) + d_0 f_1(\varrho) = 0,\\ &\cdots\cdots\cdots\cdots\\ &d_\nu f_0(\varrho+\nu) + d_{\nu-1} f_1(\varrho+\nu-1) + \cdots + d_0 f_\nu(\varrho) = 0,\\ &\cdots\cdots\cdots\cdots\cdots\cdots\cdots\cdots \end{aligned}$$

erfüllt sind. Aus ihnen hat man die Größen d_ν zu bestimmen. Da d_0 nach Voraussetzung von Null verschieden ist, muß nach der ersten Gleichung ϱ eine Wurzel der *determinierenden Gleichung*

$$(13)\qquad f_0(\varrho) = \sum_{i=0}^{n} a_{i,0}\,\varrho(\varrho+1)\cdots(\varrho+i-1) = 0$$

sein. Diese ist wegen $a_{n,0} = 1$ vom Grade n und liefert also n Werte von ϱ, mit deren Hilfe sich ein Fundamentalsystem von Lösungen bilden läßt. Wenn sich die Wurzeln der determinierenden Gleichung nicht um ganze Zahlen unterscheiden, bietet die Ermittlung der Größen d_ν, von denen die erste, also d_0, willkürlich bleibt, gar keine Schwierigkeit, weil dann niemals einer der bei d_ν auftretenden Faktoren verschwindet. Aber auch dann, wenn unter den Wurzeln kongruente vorkommen, können wir durch geschickte Wahl von d_0 zum Ziele gelangen. Hierzu fassen wir kongruente Wurzeln in je eine Gruppe zusammen und betrachten ϱ als eine komplexe Hilfsveränderliche, deren Variabilitätsgebiet $\mathfrak{G}$ aus gewissen kleinen Umgebungen der Nullstellen von $f_0(\varrho)$ besteht. Es sei N das Maximum der Wurzeldifferenzen in den einzelnen Gruppen, $C(\varrho)$ eine ganze Funktion, welche für die in Betracht kommenden ϱ von Null verschieden ist. Nehmen wir dann

$$(12^*)\qquad d_0 = d_0(\varrho) = f_0(\varrho+1)\,f_0(\varrho+2)\cdots f_0(\varrho+N)\,C(\varrho),$$

so vermögen wir eine Folge von Funktionen $d_\nu = d_\nu(\varrho)$ $(\nu = 1, 2, \ldots)$ zu bestimmen, die für alle ϱ in $\mathfrak{G}$ den Gleichungen (12) genügen. Wir können also nicht nur für die Nullstellen von $f_0(\varrho)$, sondern sogar für alle ϱ in $\mathfrak{G}$ eine Reihe der Form (8) bilden, welche die im allgemeinen inhomogene Gleichung

$$(14)\qquad Q[u(x)] = d_0(\varrho)\,f_0(\varrho)\,\frac{\Gamma(x)}{\Gamma(x+\varrho)}$$

befriedigt.

190. Bei der zweiten Normalform lassen sich ganz analoge Betrachtungen anstellen. Wir setzen an

$$(15)\quad \bar{u}(x) = \frac{\Gamma(1-x)}{\Gamma(1-x+\varrho)} \sum_{\nu=0}^{\infty} \frac{\bar{d}_\nu}{(x-\varrho-1)\cdots(x-\varrho-\nu)} = \sum_{\nu=0}^{\infty} \frac{(-1)^\nu\,\bar{d}_\nu\,\Gamma(1-x)}{\Gamma(\nu+1-x+\varrho)},$$

wobei $\bar{d}_\nu \neq 0$ sein soll, und finden

$$Q[\bar{u}(x)] = \sum_{\nu=0}^{\infty} \frac{(-1)^\nu\,\Gamma(1-x)}{\Gamma(\nu+1-x+\varrho)}\,[\bar{d}_\nu \bar{f}_0(\varrho+\nu) + \bar{d}_{\nu-1}\bar{f}_1(\varrho+\nu-1) + \cdots + \bar{d}_0 \bar{f}_\nu(\varrho)]$$

mit

$$\bar{f}(x,\varrho) = \sum_{i=0}^{n} \varrho(\varrho+1)\cdots(\varrho+i-1)\,\bar{g}_i(x) = \sum_{s=0}^{\infty} \frac{\bar{f}_s(\varrho)}{(x-\varrho-1)\cdots(x-\varrho-s)}.$$

Die Größen $\bar{d}_\nu$ können aus dem System (12) entnommen werden, wenn man in ihm alle Buchstaben überstreicht. Insbesondere muß ϱ

eine Wurzel der Gleichung $\bar{f}_0(\varrho) = 0$ sein. Da aber $\bar{a}_{i,0} = a_{i,0}$ ist, stimmt diese mit (13) überein. Die beiden Normalformen haben also dieselbe determinierende Gleichung.

§ 2. Konvergenzbeweis für die gefundene Entwicklung.

191. Zum Beweise der Konvergenz der Entwicklungen (8) und (15) benützen wir eine Majorantenmethode. Es genügt, wenn wir den Beweis für die erste Normalform, also für die Reihe (8) führen, da er bei der zweiten Normalform ganz analog verläuft. Dabei wollen wir nicht nur die Konvergenzhalbebenen, sondern auch die Summabilitätshalbebenen der Reihen (4) für die Funktionen $g_i(x)$ berücksichtigen. Dies bringt fast gar keine Erschwerung mit sich; durch die Transformation (3) können wir ja immer von summierbaren zu konvergenten Fakultätenreihen übergehen. Die Reihen (4) mögen also etwa in der Halbebene $\sigma > \lambda_r$, aber in keiner größeren Halbebene durch arithmetische Mittel r-ter Ordnung summierbar sein.

Zunächst setzen wir, da es bei $u(x)$ im wesentlichen nur auf die Untersuchung des Faktors von $\dfrac{\Gamma(x)}{\Gamma(x+\varrho)}$ ankommt, zur Vereinfachung

$$u(x) = \frac{\Gamma(x)}{\Gamma(x+\varrho)} v(x). \tag{16}$$

Dann können wir ausrechnen, daß

$$Q[u(x)] = \tag{17}$$

$$\frac{\Gamma(x)}{\Gamma(x+\varrho)} \sum_{i=0}^{n} (-1)^i (x+\varrho-1)\cdots(x+\varrho-i) \mathop{\triangle}_{-1}^{i} v(x) \sum_{s=i}^{n} \binom{s}{i} \varrho(\varrho+1)\cdots(\varrho+s-i-1)\, g_s(x)$$

wird. An die Stelle der Gleichung (14) tritt daher die neue Gleichung

$$\sum_{i=0}^{n} (-1)^i (x+\varrho-1)\cdots(x+\varrho-i)\, h_i(x) \mathop{\triangle}_{-1}^{i} v(x) = d_0(\varrho) f_0(\varrho). \tag{18}$$

In ihr ist $h_i(x)$ eine lineare Funktion von $g_i(x)$, $g_{i+1}(x), \ldots, g_n(x) = 1$, also für $\sigma > \lambda_r' = \operatorname{Max}(\lambda_r, 0)$ durch eine konvergente Fakultätenreihe

$$h_i(x) = \sum_{s=0}^{\infty} \frac{e_{i,s}}{(x+r)(x+r+1)\cdots(x+r+s-1)}$$

darstellbar; insbesondere ist der Koeffizient von $\mathop{\triangle}\limits_{-1}^{n} v(x)$ gleich $g_n(x) = 1$. Die Gleichung (18) hat deshalb offenbar die formale Lösung

$$v(x) = \sum_{\nu=0}^{\infty} \frac{d_\nu}{(x+\varrho)(x+\varrho+1)\cdots(x+\varrho+\nu-1)}. \tag{19}$$

Damit haben wir uns von dem Faktor $\frac{\Gamma(x)}{\Gamma(x+\varrho)}$ freigemacht. Die Entwicklung (19) ist indes noch nicht genügend einfach zu behandeln. Wir wollen vielmehr $v(x)$ in eine andere Reihe entwickeln, in der statt der komplexen Zahl ϱ die ganze Zahl r auftritt. Zu diesem Zwecke multiplizieren wir die Gleichung (18) mit der rationalen Funktion

$$(20)\qquad k(x) = \frac{(x+r)(x+r-1)\cdots(x+r-n+1)}{(x+\varrho-1)(x+\varrho-2)\cdots(x+\varrho-n)},$$

welche sich in eine für $\sigma > \Re(n-\varrho)$, $\sigma > 0$ konvergente Fakultätenreihe

$$(20^*)\qquad k(x) = 1 + \sum_{=0}^{\infty} \frac{c_{s+1}\, s!\,.}{(x+r)(x+r+1)\cdots(x+r+s)}$$

entwickeln läßt; dann entsteht aus (18)

$$(21)\quad \sum_{i=0}^{n} (-1)^i (x+r)\cdots(x+r-i+1)\, h_i^*(x) \mathop{\triangle}_{-1}^{i} v(x) = d_0(\varrho)\, f_0(\varrho)\, k(x).$$

Dabei sind die Funktionen $h_i^*(x)$ für $\sigma > \mu = \operatorname{Max}(\lambda_r, 0, \Re(n-\varrho))$ durch konvergente Fakultätenreihen

$$(22)\qquad h_i^*(x) = e_{i,0} + \sum_{s=0}^{\infty} \frac{c_{i,s+1}\, s!}{(x+r)(x+r+1)\cdots(x+r+s)}$$

darstellbar; insbesondere wird $h_n^*(x) = h_n(x) = 1$, und zur Abkürzung sei

$$(22^*)\qquad k_i(x) = -\sum_{s=0}^{\infty} \frac{c_{i,s+1}\, s!}{(x+r)(x+r+1)\cdots(x+r+s)},$$

also

$$h_i^*(x) = e_{i,0} - k_i(x).$$

Schließlich spalten wir zur größeren Übersicht die Gleichung (21) auf in

$$(23)\qquad A[v(x)] = B[v(x)] + d_0(\varrho)\, f_0(\varrho)\, k(x)$$

mit

$$A[v(x)] = \sum_{i=0}^{n} (-1)^i\, e_{i,0}\, (x+r)\cdots(x+r-i+1) \mathop{\triangle}_{-1}^{i} v(x),$$

$$B[v(x)] = \sum_{i=0}^{n-1} (-1)^i k_i(x)\,(x+r)\cdots(x+r-i+1) \mathop{\triangle}_{-1}^{i} v(x).$$

Wie man sich durch Vergleich mit (14) überzeugt, wird der Gleichung (23) formal durch eine Reihe von der beabsichtigten Form

$$(24) \qquad v(x) = \sum_{\nu=0}^{\infty} \frac{D_\nu}{(x+r+1)(x+r+2)\cdots(x+r+\nu)}$$

genügt. Um die Rekursionsformeln für die Koeffizienten D_ν bequem aufschreiben zu können, führen wir ähnlich wie in § 1 eine Funktion

$$(25) \qquad F(x,\nu) = \sum_{i=0}^{n-1} \nu(\nu+1)\cdots(\nu+i-1)\,k_i(x)$$

$$= \sum_{s=1}^{\infty} \frac{F_s(\nu)}{(x+r+\nu+1)(x+r+\nu+2)\cdots(x+r+\nu+s)}$$

ein, wobei die Fakultätenreihe für $\sigma > \mu$ konvergiert. Ferner rechnen wir uns nach (17) aus, daß

$$\sum_{i=0}^{n} e_{i,0}\,\nu(\nu+1)\cdots(\nu+i-1) = \sum_{i=0}^{n} a_{i,0}(\varrho+\nu)\cdots(\varrho+\nu+i-1)$$

$$= f_0(\varrho+\nu)$$

ist. Transformieren wir schließlich noch $k(x)$ mittels (3) in die Gestalt

$$(22^{**}) \qquad k(x) = 1 + \sum_{\nu=1}^{\infty} \frac{C_\nu}{(x+r+1)(x+r+2)\cdots(x+r+\nu)},$$

so können wir in der Gleichung (23) die Koeffizienten vergleichen und bekommen hierdurch zunächst

$$D_0 = d_0(\varrho)$$

und allgemein für die D_ν das Rekursionssystem

$$(26) \quad D_\nu f_0(\varrho+\nu) = D_{\nu-1}F_1(\nu-1) + \cdots + D_1 F_{\nu-1}(1) + D_0 F_\nu(0) + D_0 f_0(\varrho)\, C_\nu,$$

das wir unter ähnlichen Vorsichtsmaßregeln wie bei dem System (12) in § 1 immer aufzulösen vermögen. Da $f_0(\varrho)$, $F_s(\nu)$ und C_ν rationale Funktionen von ϱ sind, ergibt sich

$$D_\nu = R_\nu(\varrho)\, d_0(\varrho),$$

wobei $R_\nu(\varrho)$ eine rationale Funktion von ϱ bedeutet.

192. Nach diesen Vorbereitungen treten wir in den eigentlichen Konvergenzbeweis ein. Wir wollen zeigen, daß die Reihe (24) für $v(x)$ in der Halbebene $\sigma > \mu - n$ absolut konvergent ist. Dies geschieht so, daß wir für eine als Lösung einer einfachen Majorantendifferenzengleichung zu (23) entspringende Fakultätenreihe, deren absolute Konvergenz die absolute Konvergenz der Reihe (24) nach sich zieht, in der Halbene $\sigma > \mu - n$ absolute Konvergenz nachweisen.

Zunächst stellen wir die eben erwähnte Majorantendifferenzengleichung auf. Bei einer beliebigen, in der Halbebene $\sigma > \lambda$ konvergenten Fakultätenreihe

$$\sum_{s=0}^{\infty} \frac{a_{s+1}\, s!}{x(x+1)\cdots(x+s)}$$

mit den Koeffizienten a_{s+1} besteht nach Formel (4) in Kap. 9, § 1 für die Summe der $(m+1)$ ersten Koeffizienten $(m = 0, 1, 2, \ldots)$ bei passendem positiven M und positivem ε die Abschätzung

$$\left|\sum_{s=0}^{m} a_{s+1}\right| < M \frac{(\lambda'+\varepsilon+1)(\lambda'+\varepsilon+2)\cdots(\lambda'+\varepsilon+m)}{m!}.$$

Bilden wir nun die Reihe mit positiven Koeffizienten

$$\frac{M}{x-\lambda'-\varepsilon} = M\left\{\frac{1}{x} + \frac{\lambda'+\varepsilon}{x(x+1)} + \frac{(\lambda'+\varepsilon)(\lambda'+\varepsilon+1)}{x(x+1)(x+2)} + \cdots\right\}, \tag{27}$$

so ist diese in der Halbebene $\sigma > \lambda' + \varepsilon$ absolut konvergent, und die Summe ihrer $(m+1)$ ersten Koeffizienten übersteigt den Absolutbetrag der entsprechenden Summe bei der ursprünglichen Reihe; denn es ist

$$1 + \binom{\lambda'+\varepsilon}{1} + \binom{\lambda'+\varepsilon+1}{2} + \cdots + \binom{\lambda'+\varepsilon+m-1}{m}$$
$$= \frac{(\lambda'+\varepsilon+1)(\lambda'+\varepsilon+2)\cdots(\lambda'+\varepsilon+m)}{m!}.$$

Deshalb nennen wir diese Reihe eine *Majorantenreihe* der gegebenen Reihe.

Derartige Majorantenreihen ermitteln wir für die Koeffizienten $k_i(x)$ und $k(x)$ in der Gleichung (23). Die Reihen (22*) und (20*) sind für $\sigma > \mu$ konvergent. Daher erhält man als Majorantenreihen

$$\frac{M}{x-\mu-\varepsilon} = M \sum_{s=0}^{\infty} \frac{(\mu+\nu+\varepsilon)(\mu+\nu+\varepsilon+1)\cdots(\mu+\nu+\varepsilon+s-1)}{(x+\nu)(x+\nu+1)\cdots(x+\nu+s)},$$

$$1 + \frac{K}{x-\mu-\varepsilon} = 1 + K \sum_{s=0}^{\infty} \frac{(\mu+\nu+\varepsilon)(\mu+\nu+\varepsilon+1)\cdots(\mu+\nu+\varepsilon+s-1)}{(x+\nu)(x+\nu+1)\cdots(x+\nu+s)},$$

wobei M und K von ϱ unabhängig sind. Die Koeffizientensummen dieser Reihen sind positiv und größer als die absoluten Beträge der entsprechenden Summen $S_{i,m} = \sum_{s=1}^{m} c_{i,s}$ $(i = 0, 1, \ldots, n-1)$ und $S_m = \sum_{s=1}^{m} c_s$ bei $k_i(x)$ und $k(x)$. Die mit den Majorantenreihen gebildete Differenzengleichung

$$(28) \qquad \sum_{i=0}^{n} (-1)^i \alpha_i (x+r) \cdots (x+r-i+1) \overset{i}{\underset{-1}{\triangle}} \tilde{v}(x)$$

$$= \frac{M}{x-\mu-\varepsilon} \sum_{i=0}^{n-1} (-1)^i (x+r) \cdots (x+r-i+1) \overset{i}{\underset{-1}{\triangle}} \tilde{v}(x) + \delta_0 + \frac{K\delta_0}{x-\mu-\varepsilon}$$

bezeichnen wir als *Majorantendifferenzengleichung* zu (23); $\alpha_0, \alpha_1, \ldots, \alpha_n$ und δ_0 sind Konstanten, über die wir noch passend verfügen werden. Die determinierende Gleichung lautet

$$\sum_{i=0}^{n} \alpha_i \zeta(\zeta+1) \cdots (\zeta+i-1) = 0.$$

Wir wollen die α_i so wählen, daß sie die Form

$$\alpha_n \zeta^n + 1 = 0$$

annimmt, also insbesondere $\alpha_0 = 1$, und wollen unter α_n eine positive Zahl zwischen 0 und 1, z. B. $\alpha_n = \frac{1}{2}$, verstehen. Setzen wir dann für $\tilde{v}(x)$ nach dem Muster von (24) die Reihe

$$(29) \qquad \tilde{v}(x) = \sum_{\nu=0}^{\infty} \frac{\delta_\nu}{(x+r+1)(x+r+2)\cdots(x+r+\nu)}$$

an, so erhalten wir für die δ_ν das Rekursionssystem

$$\delta_\nu(\alpha_n \nu^n + 1) = \delta_{\nu-1} \tilde{F}_1(\nu-1) + \cdots + \delta_1 \tilde{F}_{\nu-1}(1) + \delta_0 \tilde{F}_\nu(0) + \delta_0 \tilde{C}_\nu.$$

Nun sind die früheren Größen $F_s(\nu)$ $(s = 1, 2, \ldots;\ \nu = 0, 1, 2, \ldots)$ lineare Funktionen der Koeffizientensummen $S_{i,m}$ mit *positiven* Koeffizienten. Dies rechnet man sich aus den Formeln (3), (22) und (25) aus. Bei der Gleichung (28) sind die $S_{i,m}$ durch positive Zahlen von größerem Absolutbetrage ersetzt. Folglich sind die $\tilde{F}_s(\nu)$ positiv und größer als $|F_s(\nu)|$. Ebenso sind die $\tilde{C}_\nu$ positiv und größer als $|C_\nu|$. Mit Hilfe des Rekursionssystems ergibt sich dann, daß wir es durch geschickte Wahl von δ_0 immer so einrichten können, daß sämtliche δ_ν für alle ϱ in $\mathfrak{S}$ größer sind als die entsprechenden $|D_\nu|$. In der Reihe für $\tilde{v}(x)$ sind wir also im Besitz einer Reihe, deren Koeffizienten positiv sind und größeren Absolutbetrag haben als die entsprechenden Koeffizienten bei $v(x)$. Wir werden demnach am Ziele sein, wenn es uns gelingt, nachzuweisen, daß die Reihe für $\tilde{v}(x)$ bei $\sigma > \mu - n$ absolut konvergiert. Hierzu schätzen wir die δ_ν ab. Wir tragen die Reihe (29) in die Gleichung (28) ein und bekommen dann durch Koeffizientenvergleich eine Differenzengleichung 1. Ordnung in ν für die δ_ν mit rationalen Koeffizienten. Wir können also die δ_ν als Gammaquotienten leicht explizit aufschreiben und finden dann

$$\frac{\delta_\nu}{(\nu-1)!} < \text{konst. } \nu^{\mu+\varepsilon+r-n}$$

Unter Heranziehung der Formel für die Konvergenzabszisse einer Fakultätenreihe schließt man hieraus sofort, daß die Reihe (29) und daher auch die Reihe (24) für $\sigma > \mu - n$ absolut konvergiert. Damit ist der Konvergenzbeweis erbracht.

193. Man kann sogar noch etwas mehr aussagen. Es läßt sich nämlich beweisen, daß die für $\sigma > \mu - n$ konvergente Entwicklung

$$v(x) = D_0 + \sum_{\nu=0}^{\infty} \frac{D_{\nu+1} - \nu D_\nu}{(x+r)(x+r+1)\cdots(x+r+\nu)} \tag{30}$$

bei $\sigma > \mu' = \mathrm{Max}(\mu, \Re(n - \varrho_i + \varepsilon))$ und passender Verkleinerung von $\mathfrak{G}$ gleichmäßig in ϱ konvergiert. Man darf also nach ϱ differenzieren und findet dann neue Reihen, die unter denselben Bedingungen konvergieren und die Ableitungen von $u(x)$ nach ϱ darstellen. Diese Bemerkung ist nützlich, wenn unter den Wurzeln der determinierenden Gleichung kongruente vorkommen. Dann erhalten wir nämlich auf die bisherige Weise nicht n, sondern weniger linear unabhängige Lösungen. Wohl aber können wir uns ein Fundamentalsystem verschaffen, wenn wir Differentiationen nach ϱ vornehmen. Hierin liegt der Hauptvorteil der Einführung der Hilfsveränderlichen ϱ. Es sei

$$v(x,\varrho) = v(x), \qquad u(x,\varrho) = u(x) = \frac{\Gamma(x)}{\Gamma(x+\varrho)} v(x),$$

$$v^{(k)}(x,\varrho) = \frac{\partial^{(k)} v(x,\varrho)}{\partial \varrho^k}, \qquad u^{(k)}(x,\varrho) = \frac{\partial^{(k)} u(x,\varrho)}{\partial \varrho^k}$$

$u^{(k)}(x,\varrho)$ genügt der Gleichung

$$Q[u^{(k)}(x,\varrho)] = \frac{\partial^k}{\partial \varrho^k}\left\{d_0(\varrho) f_0(\varrho) \frac{\Gamma(x)}{\Gamma(x+\varrho)}\right\} \tag{31}$$

und läßt sich durch eine Entwicklung der Form

$$u^{(k)}(x,\varrho) = \sum_{s=0}^{k} \binom{k}{s} \frac{\partial^s}{\partial \varrho^s} \frac{\Gamma(x)}{\Gamma(x+\varrho)} \cdot v^{(k-s)}(x,\varrho) \tag{32}$$

darstellen. Dabei sind $v(x,\varrho), \ldots, v^{(k)}(x,\varrho)$ in Fakultätenreihen der Gestalt (30) entwickelbar, die für $\sigma > \mu' - n$ konvergieren. Natürlich können wir statt dessen auch für $\sigma > \mu' - n$ von r-ter Ordnung summierbare Fakultätenreihen der Gestalt

$$v^{(s)}(x,\varrho) = \sum_{\nu=0}^{\infty} \frac{D_\nu^{(s)}(\varrho)}{x(x+1)\cdots(x+\nu-1)} \tag{33}$$

schreiben.

Nun mögen etwa $\varrho_0, \varrho_1, \varrho_2, \ldots, \varrho_{q-1}$ eine Gruppe kongruenter, nach absteigendem Realteil geordneter Wurzeln der determinierenden Gleichung bilden, so daß also

$$\Re(\varrho_0) \geqq \Re(\varrho_1) \geqq \Re(\varrho_2) \geqq \cdots$$

ist, und es sei

$\varrho_0 = \varrho_1 = \cdots = \varrho_{h-1}$ eine erste Untergruppe,

$\varrho_h = \varrho_{h+1} = \cdots = \varrho_{i-1}$ eine zweite Untergruppe,

. . . .

$\varrho_l = \varrho_{l+1} = \cdots = \varrho_{q-1}$ eine letzte Untergruppe

gleicher Wurzeln. Es ist demnach ϱ_0 h-mal, ϱ_h $(i-h)$-mal Wurzel usw. Dann gewinnen wir nach (12*) für $d_0(\varrho)$ den Ausdruck

$$d_0(\varrho) = (\varrho - \varrho_h)^h (\varrho - \varrho_i)^i \cdots (\varrho - \varrho_l)^l C_1(\varrho),$$

und hieraus ergibt sich

$$d_0(\varrho) f_0(\varrho) = (\varrho - \varrho_0)^h (\varrho - \varrho_h)^i \cdots (\varrho - \varrho_l)^q C_2(\varrho). \tag{34}$$

$C_1(\varrho)$ und $C_2(\varrho)$ sind ganze Funktionen, die in der Umgebung der Wurzeln der Gruppe von Null verschieden sind. Tragen wir den Wert (34) für $d_0(\varrho) f_0(\varrho)$ in die Gleichung (31) ein, so verschwindet die rechte Seite für $\varrho = \varrho_k$. Daher besitzt die homogene Gleichung $Q[u(x)] = 0$ die Lösungen

$$u(x,\varrho_0), \quad u^{(1)}(x,\varrho_1), \ldots, \quad u^{(q-1)}(x,\varrho_{q-1}).$$

Man erhält somit zu jeder Wurzel der determinierenden Gleichung eine Lösung, insgesamt also n Lösungen, d. h. die genügende Zahl für ein Fundamentalsystem; daß diese Lösungen, die wir das *kanonische Lösungssystem* nennen, wirklich ein Fundamentalsystem bilden, wird sich später aus ihren asymptotischen Eigenschaften ergeben. Übrigens gewinnt man auf die geschilderte Weise noch mehr Lösungen der Gleichung $Q[u(x)] = 0$; aber diese sind nicht mehr linear unabhängig voneinander. Zusammenfassend können wir den folgenden Satz aussprechen:

Die Differenzengleichung n-ter Ordnung (5), in der sich die Koeffizienten $g_i(x)$ in Fakultätenreihen der Gestalt (4) entwickeln lassen, welche für $\sigma > \lambda$ konvergieren und für $\sigma > \lambda_r$ durch arithmetische Mittel r-ter Ordnung summierbar sind, besitzt n Lösungen von der Form

$$u^{(k)}(x, \varrho_k) = \sum_{s=0}^{k} \binom{k}{s} v^{(s)}(x, \varrho_k) \frac{\partial^{k-s}}{\partial \varrho_k^{k-s}} \frac{\Gamma(x)}{\Gamma(x+\varrho_k)}. \tag{32}$$

Dabei bedeutet ϱ_k eine Wurzel der determinierenden Gleichung (13), und die $v^{(s)}(x, \varrho_k)$ sind Funktionen, die sich durch Fakultätenreihen von derselben Gestalt wie die $g_i(x)$ darstellen lassen, welche für $\sigma > \lambda' - n$, $\sigma > -\Re(\varrho_k)$ konvergieren und für $\sigma > \lambda_r' - n$, $\sigma > -\Re(\varrho_k)$ von r-ter Ordnung summierbar sind.

Die in diesem Satze angegebenen Konvergenzbedingungen können nicht verschärft werden. Die Bedingung $\sigma > \lambda - n$ ist notwendig, weil sich auf der Geraden $\sigma = \lambda$ ein singulärer Punkt der $g_i(x)$ befinden kann. Dann liegt nämlich, wie wir in § 7 sehen werden, auf der Geraden $\sigma = \lambda - n$ ein singulärer Punkt der Lösungen. Die Bedingung $\sigma > -n$ rührt daher, daß für $\lambda < 0$ der Punkt $x = 0$ im allgemeinen ein einfacher Pol der Koeffizienten ist. Wenn er ausnahmsweise ein regulärer Punkt ist, fällt die Bedingung fort. Die Bedingung $\sigma > -\Re(\varrho_k)$ schließlich kommt dadurch herein, daß $v(x, \varrho_k)$ an der Stelle $x = -\varrho_k$ einen Pol hat. Andernfalls müßte nämlich $u(x, \varrho_k)$ dort eine Nullstelle aufweisen, was im allgemeinen nicht der Fall ist.

Mit Hilfe der Transformation (3) können die Reihen für $v^{(s)}(x, \varrho)$ bei $\sigma > \mu - n$, $\sigma > 0$ natürlich auch in die Gestalt

$$v^{(s)}(x, \varrho) = \sum_{\nu=0}^{\infty} \frac{d_\nu^{(s)}(\varrho)}{(x+\varrho)(x+\varrho+1)\cdots(x+\varrho+\nu-1)}$$

gebracht werden, welche dem Ansatz (19) entspricht.

§ 3. Asymptotische Eigenschaften der kanonischen Lösungen.

194. Vermöge der in Kapitel 9 auseinandergesetzten asymptotischen Eigenschaften der Fakultätenreihen in ihrer Konvergenzhalbebene ist es ein leichtes, das Verhalten der kanonischen Lösungen bei Annäherung an den unendlich fernen Punkt zu untersuchen. Dazu denken wir an die in Kap. 9, § 2 aufgestellte Entwicklung

$$x^\varrho \frac{\partial^s}{\partial \varrho^s} \frac{\Gamma(x)}{\Gamma(x+\varrho)} = \Omega_0(x) + \Omega_1(x) \log\frac{1}{x} + \cdots + \Omega_{s-1}(x) \log^{s-1}\frac{1}{x} + [1 + \Omega_s(x)] \log^s \frac{1}{x},$$

in der $\Omega_0(x), \Omega_1(x), \ldots, \Omega_s(x)$ für $\sigma > 0$, $\Re(x+\varrho) > 0$ konvergente Fakultätenreihen ohne konstantes Glied sind. Machen wir in dem Ausdrucke (32) für die Lösungen von dieser Entwicklung Gebrauch, so finden wir

$$(35)\qquad u^{(k)}(x,\varrho) = \left(\frac{1}{x}\right)^{\varrho}\left[\varphi_0(x) + \varphi_1(x)\log\frac{1}{x} + \cdots + \varphi_k(x)\log^k\frac{1}{x}\right].$$

Hierbei bedeuten $\varphi_0(x), \varphi_1(x), \ldots, \varphi_k(x)$ für $\sigma > 0$, $\sigma > -\Re(\varrho)$, $\sigma > \lambda - n$ bzw. $\sigma > \lambda_r - n$ konvergente bzw. von r-ter Ordnung summierbare Fakultätenreihen.

Die Gleichung (35) *läßt mit beliebiger Annäherung das Verhalten der kanonischen Lösungen erkennen, wenn x im Konvergenzgebiet der Fakultätenreihen ins Unendliche wandert.* Beschränken wir uns der Einfachheit halber auf die ersten Glieder der asymptotischen Ausdrücke, so ergibt sich bei der früher betrachteten Wurzelgruppe $\varrho_0, \varrho_1, \varrho_2, \ldots, \varrho_q$ folgendes. Für die Lösungen der ersten Untergruppe $u(x,\varrho_0)$, $u^{(1)}(x,\varrho_1), \ldots, u^{(h-1)}(x,\varrho_{h-1})$ bekommen wir

$$(36)\qquad \lim_{|x|\to\infty} \frac{u^{(s)}(x,\varrho_s)}{\left(\frac{1}{x}\right)^{\varrho_0}\log^s\frac{1}{x}} = d_0(\varrho_0) \qquad (s = 0, 1, \ldots, h-1),$$

für die Lösungen $u^{(h)}(x,\varrho_h), u^{(h+1)}(x,\varrho_{h+1}), \ldots, u^{(i-1)}(x,\varrho_{i-1})$ der zweiten Untergruppe

$$(36^*)\qquad \lim_{|x|\to\infty} \frac{u^{(h+s)}(x,\varrho_{h+s})}{\left(\frac{1}{x}\right)^{\varrho_h}\log^s\frac{1}{x}} = \binom{h+s}{s} d_0^{(h)}(\varrho_h) \qquad (s = 0, 1, \ldots, i-h-1)$$

usw., wofern $-\frac{\pi}{2} + \varepsilon < \operatorname{arc} x < \frac{\pi}{2} - \varepsilon$ $(\varepsilon > 0)$ ist und x in der Halbebene $\sigma > \lambda_r - n$, $\sigma > 0$, $\sigma > -\Re(\varrho)$ ins Unendliche wandert. Für Lösungen derselben Gruppe gilt also immer

$$\lim_{|x|\to\infty} \frac{u^{(r)}(x,\varrho_r)}{u^{(s)}(x,\varrho_s)} = 0 \qquad \text{für } s > r.$$

Aus dieser Tatsache entnimmt man mittels der in Kap. 11, § 2 angewandten Schlußweise, *daß die kanonischen Lösungen ein Fundamentalsystem bilden.*

§ 4. Analytische Fortsetzung der kanonischen Lösungen.

195. Bisher kennen wir die kanonischen Lösungen im Konvergenz- bzw. Summabilitätsgebiet der für sie aufgestellten Entwicklungen. Dort sind sie regulär bis auf die etwa daselbst liegenden unter den

Punkten $0, -1, -2, \ldots$, welche Pole sind. Mit Hilfe eines Verfahrens, das wir schon früher (Kap. 11, § 1) benutzt haben, können wir jetzt leicht die analytische Fortsetzung der Lösungen in die ganze Ebene bekommen. Dazu schreiben wir die Differenzengleichung (5) in der Gestalt

$$\sum_{i=0}^{n}(-1)^{n-i} u(x+i) \sum_{s=n-i}^{n}(-1)^{s}\binom{s}{n-i}(x+n-1)\cdots(x+n-s)\, g_s(x+n)=0$$

und lösen sie nach $u(x)$ auf. Das gibt

$$u(x)=\sum_{i=1}^{n}(-1)^{n-i-1} u(x+i) \sum_{s=n-i}^{n}(-1)^{s}\binom{s}{n-i}\frac{g_s(x+n)}{x(x+1)\cdots(x+n-s-1)}. \tag{37}$$

Nun mögen die Koeffizienten $g_0(x), g_1(x), \ldots, g_{n-1}(x)$ in die ganze Ebene fortsetzbar sein und im Endlichen die singulären Stellen $\beta_1, \beta_2, \beta_3, \ldots$ besitzen. Dann lassen sich die kanonischen Lösungen durch die Gleichung (37) immer um einen Streifen von der Breite 1 nach links und so allmählich über die ganze Ebene hin fortsetzen. Singuläre Stellen treten dabei nur in den Punkten $0, -1, -2, \ldots$, welche einfache Pole sind, und in den Punkten

$$\beta_i - s \qquad (i=1,2,3,\ldots;\ s=n,\ n+1,\ n+2,\ldots)$$

auf. Dies sind also *die einzigen singulären Stellen der kanonischen Lösungen.* In der Halbebene $\sigma > \lambda_\infty - n$ können singuläre Punkte natürlich nur in $0, -1, -2, \ldots$ vorkommen.

Zu eindeutigen Koeffizienten $g_0(x), g_1(x), \ldots, g_{n-1}(x)$ gehören offenbar eindeutige Lösungen. Sind die Koeffizienten ganze Funktionen, so sind die kanonischen Lösungen überall im Endlichen regulär außer in den Punkten $0, -1, -2, \ldots$, welche einfache Pole darstellen. Wenn die Koeffizienten meromorf sind, so ist es ebenso mit den kanonischen Lösungen, und wenn die Koeffizienten algebraisch sind, so haben die Lösungen nur algebraische Singularitäten. Beim Auftreten singulärer Linien für die Koeffizienten besitzen die Lösungen deren im allgemeinen unendlich viele.

Mittels des erörterten Fortsetzungsverfahrens vermag man das asymptotische Verhalten der kanonischen Lösungen in der ganzen Halbebene $\sigma \geqq \lambda_\infty - n + \varepsilon$ $(\varepsilon > 0)$ zu übersehen. Man findet, daß dort für jede kanonische Lösung bei passendem ϱ und nichtnegativem q

$$\lim_{|x|\to\infty} \frac{u_i(x)}{\left(\frac{1}{x}\right)^{\varrho}\log^{q}\frac{1}{x}} = \text{konst} \neq 0$$

gilt.

§ 5. Differenzengleichungen mit vorgeschriebenem Fundamentalsystem.

196. Nunmehr wollen wir eine gewisse Umkehrung der bisherigen Betrachtungen vornehmen. Wir wollen nämlich zeigen, *daß die von uns studierten Differenzengleichungen* (5) *die allgemeinste Klasse von Differenzengleichungen darstellen, welche ein Fundamentalsystem von Lösungen der Form* (32) *besitzen.*

Der Einfachheit halber führen wir den Beweis nur für den Fall durch, daß die Größen $\varrho_1, \varrho_2, \ldots, \varrho_n$, welche früher als Wurzeln der determinierenden Gleichung auftraten, alle verschieden und inkongruent sind. Wir denken uns ein Fundamentalsystem von Lösungen

$$u_s(x) = u(x, \varrho_s) = \frac{\Gamma(x)}{\Gamma(x+\varrho_s)} \sum_{\nu=0}^{\infty} \frac{d_\nu(\varrho_s)}{(x+\varrho_s)(x+\varrho_s+1)\cdots(x+\varrho_s+\nu-1)}$$

vorgeschrieben $(s = 1, 2, \ldots, n)$, wobei die Reihen für $\sigma > \lambda - n$ konvergieren sollen. Zudem seien die ϱ_s alle voneinander und die $d_0(\varrho_s)$ von Null verschieden. Dann behaupten wir, daß die zugehörige Differenzengleichung n-ter Ordnung von der Form (5) ist. Zum Beweise setzen wir die Differenzengleichung in der Gestalt

$$\text{(38)} \qquad Q[u(x)] = \begin{vmatrix} u(x) & \mathop{\triangle}\limits_{-1} u(x) & \ldots & \mathop{\triangle}\limits_{-1}^{n} u(x) \\ u_1(x) & \mathop{\triangle}\limits_{-1} u_1(x) & \ldots & \mathop{\triangle}\limits_{-1}^{n} u_1(x) \\ \cdot & \cdot & \cdot & \cdot \\ u_n(x) & \mathop{\triangle}\limits_{-1} u_n(x) & \ldots & \mathop{\triangle}\limits_{-1}^{n} u_n(x) \end{vmatrix} = 0$$

an. Die Differenzen von $u_s(x)$ lassen sich leicht bilden. Man findet für $i = 0, 1, \ldots, n$

$$(-1)^i (x-1)(x-2)\cdots(x-i) \mathop{\triangle}\limits_{-1}^{i} u(x, \varrho_s) = \frac{\Gamma(x)}{\Gamma(x+\varrho_s)} v_i(x, \varrho_s)$$

mit

$$v_i(x, \varrho_s) = \sum_{\nu=0}^{\infty} \frac{(\varrho_s+\nu)(\varrho_s+\nu+1)\cdots(\varrho_s+\nu+i-1)\, d_\nu(\varrho_s)}{(x+\varrho_s)(x+\varrho_s+1)\cdots(x+\varrho_s+\nu-1)},$$

wobei die Reihen für $\sigma > \lambda$ konvergieren. Tragen wir diese Entwicklungen in die Determinante (38) ein, nachdem wir zuvor die $(i+1)$-te Spalte mit $(-1)^i (x-1)(x-2)\cdots(x-i)$ multipliziert haben, und unterdrücken wir nachher in der zweiten, dritten, $\ldots$, $(n+1)$-ten

Zeile die Faktoren

$$\frac{\Gamma(x)}{\Gamma(x+\varrho_1)}, \quad \frac{\Gamma(x)}{\Gamma(x+\varrho_2)}, \quad \ldots, \quad \frac{\Gamma(x)}{\Gamma(x+\varrho_n)},$$

so ergibt sich eine Determinante von folgender Beschaffenheit. Die Elemente der ersten Zeile lauten

$$(-1)^i (x-1)(x-2)\cdots(x-i) \mathop{\triangle}_{-1}^{i} u(x) \qquad (i=0, 1, \ldots, n),$$

und alle anderen Elemente sind Fakultätenreihen, die für $\varrho > \lambda$ konvergieren. Da nun das Produkt einer endlichen Anzahl für $\sigma > \lambda$ konvergenter Fakultätenreihen in eine für $\sigma > \lambda$, $\sigma > 0$ konvergente Fakultätenreihe entwickelbar ist, sind die Unterdeterminanten zu den Elementen der ersten Zeile Funktionen, die sich durch Fakultätenreihen darstellen lassen. Das konstante Glied in der Unterdeterminante zu $(-1)^n (x-1)(x-2)\cdots(x-n) \mathop{\triangle}\limits_{-1}^{n} u(x)$ lautet

$$(-1)\, d_0(\varrho_1)\, d_0(\varrho_2) \cdots d_0(\varrho_n) \begin{vmatrix} 1 & \varrho_1 & \varrho_1(\varrho_1+1) & \cdots & \varrho_1(\varrho_1+1)\cdots(\varrho_1+n-2) \\ 1 & \varrho_2 & \varrho_2(\varrho_2+1) & \cdots & \varrho_2(\varrho_2+1)\cdots(\varrho_2+n-2) \\ \cdot & \cdot & \cdot & \cdot & \cdot \\ 1 & \varrho_n & \varrho_n(\varrho_n+1) & \cdots & \varrho_n(\varrho_n+1)\cdots(\varrho_n+n-2) \end{vmatrix}.$$

Es ist von Null verschieden; denn die Koeffizienten $d_0(\varrho_1), d_0(\varrho_2), \ldots, d_0(\varrho_n)$ sind nach Voraussetzung nicht Null, und die Determinante läßt sich auf eine Potenzdeterminante zurückführen und in der Form

$$\prod_{\substack{i>s \\ i,s=1,\ldots,n}} (\varrho_i - \varrho_s)$$

schreiben, ist also ebenfalls nicht Null, da wir die ϱ_s als verschieden angenommen haben. Dividieren wir die Differenzengleichung durch den Koeffizienten von $(-1)^n (x-1)(x-2)\cdots(x-n) \mathop{\triangle}\limits_{-1}^{n} u(x)$, so können wir daher die hierbei zustande kommenden Quotienten von Fakultätenreihen wieder in Fakultätenreihen entwickeln und damit die gewünschte Gestalt (5) der Differenzengleichung herstellen. Die Koeffizienten $g_i(x)$ in dieser sind dann für $\sigma > \lambda$, $\sigma > 0$ konvergente Fakultätenreihen. Die determinierende Gleichung ist, wie man sich leicht überzeugt, vom n-ten Grade und hat die Wurzeln $\varrho_1, \varrho_2, \ldots, \varrho_n$.

Wenn die Zahlen ϱ_s zu Gruppen zusammentreten, das Fundamentalsystem also aus Lösungen der Gestalt (32) aufgebaut ist, können entsprechende Überlegungen durchgeführt werden. Dabei muß man nur durch passende Kombinationen der kanonischen Lösungen die Ableitungen der Gammaquotienten nach den ϱ zum Verschwinden bringen.

§ 6. Im Unendlichen reguläre Koeffizienten.

197. Beim Studium der asymptotischen Eigenschaften der kanonischen Lösungen haben wir uns bisher auf eine gewisse Halbebene beschränken müssen, und unter unseren gegenwärtigen Annahmen über die Koeffizienten läßt sich auch kein weitergehendes Ergebnis erzielen. Wenn wir hingegen die neue Voraussetzung machen, *daß die Koeffizienten $g_i(x)$ im Unendlichen regulär sind,* können wir viel mehr aussagen. Zunächst sieht man ohne Mühe, daß dann die Relationen (36) auf allen Geraden parallel zur imaginären Achse richtig bleiben. Es sei nämlich R der Radius eines Kreises, welcher alle Singularitäten der Koeffizienten im Innern enthält. Dann liegen alle singulären Punkte der kanonischen Lösungen im Endlichen in einem Halbstreifen um die negative reelle Achse, begrenzt von den Geraden $\sigma = R$, $\tau = R$, $\tau = -R$ (Fig. 50), und mittels der in § 4 angewandten Fortsetzungsmethode überzeugt man sich vom Bestehen der Beziehungen (36) auf allen Geraden, die mit der positiven reellen Achse einen Winkel höchstens vom Absolutbetrage $\frac{\pi}{2}$ bilden.

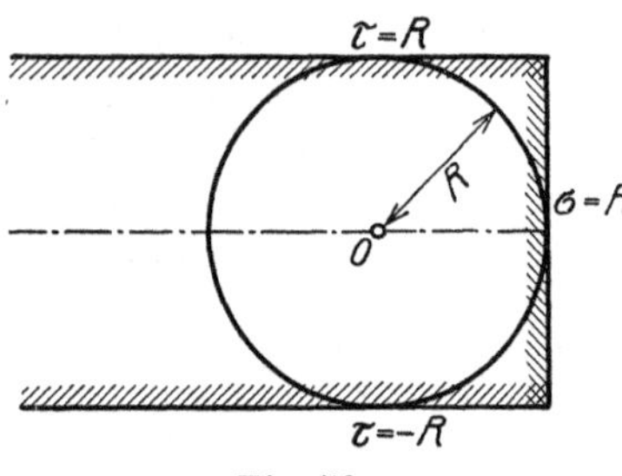

Fig. 50.

Um das asymptotische Verhalten auch auf Radienvektoren unter stumpfen Winkeln gegen die positive reelle Achse bestimmen zu können, gehen wir folgendermaßen vor. Im gegenwärtigen Falle läßt sich die Differenzengleichung (5) in die zweite Normalform

$$\sum_{i=0}^{n}(-1)^i x(x+1)\cdots(x+i-1)\bar{g}_i(x)\overset{i}{\triangle} u(x) = 0 \tag{6}$$

bringen, in der die Koeffizienten $\bar{g}_i(x)$ in Fakultätenreihen der Form

$$\bar{g}_i(x) = \sum_{s=0}^{\infty} \frac{\bar{a}_{i,s}}{(x-1)(x-2)\cdots(x-s)} \tag{7}$$

entwickelbar sind. Diese mögen etwa für $\sigma < \bar{\lambda}$ konvergieren. Dann haben wir bereits in der Gleichung (15) die formale Lösung

$$\bar{u}(x,\varrho) = \frac{\Gamma(1-x)}{\Gamma(1-x+\varrho)} \sum_{\nu=0}^{\infty} \frac{\bar{d}_\nu(\varrho)}{(x-\varrho-1)(x-\varrho-2)\cdots(x-\varrho-\nu)} \tag{15}$$

aufgestellt. Wenn die Wurzeln der determinierenden Gleichung, die ja für beide Normalformen dieselbe ist, Gruppen bilden, so finden wir durch Differentiationen nach ϱ entsprechend wie früher n linear unabhängige Lösungen von der Gestalt

$$(39) \qquad \bar{u}^{(k)}(x, \varrho_k) = \sum_{s=0}^{k} \binom{k}{s} \bar{v}^{(s)}(x, \varrho_k) \frac{\partial^{k-s}}{\partial \varrho_k^{k-s}} \frac{\Gamma(1-x)}{\Gamma(1-x+\varrho_k)}$$

mit

$$\bar{v}^{(s)}(x, \varrho_k) = \sum_{s=0}^{\infty} \frac{\bar{d}_{s,\nu}(\varrho_k)}{(x-1)(x-2)\cdots(x-\nu)},$$

wobei die Fakultätenreihen für $\sigma < \bar{\lambda} + n$, $\sigma < n + 1$, $\sigma < \Re(1 + \varrho)$ konvergieren. Im Konvergenzgebiet gilt für das asymptotische Verhalten dieser Lösungen

$$(40) \qquad \lim_{|x| \to \infty} \frac{\bar{u}^{(k)}(x, \varrho_k)}{\left(\frac{1}{x}\right)^{\varrho_k} \log^k \frac{1}{x}} = \text{konst}.$$

Wir werden also am Ziele sein und die asymptotischen Eigenschaften der kanonischen Lösungen $u^{(k)}(x, \varrho_k)$ auf beliebigen Radienvektoren zu übersehen vermögen, wenn wir die *linearen Relationen* zwischen den $u^{(k)}(x, \varrho_k)$ und den $\bar{u}^{(k)}(x, \varrho_k)$ und das *asymptotische Verhalten der periodischen Koeffizienten* in diesen kennen.

Zu dem Ende nehmen wir die Wurzeln der determinierenden Gleichung alle als voneinander verschieden und zueinander inkongruent an. Dann gibt es n linear unabhängige Lösungen von der Form (15). Diese lassen sich, da die Größe

$$\frac{\Gamma^2(1-x)}{\Gamma(1-x-\varrho)\,\Gamma(1-x+\varrho)}$$

eine Fakultätenreihenentwicklung gestattet, auch in der Gestalt

$$(41) \qquad \bar{u}(x, \varrho) = e^{\pi i \varrho} \frac{\Gamma(1-x-\varrho)}{\Gamma(1-x)} \sum_{\nu=0}^{\infty} \frac{\bar{\gamma}_\nu \cdot \varrho(\varrho+1)\cdots(\varrho+\nu-1)}{(x-1)(x-2)\cdots(x-\nu)}$$

schreiben. Wir wollen zeigen, daß die $\bar{\gamma}_\nu$ durch die Koeffizienten in den kanonischen Lösungen $u(x, \varrho)$ einfach ausdrückbar sind. Tragen wir die Entwicklung (41) in die Differenzengleichung (5) ein, so ergibt sich, daß

$$(42) \quad \sum_{i=0}^{n} \varrho(\varrho+1)\cdots(\varrho+i-1)\, g_i(x) \sum_{\nu=0}^{\infty} \frac{\bar{\gamma}_\nu (\varrho+i)(\varrho+i+1)\cdots(\varrho+i+\nu-1)}{(x-i-1)(x-i-2)\cdots(x-i-\nu)} = 0$$

sein muß. Um die hieraus entspringenden Rekursionsformeln für die Größen $\bar{\gamma}_\nu$ bequem aufschreiben zu können, führen wir neue Größen γ_ν ein durch die Gleichungen

$$(43)\qquad \gamma_0 = \bar{\gamma}_0, \qquad \gamma_1 = \bar{\gamma}_1, \qquad \gamma_{\nu+1} = \sum_{s=0}^{\nu} \binom{\nu}{s} \bar{\gamma}_{1+s};$$

es sollen also die $\bar{\gamma}_\nu$ die aufeinanderfolgenden Differenzen der γ_ν sein. Dann führt die Anwendung der Transformation (3) auf die in (42) vorkommende Fakultätenreihe zu

$$\sum_{\nu=0}^{\infty} \frac{\bar{\gamma}_\nu (\varrho+i)(\varrho+i+1)\cdots(\varrho+i+\nu-1)}{(x-i-1)(x-i-2)\cdots(x-i-\nu)} =$$

$$\sum_{\nu=0}^{\infty} \frac{\sum\limits_{s=0}^{\nu-1}(-1)^s \binom{\nu-1}{s} \gamma_{\nu-s} (\varrho+i)\cdots(\varrho+i+\nu-s-1)(\varrho+\nu-1)(\varrho+\nu-2)\cdots(\varrho+\nu-s)}{(x-1)(x-2)\cdots(x-\nu)}$$

Greift man auf die Funktion $f(x,\varrho)$ aus § 1

$$(10)\qquad f(x,\varrho) = \sum_{i=0}^{n} \varrho(\varrho+1)\cdots(\varrho+i-1)\, g_i(x)$$

zurück, welche mit leichter Abänderung gegen früher die Entwicklung

$$f(x,\varrho) = \sum_{s=0}^{\infty} \frac{\varphi_s(\varrho)\, \varrho(\varrho+1)\cdots(\varrho+s-1)}{(x+\varrho)(x+\varrho+1)\cdots(x+\varrho+s-1)}$$

erlaubt, so erhält man aus (42) die Beziehung

$$(44)\qquad \sum_{\nu=0}^{\infty} \frac{\varrho(\varrho+1)\cdots(\varrho+\nu-1)}{(x-1)(x-2)\cdots(x-\nu)} \Big[\gamma_\nu f(x,\varrho+\nu) - \binom{\nu-1}{1} \gamma_{\nu-1} f(x,\varrho+\nu-1)$$
$$+ \cdots + (-1)^{\nu-1} \gamma_1 f(x,\varrho+1)\Big] = 0.$$

Nun ist aber im gegenwärtigen Falle die Funktion $f(x,\varrho)$ im Unendlichen regulär und daher auch in eine Reihe

$$f(x,\varrho) = \sum_{s=0}^{\infty} \frac{\Phi_s(\varrho)}{(x-\nu-1)(x-\nu-2)\cdots(x-\nu-s)}$$

entwickelbar; dabei ist

$$\Phi_{s+1}(\varrho) =$$
$$\sum_{i=0}^{s} (-1)^i \binom{s}{i} \varrho(\varrho+1)\cdots(\varrho+s-i)(\varrho+\nu+s)(\varrho+\nu+s-1)\cdots(\varrho+\nu+s-i+1)\,\varphi_{s-i+1}(\varrho).$$

Führen wir diese Entwicklung in die Gleichung (44) ein, so bekommen wir nach einiger Rechnung schließlich für die $\gamma_1, \gamma_2, \ldots$ die Rekursionsformeln

$$\begin{aligned} &\gamma_0 \varphi_0(\varrho) = 0 \\ (45) \qquad &\gamma_1 \varphi_0(\varrho+1) + \gamma_0 \varphi_1(\varrho) = 0 \\ &\cdots\cdots\cdots\cdots \\ &\gamma_\nu \varphi_0(\varrho+\nu) + \gamma_{\nu-1}\varphi_1(\varrho+\nu-1) + \cdots + \gamma_0 \varphi_\nu(\varrho) = 0. \end{aligned}$$

Vergleichen wir sie mit den Formeln (12), so erkennen wir, daß

$$d_\nu = \gamma_\nu\, \varrho(\varrho+1)\cdots(\varrho+\nu-1)$$

wird, wofern wir

$$d_0 = \gamma_0$$

setzen. Damit haben wir bewiesen, *daß eine Differenzengleichung* (5), *in der die Koeffizienten* $g_0(x), g_1(x), \ldots, g_{n-1}(x)$ *im Unendlichen regulär sind und* $g_n(x) = 1$ *ist, neben einer Lösung von der Form*

$$(46) \qquad u(x) = \frac{\Gamma(x)}{\Gamma(x+\varrho)} \sum_{\nu=0}^{\infty} \frac{\gamma_\nu\, \varrho(\varrho+1)\cdots(\varrho+\nu-1)}{(x+\varrho)(x+\varrho+1)\cdots(x+\varrho+\nu-1)}$$

eine andere von der Form

$$(41) \qquad \bar{u}(x) = e^{\pi i \varrho} \frac{\Gamma(1-x-\varrho)}{\Gamma(1-x)} \sum_{\nu=0}^{\infty} \frac{\bar{\gamma}_\nu\, \varrho(\varrho+1)\cdots(\varrho+\nu-1)}{(x-1)(x-2)\cdots(x-\nu)}$$

besitzt, in der die $\bar{\gamma}_1, \bar{\gamma}_2, \ldots$ *die aufeinanderfolgenden Differenzen der* $\gamma_1, \gamma_2, \ldots$ *sind.*

198. Nunmehr wollen wir die linearen Relationen

$$(47) \qquad u_j(x) = \sum_{s=1}^{n} \pi_{j,s}(x)\, \bar{u}_s(x)$$

mit periodischen Koeffizienten $\pi_{j,s}(x)$ zwischen den beiden Lösungssystemen studieren. Durch Auflösung der Gleichungen

$$\mathop{\triangle}_{-1}^{i} u_j(x) = \sum_{s=1}^{n} \pi_{j,s}(x) \mathop{\triangle}_{-1}^{i} \bar{u}_s(x) \qquad (i = 0, 1, \ldots, n-1)$$

nach den $\pi_{j,s}(x)$ findet man

$$(48) \qquad \pi_{j,s}(x) = \frac{D_{j,s}(x)}{D(x)},$$

wobei wir mit $D_{j,s}(x)$ die Determinante bezeichnet haben, die aus

$$D(x) = \begin{vmatrix} \bar{u}_1(x) & \bar{u}_2(x) \ldots & \bar{u}_n(x) \\ \underset{-1}{\triangle} \bar{u}_1(x) & \underset{-1}{\triangle} \bar{u}_2(x) \ldots & \underset{-1}{\triangle} \bar{u}_n(x) \\ \ldots & \ldots & \ldots \\ \overset{n-1}{\underset{-1}{\triangle}} \bar{u}_1(x) & \overset{n-1}{\underset{-1}{\triangle}} \bar{u}_2(x) \ldots & \overset{n-1}{\underset{-1}{\triangle}} \bar{u}_n(x) \end{vmatrix}$$

hervorgeht, wenn $\bar{u}_s(x)$ durch $u_j(x)$ ersetzt wird. Ist R der Radius eines Kreises, der alle Singularitäten der Koeffizienten $g_i(x)$ der Differenzengleichung (5) umschließt, so sind die Lösungen $u_s(x)$ und $\bar{u}_s(x)$ oberhalb und unterhalb des Streifens $-R \leqq \tau \leqq R$ (Fig. 51) im Endlichen überall regulär, ebenso daher die $\pi_{j,s}(x)$; denn die Determinante $D(x)$ kann als Determinante eines Fundamentalsystems an keiner Stelle im Endlichen außerhalb jenes Streifens verschwinden. Setzt man $e^{2\pi i x} = z$, so ist demnach $\pi_{j,s}(x)$ eine analytische Funktion von z, welche in der Umgebung der Stellen $z = 0$ und $z = \infty$ eindeutig ist. Sie ist sogar regulär in diesen Punkten. Es sei nämlich a ein Punkt im Inneren des Konvergenzgebietes der Reihen für die $\bar{u}_s(x)$, dann wollen wir zeigen, daß in den Halbstreifen $a-1 \leqq \sigma < a$, $\tau > R$ und $a-1 \leqq \sigma < a$, $\tau < -R$ die Funktion $\pi_{j,s}(x)$ für $|x| \to \infty$ gleichmäßig einem Grenzwert zustrebt. Dazu tragen wir in den Ausdruck (48) an Stelle der $\bar{u}_s(x)$ ihre Fakultätenreihen und an Stelle von $u_j(x)$ die Entwicklung

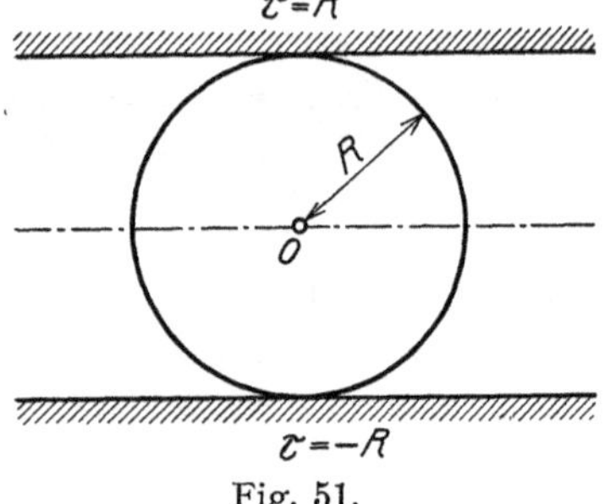

Fig. 51.

$$u_j(x) = \frac{\Gamma(x)}{\Gamma(x+\varrho_j)} \left\{ \sum_{\nu=0}^{n} \frac{\gamma_\nu \varrho_j(\varrho_j+1)\cdots(\varrho_j+\nu-1)}{(x+\varrho_j)(x+\varrho_j+1)\cdots(x+\varrho_j+\nu-1)} + \frac{\varepsilon_n(x)}{x^n} \right\}$$

ein, in der $\varepsilon_n(x)$ eine im Halbstreifen gleichmäßig nach Null strebende Funktion bedeutet. Dann zeigt sich, daß $\pi_{j,s}(x)$ gleich dem Produkt der Größe

$$\frac{\Gamma(x)\Gamma(1-x)}{\Gamma(x+\varrho_j)\Gamma(1-x-\varrho_s)} e^{-\pi i \varrho_s}$$

mit einem Quotienten zweier Determinanten ist, in denen sich jedes Element für $|x| \to \infty$ einem Grenzwert nähert. Der Grenzwert der Determinante im Nenner ist

$$\gamma_0(\varrho_1)\cdots\gamma_0(\varrho_n) \begin{vmatrix} 1 & \varrho_1 & \varrho_1(\varrho_1+1) & \ldots & \varrho_1(\varrho_1+1)\cdots(\varrho_1+n-2) \\ 1 & \varrho_2 & \varrho_2(\varrho_2+1) & \ldots & \varrho_2(\varrho_2+1)\cdots(\varrho_2+n-2) \\ \ldots & \ldots & \ldots & \ldots & \ldots \\ 1 & \varrho_n & \varrho_n(\varrho_n+1) & \ldots & \varrho_n(\varrho_n+1)\cdots(\varrho_n+n-2) \end{vmatrix},$$

also von Null verschieden, und den Grenzwert der Determinante im Zähler erhält man, wenn in dem eben aufgeschriebenen Ausdrucke ϱ_s durch ϱ_j ersetzt wird. Somit bekommen wir für $s = j$

$$(49)\qquad \begin{aligned} \lim_{\tau \to +\infty} \pi_{j,j}(x) &= e^{-2\pi i \varrho}, \\ \lim_{\tau \to -\infty} \pi_{j,j}(x) &= 1, \end{aligned}$$

während für $s \neq j$ die Zählerdeterminante und also auch $\pi_{j,s}(x)$ nach Null konvergiert. Dies geschieht sogar schneller als bei jeder Potenz von x; denn zufolge den Relationen zwischen den γ_ν und den γ_ν strebt die Differenz zwischen einem beliebigen Element der j-ten Spalte und dem entsprechenden der s-ten Spalte schneller nach Null als jede Potenz von x. Es gilt also bei beliebigem μ

$$(50)\qquad \lim_{|\tau| \to \infty} x^\mu \pi_{j,s}(x) = 0 \qquad \text{für} \quad s \neq j.$$

Demnach ist $\pi_{j,s}(x)$, *wie behauptet, eine analytische Funktion von* $z = e^{2\pi i x}$, *die für* $z = 0$ *und* $z = \infty$ *regulär ist und für* $s \neq j$, *aber nicht für* $s = j$, *in diesen Punkten verschwindet.*

Mit Hilfe der linearen Relationen (47) und der Gleichungen (49) und (50) für das asymptotische Verhalten der $\pi_{j,s}(x)$ beherrschen wir nun das asymptotische Verhalten von $u_j(x)$ auf allen Radienvektoren, welche mit der positiven reellen Achse Winkel von kleinerem Absolutbetrage als π einschließen. Insbesondere wird

$$\lim_{|x| \to \infty} x^{\varrho_j} u_j(x) = \gamma_0.$$

Unter der Annahme, daß die Koeffizienten $g_i(x)$ *im Unendlichen regulär und alle Wurzeln der determinierenden Gleichung verschieden und inkongruent sind, treffen also die asymptotischen Relationen* (36) *nicht nur für* $-\frac{\pi}{2} \leqq \operatorname{arc} x \leqq \frac{\pi}{2}$, *sondern sogar für* $-\pi + \varepsilon < \operatorname{arc} x < \pi - \varepsilon$ *zu.* Hingegen bildet die Richtung der negativen reellen Achse eine *singuläre Richtung.* Wir können nichts Allgemeingültiges aussagen, wenn x parallel zu ihr ins Unendliche wandert. Diese Ergebnisse entsprechen völlig denen, die wir in Kapitel 11 für Gleichungen mit rationalen Koeffizienten erzielt haben.

§ 7. Beispiele.

199. Ein einfaches Beispiel liefert die Gleichung

$$\sum_{i=0}^{n} (-1)^i (x-1)(x-2)\cdots(x-i)\, a_i \mathop{\triangle}_{-1}^{i} u(x) = 0,$$

in der die Funktionen $g_i(x)$ sich auf die Konstanten a_i reduzieren.

Die determinierende Gleichung lautet

$$f_0(\varrho) = \sum_{i=0}^{n} a_i \varrho(\varrho+1)\cdots(\varrho+i-1) = 0,$$

und alle $f_s(\varrho)$ mit $s > 0$ verschwinden. Sind die Wurzeln $\varrho_1, \varrho_2, \ldots, \varrho_n$ der determinierenden Gleichung alle verschieden, so erhält man als allgemeine Lösung

$$u(x) = \sum_{i=1}^{n} \pi_i(x) \frac{\Gamma(x)}{\Gamma(x+\varrho_i)}.$$

Wenn hingegen $\varrho_i = \varrho_{i+1} = \cdots = \varrho_{i+k}$ ist, so entsprechen diesen Wurzeln die Lösungen

$$\frac{\partial^s}{\partial \varrho_i^s} \frac{\Gamma(x)}{\Gamma(x+\varrho_i)} \qquad (s = 0, 1, \ldots, k).$$

Besonders einfach werden die Ergebnisse, wenn die a_i von der Form

$$a_i = \binom{n}{i} a(a-1)\cdots(a-n+i+1)$$

sind. Dann hat die determinierende Gleichung die Wurzeln $a, a-1, \ldots, a-n+1$, welche alle zur selben Gruppe gehören; jede Wurzel bildet eine Untergruppe für sich. Die Lösungen $u_s(x)$ und $\bar{u}_s(x)$

$$u_s(x) = \frac{\Gamma(x)}{\Gamma(x+a)}(x+a-1)\cdots(x+a-s+1),$$

$$\bar{u}_s(x) = e^{\pi i a} \frac{\Gamma(1-x-a)}{\Gamma(1-x)}(x+a-1)\cdots(x+a-s+1)$$

sind in diesem Falle durch die linearen Relationen

$$u_j(x) = e^{-\pi i a} \frac{\sin \pi (x+a)}{\sin \pi x} \bar{u}_j(x)$$

verbunden, für welche die Richtigkeit der Gleichungen (49) und (50) unmittelbar bestätigt werden kann. Die allgemeine Lösung läßt sich in der Form

$$u(x) = \frac{\Gamma(x)}{\Gamma(x+a)} \sum_{i=1}^{n} \pi_i(x)\, x^{i-1}$$

schreiben.

200. Wie schon in Kapitel 11 erwähnt, gibt es viele Differenzengleichungen, welche sich mit Hilfe hypergeometrischer Reihen auflösen lassen. Die einfachsten unter ihnen sind auf die folgenden vier Typen zurückführbar:

$$(51)\qquad \sum_{i=0}^{n}(-1)^i(x-1)(x-2)\cdots(x-i)\left(a_i+\frac{b_i}{x}\right)\overset{i}{\underset{-1}{\triangle}}u(x)=0,$$

$$(52)\qquad \sum_{i=0}^{n}(-1)^i(x+1)(x+2)\cdots(x+i-1)\left(a_i-\frac{b_i}{x-1}\right)\overset{i}{\triangle}u(x)=0,$$

$$(53)\qquad \sum_{i=0}^{n}(-1)^i(x-1)(x-2)\cdots(x-i)\left(a_i+\frac{b_i}{x-i}\right)\underset{-1}{\triangle}u(x)=0,$$

$$(54)\qquad \sum_{i=0}^{n}(-1)^i\,x(x+1)\cdots(x+i-1)\left(a_i-\frac{b_i}{x+i-1}\right)\overset{i}{\triangle}u(x)=0.$$

Dabei setzen wir $a_n=1$ voraus. Bei der ersten und dritten Gleichung liegt die erste Normalform vor, bei der zweiten und vierten hingegen die zweite Normalform. Betrachten wir zunächst die Gleichung (51). Für diese finden wir

$$f(x,\varrho)=\sum_{i=0}^{n}\varrho(\varrho+1)\cdots(\varrho+i-1)\left(a_i+\frac{b_i}{x}\right),$$

und unter Heranziehung der für $\sigma>0$ konvergenten Entwicklung

$$\frac{1}{x}=\frac{1}{x+\varrho}+\frac{\varrho}{(x+\varrho)(x+\varrho+1)}+\frac{\varrho(\varrho+1)}{(x+\varrho)(x+\varrho+1)(x+\varrho+2)}+\cdots$$

können wir daher die Relationen

$$f_0(\varrho)=\sum_{i=0}^{n}\varrho(\varrho+1)\cdots(\varrho+i-1)\,a_i,$$

$$f_1(\varrho)=\sum_{i=0}^{n}\varrho(\varrho+1)\cdots(\varrho+i-1)\,b_i$$

und

$$f_{s+1}(\varrho)=\varrho(\varrho+1)\cdots(\varrho+s-1)\,f_1(\varrho)$$

aufschreiben. Der Einfachheit halber seien die Wurzeln $\alpha_1,\alpha_2,\ldots,\alpha_n$ der determinierenden Gleichung $f_0(\varrho)=0$ alle verschieden und inkongruent. Ferner seien $\beta_1,\beta_2,\ldots,\beta_n$ die Wurzeln der Gleichung $f_1(\varrho)=0$ und $\gamma_0,\gamma_1,\ldots,\gamma_n$ die Wurzeln der Gleichung $\varrho f_0(\varrho+1)=f_1(\varrho+1)$. Mit Hilfe der Rekursionsformel (12), welche die Gestalt

$$d_{\nu+1}(\varrho)=-\frac{[\varrho f_0(\varrho+1)-f_1(\varrho+1)]\cdots[(\varrho+\nu-1)f_0(\varrho+\nu)-f_1(\varrho+\nu)]}{f_0(\varrho+1)f_0(\varrho+2)\cdots f_0(\varrho+\nu+1)}f_1(\varrho)\,d_0(\varrho)$$

annimmt, gewinnen wir dann für $\varrho=\alpha_1$ die Lösung

$$u_1(x)=\frac{\Gamma(x)}{\Gamma(x+\alpha_1)}\left\{1-(\alpha_1-\beta_1)\cdots(\alpha_1-\beta_n)\sum_{\nu=1}^{\infty}\frac{(\alpha_1-\gamma_0\,|\,\nu-1)\cdots(\alpha_1-\gamma_n\,|\,\nu-1)}{\nu!\,(\alpha_1-\alpha_2+1\,|\,\nu)\cdots(\alpha_1-\alpha_n+1\,|\,\nu)(x+\alpha_1\,|\,\nu)}\right\},$$

wobei zur Abkürzung

$$(\alpha \mid \nu) = \alpha(\alpha+1)\cdots(\alpha+\nu-1)$$

gesetzt ist. Durch Permutation der Indizes bei den α_i ergeben sich insgesamt n linear unabhängige Lösungen. Die Reihen sind, wie man durch einfache Abschätzungen erkennt, für

$$\sigma > -\Re(b_n) - n$$

absolut konvergent, was mit den allgemeinen Ergebnissen im Einklang steht.

Die Lösungen sind meromorfe Funktionen, die in den Punkten $0, -1, -2, \ldots$ und $-b_n - n, -b_n - n - 1, -b_n - n - 2, \ldots$ einfache Pole haben; wenn b_n eine ganze Zahl ist, rücken unendlich viele dieser Pole zusammen und geben zur Entstehung von Doppelpolen Anlaß.

Das asymptotische Verhalten der Lösungen kommt in den Gleichungen

$$\lim_{|x|\to\infty} x^{\alpha_i} u_i(x) = 1 \qquad (i = 1, 2, \ldots, n)$$

zum Ausdruck, wofern x im Winkelraume $-\pi + \varepsilon < \operatorname{arc} x < \pi - \varepsilon$ nach Unendlich wandert.

Die obige Reihe ist eine verallgemeinerte hypergeometrische Reihe, aufgefaßt als Funktion eines der in den Nenner eingehenden Parameter. Man sieht also (unter Unterdrückung des Faktors $\frac{\Gamma(x)}{\Gamma(x+\alpha_1)}$), daß eine derartige Reihe eine meromorfe Funktion von x mit Polen in den Punkten $-b_n - n, -b_n - n - 1, -b_n - n - 2, \ldots$ und $-\alpha_1, -\alpha_1 - 1, -\alpha_1 - 2, \ldots$ ist und für $|x| \to \infty$ bei $-\pi + \varepsilon < \operatorname{arc} x < \pi - \varepsilon$ gleichmäßig gegen 1 strebt.

Die Gleichung (52) hat n Lösungen von der Form

$$u_1(x) = \frac{\Gamma(x-\alpha_1)}{\Gamma(x)} \left\{1 + (\alpha_1 - \beta_1)\cdots(\alpha_1 - \beta_n) \sum_{\nu=0}^{\infty} \frac{(\alpha_1 - \gamma_0 \mid \nu - 1)\cdots(\alpha_1 - \gamma_n \mid \nu - 1)}{\nu!\,(\alpha_1 - \alpha_2 + 1 \mid \nu)\cdots(\alpha_1 - \alpha_n + 1 \mid \nu)(\alpha_1 - x + 1 \mid \nu)}\right\},$$

wobei die Konvergenzbedingung

$$\sigma < \Re(b_n) + n + 1$$

heißt.

Für die Gleichung (53) seien $\delta_0, \delta_1, \ldots, \delta_n$ die Wurzeln der Gleichung $\varrho f_0(\varrho + 1) = f_1(\varrho)$. Dann wird eine Lösung durch die für $\sigma > -\Re(b_n)$ absolut konvergente Reihe

$$u_1(x) = \frac{\Gamma(x)}{\Gamma(x+\alpha_1)} \sum_{\nu=0}^{\infty} \frac{(\alpha_1 - \delta_0 \mid \nu - 1)\cdots(\alpha_1 - \delta_n \mid \nu - 1)(\alpha_1 - \beta_1 + \nu - 1)\cdots(\alpha_1 - \beta_n + \nu - 1)}{\nu!\,(\alpha_1 - \alpha_2 + 1 \mid \nu)\cdots(\alpha_1 - \alpha_n + 1 \mid \nu)(x + \alpha_1 \mid \nu)}$$

dargestellt, und durch Vertauschung der Indizes bei den Größen $\alpha_1, \alpha_2, \ldots, \alpha_n$ ergeben sich insgesamt n linear unabhängige Lösungen.

Dreizehntes Kapitel.

Die Untersuchungen von Birkhoff.

201. Statt eine einzige Differenzengleichung n-ter Ordnung, etwa

$$\sum_{i=0}^{n} p_i(x)\, u(x+i) = 0$$

zu betrachten, kann man auch ein *System von n Differenzengleichungen 1. Ordnung*

$$u_i(x+1) = \sum_{j=1}^{n} p_{ij}(x)\, u_j(x) \qquad (i = 1, 2, \ldots, n) \tag{1}$$

ins Auge fassen; durch die Annahme

$$u(x) = u_1(x), \quad u(x+1) = u_2(x), \quad \ldots, \quad u(x+n-1) = u_n(x)$$

erhält man aus einer Differenzengleichung n-ter Ordnung ohne weiteres ein derartiges System. Der durch Verwendung des Systems (1) an Stelle einer Gleichung n-ter Ordnung erzielte Vorteil besteht, wie Birkhoff [1] hervorgehoben hat, darin, daß man sich dann der einfachen und übersichtlichen Matrixbezeichnung zu bedienen vermag. Durch Ausführung dieses Gedankens hat Birkhoff viele interessante und schöne Ergebnisse gewonnen, zu denen wir in Kapitel 11 unter anderen Gesichtspunkten gelangt sind. Wir wollen im folgenden zunächst von der Birkhoffschen Methode sprechen, und zwar hauptsächlich von dem Ansatze, weniger von den Einzelheiten der Theorie. Nachher werden wir uns dem Riemannschen Problem für Differenzengleichungen zuwenden, das ebenfalls zuerst Birkhoff [2] behandelt hat.

§ 1. Die symbolischen Matrixlösungen.

202. Wir nehmen an, daß die Koeffizienten $p_{ij}(x)$ im System (1) rationale Funktionen von x sind, die im Unendlichen einen Pol höchstens μ-ter Ordnung aufweisen. Außerhalb eines Kreises von genügend großem Radius soll also $p_{ij}(x)$ in der Gestalt

$$p_{ij}(x) = p_{ij}\, x^{\mu} + p_{ij}^{(1)}\, x^{\mu-1} + \cdots \tag{2}$$

darstellbar sein. Ferner setzen wir zunächst voraus, daß die Wurzeln $\varrho_1, \varrho_2, \ldots, \varrho_n$ der *charakteristischen Gleichung*

$$(3) \qquad |p_{ij} - \delta_{ij}\varrho| = 0 \qquad (\delta_{ij} = 0 \text{ für } j \neq i;\ \delta_{ii} = 1)$$

alle voneinander und von Null verschieden sind. Dann gibt es, wie man durch Eintragen und Koeffizientenvergleichung erkennt, n dem System (1) formal genügende Systeme von Funktionen

$$(4) \qquad \begin{aligned} a_{1j}(x) &= x^{\mu x}(\varrho_j e^{-\mu})^x x^{r_j}\left[a_{1j} + \frac{a_{1j}^{(1)}}{x} + \cdots\right], \\ a_{2j}(x) &= x^{\mu x}(\varrho_j e^{-\mu})^x x^{r_j}\left[a_{2j} + \frac{a_{2j}^{(1)}}{x} + \cdots\right], \\ &\cdots\cdots\cdots\cdots \\ a_{nj}(x) &= x^{\mu x}(\varrho_j e^{-\mu})^x x^{r_j}\left[a_{nj} + \frac{a_{nj}^{(1)}}{x} + \cdots\right], \end{aligned}$$

wobei $j = 1, 2, \ldots, n$ zu nehmen ist und die Determinante $|a_{ij}|$ einen von Null verschiedenen Wert hat. Die Ausdrücke (4) stehen in Analogie zu den bei Differenzengleichungen n-ter Ordnung von verschiedenen Forschern, z. B. von Galbrun [1, 2] und Horn [1, 2], benutzten formalen Lösungen, welche die Lösungen asymptotisch darstellen.

Statt die Wurzeln der charakteristischen Gleichung (3) als voneinander und von Null verschieden anzunehmen, genügt es für unsere Betrachtungen, die Existenz von n formalen Lösungssystemen der Gestalt (4) mit $|a_{ij}| \neq 0$ vorauszusetzen. Auch dann kann keine der Wurzeln der charakteristischen Gleichung, die wir uns nach absteigendem Absolutbetrage:

$$|\varrho_1| \geqq |\varrho_2| \geqq \cdots \geqq |\varrho_n|$$

geordnet denken, gleich Null sein. Hieraus folgt, daß die Determinante $|p_{ij}|$ von Null verschieden ist. Wenn nun die Funktionen

$$\begin{matrix} u_{11}(x), & u_{21}(x), & \ldots, & u_{n1}(x) \\ u_{12}(x), & u_{22}(x), & \ldots, & u_{n2}(x) \\ \cdots & \cdots & \cdots & \cdots \\ u_{1n}(x), & u_{2n}(x), & \ldots, & u_{nn}(x) \end{matrix}$$

n linear unabhängige Lösungen des Systems (1) darstellen, so sagen wir, daß das System der $u_{ij}(x)$ eine *Matrixlösung* $U(x)$ von (1) ist. Das System der Koeffizienten $p_{ij}(x)$ bildet eine zweite Matrix, die Koeffizientenmatrix $P(x)$, und die n^2 Gleichungen, denen die Funktionen $u_{ij}(x)$ genügen, lassen sich in die einzige Matrixgleichung

$$(5) \qquad U(x+1) = P(x)\,U(x)$$

zusammenfassen. Diese kann auch in der Form

$$U(x-1) = P^{-1}(x-1)\,U(x) \tag{5*}$$

geschrieben werden. Bedeutet $U^*(x)$ eine partikuläre Matrixlösung des Systems (1) oder der Gleichung (5), so erhält man die allgemeine Matrixlösung offenbar durch den Ausdruck

$$\Pi(x)\,U^*(x),$$

wobei $\Pi(x)$ eine Matrix willkürlicher periodischer Funktionen von der Periode 1 mit nichtverschwindender Determinante bezeichnet.

Das Problem der Auflösung des Systems (1) läuft also auf die Aufsuchung einer Matrixlösung hinaus. Zwei *symbolische Matrixlösungen* können sofort angegeben werden. Schreibt man nämlich die Gleichung (5*) für $x+1, x+2, \ldots$ und die Gleichung (5) für $x-1$, $x-2, \ldots$ auf und multipliziert je die entstehenden Gleichungen, so gewinnt man die beiden symbolischen Lösungen

$$U(x) = P^{-1}(x)\,P^{-1}(x+1)\cdots \tag{6}$$

und

$$\overline{U}(x) = P(x-1)\,P(x-2)\cdots \tag{6*}$$

Wirkliche Lösungen werden durch diese Relationen freilich nur in dem Falle definiert, wo die rechtstehenden Ausdrücke gegen Grenzmatrizen konvergieren. Aber auch dann, wenn dies nicht zutrifft, lassen sich die letzten beiden Gleichungen mit Vorteil zur Herleitung von Lösungen benutzen.

§ 2. Die Hauptmatrixlösungen.

203. Es sei $A(x)$ die aus den formalen Lösungen (4) gebildete Matrix und $B(x)$ die Matrix, welche aus $A(x)$ entsteht, wenn die in den formalen Lösungen auftretenden Reihen beim k-ten Gliede abgebrochen werden. Mit Hilfe der Matrix $B(x)$ kann man die symbolischen Lösungen so abändern, daß Konvergenz eintritt. Man bilde nämlich für $m = 1, 2, \ldots$ die Matrixfolgen

$$V_m(x) = P^{-1}(x)\,P^{-1}(x+1)\cdots P^{-1}(x+m-1)\,B(x+m) \tag{7}$$

und

$$\overline{V}_m(x) = P(x-1)\,P(x-2)\cdots P(x-m)\,B(x-m). \tag{7*}$$

Dann zeigt sich, daß z. B. jede Determinante aus den ersten λ Spalten ($\lambda = 1, 2, \ldots, n$) und der i-ten, j-ten, …, l-ten Zeile der Matrix $\overline{V}_m(x)$ für hinreichend großes k bei zunehmendem m gegen eine Grenzfunktion

$\bar{v}_{ij\ldots l}(x)$ konvergiert und daß diese von der speziellen Wahl von k unabhängig ist. Ebenso ist es für die Determinanten aus den letzten λ Spalten und der i-ten, j-ten, ..., l-ten Zeile von $V_m(x)$. Ihre Grenzfunktionen seien $v_{ij\ldots l}(x)$.

Die Grenzfunktionen $v_{ij\ldots l}(x)$ und $\bar{v}_{ij\ldots l}(x)$ sind analytische Funktionen von x, welche in der ganzen endlichen Ebene bis auf Pole regulär sind. Diese liegen bei $v_{ij\ldots l}(x)$ in den zu den Polen α der Elemente von $P^{-1}(x-1)$ kongruenten Punkten $\alpha-1$, $\alpha-2, \ldots$ und bei $\bar{v}_{ij\ldots l}(x)$ in den zu den Polen γ der Elemente von $P(x)$ kongruenten Punkten $\gamma+1$, $\gamma+2, \ldots$. Auch das asymptotische Verhalten der Grenzfunktionen läßt sich angeben. Wenn nämlich x auf einer unter einem Winkel höchstens vom Absolutbetrage $\frac{\pi}{2}$ gegen die positive reelle Achse geneigten Halbgeraden ins Unendliche wandert, wird die asymptotische Form von $v_{ij\ldots l}(x)$ durch die entsprechende Determinante der Matrix $A(x)$ geliefert, und gerade so ist es bei $\bar{v}_{ij\ldots l}(x)$ auf einer Halbgeraden unter einem Winkel höchstens vom Absolutbetrage $\frac{\pi}{2}$ gegen die negative reelle Achse.

Der Beweis für diese Tatsachen ergibt sich bei $\lambda=1$, wo es sich also darum handelt, zu zeigen, daß beispielsweise die Elemente der ersten Spalte von $\bar{V}_m(x)$ gegen Grenzfunktionen $\bar{v}_i(x)$ konvergieren, durch unmittelbare Abschätzung. Der Fall $\lambda=2$ ist dann hierauf zurückführbar. Es zeigt sich nämlich, daß die Determinanten aus den beiden ersten Spalten von $\bar{V}_m(x)$ miteinander in analoger Weise durch ein gewisses Differenzensystem verknüpft sind, wie es bei den Elementen der ersten Spalte der Fall ist. In ähnlicher Weise kann man nachher zu $\lambda=3, 4, \ldots$ weitergehen.

Aus den Determinantengrenzfunktionen $v_{ij\ldots l}(x)$ und $\bar{v}_{ij\ldots l}(x)$ lassen sich nun Lösungen des Systems (1) herleiten. Zunächst bilden, wie man sich leicht überzeugt, die Grenzfunktionen $v_1(x), \ldots, v_n(x)$ der letzten Spalte von $V_m(x)$ und die Grenzfunktionen $\bar{v}_1(x), \ldots, \bar{v}_n(x)$ der ersten Spalte von $\bar{V}_m(x)$ schon selbst ein Lösungssystem von (1). Wenn alle Wurzeln der charakteristischen Gleichung einander gleich sind, konvergiert sogar jede Spalte von $V_m(x)$ und $\bar{V}_m(x)$ gegen eine analytische Lösung des Gleichungssystems (1), so daß man zwei Matrixlösungen von (1) bekommt. Dies trifft z. B. zu, wenn

$$p_{ij}(x)=\delta_{ij}+\frac{p_{ij}^{(2)}}{x^2}+\cdots$$

ist. Dann konvergieren die symbolischen Lösungen selbst gegen Grenzmatrizen. Im allgemeinen erhält man jedoch nur die beiden erwähnten Lösungen aus den Grenzfunktionen der letzten bzw. ersten Spalte.

Bei der Herleitung von Lösungen des Systems (1) aus den Grenzfunktionen $v_{ij}(x), \ldots$ und $\bar{v}_{ij}(x), \ldots$ spielt das Summationsproblem herein. Zur Summierung einer gegebenen Funktion benutzt Birkhoff ein Verfahren von Carmichael [1], welches Ähnlichkeit mit der von Guichard [1] verwandten Methode (Kap. 3, § 1) hat. Hierdurch entstehen schließlich zwei Matrixlösungen $U(x)$ und $\bar{U}(x)$ von Funktionen $u_{ij}(x)$ und $\bar{u}_{ij}(x)$, welche Birkhoff die *erste und zweite Hauptmatrixlösung* nennt. Sie sind folgendermaßen charakterisiert. Es ist

$$(8) \qquad u_{in}(x) = v_i(x), \qquad \begin{vmatrix} u_{i,n-1}(x) & u_{in}(x) \\ u_{j,n-1}(x) & u_{jn}(x) \end{vmatrix} = v_{ij}(x), \ldots$$

und

$$(8^*) \qquad \bar{u}_{i1}(x) = \bar{v}_i(x), \qquad \begin{vmatrix} \bar{u}_{i1}(x) & \bar{u}_{i2}(x) \\ \bar{u}_{j1}(x) & \bar{u}_{j2}(x) \end{vmatrix} = \bar{v}_{ij}(x), \ldots.$$

Die Funktionen $u_{ij}(x)$ und $\bar{u}_{ij}(x)$ sind bis auf Pole überall im Endlichen regulär. Diese befinden sich bei $u_{ij}(x)$ in den zu den Polen α von $P^{-1}(x-1)$ kongruenten Punkten $\alpha-1, \alpha-2, \ldots$ und bei $\bar{u}_{ij}(x)$ in den zu den Polen γ von $P(x)$ kongruenten Punkten $\gamma+1, \gamma+2, \ldots$. In einer nach rechts bzw. links unbegrenzten Halbebene lassen sich $u_{ij}(x)$ und $\bar{u}_{ij}(x)$ asymptotisch durch die formalen Lösungen $a_{ij}(x)$ darstellen.

204. Zwischen den beiden Hauptmatrixlösungen muß eine Relation von der Form

$$(9) \qquad \bar{U}(x) = \Pi(x)\, U(x)$$

bestehen, in der $\Pi(x)$ eine Matrix periodischer Funktionen $\pi_{js}(x)$ bedeutet. Die Bestimmung des Baues dieser Funktionen bildet einen der Hauptpunkte der Birkhoffschen Theorie. Durch eine passende Transformation unter Heranziehung der Gammafunktion läßt sich erreichen, daß die Koeffizienten $p_{ij}(x)$ im System (1) Polynome μ-ten oder niedrigeren Grades werden. Zur Festlegung der $\pi_{js}(x)$ braucht man nur ihr infinitäres Verhalten in einem senkrechten Streifen von der Breite 1 zu untersuchen, ähnlich, wie wir in Kapitel 11 und 12 vorgegangen sind. Das Ergebnis ist, daß die $\pi_{js}(x)$ rationale Funktionen von $e^{2\pi i x}$ von folgender Gestalt sind:

$$(10) \qquad \begin{aligned} \pi_{jj}(x) &= 1 + c_{jj}^{(1)} e^{2\pi i x} + \cdots + e^{2\pi i r}\, e^{2\pi i \mu x}, \\ \pi_{js}(x) &= e^{2\pi i \lambda_{js} x}\left[c_{js}^{(0)} + c_{js}^{(1)} e^{2\pi i x} + \cdots + c_{s}^{(\mu-1)} e^{2\pi i (\mu-1) x}\right] \\ & \qquad (s \neq j). \end{aligned}$$

Dabei bedeutet λ_{js} die kleinste ganze Zahl, die mindestens gleich dem reellen Teil von

$$\frac{1}{2\pi i}(\log \varrho_s - \log \varrho_j)$$

ist.

Ein einfaches Beispiel bildet die Differenzengleichung der Gammafunktion. Bei dieser ist

$$u(x) = \Gamma(x), \qquad \bar{u}(x) = e^{\pi i x} \frac{-2\pi i}{\Gamma(1-x)},$$

$$\pi(x) = 1 - e^{2\pi i x}.$$

Mit Hilfe der Ausdrücke (10) für die $\pi_{js}(x)$ beherrscht man nun das asymptotische Verhalten der Elemente der Hauptmatrixlösungen auf beliebigen Radienvektoren. Hierbei gelangt man zu ganz ähnlichen Ergebnissen, wie wir sie früher in Kapitel 11 kennengelernt haben; beispielsweise treten singuläre Richtungen auf.

§ 3. Das Riemannsche Problem.

205. Durch die angeführten Eigenschaften sind die Hauptmatrixlösungen eindeutig bestimmt. Es seien nämlich $U(x)$ und $\bar{U}(x)$ zwei Matrizen eindeutiger, bis auf Pole im Endlichen regulärer analytischer Funktionen $u_{ij}(x)$ und $\bar{u}_{ij}(x)$, für welche in einer nach rechts bzw. links unbegrenzten Halbebene die Relationen

$$\lim_{|x|\to\infty} u_{ij}(x)\, x^{-\mu x} \varrho_j^{-x} x^{-r_j} = a_{ij}, \qquad (|a_{ij}| \neq 0)$$

$$\lim_{|x|\to\infty} \bar{u}_{ij}(x)\, x^{-\mu x} \varrho_j^{-x} x^{-r_j} = a_{ij}$$

bestehen. Ferner seien $U(x)$ und $\bar{U}(x)$ durch eine Relation

$$\bar{U}(x) = \Pi(x)\, U(x)$$

verbunden, in der die Elemente von $\Pi(x)$ periodisch mit der Periode 1 sind. *Dann stellen $U(x)$ und $\bar{U}(x)$ die erste und zweite Hauptmatrixlösung einer Gleichung* (5) *dar,* für welche die Elemente der Koeffizientenmatrix $P(x)$ rationale Funktionen von x sind, wenigstens, wenn $\varrho_1, \varrho_2, \ldots, \varrho_n$ voneinander verschieden sind.

Um dieser Eigenschaften willen bezeichnen wir die Größen ϱ_j, r_j, $c_{ij}^{(k)}$ als die *charakteristischen Konstanten* von $U(x)$ und $\bar{U}(x)$. Es erhebt sich nun ganz naturgemäß *die Frage, ob es immer möglich ist, ein System* (1) *von Differenzengleichungen mit vorgeschriebenen charakteristischen Konstanten zu konstruieren.* Dieses Problem wollen wir das *Riemannsche Problem für Differenzengleichungen* nennen. Mit Hilfe von Methoden zur Behandlung des allgemeinen Riemannschen Problems für Differentialgleichungen hat Birkhoff [2] bewiesen, daß immer ein System (1) mit Matrixlösungen $\overline{U}(x)$ und $U(x)$ existiert, welches entweder die vorgeschriebenen charakteristischen Konstanten ϱ_j, r_j, $c_{ij}^{(k)}$ oder wenigstens die charakteristischen Konstanten ϱ_j, $r_j + l_j$, $c_{ij}^{(k)}$ mit ganzzahligen $l_1, l_2, \ldots, l_n$ aufweist.

206. Als ein Beispiel für die Ideenbildung des Riemannschen Problems, die Bestimmung einer Differenzengleichung durch charakteristische Eigenschaften der Lösungen, wollen wir noch das Problem der hypergeometrischen Differenzengleichung erwähnen [11, 14]. Gesucht sei eine Funktion mit folgenden Eigenschaften:

1. Sie ist eindeutig und meromorf.

2. Zwischen drei Bestimmungen der Funktion in einem Punkte besteht eine lineare homogene Relation mit periodischen Koeffizienten.

3. Es gibt zwei Bestimmungen $u^{(\beta)}(x)$ und $u^{(\beta')}(x)$ der Funktion, deren Pole in den Punkten $\alpha, \alpha-1, \alpha-2, \ldots; \alpha', \alpha'-1, \alpha'-2, \ldots$ liegen und einfach sind; die Funktionen $u^{(\beta)}(x)$ und $u^{(\beta')}(x)$ sind von der Form

$$u^{(\beta)}(x) = \left(\frac{1}{x}\right)^{\beta}\left(1+\frac{\varepsilon(x)}{x}\right), \qquad u^{(\beta')}(x) = \left(\frac{1}{x}\right)^{\beta'}\left(1+\frac{\varepsilon'(x)}{x}\right),$$

wobei $\varepsilon(x)$ und $\varepsilon'(x)$ für $-\frac{\pi}{2} \leqq \operatorname{arc} x \leqq \frac{\pi}{2}$ bei $|x| \to \infty$ gleichmäßig gegen eine Konstante streben. Es gibt zwei andere Bestimmungen $\overline{u}^{(\beta)}(x)$ und $\overline{u}^{(\beta')}(x)$, deren Pole in den Punkten $\gamma, \gamma+1, \gamma+2, \ldots; \gamma', \gamma'+1, \gamma'+2, \ldots$ liegen und einfach sind; die Funktionen $\overline{u}^{(\beta)}(x)$ und $\overline{u}^{(\beta')}(x)$ sind von der Form

$$\overline{u}^{(\beta)}(x) = \left(\frac{-1}{x}\right)^{\beta}\left(1+\frac{\overline{\varepsilon}(x)}{x}\right), \qquad \overline{u}^{(}\;(x) = \left(\frac{-1}{x}\right)^{\beta'}\left(1+\frac{\overline{\varepsilon}'(x)}{x}\right),$$

wobei $\overline{\varepsilon}(x)$ und $\overline{\varepsilon}'(x)$ für $-\frac{3\pi}{2} \leqq \operatorname{arc} x \leqq -\frac{\pi}{2}$ gleichmäßig gegen eine Konstante streben.

4. Zwischen den Konstanten $\alpha, \alpha', \beta, \beta', \gamma, \gamma'$ besteht die Relation

$$\beta + \beta' + \gamma + \gamma' = \alpha + \alpha' + 3\,.$$

Nützt man die eben ausgesprochenen Bedingungen aus, so erkennt man, daß $u(x)$ einer Differenzengleichung zweiter Ordnung genügen muß. Diese kann in einer der folgenden drei Formen geschrieben werden:

$$\begin{aligned}(x+2-\gamma)(x+2-\gamma')\,u(x+2)& \\ -(2x^2+Ax+B)\,u(x+1)&+(x-\alpha)(x-\alpha')\,u(x)=0,\end{aligned}$$

wobei

$$A = 4 - \alpha - \alpha' - \gamma - \gamma', \qquad B = \alpha\alpha' - \beta\beta' + (\gamma - 2)(\gamma' - 2)$$

ist, oder

$$(x - \gamma + 2)(x - \gamma' + 2)\overset{2}{\triangle} u(x)$$
$$+ [x(1 + \beta + \beta') + \beta\beta' + (\gamma - 2)(\gamma' - 2) - \alpha\alpha'] \triangle u(x) + \beta\beta' u(x) = 0$$

oder schließlich

$$(x - \alpha - 2)(x - \alpha' - 2)\underset{-1}{\overset{2}{\triangle}} u(x)$$
$$+ [x(1 + \beta + \beta') - \beta\beta' - (\alpha + 2)(\alpha' + 2) + \gamma\gamma'] \underset{-1}{\triangle} u(x) + \beta\beta' u(x) = 0.$$

Wenn die Differenz $\beta - \beta'$ keine ganze Zahl ist, finden wir aus der letzten Gleichung nach dem in Kap. 12, § 1 eingeschlagenen Verfahren die Entwicklung

$$u^{(\beta)}(x) = \frac{\Gamma(x - \alpha)}{\Gamma(x - \alpha + \beta)} F(\beta + \gamma - \alpha - 1,\ \beta + \gamma' - \alpha - 1,\ \beta;\ \beta - \beta' + 1,\ x - \alpha + \beta),$$

wobei

$$F(\alpha, \beta, \gamma; \delta, x) = 1 + \frac{\alpha\beta\gamma}{1 \cdot \delta \cdot x} + \frac{\alpha(\alpha + 1)\beta(\beta + 1)\gamma(\gamma + 1)}{1 \cdot 2 \cdot \delta(\delta + 1)x(x + 1)}$$

sein soll und die Reihe für $\sigma > \Re(\alpha')$ konvergiert. Durch Vertauschung von β und β' entsteht die Lösung $u^{(\beta')}(x)$, und aus den asymptotischen Eigenschaften von $u^{(\beta)}(x)$ und $u^{(\beta')}(x)$ können wir schließen, daß die durch Eintragung von α' statt α in den Ausdruck für $u^{(\beta)}(x)$ zustandekommende weitere Lösung sich auf $u^{(\beta)}(x)$ reduziert, daß also

$$u^{(\beta)}(x) = \frac{\Gamma(x - \alpha')}{\Gamma(x - \alpha' + \beta)} F(\beta + \gamma - \alpha' - 1,\ \beta + \gamma' - \alpha' - 1,\ \beta;\ \beta - \beta' + 1,\ x - \alpha' + \beta),$$

gilt ($\sigma > \Re(\alpha)$). Diese Tatsache im Verein mit der Transformationstheorie der Fakultätenreihen führt zu zahlreichen Transformationsformeln für die verallgemeinerten hypergeometrischen Reihen $F(\alpha, \beta, \gamma;\ \delta, x)$.

Die Funktionen $u^{(\beta)}(x)$ und $u^{(\beta')}(x)$ erweisen sich als meromorfe Funktionen mit einfachen Polen in α, $\alpha - 1$, $\alpha - 2, \ldots$; α', $\alpha' - 1$, $\alpha' - 2, \ldots$. Im Winkel $-\pi + \varepsilon < \operatorname{arc} x < \pi - \varepsilon$ $(\varepsilon > 0)$ gilt gleichmäßig

$$\lim_{|x| \to \infty} x^{\beta} u^{(\beta)}(x) = 1, \qquad \lim_{|x| \to \infty} x^{\beta'} u^{(\beta')}(x) = 1.$$

Weiter wollen wir auf die interessanten in diesen Fragenkreis gehörigen Untersuchungen nicht eingehen.

Vierzehntes Kapitel.

Vollständige lineare Differenzengleichungen.

207. Wie man zum Studium einer inhomogenen linearen Differentialgleichung mit Vorteil von der entsprechenden homogenen Gleichung ausgeht, indem man z. B. durch das Lagrangesche Verfahren der Variation der Konstanten die Integration der inhomogenen Gleichung auf die Auflösung der homogenen Gleichung und Quadraturen zurückführt, so ist es auch bei einer vollständigen linearen Differenzengleichung

$$\sum_{i=0}^{n} p_i(x)\, u(x+i) = \varphi(x) \tag{1}$$

angebracht, gleichzeitig die homogene Gleichung

$$\sum_{i=0}^{n} p_i(x)\, u(x+i) = 0 \tag{2}$$

zu betrachten. Auf diese Weise erzielt man insbesondere eine naturgemäße Scheidung der Fragen, die mit den Koeffizienten $p_i(x)$ im Zusammenhang stehen, und der Fragen, bei denen die rechtsstehende Funktion $\varphi(x)$ hineinspielt. $\varphi(x)$ kann ja möglicherweise von ganz anderer und viel verwickelterer Natur als die Koeffizienten $p_i(x)$ sein. Wie mannigfaltig die Probleme sind, die sich durch die Beschaffenheit von $\varphi(x)$ darbieten, läßt sich schon nach den in den Kapiteln 3, 4 und 7 bei den inhomogenen Gleichungen mit konstanten Koeffizienten

$$u(x+1) - u(x) = \varphi(x) \tag{3}$$

und

$$u(x+1) + u(x) = 2\varphi(x),$$

$$\overset{n}{\triangle}\, u(x) = \varphi(x),$$

$$\overset{n}{\nabla}\, u(x) = \varphi(x)$$

festgestellten Tatsachen vermuten. Durch das eingehende Studium der speziellen Gleichung (3) im Verein mit den Ergebnissen über homogene

25*

lineare Differenzengleichungen aus den letzten Kapiteln haben wir aber auch schon die Mittel zur Auflösung der allgemeinen Gleichung (1) gewonnen. Wir werden nämlich in § 1 zeigen, daß sich die Auflösung der Gleichung (1) durch eine der Variation der Konstanten analoge, von Lagrange [1, 2] herrührende Methode auf die Auflösung der homogenen Gleichung (2) und Summationen zurückführen läßt; die Summationen spielen hier die Rolle der Quadraturen bei den Differentialgleichungen. In manchen Fällen sind auch andere Verfahren anwendbar; Beispiele hierfür werden wir an mehreren Stellen kennenlernen.

§ 1. Die Methode von Lagrange. Einiges über die unvollständige Gammafunktion.

208. Offenbar genügt es, eine partikuläre Lösung $U(x)$ der vollständigen Gleichung (1) zu ermitteln. Denn bilden die Funktionen $u_1(x), u_2(x), \ldots, u_n(x)$ ein Fundamentalsystem von Lösungen der homogenen Gleichung (2), deren allgemeine Lösung dann

$$\pi_1(x)\, u_1(x) + \pi_2(x)\, u_2(x) + \cdots + \pi_n(x)\, u_n(x)$$

lautet, so ist

$$u(x) = \pi_1(x)\, u_1(x) + \pi_2(x)\, u_2(x) + \cdots + \pi_n u_n(x) + U(x) \tag{4}$$

die allgemeine Lösung der Gleichung (1).

Der Einfachheit halber denken wir uns der Betrachtung statt der Gleichung (1) die Gleichung

$$u(x+n) + \sum_{i=0}^{n-1} q_i(x)\, u(x+i) = \varphi(x) \tag{1*}$$

zugrunde gelegt und setzen, unter $u_1(x), u_2(x), \ldots, u_n(x)$ ein Fundamentalsysem der entsprechenden homogenen Gleichung

$$u(x+n) + \sum_{i=0}^{n-1} q_i(x)\, u(x+i) = 0 \tag{2*}$$

verstehend, eine Partikulärlösung $U(x)$ von (1*) in der Form

$$U(x) = c_1(x)\, u_1(x) + c_2(x)\, u_2(x) + \cdots + c_n(x)\, u_n(x) \tag{5}$$

an. Dabei bedeuten $c_1(x), c_2(x), \ldots, c_n(x)$ Funktionen von x, die so zu bestimmen sind, daß der Ausdruck (5) der Gleichung (1*) genügt. Zu dieser einen Bedingung können wir, da wir über n Funktionen zu verfügen haben, noch $(n-1)$ weitere Bedingungen hinzunehmen. Diese wählen wir so, daß sich $U(x+s)$ für $s=1, 2, \ldots, n-1$ bilden läßt, als ob die $c_i(x)$ periodische Funktionen in x mit der Periode 1 wären. Es soll also für $s=0, 1, \ldots, n-1$

$$U(x+s) = \sum_{i=1}^{n} c_i(x)\, u_i(x+s) \tag{5*}$$

sein. Dies ist der Fall, wenn für $s=1, 2, \ldots, n-1$ die Gleichungen

$$\sum_{i=1}^{n} \triangle\, c_i(x) \cdot u_i(x+s) = 0 \tag{6}$$

erfüllt sind. Tragen wir die Ausdrücke (5*) in die Gleichung (1*) ein, so ergibt sich an Stelle der Forderung, daß $U(x)$ die Gleichung (1*) befriedigen soll, zu (6) die weitere Relation

$$\sum_{i=1}^{n} \triangle\, c_i(x) \cdot u_i(x+n) = \varphi(x). \tag{7}$$

In (6) und (7) haben wir ein System von n linearen Gleichungen für die n Unbekannten $\triangle\, c_i(x)$ vor uns. Es ist auflösbar, weil seine Determinante als Determinante eines Fundamentalsystems für alle zu den singulären Stellen der homogenen Gleichung (2*) inkongruenten Werte von x von Null verschieden ist. Am bequemsten gestaltet sich die Auflösung, wenn man die Multiplikatoren $\mu_i(x)$ der Gleichung (2*) heranzieht. Vergleichen wir nämlich die Beziehungen (6) und (7) mit den nach Kapitel 10, § 3 für die Multiplikatoren gültigen Relationen

$$\sum_{i=1}^{n} \mu_i(x)\, u_i(x+s) = \begin{cases} 0 & \text{für } s=1, 2, \ldots, n-1, \\ 1 & \text{für } s=n, \end{cases}$$

so bekommen wir

$$\triangle\, c_i(x) = \varphi(x)\, \mu_i(x).$$

Wofern die rechtsstehende Funktion summierbar ist, heißt eine Partikulärlösung dieser Differenzengleichung für die Funktion $c_i(x)$

$$c_i(x) = \mathop{\mathrm{S}}_{a}^{x} \varphi(z)\, \mu_i(z) \triangle z;$$

die gewünschte Partikulärlösung der Gleichung (1*) ist daher

$$U(x) = \sum_{i=1}^{n} u_i(x) \mathop{\mathrm{S}}_{a}^{x} \varphi(z)\, \mu_i(z) \triangle z. \tag{8}$$

Da sich die Multiplikatoren $\mu_i(x)$ bei Kenntnis des Fundamentalsystems $u_1(x), u_2(x), \ldots, u_n(x)$ unmittelbar aufschreiben lassen, haben wir hiermit, wie angekündigt, die Auflösung der vollständigen Gleichung (1) auf die Auflösung der homogenen Gleichung (2*) und Summationen zurückgeführt. Gleichzeitig ist dadurch unter der Voraussetzung, daß die homogene Gleichung (2*) ein Fundamentalsystem von Lösungen besitzt und die Funktionen $\varphi(x)\mu_i(x)$ summierbar sind, der Beweis für die Existenz einer und damit sogar der allgemeinen Lösung der vollständigen Gleichung (1*) erbracht.*

Praktisch kann zur Ermittlung der Multiplikatoren oft mit Nutzen die adjungierte Differenzengleichung

$$\mu(x) + \sum_{i=1}^{n} q_{n-i}(x+i)\,\mu(x+i) = 0,$$

welcher sie Genüge leisten, herangezogen werden.

209. Als Beispiel wollen wir die Gleichung 1. Ordnung

$$u(x+1) - q(x)\,u(x) = \varphi(x) \tag{9}$$

betrachten. Nach Kapitel 10, § 4 ist, wenn die Funktion $\log q(x)$ summierbar ist,

$$u_1(x) = e^{\overset{x}{\underset{a}{S}} \log q(z) \triangle z}$$

eine Partikulärlösung der homogenen Gleichung

$$u(x+1) - q(x)\,u(x) = 0.$$

Der Multiplikator $\mu_1(x)$ hat den Wert

$$\mu_1(x) = \frac{1}{u_1(x+1)},$$

und die allgemeine Lösung der inhomogenen Gleichung lautet

$$u(x) = \pi_1(x)\,u_1(x) + u_1(x) \overset{x}{\underset{a}{S}} \frac{\varphi(z)}{u_1(z+1)} \triangle z.$$

Besonders interessant ist die Gleichung

$$u(x+1) - x\,u(x) = k \tag{10}$$

bei konstantem k. Hier hat die homogene Gleichung

$$u(x+1) - x\,u(x) = 0$$

die Fundamentallösung

$$u_1(x) = \Gamma(x),$$

und der zugehörige Multiplikator ist

$$\mu_1(x) = \frac{1}{\Gamma(x+1)}.$$

Da die Reihe

$$\sum_{s=0}^{\infty} \frac{1}{\Gamma(x+1+s)}$$

für alle endlichen x konvergiert, heißt eine Partikulärlösung der Gleichung (10) somit

$$U(x) = k\,\Gamma(x) \mathop{\mathsf{S}}_{\infty}^{x} \frac{\triangle z}{\Gamma(z+1)} = -k\,\Gamma(x) \sum_{s=0}^{\infty} \frac{1}{\Gamma(x+1+s)}$$
$$= -k \sum_{s=0}^{\infty} \frac{1}{x(x+1)\cdots(x+s)}.$$

Geht man von dieser Fakultätenreihe für $U(x)$ zur Integraldarstellung über, so gewinnt man

$$U(x) = -k\,e \int_0^1 t^{x-1} e^{-t}\,dt \qquad (\sigma > 0).$$

Das rechts auftretende Integral entsteht aus dem Eulerschen Integral für die Gammafunktion

$$\Gamma(x) = \int_0^{\infty} t^{x-1} e^{-t}\,dt \qquad (\sigma > 0),$$

wenn die Integration statt bis $t = \infty$ nur bis zum Punkte $t = 1$ geführt wird. Dies legt nahe, dem Werte $k = -e^{-1}$ besondere Beachtung zu schenken. Dann erhält man nämlich an Stelle von $U(x)$ unmittelbar die Funktion

(11) $$P(x) = \int_0^1 t^{x-1} e^{-t}\,dt \qquad (\sigma > 0),$$

die man wegen des geschilderten Zusammenhangs mit der Gammafunktion als *unvollständige Gammafunktion* bezeichnet (Prym [1]). Diesen Namen trägt auch die Funktion

(12) $$Q(x) = \Gamma(x) - P(x) = \int_1^{\infty} t^{x-1} e^{-t}\,dt,$$

und allgemeiner heißen unvollständige Gammafunktionen die beiden

Funktionen

$$(13)\qquad P(x,\varrho)=\int_0^{\varrho} t^{x-1}e^{-t}\,dt,\qquad Q(x,\varrho)=\int_{\varrho}^{\infty} t^{x-1}e^{-t}\,dt,$$

bei denen der Integrationsweg des Eulerschen Integrals durch einen beliebigen, auch im komplexen Gebiet wählbaren Punkt $t=\varrho$ mit $\Re(\varrho)>0$ statt durch den Punkt $t=1$ zerlegt wird.

Die Funktionen $P(x,\varrho)$ und $Q(x,\varrho)$ sind sehr interessante spezielle Funktionen. Unserer Herleitung entsprechend erscheint in ihnen zunächst x als Veränderliche und ϱ als Konstante. Man kann aber auch x fest und ϱ veränderlich annehmen und $P(x,\varrho)$ und $Q(x,\varrho)$ als Funktionen der komplexen Variablen ϱ untersuchen. Beispielsweise entstehen für $x=0$ und $x=\frac{1}{2}$ aus $Q(x,\varrho)$ Funktionen $Q(0,\varrho)$ und $Q(\frac{1}{2},\varrho)$, die mit dem Integrallogarithmus bzw. der Krampschen Transzendenten nahe verwandt sind.

Wir können hier auf die Theorie der unvollständigen Gammafunktionen nicht näher eingehen und müssen uns mit einigen Andeutungen begnügen. Die Funktionen $P(x)=P(x,1)$ und $Q(x)=Q(x,1)$ genügen den beiden Differenzengleichungen

$$(10^*)\qquad P(x+1)-x\,P(x)=-e^{-1},$$

$$(10^{**})\qquad Q(x+1)-x\,Q(x)=e^{-1}.$$

$P(x)$ läßt sich durch die Fakultätenreihe

$$(14)\qquad P(x)=e^{-1}\sum_{s=0}^{\infty}\frac{1}{x(x+1)\cdots(x+s)}$$

darstellen, die in der ganzen endlichen x-Ebene außer in den Punkten $x=0,\,-1,\,-2,\ldots$ konvergiert. *Somit ist die Funktion $P(x)$ eine meromorfe Funktion von x,* mit einfachen Polen in den eben angeführten Punkten. Ferner schließt man aus der Fakultätenreihe (14), daß für $-\frac{\pi}{2}\leqq \operatorname{arc} x\leqq\frac{\pi}{2}$

$$(15)\qquad \lim_{|x|\to\infty}P(x)=0$$

gilt; offenbar ist die Funktion $P(x)$ die einzige Lösung der Differenzengleichung (10*), für welche eine derartige Grenzbedingung besteht.

Die Mittag-Lefflersche Partialbruchreihe für $P(x)$ erhalten wir am einfachsten, wenn wir im Integral (11) die Exponentialfunktion in eine Potenzreihe entwickeln und gliedweise integrieren, und zwar ergibt sich

$$(16)\qquad P(x)=\sum_{s=0}^{\infty}\frac{(-1)^s}{s!}\,\frac{1}{x+s}.$$

Die Residuen von $P(x)$ in den Polen $x = 0, -1, -2, \ldots$ sind also gleich $\frac{(-1)^s}{s!}$, d. h. gleich den entsprechenden Residuen der Gammafunktion. *Die Funktion $P(x)$ zieht demnach die sämtlichen Pole der Gammafunktion an sich, sodaß $Q(x)$ eine ganze transzendente Funktion ist.* Die Werte von $P(x)$ und $Q(x)$ für die positiven ganzen Zahlen bekommt man leicht zu

$$P(n+1) = n!\left(1 - \frac{1}{e}\sum_{s=0}^{n}\frac{1}{s!}\right), \qquad Q(n+1) = \frac{n!}{e}\sum_{s=0}^{n}\frac{1}{s!}.$$

Die Funktionen $P(x, \varrho)$ und $Q(x, \varrho)$ leisten den Differenzengleichungen

$$P(x+1, \varrho) - x P(x, \varrho) = -e^{-\varrho}\varrho^x,$$

$$Q(x+1, \varrho) - x Q(x, \varrho) = e^{-\varrho}\varrho^x$$

oder auch beide der homogenen Differenzengleichung 2. Ordnung

$$u(x+2) - (x+\varrho+1)u(x) + \varrho x u(x) = 0$$

Genüge. $P(x, \varrho)$ ist eine meromorfe Funktion von x mit einfachen Polen in den Punkten $x = 0, -1, -2, \ldots$ und gestattet die Entwicklungen

$$P(x, \varrho) = e^{-\varrho}\varrho^x \sum_{s=0}^{\infty}\frac{\varrho^s}{x(x+1)\cdots(x+s)}$$

und

$$P(x, \varrho) = \varrho^x \sum_{s=0}^{\infty}\frac{(-1)^s}{s!}\frac{\varrho^s}{x+s}.$$

$Q(x, \varrho)$ hingegen ist eine ganze transzendente Funktion. Von Mellin (Lindhagen [1], p. 33) rührt die Integraldarstellung

$$(17) \qquad \Gamma(1-x)\varrho^{-x}e^{\varrho}Q(x, \varrho) = \int_0^\infty \frac{e^{-t}t^{-x}}{\varrho+t}\,dt \qquad (\sigma < 1,\ \Re(\varrho) > 0)$$

her. Setzt man

$$e^{-\frac{\varrho}{1-t}} = \sum_{\nu=0}^{\infty}\psi_\nu(\varrho)\,t^\nu,$$

wobei die $\psi_\nu(\varrho)$ mit den Laguerreschen Polynomen im Zusammenhang stehen, so gewinnt man aus dem Mellinschen Integral die Newtonsche Reihe

$$(18) \qquad \frac{Q(x, \varrho)}{\Gamma(x)} = \sum_{s=0}^{\infty}(-1)^s\psi_s(\varrho)\binom{x-1}{s} \qquad (\sigma > 0,\ \varrho > 0);$$

von der Integraldarstellung (13) aus hingegen ergibt sich die Fakultätenreihe

$$Q(-x, \varrho) = \varrho^{-x} \sum_{s=0}^{\infty} \frac{s! \, \psi_s(\varrho)}{x(x+1)\cdots(x+s)} \qquad (\sigma > 0, \ \varrho > 0). \tag{19}$$

Die letzten beiden Entwicklungen sind von Lerch [7] gefunden worden.

210. Für die allgemeinere Gleichung

$$u(x+1) - x\,u(x) = \varphi(x) \tag{20}$$

bekommen wir die Partikulärlösung

$$U(x) = -\Gamma(x) \sum_{s=0}^{\infty} \frac{\varphi(x+s)}{\Gamma(x+1+s)} = -\sum_{s=0}^{\infty} \frac{\varphi(x+s)}{x(x+1)\cdots(x+s)}, \tag{21}$$

wofern die rechtsstehende Reihe konvergiert. Dies ist z. B. der Fall, wenn $\varphi(x)$ in einer Halbebene $\sigma > c$ regulär und daselbst

$$\limsup_{n\to\infty} \sqrt[n]{\left|\frac{\varphi(x+n)}{\Gamma(x+1+n)}\right|} \leqq q < 1$$

ist. Dann ist die Partikulärlösung (21), wie man leicht sieht, die einzige, für welche

$$\lim_{n\to\infty} \frac{U(x+n)}{\Gamma(x+n)} = 0$$

gilt.

Wenn $\varphi(x)$ ein Polynom ist, gelangen wir auf andere Weise rascher zum Ziele. Es sei nämlich etwa, mittels der Newtonschen Interpolationsformel dargestellt,

$$\varphi(x) = \sum_{s=0}^{m} a_s x(x-1)\cdots(x-s+1). \tag{22}$$

Machen wir den Ansatz

$$u(x) = \sum_{s=0}^{m-1} b_s (x-1)(x-2)\cdots(x-s) + v(x),$$

so wird der Gleichung (20) wegen

$$u(x+1) = \sum_{s=0}^{m-1} b_s x(x-1)\cdots(x-s+1) + v(x+1),$$

$$x\,u(x) = \sum_{s=1}^{m} b_{s-1} x(x-1)\cdots(x-s+1) + x\,v(x)$$

genügt, wenn wir die Größen b_s aus den Gleichungen

$$b_s - b_{s-1} = a_s \qquad (s = m, m-1, \ldots, 1;\ b_m = 0)$$

bestimmen und $v(x)$ als Lösung der Gleichung

$$v(x+1) - x\,v(x) = a_0 - b_0$$

ermitteln. Das Gleichungssystem für die b_s läßt sich leicht auflösen; man findet

$$b_s = -\sum_{i=s+1}^{m} a_i.$$

Die Gleichung für $v(x)$ geht daher über in

$$v(x+1) - x\,v(x) = \sum_{i=0}^{m} a_i$$

und hat die partikuläre Lösung $-e\sum_{i=0}^{m} a_i \cdot P(x)$. Die allgemeine Lösung der Gleichung (20) lautet mithin im gegenwärtigen Falle, wo $\varphi(x)$ das Polynom (22) ist,

$$u(x) = \pi(x)\,\Gamma(x) - e\sum_{i=0}^{m} a_i \cdot P(x) - \sum_{s=0}^{m-1}(x-1)(x-2)\cdots(x-s)\sum_{i=s+1}^{m} a_i. \tag{23}$$

Die für $\pi(x) = 0$ entstehende Lösung

$$U(x) = -e\sum_{i=0}^{m} a_i \cdot P(x) - \sum_{s=0}^{m-1}(x-1)(x-2)\cdots(x-s)\sum_{i=s+1}^{m} a_i$$

ist offenbar die einzige, für welche

$$\lim_{n\to\infty} \frac{U(x+n)}{(x+n)^m} = 0$$

gilt; für $\pi(x) = e\sum_{i=0}^{m} a_i$ ergibt sich die ganze transzendente Lösung

$$\tilde{U}(x) = e\sum_{i=0}^{m} a_i \cdot Q(x) - \sum_{s=0}^{m-1}(x-1)(x-2)\cdots(x-s)\sum_{i=s+1}^{m} a_i.$$

§ 2. Gleichungen mit konstanten Koeffizienten.

211. Für vollständige Differenzengleichungen mit konstanten Koeffizienten

$$\sum_{i=0}^{n} c_i u(x+i) = \varphi(x) \qquad (c_n = 1,\ c_0 \neq 0) \tag{24}$$

können eine Reihe von Betrachtungen angestellt werden, die sich zum Teil in sinngemäßer Weise auch auf Gleichungen mit rationalen Koeffizienten übertragen lassen. Der Einfachheit halber wollen wir indes hier nur den Fall konstanter Koeffizienten berücksichtigen.

Die Anwendung der Lagrangeschen Methode gestaltet sich sehr einfach. Nehmen wir an, daß alle Wurzeln $a_1, a_2, \ldots, a_n$ der charakteristischen Gleichung

$$f(t) = t^n + c_{n-1} t^{n-1} + \cdots + c_0 = 0$$

voneinander verschieden sind, so erhalten wir für die Multiplikatoren $\mu_i(x)$ ohne Mühe die Ausdrücke

$$\mu_i(x) = \frac{1}{f'(a_i)} a_i^{-x-1};$$

die allgemeine Lösung der Gleichung (24) heißt deshalb

$$u(x) = \sum_{i=1}^{n} \pi_i(x) a_i^x + \sum_{i=1}^{n} \frac{a_i^{x-1}}{f'(a_i)} \mathop{\mathrm{S}}_a^x \varphi(z) a_i^{-z} \triangle z. \tag{25}$$

Beispielsweise sei die Gleichung

$$u(x+1) - \frac{1}{\lambda} u(x) = \varphi(x) \tag{26}$$

vorgelegt. Die einzige Wurzel der charakteristischen Gleichung ist $\frac{1}{\lambda}$, und die allgemeine Lösung hat die Gestalt

$$u(x) = \pi(x) \lambda^{-x} + \lambda^{-x+1} \mathop{\mathrm{S}}_a^x \varphi(z) \lambda^z \triangle z,$$

wofern die Funktion $\varphi(x)\lambda^x$ summierbar ist. Dies trifft z. B. zu, wenn

$$\limsup_{n\to\infty} \sqrt[n]{|\varphi(x+n)|} < \frac{1}{|\lambda|}$$

ist; dann konvergiert nämlich die Reihe

$$U(x) = -\sum_{s=0}^{\infty} \lambda^{s+1} \varphi(x+s) \tag{27}$$

und stellt eine partikuläre Lösung dar. $U(x)$ ist nebenbei die einzige Lösung, für welche

$$\limsup_{n\to\infty} \sqrt[n]{|U(x+n)|} < \frac{1}{|\lambda|}$$

bleibt.

212. Wenn die Reihe (27) für $|\lambda| < 1$ konvergiert, können wir auf sie die Eulersche Transformation anwenden und gewinnen dann

$$U(x) = -\sum_{s=0}^{\infty}\left(\frac{\lambda}{1-\lambda}\right)^{s+1} \overset{s}{\triangle} \varphi(x), \tag{28}$$

zunächst für $\left|\frac{\lambda}{1-\lambda}\right| < \frac{1}{2}$. Es kann jedoch vorkommen, daß die Reihe (28) auch noch für andere Werte von λ konvergiert. Dann definiert sie für diese λ eine Lösung der Gleichung (26). Ein Beispiel hierfür haben wir schon in Kapitel 8, § 8 kennengelernt, als wir zur Gewinnung der Wechselsumme den Grenzübergang $\lambda \to -1$ vollzogen. Ein anderes Beispiel bekommen wir bei der Annahme $\varphi(x) = \frac{1}{x}$, also beim Studium der Gleichung

$$u(x+1) - \frac{1}{\lambda} u(x) = \frac{1}{x}. \tag{29}$$

Die Reihe (27) liefert bei $|\lambda| < 1$ die Partialbruchreihe

$$U(x) = -\sum_{s=0}^{\infty} \frac{\lambda^{s+1}}{x+s}, \tag{30}$$

welche in der ganzen Ebene mit Ausnahme der Punkte $x = 0, -1, -2, \ldots$ absolut konvergiert. Diese sind einfache Pole der Funktion $U(x)$. Die Entwicklung (30) bleibt auch für $\lambda = -1$ noch in Kraft und ergibt dann die bereits aus Kapitel 5, § 1 bekannte Partialbruchreihe der Funktion $g(x)$:

$$g(x) = 2\sum_{s=0}^{\infty} \frac{(-1)^s}{x+s}.$$

Die Reihe (28) führt zu der Fakultätenreihe

$$U(x) = \sum_{s=0}^{\infty}\left(\frac{\lambda}{\lambda-1}\right)^{s+1} \frac{s!}{x(x+1)\cdots(x+s)},$$

welche bei

$$\left|\frac{\lambda}{\lambda-1}\right| < 1, \quad \text{also} \quad \Re(\lambda) < \frac{1}{2}$$

für alle endlichen x außer für $x = 0, -1, -2, \ldots$ absolut konvergent ist. Für $\lambda = -1$ geht sie in die Stirlingsche Fakultätenreihe für $g(x)$:

$$g(x) = \sum_{s=0}^{\infty} \frac{\left(\frac{1}{2}\right)^s s!}{x(x+1)\cdots(x+s)}$$

über. Bei

$$\left|\frac{\lambda}{\lambda-1}\right| = 1, \quad \text{also} \quad \Re(\lambda) = \frac{1}{2}$$

ist die Reihe für $\sigma > 0$ konvergent und für $\sigma > 1$ absolut konvergent. Von der Fakultätenreihe aus können wir zu der für $|\lambda| < 1, \sigma > 0$ gültigen Integraldarstellung

$$U(x) = -\lambda \int_0^1 \frac{t^{x-1}}{1-\lambda t}\, dt$$

gelangen.

Erwähnung verdient besonders der Fall $\lambda = \frac{1}{2}$, in dem die Gleichung (30)

$$u(x+1) - 2u(x) = \frac{1}{x}$$

lautet und die Entwicklungen der Partikulärlösung $U(x)$ sich folgendermaßen vereinfachen:

$$U(x) = -\sum_{s=0}^{\infty} \frac{\left(\frac{1}{2}\right)^{s+1}}{x+s},$$

$$U(x) = \sum_{s=0}^{\infty} \frac{(-1)^{s+1} s!}{x(x+1)\cdots(x+s)} \qquad (\sigma > 0),$$

$$U(x) = -\int_0^1 \frac{t^{x-1}}{2-t}\, dt \qquad (\sigma > 0).$$

213. Kehren wir nunmehr zur Behandlung der allgemeinen Gleichung (24) zurück. Wenn $\varphi(x)$ von der Form

(31) $$\varphi(x) = c^x R(x)$$

ist, wobei c eine Konstante und $R(x)$ ein Polynom m-ten Grades

(32) $$R(x) = \sum_{i=0}^{m} \alpha_i \binom{x}{i}$$

bedeutet, läßt sich die Auflösung sehr einfach durchführen. Verstehen wir nämlich unter $v(x)$ ein Polynom von noch zu bestimmendem Grade und setzen eine Partikulärlösung in der Gestalt

$$U(x) = c^x v(x)$$

an, so erhalten wir zur Ermittlung von $v(x)$ die Gleichung

$$\sum_{i=0}^{n} c_i c^i v(x+i) = \sum_{i=0}^{n} c_i c^i \sum_{s=0}^{i} \binom{i}{s} \overset{s}{\triangle} v(x) = \sum_{s=0}^{n} \overset{s}{\triangle} v(x) \sum_{i=s}^{n} \binom{i}{s} c_i c^i = R(x)$$

oder

$$\sum_{s=0}^{n} \overset{s}{\triangle} v(x) \frac{c^s f^{(s)}(c)}{s!} = R(x),$$

wobei $f(t)$ wieder die charakteristische Funktion der Gleichung (24) bezeichnet.

Ist nun c zunächst keine Wurzel der charakteristischen Gleichung $f(t) = 0$, so kommen wir zum Ziele, wenn wir für $v(x)$ ein Polynom m-ten Grades

$$v(x) = \sum_{i=0}^{m} \beta_i \binom{x}{i}$$

nehmen. Durch Koeffizientenvergleichung gewinnen wir nämlich für die Koeffizienten β_i das Gleichungssystem

$$\sum_{s=0}^{n} \beta_{i+s} \frac{c^s f^{(s)}(c)}{s!} = \alpha_i \qquad (i = 0, 1, \ldots, m;\ \beta_i = 0 \text{ für } i > m),$$

ausführlicher

$$\begin{aligned}
&\beta_m f(c) &&= \alpha_m \\
&\beta_m \frac{c f'(c)}{1!} + \beta_{m-1} f(c) &&= \alpha_{m-1} \\
&\beta_m \frac{c^2 f''(c)}{2!} + \beta_{m-1} \frac{c f'(c)}{1!} + \beta_{m-2} f(c) &&= \alpha_{m-2} \\
&\ldots\ldots\ldots\ldots\ldots\ldots\ldots\ldots\ldots,
\end{aligned}$$

dessen Determinante wegen $f(c) \neq 0$ von Null verschieden ist und das sich daher stets auflösen läßt.

Wenn hingegen c eine l-fache Wurzel der charakteristischen Gleichung ist, so haben wir für $v(x)$ ein Polynom $(m+l)$-ten Grades, etwa

$$v(x) = \sum_{i=0}^{m} \beta_i \binom{x}{l+i},$$

zu wählen; die Koeffizienten werden durch das Gleichungssystem

$$\sum_{s=0}^{n-l} \beta_{i+s} \frac{c^{l+s} f^{(l+s)}(c)}{(l+s)!} = \alpha_i \qquad (i = 0, 1, \ldots, m;\ \beta_i = 0 \text{ für } i > m),$$

ausführlicher

$$\begin{aligned}
&\beta_m \frac{c^l f^{(l)}(c)}{l!} &&= \alpha_m \\
&\beta_m \frac{c^{l+1} f^{(l+1)}(c)}{(l+1)!} + \beta_{m-1} \frac{c^l f^{(l)}(c)}{l!} &&= \alpha_{m-1} \\
&\beta_m \frac{c^{l+2} f^{(l+2)}(c)}{(l+2)!} + \beta_{m-1} \frac{c^{l+1} f^{(l+1)}(c)}{(l+1)!} + \beta_{m-2} \frac{c^l f^{(l)}(c)}{l!} &&= \alpha_{m-2} \\
&\dots\dots\dots\dots\dots\dots\dots\dots ,
\end{aligned}$$

geliefert.

Ein Beispiel bildet die Gleichung

$$u(x+3) - 7\,u(x+2) + 16\,u(x+1) - 12\,u(x) = x \cdot 2^x.$$

Die charakteristische Gleichung

$$f(t) = t^3 - 7\,t^2 + 16\,t - 12 = 0$$

hat die Doppelwurzel $t = 2$ und die einfache Wurzel $t = 3$, und es wird

$$f(2) = 0, \qquad f'(2) = 0, \qquad f''(2) = -2, \qquad f'''(2) = 6.$$

Durch Auflösung des Gleichungssystems für β_0 und β_1 findet man

$$v(x) = -\frac{1}{2}\binom{x}{2} - \frac{1}{4}\binom{x}{3}.$$

Die allgemeine Lösung unserer Gleichung lautet daher

$$u(x) = \pi_1(x)\,2^x + \pi_2(x)\,x \cdot 2^x + \pi_3(x)\,3^x - 2^{x-1}\left[\binom{x}{2} + \frac{1}{2}\binom{x}{3}\right].$$

214. Oft kann zur Auflösung der Gleichung (24), wie sich schon nach unseren Andeutungen in Kapitel 10, § 5 erwarten läßt, mit Nutzen von der komplexen Integration Gebrauch gemacht werden [9]. Zunächst besprechen wir ein Verfahren, das eine sehr weitgehende Analogie mit der Methode von Lagrange aufweist. Es sei C ein aus kleinen, sich gegenseitig ausschließenden Kreisen um die Wurzeln der charakteristischen Gleichung, also aus höchstens n getrennt liegenden Kurven bestehender Integrationsweg. Dann setzen wir eine Lösung der Gleichung (24) in der Form

$$U(x) = \frac{1}{2\pi i} \int\limits_C t^{x-1} \frac{g(t,x)}{f(t)}\, dt \tag{33}$$

an, indem wir uns die Verfügung über die Funktion $g(t, x)$ vorbehalten. Wäre $g(t, x)$ ein Polynom $(n-1)$-ten Grades in t mit in x periodischen Koeffizienten, so erhielten wir (vgl. Kap. 10, § 5) auf diese Weise die allgemeine Lösung der homogenen Gleichung. Wir wollen jedoch $g(t,x)$ so bestimmen, daß das Integral (33) eine Lösung der vollständigen Gleichung (24) wird. Dies ist der Fall, wenn

$$U(x+i)=\frac{1}{2\pi i}\int\limits_C t^{x+i-1}\frac{g(t,x)}{f(t)}\,dt \qquad (i=0,1,\ldots,n-1),$$

$$U(x+n)=\frac{1}{2\pi i}\int\limits_C t^{x+n-1}\frac{g(t,x)}{f(t)}\,dt+\varphi(x)$$

und außerdem $g(t,x)$ in der Umgebung der Nullstellen von $f(t)$ in t regulär ist. Statt dessen können wir auch

$$\frac{1}{2\pi i}\int\limits_C t^{x+s}\frac{g(t,x+1)-g(t,x)}{f(t)}\,dt=0 \qquad (s=0,1,\ldots,n-2),$$

$$\frac{1}{2\pi i}\int\limits_C t^{x+n-1}\frac{g(t,x+1)-g(t,x)}{f(t)}\,dt=\varphi(x)$$

fordern. Diese Bedingungen sind erfüllt, wenn wir für $g(t,x)$ eine Lösung der Gleichung

$$g(t,x+1)-g(t,x)=\varphi(x)\,t^{-x} \tag{34}$$

wählen; denn die alsdann entstehenden Gleichungen

$$\frac{1}{2\pi i}\int\limits_C \frac{t^s}{f(t)}\,dt=0 \qquad (s=0,1,\ldots,n-2),$$

$$\frac{1}{2\pi i}\int\limits_C \frac{t^{n-1}}{f(t)}\,dt=1$$

sind sicher richtig, weil die linken Seiten die Residuen der Integranden im Unendlichen und also wirklich 0 oder 1 sind.

Die Aufstellung einer Partikulärlösung der Gleichung (24) läuft also auf die Ermittlung einer in der Umgebung der Wurzeln von $f(t)=0$ regulären Lösung der Gleichung (34), d. h. im wesentlichen auf eine Summation hinaus. Ist z. B.

$$r=\limsup_{k\to\infty}\sqrt[k]{|\varphi(x+k)|}$$

kleiner als der Absolutbetrag der absolut kleinsten Wurzel der charakteristischen Gleichung, so wird die Funktion

$$g(t,x)=-\sum_{s=0}^{\infty}\varphi(x+s)\,t^{-x-s}$$

eine Lösung der Gleichung (34), und setzen wir

$$\frac{1}{f(t)} = -\sum_{s=0}^{\infty} \alpha_s t^s,$$

so ergibt sich durch Residuenrechnung aus dem Integral (33) als Lösung der Differenzengleichung (24) die Funktion

$$U(x) = \sum_{s=0}^{\infty} \alpha_s \varphi(x+s).$$

Oder ist

$$R = \left(\limsup_{k\to\infty} \sqrt[k]{|\varphi(x-k)|}\right)^{-1}$$

größer als der Absolutbetrag der absolut größten Nullstelle von $f(t)$ und

$$\frac{1}{f(t)} = \sum_{s=0}^{\infty} \frac{\beta_s}{t^{n+s}},$$

so gilt

$$U(x) = \sum_{s=0}^{\infty} \beta_s \varphi(x-n-s).$$

Beispielsweise sei $\varphi(x)$ gleich einer Konstanten K. Dann finden wir

$$g(t,x) = K\frac{t^{1-x}}{1-t}$$

und

$$U(x) = \frac{1}{2\pi i}\int_C \frac{K}{(1-t)f(t)}\,dt = \frac{K}{f(1)},$$

wofern $t=1$ keine Wurzel der charakteristischen Gleichung ist. Wenn hingegen $t=1$ eine etwa l-fache Wurzel ist und alle anderen Wurzeln einfach sind, können wir für $g(t,x)$ die Funktion

$$g(t,x) = K\frac{1-t^{1-x}}{t-1}$$

nehmen; setzen wir noch

$$\frac{1}{f(t)} = \sum_{s=1}^{l} \frac{A_s}{(t-1)^s} + \sum \frac{B_s}{t-a_s},$$

wobei im zweiten Gliede rechts die Summation über alle von 1 verschiedenen Wurzeln der charakteristischen Gleichung läuft, so erhalten wir die Lösung

$$U(x) = \frac{K}{2\pi i}\int_C \frac{t^{x-1}-1}{(t-1)f(t)}\,dt = K\sum_{s=1}^{l} A_s \binom{x-1}{s} + K\sum B_s \frac{a_s^{x-1}-1}{a_s-1}.$$

Bei $\varphi(x) = x$ und $f(1) \neq 0$ entsteht für

$$g(t, x) = t^{1-x} \frac{(1-t)x - 1}{(1-t)^2}$$

die Lösung

$$U(x) = \frac{1}{2\pi i} \int_C \left[\frac{x}{(1-t) f(t)} - \frac{1}{(t-1)^2 f(t)} \right] dt = \frac{x}{f(1)} - \frac{f'(1)}{f^2(1)};$$

man bemerkt leicht die Übereinstimmung dieses Ergebnisses mit dem in **213.** erzielten Resultate.

215. Andere auf komplexe Integration gegründete Auflösungsmethoden der Gleichung (24) beruhen auf gewissen Sätzen über die Umkehrung bestimmter Integrale, wie sie z. B. von Riemann und Mellin [11] aufgestellt und von Pincherle [47, 49] in ausgiebigem Maße benutzt worden sind. Wenn $\varphi(x)$ durch ein Integral von der Form

$$\varphi(x) = \frac{1}{2\pi i} \int_l t^{x-1} g(t, x)\, dt \tag{35}$$

darstellbar ist, wobei l einen durch keine Wurzel der charakteristischen Gleichung hindurchgehenden Integrationsweg und $g(t, x)$ eine in x mit der Periode 1 periodische Funktion bezeichnet, so ist offenbar

$$U(x) = \frac{1}{2\pi i} \int_l t^{x-1} \frac{g(t, x)}{f(t)}\, dt \tag{36}$$

eine Partikulärlösung der Gleichung (24). Das Problem der Auflösung der Gleichung (24) ist damit, wenn man so will, auf die Frage zurückgeführt, ob man einen Integrationsweg l und eine Funktion $g(t, x)$ so zu bestimmen vermag, daß die Integralgleichung (35) für $g(t, x)$ erfüllt ist.

Der einfachste Fall ist der, daß $g(t, x)$ von der Form

$$g(t, x) = \pi(x)\, g(t)$$

ist, wobei $\pi(x)$ eine periodische Funktion von x bedeutet und $g(t)$ nur von t abhängt. Dann gelingt die Ermittlung einer Funktion $g(t)$, für welche die Gleichung (35) besteht, zuweilen gerade mit Hilfe jener Sätze über Integralumkehrung. Beispielsweise möge der Integrationsweg l die Strecke der positiven reellen Achse vom Nullpunkte bis zu einer positiven Zahl a und auf ihm keine Nullstelle von $f(t)$ gelegen sein. Ferner möge sich eine periodische Funktion $\pi(x)$ von solcher Beschaffenheit ermitteln lassen, daß die Funktion $\frac{\varphi(x)}{\pi(x)}$ in einer gewissen

Halbebene $\sigma > c$ im Endlichen regulär und von der Form

$$\frac{\varphi(x)}{\pi(x)} = a^x \left(\frac{\varkappa}{x-b} + \frac{\nu(x)}{(x-b)^{1+\varepsilon}}\right)$$

ist. Dabei soll ε eine positive Zahl, $\varkappa$ eine beliebige Zahl, b eine Zahl mit $\Re(b) < c$ und $\nu(x)$ eine für $\sigma > c$ beschränkte Funktion sein. Dann gilt bei $\gamma > c$ für alle reellen t zwischen 0 und a als Umkehrung zur Gleichung (35) die von Riemann herrührende Formel

$$g(t) = \int\limits_{\gamma - i\infty}^{\gamma + i\infty} \frac{\varphi(s)}{\pi(s)} t^{-s}\, ds,$$

unabhängig von der speziellen Wahl von γ. Tragen wir diesen Ausdruck in (36) ein, so gewinnen wir für $\sigma > \gamma$ die Partikulärlösung

$$(37) \qquad U(x) = \frac{\pi(x)}{2\pi i} \int\limits_0^a \frac{dt}{f(t)} \int\limits_{\gamma - i\infty}^{\gamma + i\infty} \frac{\varphi(s)}{\pi(s)} t^{x-s-1}\, ds,$$

womit unter unseren Voraussetzungen über $\varphi(x)$ die Auflösung der Gleichung (24) in der Halbebene $\sigma > c$ geleistet ist.

Die Voraussetzungen sind z. B. erfüllt, wenn $\varphi(x)$ im Unendlichen regulär und $\lim\limits_{|x| \to \infty} \varphi(x) = 0$ ist, oder allgemeiner, wenn $\varphi(x)$ in der Halbebene $\sigma > c > 0$ in die Gestalt

$$(38) \qquad \varphi(x) \doteq a^x \sum_{s=0}^{\infty} \frac{b_s\, s!}{x(x+1)\cdots(x+s)}$$

gebracht werden kann. In diesem Falle erschließt man durch Anwendung des Cauchyschen Integralsatzes die für $\sigma > c$ gültige Integraldarstellung

$$(39) \qquad U(x) = \int\limits_0^a \frac{t^{x-1}}{f(t)} \sum_{s=0}^{\infty} b_s \left(1 - \frac{t}{a}\right)^s dt.$$

Dieses Integral kann in eine Fakultätenreihe der Form

$$(40) \qquad U(x) = a^x \sum_{s=0}^{\infty} \frac{b'_s\, s!}{(x+\omega)(x+2\omega)\cdots(x+(s+1)\omega)} \qquad (\sigma > c)$$

entwickelt werden; die b'_s sind lineare Verbindungen der b_s, insbesondere ist

$$b'_0 = \frac{b_0}{f(a)}.$$

Strebt x in der Halbebene $\sigma > c$ nach Unendlich, so liefert die Entwicklung (40) die Limesrelation

$$\lim_{|x| \to \infty} x a^{-x} U(x) = \frac{b_0}{f(a)}.$$

Als Ergebnis können wir daher festhalten: *Unter der Bedingung, daß* $\varphi(x)$ *für* $\sigma > c > 0$ *mit Hilfe einer konvergenten Fakultätenreihe in der Gestalt* (38) *darstellbar ist, existiert immer eine Partikulärlösung der Gleichung* (24), *welche für* $\sigma > c$ *die Entwicklung* (40) *gestattet und ein einfaches asymptotisches Verhalten aufweist.* Ist z. B $\varphi(x) = \frac{1}{x}$, so erhalten wir

$$U(x) = \int_0^1 \frac{t^{x-1}}{f(t)} dt \qquad (\sigma > 0),$$

$$\lim_{|x| \to \infty} x U(x) = \frac{1}{f(1)} \qquad (\sigma > 0),$$

wie wir für die spezielle Gleichung (29) schon früher gefunden haben.

216. Ein anderer Fall, in dem $\varphi(x)$ durch ein Integral von der Gestalt (35) dargestellt werden kann, ist von Mellin [11], Fujiwara[1]) und Hamburger[2]) angegeben worden; hierbei wird die Integrationslinie l die reelle Achse von 0 bis ∞. Die Funktion $\varphi(x)$ sei in einem Streifen $\alpha < \sigma < \beta$ regulär, ferner strebe $\varphi(x)$ in dem schmäleren Streifen $\alpha + \varepsilon \leqq \sigma \leqq \beta - \varepsilon$ $(\varepsilon > 0)$ für $|\tau| \to \infty$ gleichmäßig gegen Null, und schließlich sei im Streifen $\alpha < \sigma < \beta$ das Integral $\int_{-\infty}^{\infty} |\varphi(\sigma + i\tau)| \, d\tau$ konvergent. Man setze für positive t und festes γ mit $\alpha < \sigma < \beta$

$$g(t) = \int_{\gamma - i\infty}^{\gamma + i\infty} t^{-s} \varphi(s) \, ds,$$

dann gilt im Streifen $\alpha < \sigma < \beta$ die gewünschte Darstellung

$$\varphi(x) = \frac{1}{2\pi i} \int_0^{\infty} t^{x-1} g(t) \, dt.$$

Aus ihr ergibt sich auf Grund der Formel (36) als Partikulärlösung

1) M. Fujiwara, Über Abelsche erzeugende Funktion und Darstellbarkeitsbedingungen von Funktionen durch Dirichletsche Reihen, *Tôhoku math. J. 17 (1920), p. 363—383, insb. p. 379—383.*

2) H. Hamburger, Über die Riemannsche Funktionalgleichung der ζ-Funktion, *Math. Ztschr. 10 (1921), p. 240—254, insb. p. 242—244.*

der Gleichung (24) im Streifen $\alpha < \sigma < \beta + n$ die Funktion

$$U(x) = \frac{1}{2\pi i}\int_0^\infty \frac{dt}{f(t)} \int_{\gamma - i\infty}^{\gamma + i\infty} \varphi(s)\, t^{x-s-1}\, ds, \tag{41}$$

wofern keine der Nullstellen von $f(t)$ auf die positive reelle Achse fällt. Aber auch dann, wenn $f(t)$ auf der positiven reellen Achse verschwindet, kann durch geeignete Ausbuchtungen des Integrationsweges doch eine Lösung gewonnen werden.

Ist z. B. die Gleichung

$$u(x+1) - \frac{1}{\lambda} u(x) = \Gamma(x)$$

vorgelegt, so erhalten wir wegen

$$\Gamma(x) = \int_0^\infty t^{x-1} e^{-t}\, dt$$

für $0 < \gamma < \infty$ zunächst die Relation

$$e^{-t} = \frac{1}{2\pi i}\int_{\gamma - i\infty}^{\gamma + i\infty} t^{-s}\, \Gamma(s)\, ds$$

und hieraus die Lösung

$$U(x) = -\lambda \int_0^\infty \frac{t^{x-1} e^{-t}}{1 - \lambda t}\, dt \qquad (\sigma > 0).$$

Durch die Annahme $\lambda = -1$ läßt sich für die Wechselsumme der Gammafunktion die Integraldarstellung

$$\mathfrak{S}\, \Gamma(x) \nabla x = 2 \int_0^\infty \frac{t^{x-1} e^{-t}}{1+t}\, dt \qquad (\sigma > 0)$$

herleiten; ein Vergleich mit der Mellinschen Formel (17) führt dann zu der Gleichung

$$\mathfrak{S}\, \Gamma(x) \nabla x = 2\, e\, \Gamma(x)\, Q(1-x). \tag{42}$$

§ 3. Die Hilbschen Untersuchungen.

217. In neuester Zeit hat Hilb [3, 4, 5] auf einen bemerkenswerten Zusammenhang der Theorie der vollständigen linearen Differenzengleichungen mit den Theorien der linearen Gleichungen mit unendlich vielen Unbekannten und der Differentialgleichungen unendlich hoher Ordnung hingewiesen. Ist z. B. die Gleichung

$$\frac{u(x+1)+u(x)}{2} = \varphi(x) \tag{43}$$

vorgelegt, so kann man aus ihr durch Benutzung des Taylorschen Satzes sofort die ihr äquivalente Differentialgleichung unendlich hoher Ordnung

$$u(x) + \frac{1}{2}\sum_{\nu=1}^{\infty} \frac{u^{(\nu)}(x)}{\nu!} = \varphi(x)$$

erhalten (Hilb [3]). Auf diese Differentialgleichung läßt sich ein Satz von Schürer [6] über Differentialgleichungen unendlich hoher Ordnung mit konstanten Koeffizienten

$$\sum_{\nu=0}^{\infty} a_\nu u^{(\nu)}(x) = \varphi(x) \tag{44}$$

anwenden. Es sei

$$a(t) = \sum_{\nu=0}^{\infty} a_\nu t^\nu, \qquad \frac{1}{a(t)} = \sum_{\nu=0}^{\infty} b_\nu t^\nu,$$

$\varphi(x)$ eine ganze transzendente, der Wachstumsbeschränkung

$$|\varphi(x)| < C e^{(k+\varepsilon)|x|} \tag{45}$$

unterworfene Funktion und k kleiner als die absolut kleinste Wurzel der Gleichung $a(t) = 0$. Dann ist nach Schürer

$$U(x) = \sum_{\nu=0}^{\infty} b_\nu \varphi^{(\nu)}(x)$$

die einzige ganze transzendente Lösung der Gleichung (44) mit der Eigenschaft

$$|U(x)| < C_1 e^{(k+\varepsilon)|x|}. \tag{46}$$

In unserem Falle ist

$$a(t) = \frac{1+e^t}{2}, \qquad \frac{1}{a(t)} = \frac{2}{1+e^t} = \sum_{\nu=0}^{\infty} \frac{C_\nu}{2^\nu \nu!} t^\nu$$

und πi die absolut kleinste Nullstelle von $a(t)$. Nach dem Satze von Schürer stellt also, wofern die Ungleichung (45) erfüllt und $k < \pi$ ist,

$$U(x) = \sum_{\nu=0}^{\infty} \frac{C_\nu}{2^\nu \nu!} \varphi^{(\nu)}(x) = \varphi(x) + \sum_{\nu=1}^{\infty} \frac{C_{2\nu-1}}{2^{2\nu-1}(2\nu-1)!} \varphi^{(2\nu-1)}(x) \tag{47}$$

die einzige ganze transzendente Lösung der Differenzengleichung (43) dar, welche der Bedingung (46) genügt. Vergleichen wir dieses Resultat mit unserer Formel (18) aus Kapitel 4, § 1, so sehen wir, daß wir genau zur Wechselsumme von $\varphi(x)$ und ihrer Wachstumsbeschränkung (Kap. 4, § 2) gekommen sind.

Wenn $\varphi(x)$ in einer Halbebene $\sigma > c$ regulär und dort bei konstantem $\varkappa$ und beschränktem $\nu(x)$ von der Form

$$\varphi(x) = \frac{\varkappa}{x} + \frac{\nu(x)}{x^2}$$

ist, so erhält man nach Hilb durch einen ähnlichen Integralgleichungsansatz, wie wir ihn in § 2 kennengelernt haben,

$$U(x) = \frac{1}{2\pi i}\int\limits_{\gamma-i\infty}^{\gamma+i\infty} \varphi(s)\, g(x-s)\, ds \qquad (\sigma > \gamma > c)$$

als einzige Lösung der Differenzengleichung (43), welche die soeben für $\varphi(x)$ angeführten Eigenschaften aufweist. Dabei ist $g(x)$ die uns aus Kapitel 5, § 1 bekannte Funktion. Für diese Lösung gilt asymptotisch die Entwicklung (47), wenn x in der Halbebene $\sigma > c$ parallel der reellen Achse ins Unendliche wandert. Aus der Integraldarstellung leitet man mittels des Ergänzungssatzes der Funktion $g(x)$ und des Cauchyschen Integralsatzes die uns aus Kapitel 4, § 1 geläufige Integraldarstellung

$$U(x) = i\int\limits_{\alpha-i\infty}^{\alpha+i\infty} \varphi(x+z)\frac{dz}{\sin \pi z} \qquad (-1 < \alpha < 0, \quad \sigma > c)$$

der Wechselsumme her. Diese gilt, wie schon in Kapitel 4, § 2 auseinandergesetzt ist, sogar, wenn $\varphi(x)$ in der Halbebene $\sigma > c$ regulär und lediglich der Wachstumsbeschränkung

$$|\varphi(x)| < C e^{(k+\varepsilon)|x|} \qquad (k < \pi)$$

unterworfen ist; sie lehrt, daß dann $U(x)$ die einzige Lösung von (43) ist, für welche die Ungleichung

$$|U(x)| < C_1 e^{(k+\varepsilon)|x|} \qquad (k < \pi)$$

besteht.

Wenn schließlich für alle reellen x

$$\limsup_{n\to\infty} \sqrt[n]{|\varphi(x+n)|} \leqq q < 1$$

ist, so folgert Hilb durch Untersuchung der unendlich vielen linearen Gleichungen

$$u(x+s+1)+u(x+s)=2\varphi(x+s) \qquad (s=0,1,2,\ldots),$$

daß die alsdann vorhandene Lösung

$$U(x)=2\sum_{s=0}^{\infty}(-1)^s\varphi(x+s),$$

die für uns seinerzeit (Kap. 3, § 2) einen Ausgangspunkt zur Behandlung des Summationsproblems bildete, die einzige ist, für welche

$$\limsup_{n\to\infty}\sqrt[n]{|U(x+n)|}\leqq q$$

bleibt.

Ähnliche Betrachtungen lassen sich für die Gleichung

(20) $$u(x+1)-x\,u(x)=\varphi(x)$$

anstellen, der wir in § 1 begegnet sind. Die entsprechende Differentialgleichung unendlich hoher Ordnung

$$(1-x)\,u(x)+\sum_{\nu=1}^{\infty}\frac{u^{(\nu)}(x)}{\nu!}=\varphi(x)$$

ist eine Gleichung mit rationalen Koeffizienten. Statt des obigen Satzes von Schürer hat man hier eine Methode von Hilb für Gleichungen mit rationalen Koeffizienten zu benutzen, die wesentlich auf der Heranziehung einer Hilfsdifferentialgleichung

$$-\frac{d\varphi(z,x)}{dz}+(e^z-x)\,\varphi(z,x)=1$$

beruht. Ist $\varphi(x)$ eine ganze transzendente Funktion mit der Wachstumsbeschränkung

$$|\varphi(x)|<C\,e^{(k+\varepsilon)|x|},$$

so hat die Gleichung (20) die ganze transzendente Lösung

$$U(x)=\sum_{\nu=0}^{\infty}\frac{c_\nu(x)}{\nu!}\varphi^{(\nu)}(x),$$

wobei die Funktionen $c_\nu(x)$ durch die Entwicklung

$$\varphi(z,x)=e^{e^z}e^{-xz}\int_z^{\infty}e^{-e^t}e^{xt}\,dt=\sum_{\nu=0}^{\infty}\frac{c_\nu(x)}{\nu!}z^\nu$$

gegeben werden; die Funktion $c_0(x)$ läßt sich durch die unvollständige Gammafunktion $Q(x)$ in der Form $c_0(x) = e\,Q(x)$ ausdrücken. Nimmt man als Integrationsgrenze $-\infty$ statt ∞, setzt man also

$$\tilde{\varphi}(z, x) = -e^{e^z} e^{-xz} \int_{-\infty}^{z} e^{-e^t} e^{xt}\, dt = \sum_{\nu=0}^{\infty} \frac{\gamma_\nu(x)}{\nu!} z^\nu$$

so ergibt sich für $\sigma > 0$ die weitere Lösung

$$\tilde{U}(x) = \sum_{\nu=0}^{\infty} \frac{\gamma_\nu(x)}{\nu!} \varphi^{(\nu)}(x);$$

insbesondere ist $\gamma_0(x) = -e P(x)$. Die Lösung $\tilde{U}(x)$ ist die einzige, für welche

$$\lim_{n \to \infty} \frac{\tilde{U}(x+n)}{\Gamma(x+n)} = 0$$

gilt.

Durch die in § 1 besprochene Methode würde man eine Partikulärlösung in der Form

$$U(x) = \Gamma(x) \mathop{\mathbf{S}}_{a}^{x} \frac{\varphi(z)}{\Gamma(z+1)} \triangle z$$

gewinnen.

218. Die Grundzüge einer allgemeinen Theorie der inhomogenen linearen Differenzengleichungen mit rationalen Koeffizienten entwickelt Hilb [4] am Beispiel der Gleichung

$$(48) \qquad (ax+b)\,u(x+1) + (cx+d)\,u(x) = \varphi(x).$$

Die Hauptgedanken dabei sind folgende. Durch eine geeignete Operation wird aus der Gleichung (48) ein System von unendlich vielen linearen Gleichungen mit unendlich vielen Unbekannten hergeleitet. Dieses System ist vermöge eines Hilbschen Satzes mit einer linearen Hilfsdifferentialgleichung verknüpft. Wählt man das an ihrer absolut kleinsten singulären Stelle reguläre Integral, so erhält man eine ausgezeichnete Lösung der Differenzengleichung, die sich durch eine Grenzbedingung eindeutig charakterisieren läßt.

Zunächst erwähnen wir den für die Hilbschen Betrachtungen grundlegenden Satz über lineare Gleichungen mit unendlich vielen Unbekannten (Hilb [2])[1]. Es seien die Funktionen

$$a(z) = \sum_{\nu=0}^{\infty} a_\nu z^\nu, \qquad b(z) = \sum_{\nu=0}^{\infty} b_\nu z^\nu$$

für $|z| < q$ regulär, es besitze die Gleichung $b(z) = 0$ nur eine einzige,

[1]) Vgl. hierzu auch eine interessante Arbeit von H. von Koch [1].

und zwar einfache Wurzel z_1 vom Absolutbetrage kleiner als q, und es sei $\frac{a(z_1)}{b'(z_1)}$ keine negative ganze Zahl. Ferner sei

$$v_j(z) = \sum_{\nu=0}^{\infty} v_{j\nu} z^\nu$$

das einzige für $|z| < q$ (also auch an der Stelle z_1) reguläre Integral der Hilfsdifferentialgleichung

$$a(z) v_j(z) + b(z) v_j'(z) = z^j;$$

die Koeffizienten $v_{j\nu}$ der Potenzreihe für $v_j(z)$ genügen den Gleichungen

$$\sum_{k=0}^{\nu} a_{\nu-k} v_{jk} + \sum_{k=1}^{\nu+1} k b_{\nu-k+1} v_{jk} = \begin{cases} 0 & \text{für } \nu \neq j, \\ 1 & \text{für } \nu = j. \end{cases}$$

Nun bilde man durch Vertauschung von Zeilen und Spalten das Gleichungssystem

$$\sum_{\nu=k}^{\infty} a_{\nu-k} \xi_\nu + \sum_{\nu=k-1}^{\infty} k b_{\nu-k+1} \xi_\nu = \eta_k \qquad (k = 0, 1, 2, \ldots).$$

Dann besteht folgender Satz: *Wenn für die Funktionen η_k auf der rechten Seite des letzten Gleichungssystems*

$$\limsup_{n \to \infty} \sqrt[n]{|\eta_n|} \leqq q$$

bleibt, hat das Gleichungssystem ein und nur ein Lösungssystem ξ_ν, welches die analoge Grenzbedingung

$$\limsup_{n \to \infty} \sqrt[n]{|\xi_n|} \leqq q$$

erfüllt, und zwar ist

$$\xi_j = \sum_{\nu=0}^{\infty} \varphi_{j\nu} \eta_\nu.$$

Ein solches Gleichungssystem erhalten wir nun z. B. gerade, wenn wir in der Differenzengleichung (48) x immer um 1 vermehren, ein distributiver Prozeß, den wir mit E bezeichnen wollen, sodaß

$$E\,u(x) = u(x+1), \qquad E^\nu u(x) = u(x+\nu)$$

ist, und nachher

$$u(x+k) = \xi_k, \qquad \varphi(x+k) = \eta_k$$

setzen. Die zu diesem Gleichungssystem gehörige Hilfsdifferentialgleichung lautet

$$(49)\qquad [cx+d+(ax+b)z]\,v_j(z)+z(c+az)\,v_j'(z)=z^j.$$

Für sie ist $z_1=0$, und wir haben $q<\left|\frac{c}{a}\right|$ zu nehmen. Das an der Stelle $z=0$ reguläre Integral $v_j(z)=v_j(x,z)$ läßt sich im Falle $j=0$ leicht zu

$$v_0(x,z)=\frac{1}{cx+d}-\frac{ax+b}{(cx+d)(cx+d+c)}z$$
$$+\frac{(ax+b)(ax+b+a)}{(cx+d)(cx+d+c)(cx+d+2c)}z^2-\cdots$$

ermitteln, und allgemein ist

$$v_j(x,z)=z^j\,v_0(x+j,z).$$

Nach dem Hilfssatze können wir daher als Partikulärlösung der Differenzengleichung (48) sofort die Funktion

$$(50)\ U(x)=\xi_0=\frac{\varphi(x)}{cx+d}-\frac{ax+b}{(cx+d)(cx+d+c)}\varphi(x+1)$$
$$+\frac{(ax+b)(ax+b+a)}{(cx+d)(cx+d+c)(cx+d+2c)}\varphi(x+2)-\cdots$$

aufschreiben; diese Lösung ist, wenn

$$(51)\qquad \limsup_{n\to\infty}\sqrt[n]{|\varphi(x+n)|}<\left|\frac{c}{a}\right|$$

bleibt, die einzige mit der Eigenschaft

$$(52)\qquad \limsup_{n\to\infty}\sqrt[n]{|U(x+n)|}<\left|\frac{c}{a}\right|.$$

Bei Anwendung der Lagrangeschen Methode bekommen wir die Lösung (50) folgendermaßen. Die homogene Gleichung

$$(ax+b)\,u(x+1)+(cx+d)\,u(x)=0$$

hat die Fundamentallösung

$$u_1(x)=\left(-\frac{c}{a}\right)^x\frac{\Gamma\left(x+\frac{d}{c}\right)}{\Gamma\left(x+\frac{b}{a}\right)};$$

die vollständige Lösung der inhomogenen Gleichung heißt daher

$$u(x)=\left(-\frac{c}{a}\right)^x\frac{\Gamma\left(x+\frac{d}{c}\right)}{\Gamma\left(x+\frac{b}{a}\right)}\left\{\pi(x)-\frac{1}{c}\mathop{\mathsf{S}}_a^x\varphi(z)\left(-\frac{a}{c}\right)^z\frac{\Gamma\left(z+\frac{b}{a}\right)}{\Gamma\left(z+1+\frac{d}{c}\right)}\triangle z\right\}.$$

Hieraus entfließt, wenn die Bedingung (51) erfüllt ist, also die Reihe (50) konvergiert, sofort die Lösung (50) und die Grenzbedingung (52).

Statt der oben benutzten Operation E können auch andere Operationen zur Herleitung eines unendlichen Gleichungssystems aus der Differenzengleichung (48) herangezogen werden. Dann ergibt sich natürlich auch eine andere Hilfsdifferentialgleichung und eine Lösung der Gleichung (48), welche einer anderen Grenzbedingung unterworfen ist. Die weiteren Hilbschen Untersuchungen beziehen sich nun auf den Zusammenhang zwischen jenen Operationen zur Herleitung des unendlichen Gleichungssystems und den Formen der Grenzbedingung für die zugehörige ausgezeichnete Lösung der Differenzengleichung (48). Es zeigt sich, daß dieser Zusammenhang durch die Transformationen der unabhängigen Veränderlichen in der zum unendlichen Gleichungssystem gehörigen Hilfsdifferentialgleichung vermittelt wird.

219. Bei der Behandlung einer allgemeinen Differenzengleichung n-ter Ordnung mit rationalen Koeffizienten (Hilb [5]) spielt die Einführung eines Parameters λ eine wichtige Rolle. Die Differenzengleichung sei in der Form

$$(53)\qquad \sum_{i=0}^{n} \lambda^i p_i(x)\, u(x+i) = \varphi(x)$$

vorgelegt, in welcher die $p_i(x)$ Polynome in x vom Grade p sind:

$$p_i(x) = \sum_{s=0}^{p} a_{is} x^s .$$

Durch Anwendung des E-Prozesses erhält man für die Unbekannten

$$u(x+k) = \xi_k \qquad (k = 0, 1, 2, \ldots)$$

das Gleichungssystem

$$\sum_{i=0}^{n} \lambda^i \sum_{s=0}^{p} a_{is} (x+k)^s \xi_{i+k} = \varphi(x+k);$$

die ihm entsprechende Hilfsdifferentialgleichung heißt

$$\sum_{l=0}^{p} \frac{z^l}{l!} \frac{d^l v(z)}{dz^l} \sum_{i=0}^{n} \lambda^i z^i \sum_{s=0}^{p} a_{is} \frac{s!}{(s-l)!} B_{s-l}^{(-l)}(x) = 1,$$

wobei $B_{s-l}^{(-l)}(x)$ das Bernoullische Polynom von der Ordnung $-l$ und vom Grade $s-l$ ist. Diese Hilfsdifferentialgleichung hat, wenn $z_1, z_2, \ldots, z_n$ die nach wachsendem Absolutbetrage geordneten Wurzeln der Gleichung

$$\sum_{i=0}^{n} a_{ip} z^i = 0$$

sind, außer $z = 0$ die singulären Stellen $\frac{z_1}{\lambda}, \frac{z_2}{\lambda}, \ldots, \frac{z_n}{\lambda}$. Nun machen wir noch die wesentliche Voraussetzung $a_{0p} \neq 0$, sodaß $z = 0$ ein singulärer Punkt der Bestimmtheit wird, und ermitteln das für $z = 0$ reguläre Integral

$$v(z) = \sum_{s=0}^{\infty} v_s \lambda^s z^s.$$

Dann besitzt, wenn

$$(54) \qquad \limsup_{k \to \infty} \sqrt[k]{|\varphi(x+k)|} < \left|\frac{z_1}{\lambda}\right|$$

bleibt, die Differenzengleichung (53) eine und nur eine Lösung $U(x)$, für welche die analoge Grenzbedingung

$$(55) \qquad \limsup_{k \to \infty} \sqrt[k]{|U(x+k)|} < \left|\frac{z_1}{\lambda}\right|$$

besteht, und zwar

$$(56) \qquad U(x) = \sum_{s=0}^{\infty} v_s \lambda^s \varphi(x+s).$$

Da die Koeffizienten v_s zwar von x, aber nicht von λ abhängen, hat die durch das Funktionselement $\sum\limits_{s=0}^{\infty} v_s \lambda^s$ definierte Funktion in der λ-Ebene nur die singulären Stellen $z_1, z_2, \ldots, z_n$. Nun sei die Grenzbedingung (54) nicht erfüllt, und die Funktion $\sum\limits_{s=0}^{\infty} \lambda^s \varphi(x+s)$ habe in der λ-Ebene die singulären Stellen $\lambda_1, \lambda_2, \ldots$. Dann folgt aus dem Hadamardschen Multiplikationssatze[1]), daß die Funktion $U(x)$, als Funktion von λ aufgefaßt, in der λ-Ebene höchstens in den Punkten $\lambda_\mu z_\nu$ $(\nu = 1, 2, \ldots, n;\ \mu = 1, 2, \ldots)$ singulär sein kann.

Vor kurzem hat Hilb [6] gezeigt, daß die von ihm benutzten Hilfsmittel auch zur Behandlung allgemeinerer Funktionalgleichungen geeignet sind.

---

[1]) J. Hadamard, Théorème sur les séries entières, *Acta math.* *22* (*1899*), *p. 55—63.*

Fünfzehntes Kapitel.

Reziproke Differenzen und Kettenbrüche.

§ 1. Reziproke Differenzen. Die Thielesche Interpolationsformel.

220. In diesem letzten Kapitel wollen wir zur Behandlung von Problemen der Differenzenrechnung ein Hilfsmittel heranziehen, das wir bisher noch nicht benutzt haben, nämlich die Kettenbrüche [5, 6]. Zu diesem Zwecke führen wir zunächst mit Thiele [1, 2] gewisse Ausdrücke ein, die in Analogie zu den in Kapitel 1, § 2 besprochenen Steigungen stehen und *reziproke Differenzen* genannt werden.

Es seien $x_0, x_1, \ldots, x_n$ voneinander verschiedene Zahlen. Dann definieren wir die reziproken Differenzen 1. Ordnung einer Funktion $f(x)$ durch die Gleichungen

$$\varrho(x_0 x_1) = \frac{x_0 - x_1}{f(x_0) - f(x_1)},$$

$$\varrho(x_1 x_2) = \frac{x_1 - x_2}{f(x_1) - f(x_2)}, \quad \ldots;$$

es sind also die reziproken Differenzen die Reziproka der Steigungen von $f(x)$. Mit den Ausdrücken $\varrho(x_0 x_1)$, $\varrho(x_1 x_2), \ldots$ können wir wieder reziproke Differenzen bilden und erklären sodann die reziproken Differenzen 2. Ordnung von $f(x)$ durch die Beziehungen

$$\varrho^2(x_0 x_1 x_2) = \frac{x_0 - x_2}{\varrho(x_0 x_1) - \varrho(x_1 x_2)} + f(x_1),$$

$$\varrho^2(x_1 x_2 x_3) = \frac{x_1 - x_3}{\varrho(x_1 x_2) - \varrho(x_2 x_3)} + f(x_2), \quad \ldots.$$

Weiter soll die reziproke Differenz 3. Ordnung

$$\varrho^3(x_0 x_1 x_2 x_3) = \frac{x_0 - x_3}{\varrho^2(x_0 x_1 x_2) - \varrho^2(x_1 x_2 x_3)} + \varrho(x_1 x_2)$$

sein und die reziproke Differenz n-ter Ordnung

$$(1) \quad \varrho^n(x_0 x_1 \ldots x_n) = \frac{x_0 - x_n}{\varrho^{n-1}(x_0 x_1 \ldots x_{n-1}) - \varrho^{n-1}(x_1 x_2 \ldots x_n)} + \varrho^{n-2}(x_1 x_2 \ldots x_{n-1}).$$

Manchmal werden wir für die reziproke Differenz n-ter Ordnung $\varrho^n(x_0 x_1 \ldots x_n)$ der Funktion $f(x)$ auch die Schreibweisen $\varrho^n f(x)$ oder einfach ϱ^n anwenden.

Fassen wir ϱ als Operationssymbol auf, so wird die Regel zur Bildung der reziproken Differenzen durch die Formel

$$\varrho^n f(x) = \varrho\, \varrho^{n-1} f(x) + \varrho^{n-2} f(x) \tag{2}$$

gegeben. Das rechts an zweiter Stelle stehende Zusatzglied ist hinzugefügt, damit man einen in $x_0, x_1, \ldots, x_n$ symmetrischen Ausdruck bekommt; wir werden nämlich später sehen, daß die reziproken Differenzen *symmetrische* Funktionen von $x_0, x_1, \ldots, x_n$ sind. Zur übersichtlichen Zusammenfassung schreiben wir die reziproken Differenzen ähnlich wie die Steigungen in einem Schema auf, beispielsweise

$$\begin{array}{llllll}
x_0 & f(x_0) & & & & \\
 & & \varrho(x_0 x_1) & & & \\
x_1 & f(x_1) & & \varrho^2(x_0 x_1 x_2) & & \\
 & & \varrho(x_1 x_2) & & \varrho^3(x_0 x_1 x_2 x_3) & \\
x_2 & f(x_2) & & \varrho^2(x_1 x_2 x_3) & & \varrho^4(x_0 x_1 x_2 x_3 x_4) \ldots \\
 & & \varrho(x_2 x_3) & & \varrho^3(x_1 x_2 x_3 x_4) & \\
x_3 & f(x_3) & & \varrho^2(x_2 x_3 x_4) & & \\
 & & \varrho(x_3 x_4) & & & \\
x_4 & f(x_4) & & & &
\end{array}$$

In Analogie zur Schreibweise der reziproken Differenzen gebrauchen wir in diesem Kapitel für die Steigung n-ter Ordnung $[x_0 x_1 \ldots x_n]$ der Funktion $f(x)$ die Bezeichnungen $\delta^n(x_0 x_1 \ldots x_n)$ oder $\delta^n f(x)$, weil es sich bisweilen als nötig erweist, die Ordnung der Steigung oder die Funktion, für welche die Steigung gebildet wird, explizit anzugeben. Mit dieser Bezeichnung lauten die Definitionsgleichungen für die Steigungen

$$\delta(x_0 x_1) = \frac{f(x_0) - f(x_1)}{x_0 - x_1}, \qquad \delta(x_1 x_2) = \frac{f(x_1) - f(x_2)}{x_1 - x_2}, \quad \ldots$$

$$\delta^2(x_0 x_1 x_2) = \frac{\delta(x_0 x_1) - \delta(x_1 x_2)}{x_0 - x_2}, \qquad \delta^2(x_1 x_2 x_3) = \frac{\delta(x_1 x_2) - \delta(x_2 x_3)}{x_1 - x_3}, \quad \ldots$$

$$\ldots\ldots\ldots\ldots\ldots\ldots\ldots\ldots\ldots\ldots\ldots\ldots$$

$$\delta^n(x_0 x_1 \ldots x_n) = \frac{\delta^{n-1}(x_0 x_1 \ldots x_{n-1}) - \delta^{n-1}(x_1 x_2 \ldots x_n)}{x_0 - x_n}, \quad \ldots .$$

Wie auf dem Begriff der Steigungen die Newtonsche Interpolationsformel (Kap. 1, § 3) aufgebaut ist, so entspringt aus dem Begriff der reziproken Differenzen eine andere Interpolationsformel, welche wir die Thielesche Interpolationsformel nennen wollen. Aus der Definition (1) der reziproken Differenzen können folgende Gleichungen entnommen werden:

$$[\varrho^{n+1}(x x_0 \ldots x_n) - \varrho^{n-1}(x_0 x_1 \ldots x_{n-1})]\,[\varrho^{n}(x x_0 \ldots x_{n-1}) - \varrho^{n}(x_0 x_1 \ldots x_n)] = x - x_n,$$

$$[\varrho^{n}(x x_0 \ldots x_{n-1}) - \varrho^{n-2}(x_0 x_1 \ldots x_{n-2})]\,[\varrho^{n-1}(x x_0 \ldots x_{n-2}) - \varrho^{n-1}(x_0 x_1 \ldots x_{n-1})] = x - x_{n-1},$$

$$\ldots\ldots\ldots\ldots\ldots\ldots\ldots\ldots$$

$$[\varrho^{2}(x x_0 x_1) - f(x_0)]\,[\varrho(x x_0) - \varrho(x_0 x_1)] = x - x_1,$$

$$\varrho(x x_0)\,[f(x) - f(x_0)] = x - x_0;$$

löst man sie nach $f(x)$ auf, so ergibt sich der Kettenbruch

$$(3)\qquad f(x) = f(x_0) + \cfrac{x - x_0}{\varrho(x_0 x_1) + \cfrac{x - x_1}{\varrho^2(x_0 x_1 x_2) - f(x_0) + \cfrac{x - x_2}{\varrho^3(x_0 x_1 x_2 x_3) - \varrho(x_0 x_1) + \cdots}}}$$
$$+ \frac{x - x_n}{\varrho^{n+1}(x x_0 \ldots x_n) - \varrho^{n-1}(x_0 x_1 \ldots x_{n-1})}$$

oder auch

$$(3^*)\qquad f(x) = f(x_0) + \cfrac{x - x_0}{\varrho(x_0 x_1) + \cfrac{x - x_1}{\varrho\varrho(x_0 x_1) + \cfrac{x - x_2}{\varrho\varrho^2(x_0 x_1 x_2) + \cdots}}}$$
$$+ \frac{x - x_n}{\varrho^{n+1}(x x_0 \ldots x_n) - \varrho^{n-1}(x_0 x_1 \ldots x_{n-1})}.$$

Die Gleichung (3) oder (3*) ist die gesuchte *Thielesche Interpolationsformel*. Sie liefert den Wert von $f(x)$ an einer beliebigen Stelle x, wenn wir ihn für die Interpolationsstellen $x_0, x_1, \ldots, x_n$ kennen und außerdem die reziproke Differenz $\varrho^{n+1}(x x_0 \ldots x_n)$ bekannt ist.

Für die Verwendung der Thieleschen Formel zu Interpolationszwecken gelten ähnliche Bemerkungen, wie wir sie in Kap. 1, § 3 für die Newtonsche Interpolationsformel ausgesprochen haben. Der $(n+1)$-te Näherungsbruch des Kettenbruchs (3) mit dem Zähler $Z_{n+1}(x)$ und dem Nenner $N_{n+1}(x)$ ist eine rationale Funktion von x, welche für $x = x_0, x_1, \ldots, x_n$ mit $f(x)$ übereinstimmt; es bestehen also die Gleichungen

$$(4)\qquad f(x_0) = \frac{Z_{n+1}(x_0)}{N_{n+1}(x_0)},\quad f(x_1) = \frac{Z_{n+1}(x_1)}{N_{n+1}(x_1)},\quad \ldots,\quad f(x_n) = \frac{Z_{n+1}(x_n)}{N_{n+1}(x_n)}.$$

Unter dem Restglied $R_{n+1}(x)$ der Thieleschen Formel verstehen wir die Differenz

$$(5) \qquad R_{n+1}(x) = f(x) - \frac{Z_{n+1}(x)}{N_{n+1}(x)};$$

auf dieses Restglied werden wir in § 3 zu sprechen kommen.

Insbesondere können wir aus der Gleichung (3) und aus gewissen später anzugebenden Determinantenausdrücken für die reziproken Differenzen schließen, *daß die* $(n+1)$*-te reziproke Differenz dann und nur dann eine Konstante ist, wenn die Funktion* $f(x)$ *selbst eine rationale Funktion ist.* Die rationalen Funktionen spielen also bei den reziproken Differenzen und bei der Thieleschen Interpolationsformel dieselbe Rolle wie die Polynome bei den Steigungen und bei der Newtonschen Interpolationsformel. Diese Tatsache lehrt, daß sich das Anwendungsgebiet der Thieleschen Formel für die Zwecke der Interpolation viel weiter erstreckt als das der Newtonschen Formel; ihr sind Funktionen zugänglich, welche sich mit der Newtonschen Formel nicht bezwingen lassen.

221. Nunmehr treten wir in ein eingehenderes Studium der reziproken Differenzen ein. An eine erschöpfende Behandlung können wir freilich bei der Fülle der interessanten und merkwürdigen Beziehungen und Eigenschaften, welche diese Ausdrücke darbieten, nicht denken, vielmehr müssen wir uns in vielen Fällen mit Andeutungen begnügen. Zunächst wollen wir aus der Gleichung (3) *Determinantendarstellungen der reziproken Differenzen* herleiten, welche deren bereits angekündigte Symmetrie in $x_0, x_1, \ldots, x_n$ in Erscheinung treten lassen. Dazu setzen wir

$$(6) \qquad \begin{aligned} Z_{2s} &= z_0 + z_1 x + z_2 x^2 + \cdots + z_s x^s, \\ N_{2s} &= n_0 + n_1 x + n_2 x^2 + \cdots + n_{s-1} x^{s-1}, \\ Z_{2s+1} &= \zeta_0 + \zeta_1 x + \zeta_2 x^2 + \cdots + \zeta_s x^s, \\ N_{2s+1} &= \nu_0 + \nu_1 x + \nu_2 x^2 + \cdots + \nu_s x^s \end{aligned}$$

und bemerken, daß

$$(6^*) \qquad \begin{aligned} z_s &= 1, & n_{s-1} &= \varrho^{2s-1}(x_0 x_1 \ldots x_{2s-1}), \\ \zeta_s &= \varrho^{2s}(x_0 x_1 \ldots x_{2s}), & \nu_s &= 1 \end{aligned}$$

ist. Schreiben wir unter Benutzung der Gleichungen (6) die Relationen (4) in aller Ausführlichkeit auf, so erhalten wir eine hinreichende Anzahl linearer Gleichungen zur Ermittlung der Koeffizienten z, n, ζ, ν und aus ihnen dann Determinantenquotienten für die Näherungszähler und Näherungsnenner, z. B.

$$Z_{2s+1} = \frac{\begin{vmatrix} 1 & 0 & x & 0 & \dots & x^s & 0 \\ 1 & f(x_0) & x_0 & x_0 f(x_0) & \dots & x_0^s & x_0^s\, f(x_0) \\ \dots & \dots & \dots & \dots & \dots & \dots & \dots \\ 1 & f(x_{2s}) & x_{2s} & x_{2s} f(x_{2s}) & \dots & x_{2s}^s & x_{2s}^s\, f(x_{2s}) \end{vmatrix}}{\begin{vmatrix} 1 & f(x_0) & x_0 & x_0 f(x_0) & \dots & x_0^s \\ 1 & f(x_1) & x_1 & x_1 f(x_1) & \dots & x_1^s \\ \dots & \dots & \dots & \dots & \dots & \dots \\ 1 & f(x_{2s}) & x_{2s} & x_{2s} f(x_{2s}) & \dots & x_{2s}^s \end{vmatrix}}.$$

Aus diesen Relationen können wir unter Beachtung der Beziehungen (6*) die Darstellungen der reziproken Differenzen entnehmen, auf welche wir zusteuern. Führen wir für eine Determinante wie im Nenner von Z_{2s+1} die abkürzende Schreibweise

$$|1,\ f(x_i),\ x_i,\ x_i f(x_i), \dots, x_i^s|$$

ein, so ergibt sich als Koeffizient der höchsten Potenz von x bei Z_{2s+1}

$$(7) \qquad \varrho^{2s} f(x) = \frac{|1,\ f(x_i),\ x_i,\ x_i f(x_i), \dots, x_i^{s-1},\ x_i^{s-1} f(x_i),\ x_i^s f(x_i)|}{|1,\ f(x_i),\ x_i,\ x_i f(x_i), \dots, x_i^{s-1},\ x_i^{s-1} f(x_i),\ x_i^s|},$$

und entsprechend gewinnen wir aus N_{2s+2}

$$(8) \qquad \varrho^{2s+1} f(x) = \frac{|1,\ f(x_i),\ x_i,\ x_i f(x_i), \dots, x_i^s,\ x_i^{s+1}|}{|1,\ f(x_i),\ x_i,\ x_i f(x_i), \dots, x_i^s,\ x_i^s f(x_i)|}.$$

Diese wichtigen Ausdrücke setzen die behauptete Symmetrie der reziproken Differenzen in Evidenz.

Durch passende lineare Kombinationen der Spalten können die Determinanten für die Näherungszähler und Näherungsnenner noch vereinfacht werden. So finden wir schließlich die Relationen

(9) $Z_{2s} =$

$$\frac{\left|1,\ \frac{f(x_i)}{x-x_i},\ x_i,\ x_i \frac{f(x_i)}{x-x_i}, \dots, x_i^{s-1},\ x_i^{s-1} \frac{f(x_i)}{x-x_i}\right|}{|1,\ f(x_i),\ x_i,\ x_i f(x_i), \dots, x_i^{s-1},\ x_i^{s-1} f(x_i)|}\,(x-x_0)\cdots(x-x_{2s-1}),$$

(9*) $N_{2s} =$

$$\frac{|1,\ (x-x_i) f(x_i),\ x_i,\ x_i (x-x_i) f(x_i), \dots, x_i^{s-2}(x-x_i) f(x_i),\ x_i^{s-1},\ x_i^s|}{|1,\ f(x_i),\ x_i,\ x_i f(x_i), \dots, x_i^{s-1},\ x_i^{s-1} f(x_i)|},$$

(10) $Z_{2s+1} =$

$$\frac{\left|1,\ \frac{f(x_i)}{x-x_i},\ x_i,\ x_i \frac{f(x_i)}{x-x_i}, \dots, x_i^{s-1},\ x_i^{s-1} \frac{f(x_i)}{x-x_i},\ x_i^s \frac{f(x_i)}{x-x_i}\right|}{|1,\ f(x_i),\ x_i,\ x_i f(x_i), \dots, x_i^{s-1} f(x_i),\ x_i^s|}\,(x-x_0)\cdots(x-x_{2s}),$$

$$(10^*)\quad N_{2s+1} = \frac{|\,1,\ (x-x_i)\,f(x_i),\ x_i,\ x_i\,(x-x_i)\,f(x_i),\ \ldots,\ x_i^{s-1}\,(x-x_i)\,f(x_i),\ x_i^s\,|}{|\,1,\ f(x_i),\ x_i,\ x_i\,f(x_i),\ \ldots,\ x_i^{s-1}\,f(x_i),\ x_i^s\,|}.$$

Nach diesen Formeln hängen die Näherungszähler und Näherungsnenner mit den reziproken Differenzen auf folgende Weise zusammen:

Die Nenner von Z_{2s} und N_{2s} stimmen mit dem Nenner von ϱ^{2s-1} und die Nenner von Z_{2s+1} und N_{2s+1} mit dem Nenner von ϱ^{2s} überein. Zur Gewinnung des Zählers von Z_{2s} hat man im Nenner von ϱ^{2s-1} jedes $f(x_i)$ durch $(x - x_i)$ zu dividieren und nachher die so gefundene Determinante mit $(x - x_0)\cdots(x - x_{2s-1})$ zu multiplizieren, während man den Zähler von N_{2s} bekommt, indem man im Zähler von ϱ^{2s-1} jedes $f(x_i)$ mit $(x - x_i)$ multipliziert. Der Zähler von Z_{2s+1} entsteht aus dem Zähler von ϱ^{2s}, wenn man jedes $f(x_i)$ durch $(x - x_i)$ dividiert und nachher das Ganze mit $(x - x_0)\cdots(x - x_{2s})$ multipliziert, und schließlich geht der Zähler von N_{2s+1} aus dem Nenner von ϱ^{2s} hervor, wenn jedes $f(x_i)$ mit $(x - x_i)$ multipliziert wird. Aus jedem Ergebnis über reziproke Differenzen können wir daher leicht auch eine Aussage für die Näherungsbrüche herleiten.

222. Es empfiehlt sich, die reziproken Differenzen in Zusammenhang mit den Steigungen zu bringen, und zwar wollen wir sie als Quotienten gewisser aus Steigungen gebildeter Determinanten ausdrücken. Die entsprechenden Formeln können zwar unmittelbar aus den Gleichungen (7), (8), (9) und (10) durch geschickte Zusammenfügung der Zeilen gewonnen werden. Vorteilhafter ist jedoch ein anderer Weg, welcher gleichzeitig einige zur wirklichen Berechnung der reziproken Differenzen brauchbare Rekursionsformeln liefert. Dazu führen wir der Bequemlichkeit halber vorübergehend negative Indizes ein und schreiben ferner, um die Indizes hervortreten zu lassen, die $(r+k)$-te Steigung von $f(x)$ für die Punkte $x_{-k}, x_{-k+1}, \ldots, x_r$ in der Form $\delta^{r+k}_{(-k,\,-k+1,\ldots,\,r)}$. Mit $\Pi_{r,\,n+1}$, ausführlicher $\Pi_{r,\,n+1\,(-n,\,-n+1,\ldots,\,r+n)}$ $(n \geqq 0)$, bezeichnen wir die Determinante

$$(11)\quad \Pi_{r,\,n+1} = \begin{vmatrix} \delta^{r}_{(0,1,\ldots,r)} & \delta^{r+1}_{(-1,0,\ldots,r)} & \ldots & \delta^{r+n}_{(-n,-n+1,\ldots,r)} \\ \delta^{r+1}_{(0,1,\ldots,r+1)} & \delta^{r+2}_{(-1,0,\ldots,r+1)} & \ldots & \delta^{r+n+1}_{(-n,-n+1,\ldots,r+1)} \\ \cdots & \cdots & \cdots & \cdots \\ \delta^{r+n}_{(0,1,\ldots,r+n)} & \delta^{r+n+1}_{(-1,0,\ldots,r+n)} & \ldots & \delta^{r+2n}_{(-n,-n+1,\ldots,r+n)} \end{vmatrix},$$

während $\Pi_{r,0} = 1$ sein soll.

$\Pi_{r,n+1}$ ist eine symmetrische Funktion der x_i. Der Beweis ergibt sich dadurch, daß man $\Pi_{r,n+1}$ durch einfache Operationen nacheinander in die Gestalten

$$(11^*)\qquad \Pi_{r,n+1} = \begin{vmatrix} \delta^{r+n}(x^n f(x)) & \delta^{r+n}(x^{n-1} f(x)) \dots & \delta^{r+n}(f(x)) \\ \delta^{r+n+1}(x^n f(x)) & \delta^{r+n+1}(x^{n-1} f(x)) \dots & \delta^{r+n+1}(f(x)) \\ \dots & \dots & \dots \\ \delta^{r+2n}(x^n f(x)) & \delta^{r+2n}(x^{n-1} f(x)) \dots & \delta^{r+2n}(f(x)) \end{vmatrix},$$

$$(11^{**})\qquad \Pi_{r,n+1} = \begin{vmatrix} \delta^{r+2n}(x^{2n} f(x)) & \delta^{r+2n}(x^{2n-1} f(x)) \dots & \delta^{r+2n}(x^n f(x)) \\ \delta^{r+2n}(x^{2n-1} f(x)) & \delta^{r+2n}(x^{2n-2} f(x)) \dots & \delta^{r+2n}(x^{n-1} f(x)) \\ \dots & \dots & \dots \\ \delta^{r+2n}(x^n f(x)) & \delta^{r+2n}(x^{n-1} f(x)) \dots & \delta^{r+2n}(f(x)) \end{vmatrix}$$

transformiert; aus der zweiten Form liest man die behauptete Symmetrie ab, da alle auftretenden Elemente als Steigungen derselben Ordnung symmetrisch in den x_i sind.

Mit Hilfe einer bekannten Formel[1]) von Vahlen über die aus einer m-spaltigen und $(m+2)$-zeiligen Matrix zu bildenden Determinanten gewinnen wir nun für die $\Pi_{r,n+1}$ die Rekursionsformel

$$(12)\qquad \Pi_{r,n+1\,(-n,\,-n+1,\dots,\,r+n)} \cdot \Pi_{r+2,n-1\,(-n+1,\,-n+2,\dots,\,r+n-1)}$$
$$= \Pi_{r,n\,(-n+1,\,-n+2,\dots,\,r+n)} \cdot \Pi_{r+2,n\,(-n,\,-n+1,\dots,\,r+n)}$$
$$- \Pi_{r+1,n\,(-n+1,\,-n+2,\dots,\,r+n)} \cdot \Pi_{r+1,n\,(-n,\,-n+1,\dots,\,r+n-1)};$$

bezeichnen wir mit $\Pi^{(1)}_{r,n+1}$ die Determinante, die aus (11) entsteht, wenn in der letzten Zeile $r+1$ statt r geschrieben wird, so besteht die ähnliche Rekursionsformel

$$(12^*)\qquad \Pi_{r+1,n}\,\Pi_{r+1,n+1} = \Pi^{(1)}_{r,n+1}\,\Pi_{r+2,n} - \Pi^{(1)}_{r+2,n}\,\Pi_{r,n+1},$$

die sich auch in

$$(12^{**})\qquad (x_{r+n} - x_{-n-1})\,\Pi_{r+1,n+1\,(-n-1,\,-n,\dots,\,r+n)} \cdot \Pi_{r+1,n\,(-n,\,-n+1,\dots,\,r+n-1)}$$
$$= \Pi_{r,n+1\,(-n,\,-n+1,\dots,\,r+n-1)} \cdot \Pi_{r+2,n\,(-n-1,\,-n,\dots,\,r+n-1)}$$
$$- \Pi_{r,n+1\,(-n-1,\,-n,\dots,\,r+n-1)} \cdot \Pi_{r+2,n\,(-n,\,-n+1,\dots,\,r+n)}$$

umschreiben läßt. Vermöge der angeführten Beziehungen können wir uns zunächst nacheinander durch Rekursion die $\Pi_{r,n+1}$ verschaffen; die reziproken Differenzen bekommen wir dann mittels der durch vollständige Induktion zu bestätigenden Gleichungen

$$(13)\qquad \varrho^{2n} f(x) = \frac{\Pi_{0,n+1}(-n,\,-n+1,\,\dots,\,n)}{\Pi_{2,n}(-n,\,-n+1,\,\dots,\,n)},$$

$$(14)\qquad \varrho^{2n+1} f(x) = \frac{\Pi_{3,n}(-n,\,-n+1,\,\dots,\,n+1)}{\Pi_{1,n+1}(-n,\,-n+1,\,\dots,\,n+1)},$$

[1]) Vgl. E. Pascal, Die Determinanten, *Leipzig 1900, p. 119.*

womit wir unser Ziel erreicht und die reziproken Differenzen mittels Determinanten aus Steigungen ausgedrückt haben. Für $\varrho\varrho^{2n} f(x)$ und $\varrho\varrho^{2n+1} f(x)$ gelten ganz ähnliche Darstellungen. Ausführlich geschrieben lautet z. B. die Gleichung (13), je nachdem wir die Formeln (11), (11*) oder (11**) zugrunde legen,

$$(15)\qquad \varrho^{2n} f(x) = \frac{\begin{vmatrix} \overset{0}{\delta}_{(0)} & \overset{1}{\delta}_{(-1,0)} & \ldots & \overset{n}{\delta}_{(-n,-n+1,\ldots,0)} \\ \overset{1}{\delta}_{(0,1)} & \overset{2}{\delta}_{(-1,0,1)} & \ldots & \overset{n+1}{\delta}_{(-n,-n+1,\ldots,1)} \\ \cdots & \cdots & \cdots & \cdots \\ \overset{n}{\delta}_{(0,1,\ldots,n)} & \overset{n+1}{\delta}_{(-1,0,\ldots,n)} & \ldots & \overset{2n}{\delta}_{(-n,-n+1,\ldots,n)} \end{vmatrix}}{\begin{vmatrix} \overset{2}{\delta}_{(-1,0,1)} & \overset{3}{\delta}_{(-2,-1,0,1)} & \ldots & \overset{n+1}{\delta}_{(-n,-n+1,\ldots,1)} \\ \overset{3}{\delta}_{(-1,0,1,2)} & \overset{4}{\delta}_{(-2,-1,0,1,2)} & \ldots & \overset{n+2}{\delta}_{(-n,-n+1,\ldots,2)} \\ \cdots & \cdots & \cdots & \cdots \\ \overset{n+1}{\delta}_{(-1,0,\ldots,n)} & \overset{n+2}{\delta}_{(-2,-1,\ldots,n)} & \ldots & \overset{2n}{\delta}_{(-n,-n+1,\ldots,n)} \end{vmatrix}},$$

$$(15^*)\qquad \varrho^{2n} f(x) = \frac{\begin{vmatrix} \delta^{n}(x^n f(x)) & \delta^{n}(x^{n-1} f(x)) & \ldots & \delta^{n}(f(x)) \\ \delta^{n+1}(x^n f(x)) & \delta^{n+1}(x^{n-1} f(x)) & \ldots & \delta^{n+1}(f(x)) \\ \cdots & \cdots & \cdots & \cdots \\ \delta^{2n}(x^n f(x)) & \delta^{2n}(x^{n-1} f(x)) & \ldots & \delta^{2n}(f(x)) \end{vmatrix}}{\begin{vmatrix} \delta^{n+1}(x^{n-1} f(x)) & \delta^{n+1}(x^{n-2} f(x)) & \ldots & \delta^{n+1}(f(x)) \\ \delta^{n+2}(x^{n-1} f(x)) & \delta^{n+2}(x^{n-2} f(x)) & \ldots & \delta^{n+2}(f(x)) \\ \cdots & \cdots & \cdots & \cdots \\ \delta^{2n}(x^{n-1} f(x)) & \delta^{2n}(x^{n-2} f(x)) & \ldots & \delta^{2n}(f(x)) \end{vmatrix}},$$

$$(15^{**})\quad \varrho^{2n} f(x) = \frac{\begin{vmatrix} \delta^{2n}(x^{2n} f(x)) & \delta^{2n}(x^{2n-1} f(x)) & \ldots & \delta^{2n}(x^{n} f(x)) \\ \delta^{2n}(x^{2n-1} f(x)) & \delta^{2n}(x^{2n-2} f(x)) & \ldots & \delta^{2n}(x^{n-1} f(x)) \\ \cdots & \cdots & \cdots & \cdots \\ \delta^{2n}(x^{n} f(x)) & \delta^{2n}(x^{n-1} f(x)) & \ldots & \delta^{2n}(f(x)) \end{vmatrix}}{\begin{vmatrix} \delta^{2n}(x^{2n-2} f(x)) & \delta^{2n}(x^{2n-3} f(x)) & \ldots & \delta^{2n}(x^{n-1} f(x)) \\ \delta^{2n}(x^{2n-3} f(x)) & \delta^{2n}(x^{2n-4} f(x)) & \ldots & \delta^{2n}(x^{n-2} f(x)) \\ \cdots & \cdots & \cdots & \cdots \\ \delta^{2n}(x^{n-1} f(x)) & \delta^{2n}(x^{n-2} f(x)) & \ldots & \delta^{2n}(f(x)) \end{vmatrix}}.$$

Diese Formeln lassen an Übersichtlichkeit nichts mehr zu wünschen übrig.

Die in der Gleichung (15**) auftretenden Determinanten sind orthosymmetrisch. Mit Hilfe eines bekannten Satzes über derartige Determinanten läßt sich daher aus (15**) die Formel

$$\varrho^{2n} f(x) = \frac{\sum \dfrac{f(x_0) f(x_1) \cdots f(x_n)}{(x_0 - x_{n+1}) \cdots (x_0 - x_{2n})(x_1 - x_{n+1}) \cdots (x_1 - x_{2n}) \cdots (x_n - x_{n+1}) \cdots (x_n - x_{2n})}}{\sum \dfrac{(-1)^n f(x_0) f(x_1) \cdots f(x_{n-1})}{(x_0 - x_n) \cdots (x_0 - x_{2n})(x_1 - x_n) \cdots (x_1 - x_{2n}) \cdots (x_{n-1} - x_n) \cdots (x_{n-1} - x_{2n})}}.$$

herleiten; die Summation ist hierbei über alle $\binom{2n+1}{n+1}$ Glieder zu erstrecken, welche man erhält, wenn man die Indizes $0, 1, \ldots, n$ durch n willkürlich aus den Zahlen $0, 1, \ldots, 2n+1$ gewählte Indizes ersetzt. Aus $\varrho^{2n} f(x)$ kann, wie oben angegeben, der Näherungsbruch

$$(16)\quad \frac{Z_{2n+1}(x)}{N_{2n+1}(x)} = \frac{\sum \frac{f(x_0) f(x_1) \cdots f(x_n)(x - x_{n+1})(x - x_{n+2}) \cdots (x - x_{2n})}{(x_0 - x_{n+1}) \cdots (x_0 - x_{2n})(x_1 - x_{n+1}) \cdots (x_1 - x_{2n}) \cdots (x_n - x_{n+1}) \cdots (x_n - x_{2n})}}{\sum \frac{(-1)^n f(x_0) f(x_1) \cdots f(x_{n-1})(x - x_0)(x - x_1) \cdots (x - x_{n-1})}{(x_0 - x_n) \cdots (x_0 - x_{2n})(x_1 - x_n) \cdots (x_1 - x_{2n}) \cdots (x_{n-1} - x_n) \cdots (x_{n-1} - x_{2n})}}$$

hergeleitet werden, welcher für $x = x_0, x_1, \ldots, x_{2n}$ mit $f(x)$ übereinstimmt. In diesem Sinne betrachtet liefert die Gleichung (16) eine Formel für *Interpolation durch gebrochene rationale Funktionen*; sie ist von Cauchy [2] angegeben worden.

223. Aus den gewonnenen expliziten Darstellungen lassen sich einige bemerkenswerte Eigenschaften der reziproken Differenzen entnehmen, welche für die Praxis zu nützlichen Rechenregeln führen. Tragen wir in den grundlegenden Determinantenquotienten (7) und (8) statt $f(x)$ die Funktion $\frac{f(x)}{g(x)}$ ein, so bekommen wir die Beziehungen

$$(7^*)\quad \varrho^{2n} \frac{f(x)}{g(x)} = \frac{|\, g(x_i), f(x_i), x_i g(x_i), x_i f(x_i), \ldots, x_i^{n-1} g(x_i), x_i^{n-1} f(x_i), x_i^n f(x_i) \,|}{|\, g(x_i), f(x_i), x_i g(x_i), x_i f(x_i), \ldots, x_i^{n-1} g(x_i), x_i^{n-1} f(x_i), x_i^n g(x_i) \,|}$$

$$(8^*)\quad \varrho^{2n+1} \frac{f(x)}{g(x)} = \frac{|\, g(x_i), f(x_i), x_i g(x_i), x_i f(x_i), \ldots, x_i^n g(x_i), x_i^{n+1} g(x_i) \,|}{|\, g(x_i), f(x_i), x_i g(x_i), x_i f(x_i), \ldots, x_i^n g(x_i), x_i^n f(x_i) \,|},$$

aus denen durch Vergleich mit (7) die Formel

$$(17)\quad \varrho^{2n} \frac{1}{f(x)} = \frac{1}{\varrho^{2n} f(x)}$$

entfließt, während bei $\varrho^{2n+1} \frac{1}{f(x)}$ und $\varrho^{2n+1} f(x)$ nur die Determinanten im Nenner übereinstimmen. *Es ist also eine reziproke Differenz gerader Ordnung des Reziprokums einer Funktion gleich dem Reziprokum der reziproken Differenz für die Funktion selbst.* Die Formel (17) ergibt die weiteren Relationen

$$(18)\quad \varrho\varrho^{2n+1} \frac{1}{f(x)} = -\frac{\varrho\varrho^{2n+1} f(x)}{\varrho^{2n} f(x) \cdot \varrho^{2n+2} f(x)}$$

und

$$(18^*)\quad \varrho\varrho^{2n} \frac{1}{f(x)} = -\varrho^{2n} f(x) \cdot \varrho^{2n} f(x) \cdot \varrho\varrho^{2n} f(x),$$

wobei in der Gleichung (18*) rechts die eine reziproke Differenz $\varrho^{2n} f(x)$ für $x_0, x_1, \ldots, x_{2n-1}, x_{2n+1}$, die andere hingegen wie gewöhnlich für $x_0, x_1, \ldots, x_{2n-1}, x_{2n}$ zu bilden ist.

Der Einfluß einer additiven oder multiplikativen Änderung der Funktion $f(x)$ um eine Konstante a auf die reziproken Differenzen drückt sich in folgenden Formeln aus:

$$\varrho^{2n}\,(f(x) + a) = \varrho^{2n} f(x) + a, \tag{19}$$

$$\varrho^{2n+1}(f(x) + a) = \varrho^{2n+1} f(x), \tag{19*}$$

$$\varrho^{2n}(a\,f(x)) = a\,\varrho^{2n} f(x), \tag{20}$$

$$\varrho^{2n+1}(a\,f(x)) = \frac{1}{a}\,\varrho^{2n+1} f(x). \tag{20*}$$

Kombiniert man schließlich die Gleichungen (17), (19) und (20), so ergibt sich die Relation

$$\varrho^{2n} \frac{\alpha + \beta f(x)}{\gamma + \delta f(x)} = \frac{\alpha + \beta \varrho^{2n} f(x)}{\gamma + \delta \varrho^{2n} f(x)} \qquad (\alpha\delta - \beta\gamma \neq 0). \tag{21}$$

Wir können somit den interessanten Satz aussprechen, *daß eine reziproke Differenz gerader Ordnung einer gebrochenen linearen Funktion von $f(x)$ gleich der entsprechenden linearen Funktion der reziproken Differenz von $f(x)$ selbst ist.*

Nach diesem Satze sind wir, wenn wir lediglich die reziproken Differenzen von $f(x)$ kennen, schon imstande, die Funktion $\frac{\alpha + \beta f(x)}{\gamma + \delta f(x)}$ in einen Kettenbruch zu entwickeln. Z. B. finden wir

$$\frac{1}{f(x)} = \frac{1}{f(x_0)} \left\{ 1 - \cfrac{x - x_0}{f(x_1)\,\varrho(x_0 x_1) + \cfrac{(x - x_1)\,\varrho^2(x_0 x_1 x_2)}{\varrho\varrho(x_1 x_0) + \cfrac{(x - x_2)\,f(x_0)}{\varrho^2(x_0 x_1 x_3)\,\varrho\varrho^2(x_2 x_1 x_0) + \cfrac{(x - x_3)\,\varrho^4(x_0 x_1 \ldots x_4)}{\varrho\varrho^3(x_3 x_2 x_1 x_0) + \cfrac{(x - x_4)\,\varrho^2(x_0 x_1 x_2)}{\varrho^4(x_0 x_1 x_2 x_3 x_5)\,\varrho\varrho^4(x_4 x_3 \ldots x_0) + \cdots}}}}} \right\}; \tag{22}$$

unter diesen Typus eines Kettenbruches ordnen sich die meisten bisher überhaupt untersuchten Kettenbrüche unter.

224. Für die reziproken Differenzen ungerader Ordnung $\varrho^{2n+1} f(x)$ existiert keine der Gleichung (21) entsprechende Formel. Wohl aber weisen für sie die Nennerdeterminanten in (8)

$$| 1, f(x_i), x_i, x_i f(x_i), \ldots, x_i^n, x_i^n f(x_i) |$$

eine bemerkenswerte Eigenschaft auf. Es zeigt sich nämlich, daß die Größe

$$I_1 = \frac{|1, f(x_i), x_i, x_i f(x_i), \ldots, x_i^n, x_i^n f(x_i)|}{\delta(x_0 x_1)\,\delta(x_2 x_3)\cdots\delta(x_{2n} x_{2n+1})} \tag{23}$$

eine *Invariante gegenüber der linearen Transformation*

$$f(x) = \frac{\alpha + \beta g(x)}{\gamma + \delta g(x)}$$

der Funktion $f(x)$ ist.

Wir können auch eine *Invariante gegenüber der Lineartransformation*

$$x = \frac{\alpha + \beta z}{\gamma + \delta z}$$

der unabhängigen Veränderlichen x ermitteln, nämlich die Größe

$$I_2 = \frac{|1, f(x_i), x_i, x_i f(x_i), \ldots, x_i^n, x_i^n f(x_i)|}{\{\delta(x_0 x_1)\,\delta(x_2 x_3)\cdots\delta(x_{2n} x_{2n+1})\}^{n+1}\,\Delta(x_0 x_1 \ldots x_{2n+1})}; \tag{24}$$

hierbei bedeutet $\Delta(x_0 x_1 \ldots x_{2n+1})$ die alternierende Funktion (das Differenzenprodukt) von $x_0, x_1, \ldots, x_{2n+1}$.

225. Eine zu (17) in Analogie stehende Beziehung, in welcher auf der rechten Seite eine reziproke Differenz ungerader Ordnung auftritt, gewinnen wir, wenn wir in der Formel (13) statt $f(x)$ die Steigung $\delta f(x)$ eintragen, und zwar

$$\varrho^{2n}(\delta f(x)) = \frac{1}{\varrho^{2n+1} f(x)}. \tag{25}$$

Demnach ist eine reziproke Differenz gerader Ordnung der Steigung einer Funktion gleich dem Reziprokum der reziproken Differenz der nachfolgenden ungeraden Ordnung für die Funktion selbst. Ähnlich sind die Formeln

$$\varrho\,\varrho^{2n+1}\delta f(x) = -\frac{\varrho\,\varrho^{2n+2} f(x)}{\varrho^{2n+1} f(x)\,\varrho^{2n+3} f(x)}, \tag{26}$$

$$\varrho\,\varrho^{2n}\delta f(x) = -\varrho^{2n+1} f(x) \cdot \varrho^{2n+1} f(x) \cdot \varrho\,\varrho^{2n+1} f(x); \tag{26*}$$

in der letzten ist die eine reziproke Differenz $\varrho^{2n+1} f(x)$ für $x_0, x_1, \ldots, x_{2n}, x_{2n+1}$, die andere für $x_0, x_1, \ldots, x_{2n}, x_{2n+2}$ zu bilden.

§ 2. Reziproke Ableitungen.

226. Bei der Definition der reziproken Differenzen haben wir die Zahlen $x_0, x_1, x_2, \ldots$ als voneinander verschieden vorausgesetzt. Nachträglich dürfen wir aber mehrere oder alle von ihnen nach einem Punkte zusammenrücken lassen. Der letzte Fall ist besonders interessant. Den für $x_0, x_1, \ldots, x_n \to x$ aus $\varrho^n f(x)$ entstehenden Grenzwert nennen wir die *reziproke Ableitung* der Funktion $f(x)$ im Punkte x und bezeichnen sie mit dem Symbol

$$r^n f(x) = \lim_{x_0, x_1, \ldots, x_n \to x} \varrho^n (x_0 x_1 \ldots x_n); \tag{27}$$

insbesondere ist

$$r f(x) = \frac{1}{f'(x)}. \tag{27*}$$

Zur Herleitung einer Rekursionsformel für die reziproken Ableitungen gehen wir aus von der Rekursionsformel (1) in der Gestalt

$$\varrho^{n-1}(x x \ldots x x) - \varrho^{n-1}(x x \ldots x y) = \frac{x - y}{\varrho^n (x x \ldots x y) - \varrho^{n-2}(x x \ldots x x)},$$

nehmen die entsprechenden Gleichungen

$$\varrho^{n-1}(x x \ldots x y) - \varrho^{n-1}(x x \ldots y y) = \frac{x - y}{\varrho^n (x x \ldots y y) - \varrho^{n-2}(x x \ldots x y)}$$

$$\cdots\cdots\cdots\cdots\cdots\cdots\cdots\cdots\cdots\cdots\cdots\cdots$$

$$\varrho^{n-1}(x y \ldots y y) - \varrho^{n-1}(y y \ldots y y) = \frac{x - y}{\varrho^n (x y \ldots y y) - \varrho^{n-2}(y y \ldots y y)}$$

hinzu und addieren alles; führen wir sodann den Grenzübergang $y \to x$ aus, so kommt unter Beachtung der Relation (27*) die gewünschte Rekursionsformel

$$r^n f(x) = n\, r\, r^n f(x) + r^{n-2} f(x). \tag{28}$$

Sie ermöglicht, nacheinander alle reziproken Ableitungen zu berec hnen beispielsweise wird

$$r^2 f(x) = \frac{f(x) f''(x) - 2 f'^2(x)}{f''(x)}, \quad r^3 f(x) = \frac{2 f'''(x)}{2 f'(x) f'''(x) - 3 f''^2(x)}.$$

Wir können jedoch auch explizite Ausdrücke der reziproken Ableitungen vermöge der gewöhnlichen Ableitungen angeben. Hierzu greifen wir auf die Determinantendarstellungen der reziproken Differenzen zurück. Die zuerst gewonnenen Determinantenquotienten (7) und (8) sind freilich nicht verwendbar, weil sie beim Grenzübergange in unbestimmter Form erscheinen; hingegen liefern die Determinantenquotienten, welche Steigungen enthalten, zum Teil nach leichten Umformungen viele belangreiche Formeln. Setzen wir zur Abkürzung

$$\lim_{x_0, x_1, \ldots, x_n \to x} \delta^n (x_0 x_1 \ldots x_n) = \frac{f^{(n)}(x)}{n!} = a_n,$$

so geht beispielsweise aus der Gleichung (15) ohne weiteres die Formel

$$(29) \qquad r^{2n} f(x) = \begin{vmatrix} a_0 & a_1 & \ldots a_n \\ a_1 & a_2 & \ldots a_{n+1} \\ \cdot & \cdot & \cdot \\ a_n & a_{n+1} & \ldots a_{2n} \end{vmatrix} : \begin{vmatrix} a_2 & a_3 & \ldots a_{n+1} \\ a_3 & a_4 & \ldots a_{n+2} \\ \cdot & \cdot & \cdot \\ a_{n+1} & a_{n+2} & \ldots a_{2n} \end{vmatrix}$$

hervor; die analoge Formel für $r^{2n+1} f(x)$ lautet

$$(29^*) \qquad r^{2n+1} f(x) = \begin{vmatrix} a_3 & a_4 & \ldots a_{n+2} \\ a_4 & a_5 & \ldots a_{n+3} \\ \cdot & \cdot & \cdot \\ a_{n+2} & a_{n+3} & \ldots a_{2n+1} \end{vmatrix} : \begin{vmatrix} a_1 & a_2 & \ldots a_{n+1} \\ a_2 & a_3 & \ldots a_{n+2} \\ \cdot & \cdot & \cdot \\ a_{n+1} & a_{n+2} & \ldots a_{2n+1} \end{vmatrix}$$

Die in diesen Gleichungen auftretenden Determinanten sind orthosymmetrisch. Dies trifft auch zu bei den beiden ganz ähnlich gebauten Formeln

$$r^{2n} f(x) = x^{-2n} \frac{\begin{vmatrix} f(x) & \frac{1}{1!} D_x (x f(x)) \ldots & \frac{1}{n!} D_x^n (x^n f(x)) \\ \frac{1}{1!} D_x (x f(x)) & \frac{1}{2!} D_x^2 (x^2 f(x)) \ldots & \ldots \\ \cdot & \cdot & \cdot \\ \frac{1}{n!} D_x^n (x^n f(x)) & \ldots & \frac{1}{(2n)!} D_x^{2n} (x^{2n} f(x)) \end{vmatrix}}{\begin{vmatrix} \frac{1}{2!} D_x^2 (f(x)) & \frac{1}{3!} D_x^3 (x f(x)) \ldots & \frac{1}{(n+1)!} D_x^{n+1} (x^{n-1} f(x)) \\ \frac{1}{3!} D_x^3 (x f(x)) & \frac{1}{4!} D_x^4 (x^2 f(x)) \ldots & \ldots \\ \cdot & \cdot & \cdot \\ \frac{1}{(n+1)!} D_x^{n+1} (x^{n-1} f(x)) & \ldots & \frac{1}{(2n)!} D_x^{2n} (x^{2n-2} f(x)) \end{vmatrix}},$$

$$r^{2n+1} f(x) = x^{2n} \frac{\begin{vmatrix} \frac{1}{3!} D_x^3 (f(x)) & \frac{1}{4!} D_x^4 (x f(x)) \ldots & \frac{1}{(n+2)!} D_x^{n+2} (x^{n-1} f(x)) \\ \frac{1}{4!} D_x^4 (x f(x)) & \frac{1}{5!} D_x^5 (x^2 f(x)) \ldots & \ldots \\ \cdot & \cdot & \cdot \\ \frac{1}{(n+2)!} D_x^{n+2} (x^{n-1} f(x)) & \ldots & \frac{1}{(2n+1)!} D_x^{2n+1} (x^{2n-2} f(x)) \end{vmatrix}}{\begin{vmatrix} \frac{1}{1!} D_x f(x) & \frac{1}{2!} D_x^2 (x f(x)) \ldots & \frac{1}{(n+1)!} D_x^{n+1} (x^n f(x)) \\ \frac{1}{2!} D_x^2 (x f(x)) & \frac{1}{3!} D_x^3 (x^2 f(x)) \ldots & \ldots \\ \cdot & \cdot & \cdot \\ \frac{1}{(n+1)!} D_x^{n+1} (x^n f(x)) & \ldots & \frac{1}{(2n+1)!} D_x^{2n+1} (x^{2n} f(x)) \end{vmatrix}}.$$

227. Zur rekursorischen Berechnung der reziproken Ableitungen ist es, statt die Formel (28) zu benutzen, oft vorteilhafter, nacheinander gesondert die aus $\Pi_{r,n+1}$ durch Grenzübergang entstehenden, in (29) und (29*) eingehenden Determinanten

$$(30)\qquad p_{r,n+1} = \begin{vmatrix} a_r & a_{r+1} & \dots a_{r+n} \\ a_{r+1} & a_{r+2} & \dots a_{r+n+1} \\ \cdot & \cdot & \cdot \\ a_{r+n} & a_{r+n+1} & \dots a_{r+2n} \end{vmatrix}.$$

zu ermitteln. Wir merken zunächst an, daß man die Ableitung $p'_{r,n+1}$ bekommt, indem man in der letzten Zeile $r+1$ statt r schreibt und die so zustande kommende Determinante mit dem höchsten in ihr auftretenden Index $r+2n+1$ multipliziert. Es ist also

$$p'_{r,n+1} = (r+2n+1) \begin{vmatrix} a_r & a_{r+1} & \dots a_{r+n} \\ a_{r+1} & a_{r+2} & \dots a_{r+n+1} \\ \cdot & \cdot & \cdot \\ a_{r+n-1} & a_{r+n} & \dots a_{r+2n-1} \\ a_{r+n+1} & a_{r+n+2} & \dots a_{r+2n+1} \end{vmatrix}$$

und übrigens

$$p'_{r,n+1} = (r+2n+1)\cdot \lim \Pi^{(1)}_{r,n+1},$$

wenn die in $\Pi^{(1)}_{r,n+1}$ auftretenden Argumente sämtlich nach x zusammenrücken. Für die Determinanten $p_{r,n+1}$ erhalten wir aus (12) und (12*) durch Grenzübergang die Rekursionsformeln

$$p_{r,n+1}\, p_{r+2,n-1} = p_{r+2,n}\, p_{r,n} - p^2_{r+1,n},$$

$$(r+2n+1)\, p_{r+1,n}\, p_{r+1,n+1} = p_{r+2,n}\, p'_{r,n+1} - p_{r,n+1}\, p'_{r+2,n},$$

neben denen wir noch die ähnlichen Relationen

$$p_{r+1,n-1}\, p_{r,n+1} = \frac{1}{r+2n}\, p_{r,n}\, p'_{r+1,n} - \frac{1}{r+2n-1}\, p_{r+1,n}\, p'_{r,n},$$

$$p_{r,n}\, p_{r+1,n+1} = \frac{1}{r+2n+1}\, p_{r+1,n}\, p'_{r,n+1} - \frac{1}{r+2n}\, p_{r,n+1}\, p'_{r+1,n}$$

erwähnen wollen. Die erste der Rekursionsformeln hat den Vorzug, keine Ableitungen der $p_{r,n+1}$ zu enthalten, doch dürften die dritte und vierte sich meist mehr empfehlen. Haben wir uns durch eine der Formeln die $p_{r,n}$ verschafft, so finden wir die reziproken Ableitungen mittels der Formeln (29) und (29*) in der Gestalt

$$r^{2n} f(x) = \frac{p_{0,n+1}}{p_{2,n}}, \qquad r^{2n+1} f(x) = \frac{p_{3,n}}{p_{1,n+1}};$$

unter Heranziehung der Rekursionsformel (28) gewinnen wir ferner die Gleichungen

$$(2n+1)\,r\,r^{2n} f(x) = \frac{p_{2,n}^2}{p_{1,n}\,p_{1,n+1}},$$

$$(2n+2)\,r\,r^{2n+1} f(x) = -\frac{p_{1,n+1}^2}{p_{2,n}\,p_{2,n+1}}.$$

228. Wie aus der Newtonschen Formel durch Grenzübergang in den auftretenden Steigungen die Taylorsche Formel hervorgeht, so kann aus der Thieleschen Interpolationsformel ein ebenfalls von Thiele herrührender Kettenbruch hergeleitet werden, welcher den Funktionswert $f(x+y)$ durch $f(x)$ und die reziproken Ableitungen von $f(x)$ im Punkte x ausdrückt. Dieser *Thielesche Kettenbruch* heißt

$$(31)\qquad f(x+y) = f(x) + \cfrac{y}{r f(x) + \cfrac{y}{2 r r f(x) + \cfrac{y}{3 r r^2 f(x) + \cdots}}}$$

$$+ \frac{y}{\lim\limits_{x_0,\ldots x_n \to x} \varrho^{n+1}(x+y, x_0, \ldots, x_n) - r^n f(x)}.$$

Setzen wir zur Abkürzung

$$p_0 = 1,\ p_1 = a_1,\ p_2 = a_2, \ldots,\ p_{2n} = p_{2,n},\ p_{2n+1} = p_{1,n+1}, \ldots,$$

so lassen sich die in (31) vorkommenden Koeffizienten mittels der durch einfache Umschreibung aus den letzten beiden Formeln in **227.** entstehenden Relation

$$(n+1)\,r\,r^n f(x) = (-1)^n \frac{p_n^2}{p_{n-1}\cdot p_{n+1}}$$

auf Größen p mit nur einem Index zurückführen. Der Thielesche Kettenbruch (31) nimmt dann die Form

$$(31^*)\qquad f(x+y) = f(x) + \cfrac{y}{\cfrac{p_0^2}{p_1} - \cfrac{y}{\cfrac{p_1^2}{p_0 p_2} - \cfrac{y}{\cfrac{p_2^2}{p_1 p_3} - \cfrac{y}{\cfrac{p_3^2}{p_2 p_4} - \cdots}}}}$$

an, wobei für die Größen p einfache, aus den früheren entspringende Rekursionsformeln bestehen. Diese werden unbrauchbar, wenn eine der Funktionen p identisch verschwindet, weil sich dann die folgenden in der unbestimmten Form $\frac{0}{0}$ darbieten, ein Fall, welcher dann und nur dann eintritt, wenn $f(x)$ eine rationale Funktion ist.

229. Ist die Funktion $f(x)$ als Quotient zweier Potenzreihen vorgelegt, etwa

$$f(x) = \frac{c_0 + c_1 x + c_2 x^2 + \cdots}{d_0 + d_1 x + d_2 x^2 + \cdots},$$

so können wir zur Bestimmung der reziproken Ableitungen die folgenden, aus den Gleichungen (7*) und (8*) auf S. 423 durch Grenzübergang entfließenden Formeln benutzen:

$$r f(x) = -\begin{vmatrix} 0 & d_0 \\ d_0 & d_1 \end{vmatrix} : \begin{vmatrix} d_0 & c_0 \\ d_1 & c_1 \end{vmatrix},$$

$$r^3 f(x) = -\begin{vmatrix} 0 & 0 & d_0 & c_0 \\ 0 & d_0 & d_1 & c_1 \\ d_0 & d_1 & d_2 & c_2 \\ d_1 & d_2 & d_3 & c_3 \end{vmatrix} : \begin{vmatrix} 0 & 0 & d_0 & c_0 \\ d_0 & c_0 & d_1 & c_1 \\ d_1 & c_1 & d_2 & c_2 \\ d_2 & c_2 & d_3 & c_3 \end{vmatrix},$$

. . . .

$$r^2 f(x) = \begin{vmatrix} 0 & d_0 & c_0 \\ c_0 & d_1 & c_1 \\ c_1 & d_2 & c_2 \end{vmatrix} : \begin{vmatrix} 0 & d_0 & c_0 \\ d_0 & d_1 & c_1 \\ d_1 & d_2 & c_2 \end{vmatrix},$$

$$r^4 f(x) = \begin{vmatrix} 0 & 0 & 0 & d_0 & c_0 \\ 0 & d_0 & c_0 & d_1 & c_1 \\ c_0 & d_1 & c_1 & d_2 & c_2 \\ c_1 & d_2 & c_2 & d_3 & c_3 \\ c_2 & d_3 & c_3 & d_4 & c_4 \end{vmatrix} : \begin{vmatrix} 0 & 0 & 0 & d_0 & c_0 \\ 0 & d_0 & c_0 & d_1 & c_1 \\ d_0 & d_1 & c_1 & d_2 & c_2 \\ d_1 & d_2 & c_2 & d_3 & c_3 \\ d_2 & d_3 & c_3 & d_4 & c_4 \end{vmatrix},$$

. . . .

Die Formeln (17), (18), (19), (20), (21), (25), (26), welche wichtige Eigenschaften der reziproken Differenzen zum Ausdruck bringen, bleiben natürlich auch für reziproke Ableitungen in Kraft. Z. B. wird

$$r^{2n} \frac{1}{f(x)} = \frac{1}{r^{2n} f(x)},$$

also eine reziproke Ableitung gerader Ordnung des Reziprokums einer Funktion gleich dem Reziprokum der reziproken Ableitung für die Funktion selbst. Um den aus (22) durch Grenzübergang hervorgehenden Kettenbruch für die reziproke Funktion, bei welchem die Größen

$$r^{2n} \frac{1}{f(x)} = \frac{p_{2,n}}{p_{0,n+1}}.$$

eine Rolle spielen, bequem aufschreiben zu können, wollen wir zur Abkürzung

$$p_{0,n+1} = q_{2n}, \qquad p_{1,n+1} = p_{2n+1} = q_{2n+1}$$

setzen; die Größen q sind dann durch die Rekursionsformel

$$q_{n-2}\, q_{n+1} = \frac{1}{n+1}\, q_{n-1}\, q'_n - \frac{1}{n}\, q_n\, q'_{n-1}$$

miteinander verbunden, und wir erhalten den gesuchten Kettenbruch für die reziproke Funktion in der Form

$$\text{(32)} \qquad \frac{1}{f(x+y)} = \frac{1}{f(x)} - \cfrac{y}{\cfrac{q_0^2}{q_1} - \cfrac{y}{\cfrac{q_1^2}{q_0 q_2} - \cfrac{y}{\cfrac{q_2^2}{q_1 q_3} - \cfrac{y}{\cfrac{q_3^2}{q_2 q_4} - \cdots}}}}.$$

230. Besonders interessant ist der Grenzübergang $x_0, x_1, \ldots \to x$ in den Invarianten I_1 und I_2. Dazu bemerken wir, daß I_1 auch nach Division durch $\Delta(x_0, x_1, \ldots, x_{2n+1})$, das Differenzenprodukt oder die alternierende Funktion von $x_0, x_1, \ldots, x_{2n+1}$, eine Invariante bleibt. Führen wir dann den Grenzübergang aus, so konvergiert die Zählerdeterminante von I_1, dividiert durch $\Delta(x_0, x_1, \ldots, x_{2n+1})$, nach der Nennerdeterminante in dem Ausdrucke (29*) für die reziproke Ableitung $r^{2n+1} f(x)$, die Nennerdeterminante nach der $(n+1)$-ten Potenz der Ableitung von $f(x)$. Man findet also die nachstehende Folge von *Differentialinvarianten gegenüber der linearen Transformation*

$$f(x) = \frac{\alpha + \beta\, g(x)}{\gamma + \delta\, g(x)}$$

der Funktion $f(x)$:

$$\text{(33)} \qquad \begin{vmatrix} a_1 & a_2 \\ a_2 & a_3 \end{vmatrix} : a_1^2, \qquad \begin{vmatrix} a_1 & a_2 & a_3 \\ a_2 & a_3 & a_4 \\ a_3 & a_4 & a_5 \end{vmatrix} : a_1^3, \qquad \begin{vmatrix} a_1 & a_2 & a_3 & a_4 \\ a_2 & a_3 & a_4 & a_5 \\ a_3 & a_4 & a_5 & a_6 \\ a_4 & a_5 & a_6 & a_7 \end{vmatrix} : a_1^4, \ \ldots .$$

Die erste unter ihnen

$$\frac{a_1 a_3 - a_2^2}{a_1^2} = \frac{1}{6}\left\{\frac{f'''(x)}{f'(x)} - \frac{3}{2}\left(\frac{f''(x)}{f'(x)}\right)^2\right\}$$

stimmt bis auf die Konstante $\frac{1}{6}$ mit der sogenannten Schwarzschen Ableitung[1]) überein.

[1]) H. A. Schwarz, Über diejenigen Fälle, in welchen die Gaußische hyper-

Hingegen sind die aus I_2 entspringenden Ausdrücke

$$(34)\qquad \begin{vmatrix} a_1 & a_2 \\ a_2 & a_3 \end{vmatrix} : a_1^4, \qquad \begin{vmatrix} a_1 & a_2 & a_3 \\ a_2 & a_3 & a_4 \\ a_3 & a_4 & a_5 \end{vmatrix} : a_1^9, \qquad \begin{vmatrix} a_1 & a_2 & a_3 & a_4 \\ a_2 & a_3 & a_4 & a_5 \\ a_3 & a_4 & a_5 & a_6 \\ a_4 & a_5 & a_6 & a_7 \end{vmatrix} : a_1^{16}, \ldots$$

Differentialinvarianten gegenüber der linearen Transformation

$$x = \frac{\alpha + \beta z}{\gamma + \delta z}$$

der unabhängigen Veränderlichen x.

231. Wollen wir die Näherungsbrüche des Thieleschen Kettenbruches (31) aufschreiben, so gehen wir am besten von den Determinantenausdrücken $p_{r,\,n+1}(x f(x))$ und $p_{r,\,n+1}(x^{-1} f(x))$ aus, in denen $f(x)$ durch $x f(x)$ bzw. $x^{-1} f(x)$ ersetzt ist. Dann kommen wir ohne Schwierigkeiten zu folgenden Ausdrücken für die Näherungszähler $\mathfrak{Z}_n(y)$ und die Näherungsnenner $\mathfrak{N}_n(y)$ des Kettenbruches (31):

$$(35)\qquad \mathfrak{Z}_{2n}(y) = \begin{vmatrix} \lambda_0 & \lambda_1 & \ldots & \lambda_{n-1} \\ a_2 & a_3 & \ldots & a_{n+1} \\ \cdot & \cdot & \cdot & \cdot \\ a_n & a_{n+1} & \ldots & a_{2n-1} \end{vmatrix} : p_{1,n},$$

$$(35^*)\qquad \mathfrak{N}_{2n}(y) = \begin{vmatrix} y^{n-1} & y^{n-2} & \ldots & 1 \\ a_2 & a_3 & \ldots & a_{n+1} \\ \cdot & \cdot & \cdot & \cdot \\ a_n & a_{n+1} & \ldots & a_{2n-1} \end{vmatrix} : p_{1,n},$$

$$(36)\qquad \mathfrak{Z}_{2n+1}(y) = \begin{vmatrix} \mu_0 & \mu_1 & \ldots & \mu_n \\ a_1 & a_2 & \ldots & a_{n+1} \\ \cdot & \cdot & \cdot & \cdot \\ a_n & a_{n+1} & \ldots & a_{2n} \end{vmatrix} : p_{2,n},$$

$$(36^*)\qquad \mathfrak{N}_{2n+1}(y) = \begin{vmatrix} y^n & y^{n-1} & \ldots & 1 \\ a_1 & a_2 & \ldots & a_{n+1} \\ \cdot & \cdot & \cdot & \cdot \\ a_n & a_{n+1} & \ldots & a_{2n} \end{vmatrix} : p_{2,n}.$$

Dabei haben wir zur Abkürzung

---

geometrische Reihe eine algebraische Funktion ihres vierten Elements darstellt, *J. reine angew. Math.* 75 (1873), *p.* 292–335 = *Ges. math. Abh.* 2, *Berlin* 1890, *p.* 211–259.

$$\lambda_0 = a_1 y^n + a_0 y^{n-1}, \qquad \mu_0 = a_0 y^n,$$
$$\lambda_1 = a_2 y^n + a_1 y^{n-1} + a_0 y^{n-2}, \qquad \mu_1 = a_1 y^n + a_0 y^{n-1},$$
$$\cdots\cdots\cdots\cdots \qquad \cdots\cdots\cdots\cdots$$
$$\lambda_{n-1} = a_n y^n + a_{n-1} y^{n-1} + \cdots + a_0; \qquad \mu_n = a_n y^n + a_{n-1} y^{n-1} + \cdots + a_0$$

gesetzt.

§ 3. Das Restglied der Thieleschen Interpolationsformel. Integraldarstellungen der reziproken Differenzen.

232. Für das Restglied

$$R_{n+1}(x) = f(x) - \frac{Z_{n+1}(x)}{N_{n+1}(x)} \tag{5}$$

der Thieleschen Interpolationsformel können wir eine Reihe ähnlicher Untersuchungen anstellen, wie früher in Kap. 1, § 3 für das Restglied der Newtonschen Formel.

Zunächst sei $f(x)$ eine reelle Funktion der reellen Veränderlichen x, und die Interpolationsstellen $x_0, x_1, \ldots, x_n$ seien alle in einem Intervall $\overline{B} \leqq x \leqq B$ der reellen Achse gelegen. In diesem Intervall soll $f(x)$ bis auf eine endliche Anzahl von Unendlichkeitsstellen, die übrigens nicht mit $x_0, x_1, \ldots, x_n$ zusammenfallen dürfen, eine endliche Ableitung $(n+1)$-ter Ordnung aufweisen. Die Zahl n möge so groß gewählt sein, daß sich ein Polynom $\varphi_{n+1}(x)$ vom selben Grade wie $N_{n+1}(x)$, also bei $n = 2m-1$ vom Grade $m-1$, bei $n = 2m$ vom Grade m, derart bestimmen läßt, daß $f(x)\,\varphi_{n+1}(x)$ für $\overline{B} \leqq x \leqq B$ endlich bleibt. Nun sei x die Stelle, für die wir den Wert von $f(x)$ ermitteln wollen. Dann setzen wir $R_{n+1}(x)$ in der Form

$$R_{n+1}(x) = A\,\frac{(x-x_0)(x-x_1)\cdots(x-x_n)}{N_{n+1}(x)\,\varphi_{n+1}(x)}$$

an. Die Funktion

$$F(t) = f(t) - \frac{Z_{n+1}(t)}{N_{n+1}(t)} - A\,\frac{(t-x_0)(t-x_1)\cdots(t-x_n)}{N_{n+1}(t)\,\varphi_{n+1}(t)}$$

verschwindet für $t = x_0, x_1, \ldots, x_n, x$. Nach dem Rolleschen Satz muß also das Intervall $\overline{B} < x < B$ mindestens eine Nullstelle Ξ der $(n+1)$-ten Ableitung der Funktion $F(t)\,N_{n+1}(t)\,\varphi_{n+1}(t)$ enthalten. Da $Z_{n+1}(t)$ für $n = 2m-1$ und $n = 2m$ vom Grade m, also $Z_{n+1}(t)\,\varphi_{n+1}(t)$ vom Grade n ist und somit die $(n+1)$-te Ableitung von $Z_{n+1}(t)\,\varphi_{n+1}(t)$ verschwindet, folgt

$$A = \frac{1}{(n+1)!}\,\frac{d^{n+1}}{d\Xi^{n+1}}\bigl(f(\Xi)\,N_{n+1}(\Xi)\,\varphi_{n+1}(\Xi)\bigr)$$

und

$$R_{n+1}(x)=\frac{(x-x_0)\cdots(x-x_n)}{N_{n+1}(x)\,\varphi_{n+1}(x)}\cdot\frac{1}{(n+1)!}\,\frac{d^{n+1}}{d\Xi^{n+1}}\left(f(\Xi)\,N_{n+1}(\Xi)\,\varphi_{n+1}(\Xi)\right), \tag{37}$$

wobei $\overline{B}<\Xi<B$ ist. Wenn x im Interpolationsintervall zwischen der kleinsten $\overline{b}$ und der größten b der Zahlen $x_0, x_1, \ldots, x_n$ liegt, tritt an die Stelle von Ξ eine Zahl ξ mit $\overline{b}<\xi<b$. Bleibt die Funktion $f(x)$ für $\overline{B}\leqq x\leqq B$ endlich, so kann man $\varphi_{n+1}(x)=N_{n+1}(x)$ nehmen.

233. Nunmehr möge $f(x)$ eine analytische Funktion sein. Wie früher setzen wir

$$\psi_n(x)=(x-x_0)(x-x_1)\cdots(x-x_n)$$

und wollen eine zu der in Kap. 8, § 1 angeführten Gleichung

$$R_{n+1}(x)=\frac{1}{2\pi i}\int\limits_C\frac{f(z)}{(z-x)}\,\frac{\psi_n(x)}{\psi_n(z)}\,dz$$

für das Restglied der Newtonschen Formel in Analogie stehende Beziehung für das Restglied der Thieleschen Formel herleiten. Zur Abkürzung sei

$$\psi_{i,n+i}(x)=(x-x_i)(x-x_{i+1})\cdots(x-x_{i+n}),$$

$$\psi_{0,n}(x)=\psi_n(x)$$

und C eine die in Frage kommenden Interpolationsstellen umschließende Integrationskurve derart, daß $f(x)$ in ihrem Inneren und auf ihr regulär ist. Aus den für $s=0,1,\ldots,2n-1$ aufgeschriebenen Gleichungen

$$\frac{Z_{2n}(x_s)}{N_{2n}(x_s)}=f(x_s)=\frac{1}{2\pi i}\int\limits_C\frac{f(z)}{z-x_s}\,dz \tag{4*}$$

erhalten wir dann nach der Lagrangeschen Interpolationsformel, da $Z_{2n}(x)$ ein Polynom n-ten Grades ist, die Beziehung

$$Z_{2n}(x)=\frac{1}{2\pi i}\int\limits_C f(z)\sum_{s=i}^{n+i}\frac{1}{z-x_s}\,\frac{N_{2n}(x_s)}{x-x_s}\,\frac{\psi_{i,n+i}(x)}{\psi'_{i,n+i}(x_s)}\,dz,$$

wobei i eine beliebige der Zahlen $0, 1, \ldots, n-1$ sein kann. Wenden wir im Integranden die Identität

$$\frac{1}{(z-x_s)(x-x_s)}=\frac{1}{(x-z)(z-x_s)}-\frac{1}{(x-z)(x-x_s)}$$

an und berücksichtigen wiederum die Lagrangesche Interpolationsformel, diesmal für $N_{2n}(x)$, so entsteht die Relation

$$Z_{2n}(x) = \frac{1}{2\pi i}\int\limits_C \frac{f(z)}{x-z}\left[\frac{\psi_{i,n+i}(x)}{\psi_{i,n+i}(z)} N_{2n}(z) - N_{2n}(x)\right] dz.$$

Für das Restglied

$$R_{2n}(x) = f(x) - \frac{Z_{2n}(x)}{N_{2n}(x)}$$

ergeben sich daher die Ausdrücke

$$(38) \qquad R_{2n}(x) = \frac{1}{2\pi i}\int\limits_C \frac{f(z)}{z-x}\,\frac{N_{2n}(z)}{N_{2n}(x)}\,\frac{\psi_{i,n+i}(x)}{\psi_{i,n+i}(z)}\, dz,$$

wobei $i = 0, 1, \ldots, n-1$ sein darf. Wir können sie am übersichtlichsten zusammenfassen, wenn wir die aus (38) abzulesende Gleichung

$$(x-x_0)\cdots(x-x_{i-1})(x-x_{n+i+1})\cdots(x-x_{2n-1})\,R_{2n}(x)$$
$$= \frac{1}{2\pi i}\int\limits_C \frac{f(z)}{z-x}\,\frac{N_{2n}(z)}{N_{2n}(x)}\,\frac{\psi_{2n-1}(x)}{\psi_{2n-1}(z)}(z-x_0)\cdots(z-x_{i-1})(z-x_{n+i+1})\cdots(z-x_{2n-1})\,dz$$

mit einer willkürlichen Konstanten A_i multiplizieren und die für $i = 0, 1, \ldots, n-1$ zustande kommenden Gleichungen addieren. Dann bekommen wir die Gleichung

$$R_{2n}(x) = \frac{1}{2\pi i}\int\limits_C \frac{f(z)}{z-x}\,\frac{N_{2n}(z)}{N_{2n}(x)}\,\frac{\varphi_{2n}(z)}{\varphi_{2n}(x)}\,\frac{\psi_{2n-1}(x)}{\psi_{2n-1}(z)}\, dz,$$

in der $\varphi_{2n}(x)$ ein beliebiges Polynom vom Grade $n-1$ bedeutet. Für $R_{2n+1}(x)$ besteht ein entsprechender Ausdruck; allgemein ist, wenn wir mit $\varphi_{n+1}(x)$ ein beliebiges Polynom vom selben Grade wie $N_{n+1}(x)$ bezeichnen,

$$(39) \qquad R_{n+1}(x) = \frac{1}{2\pi i}\int\limits_C \frac{f(z)}{z-x}\,\frac{N_{n+1}(z)}{N_{n+1}(x)}\,\frac{\varphi_{n+1}(z)}{\varphi_{n+1}(x)}\,\frac{\psi_n(x)}{\psi_n(z)}\, dz.$$

Bei der Herleitung der letzten Formel haben wir die Zahlen $x_0, x_1, \ldots$ als verschieden vorausgesetzt. Die Relation (39) bleibt jedoch auch richtig, wenn mehrere unter diesen Zahlen zusammenfallen, weil das Integral die Summe der Residuen des Integranden für die von C umschlossenen Pole darstellt. Besonders interessant ist natürlich der Fall, daß alle x_i nach einem Werte a konvergieren; dann bekommen wir einen Restausdruck für den zur Taylorschen Formel analogen Thieleschen Kettenbruch (31).

234. Zuvor wollen wir jedoch einige Bemerkungen über *Integraldarstellungen der reziproken Differenzen* einschieben. Dividieren wir die Gleichung (4*) durch $\psi'_{i,n+i}(x_s)$ und addieren dann die $s = i$, $i+1, \ldots, i+n$ entsprechenden Beziehungen, so gewinnen wir unter Beachtung der Lagrangeschen Formel die Gleichung

$$(40)\qquad \frac{1}{2\pi i}\int_C f(z)\frac{N_{2n}(z)}{\psi_{i,n+i}(z)}\,dz = \sum_{s=i}^{n+i}\frac{Z_{2n}(x_s)}{\psi'_{i,n+i}(x_s)} = 1 \qquad (i = 0, 1, \ldots, n-1),$$

weil der Koeffizient der höchsten Potenz von x in $Z_{2n}(x)$ nach Formel (6*) den Wert 1 hat. Auf entsprechendem Wege ergibt sich die Beziehung

$$(40^*)\qquad \frac{1}{2\pi i}\int_C f(z)\frac{N_{2n+1}(z)}{\psi_{i,n+i}(z)}\,dz = \varrho^{2n}(x_0 x_1 \ldots x_{2n}) \qquad (i = 0, 1, \ldots, n).$$

Multiplizieren wir nun jede der Gleichungen (40) mit einer beliebigen Konstanten A_i und addieren dann, so stoßen wir auf die Relation

$$(41)\qquad \frac{1}{2\pi i}\int_C f(z)\frac{N_{2n}(z)\,\varphi_{n-1}(z)}{\psi_{2n-1}(z)}\,dz = A_0 + A_1 + \cdots + A_{n-1},$$

in der mit $\varphi_{n-1}(z)$ ein Polynom $(n-1)$-ten Grades bezeichnet ist; der Koeffizient von z^{n-1} in ihm ist gerade $A_0 + A_1 + \cdots + A_{n-1}$. Aus (40*) entfließt die analoge Gleichung

$$(41^*)\qquad \frac{1}{2\pi i}\int_C f(z)\frac{N_{2n+1}(z)\,\varphi_n(z)}{\psi_{2n}(z)}\,dz = (A_0 + A_1 + \cdots + A_n)\varrho^{2n}(x_0 x_1 \ldots x_{2n}).$$

Durch geeignete Wahl der Polynome $\varphi_{n-1}(z)$ und $\varphi_n(z)$ gewinnt man aus (41) und (41*) mehrere bemerkenswerte Formeln. Z. B. findet man für $\varphi_{n-1}(z) = N_{2n}(z)$ und $\varphi_n(z) = N_{2n+1}(z)$ unter Beachtung der Gleichungen (6*) die gesuchte Integraldarstellung der reziproken Differenzen

$$(42)\qquad \varrho^n(x_0 x_1 \ldots x_n) = \frac{1}{2\pi i}\int_C f(z)\frac{N_{n+1}^2(z)}{\psi_n(z)}\,dz$$

in Analogie zu der Formel (5) in Kap. 8, § 1

$$\delta^n(x_0 x_1 \ldots x_n) = \frac{1}{2\pi i}\int_C \frac{f(z)}{\psi_n(z)}\,dz$$

für die Steigungen. Über $\varphi_{n-1}(z) = N_i(z)$ $(i = 0, 1, \ldots, 2n-1)$, $\varphi_n(z) = N_i(z)$ $(i = 0, 1, \ldots, 2n, 2n+2)$ hinweg gelangt man zu folgender Relation für das Produkt zweier aufeinanderfolgender reziproker Differenzen:

$$(43)\qquad \varrho^{n-1}(x_0 x_1 \ldots x_{n-1})\,\varrho^n(x_0 x_1 \ldots x_n) = \frac{1}{2\pi i}\int_C f(z)\frac{N_{n+1}(z)\,N_n(z)}{\psi_{n-1}(z)}\,dz.$$

Die letzten Formeln bleiben auch dann in Kraft, wenn einige unter den Zahlen $x_0, x_1, \ldots$ zusammenrücken. Fallen diese insbesondere alle in einem Punkte x zusammen, so erhalten wir aus (42) eine Formel für die reziproke Ableitung, nämlich

$$r^n f(x) = \frac{1}{2\pi i} \int\limits_C f(z) \frac{\mathfrak{N}_{n+1}^2(z)}{(z-x)^{n+1}}\, dz\,; \tag{44}$$

hierbei ist $\mathfrak{N}_{n+1}(z)$ der $(n+1)\cdot$te Näherungsnenner des Thieleschen Kettenbruches (31), und man bemerkt die Analogie mit der Cauchyschen Formel

$$f^{(n)}(x) = \frac{n!}{2\pi i} \int\limits_C \frac{f(z)}{(z-x)^{n+1}}\, dz$$

für die n-te Ableitung. Da im Thieleschen Kettenbruch (31) die Größen

$$r\, r^n f(x) = \frac{1}{\dfrac{d}{dx}(r^n f(x))}$$

auftreten, ist es nützlich, sich Integraldarstellungen der Ableitung $\frac{d}{dx}(r^n f(x))$ zu verschaffen, und zwar findet man

$$\frac{d}{dx}(r^n f(x)) = (-1)^n \frac{n+1}{2\pi i} \int\limits_C f(z) \frac{\mathfrak{N}_{n+1}^2(z)}{(z-x)^{n+2}}\, dz\,. \tag{45}$$

Wir dürfen also in der Integraldarstellung (44) *der reziproken Ableitung $r^n f(x)$ unter dem Integralzeichen nach x differenzieren, als ob $\mathfrak{N}_{n+1}(z)$ von x unabhängig wäre, falls wir das Ergebnis nachträglich mit $(-1)^n$ multiplizieren.*

Nunmehr gehen wir zur Darstellung des Restgliedes $\mathfrak{R}_{n+1}(x)$ des Thieleschen Kettenbruches (31) über. Durch den Grenzübergang $x_0, x_1, \ldots \to a$ und die Annahme $\varphi_{n+1}(x) = N_{n+1}(x)$ gewinnen wir aus (39) zunächst die Gleichung

$$\mathfrak{R}_{n+1}(x) = \frac{1}{2\pi i} \int\limits_C \frac{f(z)}{z-x} \frac{\mathfrak{N}_{n+1}^2(z)}{\mathfrak{N}_{n+1}^2(x)} \frac{(x-a)^{n+1}}{(z-a)^{n+1}}\, dz\,, \tag{39*}$$

und hieraus können wir dann die gewünschte Darstellung

$$\mathfrak{R}_{n+1}(x) = \int\limits_a^x \frac{(a-x)^n}{\mathfrak{N}_{n+1}^2(x)} \frac{d}{da}(r^n f(a))\, da \tag{46}$$

herleiten, in Analogie zum Restglied der Taylorschen Formel

$$\mathfrak{R}_{n+1}(x) = \frac{1}{n!}\int_a^x (x-a)^n f^{(n+1)}(a)\,da\,.$$

§ 4. Auflösung homogener linearer Differenzen- und Differentialgleichungen 2. Ordnung durch Kettenbrüche.

235. Einer der Hauptvorteile, den die Einführung der reziproken Differenzen darbietet, ist der, daß man mit ihrer Hilfe das Problem der *Entwicklung von Funktionen in Kettenbrüche* in systematischer Weise in Angriff zu nehmen vermag. Beispiele hierfür werden wir im nächsten Paragrafen kennenlernen. Man hat nur das Schema der reziproken Differenzen oder Ableitungen für die betreffende Funktion zu bilden und dann die Formeln (3), (22), (31) oder (32) zu benutzen. Um die Konvergenz der so erhaltenen Entwicklungen zu prüfen, kann man entweder das Restglied untersuchen oder die in der Theorie der Kettenbrüche üblichen Konvergenzkriterien anwenden oder schließlich, was sich gewöhnlich am meisten empfiehlt, die homogenen linearen Differenzengleichungen 2. Ordnung studieren, denen die Näherungszähler und Näherungsnenner, als Funktionen des Index betrachtet, Genüge leisten.

Zur Vorbereitung dieses Verfahrens wollen wir jetzt zunächst auseinandersetzen, wie eine homogene lineare Differenzengleichung 2. Ordnung

$$u(x+2) + p(x)\,u(x+1) + q(x)\,u(x) = 0 \tag{47}$$

mittels Kettenbrüchen aufgelöst werden kann [5]. Durch Division mit $u(x+1)$ leitet man aus (47) die beiden Gleichungen

$$\frac{u(x+1)}{u(x)} = -\cfrac{q(x)}{p(x)+\cfrac{u(x+2)}{u(x+1)}}\,,$$

$$\frac{u(x)}{u(x+1)} = -\cfrac{1}{p(x-1)+q(x-1)\cfrac{u(x-1)}{u(x)}}$$

her, aus denen rein formal unmittelbar die beiden Kettenbrüche

$$\frac{u(x+1)}{u(x)} = -\cfrac{q(x)}{p(x)-\cfrac{q(x+1)}{p(x+1)-\cfrac{q(x+2)}{p(x+2)-\cdots}}}\,, \tag{48}$$

$$(49)\qquad \frac{u(x)}{u(x+1)} = -\cfrac{1}{p(x-1) - \cfrac{q(x-1)}{p(x-2) - \cfrac{q(x-2)}{p(x-3) - \cdots}}}$$

hervorgehen. Unser Ziel ist nun, die Möglichkeit derartiger Entwicklungen in aller Strenge zu begründen. Wenn es uns gelingt, die Konvergenz der in (48) und (49) auftretenden Kettenbrüche darzutun und durch diese die linksstehenden Quotienten für zwei linear unabhängige Partikulärlösungen der Gleichung (47) darzustellen, so erfordert nachher die vollständige Auflösung von (47) offenbar nur noch zwei Summationen; bei Kenntnis der beiden Kettenbrüche sind wir also im wesentlichen schon am Ziele.

Wir gehen von einer einfach zu beweisenden Identität aus. Sind n beliebige Zahlen $x_1, x_2, \ldots, x_n$ gegeben, so können wir leicht schrittweise einen Kettenbruch konstruieren, für den diese Zahlen die n ersten Näherungsbrüche sind. Dieser Kettenbruch lautet

$$x_n = x_1 - \cfrac{x_1 - x_2}{1 - \cfrac{x_2 - x_3}{x_1 - x_3 - \cfrac{(x_1 - x_2)(x_3 - x_4)}{x_2 - x_4 - \cdots - \cfrac{(x_{n-3} - x_{n-2})(x_{n-1} - x_n)}{x_{n-2} - x_n}}}}$$

oder, wenn wir

$$(50)\qquad \begin{aligned} z_s &= \frac{x_s - x_{s+1}}{x_s - x_{s+2}} \cdot \frac{x_{s+2} - x_{s+3}}{x_{s+1} - x_{s+3}} \qquad (s = 1, 2, \ldots, n-3),\\ z_0 &= \frac{x_2 - x_3}{x_1 - x_3} \end{aligned}$$

setzen,

$$x_n = x_1 - \cfrac{x_1 - x_2}{1 - \cfrac{z_0}{1 - \cfrac{z_1}{1 - \cfrac{z_2}{1 - \cdots - \cfrac{z_{n-4}}{1 - z_{n-3}}}}}}.$$

Hieraus gewinnen wir die gesuchte Identität

$$(51)\qquad \frac{x_n - x_1}{x_n - x_2} \cdot \frac{x_2 - x_3}{x_1 - x_3} = 1 - \cfrac{z_1}{1 - \cfrac{z_2}{1 - \cfrac{z_3}{1 - \cdots - \cfrac{z_{n-4}}{1 - z_{n-3}}}}},$$

welche namentlich dann von Nutzen ist, wenn wir durch den Grenzübergang $n \to \infty$ auf der rechten Seite zu einem unendlichen Kettenbruche übergehen wollen.

Zur Anwendung auf die Differenzengleichung (47) und die Kettenbrüche (48) und (49) verstehen wir unter $u_1(x)$ und $u_2(x)$ zwei linear unabhängige Lösungen der Gleichung (47), nehmen

$$x_s = \frac{u_1(x+s-1)}{u_2(x+s-1)}$$

und schreiben $(n+1)$ an Stelle von n. Dann wird, wie man sich auf Grund der Gleichung (47) leicht ausrechnet,

$$z_s = \frac{q(x+s)}{p(x+s-1)\,p(x+s)},$$

und die Identität (51) liefert die Beziehung

$$(52)\quad \frac{u_1(x+1)\,u_2(x+n) - u_2(x+1)\,u_1(x+n)}{u_1(x)\,u_2(x+n) - u_2(x)\,u_1(x+n)} = -\cfrac{q(x)}{p(x) - \cfrac{q(x+1)}{p(x+1) - \cdots - \cfrac{q(x+n-2)}{p(x+n-2)}}}.$$

Ganz entsprechend finden wir, wenn $u_3(x)$ und $u_4(x)$ ebenfalls zwei linear unabhängige, im allgemeinen als verschieden von $u_1(x)$ und $u_2(x)$ anzunehmende Lösungen der Gleichung (47) bezeichnen,

$$(53)\quad \frac{u_3(x)\,u_4(x-n) - u_4(x)\,u_3(x-n)}{u_3(x+1)\,u_4(x-n) - u_4(x+1)\,u_3(x-n)} = -\cfrac{1}{p(x-1) - \cfrac{q(x-1)}{p(x-2) - \cdots - \cfrac{q(x-n+1)}{p(x-n)}}}.$$

236. Von den in (52) und (53) auf der rechten Seite vorkommenden Kettenbrüchen gelangen wir durch den Grenzübergang $n \to \infty$ gerade zu den unendlichen Kettenbrüchen in (48) und (49). Um zu erkennen, was dabei aus den linken Seiten in (52) und (53) wird, müssen wir etwas über das infinitäre Verhalten der Lösungen $u_1(x)$, $u_2(x)$, $u_3(x)$, $u_4(x)$ wissen. Wenn z. B. $\lim\limits_{n\to\infty} \frac{u_2(x+n)}{u_1(x+n)} = 0$ ist, strebt der ins Unendliche fortgesetzte Kettenbruch (52) nach $\frac{u_2(x+1)}{u_2(x)}$. Zur genaueren Untersuchung sei der Einfachheit halber die Gleichung (47) zunächst normal, und $p(x)$ und $q(x)$ mögen rationale Funktionen, c_1 und c_0 ihre Grenzwerte für $|x| \to \infty$ sein. Die Wurzeln der charakteristischen Gleichung

$$t^2 + c_1 t + c_0 = 0$$

mögen a_1 und a_2 heißen. Wir nehmen für $u_1(x)$ und $u_2(x)$ die Lösungen des ersten kanonischen Lösungssystems, für $u_3(x)$ und $u_4(x)$ die Lösungen des zweiten kanonischen Systems. Für deren asymptotisches Verhalten gelten, wie wir in Kapitel 11 gesehen haben, die Gleichungen:

$$\lim_{n\to\infty} \frac{u_1(x+n)}{a_1^{x+n}\left(\frac{1}{x+n}\right)^{\beta_1+1}} = \lim_{n\to\infty} \frac{u_3(x-n)}{a_1^{x-n}\left(\frac{1}{x-n}\right)^{\beta_1+1}} = k_1$$

und

$$\lim_{n\to\infty} \frac{u_2(x+n)}{a_2^{x+n}\left(\frac{1}{x+n}\right)^{\beta_2+1}} = \lim_{n\to\infty} \frac{u_4(x-n)}{a_2^{x-n}\left(\frac{1}{x-n}\right)^{\beta_2+1}} = k_2 .$$

Wenn $a_1 = a_2$ und außerdem $\beta_2 - \beta_1$ eine ganze Zahl ist, bestehen diese Gleichungen nur in gewissen Ausnahmefällen. Liegen nicht gerade diese Ausnahmefälle vor, so haben wir bei $a_1 = a_2$ und ganzzahligem $\beta_2 - \beta_1$ die Relation

$$\lim_{n\to\infty} \frac{u_2(x+n)}{a_1^{x+n}\left(\frac{1}{x+n}\right)^{\beta_2+1}\log\frac{1}{x+n}} = \lim_{n\to\infty} \frac{u_4(x-n)}{a_1^{x-n}\left(\frac{1}{x-n}\right)^{\beta_2+1}\log\frac{1}{n-x}} = k_2 .$$

Es sind also verschiedene Fälle zu unterscheiden. Wenn $|a_1| > |a_2|$ ist, wird

$$\lim_{n\to\infty} \frac{u_2(x+n)}{u_1(x+n)} = 0, \qquad \lim_{n\to\infty} \frac{u_3(x-n)}{u_4(x-n)} = 0;$$

dann entnimmt man aus (52)

$$\text{(54)} \qquad \frac{u_2(x+1)}{u_2(x)} = -\cfrac{q(x)}{p(x) - \cfrac{q(x+1)}{p(x+1) - \cfrac{q(x+2)}{p(x+2) - \cdots}}}$$

und aus (53)

$$\text{(55)} \qquad \frac{u_3(x)}{u_3(x+1)} = -\cfrac{1}{p(x-1) - \cfrac{q(x-1)}{p(x-2) - \cfrac{q(x-2)}{p(x-3) - \cdots}}}.$$

Ist hingegen $|a_1| < |a_2|$, so konvergieren die rechtsstehenden Kettenbrüche nach $\frac{u_1(x+1)}{u_1(x)}$ bzw. $\frac{u_4(x)}{u_4(x+1)}$. Bei $|a_1| = |a_2|$ konvergiert der Kettenbruch (54) nach $\frac{u_1(x+1)}{u_1(x)}$ oder $\frac{u_2(x+1)}{u_2(x)}$, der Kettenbruch (55) nach $\frac{u_3(x)}{u_3(x+1)}$ oder $\frac{u_4(x)}{u_4(x+1)}$, je nachdem $\Re(\beta_1 - \beta_2)$ positiv oder negativ ist, während sich für $\Re(\beta_1) = \Re(\beta_2)$ beide Kettenbrüche als divergent erweisen. Wenn jedoch sowohl $a_1 = a_2$ als auch $\beta_1 = \beta_2$ ist, dann strebt der Kettenbruch (54) nach $\frac{u_1(x+1)}{u_1(x)}$ und der Kettenbruch (55) nach $\frac{u_3(x)}{u_3(x+1)}$. Damit haben wir unter unseren Voraussetzungen über die Koeffizienten der Differenzengleichung (47) das Konvergenzproblem der Kettenbrüche (48) und (49) vollständig erledigt.

Handelt es sich beispielsweise um eine Differenzengleichung

$$u(x+2) + c_1 u(x+1) + c_0 = 0$$

mit konstanten Koeffizienten, so erhalten wir die bekannten Kettenbruchentwicklungen

$$-\cfrac{c_0}{c_1 - \cfrac{c_0}{c_1 - \cfrac{c_0}{c_1 - \cdots}}} \qquad \text{und} \qquad -c_1 + \cfrac{c_0}{c_1 - \cfrac{c_0}{c_1 - \cfrac{c_0}{c_1 - \cdots}}}$$

für die Wurzeln der quadratischen Gleichung

$$t^2 + c_1 t + c_0 = 0.$$

Haben die Wurzeln verschiedene absolute Beträge, so strebt der erste Kettenbruch nach der absolut kleinsten, der zweite nach der absolut größten Wurzel; liegt eine Doppelwurzel vor, so konvergieren beide Kettenbrüche nach ihr; haben die beiden Wurzeln denselben Absolutbetrag, ohne doch zusammenzufallen, so divergieren die Kettenbrüche.

Denken wir uns die Koeffizienten $p(x)$ und $q(x)$ der Gleichung (47) außer von x noch von einem komplexen Parameter z abhängig, so bilden die Punkte, in denen $|a_1| = |a_2|$ ist, im allgemeinen Kurven in der z-Ebene. Wir nennen sie die *kritischen Kurven*. In Gebieten, die längs einer solchen Kurve aneinanderstoßen, konvergieren die Kettenbrüche im allgemeinen gegen verschiedene Funktionen; beim Übergang über eine kritische Kurve springt demnach der Wert des Kettenbruchs. Auf den kritischen Kurven selbst konvergieren die Kettenbrüche in denjenigen Punkten, wo $\Re(\beta_1) \neq \Re(\beta_2)$ ist, und außerdem für $a_1 = a_2$, $\beta_1 = \beta_2$.

Übrigens kann es auch vorkommen, daß in einer zweidimensionalen Punktmenge der z-Ebene $|a_1| = |a_2|$ ist. Dann sind in dieser die Kurven $\Re(\beta_1) = \Re(\beta_2)$ kritische Kurven.

Zusammengenommen führen die beiden Kettenbrüche (54) und (55) in der ganzen z-Ebene zur vollständigen Lösung der Differenzengleichung (47), außer etwa auf den kritischen Kurven.

237. Wenn unsere Voraussetzungen über die Koeffizienten $p(x)$ und $q(x)$ nicht erfüllt sind, so lassen sich doch in vielen Fällen ganz ähnliche Betrachtungen anstellen, wofern nur $p(x)$ und $q(x)$ Grenzwerten zustreben, wenn x auf einer Parallelen zur reellen Achse nach rechts ins Unendliche wandert, wofern also die Gleichung (48) eine Poincarésche Differenzengleichung ist. Die an den Poincaréschen Satz anschließenden, in Kap. 10, § 6 besprochenen Untersuchungen ermöglichen ferner die Behandlung gewisser Fälle, in denen $p(x)$ und $q(x)$ keinen Grenzwerten zustreben.

Wenn $p(x)$ und $q(x)$ Polynome in x sind und außerdem von einem Parameter z abhängen, können die Lösungen $u_1(x)$ und $u_2(x)$ bzw. $u_3(x)$ und $u_4(x)$ so bestimmt werden, daß sich $u_1(x+n)$ und $u_2(x+n)$ bzw. $u_3(x-n)$ und $u_4(x-n)$ bei zunehmendem n asymptotisch wie $k_1 \Gamma^{q_1}(x+n)\, a_1^{x+n}(x+n)^{-\beta_1-1}$ und $k_2 \Gamma^{q_2}(x+n)\, a_2^{x+n}(x+n)^{-\beta_2-1}$ verhalten. Bei $q_1 > q_2$ konvergieren dann die Kettenbrüche (54) und (55) in der ganzen z-Ebene gegen $\frac{u_2(x+1)}{u_2(x)}$ und $\frac{u_4(x)}{u_4(x+1)}$; bei $q_1 = q_2$ hingegen kommen wir wieder auf die oben auseinandergesetzten verschiedenen Fälle zurück.

Ein interessantes Beispiel liefert die in Kap. 14, § 1 angeführte Differenzengleichung

$$u(x+2) - (x+\varrho+1)\, u(x+1) + \varrho x u(x) = 0,$$

welcher die unvollständigen Gammafunktionen $P(x,\varrho)$ und $Q(x,\varrho)$ genügen. Unter Heranziehung der Differenzengleichung erster Ordnung für die Funktion $P(x,\varrho)$ finden wir leicht den Kettenbruch

$$P(x,\varrho) = \cfrac{e^{-\varrho}\varrho^x}{x - \cfrac{\varrho x}{x+\varrho+1 - \cfrac{\varrho(x+1)}{x+\varrho+2 - \cfrac{\varrho(x+2)}{x+\varrho+3-\cdots}}}},$$

der bei festem endlichen ϱ für alle x außer $x = 0, -1, -2, \ldots$ konvergiert.

238. Bisher sind wir von der Differenzengleichung (47) ausgegangen und haben aus ihr den Kettenbruch (54) hergeleitet. Umgekehrt ist natürlich bei passend gewähltem $p(x)$ und $q(x)$ jeder Kettenbruch von der Form (54), und man kann, wenn ein beliebiger Kettenbruch vorgelegt ist, die Funktionen $p(x)$ und $q(x)$ aufschreiben, mit ihnen die entsprechende homogene lineare Differenzengleichung 2. Ordnung bilden und von ihr aus über die Konvergenz des Kettenbruches entscheiden. So liefern z. B. die eben besprochenen Untersuchungen recht umfassende

Konvergenzkriterien[1]). Oft kommt es jedoch vor, daß die Teilzähler und Teilnenner des Kettenbruchs keinem einheitlichen Gesetze folgen, sodaß man bei Aufstellung der Differenzengleichung (47) auf Schwierigkeiten stößt, z. B., wenn die Teilzähler und Teilnenner von geradem und ungeradem Index verschiedenen Bildungsgesetzen unterliegen. Dann kann man bisweilen zum Ziele kommen, wenn man statt der einen Differenzengleichung (47) ein System von zwei Gleichungen

$$\begin{aligned} v(x+1) + p_1(x)\, u(x) \qquad\quad &+ q_1(x)\, v(x) = 0, \\ u(x+1) + p_2(x)\, v(x+1) &+ q_2(x)\, u(x) = 0 \end{aligned} \tag{56}$$

zugrundelegt. Auf diesem Wege gewinnt man Konvergenzkriterien, die für die meisten praktisch vorkommenden Fälle ausreichen.

Zur Auflösung der Gleichungen (56) setzen wir in der Identität (51) einmal

$$x_{2s+2} = \frac{u_1(x+s)}{u_2(x+s)}, \qquad x_{2s+1} = \frac{v_1(x+s)}{v_2(x+s)}$$

und ein anderes Mal

$$x_{2s} = \frac{v_1(x+s)}{v_2(x+s)}, \qquad x_{2s+1} = \frac{u_1(x+s)}{u_2(x+s)}.$$

Beim ersten der so gewonnenen Kettenbrüche

$$-\cfrac{q_1(x)}{p_1(x) - \cfrac{q_2(x)}{p_2(x) - \cfrac{q_1(x+1)}{p_1(x+1) - \cfrac{q_2(x+1)}{p_2(x+1) - \cdots}}}} \tag{57}$$

heißt der $(2n+4)$-te Näherungsbruch

$$\frac{u_1(x)\, v_2(x+n) - u_2(x)\, v_1(x+n)}{v_1(x)\, v_2(x+n) - v_2(x)\, v_1(x+n)}$$

und der $(2n+5)$-te

$$\frac{u_1(x)\, u_2(x+n) - u_2(x)\, u_1(x+n)}{v_1(x)\, u_2(x+n) - v_2(x)\, u_1(x+n)}.$$

Beim zweiten Kettenbruch hingegen

$$-\cfrac{q_2(x)}{p_2(x) - \cfrac{q_1(x+1)}{p_1(x+1) - \cfrac{q_2(x+1)}{p_2(x+1) - \cfrac{q_1(x+2)}{p_1(x+2) - \cdots}}}} \tag{58}$$

[1]) Vgl. auch Pringsheim [1], van Vleck [1], Montessus de Ballore [1, 2]; ferner O. Perron, Die Lehre von den Kettenbrüchen, *Leipzig und Berlin 1913.*

sind die Näherungsbrüche

$$\frac{v_1(x+1)\,v_2(x+n) - v_2(x+1)\,v_1(x+n)}{u_1(x)\,v_2(x+n) - u_2(x)\,v_1(x+n)}$$

und

$$\frac{v_1(x+1)\,u_2(x+n) - v_2(x+1)\,u_1(x+n)}{u_1(x)\,u_2(x+n) - u_2(x)\,u_1(x+n)}.$$

Wenn wir das Verhalten von $\frac{v_1(x+n)}{v_2(x+n)}$ und $\frac{u_1(x+n)}{u_2(x+n)}$ bei zunehmendem n kennen, sind wir also am Ziele. Streben diese beiden Größen z. B. gegen Null, so konvergieren die Kettenbrüche (57) und (58) nach $\frac{u_1(x)}{v_1(x)}$ und $\frac{v_1(x+1)}{u_1(x)}$, so daß wir leicht $u_1(x)$ und $v_1(x)$ selbst ermitteln können. Sind hingegen die Grenzwerte von $\frac{u_1(x+n)}{u_2(x+n)}$ und $\frac{v_1(x+n)}{v_2(x+n)}$ voneinander verschieden, etwa c_1 und c_2, so oszillieren die Kettenbrüche (57) und (58). Z. B. streben für (57) die Näherungsbrüche gerader Ordnung nach

$$\frac{u_1(x) - c_2\,u_2(x)}{v_1(x) - c_2\,v_2(x)}$$

und die Näherungsbrüche ungerader Ordnung nach

$$\frac{u_1(x) - c_1\,u_2(x)}{v_1(x) - c_1\,v_2(x)}.$$

In diesem Falle ermöglichen die Kettenbrüche (57) und (58) die vollständige Auflösung des Systems (56), während man bei Konvergenz noch zwei andere, zu (55) in Analogie stehende Kettenbrüche heranziehen muß.

239. Im Zusammenhange mit diesen Betrachtungen für Differenzengleichungen wollen wir erwähnen, daß man auch eine homogene lineare Differentialgleichung 2. Ordnung

$$y'' + P(z)\,y' + Q(z) = 0 \tag{59}$$

durch Kettenbrüche zu integrieren vermag. Zu diesem Zwecke verstehen wir unter y_1 und y_2 zwei linear unabhängige Partikulärintegrale und setzen in der Identität (51)

$$x_s = \frac{y_1^{(s-1)}}{y_2^{(s-1)}};$$

um den hierbei entstehenden Kettenbruch bequem aufschreiben zu können, differenzieren wir die Gleichung (59) fortgesetzt nach z. Dadurch ergibt sich das Gleichungssystem

$$\begin{aligned}
y'' &+ P_0\, y' &+ Q_0\, y &= 0,\\
y''' &+ P_1\, y'' &+ Q_1\, y' &= 0,\\
&\cdots\cdots\cdots\cdots\\
y^{(n+2)} &+ P_n\, y^{(n+1)} &+ Q_n\, y^{(n)} &= 0,
\end{aligned}$$

wobei die Koeffizienten miteinander durch die Rekursionsformeln

$$P_{s+1} = P_s - \frac{Q_s'}{Q_s}, \qquad Q_{s+1} = Q_s + \frac{Q_s P_s' - P_s Q_s'}{Q_s}$$

verbunden sind. Die Größen z_s in (51) sind dann durch die Formel

$$z_s = \frac{Q_s}{P_{s-1} P_s}$$

ausdrückbar, und wir bekommen schließlich

$$\text{(60)} \qquad \frac{y_1'\, y_2^{(n+1)} - y_2'\, y_1^{(n+1)}}{y_1\, y_2^{(n+1)} - y_2\, y_1^{(n+1)}} = -\cfrac{Q_0}{P_0 - \cfrac{Q_1}{P_1 - \cfrac{Q_2}{P_2 - \cdots - \cfrac{Q_{n-1}}{P_{n-1}}}}}.$$

In ähnlicher Weise erhalten wir, wenn wir mit $y^{(-n)}$ das n-te Integral von y bezeichnen, nachher durch Integration aus (59) die Gleichungen

$$\begin{aligned}
y' &+ P_{-1}\, y &+ Q_{-1}\, y^{(-1)} &= 0,\\
y &+ P_{-2}\, y^{(-1)} &+ Q_{-2}\, y^{(-2)} &= 0,\\
&\cdots\cdots\cdots\cdots\\
y^{(2-n)} &+ P_{-n}\, y^{(1-n)} &+ Q_{-n}\, y^{(-n)} &= 0
\end{aligned}$$

herleiten und

$$x_s = \frac{y_1^{(-s+2)}}{y_2^{(-s+2)}}$$

annehmen, die Gleichung

$$\text{(61)} \qquad \frac{y_1\, y_2^{(-n)} - y_2\, y_1^{(-n)}}{y_1'\, y_2^{(-n)} - y_2'\, y_1^{(-n)}} = -\cfrac{1}{P_{-1} - \cfrac{Q_{-1}}{P_{-2} - \cfrac{Q_{-2}}{P_{-3} - \cdots - \cfrac{Q_{1-n}}{P_{-n}}}}}.$$

Wollen wir in den Beziehungen (60) und (61) n unendlich zunehmen lassen, so müssen wir uns eine Aussage über das Verhalten der Ableitungen und Integrale von y für große n verschaffen. Wenn z. B. die Relation

$$\lim_{n\to\infty} \frac{y_1^{(n)}}{y_2^{(n)}} = c$$

besteht, so ist der ins Unendliche fortgesetzte Kettenbruch (60) gleich

$$\frac{y_1' - c\,y_2'}{y_1 - c\,y_2},$$

also gleich der logarithmischen Ableitung eines Partikulärintegrals der Differentialgleichung (59). Um dieses selbst aufzufinden, ist dann nur noch eine Quadratur nötig. Die Konstante c hat indes im allgemeinen nicht in der ganzen z-Ebene denselben Wert. Es ist also hier wie bei dem Kettenbruch (54), wenn die Koeffizienten der Differenzengleichung (47) von einem Parameter z abhängig sind; der Kettenbruch (60) stellt in verschiedenen Teilen der z-Ebene im allgemeinen verschiedene analytische Funktionen dar. Nehmen wir an, daß die Differentialgleichung (59) die singulären Punkte $a_1, a_2, \ldots, a_p$ und ∞ besitze, welche, allenfalls bis auf den unendlich fernen Punkt, sämtlich Punkte der Bestimmtheit sein mögen, dann hat sie in der Umgebung der Stelle $z = a_i$ zwei linear unabhängige Integrale von der Form

$$y_{i,1} = (z - a_i)^{\beta_{i,1}} \varphi_{i,1}(z) \quad \text{und} \quad y_{i,2} = (z - a_i)^{\beta_{i,2}} \varphi_{i,2}(z),$$

wobei $\varphi_{i,1}(z)$ und $\varphi_{i,2}(z)$ in $z = a_i$ regulär und von Null verschieden sind, oder von der Form

$$y_{i,1} = (z - a_i)^{\beta_{i,1}} \varphi_{i,1}(z) \quad \text{und}$$

$$y_{i,2} = (z - a_i)^{\beta_{i,1}} [\psi_{i,1}(z) + \psi_{i,2}(z) \log(z - a_i)]$$

mit regulärem $\psi_{i,1}(z)$ und $\psi_{i,2}(z)$. Betrachten wir zunächst den ersten Fall. Es sei z ein beliebiger Punkt der Ebene, a_i der nächste, a_j der (außer Unendlich) entfernteste singuläre Punkt; wir haben das Verhalten von $y_{i,1}^{(n)}$ und $y_{i,2}^{(n)}$ für große positive ganzzahlige n zu ermitteln. Allgemein gesprochen handelt es sich also um das Problem, das Verhalten der Ableitungen einer Funktion bei zunehmender Ordnung zu studieren, wenn die Funktion einer homogenen linearen Differentialgleichung genügt. Dazu kann man so verfahren, daß man die Differentialgleichung fortgesetzt nach z differenziert. Dann ergibt sich für die Ableitungen, bei festem z als Funktionen der Ordnung aufgefaßt, eine Differenzengleichung, für welche das asymptotische Verhalten der Lösungen zu untersuchen ist[1]). In unserem Falle findet man, daß sich $\frac{y_{i,1}^{(n)}}{n!}$ und $\frac{y_{i,2}^{(n)}}{n!}$ wie

$$c_{i,1}(a_i - z)^{-n} n^{-\beta_{i,1}-1} \qquad \text{und} \qquad c_{i,2}(a_i - z)^{-n} n^{-\beta_{i,2}-1}$$

verhalten, wobei $c_{i,1}$ und $c_{i,2}$ von Null verschiedene Konstanten bedeuten. Daher wird

$$\lim_{n \to \infty} \frac{y_{i,1}^{(n)}}{y_{i,2}^{(n)}} n^{\beta_{i,1}-\beta_{i,2}} = \frac{c_{i,1}}{c_{i,2}},$$

und in ähnlicher Weise erhält man

$$\lim_{n \to \infty} \frac{y_{j,1}^{(-n)}}{y_{j,2}^{(-n)}} n^{\beta_{j,1}-\beta_{j,2}} = \frac{c_{j,1}}{c_{j,2}},$$

wobei $y_{j,1}$ und $y_{j,2}$ lineare Funktionen von $y_{i,1}$ und $y_{i,2}$ sind. Bei wachsendem n strebt also der Kettenbruch (60) nach

$$\frac{y'_{i,1}}{y_{i,1}} \quad \text{für} \quad \Re(\beta_{i,1}) > \Re(\beta_{i,2}),$$

$$\frac{y'_{i,2}}{y_{i,2}} \quad \text{für} \quad \Re(\beta_{i,1}) < \Re(\beta_{i,2}),$$

während er für $\Re(\beta_{i,1}) = \Re(\beta_{i,2})$, $\beta_{i,1} \neq \beta_{i,2}$ divergiert, und der Kettenbruch (61) konvergiert entsprechend nach

$$\frac{y'_{j,1}}{y_{j,1}} \quad \text{für} \quad \Re(\beta_{j,1}) > \Re(\beta_{j,2}),$$

$$\frac{y'_{j,2}}{y_{j,2}} \quad \text{für} \quad \Re(\beta_{j,1}) < \Re(\beta_{j,2}).$$

Im allgemeinen führen daher die Kettenbrüche (60) und (61) bei $n \to \infty$ nach je einer Quadratur zusammen zu zwei linear unabhängigen Integralen; die Differentialgleichung (59) kann also mittels dieser Kettenbrüche vollständig integriert werden.

---

[1]) Auf andere Weise hat Perron das angeführte Problem angegriffen und weitgehende Ergebnisse erzielt; vgl. seine Abhandlung: Über das Verhalten von $f^{(\nu)}(x)$ für $\lim \nu = \infty$, wenn $f(x)$ einer linearen homogenen Differentialgleichung genügt, *Stzgsber. Akad. München (math.-phys.) 1913, p. 355—382.*

Falls Logarithmen auftreten, verhält sich $\frac{y_{i,2}^{(n)}}{n!}$ asymptotisch wie

$$C(a_i - z)^{-n} n^{-\beta_{i,2}-1} \Psi(n + \beta_{i,2} + 1),$$

und der Kettenbruch (60) konvergiert bei wachsendem n immer nach $\frac{y'_{i,1}}{y_{i,1}}$.

Betrachten wir jetzt einen Wert z, für den nicht mehr a_i, sondern a_k der nächste singuläre Punkt ist, so konvergieren die Kettenbrüche im allgemeinen ebenfalls, aber nach einer anderen Funktion von z, welche nicht die analytische Fortsetzung der früheren ist. Auch die hier vorkommenden Kettenbrüche besitzen also *kritische Linien*, auf denen der Wert der Kettenbrüche springt. Diese kritischen Linien sind durch die Lage der singulären Punkte der Differentialgleichung bestimmt und teilen die Ebene in Gebiete, in deren jedem der Kettenbruch nach ein und derselben Funktion konvergiert. Bei nur einem singulären Punkt gibt es keine kritische Linie. Für zwei singuläre Punkte a_1 und a_2 ist die kritische Linie die Mittelsenkrechte der Verbindungsstrecke $a_1 a_2$ (Fig. 52); in derjenigen Halbebene, welche den Punkt a_1 ent-

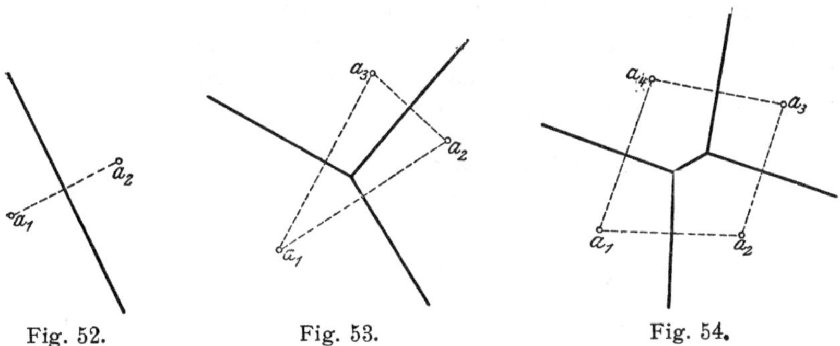

Fig. 52. Fig. 53. Fig. 54.

hält, konvergiert der ins Unendliche fortgesetzte Kettenbruch (60) nach $\frac{y'_{1,1}}{y_{1,1}}$, in der anderen Halbebene hingegen nach $\frac{y'_{2,1}}{y_{2,2}}$. Bei drei singulären Punkten a_1, a_2, a_3 sind die kritischen Linien die Mittelsenkrechten auf den Seiten des von a_1, a_2, a_3 gebildeten Dreiecks. Dies wird durch Fig. 53 verdeutlicht, während in Fig. 54 die kritischen Linien für vier singuläre Punkte a_1, a_2, a_3, a_4 gezeichnet sind. Auf den kritischen Linien können die Kettenbrüche divergieren, hingegen konvergieren sie in den singulären Punkten.

§ 5. Beispiele.

240. Zunächst betrachten wir ein Beispiel für die Auflösung von Differentialgleichungen 2. Ordnung durch Kettenbrüche, und zwar wählen wir die Gaußsche Differentialgleichung

$$z(1-z)y'' + (\gamma - (\alpha+\beta+1)z)y' - \alpha\beta y = 0.$$

Hier lauten die aus (60) und (61) hervorgehenden unendlichen Kettenbrüche

$$K_1 = \cfrac{\alpha\beta}{\gamma - (\alpha+\beta+1)z + \cfrac{(\alpha+1)(\beta+1)z(1-z)}{\gamma+1-(\alpha+\beta+3)z + \cfrac{(\alpha+2)(\beta+2)z(1-z)}{\gamma+2-(\alpha+\beta+5)z+\cdots}}},$$

$$K_2 = \cfrac{z\,(z-1)}{\gamma-1-(\alpha+\beta-1)z + \cfrac{(\alpha-1)(\beta-1)z(1-z)}{\gamma-2-(\alpha+\beta-3)z + \cfrac{(\alpha-2)(\beta-2)z(1-z)}{\gamma-3-(\alpha+\beta-5)z+\cdots}}}.$$

Die kritische Linie wird, da die singulären Punkte der Gaußschen Differentialgleichung in 0, 1 und ∞ liegen und sämtlich Punkte der Bestimmtheit sind, durch eine Senkrechte zur reellen Achse im Punkte $z = \frac{1}{2}$ gebildet. Setzen wir

$$\begin{aligned}
y_1 &= z^{1-\gamma} F(\alpha-\gamma+1, \beta-\gamma+1, 2-\gamma; z),\\
y_2 &= F(\alpha, \beta, \gamma; z),\\
y_3 &= F(\alpha, \beta, \alpha+\beta-\gamma+1; 1-z),\\
y_4 &= (1-z)^{\gamma-\alpha-\beta} F(\gamma-\alpha, \gamma-\beta, \gamma-\alpha-\beta+1; 1-z),
\end{aligned}$$

so erhalten wir auf Grund unserer allgemeinen Ergebnisse folgende Tafel der Werte von K_1 und K_2:

$$\sigma < \frac{1}{2}: \qquad K_1 = \frac{y_2'}{y_2}, \quad K_2 = \frac{y_1}{y_1'},$$

$$\sigma > \frac{1}{2}: \qquad K_1 = \frac{y_3'}{y_3}, \quad K_2 = \frac{y_4}{y_4'},$$

$$\sigma = \frac{1}{2}: \quad \Re(\gamma) > \Re\left(\frac{\alpha+\beta+1}{2}\right): \quad K_1 = \frac{y_2'}{y_2}, \quad K_2 = \frac{y_4}{y_4'},$$

$$\Re(\gamma) < \Re\left(\frac{\alpha+\beta+1}{2}\right): \quad K_1 = \frac{y_3'}{y_3}, \quad K_2 = \frac{y_1}{y_1'},$$

$\Re(\gamma) = \Re\left(\frac{\alpha+\beta+1}{2}\right)$: K_1 und K_2 divergieren.

Auf eine nähere Untersuchung der Ausnahmefälle, daß α, γ oder $\gamma-\alpha-\beta$ ganze Zahlen sind oder einer oder mehrere der Parameter α, β, γ unendlich groß werden, wollen wir nicht eingehen.

241. In seiner klassischen Abhandlung über die hypergeometrische Reihe hat Gauß [1] das Verhältnis zweier *benachbarter Funktionen* (*series contiguae*) in einen Kettenbruch entwickelt. Benachbart heißen solche hypergeometrische Funktionen, aufgefaßt als Funktionen der Parameter α, β, γ, bei denen sich zwei Parameter um 1 unterscheiden. Gauß benützt das zu Anfang von § 4 beschriebene rein formale Verfahren, ohne sich auf Konvergenzuntersuchungen einzulassen; diese sind später von Riemann, Thomé, van Vleck und anderen nachgetragen worden.

Mit Hilfe der von uns entwickelten Methoden läßt sich das Problem leicht vollständig erledigen. Dazu gehen wir aus von folgendem System von Differenzengleichungen:

$$u(x) \qquad + \frac{(\alpha+x)(\gamma-\beta+x)}{(\gamma+2x)(\gamma+2x+1)}z \qquad u(x+1)-v(x)=0,$$

$$u(x+1)-\frac{(\beta+x+1)(\gamma-\alpha+x+1)}{(\gamma+2x+1)(\gamma+2x+2)}z\,v(x+1)-v(x)=0;$$

der Kettenbruch (57) liefert dann den *Gaußschen Kettenbruch*

$$\frac{F(\alpha,\beta+1,\gamma+1;z)}{F(\alpha,\beta,\gamma;z)}=\cfrac{\gamma}{\gamma-\cfrac{\alpha(\gamma-\beta)z}{\gamma+1-\cfrac{(\beta+1)(\gamma-\alpha+1)z}{\gamma+2-\cfrac{(\alpha+1)(\gamma-\beta+1)z}{\gamma+3-\cfrac{(\beta+2)(\gamma-\alpha+2)z}{\gamma+4-\cdots}}}}}.$$

Zur Untersuchung der Konvergenz eliminieren wir aus dem System von Differenzengleichungen die Funktion $v(x)$, wodurch für $u(x)$ eine Differenzengleichung zweiter Ordnung entsteht, deren charakteristische Gleichung

$$z^2t^2+8(z-2)t+16=0$$

heißt. Ihre Wurzeln sind

$$t=\left(\frac{2}{1\mp\sqrt{1-z}}\right)^2,$$

und die beiden kanonischen Lösungen der Differenzengleichung für $u(x)$ verhalten sich asymptotisch wie

$$c_1x^{-\frac{1}{2}}\left(\frac{2}{1-\sqrt{1-z}}\right)^{2x} \quad \text{und} \quad c_2x^{-\frac{1}{2}}\left(\frac{2}{1+\sqrt{1-z}}\right)^{2x} \quad \left(-\frac{\pi}{2}\leqq \operatorname{arc}x\leqq\frac{\pi}{2}\right).$$

Hieraus ergibt sich, daß der Gaußsche Kettenbruch für alle Werte von z konvergiert, außer für reelles $z \geqq 1$. Dann haben nämlich die beiden Wurzeln denselben Absolutbetrag, und der Kettenbruch divergiert.

242. Die hypergeometrische Funktion liefert auch mancherlei Beispiele für die Anwendung der reziproken Differenzen und Ableitungen zur Entwicklung von Funktionen in Kettenbrüche. Wir wollen in dieser Hinsicht nur einen lehrreichen Fall erwähnen. Ermittelt man die reziproken Ableitungen von $F(\alpha, 1, \gamma; x)$ im Punkte $x = 1$ und benutzt nachher die Formel (32), so gewinnt man den Kettenbruch

$$\cfrac{1-\gamma}{\alpha+1-\gamma-\cfrac{\alpha(\alpha+1-\gamma)(1-x)}{\alpha+2-\gamma-\cfrac{1\cdot(2-\gamma)(1-x)}{\alpha+3-\gamma-\cfrac{(\alpha+1)(\alpha+2-\gamma)(1-x)}{\alpha+4-\gamma-\cfrac{2\cdot(3-\gamma)(1-x)}{\alpha+5-\gamma-\cdots}}}}}.$$

Nach Formel (32) sollte man erwarten, daß dieser Kettenbruch nach $F(\alpha, 1, \gamma; x)$ konvergiert. Vergleicht man ihn jedoch mit dem aus dem Gaußschen Kettenbruch für $\beta = 0$ entspringenden Kettenbruch für $F(\alpha, 1, \gamma; x)$, so sieht man, daß er in Wirklichkeit gleich

$$\frac{\gamma-1}{\gamma-\alpha-1} F(\alpha, 1, \alpha-\gamma+2; 1-x)$$

ist. *Entwickelt man also eine Funktion mittels reziproker Differenzen in einen Kettenbruch, so kann es vorkommen, daß der Kettenbruch zwar konvergiert, aber gegen eine andere als die beabsichtigte Funktion.* Wie bekannt, besteht bei der Taylorschen Reihe eine entsprechende Möglichkeit.

243. Zum Schluß wollen wir die Exponentialfunktion a^x und die Funktion $\Psi(x)$ vermöge reziproker Differenzen in Kettenbrüche entwickeln. Für die Exponentialfunktion lautet das Schema der reziproken Differenzen

		ϱ	ϱ^2	ϱ^3	ϱ^4	ϱ^5
$x-2$	a^{x-2}		$-a^{x-2}$		a^{x-2}	
		$\frac{a^{x-2}}{a-1}$		$-\frac{2a^{2-x}}{a-1}$		$\frac{3a^{2-x}}{a-1}$
$x-1$	a^{x-1}		$-a^{x-1}$		a^{x-1}	
		$\frac{a^{1-x}}{a-1}$		$-\frac{2a^{1-x}}{a-1}$		$\frac{3a^{1-x}}{a-1}$
x	a^x		$-a^x$		a^x	
		$\frac{a^{-x}}{a-1}$		$-\frac{2a^{-x}}{a-1}$		$\frac{3a^{-x}}{a-1}$
$x+1$	a^{x+1}		$-a^{x+1}$		a^{x+1}	
		$\frac{a^{-x-1}}{a-1}$		$-\frac{2a^{-x-1}}{a-1}$		$\frac{3a^{-x-1}}{a-1}$,
$x+2$	a^{x+2}		$-a^{x+2}$		a^{x+2}	

und allgemein ist

$$\varrho^{2n}(x-n, x-n+1, \ldots, x+n) = (-1)^n a^x$$

$$\varrho^{2n+1}(x-n, x-n+1, \ldots, x+n+1) = (-1)^n \frac{n+1}{(a-1)a^x}.$$

Benützen wir nun die reziproken Differenzen auf einer schrägabsteigenden oder einer wagerechten Linie, so gewinnen wir die beiden Kettenbrüche

$$a^x = 1 + \cfrac{x(a-1)}{1 - \cfrac{(x-1)(a-1)}{a+1+\cfrac{(x-2)a(a-1)}{a+2-\cfrac{(x-3)(a-1)}{a+1+\cfrac{(x-4)a(a-1)}{2a+3-\cfrac{(x-5)(a-1)}{a+1+\cdots}}}}}}$$

und

$$a^x = 1 + \cfrac{x(a-1)}{1 - \cfrac{(x-1)(a-1)}{2+\cfrac{(x+1)(a-1)}{3-\cfrac{(x-2)(a-1)}{2+\cfrac{(x+2)(a-1)}{5-\cfrac{(x-3)(a-1)}{2+\cdots}}}}}}.$$

Zur Entscheidung über die Konvergenz des letzten Kettenbruchs ist es zweckmäßig, die Differenzengleichungen für die Näherungsnenner, als Funktionen des Index aufgefaßt, zu betrachten, welche folgendermaßen heißen:

$$N_{2n+2} = (2n+1)N_{2n+1} + (x+n)(a-1)N_{2n},$$

$$N_{2n+1} = \qquad 2N_{2n} \quad - (x-n)(a-1)N_{2n-1}.$$

Auf diesem Wege findet man, daß der Kettenbruch für negativ reelles a divergiert, hingegen für alle anderen a und alle x konvergiert. Daß er wirklich nach a^x konvergiert, kann durch Grenzübergang von der hypergeometrischen Funktion aus gezeigt werden, da

$$\lim_{n\to\infty} F\left(n, -x, \frac{n}{1-a}; 1\right) = a^x$$

ist.

Wenn es sich um die Exponentialfunktion im engeren Sinne e^x handelt, können wir zur Entwicklung mit Vorteil von dem Thieleschen Kettenbruche (31) Gebrauch machen, weil sich die reziproken Ableitungen der Funktion e^x

$$r^{2n} e^x = (-1)^n e^x, \qquad r^{2n+1} e^x = (-1)^n (n+1) e^{-x}$$

bequem bilden lassen. Auf diese Weise gewinnen wir den beständig konvergenten Kettenbruch

$$e^x = 1 + \cfrac{x}{1 - \cfrac{x}{2 + \cfrac{x}{3 - \cfrac{x}{2 + \cfrac{x}{5 - \cfrac{x}{2 + \cfrac{x}{7 - \cdots}}}}}}},$$

während wir von der hypergeometrischen Funktion aus zu der weiteren Gleichung

$$e^x = 1 + \cfrac{x}{1 - \cfrac{x}{1 + \cfrac{1}{1 - \cfrac{x}{1 + \cfrac{2}{1 - \cfrac{x}{1 + \cfrac{3}{1 - \cfrac{x}{1 + \cdots}}}}}}}}$$

gelangen können.

244. Die Funktion $\Psi(x)$, welche eines der schönsten Beispiele für die Entwicklung einer Funktion mit Hilfe der Methode der reziproken Differenzen darstellt, hat die reziproken Differenzen

$$\varrho^{2n-1}(x-n+1, x-n+2, \ldots, x+n) = n^2 x,$$

$$\varrho^{2n}(x-n, x-n+1, \ldots, x+n) = \Psi(x) + 2\left(1 + \frac{1}{2} + \cdots + \frac{1}{n}\right);$$

durch Verwendung der reziproken Differenzen auf einer Zickzacklinie im Differenzenschema finden wir daher die Gleichung

$$\Psi(x+y) = \Psi(x) + \cfrac{y}{x + \cfrac{y-1}{\cfrac{2}{1} + \cfrac{y+1}{3x + \cfrac{y-2}{\cfrac{2}{2} + \cfrac{y+2}{5x + \cfrac{y-3}{\cfrac{2}{3} + \cdots}}}}}},$$

welche für $\Re(2x+y) > 1$ richtig ist. Durch Grenzübergang läßt sich aus ihr für $\sigma > \frac{1}{2}$ der Kettenbruch

$$\Psi'(x) = \cfrac{1}{x - \cfrac{1^2}{2 + \cfrac{1^2}{3x - \cfrac{2^2}{2 + \cfrac{2^2}{5x - \cfrac{3^2}{2 + \cdots}}}}}}$$

herleiten, und mit Hilfe der Beziehung

$$g(x) = \Psi\left(\frac{x+1}{2}\right) - \Psi\left(\frac{x}{2}\right)$$

bekommen wir z. B. die ebenfalls für $\sigma > \frac{1}{2}$ gültige Beziehung

$$g(x) = \cfrac{1}{x - \cfrac{1}{2 + \cfrac{1}{x - \cfrac{2}{2 + \cfrac{2}{x - \cfrac{3}{2 + \cfrac{3}{x - \cdots}}}}}}}.$$

Damit beschließen wir die Reihe der Beispiele zu den Ausführungen dieses Kapitels, wollen jedoch ausdrücklich anmerken, daß wir aus der Fülle der möglichen Entwicklungen nur einige wenige besonders interessante herausgegriffen haben.

Tafeln.

In den folgenden Tafeln findet man eine Zusammenstellung numerischer Werte für einige der im Buche vorkommenden Zahlen. Diese Werte sind von Herrn Dr. A. Walther sämtlich vollständig neu berechnet und erst nachher mit den Angaben in der Literatur, soweit solche vorliegen, verglichen worden.

Die Tafeln 1, 2, 3 und 4 enthalten die von Null verschiedenen unter den Bernoullischen Zahlen B_ν, den Eulerschen Zahlen E_ν und den mit ihnen zusammenhängenden Zahlen C_ν und D_ν (vgl. Kap. 2, § 2) bis zu $\nu = 30$ bzw. $\nu = 20$. Die Bernoullischen Zahlen B_ν bis zu $\nu = 10$ stehen bei Jakob Bernoulli [1, 2], bis zu $\nu = 30$ bei Euler [10], bis zu $\nu = 62$ bei Ohm [2], bis zu $\nu = 124$ bei J. C. Adams [1, 4] und bis zu $\nu = 184$ bei Serebrennikoff [1, 2]. Die Eulerschen Zahlen E_ν bis zu $\nu = 16$ sind verzeichnet bei Euler [10, 25], bis zu $\nu = 28$ bei Scherk [1], bis zu $\nu = 54$ bei Glaisher [4], bis zu $\nu = 100$ bei Joffe [1, 2], die Zahlen C_ν bis zu $\nu = 29$ bei Saalschütz [1].

Tafel 5 gibt die Polynome $B_\nu^{(n)}$, von denen die ersten schon in Kap. 6, § 5 angeführt sind, bis zu $\nu = 12$, Tafel 6 die von Null verschiedenen unter den Polynomen $D_\nu^{(n)}$, ebenfalls bis zu $\nu = 12$.

Die Tafeln 7 bis 14 sollen vornehmlich als Hilfstafeln zur mechanischen Quadratur dienen. In Tafel 7, 8, 11 und 12 sind die in Betracht kommenden Zahlen $B_\nu^{(\nu)}$, $B_\nu^{(\nu-1)}$, $D_{2\nu}^{(2\nu)}$ und $D_{2\nu}^{(2\nu-1)}$ bis zu $\nu = 12$ bzw. $2\nu = 12$ zu finden, während man aus Tafel 9, 10, 13 und 14 unmittelbar die Koeffizienten für die Formeln (72), (73), (85) und (84) in Kap. 8, § 7 auf 12 Dezimalen entnehmen kann.

Tafel 1.

Bernoullische Zahlen B_ν.

ν	Zähler von B_ν	Nenner von B_ν
0	 1	 1
1	. . . . −1	 2
2	 1	 6
4	. . . . −1	 30
6	 1	 42
8	. . . . −1	 30
10	 5	 66
12	. . . . . . −691	. . . . 2 730
14	 7	 6
16	. . . . . −3 617	 510
18	. . . . . . 43 867	 798
20	. . . . −174 611	 330
22	. . . . . 854 513	 138
24	. . −236 364 091	. . . . 2 730
26	. . . . 8 553 103	 6
28	−23 749 461 029	 870
30	8 615 841 276 005	. . . 14 322

Tafel 2.
Eulersche Zahlen E_ν.

ν	E_ν
0	 1
2	. . . . −1
4	 5
6	. . . . −61
8	. . . . 1 385
10	. . . . −50 521
12	. . . . . 2 702 765
14	. . . −199 360 981
16	. . 19 391 512 145
18	−2 404 879 675 441
20	370 371 188 237 525

Tafel 3.
Zahlen C_ν.

ν	C_ν
0	 1
1	. . . . −1
3	 2
5	. . . . −16
7	 272
9	. . . . −7 936
11	. . . . 353 792
13	. . . −22 368 256
15	. . 1 903 757 312
17	−209 865 342 976
19	29 088 885 112 832

Tafel 4.
Zahlen D_ν.

ν	Zähler von D_ν	Nenner von D_ν
0	 1	 1
2	. . . . −1	 3
4	 7	 15
6	. . . . . . −31	 21
8	 127	 15
10	. . . . −2 555	 33
12	. . . 1 414 477	. . . . 1 365
14	. . . −57 337	 3
16	. 118 518 239	 255
18	−5 749 691 557	 399
20	91 546 277 357	 165

Tafel 5.

Polynome $B_\nu^{(n)}$.

ν	Zähler von $B_\nu^{(n)}$	Nenner von $B_\nu^{(n)}$
0	1	1
1	$-n$	2
2	$n(3n-1)$	12
3	$-n^2(n-1)$	8
4	$n(15n^3-30n^2+5n+2)$	240
5	$-n^2(n-1)(3n^2-7n-2)$	96
6	$n\ 63n^5-315n^4+315n^3+91n^2-42n-16)$	4 032
7	$-n^2(n-1)(9n^4-54n^3+51n^2+58n+16)$	1 152
8	$n(135n^7-1\,260n^6+3\,150n^5-840n^4-2\,345n^3-540n^2+404n+144)$	34 560
9	$-n^2(n-1)(15n^6-165n^5+465n^4+17n^3-648n^2-548n-144)$	7 680
10	$n(99n^9-1\,485n^8+6\,930n^7-8\,778n^6-8\,085n^5+8\,195n^4+11\,792n^3+2\,068n^2-2\,288n-768)$	101 376
11	$-n^2(n-1)(9n^8-156n^7+834n^6-1\,080n^5-1\,927n^4+1\,252n^3+4\,156n^2+3\,056n+768)$	18 432
12	$n(12\,285n^{11}-270\,270n^{10}+2\,027\,025n^9-5\,495\,490n^8+315\,315n^7+12\,882\,870n^6$ $+5\,760\,755n^5-14\,444\,430n^4-15\,875\,860n^3-2\,037\,672n^2+3\,327\,584n+1\,061\,376)$	50 319 360

Tafel 6.

Polynome $D_\nu^{(n)}$.

ν	Zähler von $D_\nu^{(n)}$	Nenner von $D_\nu^{(n)}$
0	1	1
2	$-n$	3
4	$n(5n+2)$	15
6	$-n(35n^2+42n+16)$	63
8	$n(175n^3+420n^2+404n+144)$	135
10	$-n(385n^4+1\,540n^3+2\,684n^2+2\,288n+768)$	99
12	$n(175\,175n^5+1\,051\,050n^4+2\,862\,860n^3$ $+4\,252\,248n^2+3\,327\,584n+1\,061\,376)$	12 285

Tafel 7.
Zahlen $B_\nu^{(\nu)}$.

ν	Zähler von $B_\nu^{(\nu)}$	Nenner von $B_\nu^{(\nu)}$
0	1	1
1	−1	2
2	5	6
3	−9	4
4	251	30
5	−475	12
6	19 087	84
7	−36 799	24
8	1 070 017	90
9	−2 082 753	20
10	134 211 265	132
11	−262 747 265	24
12	703 604 254 357	5 460

Tafel 8.
Zahlen $B_\nu^{(\nu-1)}$.

ν	Zähler von $B_\nu^{(\nu-1)}$	Nenner von $B_\nu^{(\nu-1)}$
2	1	6
3	−1	2
4	19	10
5	−9	1
6	4 315	84
7	−1 375	4
8	237 671	90
9	−114 562	5
10	9 751 299	44
11	−9 458 775	4
12	150 653 570 023	5 460

Tafel 9.[1])

Zahlen $\frac{B_\nu^{(\nu)}}{\nu!}$.

ν	$\frac{B_\nu^{(\nu)}}{\nu!}$
0	1
1	−0,5
2	0,416 666 666 667
3	−0,375
4	0,348 611 111 111
5	−0,329 861 111 111
6	0,315 591 931 217
7	−0,304 224 537 037
8	0,294 868 000 441
9	−0,286 975 446 429
10	0,280 189 596 444
11	−0,274 265 540 032
12	0,269 028 846 774

Tafel 10.[1])

Zahlen $\frac{B_\nu^{(\nu-1)}}{\nu!\,(\nu-1)}$.

ν	$\frac{B_\nu^{(\nu-1)}}{\nu!\,(\nu-1)}$
2	0,083 333 333 333
3	−0,041 666 666 667
4	0,026 388 888 889
5	−0,018 75
6	0,014 269 179 894
7	−0,011 367 394 180
8	0,009 356 536 596
9	−0,007 892 554 012
10	0,006 785 849 985
11	−0,005 924 056 412
12	0,005 236 693 258

Tafel 11.

Zahlen $D_{2\nu}^{(2\nu)}$.

2ν	Zähler von $D_{2\nu}^{(2\nu)}$	Nenner von $D_{2\nu}^{(2\nu)}$
0	 1	 1
2	. . . . −2	 3
4	 88	 15
6	. . . . −3 056	 21
8	. . . . 319 616	 45
10	. . −18 940 160	 33
12	283 936 226 304	. . . . 4 095

[1]) In der Praxis wird man für $\nu = 2$ und $\nu = 3$ meist bequemer mit den Brüchen $\frac{5}{12}$ und $-\frac{3}{8}$ bzw. $\frac{1}{12}$ und $-\frac{1}{24}$ rechnen.

Tafel 12.

Zahlen $D_{2\nu}^{(2\nu-1)}$.

2ν	Zähler von $D_{2\nu}^{(2\nu-1)}$	Nenner von $D_{2\nu}^{(2\nu-1)}$
2	. . . . − 1	 3
4	 17	 5
6	. . . . − 1 835	 21
8	. . . . 195 013	 45
10	. . − 3 887 409	 11
12	58 621 671 097	. . . . 1 365

Tafel 13.[1])

Zahlen $\dfrac{D_{2\nu}^{(2\nu)}}{(2\nu)!\,2^{2\nu}}$.

2ν	$\dfrac{D_{2\nu}^{(2\nu)}}{(2\nu)!\,2^{2\nu}}$
0	1
2	− 0,083 333 333 333
4	0,015 277 777 778
6	− 0,003 158 068 783
8	0,000 688 106 261
10	− 0,000 154 456 687
12	0,000 035 340 280

Tafel 14.[1])

Zahlen $\dfrac{D_{2\nu}^{(2\nu-1)}}{(2\nu)!\,(2\nu-1)\,2^{2\nu}}$.

2ν	$\dfrac{D_{2\nu}^{(2\nu-1)}}{(2\nu)!\,(2\nu-1)\,2^{2\nu}}$
2	− 0,041 666 666 667
4	0,002 951 388 889
6	− 0,000 379 257 606
8	0,000 059 978 075
10	− 0,000 010 567 252
12	0,000 001 989 922

[1]) In der Praxis sind für $\nu = 2$ die Brüche $-\frac{1}{12}$ bzw. $-\frac{1}{24}$ vorzuziehen.

Literaturverzeichnis[1]).

N. H. Abel

[1] Solution de quelques problèmes à l'aide d'intégrales définies, *Magazin for Naturvidenskaberne (Kristiania) 1 (1823), p. 55—63 = Œuvres 2, 1. Aufl., Kristiania 1839, p. 222—228 = Œuvres 1, 2. Aufl., Kristiania 1881, p. 11—27.*

[2] L'intégrale finie $\Sigma^n \varphi(x)$ exprimée par une intégrale définie simple, *id. 3 (1825), p. 182—189 = id., p. 45—50 = id., p. 34—39.*

[3] Beweis eines Ausdrucks, von welchem die Binomialformel ein einzelner Fall ist, *J. reine angew. Math. 1 (1826), p. 159—160 = Œuvres 1, 1. Aufl., Kristiania 1839, p. 31—32 = id., p. 102—103.*

[4] Untersuchungen über die Reihe

$$1 + \frac{m}{1}x + \frac{m\cdot(m-1)}{1\cdot 2}x^2 + \frac{m(m-1)(m-2)}{1\cdot 2\cdot 3}x^3 + \cdots \text{ usw.},$$

id., p. 311—339 = id., p. 66—92 = id., p. 219—250; neu herausgegeben von A. Wangerin, *Leipzig 1895.*

[5] Über einige bestimmte Integrale, *id. 2 (1827), p. 22—30 = id., p. 93—102 = id., p. 251—262.*

[6] Sur les maximums et minimums des intégrales aux différences, *Œuvres 2, 1. Aufl., Kristiania 1839, p. 1—8.*

[7] Sur les conditions nécessaires pour que l'intégrale finie d'une fonction de plusieurs variables et de leurs différences soit intégrable lorsque les variables sont indépendantes l'une de l'autre, ou en d'autres termes pour qu'une telle fonction soit une différence complète, *id., p. 9—13.*

[8] De la fonction transcendante $\Sigma \frac{1}{x}$, *id., p. 14—29.*

[9] Les fonctions transcendantes $\Sigma \frac{1}{a^2}$, $\Sigma \frac{1}{a^3}$, $\Sigma \frac{1}{a^4}$, ..., $\Sigma \frac{1}{a^n}$ exprimées par des intégrales définies, *id., p. 30—34 = Œuvres 2, 2. Aufl., Kristiania 1881, p. 1—6.*

N. Abramesco

[1] Sur les séries de polynomes à une variable complexe, *J. math. pures appl. (9) 1 (1922), p. 77—84.*

[2] Sur les courbes associées de convergence des séries de polynomes à deux variables complexes, *Rend. Circ. mat. Palermo 47 (1923), p. 47—52.*

C. R. Adams

[1] The general theory of the linear partial q-difference equation and of the linear partial difference equation of the intermediate type, *Diss. Cambridge (Mass.) 1922.*

[2] On the value of the remainder in the Euler summation formula when that formula is expressed in terms of finite differences, *Rend. Circ. mat. Palermo 47 (1923), p. 53—61.*

J. C. Adams

[1] On the calculation of the Bernoullian numbers from B_{32} to B_{62}, *Cambridge Observations 22 (1866/69), Appendix 1, p. 1—32 = Papers 1, Cambridge 1896, p. 426—453.*

[1]) ä, ö, ü findet man unter ae, oe, ue.

[2] On some properties of Bernoulli's numbers, in particular on Clausen's theorem respecting the fractional parts of these numbers, *Proc. Cambr. philos. Soc. 2 (1872), p. 269—270 = Papers 1, Cambridge 1896, p. 454.*
[3] On the calculation of Bernoulli's numbers up to B_{62} by means of Staudt's theorem, *Rep. British Ass. 1877, p. 8—14 = Papers 1, Cambridge 1896, p. 454—458.*
[4] Table of the values of the first sixty-two numbers of Bernoulli, *J. reine angew. Math. 85 (1878), p. 269—272.*

G. B. Airy

[1] On a new method of computing the perturbations of planets, *Nautical almanac 1856, Anhang, p. 1—33.*
[2] Investigation of the law of the progress of accuracy, in the usual process for forming a plane surface, *Philos. mag. 42 (1871), p. 107—111.*

C. Alasia

[1] Su di una serie rimarchevole, *Rivista fis. mat. sc. nat. Pavia 1908, p. 371—381.*

W. Alekseevskij

[1] Sur les fonctions analogues à la fonction gamma, *Ann. Univ. Kharkow 1889, p. 169—238.*
[2] Über eine Klasse von Funktionen, die der Gammafunktion analog sind, *Ber. Ges. Lpzg. (math.-phys.) 46 (1894), p. 268—275.*

U. Amaldi

[1] (und S. Pincherle) Le operazioni distributive e le loro applicazioni all' analisi, *Bologna 1901.*

A. M. Ampère

[1] Essai sur un nouveau mode d'exposition des principes du calcul. différentiel, du calcul aux différences et de l'interpolation des suites, considérées comme dérivant d'une source commune, *Ann. math. pures appl. (Gergonne) 16 (1825/26), p. 329—349.*

A. F. Andersen

[1] Studier over Cesàros Summabilitetsmetode, *Diss. Kopenhagen 1921.*

H. Andoyer

[1] Calcul des différences et interpolation, *Encyclopédie des sc. math. I 4 (1906), p. 47—160.*

D. André

[1] Terme général d'une série quelconque, déterminée à la façon des séries récurrentes, *Bull. sc. math. astr. (2) 1 (1877), p. 350—356.*
[2] Sommation de certaines séries, *C. R. Acad. sc. Paris 86 (1878), p. 1017—1019.*
[3] Sur la sommation des séries, *id. 87 (1878), p. 973—975.*
[4] Terme général d'une série quelconque, déterminée à la façon des séries récurrentes, *Thèse Paris 1877 = Ann. Éc. Norm. (2) 7 (1878), p. 375—408.*
[5] Problème sur les équations génératrices des séries récurrentes, *Bull. Soc. math. France 6 (1878), p. 166—170.*
[6] Second mémoire sur la sommation des séries, *Ann. Éc. Norm. (2) 9 (1880), p. 209—227.*

P. Appell

[1] Sur quelques applications de la fonction $\Gamma(x)$ et d'une autre fonction transcendante, *C. R. Acad. sc. Paris 86 (1878), p. 953—956.*
[2] Sur une classe de fonctions analogues aux fonctions eulériennes étudiées par M. Heine, *id. 89 (1879), p. 841—844.*

[3] Sur une classe de fonctions qui se rattachent aux fonctions de M. Heine, *id.*, *p. 1031—1032.*
[4] Sur une classe de fonctions analogues aux fonctions eulériennes. *Math. Ann. 19 (1882), p. 84—102.*
[5] Sur les fonctions périodiques de deux variables, *J. math. pures appl. (4) 7 (1891), p. 157—176.*
[6] Sur les fonctions de Bernoulli à deux variables, *Archiv Math. Phys. (3) 4 (1903), p. 292—293.*

J. G. Arbon

[1] Verhandeling over de Binomiaal Coëfficienten, bevattende een aantal merkwaardige eigenschappen van dezelve, benevens eene beknopte theorie der getallen-reeksen naar de Binomiaalwet geordend, *Rotterdam 1844.*

F. Arndt

[1] Über die Summierung der beiden Reihen

(a) $\gamma_0 - n_1 \gamma_1 + n_2 \gamma_2 -$ etc. $+ (-1)^n \gamma_n$,
(b) $\gamma_0 + n_1 \gamma_1 + n_2 \gamma_2 +$ etc. $+ \gamma_n$,

in welchen die Größen γ willkürlich und die Koeffizienten Binomialkoeffizienten des ganzen Exponenten n sind, mittels höherer Differenzen und Summen, *J. reine angew. Math. 31 (1846), p. 235—245.*

C. H. Ashton

[1] Die Heineschen O-Funktionen und ihre Anwendungen auf die elliptischen Funktionen, *Diss. München 1909.*

J. J. Åstrand

[1] Ny Interpolationsmethode, *Forhandlinger Vidensk. Selsk. Kristiania 1871, p. 493—500.*
[2] Nye Interpolationsformler, *Oversigt Vidensk. Selsk. Kristiania 1890, p. 1—10.*

C. Babbage

[1] An essay towards the calculus of functions, *Philos. Trans. London 1815, p. 389—423; 1816, p. 179—256.*
[2] Observations on the analogy wich subsists between the calculus of fluxions and other branches of analysis, *id. 1817, p. 197—216.*
[3] On some new methods of investigating the sums of several classes of infinite series, *London 1819.*
[4] Examples of the solutions of functional equations, *Cambridge 1820.*

M. Bach

[1] Recherches sur quelques formules d'analyse, et en particulier sur les formules d'Euler et de Stirling, *Thèse (Strasbourg) Paris 1857.*

R. J. Backlund

[1] On a special method of interpolation, *Skandinavisk Aktuarietidskrift 1923, p. 108—114.*

K. Baer

[1] Die Kugelfunktion als Lösung einer Differenzengleichung, *Progr. Kiel 1898.*

L. Barbera

[1] Introduzione alla studio del calcolo detto delle differenze, *Bologna 1881.*

E. W. Barnes

[1] The theory of the Gamma function, *Messenger math. (2) 29 (1900), p. 64—128.*
[2] The genesis of the double Gamma functions, *Proc. London math. Soc. (1) 31 (1900), p. 358—381.*

[3] The theory of the G-function, *Quart. J. pure appl. math. 31 (1900), p. 264—314.*
[4] The theory of the double Gamma function, *Philos. Trans. London 196 A (1901), p. 265—387.*
[5] The generalisation of the Mac Laurin sum formula, and the range of its applicability, *Quart. J. pure appl. math. 35 (1904), p. 175—188.*
[6] On functions generated by linear difference equations of the first order, *Proc. London math. Soc. (2) 2 (1904), p. 280—292.*
[7] The linear difference equation of the first order, *id., p. 438—469.*
[8] On the classification of integral functions, *Trans. Cambr. philos. Soc. 19 (1904), p. 322—355.*
[9] On the theory of the multiple Gamma function, *id., p. 374—425.*
[10] On the asymptotic expansion of integral functions of multiple sequence, *id., p. 426—439.*
[11] The Mac Laurin sum-formula, *Proc. London math. Soc. (2) 3 (1905), p. 253 bis 272.*
[12] On the homogeneous linear difference equation of the second order with linear coefficients, *Messenger math. (2) 34 (1905), p. 52—71.*
[13] The binomial theorem for a complex variable and complex index, *Quart. J. pure appl. math. 38 (1907), p. 108—116.*
[14] The use of factorial series in an asymptotic expansion, *id., p. 116—140.*

P. M. Batchelder

[1] The hypergeometrie difference equation, *Diss. Cambridge (Mass.) 1916.*

H. Bateman

[1] The linear difference equation of the third order and a generalisation of a continued fraction, *Quart. J. pure appl. math. 41 (1910), p. 302—308.*
[2] Some equations of mixed differences occuring in the theory of probability and the related expansions in series of Bessel functions, *Proc. 5th intern. congr. math. Cambridge 1912, Band 1 (Cambridge 1913), p. 291—294.*

A. Bauer

[1] Summierung verschiedener Reihen und Summierung von Binomialkoeffizienten, Differenzenreihen, arithmetischen Reihen, Summenreihen und figurierten Zahlen, *Progr. Prag 1877.*

G. Bauer

[1] Von den Gammafunktionen und einer besonderen Art unendlicher Produkte, *J. reine angew. Math. 57 (1860), p. 256—272.*
[2] Von einigen Summen- und Differenzenformeln und den Bernoullischen Zahlen, *id. 58 (1861), p. 292—300.*

J. Bauschinger

[1] Interpolation, *Enzyklopädie der math. Wiss. I D 3 (1901), p. 799—820.*
[2] Tafeln zur theoretischen Astronomie, *Leipzig 1901.*

A. Bassani

[1] Sulle funzioni determinanti e generatrice di Abel, *Atti Accad. Napoli (2) 7 (1895), Nr. 9.*

J. Beaupain

[1] Sur une classe de fonctions qui se rattachent aux fonctions de Jacques Bernoulli, *Mém. Acad. Belgique (Mém. couronnés et sav. étrang.) (1) 59 (1901/03), Nr. 2.*
[2] Sur les fonctions d'ordre supérieur de Kinkelin, *id., Nr. 3.*
[3] Sur la fonction log $G_\lambda(a)$, *id. (1) 62 (1903/04), Nr. 5.*
[4] Sur la fonction gamma double, *id. (2) 1 (1907), Nr. 6.*

G. Belardinelli

[1] Su alcune serie di funzioni razionali, *Rend. Circ. mat. Palermo 47 (1923), p. 193—208.*

G. Bellavitis

[1] Sulla serie dei numeri, che comprendono i Bernoulliani, *Ann. sc. mat. fis. (Tortolini) (1) 4 (1853), p. 108—127.*
[2] Sulla risoluzione numerica delle equazioni, *Atti Ist. Venezia (3) 1 (1855/56), p. 729—730; (3) 4 (1858/59), p. 55—61.*
[3] Sunto sulla sua Nota sulla risoluzione numerica delle equazioni, *id. (3) 4 (1858/59), p. 1102—1107.*
[4] Riassunto delle lezioni di Algebra *(lithografiert), Padova 1867/68, § 81 u. 84.*

I. Bendixson

[1] Sur la formule d'interpolation de Lagrange, *C. R. Acad. sc. Paris 101 (1885), p. 1050—1053, p. 1129—1131.*
[2] Sur une extension à l'infini de la formule d'interpolation de Gauß, *Acta math. 9 (1887), p. 1—34.*

A. A. Bennett

[1] A case of iteration in several variables, *Annals of math. (2) 17 (1916), p. 188 bis 196.*
[2] An existence theorem for the solution of a type of real mixed difference equations, *id. (2) 18 (1917), p. 24—30; Bull. Amer. math. Soc. (2) 22 (1916), p. 270.*

A. Berger

[1] Elementära bevis för några formler i differenskalkylen, *Öfvers. Vetensk. Akad. förhandl. (Stockholm) 37 (1880), Nr. 10, p. 39—53.*
[2] Recherches sur les valeurs moyennes dans la théorie des nombres, *Acta Univ. Upsal. 1887, p. 1—130.*
[3] Recherches sur les nombres et les fonctions de Bernoulli, *Acta math. 14 (1890/91), p. 249—304.*

Daniel Bernoulli

[1] Observationes de seriebus recurrentibus, *Comment. acad. sc. Petrop. 3 (1728), 1732, p. 85—100.*
[2] De aequationibus infinitis, *id. 5 (1730/31), 1738, p. 63—82.*

Jakob Bernoulli

[1] Ars conjectandi, *Basel 1713.*
[2] Wahrscheinlichkeitsrechnung, *neue deutsche Ausgabe von* [1] *von* R. Haußner, *Leipzig 1899.*

S. Bernstein

[1] Quelques remarques sur l'interpolation, *Math. Ann. 79 (1918), p. 1—12.*

J. Bertrand

[1] Traité de Calcul différentiel et de calcul intégral 1, *Paris 1864, p. 164.*

N. W. Berwi

[1] Einige zahlentheoretische Anwendungen der Analysis des Unendlichkleinen und analytische Anwendungen der Zahlentheorie. Funktionen mit singulären Linien *(russisch), Arbeiten phys. Sektion Ges. Freunde Naturkunde Moskau 8 (1896), p. 1—28.*

Fr. W. Bessel

[1] Über die Theorie der Zahlenfakultäten, *Königsberger Archiv Naturw. Math. 1 (1812), p. 241—270 = Abh. 1, Leipzig 1875, p. 342—352.*
[2] Über die Summation der Progressionen, *Astron. Nachr. 16 (1839), p. 1—6 = id., p. 391—393.*

[3] Briefwechsel zwischen Gauß und Bessel, *Leipzig 1880, p. 20—21, p. 113 bis 121, p. 138—144, p. 151—153, p. 160—166, p. 169—171, p. 228, p. 230.*

D. Besso

[1] Di alcune proprietà delle equazioni lineari omogenee alle differenze finite del 2 ordine, *Rend. Accad. Linc. (4) 1 (1885), p. 381—383.*

E. Bézout

[1] Théorie des équations algébriques, *Paris 1779.*

O. Biermann

[1] Ein Problem der Interpolationsrechnung, *Monatsh. Math. Phys. 16 (1905), p. 49—53.*
[2] Vorlesungen über mathematische Näherungsmethoden, *Braunschweig 1905.*

J. Binet

[1] Mémoire sur les intégrales définies eulériennes, et sur leur application à la théorie des suites, ainsi qu'à l'évaluation des fonctions des grands nombres, *J. Éc. polyt. 16, cah. 27 (1839), p. 123—343; C. R. Acad. sc. Paris 9 (1839), p. 39—45.*
[2] Réflexions sur le problème de déterminer le nombre de manières dont une figure rectiligne peut être partagée en triangles au moyen de ses diagonales, *J. math. pures appl. (1) 4 (1839), p. 79—90.*
[3] Mémoire sur l'intégration des équations linéaires aux différences finies à une seule variable, d'un ordre quelconque, et à coefficients variables, *Mém. Acad. sc. Inst. France 19 (1845), p. 639—754.*

J. B. Biot

[1] Considérations sur les équations aux différences mêlées, *Bull. Soc. philom. Paris 2 (1799/1801), p. 86—88.*
[2] Considérations sur les intégrales des équations aux différences finies, *J. Éc. polyt. 4, cah. 11 (1802), p. 182—198.*
[3] Sur les équations aux différences mêlées, *Mém. prés. divers sav. Inst. France 1 (1805), p. 296—327.*
[4] Mémoire sur l'interpolation des observations physiques (manuscrit présenté par Lefort), *C. R. Acad. sc. Paris 58 (1864), p. 766.*

G. D. Birkhoff

[1] General theory of linear difference equations, *Trans. Amer. math. Soc. 12 (1911), p. 243—284.*
[2] The generalized Riemann problem for linear differential equations and the allied problems for linear difference and q-difference equations, *Bull. Amer. math. Soc. (2) 19 (1913), p. 508—509; Proc. Amer. Acad. arts sc. 49 (1913), p. 521—568.*
[3] Note on linear difference equations, *Bull. Amer. math. Soc. (2) 23 (1917), p. 274.*

C. F. E. Björling

[1] Studier i Operationskalkylen, *Upsala 1866.*

E. G. Björling

[1] Calculi differentiarum finitarum inversi exercitationes, *Nova Acta Soc. sc. Upsal. 12 (1844), p. 299—344; 13 (1847), p. 14—60.*

P. Blaserna

[1] Sopra una nuova trascendente in relazione colle funzioni Γ e Z, *Mem. Accad. Lincei (5) 1 (1894), p. 499—557.*

J. Blissard

[1] On the properties of the $\Delta^m 0^n$ class of numbers and of others analogous to them, as investigated by means of representative notion, *Quart. J. pure appl. math. 8 (1867), p. 85—110; 9 (1868), p. 82—94, p. 154—171.*

R. Blodgett

[1] The determination of the coefficients in interpolation formulae and a study of the approximate solution of integral equations, *Diss. Cambridge (Mass.) 1921.*

H. Blumberg

[1] On the factorization of various types of expressions, *Proc. National Acad. sc. 1 (1915), p. 374—381.*

G. Boccardi

[1] Su di un problema d'interpolazione, *Atti Accad. sc. Torino 54 (1918/19), p. 13—22.*

H. B. A. Bockwinkel

[1] Opmerkingen over de ontwikkeling van een funksie in een fakulteitreeks, *Verslag wis-en naturk. Afd. Akad. Wet. Amsterd. 27 (1919), p. 182—190, p. 377—387, p. 1383—1394.*

[2] Over de noodzakelike en voldoende voorwaarde voor de ontwikkeling van een funksie in een Binomiaalkoeffisientenreeks, *id., p. 1395—1405.*

[3] Observations on the development of a function in a series of factorials, *Proc. Sect. sc. Akad. Wet. Amsterd. 21 (1919), p. 428—436, p. 582—592.*

[4] Over een paar punten betreffende de voortbrengende funksies van Laplace, *Verslag wis-en naturk. Afd. Akad. Wet. Amsterd. 28 (1920), p. 15—22.*

[5] Over een merkwaardige funksionele relatie in de teorie van de koeffisient-funksies, *id., p. 276—280.*

[6] On a certain point concerning the generating functions of Laplace, *Proc. Sect. sc. Akad. Wet. Amsterd. 22 (1920), p. 164—171.*

[7] Über die Entwicklung einer Funktion in eine Binomialkoeffizientenreihe, *Nieuw Archief voor Wiskunde (2) 13 (1921), p. 189—208.*

P. E. Böhmer

[1] Über die Bernoullischen Funktionen, *Math. Ann. 68 (1910), p. 338—360.*

L. Boettcher

[1] Les principals lois de convergence des itérations et leur application à l'analyse, *Bull. Soc. phys.-math. Kasan (2) 13 (1913), p. 1—37; (2) 14 (1904), p. 155—234.*

H. Bohr

[1] Über die Summabilität Dirichletscher Reihen, *Nachr. Ges. Gött. (math.-phys.) 1909, p. 247—262.*

[2] De Dirichlet'ske Rækkers Summabilitetsteori, *Kopenhagen 1919, p. 24—25.*

G. Boole

[1] A treatise on the calculus of finite differences, *Cambridge 1860; 2. Auflage London 1872; 3. Auflage London 1880.*

[2] Die Grundlehren der endlichen Differenzen- und Summenrechnung *(deutsche Bearbeitung von* [1] *von* C. H. Schnuse*), Braunschweig 1867.*

R. F. Borden

[1] On the adjoint of a certain mixed equation, *Bull. Amer. math. Soc. (2) 26 (1920), p. 408—412.*
[2] On the Laplace-Poisson mixed equation, *Amer. J. math. 42 (1920), p. 257 bis 277.*

E. Borel

[1] Sur la sommation des séries divergentes, *C. R. Acad. sc. Paris 121 (1895), p. 1125—1127.*
[2] Fondements de la théorie des séries divergentes sommables, *J. math. pures appl. (5) 2 (1896), p. 103—122.*
[3] Applications de la théorie des séries divergentes sommables, *C. R. Acad. sc. Paris 122 (1896), p. 805—807.*
[4] Sur l'interpolation, *id. 124 (1897), p. 673—676.*
[5] Mémoire sur les séries divergentes, *Ann. Éc. Norm. (3) 16 (1899), p. 9—136.*
[6] Le prolongement analytique et les séries sommables, *Math. Ann. 55 (1901), p. 74—80.*
[7] Leçons sur les séries divergentes, *Paris 1901.*
[8] Sur l'étude asymptotique des fonctions meromorphes, *C. R. Acad. sc. Paris 138 (1904), p. 68—69.*
[9] Sur l'interpolation des fonctions continues par des polynomes, *Verh. 3. Intern. Math.-Kongr. Heidelberg 1904 (Leipzig 1905), p. 229—232.*
[10] Leçons sur les fonctions de variables réelles et les développements en séries de polynomes, *Paris 1905, p. 74—82.*
[11] Methodes et problèmes de théorie des fonctions, *Paris 1922, p. 129—132.*

G. Borenius

[1] Om den Cauchyska uppgiften att framställa en bruten rationel function, som antager föreskrifna värden för gifna värden af argumentet, *Diss. Helsingfors 1886.*

E. Bortolotti

[1] Sui sistemi ricorrenti del 3° ordine ed in particolare sui sistemi periodici, *Rend. Circ. mat. Palermo 5 (1891), p. 129—151.*
[2] Un contributo alla teoria delle forme lineari alle differenze, *Ann. mat. pura appl. (2) 23 (1895), p. 309—344.*
[3] Sui determinanti di funzioni nel calcolo alle differenze finite, *Rend. Accad. Lincei (5) 5_1 (1896), p. 254—261.*
[4] La forma aggiunta di una data forma lineare alle differenze, *id., p. 349—356.*
[5] Le forme lineari alla differenze equivalenti alle loro aggiunte, *id. (5) 7_1 (1898), p. 257—265; 7_2 (1898), p. 46—55.*
[6] Le operazioni equivalenti alle loro aggiunte, *id. (5) 7_2 (1898), p. 74—82.*
[7] Il metodo della sommazione per parti nel calcolo delle serie, *Giorn. mat. 54 (1916), p. 105—131.*

Ch. Bossut

[1] Différence, *Encycl. méth., math. 1, Paris und Liège 1784, p. 512—520.*

V. J. Bouniakowsky.

[1] Sur les intégrales algébriques aux différences finies des fractions rationnelles *(russisch), Mém. Acad. sc. Pétersb. (6) 3 (1838), p. 205—223.*
[2] Sur quelques inégalités concernant les intégrales ordinaires et les intégrales aux différences finies, *id. (7) 1 (1859), Nr. 9.*

P. Boutroux

[1] Sur les relations récurrentes convergentes, *C. R. Acad. sc. Paris 141 (1905), p. 705—708.*

I. R. Brajtzew

[1] Über einige durch bestimmte Integrale integrierbare lineare Differential- und Differenzengleichungen mit einer oder mehreren unabhängigen Veränderlichen *(russisch), Warschau Polyt. 1900, p. 1—136; 1901, p. 137—303.*
[2] Zur Frage der Integration der Systeme simultaner Differential- und Differenzengleichungen durch bestimmte Integrale *(russisch), Math. Sbornik (Recueil Soc. math. Moskau) 22 (1901), p. 154—180.*
[3] Zur Frage der Integration linearer gemischter Gleichungen mit Hilfe bestimmter Integrale *(russisch), id., p. 275—284.*
[4] Methode zur Integration der linearen Differenzengleichungen durch unendliche Reihen *(russisch), id., p. 285—294.*

E. Brassinne

[1] Sur l'interpolation, *J. math. pures appl. (1) 11 (1846), p. 177—183.*
[2] Sur les équations linéaires aux différences finies, *Mém. Acad. Toulouse 2 (1870), p. 190—193.*

A. von Braunmühl

[1] Historische Untersuchung der ersten Arbeiten über Interpolation, *Bibl. math. (3) 2 (1901), p. 86—110.*

H. Briggs

[1] Arithmetica logarithmica, *London 1624.*
[2] Trigonometria Britannica sive de doctrina triangulorum libri duo, *Gouda 1633.*

F. Brioschi

[1] Intorno ad una formola di interpolazione, *Ann. mat. pura appl. (1) 1 (1858), p. 182—183; (1) 2 (1859), p. 132—134 = Opere 1, Milano 1901, p. 325—327; Opere 2, Milano 1902, p. 11—14.*

T. Brodén

[1] Bemerkungen über sogenannte finite Integration, *Arkiv Mat. Astr. och Fys. 7 (1912), Nr. 6.*
[2] Einige Anwendungen diskontinuierlicher Integrale auf Fragen der Differenzenrechnung, *Acta Univ. Lund. (2) 8 (1912), Nr. 7.*

U. Broggi

[1] Sur une intégrale aux différences, *Ens. math. 11 (1909), p. 120—123.*
[2] Su di un'equazione alle difference parziali e sul teorema di Bernoulli-Laplace, *Rend. Circ. mat. Palermo 38 (1914), p. 185—191.*

B. Bronwin

[1] On the integration of certain equations of finite differences, *Cambr. math. J. 3 (1843), p. 258—264.*
[2] On the integration of certain equations in finite differences, *Cambr. Dublin math. J. 2 (1847), p. 42—47.*

E. H. Brown

[1] (und J. Burn) Elements of finite differences, also solutions to questions set for part I of the examinations of the institute of actuaries, *London 1915.*

V. Brunacci

[1] Calcolo integrale delle equazioni lineari, *Firenze 1798;* Kap. 1: Dell'equazioni lineari a differenze finite, *p. 1—84;* Kap. 3: Delle equazioni lineari a differenze finite et parziali, *p. 138—222.*

[2] Corso di matematica sublime 1, Calcolo delle differenze finite e sue applicazioni, *Firenze 1804.*

[3] Memoria sopra le soluzioni particolari delle equazioni alle differenze, *Mem. mat. fis. Soc. ital. sc. (1) 14$_1$ (1809), p. 175—196.*

G. Brunel

[1] Bestimmte Integrale, Nr. 12—15, *Enzyklopädie der math. Wiss. II A 3 (1900), p. 157—186.*

H. Bruns

[1] Grundlinien des wissenschaftlichen Rechnens, *Leipzig 1903.*

F. Buchwaldt

[1] Summation af Rækker, *Tidsskrift for Math. (4) 2 (1878), p. 76—93.*

[2] Interpolation og Integration ved Rækker, *id. (5) 5 (1887), p. 79—90, p. 97 bis 121.*

A. Buhl

[1] Éloge de Samuel Lattès, *Mém. Acad. Toulouse (11) 9 (1921), p. 1—13.*

H. Burkhardt

[1] Trigonometrische Interpolation (Mathematische Behandlung periodischer Naturerscheinungen), *Enzyklopädie der math. Wiss. II A 9a (1904), p. 642—694.*

[2] Entwicklungen nach oszillierenden Funktionen und Integration der Differentialgleichungen der mathematischen Physik, *Jahresb. deutsch. Math.-Ver. 10 (1901), p. 1119—1130.*

J. Burn

[1] (und E. H. Brown) Elements of finite differences, also solutions to questions set for part I of the examinations of the institute of actuaries, *London 1915.*

W. Burnside

[1] The solution of a certain partial difference equation, *Proc. Cambr. philos. Soc. 21 (1923), p. 488—491.*

E. Busche

[1] Ein Beitrag zur Differenzenrechnung und zur Zahlentheorie, *Math. Ann. 53 (1900), p. 243—271.*

F. Caldarera

[1] Sull'equazioni lineari ricorrenti trinomie ed applicazione alla moltiplicazione e divisione degli archi di cherchi e conseguente iscrizione dei poligoni regolari, *Giorn. mat. 35 (1897), p. 333—348.*

G. Caldarera

[1] Sviluppo delle differenze finite in funzione delle derivate e viceversa, *Atti Accad. Catania (4) 6 (1893), Nr. 9.*

O. Callandreau

[1] Sur la formule sommatoire de Maclaurin, *C. R. Acad. sc. Paris 86 (1878), p. 589—592.*

A. S. I. Caraffa

[1] Principia calculi differentialis et integralis itemque calculi differentiarum finitarum, *Roma 1845.*

F. Carlson

[1] Sur une classe de séries de Taylor, *Thèse Upsala 1914.*

[2] Sur les séries de coefficients binomiaux, *Nova Acta Soc. sc. Upsal. (4) 4 (1915), Nr. 3.*

[3] Über ganzwertige Funktionen, *Math. Ztschr. 11 (1921), p. 1—23.*

Robert Carmichael

[1] A treatise on the calculus of operations: designed to facilitate the processes of the differential and integral calculus and the calculus of finite differences, *London 1855.*

[2] On certain methods in the calculus of finite differences, *Proc. R. Irish Acad. 7 (1857/61), p. 218—231, p. 233—246.*

R. D. Carmichael

[1] Linear difference equations and their analytic solutions, *Trans. Amer. math. Soc. 12 (1911), p. 99—134.*

[2] The general theory of linear q-difference equations, *Amer. J. math. 34 (1912), p. 147—168.*

[3] Linear mixed equations and their analytic solutions, *id. 35 (1913), p. 151—162.*

[4] On the theory of linear difference equations, *id., p. 163—182.*

[5] On the solutions of linear homogeneous difference equations, *id. 38 (1916), p. 185—220.*

[6] On a general class of series of the form $\Sigma c_n g(x+n)$, *Trans. Amer. math. Soc. 17 (1916), p. 207—232.*

[7] Examples of a remarkable class of series, *Bull. Amer. math. Soc. (2) 23 (1917), p. 407—425.*

[8] On the asymptotic character of functions defined by series of the form $\Sigma c_n g(x+n)$, *Amer. J. math. 39 (1917), p. 385—403.*

[9] On the representation of functions in series of the form $\Sigma c_n g(x+n)$, *id. 40 (1918), p. 113—126.*

[10] Repeated solutions of a certain class of linear functional equations, *Tôhoku math. J. 13 (1918), p. 304—313.*

[11] On a general class of integrals of the form $\int_0^\infty \varphi(t)\, g(x+t)\, dt$, *Trans. Amer. math. Soc. 20 (1919), p. 313—322.*

[12] On the expansion of certain analytic functions in series, *Annals of math. (2) 22 (1920), p. 29—34.*

E. Carvallo

[1] Formules d'interpolation, *C. R. Acad. sc. Paris 106 (1888), p. 346—349.*

[2] Exposition de la méthode d'interpolation de Cauchy, *Bull. sc. phys. 1889, p. 1—11.*

[3] Formules des différences et formule de Taylor, *Nouv. Ann. math. (3) 10 (1891), p. 24—29.*

F. Casorati

[1] Il calcolo delle differenze finite interpretato ed accresciuto di nuovi teoremi a sussidio principalmente delle odierne ricerche basate sulla variabilità complessa, *Ann. mat. pura appl. (2) 10 (1880), p. 10—43; Mem. Accad. Lincei (3) 5 (1880), p. 195—208.*

[2] Sopra un recentissimo scritto del sig. L. Stickelberger, *Ann. mat. pura appl. (2) 10 (1880), p. 154—157.*

E. Catalan

[1] Note sur une équation aux différences finies, *J. math. pures appl. (1) 3 (1838), p. 508—516; (1) 4 (1839), p. 95—99.*

[2] Solution nouvelle de cette question: Un polygone étant donné, de combien de manières peut-on le partager en triangles au moyen de diagonales?, *id. (1) 4 (1839), p. 91—94.*

[3] Sur les différences de 1^p et sur le calcul des nombres de Bernoulli, *Ann. mat. pura appl. (1) 2 (1859), p. 239—243.*

[4] Mélanges mathématiques 3, *Mém. Soc. sc. Liège (2) 15 (1888), Nr. 1.*

A. L. Cauchy

[1] Des séries récurrentes, *Cours d'Analyse, première partie, Analyse algébrique, Paris 1821, Kap. 12 = Œuvres (2) 3, Paris 1897, p. 321—331.*

[2] Sur la formule de Lagrange relative à l'interpolation, *id. Note V = id., p. 429 bis 433.*
[3] Mémoire sur les développements des fonctions en séries périodiques, *Mém. Acad. sc. Paris 6 (1827), p. 603—612 = Œuvres (1) 2, Paris 1908, p. 12—19.*
[4] Sur l'analogie des puissances et des différences, *Exercices de Mathématiques, seconde année, Paris 1827 = Œuvres (2) 7, Paris 1889, p. 198—235.*
[5] Addition à l'article précédent, *id. = id., p. 236—254.*
[6] Sur les différences finies des puissances entieres d'une seule variable, *Exercices de Mathématiques, troisième année, Paris 1828 = Œuvres (2) 8, Paris 1890, p. 180—182.*
[7] Sur les intégrales aux différences finies des puissances entières d'une seule variable, *id. = id., p. 183—188.*
[8] Sur les différences finies et les intégrales aux différences des fonctions entières d'une ou de plusieurs variables, *id. = id., p. 189—194.*
[9] Mémoire sur l'interpolation, *J. math. pures appl. (1) 2 (1837), p. 193—205.*
[10] Sur les fonctions interpolaires, *C. R. Acad. sc. Paris 11 (1840), p. 775—789 = Œuvres (1) 5, Paris 1885, p. 409—424.*
[11] Sur la résolution numérique des équations algébriques et transcendantes, *id., p. 829—859 = id., p. 455—473.*
[12] Mémoire sur divers points d'Analyse, *id., p. 933—951 = id., p. 473—493.*
[13] Mémoire sur diverses formules d'Analyse, *id. 12 (1841), p. 283—298 = Œuvres (1) 6, Paris 1888, p. 63—78.*
[14] Mémoire sur diverses formules relatives à la théorie des intégrales définies et sur la conversion des différences finies des puissances en intégrales de cette espèce, *J. Éc. polyt. 17, cah. 28 (1841), p. 147—248 = Œuvres (2) 1, Paris 1905, p. 467—567.*
[15] Note sur les théorèmes nouveaux et de nouvelles formules qui se déduisent de quelques équations symboliques, *C. R. Acad. sc. Paris 17 (1843), p. 377 bis 379 = Œuvres (1) 8, Paris 1893, p. 26—28.*
[16] Mémoire sur l'emploi des équations symboliques dans le Calcul infinitésimal et dans le Calcul aux différences finies, *id., p. 449—458 = id., p. 28—38.*
[17] Mémoire sur les fonctions dont plusieurs valeurs sont liées entre elles par une équation linéaire, et sur diverses tranformations de produits composés d'un nombre indéfini de facteurs, *id., p. 523—531 = id., p. 42—50.*
[18] Second Mémoire sur les fonctions dont plusieurs valeurs sont liées entre elles par une équation linéaire, *id., p. 567—572 = id., p. 50—55.*
[19] Mémoire sur l'application du calcul des résidus au développement des produits composés d'un nombre infini de facteurs, *id., p. 572—581 = id., p. 55—64.*
[20] Mémoire sur une certaine classe de fonctions transcendantes liées entre elles par un système de formules qui fournissent, comme cas particuliers, les développements des fonctions elliptiques en séries, *id., p. 640—651 = id., p. 65—76.*
[21] Mémoire sur les factorielles géométriques, *id., p. 693—703 = id., p. 76—87.*
[22] Mémoire sur les rapports entre les factorielles réciproques dont les bases varient proportionnellement et sur la transformation des logarithmes de ces rapports en intégrales définies, *id., p. 779—787 = id., p. 87—97.*
[23] Sur la réduction des rapports des factorielles réciproques aux fonctions elliptiques, *id., p. 825—837 = id., p. 97—110.*
[24] Mémoire sur les fractions rationnelles que l'on peut extraire d'une fonction transcendante, et spécialement du rapport entre deux produits de factorielles réciproques, *id., p. 921—925 = id., p. 110—115.*
[25] Mémoire sur les formules qui servent à décomposer en fractions rationnelles le rapport entre deux produits de factorielles réciproques, *id., p. 1159—1164 = id., p. 122—127.*
[26] Note sur les propriétés de certaines factorielles et sur la décomposition des fonctions en facteurs, *id. 19 (1844), p. 1069—1072 = id., p. 311—315.*
[27] Mémoire sur quelques formules relatives aux différences finies, *id., p. 1183 bis 1194 = id., p. 324—336.*

[28] Sur l'induction en Analyse et sur l'emploi des formules symboliques, *id. 39 (1854), p. 169—177 = Œuvres (1) 12, Paris 1900, p. 177—186.*
[29] Sur les intégrales aux différences finies, *id., p. 214—218 = id., p. 186—191.*
[30] Sur les produits symboliques et les fonctions symboliques, *id. 43 (1856), p. 169—186 = id., p. 344—364.*
[31] Sur la transformation des fonctions symboliques en moyennes isotropiques, *id., p. 261—271 = id., p. 365—376.*

A. Cayley

[1] On a theorem for the development of a factorial, *Philos. mag. 6 (1853), p. 182 bis 185 = Papers 2, Cambridge 1889, p. 98—101.*
[2] Note on a formula in finite differences, *Quart. J. pure appl. math. 2* (*1858*), *p. 198—201 = Papers 3, Cambridge 1890, p. 132—135.*
[3] Demonstration of a theorem in finite differences, *Philos. Trans. London 150 (1860), p. 321—323 = Papers 4, Cambridge 1891, p. 262—264.*
[4] On the general equation of differences of the second order, *Quart. J. pure appl. math. 14 (1877), p. 23—25 = Papers 10, Cambridge 1896, p. 47—49.*
[5] Table of $\Delta^m 0^n \div \Pi(m)$ up to $m = n = 20$, *Trans. Cambr. philos. Soc. 13 (1883), p. 1—4 = Papers 11, Cambridge 1896, p. 144—147.*
[6] Note on a formula for $\Delta^n 0^i / n^i$, when n, i are very large numbers, *Proc. R. Soc. Edinb. 14 (1887), p. 149—153 = Papers 12, Cambridge 1897, p. 412—415.*

P. Cazzaniga

[1] Espressione di funzioni intere che in posti dati arbitrariamente prendono valori prestabiliti, *Ann. mat. pura appl. (2) 10 (1880/82), p. 279—290.*
[2] Il calcolo dei simboli d'operazione elementaremente esposto, *Giorn. mat. 20 (1882), p. 48—78, p. 194—230.*

E. Cesàro

[1] Sur une équation aux différences mêlées, *Nouv. Ann. math. (3) 4 (1885), p. 36—41.*

C. V. L. Charlier

[1] Die Mechanik des Himmels 2, *Leipzig 1907, p. 3—86.*

J. A. C. Charles

[1] Théorème sur les équations en differences finies, *Mém. (Histoire) Acad. sc. Paris (1783), 1786, p. 560—562.*
[2] Recherches sur les intégrales des équations aux différences finies et sur d'autres sujets, *Mém. prés. divers sav. Acad. sc. Paris 10 (1785), p. 573—588.*
[3] Intégral (calcul intégral des équations en différences finies), *Encycl. méth., math. 2, Paris und Liège 1785, p. 221—225.*
[4] Intégral (calcul intégral des équations en différences mêlées), *id., p. 225—228.*
[5] Interpolation (mathématiques et physique), *id., p. 233—236.*
[6] Recherches sur l'intégration d'une espèce singulière d'équations à différences finies, *Mém. (Histoire) Acad. sc. Paris (1786), 1788, p. 695—697, p. 698—702.*
[7] Recherches sur les principes de la différentiation et sur les intégrales connues jusqu'ici sous le nom d'intégrales particulières, *id. (1788), 1791, p. 115—132, p. 132—139.*
[8] Nouvelles recherches sur les constructions des équations en différences finies du premier ordre, et sur celle des limites de ces équations, *id., p. 580—582.*

T. M. Cherry

[1] On the solution of difference equations, *Proc. Cambr. philos. Soc. 21 (1923), p. 711—729.*

F. Chiò

[1] Théorème relatif à la différentiation d'une intégrale définie par rapport à une variable comprise dans la fonction sous le signe $\int$ et dans les limites de l'in-

tégrale, étendu au calcul aux différences et suivi de quelques applications, *Atti Accad. sc. Torino 6 (1871), p. 194—230.*

J. Chokhatte

[1] Sur le développement de l'intégrale $\int_a^b \frac{p(y)}{x-y}\,dy$ en fraction continue et sur les polynomes de Tchebycheff, *Rend. Circ. mat. Palermo 47 (1923), p. 25—46.*

Th. Clausen

[1] Über Interpolation, *J. reine angew. Math. 5 (1830), p. 305—313.*
[2] Über mechanische Quadraturen, *id. 6 (1830), p. 287—289.*
[3] Beweise der ersten Sätze in der Theorie der numerischen Fakultäten, *id. 7 (1831), p. 234—236.*
[4] Theorem, *Astron. Nachr. 17 (1840), p. 351.*

A. Cohen

[1] On linear equations in finite differences, *Quart. J. pure appl. math. 1 (1857), p. 10—20.*

E. A. C. L. Collins

[1] Du développement des fonctions en séries suivant les facultés numériques des variables, *Mém. Acad. sc. Pétersb. (6) 1 (1831), p. 475—493.*
[2] Sur les facultés numériques du second ordre, *id. (6) 3 (1838), p. 225—232.*

E. Combescure

[1] Sur quelques points du calcul inverse des différences, *C. R. Acad. sc. Paris 74 (1872), p. 454—458, p. 977—980.*
[2] Sur quelques questions qui dépendent des différences finies ou mêlées, *Ann. Éc. Norm. (2) 3 (1874), p. 305—362.*

T. T. Comi

[1] Formule sommatorie, *Atti Accad. sc. Torino 54 (1918/19), p. 23—38.*

C. Condorcet

[1] Mémoire sur les équations aux différences finies, *Mém. (Histoire) Acad. sc. Paris (1770), 1773, p. 108—136, p. 615—618.*

S. A. Corey

[1] Note on Stirlings formula, *Annals of math. (2) 5 (1904), p. 185—186.*
[2] Certain integration formulae useful in numerical computation, *Amer. math. Monthly 19 (1912), p. 118—129.*

G. Coriolis

[1] Sur le degré d'approximation qu'on obtient pour les valeurs numériques d'une variable qui satisfait à une équation différentielle, en employant pour calculer ces valeurs diverses équations aux différences plus ou moins approchées, *J. math. pures appl. (1) 2 (1837), p. 229—244.*

R. Cotes

[1] De methodo differentiali Newtoniana, *Opera miscellanea,* (*Anhang zu* Harmonia mensurarum), *Cambridge 1722, p. 23—33.*
[2] Canonotechnia sive constructio tabularum per differentias, *id., p. 35—71.*

M. V. do Couto

[1] (und F. S. Margiochi) Calculo des notações, *Mem. Acad. sc. Lisboa* 3_2 *(1814), p. 48—64.*

A. L. Crelle

[1] Versuch einer allgemeinen Theorie der analytischen Fakultäten, *Berlin 1823.*
[2] Mémoire sur la théorie des puissances, des fonctions angulaires et des facultés analytiques, *J. reine angew. Math. 7 (1831), p. 253—305, p. 314—380.*
[3] Einige Bemerkungen über die Mittel zur Schätzung der Konvergenz der allgemeinen Entwicklungs-Reihen mit Differenzen und Differentialen, *id. 22 (1841), p. 249—275.*
[4] Eine Anwendung der Fakultätentheorie und der allgemeinen Taylorschen Reihe auf die Binomialkoeffizienten, *Abh. Akad. Berlin (math.) 1843, p. 1—48.*

E. Czuber

[1] Wahrscheinlichkeitsrechnung, Nr. 6: Die Differenzenrechnung als methodisches Verfahren der Wahrscheinlichkeitsrechnung, *Enzyklopädie der math. Wiss. I D 1 (1901), p. 742—744.*

Th. Dahlgren

[1] Sur le théorème de condensation de Cauchy, *Diss. Lund 1918 = Lunds Universitets Årsskrift (2) 15 (1918), Nr. 4.*

G. Darboux

[1] Sur les développements en série des fonctions d'une seule variable, *J. math. pures appl. (3) 2 (1876), p. 291—312.*
[2] Remarques sur la lettre précédente (de Laplace à Condorcet), *Bull. sc. math. astr. (2) 3 (1879), p. 209—216. Vgl.* Laplace [1].

David

[1] Sur le développement de l'exponentielle en puissances des sinus et cosinus de l'arc, *Mém. Acad. Toulouse (8) 5 (1883), p. 148—159.*
[2] Sur deux séries nouvelles qui expriment le sinus et le cosinus d'un arc donné, *Bull. Soc. math. France 11 (1883), p. 72—75.*

F. Dienger

[1] Die Lagrangesche Formel und die Reihensummierung durch dieselbe, *J. reine angew. Math. 34 (1847), p. 75—100.*
[2] Summen von Reihen ausgedrückt durch bestimmte Integrale, *id. 46 (1853), p. 119—144.*

F. Diestel

[1] Beiträge zu der Interpolationsrechnung, *Diss. Göttingen 1890.*

M. Dietrich

[1] Über eine Reihentransformation Stirlings, *J. reine angew. Math. 59 (1861), p. 163—172.*

E. H. Dirksen

[1] Bemerkung über die Lagrangesche Interpolationsformel, *J. reine angew. Math. 1 (1826), p. 221—222.*

E. L. Dodd

[1] On iterated limits of multiple sequences, *Math. Ann. 61 (1905), p. 95—108.*

M. Draeger

[1] Über rekurrente Reihen von höherer, insbesondere von der dritten Ordnung, *Diss. (Jena) Weida 1919.*

J. M. C. Duhamel

[1] Intégration d'une équation aux différences, *J. math. pures appl. (1) 4 (1839), p. 222—224.*

A. Dupré

[1] Sur le nombre de divisions à effectuer pour obtenir le plus grand commun diviseur entre deux nombres entiers, *J. math. pures appl. (1) 11 (1846), p. 41—64.*

W. H. Echols

[1] On some forms of Lagrange's interpolation formula, *Annals of math. (1) 8 (1893), p. 22—24.*
[2] On interpolation formulae and their relation to infinite series, *Math. papers congr. intern. Chicago 1893 (New York 1896) p. 52—57.*

R. L. Ellis

[1] Sur les intégrales aux différences finies, *J. math. pures appl. (1) 9 (1844), p. 422—434.*
[2] On the solution of equations in finite differences, *Cambr. math. J. 4 (1845), p. 182—190.*

W. Emerson

[1] The method of increments, wherein the principles are demonstrated; and the practice thereof shewn in the solution of problems, *London 1763.*

J. F. Encke

[1] Gesammelte mathematische und astronomische Abhandlungen 1, *Berlin 1888, p. 1—124.*

G. H. Eneström

[1] Differenskalkylens historia 1, *Upsala Universitets Årsskrift 1879, mat. och nat. Nr. 1.*
[2] Om upptäckten af den Eulerska summationsformeln, *Öfvers. Vetensk. Akad. förhandl. (Stockholm) 36 (1879), Nr. 10.*
[3] Bevis för satsen, att den fullständiga integralen till en differensekvation af n:te ordningen innehålla n arbiträra konstanter, *id. 43 (1886), p. 247—251.*
[4] Note historique sur une série dont le terme général est de la forme $A_n (x - a_1) (x - a_2) \ldots (x - a_n)$, *C. R. Acad. sc. Paris 103 (1886) p. 523—525.*
[5] Notes historiques sur la formule générale d'interpolation de Newton, *Bibl. math. (1) 3 (1886), p. 141—144.*
[6] Note historique sur la somme des valeurs inverses des nombres carrés, *id. (2) 4 (1890), p. 22—24; (3) 10 (1909/10), p. 83—84.*
[7] Om Taylors och Nicoles inbördes fortjänster beträffende differenskalkylens första utbildande, *Öfvers. Vetensk. Akad. förhandl. (Stockholm) 51 (1894), p. 177—187.*
[8] Über die Geschichte einer Summenformel, die mit der Eulerschen verwandt ist, *Bibl. math. (3) 5 (1904), p. 209—210.*

P. J. Engström

[1] Om Differensserier, *Upsala 1861.*

S. Epsteen

[1] On linear homogeneous difference equations and continuous groups, *Bull. Amer. math. Soc. (2) 10 (1903/04), p. 499—504.*

Th. Erb

[1] Erfüllung linearer Differenzengleichungen durch Potenzreihen, *Progr. Pirmasens 1912.*
[2] Über die asymptotische Darstellung der Integrale linearer Differenzengleichungen durch Potenzreihen, *Diss. (München) Pirmasens 1913.*

E. Esclangon

[1] Sur les solutions périodiques de certaines équations fonctionnelles, *C. R. Acad. sc. Paris 146 (1908), p. 108—111.*

[2] Sur les solutions périodiques d'une équation fonctionnelle linéaire, *id.* *147 (1908), p. 180—183.*

E. B. Escott

[1] Résoudre l'équation $u_n = \frac{a}{b - u_{n+1}}$, *Interméd. math. 20 (1913), p. 208—209.*

A. v. Ettingshausen

[1] Vorlesungen über die höhere Mathematik 1, *Wien 1827, 38. bis 42. und 59. Vorlesung, p. 248—285, p. 422—433.*

L. Euler

[1] De progressionibus transcendentibus, seu quarum termini generales algebraice dari nequeunt, *Comment. acad. sc. Petrop. 5 (1730/31), 1738, p. 36—57.*
[2] Methodus generalis summandi progressiones, *id. 6 (1732/33), 1738, p. 68—97.*
[3] De summis serierum reciprocarum, *id. 7 (1734/35), 1740, p. 123—134.*
[4] Methodus universalis serierum convergentium summas quam proxime inveniendi, *id. 8 (1736), 1741, p. 3—9.*
[5] Inventio summae cujusque seriei ex dato termino generali, *id., p. 9—22.*
[6] Methodus universalis series summandi ulterius promota, *id., p. 147—158.*
[7] Introductio in analysin infinitorum 1, Kap. 13: De seriebus recurrentibus, Kap. 17: De usu serierum recurrentium in radicibus aequationum indagandis, *1. Aufl. Lausanne 1748, 2. Aufl. Lausanne 1797; franz. Übersetzungen von* Pezzi, *Strasbourg 1786, von* J. B. Labey, *Paris 1796 und 1835; deutsche Übersetzungen von* J. A. C. Michelsen, *1. Aufl. Berlin 1788, 2. Aufl. Berlin 1835/36, von* H. Maser, *Berlin 1885 = Opera (1) 8, herausgegeben von* A. Krazer *und* F. Rudio, *Leipzig und Berlin 1922.*
[8] De seriebus quibusdam considerationes, *Comment. acad. sc. Petrop. 12 (1740), 1750, p. 53—96.*
[9] De serierum determinatione seu nova methodus inveniendi terminos generales serierum, *Novi comment. acad. sc. Petrop. 3 (1750/51), 1753, p. 36—85.*
[10] Institutiones calculi differentialis cum ejus usu in analysi finitorum ac doctrina serierum, Kap. I 1: De differentiis finitis, I 2: De usu differentiarum in doctrina serierum, II 1: De transformatione serierum, II 3: De inventione differentiarum finitarum, II 5: Investigatio summae serierum ex termino generali, II 6: De summatione progressionum per series infinitas, II 7: Methodus summandi superior ulterius promota, II 16: De differentiatione functionum inexplicabilium, II 17: De interpolatione serierum, *Petersburg 1755; Pavia 1787; deutsche Übersetzung von* J. A. C. Michelsen, *Berlin 1790/93 = Opera (1) 10, herausgegeben von* G. Kowalewski, *Leipzig und Berlin 1913.*
[11] Remarques sur les mémoires précedens de M. Bernoulli, *Mém. Acad. sc. Berlin 9 (1753), 1755, p. 196—222.*
[12] De seriebus divergentibus, *Novi comment. acad. sc. Petrop. 5 (1754/55), 1760, p. 205—237.*
[13] De expressione integralium per factores, *id. 6 (1756/57), 1761, p. 115—154 = Opera (1) 17, herausgegeben von* A. Gutzmer, *Leipzig und Berlin 1915, p. 233—267.*
[14] De insigni promotione methodi tangentium inversae, *id. 10 (1764). 1766, p. 135—155.*
[15] De usu functionum discontinuarum in analysi, *id. 11 (1765), 1767, p. 3—27.*
[16] Remarques sur un beau rapport entre les séries des puissances tant directes que réciproques, *Mém. Acad. sc. Berlin 17 (1761), 1768, p. 83—106.*
[17] Institutiones calculi integralis 1, Kap. 7: Methodus generalis integralia quaecunque proxime inveniendi, Kap. 8: De valoribus integralium, quos certis tantum casibus recipiunt, Kap. 9: De evolutione integralium per producta infinita, *1. Aufl. Petersburg 1768, 2. Aufl. Petersburg 1792, 3. Aufl. Petersburg 1824; deutsche Übersetzung von* J. Salomon, *Wien 1828 = Opera (1) 11, herausgegeben von* Fr. Engel *und* L. Schlesinger, *Leipzig und Berlin 1913.*

[18] Institutiones calculi integralis 2, Kap. I 10: De constructione aequationum differentio-differentialium per quadraturas curvarum, I 11: De constructione aequationum differentio-differentialium ex earum resolutione per series infinitas petita, *1. Aufl. Petersburg 1769, 2. Aufl. Petersburg 1792, 3. Aufl. Petersburg 1827; deutsche Übersetzung von* J. Salomon, *Wien 1829 = Opera (1) 12, herausgegeben von* Fr. Engel *und* L. Schlesinger, *Leipzig und Berlin 1914.*

[19] De curva hypergeometrica hac aequatione expressa $y = 1 \cdot 2 \cdot 3 \cdots x$, *Novi comment. acad. sc. Petrop. 13 (1768), 1769, p. 3—66.*

[20] Nouvelle manière de comparer les observations de la lune avec la théorie, *Mém. Acad. sc. Berlin 19 (1763), 1770, p. 221—234.*

[21] De summis serierum numeros Bernoullianos involventium, *Novi comment. acad. sc. Petrop. 14 (1769), 1770, p. 129—167.*

[22] Extraits de différentes lettres de M. Euler à M. le marquis de Condorcet, *Mém. (Histoire) Acad. sc. Paris (1778), 1781, p. 603—614 = Opera (1) 18, herausgegeben von* A. Gutzmer *und* A. Liapounoff, *Leipzig und Berlin 1920, p. 69—82.*

[23] De eximio usu methodi interpolationum in serierum doctrina, *Opuscula analytica 1, Petersburg 1783, p. 157—210.*

[24] Methodus inveniendi formulas integrales, quae certis casibus datam inter se teneant rationem, ubi simul methodus traditur fractiones continuas summandi, *Opuscula analytica 2, Petersburg 1785, p. 178—216 = Opera (1) 18, herausgegeben von* A. Gutzmer *und* A. Liapounoff, *Leipzig und Berlin 1920, p. 209—243.*

[25] De seriebus potestatum reciprocis methodo nova et facillima summandis, *Opuscula analytica 2, Petersburg 1785, p. 257—274.*

[26] De summatione serierum, in quibus terminorum signa alternantur, *Nova Acta Acad. sc. Petrop. 2 (1784), 1788, p. 46—69.*

[27] Exercitatio analytica, ubi imprimis seriei maxime generalis summatio traditur, *id. 9 (1791), 1795, p. 41—53.*

[28] Dilucidationes in capita postrema calculi mei differentialis de functionibus inexplicabilibus, *Mém. Acad. sc. Pétersb. 4 (1813), p. 88—119, außerdem enthalten in Institutiones calculi differentialis, Pavia 1787; deutsche Übersetzung von* J. Ph. Gruson, *Berlin 1798.*

[29] Methodus succincta summas serierum infinitarum per formulas differentiales investigandi, *Mém. Acad. sc. Pétersb. 5 (1812), 1815, p. 45—56.*

J. D. Everett

[1] On the deduction of increase rates from physical and other tables, *Nature 60 (1899), p. 271.*

[2] On the notation of the calculus of differences, *Rep. British Ass. 1899, p. 645 bis 646.*

[3] On a central-difference interpolation formula, *id. 1900, p. 648—650.*

[4] On Newtons contributions to central-difference interpolation, *id., p. 650.*

[5] On the algebra of difference-tables, *Quart. J. pure appl. math. 31 (1900), p. 357—376.*

[6] On interpolation formulae, *id. 32 (1901), p. 306—313.*

[7] On a new interpolation formula, *J. Inst. Actuaries 35 (1901), p. 452—458.*

J. A. Eytelwein

[1] Von der Integration der linearen Gleichungen mit partiellen endlichen Differenzen, *Abh. Akad. Berlin (math.) 1824, p. 53—82.*

G. Faber

[1] Über die Newtonsche Näherungsformel, *J. reine angew. Math. 138 (1910), p. 1—21.*

[2] Über stets konvergente Interpolationsformeln, *Jahresb. deutsch. Math.-Ver. 19 (1910), p. 142—146.*

[3] Beitrag zur Theorie der ganzen Funktionen, *Math. Ann. 70 (1911), p. 48—78.*

P. Fatou

[1] Sur une classe remarquable de séries de Taylor, *Ann. Éc. Norm. (3) 27 (1910), p. 43—53.*

[2] Sur les substitutions rationnelles, *C. R. Acad. sc. Paris 164 (1917), p. 806—808; 165 (1917), p. 992—995.*

[3] Sur les équations fonctionnelles et les propriétés de certaines frontières, *id. 166 (1918), p. 204—206.*

[4] Sur les équations fonctionnelles, *Bull. Soc. math. France 47 (1919), p. 161—271; 48 (1920), p. 33—94, p. 208—314.*

[5] Sur l'itération analytique et les substitutions permutables, *J. math. pures appl. (9) 2 (1923), p. 343—384; (9) 3 (1924), p. 1—49.*

L. Fejér

[1] Interpolation und konforme Abbildung, *Nachr. Ges. Gött. (math.-phys.) 1918, p. 319—331.*

J. Florijn

[1] Verhandeling over het Sommeren en Interpoleren van arithmetische Serien, *Amsterdam 1816.*

G. Fontené

[1] Généralisation d'une formule connue, *Nouv. Ann. math. (4) 14 (1914), p. 112.*

W. B. Ford

[1] Sur les équations linéaires aux différences finies, *Ann. mat. pura appl. (3) 13 (1907), p. 263—328.*

[2] On the integration of the homogeneous linear difference equation of second order, *Trans. Amer. math. Soc. 10 (1909), p. 319—336.*

[3] Studies on divergent series and summability, *Michigan sc. series 2 (1916), p. 73—74.*

T. Fort

[1] Problems connected with linear difference equations of the second order, with special reference to equations with periodic coefficients, *Diss. Cambridge (Mass.) 1912.*

[2] Oscillatory and nonoscillatory linear difference equations of the second order, *Quart. J. pure appl. math. 45 (1914), p. 239—257.*

[3] Limited and illimited linear difference equations of the second order with periodic coefficients, *Amer. J. math. (37) 1915, p. 42—54.*

[4] Periodic solutions of linear difference equations of the second order; and the corresponding development of functions of an integral argument, *Quart. J. pure appl. math. 46 (1915), p. 1—13.*

[5] Linear difference an differential equations, *Bull. Amer. math. Soc. (2) 22 (1916), p. 270; Amer. J. math. 39 (1917), p. 1—26.*

[5] Note on Dirichlet and factorial series, *Trans. Amer. maht. Soc. 23 (1922), p. 26—29.*

P. Franchini

[1] Memoria su diversi articoli spettanti all'analisi, *Mem. mat. fis. Soc. ital. sc. (1) 11 (1804), p. 234—284.*

L. B. Francœur

[1] Cours complet de mathématiques pures 2, Buch 8: Calcul des différences, *1. Aufl. Paris 1809; 2. Aufl. Paris 1819, 4. Aufl. Paris 1837.*

[2] Vollständiger Lehrkurs der reinen Mathematik 2, Buch 4: Die Variations- und Differenzenrechnung, *Deutsche Übersetzung von* [1] *von* E. Külp, *Bern 1846; 2. Aufl. 1850.*

J. Franel

[1] Sur la formule sommatoire d'Euler, *Math. Ann. 47 (1896), p. 433—440.*

D. C. Fraser

[1] Newton's interpolation formulas, *J. Inst. Actuaries 51 (1919), p. 77—106, p. 211—232. (Auch separat.)*

M. Fréchet

[1] Sur une généralisation de la formule des accroissements finis et quelques applications, *Rennes 1910.*

J. B. Friederich

[1] Über Differenz- und Differentialfunktionen 1 und 2, *Progr. Ansbach 1839/44.*

G. Frobenius

[1] Über die Entwicklung analytischer Funktionen in Reihen, die nach gegebenen Funktionen fortschreiten, *J. reine angew. Math. 73 (1871), p. 1—30.*
[2] Über Relationen zwischen den Näherungsbrüchen von Potenzreihen, *id. 90 (1881), p. 1—17.*

G. Frullani

[1] Ricerche sopra le serie e l'integrazione delle equazioni a differenze parziali, *Firenze 1816.*

M. Fujiwara

[1] Über Zusammenhang zwischen den linearen adjungierten Differenzen- und Differentialgleichungen, *Tôhoku math. J. 1 (1911/12), p. 195—200.*
[2] Über die Gültigkeitsbedingung der Interpolationsformeln von Gauß, *id. 20 (1921), p. 18—21.*

H. Galbrun

[1] Sur la représentation des solutions d'une équation linéaire aux différences finies pour les grandes valeurs de la variable, *C. R. Acad. sc. Paris 148 (1909), p. 905—907; 149 (1909), p. 1046—1047; 150 (1910), p. 206—208; Acta math. 36 (1913), p. 1—68.*
[2] Sur la représentation asymptotique des solutions d'une équation aux différences finies pour les grandes valeurs de la variable, *C. R. Acad. sc. Paris 151 (1910), p. 1114—1116.*
[3] Sur certaines solutions exceptionnelles d'une équation linéaire aux différences finies, *Bull. Soc. math. France 49 (1921), p. 206—241.*

F. Gambardella

[1] Sui coefficienti della facolta analitiche, *Giorn. mat. 11 (1873), p. 49—61, p. 85—97.*

C. F. Gauss

[1] Disquisitiones generales circa seriem infinitam

$$1 + \frac{\alpha\beta}{1\cdot\gamma}x + \frac{\alpha(\alpha+1)\beta(\beta+1)}{1\cdot2\cdot\gamma(\gamma+1)}x^2 + \cdots,$$

Comm. Soc. sc. Gottingensis rec. (math.) 2 (1813), Nr. 1, p. 1—46 = Werke 3, Göttingen 1876, p. 123—162.
[2] Selbstanzeige von [1], *Gött. gel. Anzeigen 1812, Stück 24, p. 233—240 = Werke 3, Göttingen 1876, p. 197—202.*
[3] Methodus nova integralium valores per approximationem inveniendi, *Comm. Soc. sc. Gottingensis rec. (math.) 3 (1816), p. 39—76 = Werke 3, Göttingen 1876, p. 163—196.*
[4] Selbstanzeige von [3], *Gött. gel. Anzeigen 1814, Stück 155, p. 1546—1552 = Werke 3, Göttingen 1876, p. 202—206.*

[5] Determinatio seriei nostrae per aequationem differentialem secundi ordinis, *Werke 3, Göttingen 1876, p. 207—230.*
[6] Theoria interpolationis methodo nova tractata, *id., p. 265—330.*
[7] Briefwechsel zwischen Gauß und Bessel, *Leipzig 1880, p. 20—21, p. 113 bis 121, p. 138—144, p. 151—153, p. 160—166, p. 169—171, p. 228, p. 230.*

A. Genocchi

[1] Sulla formula sommatoria di Eulero, e sulla teorica de' residui quadratici, *Ann. sc. mat. fis. (Tortolini) (1) 3 (1852), p. 406—436.*
[2] Intorno ad alcune formole sommatorie, *id. (1) 6 (1855), p. 70—114.*
[3] Serie ordinate per fattoriali inversi di Schlömilch, *Ann. mat. pura appl. (1) 2 (1859), p. 367—384.*
[4] Relation entre la différence et la dérivée d'un même ordre quelconque, *Archiv Math. Phys. (1) 49 (1869), p. 342—345.*
[5] Sur le passage des différences aux différentielles, *Nouv. Ann. math. (2) 8 (1869), p. 385—388.*
[6] Sur la formule sommatoire de Maclaurin et les fonctions interpolaires, *C. R. Acad. sc. Paris 86 (1878), p. 466—469.*
[7] Intorno alle funzioni interpolari, *Atti Accad. sc. Torino 13 (1878), p. 716—730.*
[8] Sopra una proprietà delle funzione interpolari, *id. 16 (1881), p. 269—275.*
[9] (und G. Peano) Calcolo differenziale e principii di calcolo integrale, *Torino 1884.*
[10] Differentialrechnung und Grundzüge der Integralrechnung *(Deutsche Übersetzung von* [9] *von* G. Bohlmann *und* A. Schepp), *Leipzig 1899.*

C. C. Gérono

[1] Note sur les formules d'interpolation de Lagrange et de Newton, *Nouv. Ann. math. (1) 16 (1857), p. 317—319, p. 358—366.*

D. Gibb

[1] A course in interpolation and numerical integration for the mathematical laboratory, *London 1915.*

J. W. L. Glaisher

[1] On the constants that occur in certain summations by Bernoulli's series, *Proc. London math. Soc. (1) 4 (1871/73), p. 48—56.*
[2] The Bernoullian functions, *Quart. J. pure appl. math. 29 (1898), p. 1—168; 42 (1911), p. 86—157.*
[3] General summation-formulae in finite differences, *id. 29 (1898), p. 303—328.*
[4] On Eulerian numbers (formulae, residues, end-figures), with the values of the first twenty-seven, *id. 45 (1914), p. 1—51.*

S. Glaser

[1] Über einige nach Binomialkoeffizienten fortschreitende Reihen, *Progr. Berlin 1895.*

J. W. Glover

[1] Tables of applied mathematics in finance, insurance, statistics, *Ann Arbor 1923.*

M. Godefroy

[1] La fonction gamma; théorie, histoire, bibliographie, *Thèse Paris 1901.*

D. F. Gregory

[1] On the solution of linear equations of finite and mixed differences, *Cambr. math. J. 1 (1839), p. 54—61.*

A. Grévy

[1] Étude sur les équations fonctionnelles, *Thèse Paris 1894.*
[2] Étude sur les équations fonctionnelles, *Ann. Éc. Norm. (3) 11 (1894), p. 249 bis 323; (3) 13 (1896), p. 295—338.*

E. Grigorief

[1] Nombres de Bernoulli des ordres supérieurs, *Bull. Soc. phys.-math. Kasan (2) 7 (1898), p. 146—202.*

W. Gross

[1] Zur Poissonschen Summierung, *Stzgsber. Akad. Wien 124 IIa (1915), p. 1017 bis 1037.*

Th. Groth

[1] Om Dekomposition af lineære homogene Differentsudtryk, *Nyt Tidsskrift Mat. 16 B (1905), p. 1—6.*

G. Grousinzeff

[1] Sur les solutions analytiques de l'équation $\mu'(z) = \sigma\mu(z+1)$ *(russisch), Communic. Soc. math. Kharkow (2) 13 (1913), p. 276—292.*

J. A. Grunert

[1] Summierung der Reihe
$$1 + \frac{x}{z} + \frac{x(x-1)}{z(z-1)} + \frac{x(x-1)(x-2)}{z(z-1)(z-2)} + \frac{x(x-1)(x-2)(x-3)}{z(z-1)(z-2)(z-3)} + \cdots,$$
J. reine angew. Math. 2 (1827), p. 358—363.
[2] Über Cauchys Interpolationsmethode, *Archiv Math. Phys. (1) 2 (1842), p. 41—60.*
[3] Über die näherungsweise Ermittelung der Werte bestimmter Integrale, *id. (1) 14 (1850), p. 225—317.*
[4] Über Interpolation und mechanische Quadratur, *id. (1) 20 (1853), p. 361—418.*

Ch. Gudermann

[1] Umformung einer Reihe von sehr allgemeiner Form, *J. reine angew. Math. 7 (1831), p. 306—308.*

C. Guichard

[1] Sur la résolution de l'équation aux différences finies $G(x+1) - G(x) = H(x)$ *Ann. Éc. Norm. (3) 4 (1887), p. 361—380.*

J. J. Guilloud

[1] Calcul des dérivées, *Paris 1852, p. 175—192.*

A. S. Guldberg

[1] Kvotient- og Produkt-Regning, *Tidsskrift for Math. (5) 2 (1884), p. 84—96, p. 161—170.*
[2] Sur les équations aux différences qui possèdent un système fondamental d'intégrales, *C. R. Acad. sc. Paris 137 (1903), p. 466—467.*
[3] Sur les équations linéaires aux différences finies, *id., p. 560—562, p. 614—615.*
[4] Sur les groupes de transformations des équations linéaires aux différences finies, *id., p. 639—641.*
[5] Sur certaines équations aux différences, *Archiv Math. og Naturvidenskab 25 (1903), Nr. 11, p. 1—11.*
[6] Om lineære homogene Differentsligninger, *Nyt Tidsskrift Mat. 15 B (1904), p. 25—28.*

[7] Om lineære Differentsligninger af 2den Orden, *id., p. 75—81.*

[8] Über lineare homogene Differenzengleichungen, die gemeinsame Lösungen besitzen, *Archiv Math. og Naturvidenskab 26 (1904), Nr. 1, p. 1—11.*

[9] Über simultane lineare Differenzengleichungen, *Prace mat.-fiz. 15 (1904), p. 23—28.*

[10] Über Differenzengleichungen, die Fundamentallösungen besitzen, *J. reine angew. Math. 127 (1904), p. 175—178.*

[11] Mémoire sur les congruences linéaires aux différences finies, *Ann. mat. pura appl. (3) 10 (1904), p. 201—209.*

[12] Über lineare homogene Differenzengleichungen, *Archiv Math. Phys. (3) 8 (1905), p. 278—281.*

[13] Über die Zerlegung homogener linearer Differenzenausdrücke in irreduzible Faktoren, *Archiv Math. og Naturvidenskab 26 (1905), Nr. 14, p. 1—8.*

[14] Sur les équations linéaires aux différences finies, *Ann. Éc. Norm. (3) 21 (1905), p. 309—348.*

[15] Über lineare homogene Differenzengleichungen derselben Art, *Prace mat.-fiz. 16 (1905), p. 35—43.*

[16] Über reduzible lineare homogene Differenzengleichungen, *Monatsh. Math. Phys. 16 (1905), p. 204—210.*

[17] Sur les communs multiples des expressions linéaires aux différences finies, *Rend. Circ. mat. Palermo 19 (1905), p. 291—296.*

[18] Über lineare Differenzengleichungen, *Verh. 3. Intern. Math.-Kongr. Heidelberg 1904 (Leipzig 1905), p. 157—163.*

[19] Sobre las ecuaciones lineales de diferencias finitas, *Revista trim. de Mat. (Zaragoza) 5 (1905), p. 23—24.*

[20] On linear homogeneous difference equations, *Messenger math. (2) 35 (1906), p. 70—72.*

[21] Über vollständig reduzible lineare homogene Differenzengleichungen, *Archiv Math. og Naturvidenskab 27 (1906), Nr. 15, p. 1—9.*

[22] (und G. Wallenberg), Theorie der linearen Differenzengleichungen, *Leipzig und Berlin 1911.*

[23] Eine Bemerkung über die Rationalitätsgruppe der linearen homogenen Differenzengleichungen, *Tôhoku math. J. 1 (1912), p. 51—57.*

J. Hadamard

[1] Sur l'itération et les solutions asymptotiques des équations différentielles, *Bull. Soc. math. France 29 (1901), p. 224—228.*

[2] La théorie des plaques élastiques planes, *Trans. Amer. math. Soc. 3 (1902), p. 401—422.*

[3] Sur l'expression asymptotique de la fonction de Bessel, *Bull. Soc. math. France 36 (1908), p. 77—85.*

[4] Sur la série de Stirling, *Proc. 5th intern. congr. math. Cambridge 1912, Band 1 (Cambridge 1913), p. 303—305.*

H. Hahn

[1] Über das Interpolationsproblem, *Math. Ztschr. 1 (1918), p. 115—142.*

Th. Gr. Hall

[1] Calculus of variations; Calculus of finite differences, *Encycl. Metropolitana 1819.*

W. R. Hamilton

[1] On differences and differentials of functions of zero, *Trans. Irish Acad. (Dublin) 17 (1837), p. 235—236.*

[2] On a theorem in the calculus of differences, *Rep. British Ass. 1843, p. 2—3.*

[3] On an expression for the numbers of Bernoulli by means of a definite integral, *Philos. mag. 23 (1843), p. 360—367.*

P. A. Hansen

[1] Relationen einesteils zwischen Summen und Differenzen und andernteils zwischen Integralen und Differentialen, *Abh. Ges. Lpzg. 7 (1865), p. 506—583.*

G. H. Hardy

[1] On the expression of the double Zeta function and double Gamma function in terms of elliptic functions, *Trans. Cambr. philos. Soc. 20 (1905), p. 1—35.*
[2] On a theorem of Mr. G. Pólya, *Proc. Cambr. philos. Soc. 19 (1919), p. 60—63.*

C. J. Hargreave

[1] General methods in analysis for the resolution of linear equations in finite differences and linear differential equations, *Philos. Trans. London 1850, p. 261—286.*

R. Hargreaves

[1] Interpolation and quadrature: symmetrical forms, *Messenger math. 46 (1916), p. 36—43.*

G. Harvey

[1] Elementary ideas on the first principles of integration by finite differences. *Ann. philos. (Thomson) 10 (1817), p. 264—268.*

T. Hayashi

[1] An expression for the general term of a recurring series, *Bull. Amer. math. Soc. (2) 18 (1912), p. 191—192.*
[2] On a certain functional equation, *Sc. Rep. Tôhoku 7 (1918), p. 1—32.*
[3] On a certain functional equation *(japanisch), Tôhoku math. J. 13 (1918), p. 316—329.*

P. J. Heawood

[1] Interpolation tables, *Messenger math. (2) 27 (1898), p. 121—128.*

W. E. Hedelius

[1] Bidrag till teorien om lineära differential- och differens-ekvationer med konstanta koefficienter, *Diss. Upsala = Progr. Göteborg 1884.*

E. Heine

[1] Über die Reihe

$$1 + \frac{(q^\alpha - 1)(q^\beta - 1)}{(q-1)(q^\gamma - 1)} x + \frac{(q^\alpha - 1)(q^{\alpha+1} - 1)(q^\beta - 1)(q^{\beta+1} - 1)}{(q-1)(q^2-1)(q^\gamma - 1)(q^{\gamma+1} - 1)} x^2 + \cdots,$$

J. reine angew. Math. 32 (1846), p. 210—212.
[2] Untersuchungen über die Reihe

$$1 + \frac{(1-q^\alpha)(1-q^\beta)}{(1-q)(1-q^\gamma)} x + \frac{(1-q^\alpha)(1-q^{\alpha+1})(1-q^\beta)(1-q^{\beta+1})}{(1-q)(1-q^2)(1-q^\gamma)(1-q^{\gamma+1})} x^2 + \cdots,$$

id. 34 (1847), p. 285—328; 39 (1850), p. 137.
[3] Handbuch der Kugelfunktionen 1, 2. *Aufl., Berlin 1878, p. 97—125.*

C. B. Hennel

[1] Transformations and invariants connected with linear homogeneous difference equations and other functional equations, *Amer. J. math. 35 (1913), p. 431—452.*

J. Hermann

[1] Phoronomia, sive de viribus et motibus corporum solidorum et fluidorum, *Amsterdam 1716, p. 389—393.*

Ch. Hermite

[1] Sur l'interpolation, *C. R. Acad. sc. Paris 48 (1859), p. 62—67 = Œuvres 2, Paris 1908, p. 87—92.*
[2] Sur la formule de Maclaurin, *J. reine angew. Math. 84 (1878), p. 64—69 = Œuvres 3, Paris 1912, p. 425—431.*
[3] Sur la formule d'interpolation de Lagrange, *id., p. 70—79 = id., p. 432—443.*
[4] Sur une extension de la formule de Stirling, *Math. Ann. 41 (1893), p. 581—590 = Œuvres 4, Paris 1917, p. 378—388.*
[5] (und N. J. Sonin) Sur les polynomes de Bernoulli, *J. reine angew. Math. 116 (1896), p. 133—156 = id., p. 437—447.*
[6] Extraits de quelques lettres à M. S. Pincherle, *Ann. mat. pura appl. (3) 5 (1901), p. 57—72 = id., p. 529—543.*
[7] Correspondance d'Hermite et de Stieltjes 1 und 2, *Paris 1905.*

J. F. W. Herschel

[1] A memoir on equations of differences and applications to the determination of functions from given conditions, *Mem. Cambr. anal. Soc. 1813, p. 65—114.*
[2] Considerations of various points of analysis, *Philos. Trans. London 1814, p. 440—468.*
[3] On the developement of exponential functions, together with several new theorems relating to finite differences, *id. 1816, p. 25—45.*
[4] On circulating functions, and on the integration of a class of equations of finite differences into which they enter as coefficients, *id. 1818, p. 144—168.*
[5] On the application of a new mode of analysis to the theory and summation of certain extensive classes of series, *Edinb. philos. J. 2 (1820), p. 23—33.*
[6] A collection of examples of the applications of the calculus of finite differences, *Cambridge 1820; Deutsche Übersetzung von* C. H. Schnuse, *Braunschweig 1859.*
[7] On the reduction of certain classes of functional equations to equations of finite differences, *Trans. Cambr. philos. Soc. 1 (1821), p. 77—88.*
[8] On the formulae investigated by Dr. Brinkley for the general term in the development of Lagrange's expression for the summation of series and for successive integrations, *Philos. Trans. London 150 (1860), p. 319—321.*

J. F. Chr. Hessel

[1] Über gewisse merkwürdige Reihen, *Archiv Math. Phys. (1) 5 (1844), p. 287 bis 306.*

W. Heymann

[1] Studien über die Transformation und Integration der Differential- und Differenzengleichungen, *Leipzig 1891.*
[2] Zur Theorie der Differenzengleichungen, *J. reine angew. Math. 109 (1892), p. 112—117.*
[3] Über die Auflösung der Gleichungen vom 5. Grade, *Ztschr. Math. Phys. 39 (1894), p. 321—354.*
[4] Über Differential- und Differenzengleichungen, welche durch die hypergeometrische Reihe von Gauß integriert werden können, *J. reine angew. Math. 122 (1900), p. 164—171.*

E. Hilb

[1] Zur Theorie der linearen funktionalen Differentialgleichungen, *Math. Ann. 78 (1918), p. 137—170.*
[2] Lineare Differentialgleichungen unendlich hoher Ordnung mit ganzen rationalen Koeffizienten, *id. 82 (1921), p. 1—39; 84 (1921), p. 16—30, p. 43—52.*
[3] Zur Theorie der linearen Differenzengleichungen, *id. 85 (1922), p. 89—98.*
[4] Zur Theorie der linearen Differenzengleichungen 1, *Math. Ztschr. 14 (1922), p. 211—229.*
[5] Zur Theorie der linearen Differenzengleichungen 2, *id. 15 (1922), p. 280—285.*
[6] Zur Theorie der linearen Differenzengleichungen 3, *id. 19 (1924), p. 136—144.*

D. Hilbert

[1] Über die Entwickelung einer beliebigen analytischen Funktion einer Variabeln in eine unendliche nach ganzen rationalen Funktionen fortschreitende Reihe, *Nachr. Ges. Gött. (math.-phys.) 1897, p. 63—70.*

G. N. Hill

[1] Useful formulae in the calculus of finite differences, *Analyst (Des Moines) 1 (1874), p. 141—145.*
[2] Additional formulae in finite differences, *id. 2 (1875), p. 8—9.*

O. Hölder

[1] Über die Eigenschaft der Gammafunktion, keiner algebraischen Differentialgleichung zu genügen, *Math. Ann. 28 (1887), p. 1—13.*

L. Hoesch

[1] Über die Koeffizienten des Ausdrucks $\Delta^n x^n$ und einige mit ihnen verwandte Zahlenverbindungen, *Progr. Berlin 1888.*

G. Hoheisel

[1] Lineare funktionale Differentialgleichungen I, *Math. Ztschr. 14 (1922), p. 35—98.*

R. Hoppe

[1] Remarques sur les réductions de la fonction gamma, et sur la définition de cette fonction, et des facultés analytiques par leurs propriétés, *J. reine angew. Math. 40 (1850), p. 152—159.*

J. Horn

[1] Zur Theorie der linearen Differenzengleichungen, *Math. Ann. 53 (1900), p. 177—192.*
[2] Über das Verhalten der Integrale linearer Differenzen- und Differentialgleichungen für große Werte der Veränderlichen, *J. reine angew. Math. 138 (1910), p. 159—191.*
[3] Volterrasche Integralgleichungen und Summengleichungen, *id. 140 (1911), p. 120—158, p. 159—174.*
[4] Zur Theorie der nicht linearen Differential- und Differenzengleichungen, *id. 141 (1912), p. 182—216.*
[5] Fakultätenreihen in der Theorie der linearen Differentialgleichungen, *Math. Ann. 71 (1912), p. 510—532.*
[6] Zur Theorie der linearen Differenzengleichungen, *Jahresb. deutsch. Math.-Ver. 24 (1915), p. 210—225.*
[7] Integration linearer Differentialgleichungen durch Laplacesche Integrale und Fakultätenreihen, *id. 24 (1915), p. 309—329.*
[8] Laplacesche Integrale als Lösungen von Funktionalgleichungen, *J. reine angew. Math. 146 (1916), p. 95—115.*
[9] Über nichtlineare Differenzengleichungen, *Archiv Math. Phys. (3) 25 (1917), p. 137—148.*
[10] Analytische Lösungen von Summengleichungen, *id. (3) 26 (1917), p. 132—145.*
[11] Über eine nichtlineare Differenzengleichung, *Jahresb. deutsch. Math.-Ver. 26 (1918), p. 230—251.*
[12] Zur Theorie der nichtlinearen Differenzengleichungen, *Math. Ztschr. 1 (1918), p. 80—114.*

W. G. Horner

[1] On the solution of the function Ψ, and their applications, *Ann. philos. (Thomson) 11 (1826), p. 168—173, p. 241—246.*

J. Horner

[1] On the forms $\Delta^n O^x$ and their congeners, *Quart. J. pure appl. math. 4 (1861), p. 111—123, p. 204—220.*
[2] On W. G. Horner's method of factorials, *id. 12 (1873), p. 258—265.*

F. Horta

[1] Una propriedade dos coefficientes do binomio, *Annaes das sciencias e lettras (Lisboa) 2 (1854), p. 98—116.*

A. Hurwitz

[1] Sur l'intégrale finie d'une fonction entière, *Acta math. 20 (1897), p. 285 bis 312; 22 (1899), p. 179—180.*

J. Hymers

[1] A treatise on differential equations, and on the calculus of finite differences, *Cambridge 1839; 2. Aufl. London 1858.*

B. Imschenetzky

[1] Sur les fonctions de Jacques Bernoulli, et sur l'expression de la différence entre une somme et une intégrale de mêmes limites, *Mém. Univ. Kasan 6 (1870), p. 244—265; Giorn. mat. 9 (1871), p. 87—103.*
[2] Sur la généralisation des fonctions de Jacques Bernoulli, *Mém. Acad. sc. Pétersb. (7) 31 (1883), Nr. 11.*

F. H. Jackson

[1] Series connected with the enumeration of partitions, *Proc. London math. Soc. (2) 1 (1903/04), p. 63—88.*
[2] Forms of Maclaurin's theorem, *id., p. 351—355.*
[3] The application of basic numbers to Bessel's and Legendre's functions, *id. (2) 2 (1904), p. 192—220.*
[4] On generalised functions of Legendre and Bessel, *Trans. R. Soc. Edinb. 41 (1904), Nr. 1.*
[5] Certain fundamental power series and their differential equations, *id., Nr. 2.*
[6] Theorems relating to a generalisation of the Bessel-function 1 und 2, *id., Nr. 6 und 17.*
[7] Some properties of a generalized hypergeometric function, *Amer. J. math. 27 (1905), p. 1—6.*
[8] A generalisation of the functions $\Gamma(n)$ and x^n, *Proc. R. Soc. London 74 (1905), p. 64—72.*
[9] On a formula relating to hypergeometric series, *Messenger math. (2) 37 (1908), p. 123—126.*
[10] Generalization of Montmort's formula for the transformation of power series, *id., p. 145—147.*
[11] Note on a generalization of Montmort's series, *id., p. 191—192.*
[12] Generalization of the differential operative symbol with an extended form of Boole's equation

$$\vartheta(\vartheta-1)(\vartheta-2)\cdots(\vartheta-n+1)=x^n\frac{d^n}{dx^n},$$

id. (2) 38 (1909), p. 57—61.
[13] q-form of Taylor's theorem, *id., p. 62—64.*
[14] A formula in interpolation, *id., p. 187—192.*
[15] The q-series corresponding to Taylor's series, *id. (2) 39 (1910), p. 26—28.*
[16] Transformation of q-series, *id., p. 145—153.*
[17] Borel's integral and q-series, *Proc. R. Soc. Edinb. 30 (1910), p. 378—385.*
[18] A q-generalization of Abel's series, *Rend. Circ. mat. Palermo 29 (1910), p. 340—346.*

[19] q-difference equations, *Amer. J. math. 32 (1910), p. 305—314.*
[20] On q-definite integrals, *Quart. J. pure appl. Math. 41 (1910), p. 193—203.*
[21] The products of q-hypergeometric functions, *Messenger math. (2) 40 (1911), p. 92—100.*
[22] The q-integral analogous to Borel's integral, *id. (2) 47 (1917), p. 57—64.*
[23] Summation of q-hypergeometric series, *id. (2) 50 (1920), p. 101—112.*

C. G. J. Jacobi

[1] Disquisitiones analyticae de fractionibus simplicibus, *Diss. Berlin 1825 = Werke 3, Berlin 1884, p. 1—44.*
[2] Fundamenta nova theoriae functionum ellipticarum, *Königsberg 1829 = Werke 1, Berlin 1881, p. 49—239, insb. p. 232—234.*
[3] De usu legitimo formulae summatoriae Maclaurinianae, *J. reine angew. Math. 12 (1834), p. 263—272 = Werke 6, Berlin 1891, p. 64—75.*
[4] Über die Darstellung einer Reihe gegebener Werte durch eine gebrochene rationale Funktion, *id. 30 (1846), p. 127—156 = Werke 3, Berlin 1884, p. 479—511.*
[5] Über einige der Binomialreihe analoge Reihen, *id. 32 (1846), p. 197—204 = Werke 6, Berlin 1891, p. 163—173.*
[6] De seriebus ac differentiis observatiunculae, *id. 36 (1848), p. 135—142 = Werke 6, Berlin 1891, p. 174—182.*

N. Jadanza

[1] Delle progressioni ad n differenze, *Giorn. mat. 7 (1869), p. 117—130.*

T. Jarret

[1] An essay on algebraic development containing the principal expansions in common algebra, in the differential and integral calculus and in the calculus of finite differences, *Cambridge 1834.*

J. L. W. V. Jensen

[1] Aufgabe 451, *Tidsskrift for Math. (4) 5 (1881), p. 130.*
[2] Om Rækkers Konvergens, *id. (5) 2 (1884), p. 69—72.*
[3] Gammafunktionens Theori i elementær Fremstilling, *Nyt Tidsskrift Mat. B 2 (1891), p. 33—35, p. 57—72, p. 83—84.*
[4] Sur une expression simple du reste dans la formule d'interpolation de Newton, *Overs. danske Vidsk. Selsk. Forhandl. (Stzsber. Akad. Kopenhagen) 1894, p. 246—252.*
[5] An elementary exposition of the theory of the gamma function *(englische Übersetzung von* [3]*), Annals of math. (2) 17 (1916), p. 124—166.*
[6] Studier over en Afhandling af Gauß, *Nyt Tidsskrift Mat. B 29 (1918), p. 29—36.*

S. A. Joffe

[1] Calculation of the first thirty-two Eulerian numbers from central differences of zero, *Quart. J. pure appl. Math. 47 (1916), p. 103—126.*
[2] Calculation of eighteen more, fifty in all, Eulerian numbers from central differences of zero, *id. 48 (1919), p. 193—271.*
[3] Interpolation formulae and central-difference notation, *Trans. Actuarial Soc. Amer. 18 (1917), p. 72—98.*

A. E. Jolliffe

[1] (und S. T. Shovelton), The application of the calculus of finite differences to certain trigonometrical series, *Proc. London math. Soc. (2) 13 (1914), p. 29—42.*

A. Jonquière

[1] Über eine Verallgemeinerung der Bernoullischen Funktionen und ihren Zusammenhang mit der verallgemeinerten Riemannschen Reihe, *Bihang Svenska Vet.-Akad. Handlingar 16 (1891), Nr. 6.*

C. Jordan

[1] On a new demonstration of Maclaurin's or Euler's summation formula, *Tôhoku math. J. 21 (1922), p. 244—246.*

Chr. Jürgensen

[1] Note sur une formule de Laplace, *J. reine angew. Math. 11 (1834), p. 136—141.*
[2] Höjere Algebra og Differensregning, *2. Aufl., Kopenhagen 1843.*

G. Julia

[1] Sur les substitutions rationnelles, *C. R. Acad. sc. Paris 165 (1917), p. 1098 bis 1100.*
[2] Sur l'itération des fractions rationnelles, *id. 166 (1918), p. 61—64.*
[3] Sur les problèmes concernant l'itération des fractions rationnelles, *id., p. 153 bis 156.*
[4] Mémoire sur l'itération des fonctions rationnelles, *J. math. pures appl. (8) 4 (1918), p. 47—245.*
[5] Une propriété générale des fonctions entières liée au théorème de M. Picard, *C. R. Acad. sc. Paris 168 (1919), p. 502—504, p. 598—600.*
[6] Quelques propriétés des fonctions méromorphes générales, *id., p. 718—720.*
[7] Quelques propriétés des fonctions entières ou méromorphes, *id., p. 812—815.*
[8] Sur les fonctions uniformes à point singulier essentiel isolé, *id., p. 882—884.*
[9] Sur les fonctions entières ou méromorphes, *id., p. 990—992.*
[10] Sur les fonctions entières et la croissance, *id., p. 1087—1089.*
[11] Sur quelques propriétés nouvelles des fonctions entières ou méromorphes, *Ann. Éc. Norm. (3) 36 (1919), p. 93—125; (3) 37 (1920), p. 165—218; (3) 38 (1921), p. 165—181.*
[12] Mémoire sur la permutabilité des fractions rationnelles, *id. (3) 39 (1922), p. 131 bis 215.*
[13] Sur une classe d'équations fonctionnelles *id. (3) 40 (1923), p. 97—150.*

T. Kameda

[1] On the theory of finite differences, *Tôhoku math. J. 16 (1919), p. 62—72.*

N. P. Kapteijn

[1] Over de rekening met symbolen en de toepassing daarvan op de integratie van differentiaal-vergelijkingen, *Diss. Utrecht 1872.*

J. Kaucky

[1] Sur les équations aux différences finies qui sont identiques à leurs adjointes *(tschechisch), Publ. Fac. sc. Univ. Masaryk 1922, Nr. 22.*
[2] Contributions à la theorie des équations aux différences finies *(tschechisch), id. 1923, Nr. 32.*

H. Kinkelin

[1] Untersuchung über die Formel

$$nF(nx) = f(x) + f\left(x + \frac{1}{n}\right) + f\left(x + \frac{2}{n}\right) + \cdots + f\left(x + \frac{-1}{n}\right),$$

Archiv Math. Phys. (1) 22 (1854), p. 189—224.

[2] Über eine mit der Gammafunktion verwandte Transzendente und deren Anwendung auf die Integralrechnung, *J. reine angew. Math.* 57 (1860), p. 122—138.

J. C. Kluyver

[1] Over de ontwikkeling van eene functie in eene faculteitenreeks, *Nieuw Archief voor Wiskunde* (2) 4 (1900), p. 74—82.

Th. Knight

[1] Two general propositions in the method of finite differences, *Philos. Trans. London* 1817, p. 234—244.

H. v. Koch

[1] On a class of equations connected with Euler-Maclaurins sum-formula, *Arkiv Mat. Astr. och Fys.* 15 (1921), Nr. 26.

E. Köhlau

[1] Elementarer Beweis eines in der Differenzen-Rechnung vorkommenden Ausdrucks, *J. reine angew. Math.* 6 (1830), p. 255—256.

H. König

[1] (und C. Runge) Vorlesungen über numerisches Rechnen, *Berlin* 1924.

J. König

[1] Über die Darstellung von Funktionen durch unendliche Reihen, *Math. Ann.* 5 (1872), p. 310—340.

G. Kœnigs

[1] Recherches sur les substitutions uniformes, *Bull. sc. math.* (2) 7 (1883), p. 340—358.

[2] Recherches sur les intégrales de certaines équations fonctionnelles, *Ann. Éc. Norm.* (3) 1 *suppl.* (1884), p. 3—41.

[3] Nouvelles recherches sur les équations fonctionnelles, *id.* (3) 2 (1885), p. 385 bis 404.

N. Koschliakoff

[1] Über eine Summenformel, *Math. Ann.* 90 (1923), p. 26—29.

A. Kowalewski

[1] Newton, Cotes, Gauß, Jacobi, Vier grundlegende Abhandlungen über Interpolation und genäherte Quadratur, *Leipzig* 1917.

Ch. Kramp

[1] De aequationum decrementalium primi ordinis solutione generali liber primus, *Nova Acta Acad. Erfurt* 1 (1799), p. 71—98.

[2] Méthode propre à faciliter l'élimination dans les équations des degrés supérieurs, *Ann. math. pures appl.* (Gergonne) 1 (1810/11), p. 321—332.

[3] Mémoire sur les facultés numériques 1, 2 und 3, *id.* 3 (1812/13), p. 1—12, p. 114—132, p. 325—344.

[4] Essai d'une méthode générale servant à intégrer, avec une approximation illimitée, toute équation différentielle à deux variables, *id.* 10 (1820/21), p. 1—33.

[5] Intégration par approximation de toute équation différentielle quelconque, *id.*, p. 317—341, p. 361—379.

M. Krause

[1] Zur Theorie der ultrabernoullischen Zahlen und Funktionen, *Ber. Ges. Lpzg.* (math.-phys.) 54 (1902), p. 139—205.

[2] Über die Bernoullischen Funktionen zweier veränderlicher Größen, *Archiv Math. Phys. (3) 4 (1903), p. 293—295.*
[3] Zur Theorie der Mac-Laurinschen Summenformel, *id. (3) 5 (1903), p. 179—184.*
[4] Zur Theorie der Eulerschen und Bernoullischen Zahlen, *Monatsh. Math. Phys. 14 (1903), p. 305—324.*
[5] Über Bernoullische Zahlen und Funktionen im Gebiete der Funktionen zweier veränderlichen Größen, *Ber. Ges. Lpzg. (math.-phys.) 55 (1903), p. 39—62.*

P. Kreuser

[1] Über das Verhalten der Integrale homogener linearer Differenzengleichungen im Unendlichen, *Diss. (Tübingen) Borna-Leipzig 1914.*

L. Kronecker

[1] Zur Theorie der Elimination einer Variabeln aus zwei algebraischen Gleichungen, *Monatsber. Akad. Berl. 1881 (1882), p. 535—600.*
[2] Bemerkungen über die Darstellung von Reihen durch Integrale, *J. reine angew. Math. 105 (1889), p. 157—159, p. 345—354.*
[3] Vorlesungen über die Theorie der einfachen und der vielfachen Integrale, *Leipzig 1894.*

H. Kuhff

[1] Elements of the calculus of finite differences with the application of its principles to the summation and interpolation of series, *Cambridge 1831.*

E. Kummer

[1] Über die hypergeometrische Reihe, *Progr. Liegnitz 1834 = J. reine angew. Math. 15 (1836), p. 39—83, p. 127—172.*
[2] De integralibus definitis et seriebus infinitis, *J. reine angew. Math. 17 (1837), p. 210—227.*
[3] De integralibus quibusdam definitis et seriebus infinitis, *id., p. 228—242.*
[4] Beitrag zur Theorie der Funktion $\Gamma(x) = \int_0^\infty e^{-v} v^{x-1}\, dv$, *id. 35 (1847), p. 1—4.*

C. H. Kupffer

[1] De summatione serierum secundum datam legem differentiarum, *Diss. Mitau 1813.*

K. Kupfmüller

[1] Über eine besondere Art der Reihendarstellung von analytischen Funktionen, *Stzsber. Berliner math. Ges. 20 (1921), p. 32—42.*

N. Kuylenstierna

[1] Études sur les équations aux différences finies, *Diss. Lund 1912.*
[2] Sur deux équations fonctionnelles simultanées, *Arkiv Mat. Astr. och Fys. 9 (1914), Nr. 33.*
[3] Sur les solutions analytiques de deux équations linéaires simultanées aux différences finies du premier ordre, *id. 11 (1916) Nr. 10; 13 (1918), Nr. 12.*

S. F. Lacroix

[1] Traité élémentaire de calcul différentiel et de calcul intégral 2, *Paris 1797, 5. Aufl. 1837, 7. Aufl. 1867.*
[2] Traité du calcul différentiel et du calcul intégral 3, traité des différences et des séries, *Paris 1797/98, 2. Aufl. 1819, 4. Aufl. 1828.*
[3] Traité des différences et des séries, faisant suite au traité du calcul différentiel et du calcul intégral, *1. Aufl. Paris 1800, 2. Aufl. Paris 1819.*
[4] Handbuch der Differential- und Integralrechnung *(deutsche Bearbeitung von* [2] *von* Fr. Baumann), *Berlin 1830.*

J. L. Lagrange

[1] Sur l'intégration d'une équation différentielle à différences finies, qui contient la théorie des suites récurrentes, *Miscell. Taurin. 1 (1759), p. 33—42 = Œuvres 1, Paris 1867, p. 23—36.*

[2] Recherches sur les suites récurrentes dont les termes varient de plusieurs manières différentes, ou sur l'intégration des équations linéaires aux différences finies et partielles; et sur l'usage de ces équations dans la théorie des hasards, *Nouv. Mém. Acad. sc. Berlin 6 (1775), p. 183—272 = Œuvres 4, Paris 1869, p. 151—251.*

[3] Über das Einschalten, nebst Tafeln und Beispielen, *übersetzt von* Schulze, *Astron. Jahrbuch (Ephemeriden) für 1783, Berlin 1780, p. 35—61 =* Sur les interpolations, *Œuvres 7, Paris 1877, p. 535—553.*

[4] Sur une méthode particulière d'approximation et d'interpolation, *Nouv. Mém. Acad. sc. Berlin 14 (1783), p. 279—289 = Œuvres 5, Paris 1870, p. 517—532.*

[5] Mémoire sur l'expression du terme général des séries récurrentes, lorsque l'équation génératrice a des racines égales, *id. 21 (1792/93), p. 247—257 = id., p. 627—641.*

[6] Mémoire sur la méthode d'interpolation, *id., p. 271—288 = id., p. 663—684.*

[7] Sur l'usage des courbes dans la solution des problèmes, *Leçons élémentaires sur les mathématiques, données à l'École Normale en 1795, leçon cinquième, J. Éc. polyt. 2, cah. 7 und 8 (1812), p. 173—278 = Œuvres 7, Paris 1877, p. 271—287, insb. p. 284—287.*

[8] Verwendung der Kurven bei der Lösung der Probleme, *deutsche Übersetzung von* [7] *von* H. Niedermüller *in Lagranges mathematische Elementarvorlesungen, Leipzig 1880, p. 100—116, insb. p. 112—116.*

[9] Disgression sur les équations aux différences finies, sur le passage de ces différences aux différentielles et sur l'invention du calcul différentiel, *Leçons sur le calcul des fonctions, leçon dix-neuvième, J. Ec. polyt. 5, cah. 12 (1804), p. 242 bis 263, neue Aufl. Paris 1806 = Œuvres 10, Paris 1884, p. 268—298.*

[10] Sur la méthode d'approximation tirée des séries récurrentes, *Traité de la résolution des équations numériques de tous les degrés, avec des notes sur plusieurs points de la théorie des équations algébriques, Paris 1808, Note 6 = Œuvres 8, Paris 1879, p. 168—175.*

C. A. Laisant

[1] Sur les séries récurrentes dans leurs rapports avec les équations, *Bull. sc. math. (2) 5 (1881), p. 218—250.*

[2] Interpolation cinématique, *Assoc. fr. avanc. sc. 19 (1890), p. 70—73.*

[3] Nouvelles remarques sur le problème de l'interpolation, *id. 20 (1891), p. 222 bis 224.*

[4] Remarque sur l'interpolation, *Bull. Soc. math. France 19 (1891), p. 44—46.*

[5] Note sur l'interpolation successive, *id., p. 121—123.*

[6] Transformation d'un polynôme entier, *id. 20 (1892), p. 6—10.*

[7] Remarques sur l'interpolation, *Assoc. fr. avanc. sc. 26 (1897), p. 86—90.*

[8] Dérivées factorielles, *id. 27 (1899), p. 76—79.*

J. J. F. de Lalande

[1] Interpolation (astronomie), *Encyclopédie méth., math. 2, Paris und Liège 1785, p. 236—237.*

E. Landau

[1] Zur Theorie der Gammafunktion, *J. reine angew. Math. 123 (1901), p. 276 bis 283.*

[2] Über die Grundlagen der Theorie der Fakultätenreihen, *Stzgsber. Akad. München (math.-phys.) 36 (1906), p. 151—218.*

[3] Neuer Beweis eines analytischen Saztes des Herrn de la Vallée Poussin, *Jahresb. deutsch. Math.-Ver. 24 (1915), p 250—278.*

[4] Note on Mr. Hardy's extension of a theorem of Mr. Pólya, *Proc. Cambr. philos. Soc. 20 (1920), p. 14—15.*

C. L. Landré

[1] Bij de sommatie formule van Euler, *Nieuw Archief voor Wiskunde (1) 6 (1880), p. 212—215.*

P. S. Laplace

[1] Recherches sur le calcul intégral aux différences infiniment pétites et aux différences finies, *Miscell. Taurin. 4 (1766/69), p. 273—345.*

[2] Mémoire sur les suites récurro-récurrentes et sur leurs usages dans la théorie des hasards, *Mém. prés. divers sav. Acad. sc. Paris 6 (1774), p. 353—371 = Œuvres 8, Paris 1891, p. 5—24.*

[3] Recherches sur l'intégration des équations différentielles aux différences finies et sur leur usage dans la théorie des hasards, *id. 7 (1773), 1776, p. 37 bis 163 = id., p. 69—197.*

[4] Mémoire sur l'usage du calcul aux différences partielles dans la théorie des suites, *Mém. (Histoire) Acad. sc. Paris 1777 (1780), p. 99—122 = Œuvres 9, Paris 1893, p. 313—335.*

[5] Mémoire sur les suites, *id. 1779 (1782), p. 207—309 = Œuvres 10, Paris 1894, p. 1—89.*

[6] Mémoire sur les approximations des formules qui sont des fonctions de très grands nombres, *id. 1782 (1785), p. 1—88; 1783 (1786), p. 423—467 = id., p. 209—338.*

[7] Mémoire sur divers points d'analyse. I. Sur le calcul des fonctions génératrices, II. Sur les intégrales définies des équations à différences partielles, III. Sur le passage réciproque des résultats réels aux résultats imaginaires, IV. Sur l'intégration des équations aux différences finies non linéaires, V. Sur les réductions des fonctions en tables, *J. Éc. polyt. 8, cah. 15 (1809), p. 229—265 = Œuvres 14, Paris 1912, p. 178—214.*

[8] Traité de mécanique céleste 4, *Paris 1805 = Œuvres 4, Paris 1880, p. 205 bis 207, p. 255—257.*

[9] Théorie analytique des probabilités, *Paris 1812 = Œuvres 7, Paris 1886, p. 7—180; p. 471—493.*

[10] Lettre de Laplace à Condorcet, *Bull. sc. math. (2) 3 (1879) = Œuvres 14, Paris 1912, p. 341—345. Vgl.* Darboux [2].

W. Láska

[1] Beitrag zur Integration der numerischen Differentialgleichungen, *Stzgsber. Böhm. Ges. Prag 1897, Nr. 35, p. 1—10.*

S. Lattès

[1] Sur les courbes qui se reproduisent périodiquement par une transformation (X, Y, x, y, y'), *C. R. Acad. sc. Paris 143 (1906), p. 765—767.*

[2] Sur les équations fonctionnelles qui définissent une courbe ou une surface invariante par une transformation, *Thèse Paris 1906 = Ann. mat. pura appl. (3) 13 (1907), p. 1—137.*

[3] Nouvelles recherches sur les courbes invariantes par une transformation $(X, Y; x, y, y')$, *Ann. Éc. Norm. (3) 25 (1908), p. 221—254.*

[4] Sur la convergence des relations de récurrence, *C. R. Acad. sc. Paris 150 (1910), p. 1106—1109.*

[5] Sur les séries de Taylor à coefficients récurrents, *id., p. 1413—1415.*

[6] Sur les formes réduites des transformations ponctuelles à deux variables. Application à une classe remarquable de séries de Taylor, *id. 152 (1911), p. 1566—1569.*

[7] Sur les formes réduites des transformations ponctuelles dans le domaine d'un point double, *Bull. Soc. math. France 39 (1911), p. 309—345.*

[8] Sur les suites récurrentes non linéaires et sur les fonctions génératrices de ces suites, *Ann. Fac. sc. Toulouse (3) 3 (1912), p. 73—124.*

[9] Sur le prolongement analytique de certaines séries de Taylor, *Bull. Soc. math. France 42 (1914), p. 95—112.*
[10] Sur l'itération des substitutions rationnelles et les fonctions de Poincaré, *C. R. Acad. sc. Paris 166 (1918), p. 26—28, p. 88.*
[11] Sur l'itération des substitutions rationnelles à deux variables, *id., p. 151—153.*
[12] Sur l'itération des fractions rationnelles, *id., p. 486—489, p. 580.*
[13] Éloge de Samuel Lattès (von A. Buhl), *Mém. Acad. Toulouse (11) 9 (1921), p. 1—13.*

H. Laurent

[1] Traité d'Analyse 1, *Paris 1885, p. 75, p. 104—107.*
[2] Traité d'Algèbre 3, *4. Aufl. Paris 1887, p. 153—172,* 4 (Compléments), *Paris 1894, p. 1—12.*
[3] Reconnaître si un polynome à plusieurs variables peut être décomposé en facteurs entiers, *Nouv. Ann. math. (3) 12 (1893), p. 315—321.*

L. Leau

[1] Étude sur les équations fonctionnelles à une ou à plusieurs variables, *Thèse Paris 1897.*

H. Léauté

[1] Développement d'une fonction à une seule variable, dans un intervalle donné, suivant les valeurs moyennes de cette fonction et de ses dérivées successives dans cet intervalle, *C. R. Acad. sc. Paris 90 (1880), p. 1404—1406.*

J. L. A. Lecointe

[1] Mémoire sur les progressions des divers ordres, *Ann. mat. pura appl. (1) 6 (1864), p. 124—149.*

L. Lecornu

[1] Sur certaines équations aux différences mêlées, *Bull. Soc. math. France 27 (1899), p. 153—160.*

A. M. Legendre

[1] Recherches sur diverses sortes d'intégrales définies, *Mém. Inst. France 10 (1809), 1810, p. 416—509.*
[2] Exercices de calcul intégral sur divers ordres de transcendantes et sur les quadratures 1—3, *Paris 1811/19.*
[3] Sur une méthode d'interpolation employée par Briggs, *Connaissance des Temps 1817, Paris 1815, Additions, p. 219—222.*
[4] Méthodes diverses pour faciliter l'interpolation des grandes Tables trigonométriques, *id. 1819, Paris 1816, Additions, p. 302—331.*
[5] Traité des fonctions elliptiques et des intégrales eulériennes avec des Tables pour en faciliter le calcul numérique 1—3, *Paris 1825/28.*

E. Legrand

[1] Sommations par une formule d'Euler et de l'usage qu'on peut en faire pour résoudre de nombreux problèmes, *Paris 1901.*

E. M. Lémeray

[1] Sur la dérivée des fonctions interpolées, *Nouv. Ann. math. (3) 15 (1896), p. 325—327.*
[2] Le quatrième algorithme naturel, *Proc. Edinb. math. Soc. 16 (1898), p. 13—35.*

M. Lerch

[1] Auflösung einiger Differenzengleichungen *(tschechisch), Časopis math. fys. (Prag) 21 (1892), p. 69—75.*

[2] Grundlagen der Theorie der Malmstenschen Reihe *(tschechisch)*, *Rozpravy české Akad. 1 (1891/92), Nr. 27.*
[3] Bemerkungen zur Interpolationstheorie *(tschechisch), id., Nr. 32.*
[4] Neue Analogie der Thetareihe und einiger spezieller Heinescher hypergeometrischer Reihen *(tschechisch), id. 3 (1893), Nr. 5; franz. Übersetzung:* Nouvelle Analogie de la série theta et quelques séries hypergéométriques particulières de Heine, *Bull. Acad. sc. Prag 1893.*
[5] Verschiedenes über die Gammafunktion *(tschechisch), Rozpravy české Akad. 5 (1896), Nr. 14.*
[6] Sur un point de la théorie des fonctions génératrices d'Abel, *Acta math. 27 (1903), p. 339—351.*
[7] Einige Reihenentwicklungen der unvollständigen Gammafunktion, *J. reine angew. Math. 130 (1905), p. 47—65.*

E. E. Levi

[1] Sopra una classe di trascendenti meromorfe, *Ann. mat. pura appl. (3) 14 (1908), p. 93—112.*

G. Libri

[1] Mémoire sur quelques formules générales d'analyse, *J. reine angew. Math. 7 (1831), p. 57—67.*
[2] Mémoire sur l'intégration des équations linéaires aux différences de tous les ordres, *id. 12 (1834), p. 234—239.*
[3] Mémoire sur les intégrales définies aux différences finies, *id., p. 240—257.*
[4] Sur les rapports qui existent entre la théorie des équations algébriques et la théorie des équations linéaires aux différentielles et aux différences, *J. math. pures appl. (1) 1 (1836), p. 10—13.*

W. Ligowski

[1] Ein Beitrag zur näherungsweisen Berechnung bestimmter Integrale, *Archiv Math. Phys. (1) 55 (1873), p. 219—221.*

H. Limbourg

[1] Sur un point de la théorie de la formule de Stirling, *Mém. Acad. Belgique (Mém. couronnés et sav. étrang.) 30 (1861), Nr. 4.*

E. Lindelöf

[1] Quelques applications d'une formule sommatoire générale, *Acta Soc. sc. Fennicae 31 (1902), Nr. 3.*
[2] Sur une formule sommatoire générale, *Acta math. 27 (1903), p. 305—311.*
[3] Le calcul des résidus et ses applications à la théorie des fonctions, *Paris 1905.*

A. Lindhagen

[1] Studier öfver Gammafunktionen, *Diss. Stockholm 1887.*

J. Liouville

[1] Note sur une équation aux différences finies partielles, *J. math. pur. appl. (2) 1 (1856), p. 295—296.*

R. Lipschitz

[1] Über die Darstellung gewisser Funktionen durch die Eulersche Summenformel, *J. reine angew. Math. 56 (1859), p. 11—26.*
[2] Sur la fonction de Jacob Bernoulli et sur l'interpolation, *C. R. Acad. sc. Paris 86 (1878), p. 119—121.*

R. Lobatto

[1] Mémoire sur l'intégration des équations linéaires aux différentielles et aux différences finies, *Nieuwe Verh. Nederlandsche Inst. 6 (1837), p. 83—155.*

[2] Sur le développement des coefficients différentiels d'une fonction au moyen de ses différences finies, et réciproquement, *J. reine angew. Math. 16 (1837), p. 11—20.*

H. F. C. Logan

[1] On the calculation of factorials (abstract), *Proc. R. Soc. London 22 (1874), p. 434—435.*

G. de Longchamps

[1] Note sur l'intégration d'une équation aux différences finies, *Assoc. fr. avanc. sc. 6 (1877), p. 194—197.*
[2] Sur les fonctions récurrentes du 3e degré, *id. 9 (1880), p. 115—117.*
[3] La géométrie récurrente, *J. math. spéc. (Paris) (2) 2 (1883), p. 3—10, p. 25—33, p. 49—56, p. 73—78.*
[4] Intégration de certaines suites récurrentes, *Assoc. fr. avanc. sc. 14 (1885), p. 94—100.*
[5] Les fonctions hyper-bernoulliennes et la fonction $\wp$ (u), *Revue générale des sc. 1 (1890), p. 571—572.*
[6] Intégration de l'équation de Brassinne au moyen de fonctions hyper-bernoulliennes, *Assoc. fr. avanc. sc. 19 (1890), p. 146—152.*
[7] Les fonctions pseudo- et hyper-bernoulliennes et leurs premières applications. Contribution élémentaire à l'intégration des équations différentielles, *Mém. Acad. Belgique* (*Mém. couronnés et sav. étrang.*) *(1) 52 (1890/93), Nr. 1.*

W. Lorey

[1] Über das geometrische Mittel, insbesondere über eine dadurch bewirkte Annäherung kubischer Irrationalitäten, *Diss. Halle 1901.*

A. M. Lorgna

[1] Ricerche intorno al calcolo integrale dell'equazioni differenziali finite, *Mem. mat. fis. Soc. ital. sc. (1) 1 (1782), p. 373—430.*

C. E. Love

[1] On linear difference and differential equations, *Amer. J. math. 38 (1916), p. 57—80.*

E. Lucas

[1] Sur l'emploi du calcul symbolique dans la théorie des séries récurrentes, *Nouv. corresp. math. 2 (1876), p. 201—206, p. 214.*
[2] Sur les développements en séries, *Bull. Soc. math. France 6 (1878), p. 57—68.*

C. Maclaurin

[1] A treatise of fluxions 1 und 2, *Edinburgh 1742, 2. Aufl. London 1801.*
[2] Traité des fluxions 1 und 2, *franz. Übersetzung von* [1] *von* R. P. Pezenas, *Paris 1749.*

G. B. Magistrini

[1] Saggio di una nuova applicazione del calcolo delle differenze, *Bologna 1806.*
[2] Confronto del calcolo delle funzioni di Lagrange col calcolo infinitesimale e superiorità del primo, *Mem. Accad. Bologna 1 (1850), p. 93—121.*

E. Maillet

[1] Sur une application à l'analyse indéterminée de la théorie des suites récurrentes, *Assoc. fr. avanc. sc. 24 (1895), p. 233—242.*
[2] Des conditions pour que l'échelle d'une suite récurrente soit irréductible, *Nouv. Ann. math. (3) 14 (1895), p. 152—157, p. 197—206.*
[3] Sur le problème de l'interpolation dans les suites récurrentes, *id., p. 473—489.*

[4] Sur le problème de l'interpolation dans les suites récurrentes, *Mém. Acad. Toulouse (9) 7 (1895), p. 181.*

[5] Sur deux critériums de réductibilité d'une loi d'une suite récurrente, *id., p. 197—280.*

G. Mainardi

[1] Brani di lettera del Sig. Prof. G. Mainardi al compilatore, *Ann. sc. mat. fis. (Tortolini) (1) 5 (1854), p. 5—10.*

[2] Integrazione delle equazioni alle differenze lineari, a coefficienti costanti e complete, *Giorn. Ist. Lomb. (Milano) (2) 7 (1855), p. 19—24; Mem. Ist. Lomb. (Milano) 5 (1856), p. 305—310.*

[3] Integrazione delle equazioni lineari a differenze finite, *Atti Accad. pontif. Nuovi Lincei 20 (1867), p. 167—169.*

W. M. Makeham

[1] On the method of calculating the differential coefficients of a function from its differences; and on their application to the interpolation of functions of one, two or three variables, *J. Inst. Actuaries 16 (1872), p. 98—117.*

G. F. Malfatti

[1] Delle serie ricorrenti, *Mem. mat. fis. Soc. ital. sc. (1) 3 (1786), p. 571—663.*

C. J. Malmsten

[1] Note sur l'intégrale finie $\Sigma\, e^x y$, *Nova Acta Soc. sc. Upsal. 12 (1841), p. 293 bis 298.*

[2] Sur la formule

$$h\, u'_x = \Delta\, u_x - \frac{h}{2}\Delta\, u'_x + \frac{B_1 h^2}{1\cdot 2}\Delta\, u''_x - \frac{B_2 h^4}{1\cdots 4}\Delta\, u^{\mathrm{IV}}_x + \text{ etc.},$$

J. reine angew. Math. 35 (1847), p. 55—82 = Acta math. 5 (1884), p. 1—46.

[3] De integralibus quibusdam definitis, seriebusque infinitis, *J. reine angew. Math. 38 (1849), p. 1—39.*

P. Mansion

[1] Note sur la première méthode de Brisson pour l'intégration des équations linéaires aux différences finies ou infiniment petites, *Mém. Acad. Belgique (Mém. couronnés et autres mém.) 22 (1872), Nr. 1, p. 1—32.*

[2] Notes historiques sur la formule générale d'interpolation de Newton, *Bibl. math. (1) 3 (1886), p. 141—144.*

[3] Sur la formule de quadrature de Gauß et sur la formule d'interpolation de M. Hermite, *C. R. Acad. sc. Paris 104 (1887), p. 488—490.*

F. S. Margiochi

[1] (und M. V. do Couto), Calculo das notações, *Mem. Acad. sc. Lisboa 3_2 (1814), p. 48—64.*

A. A. Markoff

[1] Differenzengleichungen und ihre Summation *(russisch), Petersburg 1889/91.*

[2] Differenzenrechnung, *Deutsche Übersetzung von* [1] *von* Th. Friesendorff *und* H. Prümm, *Leipzig 1896.*

P. Martinotti

[1] Su le serie d'interpolazione, *Rend. Ist. Lomb. (2) 43 (1910), p. 391—401.*

[2] Ulteriori ricerche su le serie d'interpolazione, *id., p. 556—569.*

[3] Su la convergenza dei polinomi e delle serie d'interpolazione, *id., p. 760—770.*

T. E. Mason

[1] Character of the solutions of certain functional equations, *Amer. J. math. 36 (1914), p. 419—440.*

[2] On properties of the solutions of linear q-difference equations with entire function coefficients, *id. 37 (1915), p. 439—444.*

R. Mattson

[1] Note sur le problème de l'itération, *Arkiv Mat. Astr. och Fys. 4 (1908), Nr. 17.*

S. Mauderli

[1] Die Interpolation und ihre Verwendung bei der Benutzung und Herstellung mathematischer Tabellen, *Solothurn 1906.*

F. Maurice

[1] Mémoire sur les interpolations, contenant surtout, avec une exposition fort simple de leur théorie dans ce qu'elle a de plus utile pour les applications, la démonstration générale et complète de la méthode de quinti-section de Briggs et de celle de Mouton, quand les indices sont équidifférents, et du procédé exposé par Newton, dans ses Principes, quand les indices sont quelconques, *C. R. Acad. sc. Paris 19 (1844), p. 81—85.*

W. Maximowitsch

[1] Interpolation der impliziten Funktionen und die Berechnung der Wurzeln *(russisch), Stzsber. math. Sektion Naturf. Verein Kasan 1881/82.*

E. McClintock

[1] En essay on the calculus of enlargement, *Amer. J. math. 2 (1879), p. 101—161.*
[2] A new general method of interpolation, *id., p. 307—314.*

J. F. McCulloch

[1] A theorem in factorials, *Annals of math. (1) 4 (1888), p. 161—163.*

R. Mehmke

[1] Numerisches Rechnen, *Enzyklopädie der math. Wiss. I F (1902), p. 938 bis 1079.*

Hj. Mellin

[1] Zur Theorie der Gammafunktion, *Acta math. 8 (1886), p. 37—80.*
[2] Om en ny klass af transcendenta funktioner, hvilka äro nära beslägtade med Gammafunktionen, I und II, *Acta Soc. sc. Fennicae 14 (1885), p. 353—385 und 15 (1888), Nr. 1.*
[3] Über einen Zusammenhang zwischen gewissen linearen Differential- und Differenzengleichungen, *Acta math. 9 (1887), p. 137—166.*
[4] Zur Theorie der linearen Differenzengleichungen erster Ordnung, *id. 15 (1891), p. 317—384.*
[5] Om definita integraler, hvilka för obegränsadt växande värden af vissa heltaliga parametrar hafva till gränser hypergeometriska funktioner af särskilda ordningar, *Acta Soc. sc. Fennicae 20 (1895), Nr. 7.*
[6] Über die fundamentale Wichtigkeit des Satzes von Cauchy für die Theorien der Gamma- und hypergeometrischen Funktionen, *id. 21 (1896), Nr. 1.*
[7] Zur Theorie zweier allgemeiner Klassen bestimmter Integrale, *id. 22 (1897), Nr. 2.*
[8] Über hypergeometrische Reihen höherer Ordnungen, *id. 23 (1897), Nr. 7.*
[9] Über eine Verallgemeinerung der Riemannschen Funktion $\zeta(s)$, *id. 24 (1899), Nr. 10.*
[10] Eine Formel für den Logarithmus transzendenter Funktionen von endlichem Geschlecht, *id. 29 (1902), Nr. 4; Acta math. 25 (1902), p. 165—183.*
[11] Über den Zusammenhang zwischen den linearen Differential- und Differenzengleichungen, *Acta math. 25 (1902), p. 139—164.*

[12] Die Dirichletschen Reihen, die zahlentheoretischen Funktionen und die unendlichen Produkte von endlichem Geschlecht, *Acta Soc. sc. Fennicae 31 (1903), Nr. 2; Acta math. 28 (1904), p. 37—64.*
[13] Grundzüge einer einheitlichen Theorie der Gamma- und der hypergeometrischen Funktionen, *Ann. Acad. sc. Fennicae 1 (1909), Nr. 3; Math. Ann. 68 (1910), p. 305—337.*
[14] Zur Theorie der trinomischen Gleichungen, *Ann. Acad. sc. Fennicae 7 (1915), Nr. 7.*
[15] Ein allgemeiner Satz über algebraische Gleichungen, *id., Nr. 8.*
[16] Bemerkungen im Anschluß an den Beweis eines Satzes von Hardy über die Zetafunktion, *id. 11 (1917), Nr. 3.*
[17] Die Theorie der asymptotischen Reihen vom Standpunkte der Theorie der reziproken Funktionen und Integrale, *id. 18 (1922), Nr. 4.*
[18] Abriß einer allgemeinen und einheitlichen Theorie der asymptotischen Reihen, *Den 5. skandinaviska Matematikerkongressen, Helsingfors 1923, p. 1—17.*

J. Mention

[1] Sur la série du problème de Fuß, *Bull. Acad. sc. Pétersb. 1 (1860), p. 507—512.*

Ch. Méray

[1] Observations sur la légitimité de l'interpolation, *Ann. Éc. Norm. (3) 1 (1884), p. 165—176.*
[2] Nouveaux exemples d'interpolations illusoires, *Bull. sc. math. (2) 20 (1896), p. 266—270.*

C. W. Merrifield

[1] Report on the present state of knowledge of the application of quadratures and interpolation to actual data, *Rep. British Ass. 1880, p. 321—378.*
[2] Considerations respecting the translation of series of observations into continuous formulae, *Proc. London math. Soc. (1) 12 (1881), p. 4—14.*

G. Michaëlis

[1] Elemente der Differenzenrechnung mit Beispielen aus der Wahrscheinlichkeitsrechnung, *Progr. Berlin 1843.*

F. Minding

[1] Eine Anwendung der Differenzen-Rechnung, *Bull. Acad. sc. Pétersb. 25 (1879), p. 225—229.*

S. R. Minich

[1] Sopra una simplificazione dell' ordinario sistema delle condizioni di integrabilità per le differenziali, et le differenze replicate, *Ann. sc. mat. fis. (Tortolini) (1) 1 (1850), p. 321—336.*

A. de Moivre

[1] Miscellanea analytica de seriebus et quadraturis, *London 1730.*

G. Monge

[1] Sur l'intégration des équations aux différences finies qui ne sont pas linéaires, *Mém. (Histoire) Acad. sc. Paris (1783), 1786, p. 725—730.*

P. Montel

[1] Leçons sur les séries de polynomes à une variable complexe, *Paris 1910.*

R. de Montessus de Ballore

[1] Sur les fractions continues algébriques, *Rend. Circ. mat. Palermo 19 (1905), p. 185—257.*

[2] Les fractions continues algébriques, *Acta math. 32 (1909), p. 257—281.*

P. R. de Montmort

[1] De seriebus infinitis tractatus, *Philos. Trans. London 30 (1720), p. 633—675, vgl.* Taylor [2].

E. H. Moore

[1] Concerning transcendentally transcendental functions, *Math. Ann. 48 (1897), p. 49—74.*

A. de Morgan

[1] The differential and integral calculus, *London 1842, p. 77—85.*

[2] On a new species of equations of differences, *Cambr. math. J. 4 (1845), p. 87 bis 90.*

E. J. Moulton

[1] A theorem in difference equations on the alternation of nodes of linearly independent solutions, *Annals of math. (2) 13 (1912), p. 137—139.*

G. Mouton

[1] Observationes diametrorum solis et lunae apparentium meridianarumque aliquot altitudinum, cum tabula declinationum solis, *Lyon 1670, p. 368—396.*

A. Müller

[1] Beitrag zur Theorie der Fakultäten, *J. reine angew. Math. 11 (1834), p. 361 bis 372.*

G. W. Müller

[1] Mathematische Bemerkungen, *Archiv Math. Phys. (1) 1 (1841), p. 211—214.*

Th. Muir

[1] On the general equation of differences of the second order, *Philos. mag. (5) 17 (1884), p. 115—118.*

R. Murphy

[1] On the resolution of equations in finite differences, *Trans. Cambr. philos. Soc. 6 (1838), p. 91—106.*

P. Nekrassoff

[1] Anwendung der verallgemeinerten Differentiation auf die Integration der Gleichungen von der Form

$$\Sigma (a_s + b_s x)\, x^s D^s y = 0,$$

(russisch), Math. Sbornik (Recueil Soc. math. Moskau) 14 (1889), p. 344—393.

A. Nell

[1] Über Interpolation, *Archiv Math. Phys. (1) 61 (1877), p. 185—218.*

E. Netto

[1] Zur Cauchyschen Interpolationsaufgabe, *Math. Ann. 42 (1893), p. 453—456.*

[2] Über rekurrierende Reihen, *Monatsh. Math. Phys. 6 (1895), p. 285—290.*

E. R. Neumann

[1] Der Poincarésche Satz über Differenzengleichungen in seiner Anwendung auf eine Integralgleichung, *Math. Ztschr. 6 (1920), p. 238—261.*

F. Nevanlinna

[1] Zur Theorie der asymptotischen Potenzreihen, *Diss. Helsingfors 1918 = Ann. Acad. sc. Fennicae A 12 (1918), Nr. 3; A 16 (1921), Nr. 8.*
[2] Über korrespondierende Dirichletsche und Fakultätenreihen, *id. A 18 (1921), Nr. 3.*

I. Newton

[1] Philosophiae naturalis principia mathematica, *London 1687, 2. Aufl. Cambridge 1713, 3. Aufl. London 1726 = Opera 3, London 1782, p. 128—130. Neue Ausgabe von* W. Thomson *und* H. Blackburne, *Glasgow 1871.*
[2] Methodus differentialis, *London 1711 = Opera 1, London 1779, p. 521—528.*
[3] Newton's interpolation formulas, *Auszug aus* [1] *und* [2] *von* D. C. Fraser, *J. Inst. Actuaries 51 (1919), p. 77—106, p. 211—232. (Auch separat.)*

P. Nicholson

[1] An introduction to the method of increments, expressed by a new form of notation, shewing more intimately its relation to the fluxional analysis, *London 1817.*

M. Nicole

[1] Traité du calcul des différences finies, *Mém. (Histoire) Acad. sc. Paris 1717 (1719) 1719, p. 7—21.*
[2] Seconde partie du calcul des différences finies, *id. (1723), 1725, p. 20—37;* Seconde section de la seconde partie du calcul des différences finies où l'on traite des grandeurs exprimées par des fractions, *id., p. 181—198;* Addition aux deux mémoires sur le calcul des différences finies, imprimés l'année dernière, *id. (1724), 1726, p. 138—158.*
[3] Méthode pour sommer une infinité de suites nouvelles, dont on ne peut trouver les sommes par les méthodes connues, *id. 1727, p. 257—268.*

N. Nielsen

[1] Entydige Løsninger af Ligningen $f^{(\nu)}(x) + f^{(\nu)}(x+\omega) = 1$, ν rational, *Overs. danske Vidsk. Selsk. Forhandl. (Stzsber. Akad. Kopenhagen) 1897, p. 185 bis 196.*
[2] Sur les séries de factorielles, *C. R. Acad. sc. Paris 133 (1901), p. 1273—1275; 134 (1902), p. 157—160.*
[3] Recherches sur les séries de factorielles, *Ann. Éc. Norm. (3) 19 (1902), p. 409 bis 453.*
[4] Note sur les séries de fonctions bernoulliennes, *Math. Ann. 59 (1904), p. 103—109.*
[5] Les séries de factorielles et les opérations fondamentales, *id., p. 355—376.*
[6] Sur la multiplication de deux séries de factorielles, *Rend. Accad. Lincei (5) 13_1 (1904), p. 70—77.*
[7] Sur la multiplication de deux séries de coefficients binomiaux, *id. (5) 13_2 (1904), p. 517—524.*
[8] Recherches sur une classe de fonctions méromorphes, *Danske Vidsk. Selsk. Skr. (Abh. Akad. Kopenhagen) (7) 2 (1904), p. 57—100.*
[9] Sur la représentation asymptotique d'une série de factorielles, *Ann. Éc. Norm. (3) 21 (1904), p. 449—458.*
[10] Sur quelques applications intégrales d'une série de coefficients binomiaux, *Rend. Circ. mat. Palermo 19 (1905), p. 129—139.*
[11] Sur les séries de factorielles et la fonction gamma, *Ann. Éc. Norm. (3) 23 (1906), p. 145—168.*
[12] Handbuch der Theorie der Gammafunktion, *Leipzig 1906.*
[13] Traité élémentaire des nombres de Bernoulli, *Paris 1923.*

H. P. Nielsen

[1] Sammenhæng mellem differenser og differentialkvotienter, *Nyt Tidsskrift Mat. B 8 (1897), p. 86—89.*

[2] Über die Restglieder einiger Formeln für mechanische Quadratur, *Arkiv Mat. Astr. och Fys. 4 (1908), Nr. 21.*

N. E. Nörlund

[1] Sur les différences réciproques, *C. R. Acad. sc. Paris 147 (1908), p. 521—524.*
[2] Sur la convergence des fractions continues, *id., p. 585—587.*
[3] Sur les équations aux différences finies, *id. 149 (1909), p. 841—843.*
[4] Note om en opstigende Kædebrøk, *Nyt Tidsskrift Mat. 20 B (1909), p. 25—29.*
[5] Fractions continues et différences réciproques, *Acta math. 34 (1910), p. 1—108.*
[6] Sur les fractions continues d'interpolation, *Overs. danske Vidsk. Selsk. Forhandl. (Stzsber. Akad. Kopenhagen) 1910, p. 56—68.*
[7] Bidrag til de lineære Differensligningers Theori, *Diss. Kopenhagen 1910.*
[8] Über lineare Differenzengleichungen, *Danske Vidsk. Selsk. Skr. (Abh. Akad. Kopenhagen) (7) 6 (1911), p. 307—326.*
[9] Sur les équations aux différences linéaires à coefficients constants, *Nyt Tidsskrift Mat. 23 B (1912), p. 53—65.*
[10] Sur les équations linéaires aux différences finies, *C. R. Acad. sc. Paris 155 (1912), p. 1485—1487; 156 (1913), p. 51—54.*
[11] Sur le problème de Riemann dans la théorie des équations aux différences finies, *id. 156 (1913), p. 200—203.*
[12] Sur l'intégration des équations linéaires aux différences finies par des séries de facultés, *Rend. Circ. mat. Palermo 35 (1913), p. 177—216.*
[13] Sur une classe d'intégrales définies, *J. math. pures appl. (6) 9 (1913), p. 77—88.*
[14] Sur une classe de fonctions hypergéométriques, *Overs. danske Vidsk. Selsk. Forhandl. (Stzgsber. Akad. Kopenhagen) 1913, p. 135—153.*
[15] Sur l'existence de solutions d'une équation linéaire aux différences finies, *Ann. Éc. Norm. (3) 31 (1914), p. 205—221.*
[16] Sur les séries de facultés, *C. R. Acad. sc. Paris 158 (1914), p. 1252—1253.*
[17] Sur les séries de facultés et les méthodes de sommation de Cesarò et de M. Borel, *id., p. 1325—1327.*
[18] Sur les séries de facultés, *Acta math. 37 (1914), p. 327—387.*
[19] Sur les équations linéaires aux différences finies à coefficients rationnels, *id. 40 (1915), p. 191—249.*
[20] Om Fakultetrækkerne og deres Anvendelser, *Den 3. Skandinaviske Mat.-Kongr., Kristiania 1915, p. 77—82.*
[21] Sur le calcul aux différences finies, *Acta Univ. Lund. (2) 14 (1918), Nr. 15.*
[22] De Bernoulliske Polynomier, *Matematisk Tidsskrift B 1919, p. 33—41.*
[23] De Eulerske Polynomier, *id., p. 49—55.*
[24] Sur les polynomes d'Euler, *C. R. Acad. sc. Paris 169 (1919), p. 166—168, p. 221—223.*
[25] Sur une équation aux différences finies, *id., p. 372—375.*
[26] Sur la solution principale d'une certaine équation aux différences finies, *id., p. 462—465.*
[27] Sur les polynomes de Bernoulli, *id., p. 521—524.*
[28] Sur une extension des polynomes de Bernoulli, *id., p. 608—610.*
[29] Sur le calcul aux différences finies, *id., p. 770—773; p. 894—896.*
[30] Sur une application des fonctions permutables, *Acta Univ. Lund. (2) 16 (1919), Nr. 8.*
[31] Mémoire sur les polynomes de Bernoulli, *Acta math. 43 (1920), p. 121—196.*
[32] Sur la convergence de certaines séries, *C. R. Acad. sc. Paris 170 (1920), p. 506—507.*
[33] Sur un théorème de Cauchy, *id., p. 715—718.*
[34] Sur l'état actuel de la théorie des équations aux différences finies, *Bull. sc. math. (2) 44 (1920), p. 174—192, p. 200—220.*
[35] Sur les équations aux différences finies, *C. R. congr. intern. math. Strasbourg 1920 (Toulouse 1921), p. 98—119.*
[36] Nogle Bemærkninger angaaende Interpolation med æquidistante Argumenter, *Danske Vidsk. Selsk. math.-fys. Meddelelser (Kopenhagen) 4 (1921), Nr. 3, p. 1—34.*
[37] Mémoire sur le calcul aux différences finies, *Acta math. 44 (1922), p. 71—211.*

[38] Sur la formule d'interpolation de Stirling, *C. R. Acad. sc. Paris 174 (1922), p. 919—921.*
[39] Sur la formule d'interpolation de Newton, *id., p. 1108—1110.*
[40] Sur les formules d'interpolation de Stirling et de Newton, *Ann. Éc. Norm. (3) 39 (1922), p. 343—403; (3) 40 (1923), p. 35—54.*
[41] Neuere Untersuchungen über Differenzengleichungen, *Enzyklopädie der math. Wiss. II C 7 (1923), p. 675—721.*
[42] Sur certaines équations aux différences finies, *Trans. Amer. math. Soc. 25 (1923), p. 13—98.*
[43] Remarques diverses sur le calcul aux différences finies, *J. math. pures appl. (9) 2 (1923), p. 193—214.*
[44] Summen af en given Funktion, *Matematisk Tidsskrift B 1923, p. 65—68.*
[45] Sur l'interpolation, *Bull. Soc. math. France 52 (1924), p. 114—132.*
[46] Sunto dei suoi lavori sul Calcolo delle differenze finite, *Boll. Unione mat. Italiana 2 (1923), p. 182—186; 3 (1924), p. 26—31.*

G. Novi

[1] Riduzione in serie delle facolta analitiche, *Giorn. mat. 2 (1864), p. 1—7, p. 40 bis 46.*

M. d'Ocagne

[1] Théorie élémentaire des séries récurrentes, *Nouv. Ann. math. (3) 3 (1884), p. 65—90.*
[2] Sur une série à loi alternée, *Bull. Soc. math. France 12 (1884), p. 78—90.*
[3] Sur une suite récurrente, *id. 14 (1886), p. 20—41.*
[4] Sur certaine classe de suites récurrentes, *C. R. Acad. sc. Paris 104 (1887), p. 419—420.*
[5] Intégration d'une suite récurrente qui se présente dans une question de probabilité, *Bull. Soc. math. France 15 (1887), p. 143—144.*
[6] Sur une classe de nombres remarquables, *Amer. J. math. 9 (1887), p. 353 bis 380.*
[7] Problème d'algèbre (Extrait d'une lettre adressée à F. Gomes Teixeira), *J. sc. math. astr. (Teixeira) 8 (1887), p. 171—174; 10 (1891), p. 185—186.*
[8] Sur les suites récurrentes, *Bull. Soc. math. France 20 (1892), p. 121—122.*
[9] Sur une classe particulière de séries, *Nouv. Ann. math. (3) 11 (1892), p. 526 bis 532.*
[10] Sur les suites récurrentes, *Bull. Soc. math. France (3) 21 (1893), p. 3.*
[11] Mémoire sur les suites récurrentes, *J. Éc. polyt. (1) cah. 64 (1894), p. 151—224.*

L. v. Öttinger

[1] Forschungen in dem Gebiete der höheren Analysis mit den Resultaten und ihren Anwendungen, *Heidelberg 1831.*
[2] Differential- und Differenzenkalkul nebst seiner Anwendung, *Mainz 1831.*
[3] Aufstufungen der einfachen Funktionen, *J. reine angew. Math. 11 (1834), p. 75—97, p. 173—192; 13 (1835), p. 315—328.*
[4] Unterschiede der einfachen Funktionen, *id. 12 (1834), p. 295—341; 13 (1835), p. 292—314.*
[5] Unterschiede und Abstufungen der zusammengesetzten Funktionen, *id. 13 (1835), p. 329—339.*
[6] Summenrechnung der durch einfache Funktionen erzeugten Reihen, *id. 14 (1835), p. 262—275, p. 330—379.*
[7] Summenrechnung für Reihen, die durch zusammengesetzte Funktionen erzeugt werden, *id. 15 (1836), p. 264—284, p. 317—331.*
[8] Summenrechnung für einfache und zusammengesetzte Reihen, gegründet auf die Differentiale und Integrale der Funktionen, wodurch die Reihen erzeugt werden, *id. 16 (1837), p. 131—191.*
[9] Die Lehre von den aufsteigenden Funktionen, nebst einer auf sie gegründeten Summenrechnung für Reihen; oder Integral-Kalkul mit endlichen Differenzen, *Berlin 1836.*

[10] Untersuchungen über die analytischen Fakultäten, *J. reine angew. Math. 33 (1846), p. 1—64, p. 117—163, p. 226—258, p. 329—352; 35 (1847), p. 13—54; 38 (1849), p. 162—184, p. 216—240.*
[11] Bemerkungen über Inhalt und Behandlungsweise der Differenzen- und Summenrechnung, mit Rücksicht auf die Schrift „Theorie der Differenzen und Summen, ein Lehrbuch von Dr. O. Schlömilch, außerord. Prof. a. d. Univ. Jena, Halle bei Schmidt 1848". 241 S. Pr. 2 fl. 24 kr., *Archiv Math. Phys. (1) 13 (1849), p. 36—53.*
[12] Zweiter Nachtrag zu der Theorie der analytischen Fakultäten, *J. reine angew. Math. 44 (1852), p. 26—56, p. 147—180.*
[13] Theorie der analytischen Fakultäten, nebst ihrer Anwendung auf Analysis, *Freiburg 1854.*

K. Ogura

[1] On the theory of approximating functions with applications to geometry, law of errors and conduction of heat, *Tôhoku math. J. 16 (1919), p. 103—154.*
[2] On a certain transcendental integral function in the theory of interpolation, *id. 17 (1920), p. 64—72.*
[3] On the theory of interpolation, *id., p. 129—145.*
[4] On some central difference formulas of interpolation, *id., p. 232—241.*
[5] Sur la théorie de l'interpolation, *C. R. congr. intern. math. Strasbourg 1920 (Toulouse 1921), p. 316—322.*
[6] Sur la théorie de l'interpolation de Stirling et les zéros des fonctions entières, *Bull. sc. math. (2) 45 (1921), p. 31—40.*

M. Ohm

[1] Lehrbuch der gesamten höheren Mathematik 2, Die endliche Summen- und Differenzen-Rechnung und deren Anwendung auf Geometrie und Analysis, *Leipzig 1839.*
[2] Etwas über die Bernoullischen Zahlen, *J. reine angew. Math. 20 (1840), p. 11—12.*
[3] Über das Verhalten der Gamma-Funktionen zu den Produkten äquidifferenter Faktoren, *id. 36 (1848), p. 277—295.*
[4] Über die Behandlung der Lehre der reellen Faktoriellen und Fakultäten nach einer Methode der Einschließung in Grenzen, *id. 39 (1850), p. 23—41.*
[5] Die Lehre der endlichen Differenzen und Summen und der reellen Faktoriellen und Fakultäten sowie die Theorie der bestimmten Integrale, *Nürnberg 1851.*

Y. Okada

[1] On the representations of functions by the formulas of interpolation, *Tôhoku math. J. 20 (1921), p. 64—99.*
[2] On the convergency of interpolating functions, *id. 23 (1923), p. 36—52.*

L. Olivier

[1] Über Interpolationsformeln, desgleichen über Anwendung derselben auf die Auflösung algebraischer Gleichungen von beliebigen Graden, *J. reine angew. Math. 2 (1827), p. 197—216.*

G. Oltramare

[1] Intégration des équations linéaires aux différences et aux différences mêlées, *Assoc. fr. avanc. sc. 20 (1891), p. 66—82.*
[2] Intégration de quelques équations qu'on peut ramener à des équations linéaires à coefficients constants, *id. 22 (1893), p. 106—112.*
[3] Essai sur le calcul de généralisation, *(autografiert), Genf 1893.*
[4] Intégration des équations linéaires aux différences mêlées à coefficients constants, *Assoc. fr. avanc. sc. 24 (1895), p. 175—186.*
[5] Calcul de généralisation, *Paris 1899.*

L. H. F. Oppermann

[1] Notes on Newtons formulae of interpolation, *J. Inst. Actuaries 15 (1869), p. 145—148, p. 171—179.*

[2] On Briggs formulae for interpolation, *id. 15 (1870), p. 312.*

[3] Sur la formule d'interpolation de Newton, *Nouv. Ann. math. (2) 10 (1871), p. 82—87.*

[4] Elementar-mathematische Abhandlungen; Darstellung der numerischen Summation und Quadratur, *Kopenhagen 1872.*

[5] Om Kvadraturer, *Tidsskrift for Math. (3) 1 (1872), p. 11—27.*

A. Ostrowski

[1] Neuer Beweis des Hölderschen Satzes, daß die Gammafunktion keiner algebraischen Differentialgleichung genügt, *Math. Ann. 79 (1919), p. 286—288.*

[2] Über Dirichletsche Reihen und algebraische Differentialgleichungen, *Diss. Göttingen 1920 = Math. Ztschr. 8 (1920), p. 241—298.*

H. Padé

[1] Sur l'extension des propriétés des réduites d'une fonction aux fractions d'interpolation de Cauchy, *C. R. Acad. sc. Paris 130 (1900), p. 697—700.*

C. Le Paige

[1] Sur une équation aux différences finies, *Nouv. corresp. math. 2 (1876), p. 301 bis 302.*

[2] Note sur une équation aux différences finies, *id. 3 (1877), p. 45—47.*

E. Pairman

[1] On a difference equation due to Stirling, *Proc. Edinb. math. Soc. 36 (1917/18), p. 40—60.*

P. Paoli

[1] De inventione functionum ex datis quisbusdam proprietatibus, sive de integratione quarundam aequationum, quae differentias finitas et variabiles involvant, *Opuscula analytica 2, Liburni 1780, p. 1—37.*

[2] Memoria sull' equazioni a differenze finite et parziali, *Mem. mat. fis. Soc. ital. sc. (1) 2_2 (1784), p. 787—845.*

[3] Sull'equazioni a differenze finite, *id. (1) 4 (1788), p. 455—472.*

[4] Della integrazione dell'equazioni a differenze parziali finite et infinitesime, *id. (1) 8_2 (1799), p. 575—657.*

[5] Sull'uso del calcolo delle differenze finite nella dottrina degl'integrali definiti, *id. (1) 20 (1828), p. 255—271.*

E. Pascal

[1] Calcolo delle variazioni e calcolo delle differenze finite, *Milano 1897; 2. Aufl. Milano 1918.*

[2] Repertorio di matematiche superiori 1, *Milano 1898,* Kap. 10: Calcolo delle differenze finite, *p. 242—256.*

[3] Repertorium der höheren Mathematik 1, *(deutsche Bearbeitung von* [2]*), 1. Aufl. Leipzig 1900,* Kap. 10: Differenzenrechnung, *p. 224—236; 2. Aufl. Leipzig und Berlin 1910,* Differenzenrechnung (von H. E. Timerding), *p. 511—527.*

G. Peano

[1] Sulle funzioni interpolari, *Atti Accad. sc. Torino 18 (1883), p. 573—580.*

[2] (und A. Genocchi), Calcolo differenziale e principii di calcolo integrale, *Torino 1884.*

[3] Differentialrechnung und Grundzüge der Integralrechnung *(deutsche Übersetzung von* [2] *von* G. Bohlmann *und* A. Schepp*), Leipzig 1899.*

[4] Residuo in formulas de quadratura, *Mathesis (4) 4 (1914), p. 5—10.*
[5] Resto nelle formole di quadratura, espresso con un integrale definito, *Rend. Accad. Lincei (5) 22₁ (1913), p. 411, p. 562—569.*
[6] Resto nelle formule di interpolazione, *Scritti matematici offerti ad E. d'Ovidio, Torino 1918, p. 333—335.*
[7] Interpolazione nelle tavole numeriche, *Atti Accad. sc. Torino 53 (1918), p. 1—24.*

J. Pearson

[1] The Elements of the calculus of finite differences treated on the method of separation of symbols, *2. Aufl., Cambridge 1850.*

K. Pearson

[1] On the construction of tables and on interpolation, Part I, Uni-variate tables, *Tracts for computers Nr. 2, Cambridge 1920.*
[2] On the construction of tables and on interpolation, Part II, Bi-variate tables, *id. Nr. 3, Cambridge 1920.*

D. Perewoschtschikoff

[1] Über die Integration der Differenzengleichungen mit zwei Veränderlichen, *(russisch), Moskau 1848.*

E. Perl

[1] Untersuchungen über Differenzenkoeffizienten erster und zweiter Art, *Diss. (Königsberg) Leipzig 1911.*

O. Perron

[1] Grundlagen für eine Theorie des Jacobischen Kettenbruchalgorithmus, *Math. Ann. 64 (1907), p. 1—76.*
[2] Über die Konvergenz der Jacobi-Kettenalgorithmen mit komplexen Elementen, *Stzsber. Akad. München (math.-phys.) 37 (1907), p. 401—482.*
[3] Über einen Satz des Herrn Poincaré, *J. reine angew. Math. 136 (1909), p. 17—37.*
[4] Über lineare Differenzen- und Differentialgleichungen, *Math. Ann. 66 (1909), p. 446—487.*
[5] Über die Poincarésche lineare Differenzengleichung, *J. reine angew. Math. 137 (1910), p. 6—64.*
[6] Über das Verhalten der Integrale linearer Differenzengleichungen im Unendlichen, *Jahresb. deutsch. Math.-Ver. 19 (1910), p. 129—137.*
[7] Über lineare Differenzengleichungen, *Acta math. 34 (1910), p. 109—137.*
[8] Über lineare Differentialgleichungen mit rationalen Koeffizienten, *id., p. 139 bis 163.*
[9] Ein neues Konvergenzkriterium für Jacobi-Ketten zweiter Ordnung, *Archiv Math. Phys. (3) 17 (1911), p. 204—211.*
[10] Periodische Funktionen und Systeme von unendlich vielen linearen Gleichungen, *Acta math. 37 (1914), p. 301—304.*
[11] Über Systeme von linearen Differenzengleichungen erster Ordnung, *J. reine angew. Math. 147 (1917), p. 36—53.*
[12] Über lineare Differenzengleichungen zweiter Ordnung, deren charakteristische Gleichung zwei gleiche Wurzeln hat, *Stzsber. Akad. Heidelberg (math.-phys.) 1917, Nr. 17.*
[13] Zur Theorie der Summengleichungen, *Math. Ztschr. 8 (1920), p. 159—170.*
[14] Über Summengleichungen und Poincarésche Differenzengleichungen, *Math. Ann. 84 (1921), p. 1—15.*

K. Petr

[1] Euler-MacLaurins Formel, *Časopis math. fys. (Prag) 44 (1915), p. 454—455.*

J. M. Petersen

[1] Forelæsninger over Funktionsteori, *København 1895.*
[2] Vorlesungen über Funktionstheorie *(deutsche Übersetzung von* [1]), *Kopenhagen 1898.*

E. Phragmén

[1] Sur le domaine de convergence de l'intégrale infinie $\int_0^\infty F(ax)\, e^{-a}\, da$, *C. R. Acad. sc. Paris 132 (1901), p. 1396—1399.*

D. Piani

[1] Sulle funzioni fattoriali, *Mem. Accad. Bologna 1 (1850), p. 511—519.*
[2] Esercizj d'algebra pura o applicata, *Novi comment. acad. sc. Bononiensis 10 (1849), p. 571—607.*

E. Picard

[1] Sur une classe de fonctions transcendantes, *C. R. Acad. sc. Paris 86 (1878), p. 657—660.*
[2] Sur une classe de transcendantes nouvelles, *id. 117 (1893), p. 472—476; Acta math. 18 (1894), p. 133—154; 23 (1900), p. 333—337.*
[3] Sur une classe de fonctions transcendantes, *C. R. Acad. sc. Paris 123 (1896), p. 1035—1037.*
[4] Sur certaines équations fonctionnelles et sur une classe de surfaces algébriques, *id. 139 (1904), p. 5—9.*
[5] (und G. Simart) Théorie des fonctions algébriques de deux variables indépendantes 2, *Paris 1906, p. 462—469.*
[6] Traité d'Analyse 3, *Paris 1908, p. 419—424.*
[7] Sur une classe de transcendantes généralisant les fonctions elliptiques et les fonctions abéliennes, *C. R. Acad. sc. Paris 156 (1913), p. 978—983; Ann. Éc. Norm. (3) 30 (1913), p. 247—253.*

F. Piccioli

[1] Elementi del calcolo alle differenze finite, *Firenze 1878.*
[2] Anfangsgründe der endlichen Differenzen mit besonderer Berücksichtigung ihrer forstwissenschaftlichen Anwendungen *(deutsche Übersetzung von* [1] *von* E. Meeraus *und* A. Lunardino), *Wien 1881.*

S. Pincherle

[1] Note sur une intégrale définie, *Acta math. 7 (1885), p. 381—386.*
[2] Sopra una trasformazione delle equazioni differenziali lineari in equazioni alle differenze e viceversa, *Rend. Ist. Lomb. (2) 19 (1886), p. 559—562.*
[3] Sur une formule dans la théorie des fonctions, *Öfvers. Vetensk. Akad. förhandl. 43 (1886), Nr. 3, p. 51—55.*
[4] Studî sopra alcune operazioni funzionali, *Mem. Accad. Bologna (4) 7 (1886), p. 393—442.*
[5] Della trasformazione di Laplace e di alcune sue applicazioni, *id. (4) 8 (1887), p. 125—144.*
[6] Sul carattere aritmetico dei coefficienti delle serie che soddisfano ad equazioni lineari differenziali o alle differenze, *Rend. Circ. mat. Palermo 2 (1888), p. 153—164.*
[7] Una trasformazione di serie, *id., p. 225—226.*
[8] Sur une généralisation des fonctions eulériennes, *C. R. Acad. sc. Paris 106 (1888), p. 265—268.*
[9] Sopra certi integrali definiti, *Rend. Accad. Lincei (4) 4_1 (1888), p. 100—104.*
[10] Sulle funzioni ipergeometriche generalizzate, *id., p. 694—700, p. 792—799.*
[11] Sulla risoluzione dell'equazione funzionale $\Sigma h_\nu \varphi(x + a_\nu) = f(x)$ a coefficienti costanti, *Mem. Accad. Bologna (4) 9 (1888), p. 45—71.*
[12] Sulla risoluzione dell'equazione funzionale $\Sigma h_\nu \varphi(x + a_\nu) = f(x)$ a coefficienti razionali, *id., p. 181—204.*

[13] Su alcune forme approssimate per la rappresentazione di funzioni, *id. (4) 10 (1889), p. 77—88.*
[14] Saggio di una generalizzazione delle frazioni continue algebriche, *id., p. 513—538.*
[15] Di un estensione dell'algoritmo delle frazioni continue, *Rend. Ist. Lomb. (2) 22 (1889), p. 555—558.*
[16] I sistemi ricorrenti di prim' ordine e di secondo grado, *Rend. Accad. Lincei (4)* 5_1 *(1889), p. 8—12.*
[17] Nuove osservazioni sui sistemi ricorrenti di prim' ordine e di secondo grado, *id., p. 323—327.*
[18] Sulla generalizzazione della frazioni continue algebriche, *Ann. mat. pura appl. (2) 19 (1891), p. 75—95.*
[19] Un sistema d'integrali ellittici considerati come funzioni dell'invariante assoluto, *Rend. Accad. Lincei (4)* 7_1 *(1891), p. 74—80.*
[20] Una nuova estensione delle funzioni sferiche, *Mem. Accad. Bologna (5) 1 (1891), p. 337—369.*
[21] Sur la génération de systèmes récurrents au moyen d'une équation linéaire différentielle, *Acta math. 16 (1892), p. 341—363.*
[22] Sur les séries de fonctions, *J. sc. math. astr. (Teixeira) 11 (1893), p. 129—135.*
[23] Sull' interpolazione, *Mem. Accad. Bologna (5) 3 (1893), p. 293—318.*
[24] Sulla generalizzazione delle funzioni sferiche, *Rend. Accad. Bologna (1) 1891/92 (1893), p. 31—34.*
[25] Résumé de quelques résultats relatifs à la théorie des systèmes récurrents de fonctions, *Math. Papers congr. intern. Chicago 1893 (New York 1896), p. 278—287.*
[26] Contributo alla generalizzazione delle frazioni continue, *Mem. Accad. Bologna (5) 4 (1894), p. 297—320.*
[27] Sulle equazioni alle differenze, *Rend. Accad. Lincei (5)* 3_1 *(1894), p. 12—17, p. 99—105.*
[28] Delle funzioni ipergeometriche e di varie questioni ad esse attinenti, *Giorn. mat. 32 (1894), p. 209—291.*
[29] L'algebra delle forme lineari alle differenze, *Mem. Accad. Bologna (5) 5 (1895), p. 87—126.*
[30] Sulle soluzioni conjugate nelle equazioni lineari differenziali e alle differenze, *Rend. Accad. Lincei (5)* 4_2 *(1895), p. 228—232.*
[31] Sulla generalizzazione della proprietà del determinante wronskiano, *id. (5)* 6_1 *(1897), p. 301—307.*
[32] Sulle serie procedenti secondo le derivate successive di una funzione, *Rend. Circ. mat. Palermo 11 (1897), p. 2—11.*
[33] Mémoire sur le calcul fonctionnel distributif, *Math. Ann. 49 (1897), p. 325 bis 382.*
[34] Sulla risoluzione approssimata delle equazioni alle differenze, *Rend. Accad. Lincei (5)* 7_1 *(1898), p. 230—234.*
[35] Sull'operazione aggiunta, *Rend. Accad. Bologna (2) 2 (1898), p. 130—139.*
[36] Sopra un problema d'interpolazione, *Rend. Circ. mat. Palermo 14 (1900), p. 142—144.*
[37] (und U. Amaldi), Le operazione distributive e le loro applicazioni all' analisi, *Bologna 1901.*
[38] Sulle serie di fattoriali, *Rend. Accad. Lincei (5)* 11_1 *(1902), p. 137—144, p. 417—426.*
[39] Sulla sviluppabilità di una funzione in serie di fattoriali, *id. (5)* 12_2 *(1903), p. 336—343.*
[40] Di una nuova operazione funzionale, e di qualche sua applicazione, *Rend. Accad. Bo'ogna (2) 7, 1902/03 (1903), p. 83—98.*
[41] Sopra un' estensione della formula del Taylor nel calcolo delle operazioni, *id., p. 128—134.*
[42] Sur une série d'Abel, *Acta math. 28 (1903), p. 225—233.*
[43] Sugli sviluppi assintotici et le serie sommabili, *Rend. Accad. Lincei (5)* 13_1 *(1904), p. 513—519.*

[44] Sui limiti della convergenza di alcune espressioni analitiche, *Rend. Accad. Bologna (2) 8, 1903/04 (1904), p. 5—13.*

[45] Studio sopra un teorema del Poincaré relativo alle equazioni ricorrenti, *id. (2) 9 (1905), p. 63—73.*

[46] Risoluzione di una classe di equazioni funzionali, *Rend. Circ. mat. Palermo 18 (1904), p. 273—293.*

[47] Sur les fonctions déterminantes, *Ann. Éc. Norm. (3) 22 (1905), p. 9—68.*

[48] Funktionaloperationen und-gleichungen, *Enzyklopädie der math. Wiss. II A 11 (1906), p. 761—817.*

[49] Sull' inversione degli integrali definiti, *Mem. Soc. ital. sc. (3) 15 (1907), p. 3—43.*

[50] Alcune osservazioni sulle funzioni determinanti, *Rend. Accad. Bologna (2) 13 (1908/09), p. 71—85.*

[52] Alcune spigolature nel campo delle funzioni determinanti, *Atti IV congr. intern. mat. Roma 1908, Band 2 (Roma 1909), p. 44—48.*

[53] Quelques remarques sur les fonctions déterminantes, *Acta math. 36 (1912), p. 269—280.*

[54] Sull' operazione aggiunta di Lagrange, *Ann. mat. pura appl. (3) 21 (1913), p. 143—151.*

[55] Sulle serie di fattoriali generalizzate, *Rend. Circ. mat. Palermo 37 (1914), p. 379—390.*

[56] Sopra alcune equazioni funzionali, *Rend. Accad. Lincei (5) 29_2 (1920), p. 279—281.*

[57] Sobre la iteracion analitica, *Revista mat. hispano-americana 2 (1921), p. 233—304.*

[58] Gli elementi della teoria delle funzioni analitiche, *Bologna 1922.*

G. Piola

[1] Applicazione del calcolo delle differenze finite alle questioni di analisi indeterminata, *Ann. sc. Lomb. Venet. (Padova und Venezia) 1 (1831), p. 101—110.*

[2] Sulla applicazione del calcolo delle differenze finite alle questioni di analisi indeterminata, *Ann. sc. mat. fis. (Tortolini) (1) 1 (1850), p. 263—281.*

G. A. A. Plana

[1] Note sur une nouvelle expression analytique des nombres Bernoulliens, propre à exprimer en termes finis la formule générale pour la sommation des suites, *Mem. Accad. sc. Torino (1) 25 (1820), p. 403—418.*

H. Poincaré

[1] Sur les équations linéaires aux différentielles ordinaires et aux différences finies, *Amer. J. math. 7 (1885), p. 213—217, p. 237—258.*

[2] Sur les intégrales irrégulières des équations linéaires, *Acta math. 8 (1886), p. 295—344.*

[3] Sur une classe étendue de transcendantes uniformes, *C. R. Acad. sc. Paris 103 (1886), p. 862—864.*

[4] Sur une classe nouvelle de transcendantes uniformes, *J. math. pures appl. (4) 6 (1890), p. 313—365.*

S. D. Poisson

[1] Mémoire sur la pluralité des intégrales dans le calcul des différences, *J. Éc. polyt. 4, cah. 11 (1802), p. 173—181.*

[2] Mémoire sur les solutions particulières des équations différentielles et des équations aux différences, *id. 6, cah. 13 (1806), p. 60—125.*

[3] Mémoire sur les équations aux différences mêlées, *id., p. 126—147.*

[4] Second mémoire sur la distribution de l'électricité à la surface des corps conductèurs, *Mém. Inst. imp. France 12 (1811), première partie, p. 1—92, seconde partie, p. 163—274.*

[5] Mémoire sur les intégrales définies, *J. Éc. polyt.* 9, *cah.* 16 (1813), *p.* 215—246; 10, *cah.* 17 (1815), *p.* 612—631; 11, *cah.* 18 (1820), *p.* 295—341; 12, *cah.* 19 (1823), *p.* 404—509; 13, *cah.* 20 (1831), *p.* 222—248.
[6] Mémoire sur le calcul numérique des intégrales définies, *Mém. Acad. sc. Inst. France* 6 (1823), *p.* 571—602.

P. M. Pokrovsky

[1] Formule d'Euler-Maclaurin, *Bull. Univ. Kiew* 1898, *N*r. 126, *p.* 1—14.

O. Polossuchin

[1] Über eine besondere Klasse von differentialen Funktionalgleichungen, *Diss. Zürich* 1910.

G. Pólya

[1] Über ganzwertige ganze Funktionen, *Rend. Circ. mat. Palermo* 40 (1915), *p.* 1—16.
[2] Über ganze ganzwertige Funktionen, *Nachr. Ges. Gött.* (*math.-phys.*) 1920, *p.* 1—10.

E. L. Post

[1] The generalized Gamma functions, *Annals of math.* (2) 20 (1919), *p.* 202—217.

M. de Presle

[1] Développement du quotient de deux fonctions holomorphes; théorie des séries récurrentes, *Bull. Soc. math. France* 19 (1891), *p.* 114—118.

A. Pringsheim

[1] Über Konvergenz und funktionentheoretischen Charakter gewisser limitärperiodischer Kettenbrüche, *Stzsber. Akad. München* (*math.-phys.*) 40 (1910), *p.* 26—35.
[2] Zur Theorie der Heineschen Reihe, *id.* 41 (1911), *p.* 61—64.

G. C. F. M. R. de Prony

[1] Cours d'analyse appliquée à la mécanique, *J. Éc. polyt.* 1, *cah.* 1 (1794), *p.* 92 *bis* 119; 1, *cah.* 2 (1795), *p.* 1—23.
[2] Considérations sur les principes de la méthode inverse des différences, *id.* 1, *cah.* 3 (1796), *p.* 209—273.
[3] Des suites récurrentes, *id.* 1, *cah.* 4 (1796), *p.* 459—569.
[4] Méthode directe et inverse des différences, avec des développements sur quelques autres branches de l'analyse, et des applications du calcul à des questions importantes de physique et chimie, *Paris an IV* (1796).
[5] Rapport sur un mémoire du citoyen Biot, qui a pour titre, Considérations sur les intégrales des équations aux différences finies, *Mém. Inst. nation. France* 3 (1801), *p.* 12—21.

E. Prouhet

[1] Sur une formule relative au calcul inverse des différences, *Nouv. Ann. math.* (1) 10 (1851), *p.* 186—191.
[2] Sur les formules d'interpolation de Lagrange et de Newton, *id.* (1) 20 (1861), *p.* 278—283.

F. E. Prym

[1] Zur Theorie der Gammafunktion, *J. reine angew. Math.* 82 (1877), *p.* 165—172.

M. Puiseux

[1] Problèmes sur les développées et les développantes des courbes planes, *J. math. pures appl.* (1) 9 (1844), *p.* 377—399.

A. Quiquet

[1] Aperçu historique sur les formules d'interpolation des tables de survie et de mortalité, *Paris 1892*.

J. L. Raabe

[1] Angenäherte Bestimmung der Faktorenfolge $1 \cdot 2 \cdot 3 \cdot 4 \cdot 5 \cdots n = \Gamma(1+n) = \int x^n e^{-x} dx$, wenn n eine sehr große Zahl ist, *J. reine angew. Math. 25 (1843), p. 149—159.*

[2] Angenäherte Bestimmung der Funktion $\Gamma(1+n) = \int_0^\infty x^n e^{-x} dx$, wenn n eine ganze, gebrochene oder inkommensurable sehr große positive Zahl ist, *id. 28 (1844), p. 10—18.*

[3] Die Jacob Bernoullische Funktion, *Zürich 1848.*

[4] Über die Faktorielle $\binom{m}{k} = \frac{m(m-1)(m-2)\cdots(m-k+1)}{1 \cdot 2 \cdot 3 \cdots k}$, in welcher die Basis m eine komplexe Zahl von der Form $p + qi$ und i die imaginäre Einheit ist, p und q aber reelle Zahlen bezeichnen; desgleichen über einige bestimmte Integrale, die mit derselben im Zusammenhang stehen, *J. reine angew. Math. 43 (1852), p. 283—293.*

[5] Wertung der Faktorielle

$$\binom{m}{k} = \frac{m(m-1)(m-2)(m-3)\cdots(m-k+1)}{1 \cdot 2 \cdot 3 \cdot 4 \cdots k}$$

beim unendlichen Zunehmen der reellen, ganzen und positiven Zahl k, wenn m irgend eine reelle oder imaginäre Zahl ist, *id. 48 (1854), p. 130—136.*

[6] Zur algebraischen Analysis, *Mathematische Mittheilungen 1, Zürich 1857, p. 14 bis 30.*

[7] Neue Anwendungen der Jakob Bernoullischen Zahlen, wie der nach demselben Autor benannten Funktion, *id., p. 31—68.*

[8] Einige Anwendungen der verallgemeinerten Stirlingischen Reihe, *id. 2, Zürich 1858, p. 105—116.*

[9] Zugaben zur Jakob Bernoullischen Funktion und Einführung einer neuen, die „Eulersche Funktion" genannt, *id., p. 117—138.*

G. Racagni

[1] Sui prodotti di fattori che sono funzioni simili di una stessa quantita che varia per una differenza costante, *Mem. Ist. Lomb. Ven. (Milano) 1819, p. 59—102.*

R. Radau

[1] Études sur les formules d'interpolation, *Paris 1891.*

C. Ramus

[1] Differential- og Integral-Regning, *Kopenhagen 1844, p. 342—385.*

L. Rangoni

[1] Sulle funzioni generatrici memoria, *Mem. mat. fis. Soc. ital. sc. (1) 19 (mat.) (1821), p. 241—307.*

O. Rausenberger

[1] Lehrbuch der Theorie der periodischen Funktionen einer Variabeln, *Leipzig 1884.*

H. Renfer

[1] Die Definitionen der Bernoullischen Funktion und Untersuchung der Frage, welche von denselben für die Theorie die zutreffendste ist, *Diss. Bern 1900.*

C. F. Renner

[1] Disquisitiones ad calculum integralem finitorum spectantes, *Mitau 1810.*

H. L. Rice

[1] The theory and practice of interpolation, *Lynn (Mass.) 1899.*

T. Rietti

[1] Alcuni sviluppi in serie di fattoriali, *Giorn. mat. 51 (1913), p. 240—245.*

J. F. Ritt

[1] Sur l'itération des fonctions rationnelles, *C. R. Acad. sc. Paris 166 (1918), p. 380—381.*
[2] On the iteration of rational functions, *Trans. Amer. math. Soc. 21 (1920), p. 348—356.*
[3] Permutable rational functions, *id. 25 (1923), p. 399—448.*

G. Robinson

[1] (und E. T. Whittaker), A short course in interpolation, *London 1924.*
[2] (und E. T. Whittaker), The calculus of observations, *London 1924.*

J. M. Rodrigues

[1] Sobre una formula de Euler, *J. sc. math. astr. (Teixeira) 3 (1881), p. 157—176.*

E. D. Roe

[1] [Ausdehnung der Formel $f(x+y) = (1+\Delta)^y f(x)$], *Bull. Amer. math. Soc. (2) 7 (1901), p. 202—203.*

C. L. Roesling

[1] Grundlehren von den Formen, Differenzen, Differentialen und Integralen der Funktionen, *Erlangen 1805.*

F. Rogel

[1] Über den Zusammenhang der Fakultätenkoeffizienten mit den Bernoullischen und Eulerschen Zahlen, *Archiv Math. Phys. (2) 10 (1890), p. 318—332.*
[2] Asymptotischer Wert der Fakultätenkoeffizienten, *id. (2) 11 (1892), p. 210 bis 212.*

L. J. Rogers

[1] On a three-fold symmetrie in the elements of Heine's series, *Proc. London math. Soc. (1) 24 (1892/93), p. 171—179.*
[2] Note on the transformation of an Heinean series, *Messenger math. (2) 23 (1894), p. 28—31.*

J. Le Roux

[1] Calcul des probabilités No. 6: Le calcul des différences finies considéré comme procédé méthodique du calcul des probabilités, *Encyclopédie des sc. math. I 4 (1906), p. 9—11.*

C. Runge

[1] Über die numerische Auflösung von Differentialgleichungen, *Math. Ann. 46 (1895), p. 167—178.*
[2] Über die Differentiation empirischer Funktionen, *Ztschr. Math. Phys. 42 (1897), p. 205—213.*
[3] Praxis der Gleichungen, *Leipzig 1900; 2. Aufl. Berlin 1921.*
[4] Über empirische Funktionen und die Interpolation zwischen äquidistanten Ordinaten, *Ztschr. Math. Phys. 46 (1901), p. 224—243.*
[5] Theorie und Praxis der Reihen, *Leipzig 1904.*
[6] (und Fr. A. Willers), Numerische und grafische Quadratur und Integration gewöhnlicher und partieller Differentialgleichungen, *Enzyklopädie der math. Wiss. II C 2 (1915), p. 47—176.*
[7] (und H. König), Vorlesungen über numerisches Rechnen, *Berlin 1924.*

W. H. L. Russell

[1] On the calculus of finite differences, *Messenger math. (2) 11 (1882), p. 33—36.*

J. G. Rutgers

[1] Bijdrage tot de theorie der faculteitenreeksen, *Nieuw Archief voor Wiskunde (2) 8 (1909), p. 104—115.*

F. Ryde

[1] A contribution to the theory of linear homogeneous geometric difference equations (q-difference equations), *Diss. Lund 1921.*

L. Saalschütz

[1] Vorlesungen über die Bernoullischen Zahlen, ihren Zusammenhang mit den Sekanten-Koeffizienten und ihre wichtigeren Anwendungen, *Berlin 1893.*
[2] Über rationale Auflösungen der Funktionalgleichung

$$C\,\psi(n)\,\psi(n+1) + (A''n + B'')\,\psi(n+1) - (A'(n+1) + B')\,\psi(n) + (A' - A'') = 0,$$

J. reine angew. Math. 119 (1898), p. 291—312.
[3] Gleichungen zwischen den Anfangsgliedern von Differenzreihen und deren Verwendung zu Summationen und zur Darstellung der Bernoullischen Zahlen, *id. 123 (1901), p. 210—240.*

C. Sardi

[1] Sulle progressioni per differenze, *Giorn. mat. 11 (1873), p. 123—152.*

W. Schaeffer

[1] De facultatibus, *Diss. Berlin 1837.*
[2] Adnotationes ad seriem

$$1 + \frac{x}{y}v + \frac{x(x+1)}{y(y+1)}v^2 + \frac{x(x+1)(x+2)}{y(y+1)(y+2)}v^3 + \cdots \text{ in inf.},$$

J. reine angew. Math. 37 (1848), p. 127—160.

L. Scheeffer

[1] Zur Theorie der Funktionen $\Gamma(z)$, $P(z)$, $Q(z)$, *J. reine angew. Math. 97 (1884), p. 230—241.*

C. H. Schellbach

[1] Beiträge zur Differenzenrechnung, *Progr. Berlin 1836.*
[2] Über mechanische Quadratur, *Berlin 1884.*

L. Schendel

[1] Die Bernoullischen Funktionen und das Taylorsche Theorem nebst einem Beitrage zur analytischen Geometrie der Ebene in trilinearen Koordinaten, *Jena 1876.*
[2] Zur Theorie der Funktionen, *J. reine angew. Math. 84 (1878), p. 80—84.*
[3] Beiträge zur Theorie der Funktionen, *Halle 1880.*

E. Schering

[1] Das Anschließen einer Funktion an algebraische Funktionen in unendlich vielen Stellen, *Abh. Ges. Gött. (math.) 27 (1880), p. 1—63 = Werke 2, Berlin 1909, p. 1—63.*
[2] La formule d'interpolation de M. Hermite exprimée algébriquement, *C. R. Acad. sc. Paris 92 (1881), p. 510—513 = id., p. 65—68.*

H. F. Scherk

[1] Gesammelte mathematische Abhandlungen, *Berlin 1825*.

L. Schläfli

[1] Sur les coefficients du développement du produit

$$1 \cdot (1 + x)(1 + 2x) \cdots (1 + (n-1)x)$$

suivant les puissances ascendantes de x, *J. reine angew. Math. 43 (1852), p. 1—22.*

[2] Ergänzung der Abhandlung über die Entwickelung des Produkts

$$1 \cdot (1 + x)(1 + 2x)(1 + 3x) \cdots (1 + (n-1)x) = \overset{n}{\Pi}(x)$$

in Band 43 dieses Journals, *id. 67 (1867), p. 179—182.*

[3] Praktische Integration, *Mitt. Naturf. Ges. Bern (1899), 1900, p. 83—102.*

O. Schlömilch

[1] Ein Theorem über Fakultäten, *Archiv Math. Phys. (1) 7 (1846), p. 331—333.*

[2] Relationen zwischen den Fakultätenkoeffizienten, *id. (1) 9 (1847), p. 333 bis 335.*

[3] Theorie der Differenzen und Summen, *Halle 1848.*

[4] Analytische Studien, *Leipzig 1848.*

[5] Neue Methode der Summierung endlicher und unendlicher Reihen, *Archiv Math. Phys. (1) 12 (1849), p. 130—166.*

[6] Développement de deux formules sommatoires, *J. reine angew. Math. 42 (1851), p. 125—130.*

[7] Recherches sur les coefficients des facultés analytiques, *id. 44 (1852), p. 344—355.*

[8] Über die independente Bestimmung der Koeffizienten unendlicher Reihen und der Fakultätenkoeffizienten insbesondere, *Archiv Math. Phys. (1) 18 (1852), p. 306—327.*

[9] Zur Differenzenrechnung, *id., p. 381—390.*

[10] Über Fakultätenreihen, *Ber. Ges. Lpzg. (math.-phys.) 11 (1859), p. 109—137.*

[11] Über Fakultätenreihen, *Ztschr. Math. Phys. 4 (1859), p. 390—415.*

[12] Über die Entwicklung von Funktionen komplexer Variablen in Fakultätenreihen, *Ber. Ges. Lpzg. (math.-phys.) 15 (1863), p. 58—62.*

[13] Kompendium der höheren Analysis 2, *1. Aufl. Braunschweig 1853; 2. Aufl. Braunschweig 1874; 3. Aufl. Braunschweig 1879; 4. Aufl. Braunschweig 1895, p. 93—99, p. 211—286.*

E. Schmidt

[1] Über eine Klasse linearer funktionaler Differentialgleichungen, *Math. Ann. 70 (1911), p. 499—524.*

W. Schnee

[1] Über irreguläre Potenzreihen und Dirichletsche Reihen, *Diss. Berlin 1908.*

E. Schröder

[1] Eine Verallgemeinerung der Mac-Laurinschen Summenformel nebst Beiträgen zur Kenntnis der Bernoullischen Funktion, *Progr. Zürich 1867.*

[2] On a certain method in the theory of functional equations, *Rep. British Ass. 1887, p. 621.*

F. Schürer

[1] Über die Funktional-Differentialgleichung $f'(x+1) = af(x)$, *Ber. Ges. Lpzg. (math.-phys.) 64 (1912), p. 167—236.*

[2] Über eine lineare Funktionaldifferentialgleichung, *id. 65 (1913), p. 139—143.*

[3] Bemerkungen zu meiner Arbeit „Über die Funktionaldifferentialgleichung $f'(x+1) = af(x)$", *id., p. 239—246.*

[4] Über Analogien zwischen den Lösungen der Gleichung $f'(x+1) = af(x)$ und den ganzen Funktionen komplexer Veränderlicher, *id.*, *p. 247—263.*
[5] Über die Funktionaldifferentialgleichung $c_0 f(x) + c_1 f'(x) + \cdots + c_n f^{(n)}(x) = f(x-1)$, *id. 66 (1914), p. 137—159; 67 (1915), p. 356—363.*
[6] Eine gemeinsame Methode zur Behandlung gewisser Funktionalgleichungsprobleme, *id. 70 (1918), p. 185—240.*
[7] Integraldifferenzen- und Differentialdifferenzengleichungen, *Preisschriften Jablonowskische Ges. 46 (1919).*

H. A. Schwarz

[1] Démonstration élémentaire d'une propriété fondamentale des fonctions interpolaires, *Atti Accad. sc. Torino 17 (1882), p. 740—742 = Ges. math. Abh. 2, Berlin 1890, p. 307—308.*

F. Schweins

[1] Theorie der Differenzen und Differentiale, der gedoppelten Verbindungen, der Produkte mit Versetzungen, der Reihen, der wiederholten Funktionen, der allgemeinsten Fakultäten und der fortlaufenden Brüche, *Heidelberg 1825.*

G. Scott

[1] Note on the mth difference of o, *Quart. J. pure appl. math. 5 (1862), p. 323—324.*
[2] On $\Delta^m 0^n$ and a form of it by Dr. Hargreave, Sums of powers of numbers &c., *id. 8 (1867), p. 21—30.*

H. W. Segar

[1] On a series of points given by recurring series, *Messenger math. (2) 22 (1893), p. 161—164.*

D. Seliwanoff

[1] Differenzenrechnung, *Enzyklopädie der math. Wiss. I E (1901), p. 918—937.*
[2] Lehrbuch der Differenzenrechnung, *Leipzig 1904.*

S. Z. Serebrennikoff

[1] Tables des premiers quatre vingt dix nombres de Bernoulli *(russisch), Mém. Acad. sc. Pétersb. (8) 16 (1905), Nr. 10, p. 1—8.*
[2] Nouvelle méthode de calculer les nombres de Bernoulli *(russisch), id. (8) 19 (1907) Nr. 4, p. 1—6.*

M. Servois

[1] Réflexions sur les divers systèmes d'exposition des principes du calcul différentiel, et, en particulier, sur la doctrine des infiniment petits, *Ann. math. pures appl. (Gergonne) 5 (1814/15), p. 141—170.*
[2] Mémoire sur les quadratures, *id. 8 (1817/18), p. 73—115.*

W. F. Sheppard

[1] On the calculation of differential coefficients from tables involving differences, with an interpolation formula, *Nature 60 (1899), p. 390—391.*
[2] A method for extending the accuracy of certain mathematical tables, *Proc. London math. Soc. (1) 31 (1900), p. 423—448.*
[3] Central-difference formulae, *id., p. 449—488.*
[4] On the accuracy of interpolation by finite differences, *id. (2) 4 (1905/06), p. 320—341.*
[5] The accuracy of interpolation by finite differences, *id. (2) 10 (1911/12), p. 139—172.*
[6] Factorial moments in terms of sums or differences, *id. (2) 13 (1914), p. 81—96.*
[7] Fitting of polynomial by method of least squares (solutions in terms of differences or sums), *id., p. 97—108.*
[8] Reciprocal correspondence of differences and sums, *id. (2) 21 (1922), p. 291 bis 305.*

S. T. Shovelton

[1] A formula in finite differences and its application to mechanical quadrature, *Messenger math. (2) 38 (1909), p. 49—57.*

[2] (und A. E. Jolliffe), The application of the calculus of finite differences to certain trigonometrical series, *Proc. London math. Soc. (2) 13 (1914), p. 29—42.*

[3] A generalisation of the Euler-Maclaurin sum-formula and of the formula for repeated summations, *Quart. J. pure appl. math. 46 (1915), p. 220—247.*

H. Siebeck

[1] Die rekurrenten Reihen vom Standpunkte der Zahlentheorie aus betrachtet, *J. reine angew. Math. 33 (1846), p. 71—77.*

C. L. Siegel

[1] Über die Diskriminanten total reeller Körper, *Nachr. Ges. Gött. (math.-phys.) 1922, p. 17—24.*

D. M. Sintzoff

[1] Über die Bernoullischen Funktionen mit fraktionärem Index, *(russisch), Bull. Soc. phys.-math. Kasan (1) 8 (1890), p. 291—336.*

[2] Bernoullische Funktionen mit beliebigem Index *(russisch), id. (2) 1 (1891), p. 234—256.*

W. Siverly

[1] Equations of differences, *Analyst (Des Moines) 1 (1874), p. 8—10.*

G. Smeal

[1] On direct and inverse interpolation by divided differences, *Proc. Edinb. math. Soc. 38 (1920), p. 34—50.*

E. R. Smith

[1] Zur Theorie der Heineschen Reihe und ihrer Verallgemeinerung, *Diss. München 1911.*

N. J. Sonin

[1] Sur les termes complémentaires de la formule sommatoire d'Euler et de celle de Stirling, *C. R. Acad. sc. Paris 108 (1889), p. 725—727; Ann. Éc. Norm. (3) 6 (1889), p. 257—262.*

[2] Über die diskontinuierliche Funktion $[x]$ und ihre Anwendungen *(russisch), Nachr. Univ. Warschau 1889, p. 1—78.*

[3] (und Ch. Hermite) Sur les polynomes de Bernoulli, *J. reine angew. Math. 116 (1896), p. 133—156.*

O. Spieß

[1] Theorie der linearen Iteralgleichung mit konstanten Koeffizienten, *Math. Ann. 62 (1906), p. 226—252.*

S. Spitzer

[1] Note über die Summenformel $\Sigma x^m = C + \frac{x^{m+1}}{(m+1)h} - \frac{1}{2}x^m + B_1 \frac{mh}{1} x^{m-1} - B_3 \frac{m(m-1)(m-2)h^3}{1\cdot 2\cdot 3\cdot 4} x^{m-3} + \cdots$, *Archiv Math. Phys. (1) 23 (1854), p. 457—460.*

[2] Formeln für die Summen- und Differenzenrechnung, *id. (1) 24 (1855), p. 97 bis 109.*

[3] Neue Integrationsmethode für Differenzen-Gleichungen, deren Koeffizienten ganze algebraische Funktionen der unabhängigen Veränderlichen sind, *Stzsber. Akad. Wien 29 (1858), p. 53—90.*

[4] Neue Integrationsmethode für Differenzen-Gleichungen, deren Koeffizienten ganze algebraische Funktionen der unabhängig Veränderlichen sind, *Archiv Math. Phys. (1) 32 (1859), p. 334—348.*
[5] Note bezüglich eines zwischen Differenzengleichungen und Differentialgleichungen stattfindenden Reziprozitätsgesetzes, *id. (1) 33 (1859), p. 415—417.*
[6] Note über die Integration der Differenzengleichung $f(x + n) = \varphi(x) f(x)$, in welcher n eine ganze positive Zahl und $\varphi(x)$ eine gegebene Funktion von x ist, *id. (1) 38 (1862), p. 456—457.*
[7] Integration der Differenzengleichung $X_n f(x + rn) + X_{n-1} f(x + rn - r) + X_{n-2} f(x + rn - 2r) + \cdots + X_1 f(x + r) + X_0 f(x) = 0$, in welcher $X_n, X_{n-1}, \ldots, X_0$ ganze algebraische Funktionen von x sind und r eine ganze positive Zahl bezeichnet, *id. (1) 40 (1863), p. 25—26.*

S. Stadler

[1] Sur les systèmes d'équations aux différences finies linéaires et homogènes, *Thèse Lund 1918.*

V. E. E. Stadigh

[1] Ein Satz über Funktionen, die algebraische Differentialgleichungen befriedigen, und über die Eigenschaft der Funktion $\zeta(s)$, keiner solchen Gleichung zu genügen, *Diss. Helsingfors 1902.*

K. G. Chr. v. Staudt

[1] Beweis eines Lehrsatzes, die Bernoullischen Zahlen betreffend, *J. reine angew. Math. 21 (1840), p. 372—374.*
[2] De numeris Bernoullianis 1 und 2, *Erlangen 1845.*

J. F. Steffensen

[1] On the remainder form of certain formulas of mechanical quadrature, *Skandinavisk Aktuarietidskrift 1921, p. 201—209.*
[2] On certain formulas of approximate summation and integration, *J. Inst. Actuaries 53 (1922), p. 192—201.*
[3] On the degree of rigour required in numerical integrations, *Den 5. skandinaviska Matematikerkongressen, Helsingfors 1923, p. 125—130.*
[4] Interpolation-formulas with one and more variables, *Skandinavisk Aktuarietidskrift 1923, p. 18—43.*
[5] On the error in interpolation-formulas, *id., p. 185—189.*
[6] On the relations between differences and differential coefficients, *id., p. 190—196.*
[7] On Laplace's and Gauß' summation-formulas, *id. 1924, p. 1—15.*

W. A. Stekloff

[1] Remarques relatives aux formules sommatoires d'Euler et de Boole, *Communic. Soc. math. Kharkow (2) 8 (1904), p. 136—195.*

E. Stephansen

[1] Eine Bemerkung zur Theorie der linearen Differenzengleichungssysteme mit konstanten Koeffizienten, *Prace mat.-fiz. 16 (1905), p. 31—33.*
[2] Über die symmetrischen Funktionen bei den linearen homogenen Differenzengleichungen, *Archiv Math. og Naturvidenskab 27 (1906), Nr. 6, p. 1—10.*

C. Stephanos

[1] Sur une catégorie d'équations fonctionnelles, *Rend. Circ. mat. Palermo 18 (1904), p. 360—362.*

T. J. Stieltjes

[1] Over Lagrange's interpolatieformule, *Verslagen Akad. Wet. Amsterd. (naturk. Afd.) (2) 17 (1882), p. 239—254 = Œuvres 1, Groningen 1914, p. 33—60.*

[2] Eenige bemerkingen omtrent de differentiaalquotiënten van eene functie van één veranderlijke, *Nieuw Archief voor Wiskunde (1) 9 (1882), p. 106—111 = Œuvres 1, p. 61—72.*
[3] Quelques recherches sur la théorie des quadratures dites mécaniques, *Ann. Éc. Norm. (3) 1 (1884), p. 409—426 = Œuvres 1, p. 377—394.*
[4] Sur une généralisation de la formule des accroissements finis, *Nouv. Ann. math. (3) 7 (1888), p. 26—31 = Œuvres 2, Groningen 1918, p. 105—109; Bull. Soc. math. France 16 (1888), p. 100—113 = Œuvres 2, p. 110—123.*
[5] Correspondance d'Hermite et de Stieltjes 1 und 2, *Paris 1905.*

J. Stirling

[1] Methodus differentialis Newtoniana illustrata, *Philos. Trans. London 30 (1720), p. 1050—1070.*
[2] Methodus differentialis sive tractatus de summatione et interpolatione serierum infinitarum, *London 1730.*

J. A. Strang

[1] The solution of difference equations by continued fractions, *Proc. Edinb. math. Soc. 34 (1915/16), p. 61—75.*

E. Stridsberg

[1] Contributions à l'étude des fonctions algébrico-transcendantes qui satisfont à certaines équations fonctionnelles algébriques, *Arkiv Mat. Astr. och Fys. 6 (1911), Nr. 15 und 18.*
[2] Några elementära undersökningar rörande fakultäter och deras aritmetiska egenskaper, *id. 11 (1916/17), Nr. 25; 13 (1918), Nr. 25; 15 (1921), Nr. 22.*

G. H. Stuart

[1] On Stirling's formula and other interpolation formulas, *Messenger math. (2) 19 (1890), p. 19—29.*

F. J. Studnička

[1] Beiträge zum Operationskalkul, *Sitzber. Böhm. Ges. Prag 1871 (Juli—Dez.), p. 39—43.*
[2] Intorno al calcolo delle operazioni, *Giorn. mat. (1) 10 (1872), p. 76—79.*
[3] Direkter Beweis der Lagrangeschen Interpolationsformel *(tschechisch), Časopis math. fys. (Prag) 2 (1872/73), p. 83—85.*
[4] Über binomische Fakultäten und deren Koeffizienten, *Monatsh. Math. Phys. 14 (1903), p. 125—132.*

E. Study

[1] Rekurrierende Reihen und bilineare Formen, *Monatsh. Math. Phys. 2 (1891), p. 23—54.*

C. Sturm

[1] Cours d'Analyse 2, *Paris 1857; 2. Aufl. Paris 1897, p. 258—280.*

R. Suppantschitsch

[1] Die Interpolationsprobleme von Lagrange und Tchebycheff und die Approximation von Funktionen durch Polynome, *Sitzber. Akad. Wien 123 IIa (1914), p. 1553—1618.*

J. J. Sylvester

[1] On the solution of the linear equation of finite differences in its most general form, *Rep. British Ass. 1862, p. 188 = Papers 2, Cambridge 1908, p. 307.*
[2] Sur une classe nouvelle d'équations différentielles et d'équations aux différences finies d'une forme intégrable, *C. R. Acad. sc. Paris 54 (1862), p. 129—132, p. 170—174 = id., p. 308—317.*

[3] On the integral of the general equation in differences, *Philos. mag. (4) 24 (1862), p. 436—441 = id., p. 318—322.*
[4] The story of an equation in differences of the second order, *id. (4) 37 (1869), p. 225—227 = id., p. 689—690.*
[5] Note on an equation in finite differences, *id. (5) 8 (1879), p. 120—121 = Papers 3, Cambridge 1909, p. 262—263.*
[6] On a certain integrable class of differential and finite difference equations, *John Hopkins Univ. Circ. 1 (1879/82), p. 178 = id., p. 633.*
[7] On the solution of a certain class of difference or differential equations, *Amer. J. math. 4 (1881), p. 260—265 = id., p. 546—550.*
[8] Note on the theory of simultaneous linear differential or difference equations with constant coefficients, *Amer. J. math. 4 (1881), p. 321—326 = id., p. 551—556.*
[9] Solution of question 7277, *Educ. Times 39 (1883), p. 74.*
[10] Note on certain difference equations which possess an unique integral, *Messenger math. (2) 18 (1889), p. 113—122 = Papers 4, Cambridge 1912, p. 630 bis 637.*
[11] Solution of question 11648, *Educ. Times 58 (1893), p. 97—98.*

A. Tagiuri

[1] Sulla integrazione dell' equazione $\psi(n) = h\,\psi(n-1) + k\,\psi(n-2) + l$, *Giorn. mat. 31 (1893), p. 95—118.*

F. Tano

[1] Sopra due serie di Gauß e di Heine, *Giorn. mat. (1) 9 (1871), p. 60—63.*

P. Tardy

[1] Sulle equazioni lineari alle differenze finite, *Ann. sç. mat. fis. (Tortolini) (1). 1 (1850), p. 337—341.*
[2] Sulle equazioni lineari alle differenze finite, *J. reine angew. Math. 42 (1851), p. 134—137.*

T. Tate

[1] A treatise on factorial analysis with the summation of series; containing various new developments of functions, *London 1845.*

B. Taylor

[1] Methodus incrementorum directa et inversa, *London 1715; neue Faksimile-ausgabe Berlin 1862.*
[2] Appendix (zu der Abhandlung Montmort [1]) qua methodo diversa eadem materia tractatur, *Philos. Trans. London 30 (1720), p. 676—689.*

F. G. Teixeira

[1] Sur une formule d'interpolation, *Mém. Soc. sc. Liège (2) 10 (1883), Nr. 10.*
[2] Sur un théorème de M. Hermite relatif à l'interpolation, *J. reine angew. Math. 100 (1887), p. 83—86.*
[3] Sur la convergence des formules d'interpolation de Lagrange, de Gauß etc., *id. 126 (1903), p. 116—162.*
[4] Notes sur deux travaux d'Abel relatifs à l'intégration des différences finies, *Acta math. 28 (1904), p. 235—242.*

T. N. Thiele

[1] Différences réciproques, *Overs. danske Vidsk. Selsk. Forhandl. (Stzsber. Akad. Kopenhagen) 1906, p. 153—171.*
[2] Interpolationsrechnung, *Leipzig 1909.*

J. Thomae

[1] Die Rekursionsformel
$$(B + A\,n)\,\varphi(n) + (B' - A'\,n)\,\varphi(n+1) + (B'' + A''\,n)\,\varphi(n+2) = 0,$$
Ztschr. Math. Phys. 14 (1869), p. 349—367.

[2] Beiträge zur Theorie der durch die Heinesche Reihe:
$$1 + \frac{1-q^a}{1-q}\,\frac{1-q^b}{1-q^c}\,x + \frac{1-q^a}{1-q}\,\frac{1-q^{a+1}}{1-q^2}\,\frac{1-q^b}{1-q^c}\,\frac{1-q^{b+1}}{1-q^{c+1}}\,x^2 + \cdots$$
darstellbaren Funktionen, *J. reine angew. Math. 70 (1869), p. 258—281.*

[3] Les séries Heinéennes supérieures, *Ann. mat. pura appl. (2) 4 (1870/71), p. 105—138.*

[4] Integration der Differenzengleichung
$$(n + \varkappa + 1)\,(n + \lambda + 1)\,\Delta^2\,\varphi(n) + (a + b\,n)\,\Delta\,\varphi(n) + c\,\varphi(n) = 0\,,$$
Ztschr. Math. Phys. 16 (1871), p. 146—158, p. 428—439.

[5] Über eine Funktion, welche einer linearen Differential- und Differenzengleichung 4. Ordnung Genüge leistet, *Progr. Univ. Freiburg i. B., Halle 1875.*

[6] Über die Funktionen, welche durch Reihen von der Form
$$1 + \frac{p}{1}\cdot\frac{p'}{q'}\cdot\frac{p''}{q''} + \frac{p}{1}\cdot\frac{p+1}{2}\cdot\frac{p'}{q'}\cdot\frac{p'+1}{q'+1}\cdot\frac{p'}{q''}\cdot\frac{p'+1}{q''+1} + \cdots$$
dargestellt werden, *J. reine angew. Math. 87 (1879), p. 26—73.*

A. J. Thompson

[1] Table of the coefficients of Everetts central-difference interpolation formula, *Tracts for computers Nr. 5, Cambridge 1921.*

H. Tietze

[1] Über Funktionalgleichungen, deren Lösungen keiner algebraischen Differentialgleichung genügen können, *Monatsh. Math. Phys. 16 (1905), p. 329—364.*

[2] Eine Bemerkung zur Interpolation, *Ztschr. Math. Phys. 64 (1917), p. 74—90.*

H. E. Timerding

[1] Differenzenrechnung, *Repertorium d. höh. Math. I 1, 2. Aufl. Leipzig und Berlin 1910, p. 511—527.*

F. Tisserand

[1] Sur un point du calcul des différences, *C. R. Acad. sc. Paris 70 (1870), p. 678.*

[2] Traité de Mécanique céleste 4, *Paris 1896, p. 151—197.*

G. Torelli

[1] Sulle equazioni lineari alle differenze, *Rend. Accad. Napoli (3) 1 (1895), p. 225—239.*

[2] Forme lineari alle differenze con fattori di primo grado commutabili, *id. (3) 2 (1896), p. 238—250.*

B. Tortolini

[1] Trattato del calcolo dei residui 1, *Giorn. arcadico (Roma) 63 (1834), p. 1—53.*

[2] Memoria sull'applicazione del calcolo de' residui all'integrazione delle equazioni lineari a differenze finite, *id. 90 (1842), p. 84—113; 91 (1842), p. 3—67; 92 (1842), p. 129—152, p. 265—280.*

[3] Nota sul passaggio dalli integrali dell'equazioni a differenze finite alli integrali dell'equazioni differenziali, *id. 97 (1843), p. 45—49.*

[4] Sopra gli integrali a differenze finite espressi per integrali definiti, *Ann. sc. mat. fis. (Tortolini) (1) 4 (1853), p. 209—231.*

[5] Sopra alcune formole nel calcolo delle differenze finite, *Ann. mat. pura appl. (1) 5 (1863), p. 181—184.*

A. Transon

[1] Sur les formules d'interpolation de Lagrange et de Newton, *Nouv. Ann. math. (1) 19 (1860), p. 248—252.*

F. P. Travassos

[1] Reflexões tendentes a esclarecer o calculo das notações, *Mem. Acad. sc. Lisboa* 3_2 *(1814), p. 65—72.*

N. Traverso

[1] Sulle equazioni ricorrenti lineari del 2° ordine a coefficienti costanti e su alcune particolari equazioni ricorrenti lineari di ordine superiore al 2°, *Periodico mat. (3) 11 (1914), p. 145—160, p. 193—211.*

J. Trembley

[1] Essai sur la manière de trouver le terme général des séries récurrentes, *Mém. Acad. sc. Berlin (math.) 1797, p. 84—105.*

[2] Observations sur le calcul intégral aux différences finies, *id. 1799/1800, p. 18 bis 67.*

Tröger

[1] Über Summierung unendlicher Reihen, *Progr. Danzig 1870.*

N. Trudi

[1] Sulla determinazione delle costanti arbitrarie che completano gli integrali dell' equazioni lineari, cosi differenziali, che a differenze finite, *Rend. Accad. Napoli (1) 3(1864), p. 147—154, p. 175—177.*

[2] Intorno ad un determinante piu generale di quello delle radici delle equazioni, ed alle funzioni omogenee complete di queste radici, *Giorn. mat. (1) 2 (1864), p. 152—158, p. 180—186.*

[3] Sulla determinazione delle costanti arbitrarie negl' integrali delle equazioni lineari, cosi differenziali, che a differenze finite, *Atti Accad. Napoli (1) 2 (1865), Nr. 8, p. 1—25.*

[4] Sulla determinazione delle costanti arbitrarie negl' integrali delle equazioni lineari cosi differenziali che a differenze finite, *Giorn. mat. (1) 7 (1869), p. 76—97.*

[5] Ricerche intorno alla trasformazione delle potenze intere in coefficienti binomiale, *Atti Accad. Napoli (1) 6 (1875), Nr. 3.*

[6] Studie intorno ai coefficienti delle facolta analitiche, *id., Nr. 4.*

Ch. Tweedie

[1] Nicole's contribution to the foundation of the calculus of finite differences, *Proc. Edinb. math. Soc. 36 (1917/18), p. 22—39.*

[2] James Stirling, a scetch of his life and works along with his scientific correspondence, *Oxford 1922.*

A. Uhler

[1] Sur la formule d'interpolation de Stirling, *Arkiv Mat. Astr. och Fys. (unter der Presse).*

S. Urussow

[1] Differential- und Differenzengleichungen, *(russisch), Moskau 1863.*

[2] Über den integrierenden Faktor der Differenzen- und Differentialgleichungen *(russisch), Math. Sbornik (Recueil Soc. math. Moskau) 1 (1866), p. 225—290; 2 (1867), p. 227.*

[3] Abhandlungen über die Integrationsmethoden der Differential- und Differenzengleichungen *(russisch), Moskau 1868.*

J. G. Ustymowicz

[1] Disquisitiones nonnullae de aequatione $A_n f(x + n h) + \cdots + A_1 f(x + h) + A f(x) = \varphi(x)$ indeque casuum singulorum deductio, *Breslau 1847*.

Ch. de la Vallée Poussin

[1] Cours d'Analyse infinitésimale 2, *2. Aufl. 1912, p. 361—381; 4. Aufl. 1922, p. 329—351.*

N. Vandermonde

[1] Mémoire sur des irrationnelles de différens ordres avec une application au cercle, *Mém. (Histoire) Acad. sc. Paris (1772) 1775, première partie, p. 489 bis 498 = Abh. aus der reinen Math., Berlin 1888, p. 65—81.*

P. Vernier

[1] Intégration de quelques équations aux différences mêlées, *Ann. math. pures appl. (Gergonne) 13 (1822/23), p. 258—267.*

Y. Villarceau

[1] Méthode d'interpolation de M. Cauchy, *Connaissance des Temps 1852, Paris 1849, Additions, p. 129—143.*

G. Vivanti

[1] Sur une équation aux différences finies et partielles, *J. sc. math. astr. (Teixeira) 11 (1893), p. 167—172.*

E. B. van Vleck

[1] On the convergence of algebraic continued fractions whose coefficients have limiting values, *Trans. Amer. math. Soc. 5 (1904), p. 253—262.*

[2] On the extension of a theorem of Poincaré for difference-equations, *id. 13 (1912), p. 342—352.*

A. Voigt

[1] Theorie der Zahlenreihen und der Reihengleichungen, *Leipzig 1911.*

G. Voronoï

[1] Sur une fonction transcendante et ses applications à la sommation de quelques séries, *Ann. Éc. Norm. (3) 21 (1904), p. 207—267, p. 459—533.*

G. Wallenberg

[1] Beitrag zur Theorie der homogenen linearen Differenzengleichungen zweiter Ordnung, *Stzsber. Berliner math. Ges. 6 (1907), p. 25—36.*

[2] Beiträge zur Theorie der linearen Differenzengleichungen, *id. 7 (1908), p. 50 bis 63.*

[3] Zur Theorie der homogenen linearen Differenzengleichungen, *id. 8 (1909), p. 22—26; p. 101.*

[4] Zur Theorie der homogenen linearen Differenzengleichungen, *Archiv Math. Phys. (3) 14 (1909), p. 210—222.*

[5] Über die Vertauschbarkeit homogener linearer Differenzenausdrücke, *id. (3) 15 (1909), p. 151—157.*

[6] Beiträge zur Theorie der linearen Differenzengleichungen, *Stzsber. Berliner math. Ges. 9 (1909), p. 2—8.*

[7] (und A. Guldberg), Theorie der linearen Differenzengleichungen, *Leipzig und Berlin 1911.*

[8] Anwendung eines Satzes von Poincaré aus der Theorie der linearen Differenzengleichungen auf die Zahlenreihe des Fibonacci, *Stzsber. Berliner math. Ges. 14 (1915), p. 32—40.*

[9] Über Riccatische Differenzengleichungen 2. Ordnung, *id. 15 (1917), p. 57 bis 63.*
[10] Über Riccatische Differenzengleichungen, *id. 16 (1917), p. 17—28.*
[11] Zur Theorie der Riccatischen und Schwarzschen Differenzengleichungen, *id. 17 (1918), p. 14—22.*
[12] Die Differenzengleichung und ihre Anwendung in der Technik, *Ztschr. angew. Math. Mech. 1 (1921), p. 138—143.*

J. G. Wallentin

[1] Zur Lehre von den Differenzenreihen, *Archiv Math. Phys. (1) 63 (1878), p. 56—61.*

W. Walton

[1] On an equation in finite differences, *Quart. J. pure appl. math. 9 (1868), p. 108—111.*
[2] On an equation of mixed differences, *id. 10 (1870), p. 248—253.*

M. J. Waschtschenko-Zachartschenko

[1] Vorlesungen über Differenzenrechnung *(russisch), Kiew 1868.*

G. N. Watson

[1] The solution of the homogeneous linear difference equation of the second order, *Proc. Lond. math. Soc. (2) 8 (1910), p. 125—161; (2) 10 (1911/12), p. 211—248.*
[2] A note on the solution of the linear difference equation of the first order, *Quart. J. pure appl. math. 41 (1910), p. 10—20.*
[3] On a certain difference equation of the second order, *id., p. 50—55.*
[4] The characteristics of asymptotic series, *id. 43 (1912), p. 63—77.*
[5] The transformation of an asymptotic series into a convergent series of inverse factorials, *Rend. Circ. mat. Palermo 34 (1912), p. 41—88.*

H. A. Webb

[1] On the solution of linear difference equations by definite integrals, *Messenger math. (2) 34 (1905), p. 40—45.*

H. Weber

[1] Über Abels Summation endlicher Differenzenreihen, *Acta math. 27 (1903), p. 225—233.*

J. H. M. Wedderburn

[1] Note on the simple difference equation, *Annals of math. (2) 16 (1914/15), p. 82—85.*

K. Weierstrass

[1] Bemerkungen über die analytischen Fakultäten, *Jahresber. Deutsch-Crone 1842/43, p. 3—17 = Werke 1, Berlin 1894, p. 87—103.*
[2] Über die Theorie der analytischen Fakultäten, *J. reine angew. Math. 51 (1856), p. 1—60 = Abhandlungen aus der Funktionenlehre, Berlin 1886, p. 183—260 = Werke 1, Berlin 1894, p. 153—221.*
[3] Zur Theorie der eindeutigen analytischen Funktionen, *Abh. Akad. Berlin (math.-phys.) 1876, p. 11—60 = Abhandlungen aus der Funktionenlehre, Berlin 1886, p. 1—62 = Werke 2, Berlin 1895, p. 77—124.*

E. Weinnoldt

[1] Über Funktionen, welche gewissen Differenzengleichungen n-ter Ordnung Genüge leisten, *Diss. Kiel 1885.*

O. Werner

[1] Theorie der abgeleiteten Reihen, *Archiv Math. Phys. (1) 22 (1854), p. 264 bis 342.*
[2] Zur Theorie der Differenzenreihen, *id. (1) 23 (1854), p. 231—234; (1) 24 (1855), p. 90—93.*

É. West

[1] Intégration des équations aux différences finies linéaires et à coefficients variables, *Assoc. fr. avanc. sc. 13 (1884), p. 64—73.*

E. T. Whittaker

[1] On the functions which are represented by the expansions of the interpolation-theory, *Proc. R. Soc. Edinb. 35 (1915), p. 181—194.*
[2] (und G. Robinson), A short course in interpolation, *London 1924.*
[3] (und G. Robinson), The calculus of observations, *London 1924.*

F. Wicke

[1] Über ultrabernoullische und ultraeulerische Zahlen und Funktionen und deren Anwendung auf die Summation von unendlichen Reihen, *Diss. (Jena) Leipzig 1905.*

S. Wigert

[1] Sur une transformation de la série $\sum_{0}^{\infty} \frac{a_n}{n!} s(s-1)\cdots(s-n+1)$, *Arkiv Mat. Astr. och Fys. 7 (1912), Nr. 26, p. 1—12.*
[2] Sur les fonctions entières, *Öfvers. Vetensk. Akad. förhandl. (Stockholm) 57 (1900), p. 1001—1011.*

Fr. A. Willers

[1] (und C. Runge), Numerische und grafische Integration, *Enzyklopädie der math. Wiss. II C 2 (1915), p. 47—176.*

K. P. Williams

[1] The solutions of non-homogeneous linear difference equations and their asymptotic form, *Trans. Amer. math. Soc. 14 (1913), p. 209—240.*
[2] The linear difference equation of the first order, *Annals of math. (2) 15 (1913/14), p. 129—135.*
[3] The Laplace-Poisson mixed equation, *Amer. J. math. 44 (1922), p. 217—224.*

V. Williot

[1] Sur une généralisation de la formule d'interpolation de Lagrange, *Bull. sc. math. (2) 14 (1890), p. 218—224.*

J. Wilson

[1] A new differential method of differences, *London 1820.*

W. Wirtinger

[1] Einige Anwendungen der Euler-Maclaurinschen Summenformel, insbesondere auf eine Aufgabe von Abel, *Acta math. 26 (1902), p. 255—271.*

W. S. B. Woolhouse

[1] On the theory of vanishing fractions, *Philos. mag. 8 (1836), p. 393—400; id. 9 (1836), p. 18—26, p. 209—212.*
[2] On general numerical solution, *Proc. London math. Soc. (1) 2 (1869), p. 75—84.*

G. H. Wronski

[1] Critique de la théorie des fonctions génératrices de M. Laplace, *Paris 1819.*

A. W. Young

[1] On the computation of a Lagrangian interpolation formula, *Proc. Edinb. math. Soc. 35 (1916/17), p. 78—82.*

D. G. Zehfuss

[1] Einige Punkte über die Bestimmung der Konstanten, welche bei Integration der endlichen Differenzengleichungen eingehen, *Archiv Math. Phys. (1) 27 (1856), p. 12—29.*

[2] Über die Auflösung der linearen endlichen Differenzengleichungen mit variablen Koeffizienten, *Ztschr. Math. Phys. 3 (1858), p. 175—177.*

Zénon

[1] Approximation dans l'interpolation, *Paris 1922.*

N. Zinine

[1] Die Gammafunktion und die Omegafunktion von Heine *(russisch), Warschau 1884.*

O. Zucca

[1] Cenni storici sulle origini del calcolo delle differenze finite, *Genova 1888.*

G. Zurria

[1] Differenziali e differenze di ordine fratto, *Lo sesioroo, Catania 1835.*
[2] L'uso di differenze d'ordine fratto per esprimere in prodotti infiniti le funzioni circolari, *Catania 1836.*
[3] Memorie sulla determinazione dei coefficienti nelle formole a differenze-differenziali e sull' applicazione di essa alla valutazione degl' integrali euleriani, *Atti Accad. Catania 10 (1854), p. 265—320.*

Anwendungen auf technische Fragen.

C. B. Biezeno

[1] (und J. J. Koch) Over een nieuwe methode ter berekning van vlakke platen, met toepassing op eenige voor de techniek belangrijke belastningsgevallen, *De Ingenieur (Delft) 38 (1923), p. 25—36.*

F. Breisig

[1] Dämpfung von Pupinleitungen in Beziehung zur Wellenfrequenz, *Elektrotechn. Ztschr. 30 (1909), p. 462—463.*

A. Clebsch

[1] Theorie der Elastizität fester Körper, *Leipzig 1862.*

F. Emde

[1] Zur Berechnung der Elektromagnete, *Elektrotechn. u. Maschinenbau (Wien) 24 (1906), p. 945—951, p. 973—977, p. 993—999, insb. p. 997—998.*

L. Föppl

[1] Neuere Fortschritte der technischen Elastizitätstheorie (Bericht), *Ztschr. angew. Math. Mech. 1 (1921), p. 466—481.*

P. M. Frandsen

[1] Om Løsningen af Clapeyronske Ligninger, *Ingeniøren (Kopenhagen) 21 (1912), p. 633—645.*
[2] Rechnerische Auflösung Clapeyronscher Gleichungen, *Eisenbau 4 (1913), p. 440—451.*
[3] Kupler og Vandbeholdere, *Teknisk Tidsskrift (Kopenhagen) 39 (1915), p. 34 bis 41; 40 (1916), p. 1—7.*

J. Fritsche

[1] Die Berechnung des symmetrischen Stockwerkrahmens mit geneigten und lotrechten Ständern mit Hilfe von Differenzengleichungen, *Berlin 1923.*

P. Funk

[1] Die linearen Differenzengleichungen und ihre Anwendungen in der Theorie der Baukonstruktionen, *Berlin 1920.*

H. de la Goupillière

[1] Sur les systèmes de vannages métalliques qui exigent le minimum de traction, *C. R. Acad. sc. Paris 69 (1869), p. 1228—1230.*

S. Grüning

[1] Berechnungen gegliederter Druckstäbe, *Eisenbau 4 (1913), p. 403—415.*
[2] Anwendung von Differenzengleichungen in der Statik hochgradig statisch unbestimmter Tragwerke, *Eisenbau 9 (1918), p. 122—134.*

H. Hencky

[1] Über die angenäherte Lösung von Stabilitätsproblemen im Raume mittels der elastischen Gelenkkette, *Eisenbau 11 (1920), p. 437—452.*
[2] Die Berechnung dünner rechteckiger Platten mit verschwindender Biegungssteifigkeit, *Ztschr. angew. Math. Mech. 1 (1921), p. 81—89, p. 423—424.*
[3] Die numerische Bearbeitung von partiellen Differentialgleichungen in der Technik, *id. 2 (1922), p. 58—66.*

P. F. Arenas Herero

[1] Operaciones financieras, *Publ. del lab. y sem. mat. Madrid 2 (1917), p. 81—156.*

W. Hort

[1] Die Differentialgleichungen des Ingenieurs, *Berlin 1914, p. 245—253.*

L. Karner

[1] Die statische Berechnung von Schwimmdocks und ähnlichen Eisenwasserbauten, *Eisenbau 11 (1920), p. 1—18, p. 41—62.*

J. J. Koch

[1] (und C. B. Biezeno), Over een nieuwe methode ter berekning van vlakke platen, met toepassing op eenige voor de techniek belangrijke belastningsgevallen, *De Ingenieur (Delft) 38 (1923), p. 25—36.*

H. Liebmann

[1] Die angenäherte Ermittlung harmonischer Funktionen und konformer Abbildungen (nach Ideen von Boltzmann und Jacobi), *Stzsber. Akad. München (math.-phys.) 1918, p. 385—416.*

L. Mann

[1] Statische Berechnung steifer Vierecksnetze, *Diss. Berlin 1909.*

H. Marcus

[1] Die Theorie elastischer Gewebe und ihre Anwendung auf die Berechnung elastischer Platten, *Armierter Beton 12 (1919), p. 107—112, p. 129—135, p. 164—170, p. 181—190, p. 219—229, p. 245—250, p. 281—289.*
[2] Neuere Ausführungen trägerloser Pilzdecken, *Bauingenieur 2 (1921), p. 373 bis 380.*
[3] Die Theorie elastischer Gewebe und ihre Anwendung auf die Berechnung biegsamer Platten, *Berlin 1924.*

C. Meißner

[1] Bestimmung des Profils einer Seilbahn, auf der unter Mitberücksichtigung des Gewichtes des Drahtseils gleichförmige Bewegung möglich sein soll, *Schweizerische Bauzeitung 54 (1909), p. 96—98.*

E. Melan

[1] Ein Beitrag zur Auflösung linearer Differenzengleichungen mit beliebiger Störungsfunktion, *Eisenbau 11 (1920), p. 88—90.*

H. F. B. Müller-Breslau

[1] Neue Methoden der Festigkeitslehre und der Statik der Baukonstruktionen, *4. Aufl. Leipzig 1913, p. 360—465.*

N. J. Nielsen

[1] Bestemmelse af Spændinger i Plader ved Anvendelse af Differensligninger, *Diss. Kopenhagen 1920.*

[2] Den anden tekniske Doktordisputats, *Teknisk Tidsskrift (Kopenhagen) 44 (1920), p. 39—52.*

[3] Krydsarmerede Jærnbetonpladers Styrke, *Ingeniøren (Kopenhagen) 29 (1920), p. 723—728.*

[4] Rektangulære Jærnbetonplader, simpelt understøttede langs to modstaaende Sider, koncentreret Belastning, *id. 30 (1921), p. 721—726.*

[5] Berechnung der Bruchspannungen in kreuzarmierten Eisenbetonplatten, *Bauingenieur 2 (1921), p. 412—417.*

W. Nusselt

[1] Der Wärmeaustausch am Berieselungskühler, *Ztschr. Ver. deutsch. Ing. 67 (1923), p. 206—210.*

A. Ostenfeld

[1] Om Opløsning af 5-Leds-Ligninger ved Beregning, *Teknisk Tidsskrift (Kopenhagen) 36 (1912), p. 185—191.*

[2] Rechnerische Auflösung von fünfgliedrigen Elastizitätsgleichungen, *Eisenbau 4 (1913), p. 120—126.*

[3] Teknisk Statik 2, *Kopenhagen 1913, p. 98—162.*

[4] Husbygnings-Rammekonstruktionen, *Ingeniøren (Kopenhagen) 22 (1913), p. 519—523.*

[5] Aabne Broers Sidestivhed, *id. 23 (1914), p. 475—487, p. 489—497.*

F. Piccioli

[1] Anfangsgründe der endlichen Differenzen mit besonderer Berücksichtigung ihrer forstwissenschaftlichen Anwendungen, *Wien 1881.*

Th. Pöschl

[1] Über eine neue angenäherte Berechnung der Rahmenträger, *Armierter Beton 7 (1914), p. 363—369.*

H. Reißner

[1] Über Fachwerke mit zyklischer Symmetrie, *Archiv Math. Phys. (3) 13 (1908), p. 317—325.*

L. F. Richardson

[1] Approximate arithmetical solution by finite differences of physical problems, *Philos. Trans. London 210 A (1910), p. 307—357.*

H. H. Rode

[1] Beitrag zur Theorie der Knickerscheinungen, *Eisenbau 7 (1916), p. 121—136, p. 157—167, p. 210—218, p. 239—246, p. 295—299.*

W. Rogowski

[1] Spulen und Wanderwellen, *Archiv Elektrotechn. 6 (1918), p. 265—300, p. 377—388; 7 (1919), p. 33—40, p. 161—175, p. 320—336.*
[2] Überspannungen und Eigenfrequenzen einer Spule, *id. 7 (1919), p. 240—262.*

E. J. Routh

[1] Dynamics of a system of rigid bodies 2, *4. Aufl. London 1884, p. 226—243.*
[2] Dynamik der Systeme starrer Körper 2, *deutsche Übersetzung von* [1] *von* A. Schepp, *Leipzig 1898, p. 297—326.*

R. Rüdenberg

[1] Die Spannungsverteilung an Kettenisolatoren, *Elektrotechn. Ztschr. 35 (1914), p. 412—414.*

A. Russell

[1] The dielectric strength of air, *Philos. mag. (6) 11 (1906), p. 237—276.*

E. Schmidt

[1] Über die Anwendung der Differenzenrechnung auf technische Anheizprobleme, *Beiträge zur technischen Mechanik und technischen Physik (Föppl-Festschrift), Berlin 1924, p. 179—189.*

E. Schneider

[1] Mathematische Schwingungslehre, *Berlin 1924.*

Slater

[1] (und Westergaard): Moments and stresses in slabs, *Proc. Amer. concrete Inst. 17 (1921), p. 415—538.*

Y. Tanaka

[1] Allgemeine Theorie der Blattfeder, *Ztschr. angew. Math. Mech. 2 (1922), p. 26 bis 34.*

J. Vinzens

[1] Der Vierendeelträger als Streckträger von Hänge- und Bogenbrücken, *Diss. Techn. Blätter Prag 1917.*

K. W. Wagner

[1] Induktionswirkungen von Wanderwellen in Nachbarleitungen, *Elektrotechn. Ztschr. 35 (1914), p. 639—643, p. 677—680, p. 705—708.*
[2] Die Theorie des Kettenleiters nebst Anwendungen, *Archiv Elektrotechn. 3 (1915), p. 315—332.*
[3] Wanderwellen-Schwingungen in Transformatorwicklungen, *id. 6 (1918), p. 301—326; 7 (1919), p. 32.*

G. Wallenberg

[1] Die Differenzengleichungen und ihre Anwendung in der Technik, *Ztschr. angew. Math. Mech. 1 (1921), p. 138—143.*

Westergaard

[1] (und Slater): Moments and stresses in slabs, *Proc. Amer. concrete Inst. 17 (1921), p. 415—538.*

Namen- und Sachverzeichnis.

DIE GRUNDLEHREN DER MATHEMATISCHEN WISSENSCHAFTEN IN EINZELDARSTELLUNGEN

MIT BESONDERER BERÜCKSICHTIGUNG DER ANWENDUNGSGEBIETE

Gemeinsam mit
W. Blaschke, Hamburg, **M. Born**, Göttingen, **C. Runge**, Göttingen
herausgegeben von **R. Courant**, Göttingen

Bd. I: **Vorlesungen über Differential-Geometrie** und geometrische Grundlagen von Einsteins Relativitätstheorie. Von **Wilhelm Blaschke**, Professor der Mathematik an der Universität Hamburg. I. Elementare Differentialgeometrie. Zweite, verbesserte Auflage. Mit einem Anhang von Kurt Reidemeister, Professor der Mathematik an der Universität Wien. Mit 40 Textfiguren. (XII u. 242 S.) 1924.
11 Goldmark; gebunden 12 Goldmark / 2.65 Dollar; gebunden 2.90 Dollar

Bd. II: **Theorie und Anwendung der unendlichen Reihen.** Von Dr. **Konrad Knopp**, ord. Professor der Mathematik an der Universität Königsberg. Zweite, erweiterte Auflage. Mit 12 Textfiguren. (X u. 526 S.) 1924.
27 Goldmark; gebunden 28 Goldmark / 6.45 Dollar; gebunden 6.70 Dollar

Bd. III: **Vorlesungen über allgemeine Funktionentheorie und elliptische Funktionen.** Von **Adolf Hurwitz** †, weil. ord. Professor der Mathematik am Eidgenössischen Polytechnikum Zürich. Herausgegeben und ergänzt durch einen Abschnitt über:
Geometrische Funktionentheorie von **R. Courant**, ord. Professor der Mathematik an der Universität Göttingen. Zweite Auflage. In Vorbereitung.

Bd. IV: **Die mathematischen Hilfsmittel des Physikers.** Von Dr. **Erwin Madelung**, ord. Professor der Theoretischen Physik an der Universität Frankfurt a. M. Mit 20 Textfiguren. (XII u. 247 S.) 1922.
Gebunden 10 Goldmark / Gebunden 2.40 Dollar

Bd. V: **Die Theorie der Gruppen von endlicher Ordnung** mit Anwendungen auf algebraische Zahlen und Gleichungen sowie auf die Kristallographie. Von **Andreas Speiser**, ord. Professor der Mathematik an der Universität Zürich. (VIII u. 194 S.) 1923.
7 Goldmark; gebunden 8.50 Goldmark / 1.70 Dollar; gebunden 2.05 Dollar

Bd. VI: **Theorie der Differentialgleichungen.** Vorlesungen aus dem Gesamtgebiet der gewöhnlichen und partiellen Differentialgleichungen. Von **Ludwig Bieberbach**, o. ö. Professor der Mathematik an der Friedrich-Wilhelms-Universität in Berlin. Mit 19 Textfiguren. (VIII u. 319 S.) 1923.
10 Goldmark; gebunden 12 Goldmark / 2.40 Dollar; gebunden 2.90 Dollar

Bd. VII: **Vorlesungen über Differential-Geometrie** und geometrische Grundlagen von Einsteins Relativitätstheorie. Von **Wilhelm Blaschke**, Professor der Mathematik an der Universität Hamburg. II. Affine Differentialgeometrie. Bearbeitet von Kurt Reidemeister, Professor der Mathematik an der Universität Wien. Erste und zweite Auflage. Mit 40 Textfiguren. (IX u. 259 S.) 1923.
8.50 Goldmark; gebunden 10 Goldmark / 2.05 Dollar; gebunden 2.40 Dollar

Bd. VIII: **Vorlesungen über Topologie.** Von **B. v. Kerékjártó.** I. Flächentopologie. Mit 60 Textfiguren. (VII u. 270 S.) 1923.
11.50 Goldmark; gebunden 13 Goldmark / 2.75 Dollar; gebunden 3.10 Dollar

Siehe auch umstehende Seite.

CPSIA information can be obtained
at www.ICGtesting.com
Printed in the USA
BVHW010424040120
568576BV00004B/284/P

9 783642 50514